SSR标记法筛选近似品种系列丛书

# 荧光标记SSR引物法采集玉米种质资源数据

李 铁 李冬梅 赵远玲 等 著

中国农业出版社

北 京

# 著 者 名 单

李　铁　李冬梅　赵远玲　孙铭隆
高凤梅　秦　博

　　玉米是我国重要的粮食作物，在我国各地均有种植，每年有大量的玉米种质资源申请品种保护和 DUS［distinctness（特异性）、uniformity（一致性）和 stability（稳定性）］测试，准确科学地对这些种质资源材料进行 DUS 判定是保护育种者权益的重要内容。

　　随着育种人对品种权保护意识的逐年提高，分子标记技术凭借它独有的优于形态标记的特点，如多态性高、周期短、不受环境影响、可选择的标记数量多、结果更稳定等，成为 DUS 测试中近似品种筛选及指纹库构建的重要内容。目前，分子标记技术的使用已经成为世界各国辅助筛选近似品种的重要技术手段，也是我国推动作物新品种保护事业快速发展的重要技术支撑。

　　本书主要介绍了 179 份玉米种质资源的 SSR 标记基因位点分型结果，以及实验相关的引物信息、荧光引物组合信息、所使用的主要仪器设备和主要实验方法等。

　　本书内容可供 DUS 测试中筛选近似品种时参考使用，也可为从事其他作物 SSR 分子标记技术应用研究的人员提供有益思路和技术信息。本书内容仅供科研参考，不作为任何依据性工作使用，科学准确地鉴定玉米品种及种质资源材料，还需经专业人员评判。由于一些品种本身存在一定程度的个体差异，或纯度不同等原因可能导致样本结果不完全一致，且没有验证这些品种本身的变异幅度，也没有验证品种一致性，因此，基因分型数据仅为本批次样品的结果，虽经反复核对，仍可能有疏漏之处，敬请读者批评指正。

　　本书的出版得到了农业农村部植物新品种测试（哈尔滨）分中心的大力支持，在此表示诚挚的、由衷的感谢。

著　者

2024 年 3 月　哈尔滨

# 目录

前言

# 一、概　　述

玉米材料资源是育种人进行品种创新的基础，利用不同材料中的大量遗传变异位点，创建适应性好、产量品质优良，以及抗逆性高的新品种是农业育种实践中最主要的育种目的，利用 SSR（简单重复序列，simple sequence repeats）分子标记对不同玉米资源的变异位点进行位点分型，从而将不同资源进行分类，能够为遗传育种提供更多信息选择。同时，在新品种保护中，最重要的技术环节之一就是近似品种筛选，为了有效区分作物品种，需要收集大量已知品种，构建用于近似品种筛选的品种资源数据库，而以 DNA 为依托的分子标记技术是利用数据库实现快速高效筛选近似品种的最优选择。目前，分子标记技术正逐渐成为世界各国构建品种资源分子数据库、筛选近似品种的辅助技术手段，也将成为推动作物育种事业和新品种保护事业快速发展的重要技术支撑。

SSR 分子标记，也称为微卫星序列标记或短串联重复标记，是一种以特异引物 PCR（聚合酶链式反应，polymerase chain reaction）为基础的分子标记。SSR，也称为微卫星DNA，是一类由几个核苷酸（一般为 1～6 个）为重复单位组成的长达几十个核苷酸的串联重复序列。由于每个微卫星 DNA 两侧的序列一般是相对保守的单拷贝序列，可以人工合成引物进行 PCR 扩增，将微卫星 DNA 序列扩增出来，根据微卫星 DNA 序列串联重复数目的不同，能够扩增出不同长度的 PCR 产物。生物的基因组中，特别是高等生物的基因组中，含有大量的重复序列。

本书主要目的是将 179 份玉米种质资源材料进行遗传位点的基因分型，利用 38 对荧光标记的 SSR 引物对这 179 份玉米种质资源进行位点扩增，给出原始扩增数据信息，如样本名（sample file name）、等位基因位点（allele）、大小（size）、高度（height）、面积（area）、数据取值点（data point），加上样本对应的资源序号和位点分型结果。本书还给出了所使用的 38 对 SSR 引物的名称及序列、panel 组合信息表（实验中使用的引物组合情况表）、实验主要仪器设备及方法，根据这些给定的原始信息，相关研究人员可以更好地判断数据的误差，为后续遗传变异的利用奠定基础。

# 二、38 对 SSR 引物对 179 份资源的扩增结果

# 1 P01

| 资源序号 | 样本名<br>（sample file name） | 等位基因位点<br>（allele，bp） | 大小<br>（size，bp） | 高度<br>（height，RFU） | 面积<br>（area，RFU） | 数据取值点<br>（data point，RFU） |
|---|---|---|---|---|---|---|
| 2023－8200 | A01_HBB2302293_23－08－17. fsa | 350 | 349.84 | 4 338 | 21 823 | 3 412 |
| | A01_HBB2302293_23－08－17. fsa | 352 | 351.89 | 3 208 | 15 422 | 3 425 |
| 2023－8201 | A02_HBB2302294_23－08－17. fsa | 350 | 349.83 | 6 521 | 31 150 | 3 389 |
| | A02_HBB2302294_23－08－17. fsa | 352 | 351.75 | 4 646 | 21 895 | 3 401 |
| 2023－8202 | A03_HBB2302295_23－08－17. fsa | 350 | 349.67 | 4 506 | 21 032 | 3 335 |
| | A03_HBB2302295_23－08－17. fsa | 352 | 351.61 | 3 075 | 13 840 | 3 347 |
| 2023－8203 | A04_HBB2302296_23－08－17. fsa | 345 | 345.6 | 2 818 | 13 170 | 3 303 |
| | A04_HBB2302296_23－08－17. fsa | 352 | 351.79 | 2 037 | 9 792 | 3 340 |
| 2023－8204 | A05_HBB2302297_23－08－17. fsa | 335 | 335.19 | 5 073 | 26 639 | 3 225 |
| | A05_HBB2302297_23－08－17. fsa | 352 | 351.63 | 2 821 | 14 461 | 3 322 |
| 2023－8205 | A06_HBB2302298_23－08－17. fsa | 325 | 324.72 | 4 208 | 21 176 | 3 156 |
| | A06_HBB2302298_23－08－17. fsa | 352 | 351.63 | 3 102 | 16 852 | 3 314 |
| 2023－8206 | A07_HBB2302299_23－08－17. fsa | 325 | 324.55 | 4 789 | 24 127 | 3 149 |
| | A07_HBB2302299_23－08－17. fsa | 350 | 349.66 | 3 652 | 19 831 | 3 295 |
| 2023－8207 | A08_HBB2302300_23－08－17. fsa | 350 | 349.66 | 3 605 | 20 110 | 3 331 |
| 2023－8208 | A09_HBB2302301_23－08－17. fsa | 335 | 335.21 | 5 143 | 26 209 | 3 237 |
| | A09_HBB2302301_23－08－17. fsa | 350 | 349.66 | 3 084 | 16 059 | 3 322 |
| 2023－8209 | A10_HBB2302302_23－08－17. fsa | 350 | 349.83 | 3 865 | 23 688 | 3 343 |
| 2023－8210 | A11_HBB2302303_23－08－17. fsa | 325 | 324.68 | 7 850 | 50 217 | 3 243 |
| | A11_HBB2302303_23－08－17. fsa | 352 | 351.74 | 5 549 | 31 615 | 3 406 |
| 2023－8211 | B01_HBB2302305_23－08－17. fsa | 335 | 335.44 | 3 476 | 17 681 | 3 282 |
| | B01_HBB2302305_23－08－17. fsa | 352 | 351.92 | 1 989 | 10 452 | 3 381 |
| 2023－8212 | B02_HBB2302306_23－08－17. fsa | 343 | 343.61 | 4 427 | 21 896 | 3 344 |
| | B02_HBB2302306_23－08－17. fsa | 345 | 345.75 | 3 369 | 16 103 | 3 357 |
| 2023－8213 | B03_HBB2302307_23－08－17. fsa | 320 | 319.51 | 1 578 | 7 612 | 3 145 |
| | B03_HBB2302307_23－08－17. fsa | 350 | 349.83 | 4 837 | 25 290 | 3 323 |
| 2023－8214 | B04_HBB2302308_23－08－17. fsa | 350 | 349.66 | 4 676 | 22 817 | 3 319 |

（续）

| 资源序号 | 样本名<br>（sample file name） | 等位基因位点<br>（allele，bp） | 大小<br>（size，bp） | 高度<br>（height，RFU） | 面积<br>（area，RFU） | 数据取值点<br>（data point，RFU） |
|---|---|---|---|---|---|---|
| 2023 - 8215 | B05_HBB2302309_23 - 08 - 17. fsa | 350 | 349.83 | 3 581 | 18 806 | 3 304 |
| | B05_HBB2302309_23 - 08 - 17. fsa | 352 | 351.81 | 2 554 | 12 740 | 3 316 |
| 2023 - 8216 | B06_HBB2302310_23 - 08 - 17. fsa | 350 | 349.83 | 3 973 | 19 598 | 3 281 |
| | B06_HBB2302310_23 - 08 - 17. fsa | 365 | 365.51 | 2 103 | 10 682 | 3 376 |
| 2023 - 8217 | B07_HBB2302311_23 - 08 - 17. fsa | 350 | 349.66 | 4 323 | 22 093 | 3 288 |
| 2023 - 8218 | B08_HBB2302312_23 - 08 - 17. fsa | 335 | 335.14 | 3 417 | 18 579 | 3 207 |
| | B08_HBB2302312_23 - 08 - 17. fsa | 350 | 349.66 | 2 126 | 11 654 | 3 291 |
| 2023 - 8219 | B09_HBB2302313_23 - 08 - 17. fsa | 350 | 349.48 | 3 464 | 19 933 | 3 286 |
| 2023 - 8220 | B10_HBB2302314_23 - 08 - 17. fsa | 335 | 335.18 | 3 572 | 18 940 | 3 212 |
| | B10_HBB2302314_23 - 08 - 17. fsa | 350 | 349.66 | 1 673 | 9 552 | 3 297 |
| 2023 - 8221 | B11_HBB2302315_23 - 08 - 17. fsa | 343 | 343.51 | 3 210 | 18 313 | 3 329 |
| 2023 - 8222 | B12_HBB2302316_23 - 08 - 17. fsa | 350 | 349.67 | 4 839 | 28 751 | 3 397 |
| 2023 - 8223 | C01_HBB2302317_23 - 08 - 17. fsa | 335 | 335.28 | 4 317 | 21 074 | 3 301 |
| | C01_HBB2302317_23 - 08 - 17. fsa | 352 | 351.75 | 2 399 | 11 838 | 3 400 |
| 2023 - 8224 | C02_HBB2302318_23 - 08 - 17. fsa | 335 | 335.26 | 5 377 | 25 134 | 3 270 |
| | C02_HBB2302318_23 - 08 - 17. fsa | 352 | 351.76 | 3 144 | 14 426 | 3 369 |
| 2023 - 8226 | C03_HBB2302319_23 - 08 - 17. fsa | 325 | 325.33 | 939 | 4 387 | 3 189 |
| | C03_HBB2302319_23 - 08 - 17. fsa | 350 | 349.66 | 4 086 | 22 338 | 3 332 |
| 2023 - 8227 | C04_HBB2302320_23 - 08 - 17. fsa | 335 | 335 | 3 361 | 16 473 | 3 223 |
| | C04_HBB2302320_23 - 08 - 17. fsa | 350 | 349.66 | 2 085 | 10 518 | 3 308 |
| 2023 - 8228 | C05_HBB2302321_23 - 08 - 17. fsa | 335 | 335.12 | 5 507 | 25 059 | 3 192 |
| | C05_HBB2302321_23 - 08 - 17. fsa | 350 | 349.66 | 3 395 | 15 966 | 3 276 |
| 2023 - 8229 | C06_HBB2302322_23 - 08 - 17. fsa | 352 | 351.64 | 3 313 | 16 768 | 3 307 |
| 2023 - 8230 | C07_HBB2302323_23 - 08 - 17. fsa | 350 | 349.65 | 5 187 | 25 247 | 3 268 |
| 2023 - 8231 | C09_HBB2302325_23 - 08 - 17. fsa | 325 | 324.55 | 5 359 | 25 913 | 3 160 |
| | C09_HBB2302325_23 - 08 - 17. fsa | 352 | 351.64 | 3 834 | 19 531 | 3 318 |
| 2023 - 8232 | C10_HBB2302326_23 - 08 - 17. fsa | 325 | 324.68 | 3 434 | 22 422 | 3 143 |
| | C10_HBB2302326_23 - 08 - 17. fsa | 352 | 351.64 | 2 503 | 13 576 | 3 300 |
| 2023 - 8233 | C11_HBB2302327_23 - 08 - 17. fsa | 343 | 343.34 | 3 747 | 20 155 | 3 316 |
| | C11_HBB2302327_23 - 08 - 17. fsa | 352 | 351.6 | 2 817 | 14 717 | 3 366 |

（续）

| 资源序号 | 样本名<br>（sample file name） | 等位基因位点<br>（allele，bp） | 大小<br>（size，bp） | 高度<br>（height，RFU） | 面积<br>（area，RFU） | 数据取值点<br>（data point，RFU） |
|---|---|---|---|---|---|---|
| 2023－8234 | C12_HBB2302328_23－08－17.fsa | 343 | 343.51 | 3 045 | 15 718 | 3 343 |
| | C12_HBB2302328_23－08－17.fsa | 350 | 349.67 | 2 526 | 12 724 | 3 380 |
| 2023－8235 | D01_HBB2302329_23－08－17.fsa | 325 | 325.13 | 6 091 | 31 133 | 3 248 |
| | D01_HBB2302329_23－08－17.fsa | 352 | 351.74 | 4 441 | 21 927 | 3 409 |
| 2023－8236 | D02_HBB2302330_23－08－17.fsa | 320 | 319.47 | 963 | 3 747 | 3 176 |
| | D02_HBB2302330_23－08－17.fsa | 350 | 349.83 | 6 984 | 34 947 | 3 356 |
| 2023－8237 | D03_HBB2302331_23－08－17.fsa | 325 | 324.74 | 5 682 | 26 792 | 3 152 |
| | D03_HBB2302331_23－08－17.fsa | 350 | 349.66 | 4 296 | 20 775 | 3 298 |
| 2023－8238 | D04_HBB2302332_23－08－17.fsa | 350 | 349.66 | 7 733 | 37 381 | 3 291 |
| 2023－8239 | D05_HBB2302333_23－08－17.fsa | 350 | 349.66 | 3 467 | 16 061 | 3 268 |
| | D05_HBB2302333_23－08－17.fsa | 354 | 353.65 | 2 648 | 11 978 | 3 292 |
| 2023－8240 | D06_HBB2302334_23－08－17.fsa | 350 | 349.48 | 3 011 | 15 003 | 3 274 |
| | D06_HBB2302334_23－08－17.fsa | 365 | 365.25 | 1 758 | 10 098 | 3 369 |
| 2023－8241 | D07_HBB2302335_23－08－17.fsa | 335 | 335 | 3 451 | 16 311 | 3 216 |
| | D07_HBB2302335_23－08－17.fsa | 350 | 349.48 | 2 003 | 10 089 | 3 300 |
| 2023－8242 | D08_HBB2302336_23－08－17.fsa | 343 | 343.45 | 4 079 | 19 760 | 3 212 |
| | D08_HBB2302336_23－08－17.fsa | 365 | 365.33 | 1 856 | 10 162 | 3 342 |
| 2023－8243 | D09_HBB2302337_23－08－17.fsa | 325 | 324.63 | 2 478 | 12 968 | 3 137 |
| | D09_HBB2302337_23－08－17.fsa | 345 | 345.44 | 2 779 | 13 897 | 3 257 |
| 2023－8244 | D10_HBB2302338_23－08－17.fsa | 345 | 345.44 | 3 842 | 18 806 | 3 249 |
| | D10_HBB2302338_23－08－17.fsa | 362 | 361.62 | 2 050 | 10 157 | 3 345 |
| 2023－8245 | D11_HBB2302339_23－08－17.fsa | 350 | 349.66 | 4 594 | 24 731 | 3 335 |
| 2023－8246 | D12_HBB2302340_23－08－17.fsa | 335 | 335.13 | 3 629 | 19 111 | 3 290 |
| | D12_HBB2302340_23－08－17.fsa | 352 | 351.75 | 2 121 | 11 887 | 3 390 |
| 2023－8247 | E01_HBB2302341_23－08－17.fsa | 325 | 324.9 | 5 452 | 27 609 | 3 255 |
| | E01_HBB2302341_23－08－17.fsa | 350 | 349.83 | 3 282 | 16 913 | 3 404 |
| 2023－8248 | E02_HBB2302342_23－08－17.fsa | 325 | 324.69 | 2 268 | 11 743 | 3 222 |
| | E02_HBB2302342_23－08－17.fsa | 345 | 345.6 | 1 927 | 10 619 | 3 346 |
| 2023－8249 | E03_HBB2302343_23－08－17.fsa | 325 | 324.83 | 1 928 | 9 118 | 3 183 |
| | E03_HBB2302343_23－08－17.fsa | 350 | 349.83 | 1 534 | 7 471 | 3 330 |

（续）

| 资源序号 | 样本名<br>（sample file name） | 等位基因位点<br>（allele，bp） | 大小<br>（size，bp） | 高度<br>（height，RFU） | 面积<br>（area，RFU） | 数据取值点<br>（data point，RFU） |
|---|---|---|---|---|---|---|
| 2023－8250 | E04_HBB2302344_23－08－17.fsa | 350 | 349.66 | 2 086 | 10 491 | 3 325 |
| | E04_HBB2302344_23－08－17.fsa | 362 | 361.6 | 1 347 | 6 047 | 3 398 |
| 2023－8251 | E06_HBB2302346_23－08－17.fsa | 350 | 349.66 | 1 537 | 7 501 | 3 264 |
| | E06_HBB2302346_23－08－17.fsa | 352 | 351.65 | 1 044 | 4 978 | 3 276 |
| 2023－8252 | E07_HBB2302347_23－08－17.fsa | 345 | 345.44 | 1 135 | 5 602 | 3 239 |
| | E07_HBB2302347_23－08－17.fsa | 350 | 349.65 | 981 | 4 588 | 3 263 |
| 2023－8253 | E08_HBB2302348_23－08－17.fsa | 350 | 349.48 | 1 941 | 9 586 | 3 284 |
| 2023－8254 | E09_HBB2302349_23－08－17.fsa | 350 | 349.66 | 2 250 | 11 252 | 3 289 |
| 2023－8255 | E10_HBB2302350_23－08－17.fsa | 325 | 324.68 | 3 272 | 20 156 | 3 134 |
| | E10_HBB2302350_23－08－17.fsa | 350 | 349.48 | 2 381 | 11 871 | 3 278 |
| 2023－8256 | E11_HBB2302351_23－08－17.fsa | 345 | 345.43 | 5 576 | 30 216 | 3 300 |
| 2023－8257 | E12_HBB2302352_23－08－17.fsa | 350 | 349.67 | 6 590 | 34 631 | 3 389 |
| 2023－8258 | F01_HBB2302353_23－08－17.fsa | 335 | 335.44 | 7 425 | 39 565 | 3 314 |
| 2023－8259 | F02_HBB2302354_23－08－17.fsa | 345 | 345.67 | 4 978 | 24 241 | 3 343 |
| 2023－8260 | F03_HBB2302355_23－08－17.fsa | 325 | 324.94 | 6 832 | 34 087 | 3 195 |
| 2023－8261 | F04_HBB2302356_23－08－17.fsa | 325 | 324.71 | 3 650 | 19 785 | 3 192 |
| | F04_HBB2302356_23－08－17.fsa | 362 | 361.65 | 1 628 | 7 288 | 3 413 |
| 2023－8262 | F05_HBB2302357_23－08－17.fsa | 325 | 324.67 | 4 344 | 19 361 | 3 151 |
| | F05_HBB2302357_23－08－17.fsa | 343 | 343.45 | 4 126 | 18 687 | 3 260 |
| 2023－8263 | F06_HBB2302358_23－08－17.fsa | 325 | 324.81 | 2 852 | 14 039 | 3 131 |
| | F06_HBB2302358_23－08－17.fsa | 352 | 351.65 | 1 926 | 9 438 | 3 287 |
| 2023－8264 | F07_HBB2302359_23－08－17.fsa | 325 | 324.62 | 2 624 | 13 138 | 3 133 |
| | F07_HBB2302359_23－08－17.fsa | 350 | 349.66 | 1 964 | 10 026 | 3 278 |
| 2023－8265 | F08_HBB2302360_23－08－17.fsa | 325 | 324.51 | 3 866 | 18 349 | 3 118 |
| | F08_HBB2302360_23－08－17.fsa | 350 | 349.65 | 2 823 | 13 531 | 3 262 |
| 2023－8266 | F09_HBB2302361_23－08－17.fsa | 322 | 321.71 | 1 907 | 9 297 | 3 121 |
| | F09_HBB2302361_23－08－17.fsa | 350 | 349.66 | 3 195 | 15 238 | 3 283 |
| 2023－8267 | F10_HBB2302362_23－08－17.fsa | 322 | 321.43 | 3 328 | 16 092 | 3 120 |
| | F10_HBB2302362_23－08－17.fsa | 352 | 351.65 | 4 368 | 21 930 | 3 296 |

（续）

| 资源序号 | 样本名<br>（sample file name） | 等位基因位点<br>（allele，bp） | 大小<br>（size,<br>bp） | 高度<br>（height,<br>RFU） | 面积<br>（area,<br>RFU） | 数据取值点<br>（data point,<br>RFU） |
|---|---|---|---|---|---|---|
| 2023 - 8268 | F11_HBB2302363_23 - 08 - 17. fsa | 322 | 321.69 | 2 269 | 11 267 | 3 188 |
| | F11_HBB2302363_23 - 08 - 17. fsa | 343 | 343.51 | 5 301 | 25 944 | 3 318 |
| 2023 - 8269 | F12_HBB2302364_23 - 08 - 17. fsa | 325 | 324.92 | 5 201 | 25 790 | 3 210 |
| | F12_HBB2302364_23 - 08 - 17. fsa | 352 | 351.59 | 3 319 | 16 274 | 3 371 |
| 2023 - 8270 | G01_HBB2302365_23 - 08 - 17. fsa | 345 | 345.75 | 3 819 | 17 697 | 3 385 |
| | G01_HBB2302365_23 - 08 - 17. fsa | 352 | 351.74 | 3 046 | 13 905 | 3 422 |
| 2023 - 8271 | G03_HBB2302367_23 - 08 - 17. fsa | 350 | 349.83 | 3 806 | 19 226 | 3 349 |
| 2023 - 8272 | G04_HBB2302368_23 - 08 - 17. fsa | 320 | 320.6 | 3 026 | 14 456 | 3 150 |
| | G04_HBB2302368_23 - 08 - 17. fsa | 343 | 343.4 | 2 923 | 14 130 | 3 284 |
| 2023 - 8273 | G05_HBB2302369_23 - 08 - 17. fsa | 350 | 349.66 | 6 185 | 28 398 | 3 301 |
| | G05_HBB2302369_23 - 08 - 17. fsa | 365 | 365.15 | 905 | 4 688 | 3 395 |
| 2023 - 8274 | G06_HBB2302370_23 - 08 - 17. fsa | 322 | 321.49 | 1 732 | 8 693 | 3 139 |
| | G06_HBB2302370_23 - 08 - 17. fsa | 352 | 351.64 | 1 860 | 8 834 | 3 315 |
| 2023 - 8275 | G07_HBB2302371_23 - 08 - 17. fsa | 325 | 324.79 | 2 920 | 14 452 | 3 139 |
| | G07_HBB2302371_23 - 08 - 17. fsa | 350 | 349.66 | 2 323 | 11 473 | 3 283 |
| 2023 - 8276 | G08_HBB2302372_23 - 08 - 17. fsa | 345 | 345.43 | 3 355 | 15 268 | 3 275 |
| | G08_HBB2302372_23 - 08 - 17. fsa | 352 | 351.64 | 2 206 | 10 441 | 3 312 |
| 2023 - 8277 | G09_HBB2302373_23 - 08 - 17. fsa | 350 | 349.66 | 3 638 | 16 901 | 3 282 |
| | G09_HBB2302373_23 - 08 - 17. fsa | 365 | 365.52 | 1 845 | 8 548 | 3 378 |
| 2023 - 8278 | G10_HBB2302374_23 - 08 - 17. fsa | 335 | 335.2 | 4 142 | 19 931 | 3 218 |
| | G10_HBB2302374_23 - 08 - 17. fsa | 350 | 349.66 | 2 498 | 12 081 | 3 303 |
| 2023 - 8279 | G11_HBB2302375_23 - 08 - 17. fsa | 350 | 349.67 | 3 692 | 18 882 | 3 349 |
| | G11_HBB2302375_23 - 08 - 17. fsa | 365 | 365.35 | 2 292 | 13 681 | 3 447 |
| 2023 - 8280 | G12_HBB2302376_23 - 08 - 17. fsa | 350 | 349.67 | 4 672 | 23 634 | 3 377 |
| | G12_HBB2302376_23 - 08 - 17. fsa | 352 | 351.58 | 3 379 | 15 939 | 3 389 |
| 2023 - 8281 | H01_HBB2302377_23 - 08 - 17. fsa | 340 | 339.83 | 7 407 | 36 611 | 3 382 |
| | H01_HBB2302377_23 - 08 - 17. fsa | 350 | 349.84 | 5 212 | 25 106 | 3 444 |
| 2023 - 8282 | H02_HBB2302378_23 - 08 - 17. fsa | 325 | 324.88 | 5 511 | 26 700 | 3 261 |
| | H02_HBB2302378_23 - 08 - 17. fsa | 350 | 349.84 | 3 995 | 19 315 | 3 412 |

（续）

| 资源序号 | 样本名<br>（sample file name） | 等位基因位点<br>（allele，bp） | 大小<br>（size，bp） | 高度<br>（height，RFU） | 面积<br>（area，RFU） | 数据取值点<br>（data point，RFU） |
|---|---|---|---|---|---|---|
| 2023 - 8283 | H03_HBB2302379_23 - 08 - 17. fsa | 325 | 324.74 | 3 321 | 17 566 | 3 225 |
| | H03_HBB2302379_23 - 08 - 17. fsa | 350 | 349.67 | 2 320 | 12 362 | 3 374 |
| 2023 - 8284 | H04_HBB2302380_23 - 08 - 17. fsa | 350 | 349.67 | 3 264 | 15 999 | 3 346 |
| | H04_HBB2302380_23 - 08 - 17. fsa | 362 | 361.56 | 1 997 | 9 332 | 3 420 |
| 2023 - 8285 | H05_HBB2302381_23 - 08 - 17. fsa | 350 | 349.83 | 2 513 | 11 317 | 3 327 |
| | H05_HBB2302381_23 - 08 - 17. fsa | 354 | 353.72 | 1 843 | 8 116 | 3 351 |
| 2023 - 8286 | H06_HBB2302382_23 - 08 - 17. fsa | 350 | 349.66 | 2 506 | 12 275 | 3 318 |
| 2023 - 8287 | H07_HBB2302383_23 - 08 - 17. fsa | 335 | 335.19 | 5 153 | 24 257 | 3 230 |
| | H07_HBB2302383_23 - 08 - 17. fsa | 352 | 351.79 | 2 712 | 13 387 | 3 328 |
| 2023 - 8288 | H08_HBB2302384_23 - 08 - 17. fsa | 325 | 324.66 | 3 001 | 14 060 | 3 174 |
| | H08_HBB2302384_23 - 08 - 17. fsa | 350 | 349.66 | 3 430 | 15 910 | 3 321 |
| 2023 - 8289 | H09_HBB2302385_23 - 08 - 17. fsa | 320 | 319.35 | 1 175 | 4 744 | 3 126 |
| | H09_HBB2302385_23 - 08 - 17. fsa | 345 | 345.6 | 4 316 | 19 438 | 3 280 |
| 2023 - 8290 | A01_HBB2302387_01 - 49 - 27. fsa | 350 | 350 | 4 272 | 20 132 | 3 421 |
| | A01_HBB2302387_01 - 49 - 27. fsa | 354 | 353.92 | 3 277 | 14 879 | 3 446 |
| 2023 - 8291 | A02_HBB2302388_01 - 49 - 27. fsa | 325 | 324.84 | 5 602 | 28 145 | 3 247 |
| | A02_HBB2302388_01 - 49 - 27. fsa | 350 | 349.84 | 3 805 | 19 215 | 3 398 |
| 2023 - 8292 | A03_HBB2302389_01 - 49 - 27. fsa | 350 | 349.83 | 10 096 | 45 521 | 3 346 |
| 2023 - 8293 | A04_HBB2302390_01 - 49 - 27. fsa | 350 | 349.67 | 7 945 | 40 672 | 3 338 |
| 2023 - 8294 | A05_HBB2302391_01 - 49 - 27. fsa | 354 | 353.58 | 6 706 | 35 425 | 3 344 |
| 2023 - 8295 | A06_HBB2302392_01 - 49 - 27. fsa | 345 | 345.6 | 8 367 | 45 783 | 3 287 |
| 2023 - 8296 | A07_HBB2302393_01 - 49 - 27. fsa | 350 | 349.66 | 11 064 | 60 127 | 3 303 |
| | A07_HBB2302393_01 - 49 - 27. fsa | 365 | 364.99 | 1 169 | 6 732 | 3 397 |
| 2023 - 8297 | A08_HBB2302394_01 - 49 - 27. fsa | 352 | 351.78 | 4 774 | 26 004 | 3 354 |
| 2023 - 8298 | A09_HBB2302395_01 - 49 - 27. fsa | 350 | 349.83 | 4 835 | 25 584 | 3 332 |
| | A09_HBB2302395_01 - 49 - 27. fsa | 365 | 365.1 | 735 | 3 478 | 3 426 |
| 2023 - 8299 | A10_HBB2302396_01 - 49 - 27. fsa | 325 | 324.81 | 14 709 | 91 023 | 3 205 |
| 2023 - 8300 | A11_HBB2302397_01 - 49 - 27. fsa | 350 | 349.67 | 7 994 | 45 016 | 3 402 |
| | A11_HBB2302397_01 - 49 - 27. fsa | 365 | 365 | 1 644 | 9 138 | 3 499 |
| 2023 - 8301 | A12_HBB2302398_01 - 49 - 27. fsa | 354 | 353.74 | 8 401 | 46 417 | 3 463 |

（续）

| 资源序号 | 样本名<br>（sample file name） | 等位基因位点<br>（allele，bp） | 大小<br>（size，bp） | 高度<br>（height，RFU） | 面积<br>（area，RFU） | 数据取值点<br>（data point，RFU） |
|---|---|---|---|---|---|---|
| 2023－8302 | B01_HBB2302399_01－49－27. fsa | 350 | 349.83 | 4 531 | 23 378 | 3 376 |
| | B01_HBB2302399_01－49－27. fsa | 352 | 351.75 | 3 183 | 16 032 | 3 388 |
| 2023－8303 | B02_HBB2302400_01－49－27. fsa | 343 | 343.51 | 5 253 | 24 384 | 3 350 |
| | B02_HBB2302400_01－49－27. fsa | 350 | 349.83 | 4 339 | 19 477 | 3 388 |
| 2023－8304 | B03_HBB2302401_01－49－27. fsa | 325 | 324.71 | 5 184 | 28 791 | 3 186 |
| | B03_HBB2302401_01－49－27. fsa | 350 | 349.66 | 3 896 | 21 896 | 3 333 |
| 2023－8305 | B04_HBB2302402_01－49－27. fsa | 325 | 324.72 | 7 548 | 35 854 | 3 182 |
| | B04_HBB2302402_01－49－27. fsa | 350 | 349.66 | 5 452 | 26 646 | 3 329 |
| 2023－8306 | B05_HBB2302403_01－49－27. fsa | 350 | 349.66 | 4 067 | 21 208 | 3 314 |
| | B05_HBB2302403_01－49－27. fsa | 352 | 351.64 | 2 912 | 14 431 | 3 326 |
| 2023－8307 | B06_HBB2302404_01－49－27. fsa | 350 | 349.66 | 6 439 | 34 481 | 3 286 |
| | B06_HBB2302404_01－49－27. fsa | 352 | 351.64 | 4 275 | 21 237 | 3 298 |
| 2023－8308 | B07_HBB2302405_01－49－27. fsa | 350 | 349.66 | 7 071 | 36 130 | 3 297 |
| 2023－8309 | B08_HBB2302406_01－49－27. fsa | 343 | 343.45 | 5 921 | 29 192 | 3 262 |
| | B08_HBB2302406_01－49－27. fsa | 350 | 349.66 | 4 704 | 23 961 | 3 298 |
| 2023－8310 | B09_HBB2302407_01－49－27. fsa | 350 | 349.66 | 9 897 | 56 403 | 3 295 |
| 2023－8311 | B11_HBB2302409_01－49－27. fsa | 350 | 349.67 | 6 028 | 35 162 | 3 373 |
| | B11_HBB2302409_01－49－27. fsa | 365 | 365.14 | 624 | 3 672 | 3 470 |
| 2023－8312 | B12_HBB2302410_01－49－27. fsa | 350 | 349.67 | 8 957 | 50 399 | 3 405 |
| 2023－8313 | C01_HBB2302411_01－49－27. fsa | 350 | 349.83 | 7 746 | 39 016 | 3 396 |
| | C01_HBB2302411_01－49－27. fsa | 352 | 351.75 | 5 731 | 27 167 | 3 408 |
| 2023－8314 | C02_HBB2302412_01－49－27. fsa | 350 | 349.83 | 9 083 | 42 443 | 3 363 |
| | C02_HBB2302412_01－49－27. fsa | 352 | 351.77 | 6 403 | 28 378 | 3 375 |
| 2023－8315 | C03_HBB2302413_01－49－27. fsa | 345 | 345.6 | 5 370 | 28 306 | 3 315 |
| | C03_HBB2302413_01－49－27. fsa | 350 | 349.83 | 4 355 | 22 089 | 3 340 |
| 2023－8316 | C04_HBB2302414_01－49－27. fsa | 350 | 349.83 | 6 813 | 34 870 | 3 316 |
| | C04_HBB2302414_01－49－27. fsa | 352 | 351.8 | 4 981 | 23 732 | 3 328 |
| 2023－8317 | C05_HBB2302415_01－49－27. fsa | 350 | 349.66 | 6 863 | 33 710 | 3 284 |
| | C05_HBB2302415_01－49－27. fsa | 352 | 351.65 | 4 944 | 22 221 | 3 296 |

（续）

| 资源序号 | 样本名<br>（sample file name） | 等位基因位点<br>（allele，bp） | 大小<br>（size，bp） | 高度<br>（height，RFU） | 面积<br>（area，RFU） | 数据取值点<br>（data point，RFU） |
|---|---|---|---|---|---|---|
| 2023－8318 | C06_HBB2302416_01－49－27.fsa | 325 | 335.18 | 9 664 | 48 292 | 3 220 |
| | C06_HBB2302416_01－49－27.fsa | 350 | 349.66 | 5 935 | 30 102 | 3 305 |
| 2023－8319 | C07_HBB2302417_01－49－27.fsa | 325 | 335.13 | 8 430 | 39 844 | 3 191 |
| | C07_HBB2302417_01－49－27.fsa | 340 | 339.3 | 7 393 | 33 956 | 3 215 |
| 2023－8320 | C08_HBB2302418_01－49－27.fsa | 325 | 324.63 | 7 572 | 37 871 | 3 126 |
| | C08_HBB2302418_01－49－27.fsa | 343 | 343.28 | 6 521 | 33 708 | 3 234 |
| 2023－8321 | C09_HBB2302419_01－49－27.fsa | 325 | 324.62 | 5 712 | 29 235 | 3 167 |
| | C09_HBB2302419_01－49－27.fsa | 350 | 349.49 | 3 952 | 19 684 | 3 313 |
| 2023－8322 | C10_HBB2302420_01－49－27.fsa | 350 | 349.66 | 11 381 | 59 687 | 3 296 |
| 2023－8323 | C11_HBB2302421_01－49－27.fsa | 322 | 321.76 | 5 812 | 33 523 | 3 194 |
| | C11_HBB2302421_01－49－27.fsa | 325 | 324.76 | 11 760 | 63 248 | 3 212 |
| 2023－8324 | C12_HBB2302422_01－49－27.fsa | 350 | 349.67 | 2 465 | 13 363 | 3 391 |
| | C12_HBB2302422_01－49－27.fsa | 369 | 368.38 | 2 807 | 14 239 | 3 509 |
| 2023－8325 | D01_HBB2302423_01－49－27.fsa | 325 | 325.01 | 8 335 | 40 201 | 3 258 |
| | D01_HBB2302423_01－49－27.fsa | 350 | 349.84 | 6 215 | 30 731 | 3 408 |
| 2023－8326 | D02_HBB2302424_01－49－27.fsa | 325 | 324.87 | 11 099 | 53 388 | 3 215 |
| | D02_HBB2302424_01－49－27.fsa | 350 | 349.67 | 8 410 | 41 006 | 3 363 |
| 2023－8327 | D03_HBB2302425_01－49－27.fsa | 325 | 324.72 | 19 541 | 95 908 | 3 161 |
| 2023－8328 | D04_HBB2302426_01－49－27.fsa | 325 | 324.74 | 12 091 | 59 034 | 3 153 |
| | D04_HBB2302426_01－49－27.fsa | 350 | 349.66 | 3 653 | 17 404 | 3 299 |
| 2023－8329 | D05_HBB2302427_01－49－27.fsa | 322 | 321.65 | 4 545 | 21 949 | 3 114 |
| | D05_HBB2302427_01－49－27.fsa | 350 | 349.65 | 5 147 | 25 509 | 3 275 |
| 2023－8330 | D06_HBB2302428_01－49－27.fsa | 350 | 349.48 | 12 167 | 60 605 | 3 283 |
| 2023－8331 | D08_HBB2302430_01－49－27.fsa | 325 | 324.64 | 7 308 | 38 473 | 3 111 |
| | D08_HBB2302430_01－49－27.fsa | 350 | 349.65 | 5 560 | 26 481 | 3 254 |
| 2023－8332 | D09_HBB2302431_01－49－27.fsa | 350 | 349.66 | 6 961 | 36 407 | 3 288 |
| | D09_HBB2302431_01－49－27.fsa | 352 | 351.65 | 5 122 | 24 789 | 3 300 |
| 2023－8333 | D10_HBB2302432_01－49－27.fsa | 350 | 349.66 | 11 949 | 58 540 | 3 281 |
| 2023－8334 | D11_HBB2302433_01－49－27.fsa | 325 | 324.65 | 7 544 | 40 844 | 3 194 |
| | D11_HBB2302433_01－49－27.fsa | 350 | 349.5 | 5 688 | 30 558 | 3 342 |

（续）

| 资源序号 | 样本名<br>（sample file name） | 等位基因位点<br>（allele，bp） | 大小<br>（size，bp） | 高度<br>（height，RFU） | 面积<br>（area，RFU） | 数据取值点<br>（data point，RFU） |
|---|---|---|---|---|---|---|
| 2023－8335 | D12_HBB2302434_01－49－27.fsa | 325 | 324.68 | 6 794 | 35 092 | 3 236 |
| | D12_HBB2302434_01－49－27.fsa | 350 | 349.67 | 4 747 | 25 633 | 3 386 |
| 2023－8336 | E01_HBB2302435_01－49－27.fsa | 325 | 335.48 | 6 903 | 35 179 | 3 335 |
| | E01_HBB2302435_01－49－27.fsa | 350 | 349.84 | 4 184 | 20 999 | 3 422 |
| 2023－8337 | E02_HBB2302436_01－49－27.fsa | 343 | 343.51 | 5 192 | 26 264 | 3 342 |
| | E02_HBB2302436_01－49－27.fsa | 369 | 369.38 | 1 850 | 9 008 | 3 502 |
| 2023－8338 | E03_HBB2302437_01－49－27.fsa | 340 | 340.68 | 4 492 | 22 170 | 3 284 |
| | E03_HBB2302437_01－49－27.fsa | 352 | 351.62 | 3 789 | 17 707 | 3 349 |
| 2023－8339 | E04_HBB2302438_01－49－27.fsa | 325 | 324.72 | 9 697 | 45 900 | 3 186 |
| | E04_HBB2302438_01－49－27.fsa | 350 | 349.66 | 7 079 | 35 519 | 3 333 |
| 2023－8340 | E05_HBB2302439_01－49－27.fsa | 325 | 324.73 | 6 908 | 34 296 | 3 166 |
| | E05_HBB2302439_01－49－27.fsa | 350 | 349.66 | 5 224 | 24 391 | 3 311 |
| 2023－8341 | E06_HBB2302440_01－49－27.fsa | 322 | 321.65 | 3 912 | 18 354 | 3 111 |
| | E06_HBB2302440_01－49－27.fsa | 352 | 351.65 | 4 984 | 24 507 | 3 285 |
| 2023－8342 | E07_HBB2302441_01－49－27.fsa | 325 | 324.57 | 4 028 | 20 142 | 3 124 |
| | E07_HBB2302441_01－49－27.fsa | 350 | 349.65 | 3 633 | 17 933 | 3 268 |
| 2023－8343 | E08_HBB2302442_01－49－27.fsa | 322 | 321.61 | 5 231 | 27 203 | 3 129 |
| | E08_HBB2302442_01－49－27.fsa | 325 | 324.51 | 10 728 | 52 235 | 3 146 |
| 2023－8344 | E09_HBB2302443_01－49－27.fsa | 325 | 324.67 | 4 858 | 24 169 | 3 152 |
| | E09_HBB2302443_01－49－27.fsa | 352 | 351.65 | 3 255 | 16 524 | 3 309 |
| 2023－8345 | E10_HBB2302444_01－49－27.fsa | 325 | 324.74 | 5 411 | 27 291 | 3 141 |
| | E10_HBB2302444_01－49－27.fsa | 343 | 343.4 | 4 925 | 24 152 | 3 250 |
| 2023－8346 | E11_HBB2302445_01－49－27.fsa | 325 | 324.6 | 7 746 | 41 265 | 3 186 |
| | E11_HBB2302445_01－49－27.fsa | 350 | 349.66 | 6 057 | 31 608 | 3 334 |
| 2023－8347 | E12_HBB2302446_01－49－27.fsa | 325 | 324.9 | 12 488 | 66 223 | 3 248 |
| | E12_HBB2302446_01－49－27.fsa | 365 | 364.96 | 1 753 | 8 924 | 3 495 |
| 2023－8348 | F01_HBB2302447_01－49－27.fsa | 325 | 325.02 | 4 246 | 22 088 | 3 257 |
| | F01_HBB2302447_01－49－27.fsa | 352 | 351.91 | 2 967 | 15 036 | 3 418 |
| 2023－8349 | F02_HBB2302448_01－49－27.fsa | 350 | 349.67 | 5 238 | 26 500 | 3 379 |
| | F02_HBB2302448_01－49－27.fsa | 352 | 351.75 | 3 767 | 18 208 | 3 392 |

（续）

| 资源序号 | 样本名<br>(sample file name) | 等位基因位点<br>(allele，bp) | 大小<br>(size,<br>bp) | 高度<br>(height,<br>RFU) | 面积<br>(area,<br>RFU) | 数据取值点<br>(data point,<br>RFU) |
|---|---|---|---|---|---|---|
| 2023－8350 | F03_HBB2302449_01－49－27.fsa | 325 | 324.93 | 14 643 | 74 605 | 3 202 |
| | F03_HBB2302449_01－49－27.fsa | 365 | 364.97 | 1 730 | 8 911 | 3 444 |
| 2023－8351 | F05_HBB2302451_01－49－27.fsa | 343 | 343.45 | 7 696 | 33 730 | 3 268 |
| | F05_HBB2302451_01－49－27.fsa | 350 | 349.83 | 6 004 | 27 215 | 3 305 |
| 2023－8352 | F06_HBB2302452_01－49－27.fsa | 325 | 324.51 | 8 096 | 38 398 | 3 137 |
| | F06_HBB2302452_01－49－27.fsa | 350 | 349.66 | 6 085 | 29 983 | 3 283 |
| 2023－8353 | F07_HBB2302453_01－49－27.fsa | 350 | 349.66 | 5 937 | 30 293 | 3 284 |
| 2023－8354 | F08_HBB2302454_01－49－27.fsa | 343 | 343.28 | 7 096 | 34 120 | 3 233 |
| | F08_HBB2302454_01－49－27.fsa | 352 | 351.49 | 5 428 | 26 155 | 3 281 |
| 2023－8355 | F09_HBB2302455_01－49－27.fsa | 350 | 349.66 | 7 481 | 37 814 | 3 292 |
| | F09_HBB2302455_01－49－27.fsa | 352 | 351.65 | 3 501 | 16 206 | 3 304 |
| 2023－8356 | F10_HBB2302456_01－49－27.fsa | 322 | 321.67 | 4 735 | 22 654 | 3 129 |
| | F10_HBB2302456_01－49－27.fsa | 350 | 349.66 | 6 322 | 30 369 | 3 292 |
| 2023－8357 | F11_HBB2302457_01－49－27.fsa | 345 | 345.51 | 7 215 | 33 505 | 3 339 |
| | F11_HBB2302457_01－49－27.fsa | 350 | 349.67 | 6 882 | 32 334 | 3 364 |
| 2023－8358 | F12_HBB2302458_01－49－27.fsa | 325 | 324.8 | 5 165 | 27 518 | 3 220 |
| | F12_HBB2302458_01－49－27.fsa | 343 | 343.51 | 4 588 | 24 116 | 3 332 |
| 2023－8359 | G01_HBB2302459_01－49－27.fsa | 325 | 335.63 | 5 911 | 28 965 | 3 328 |
| | G01_HBB2302459_01－49－27.fsa | 350 | 350 | 3 585 | 17 116 | 3 415 |
| 2023－8360 | G02_HBB2302460_01－49－27.fsa | 325 | 335.29 | 6 352 | 30 827 | 3 313 |
| | G02_HBB2302460_01－49－27.fsa | 350 | 349.83 | 3 864 | 18 976 | 3 400 |
| 2023－8361 | G03_HBB2302461_01－49－27.fsa | 350 | 349.83 | 9 367 | 47 208 | 3 358 |
| 2023－8362 | G04_HBB2302462_01－49－27.fsa | 350 | 349.66 | 9 855 | 47 514 | 3 329 |
| 2023－8363 | G05_HBB2302463_01－49－27.fsa | 325 | 335.16 | 8 750 | 39 666 | 3 226 |
| | G05_HBB2302463_01－49－27.fsa | 350 | 349.83 | 5 428 | 24 779 | 3 311 |
| 2023－8364 | G06_HBB2302464_01－49－27.fsa | 350 | 349.66 | 8 802 | 40 728 | 3 313 |
| 2023－8365 | G07_HBB2302465_01－49－27.fsa | 325 | 324.84 | 4 641 | 22 818 | 3 147 |
| | G07_HBB2302465_01－49－27.fsa | 350 | 349.66 | 3 798 | 19 139 | 3 292 |
| 2023－8366 | G08_HBB2302466_01－49－27.fsa | 325 | 335.01 | 7 615 | 35 278 | 3 223 |
| | G08_HBB2302466_01－49－27.fsa | 350 | 349.66 | 4 582 | 22 106 | 3 308 |

（续）

| 资源序号 | 样本名<br>(sample file name) | 等位基因位点<br>(allele，bp) | 大小<br>(size，bp) | 高度<br>(height，RFU) | 面积<br>(area，RFU) | 数据取值点<br>(data point，RFU) |
|---|---|---|---|---|---|---|
| 2023-8367 | G09_HBB2302467_01-49-27.fsa | 350 | 349.66 | 8 838 | 40 535 | 3 290 |
| 2023-8368 | G10_HBB2302468_01-49-27.fsa | 350 | 349.66 | 5 545 | 26 191 | 3 313 |
| | G10_HBB2302468_01-49-27.fsa | 352 | 351.63 | 3 883 | 18 035 | 3 325 |
| 2023-8369 | G11_HBB2302469_01-49-27.fsa | 343 | 343.51 | 5 373 | 26 555 | 3 322 |
| | G11_HBB2302469_01-49-27.fsa | 352 | 351.75 | 4 051 | 19 723 | 3 372 |
| 2023-8370 | G12_HBB2302470_01-49-27.fsa | 325 | 324.84 | 4 866 | 24 966 | 3 239 |
| | G12_HBB2302470_01-49-27.fsa | 350 | 349.84 | 3 583 | 17 827 | 3 390 |
| 2023-8371 | H02_HBB2302472_01-49-27.fsa | 350 | 349.84 | 5 437 | 26 543 | 3 424 |
| 2023-8372 | H03_HBB2302473_01-49-27.fsa | 350 | 349.83 | 3 221 | 17 546 | 3 383 |
| | H03_HBB2302473_01-49-27.fsa | 352 | 351.75 | 2 343 | 11 735 | 3 395 |
| 2023-8373 | H04_HBB2302474_01-49-27.fsa | 350 | 349.83 | 5 091 | 26 056 | 3 356 |
| | H04_HBB2302474_01-49-27.fsa | 352 | 351.76 | 3 964 | 18 580 | 3 368 |
| 2023-8374 | H05_HBB2302475_01-49-27.fsa | 350 | 349.83 | 10 905 | 48 749 | 3 338 |
| 2023-8375 | H06_HBB2302476_01-49-27.fsa | 350 | 349.83 | 6 566 | 29 787 | 3 329 |
| | H06_HBB2302476_01-49-27.fsa | 352 | 351.78 | 4 857 | 21 044 | 3 341 |
| 2023-8376 | H07_HBB2302477_01-49-27.fsa | 325 | 324.82 | 7 187 | 35 172 | 3 178 |
| | H07_HBB2302477_01-49-27.fsa | 350 | 349.83 | 5 224 | 25 464 | 3 325 |
| 2023-8377 | H08_HBB2302478_01-49-27.fsa | 350 | 349.66 | 3 150 | 15 677 | 3 331 |
| | H08_HBB2302478_01-49-27.fsa | 352 | 351.62 | 2 333 | 10 738 | 3 343 |
| 2023-8378 | H09_HBB2302479_01-49-27.fsa | 350 | 349.66 | 5 400 | 24 754 | 3 313 |
| | H09_HBB2302479_01-49-27.fsa | 352 | 351.63 | 3 737 | 16 099 | 3 325 |
| 2023-8379 | H10_HBB2302480_01-49-27.fsa | 350 | 349.66 | 3 818 | 19 091 | 3 325 |

## 2 P02

| 资源序号 | 样本名<br>(sample file name) | 等位基因位点<br>(allele，bp) | 大小<br>(size，bp) | 高度<br>(height，RFU) | 面积<br>(area，RFU) | 数据取值点<br>(data point，RFU) |
|---|---|---|---|---|---|---|
| 2023-8200 | A01_HBB2302293_24-12-45.fsa | 235 | 235.24 | 761 | 4 240 | 2 698 |
| 2023-8201 | A02_HBB2302294_24-12-45.fsa | 242 | 241.5 | 31 968 | 272 051 | 2 717 |

（续）

| 资源序号 | 样本名<br>（sample file name） | 等位基因位点<br>（allele，bp） | 大小<br>（size，bp） | 高度<br>（height，RFU） | 面积<br>（area，RFU） | 数据取值点<br>（data point，RFU） |
|---|---|---|---|---|---|---|
| 2023－8202 | A03_HBB2302295_24－12－45. fsa | 242 | 241.38 | 31 555 | 135 662 | 2 675 |
| 2023－8203 | A04_HBB2302296_24－12－45. fsa | 242 | 241.35 | 23 898 | 104 081 | 2 668 |
|  | A04_HBB2302296_24－12－45. fsa | 254 | 253.95 | 16 803 | 76 210 | 2 744 |
| 2023－8204 | A05_HBB2302297_24－12－45. fsa | 242 | 242.2 | 29 068 | 129 385 | 2 661 |
| 2023－8205 | A06_HBB2302298_24－12－45. fsa | 242 | 241.33 | 31 603 | 150 502 | 2 649 |
| 2023－8206 | A07_HBB2302299_24－12－45. fsa | 242 | 242.31 | 32 411 | 176 821 | 2 647 |
| 2023－8207 | A08_HBB2302300_24－12－45. fsa | 242 | 241.21 | 28 372 | 130 032 | 2 672 |
| 2023－8208 | A09_HBB2302301_24－12－45. fsa | 242 | 242.38 | 1 558 | 9 400 | 2 670 |
| 2023－8209 | A10_HBB2302302_24－12－45. fsa | 242 | 242.26 | 32 489 | 175 714 | 2 686 |
| 2023－8210 | A11_HBB2302303_24－12－45. fsa | 242 | 242.21 | 32 679 | 203 973 | 2 724 |
| 2023－8211 | B01_HBB2302305_24－12－45. fsa | 242 | 241.48 | 2 381 | 11 250 | 2 700 |
| 2023－8212 | B02_HBB2302306_24－12－45. fsa | 223 | 223.18 | 5 530 | 23 820 | 2 602 |
|  | B02_HBB2302306_24－12－45. fsa | 242 | 241.33 | 32 477 | 144 094 | 2 710 |
| 2023－8213 | B03_HBB2302307_24－12－45. fsa | 235 | 235.45 | 16 983 | 59 796 | 2 631 |
| 2023－8214 | B04_HBB2302308_24－12－45. fsa | 242 | 242.2 | 32 175 | 149 369 | 2 667 |
| 2023－8215 | B05_HBB2302309_24－12－45. fsa | 242 | 242.15 | 22 994 | 103 865 | 2 656 |
| 2023－8216 | B06_HBB2302310_24－12－45. fsa | 242 | 242.14 | 29 651 | 126 250 | 2 636 |
| 2023－8217 | B07_HBB2302311_24－12－45. fsa | 223 | 223.46 | 861 | 6 733 | 2 534 |
| 2023－8218 | B08_HBB2302312_24－12－45. fsa | 223 | 223.37 | 599 | 4 337 | 2 535 |
|  | B08_HBB2302312_24－12－45. fsa | 242 | 241.28 | 1 151 | 7 046 | 2 639 |
| 2023－8219 | B09_HBB2302313_24－12－45. fsa | 242 | 241.12 | 16 479 | 155 235 | 2 634 |
| 2023－8220 | B10_HBB2302314_24－12－45. fsa | 223 | 223.29 | 1 537 | 10 631 | 2 539 |
|  | B10_HBB2302314_24－12－45. fsa | 240 | 239.44 | 1 492 | 13 559 | 2 633 |
| 2023－8221 | B11_HBB2302315_24－12－45. fsa | 223 | 223.34 | 1 660 | 11 169 | 2 590 |
|  | B11_HBB2302315_24－12－45. fsa | 242 | 242.17 | 21 473 | 103 546 | 2 702 |
| 2023－8222 | B12_HBB2302316_24－12－45. fsa | 223 | 223.53 | 1 845 | 12 308 | 2 615 |
|  | B12_HBB2302316_24－12－45. fsa | 242 | 242.23 | 32 246 | 171 784 | 2 727 |
| 2023－8223 | C01_HBB2302317_24－12－45. fsa | 235 | 235.48 | 20 465 | 91 745 | 2 681 |
| 2023－8224 | C02_HBB2302318_24－12－45. fsa | 235 | 235.22 | 2 159 | 12 028 | 2 654 |
|  | C02_HBB2302318_24－12－45. fsa | 242 | 241.45 | 4 215 | 18 672 | 2 691 |

（续）

| 资源序号 | 样本名<br>（sample file name） | 等位基因位点<br>（allele，bp） | 大小<br>（size，bp） | 高度<br>（height，RFU） | 面积<br>（area，RFU） | 数据取值点<br>（data point，RFU） |
|---|---|---|---|---|---|---|
| 2023－8226 | C03_HBB2302319_24－12－45.fsa | 242 | 242.26 | 1 882 | 15 657 | 2 678 |
| 2023－8227 | C04_HBB2302320_24－12－45.fsa | 240 | 239.48 | 659 | 6 507 | 2 643 |
| 2023－8228 | C05_HBB2302321_24－12－45.fsa | 223 | 223.37 | 867 | 6 582 | 2 525 |
| | C05_HBB2302321_24－12－45.fsa | 242 | 242.09 | 2 862 | 24 836 | 2 633 |
| 2023－8229 | C06_HBB2302322_24－12－45.fsa | 242 | 242.15 | 24 265 | 108 459 | 2 648 |
| 2023－8230 | C07_HBB2302323_24－12－45.fsa | 242 | 242.08 | 26 861 | 112 611 | 2 627 |
| 2023－8231 | C09_HBB2302325_24－12－45.fsa | 223 | 223.3 | 1 548 | 9 830 | 2 547 |
| | C09_HBB2302325_24－12－45.fsa | 242 | 242.17 | 24 267 | 107 226 | 2 657 |
| 2023－8232 | C10_HBB2302326_24－12－45.fsa | 233 | 232.93 | 1 264 | 9 407 | 2 588 |
| 2023－8233 | C11_HBB2302327_24－12－45.fsa | 223 | 223.42 | 2 831 | 17 636 | 2 582 |
| | C11_HBB2302327_24－12－45.fsa | 242 | 242.14 | 29 838 | 133 695 | 2 693 |
| 2023－8234 | C12_HBB2302328_24－12－45.fsa | 242 | 241.37 | 32 401 | 155 921 | 2 709 |
| 2023－8235 | D01_HBB2302329_24－12－45.fsa | 235 | 235.31 | 1 149 | 6 289 | 2 688 |
| 2023－8236 | D02_HBB2302330_24－12－45.fsa | 242 | 242.11 | 24 803 | 118 264 | 2 696 |
| 2023－8237 | D03_HBB2302331_24－12－45.fsa | 223 | 223.21 | 3 644 | 21 127 | 2 540 |
| | D03_HBB2302331_24－12－45.fsa | 242 | 241.29 | 15 465 | 131 741 | 2 645 |
| 2023－8238 | D04_HBB2302332_24－12－45.fsa | 223 | 223.03 | 956 | 5 040 | 2 534 |
| | D04_HBB2302332_24－12－45.fsa | 242 | 241.12 | 15 909 | 66 157 | 2 639 |
| 2023－8239 | D05_HBB2302333_24－12－45.fsa | 242 | 242.09 | 27 202 | 114 182 | 2 627 |
| 2023－8240 | D06_HBB2302334_24－12－45.fsa | 242 | 241.95 | 15 220 | 67 639 | 2 632 |
| 2023－8241 | D07_HBB2302335_24－12－45.fsa | 242 | 241.15 | 28 711 | 116 741 | 2 648 |
| 2023－8242 | D08_HBB2302336_24－12－45.fsa | 242 | 242.02 | 19 549 | 84 748 | 2 610 |
| 2023－8243 | D09_HBB2302337_24－12－45.fsa | 242 | 241.08 | 16 249 | 103 730 | 2 631 |
| 2023－8244 | D10_HBB2302338_24－12－45.fsa | 223 | 223 | 2 084 | 11 880 | 2 520 |
| | D10_HBB2302338_24－12－45.fsa | 242 | 241.22 | 20 985 | 93 610 | 2 625 |
| 2023－8245 | D11_HBB2302339_24－12－45.fsa | 242 | 241.24 | 11 210 | 103 162 | 2 673 |
| 2023－8246 | D12_HBB2302340_24－12－45.fsa | 233 | 233.29 | 2 020 | 18 205 | 2 658 |
| | D12_HBB2302340_24－12－45.fsa | 242 | 242.17 | 799 | 4 234 | 2 711 |
| 2023－8247 | E01_HBB2302341_24－12－45.fsa | 242 | 241.48 | 15 782 | 66 625 | 2 734 |
| 2023－8248 | E02_HBB2302342_24－12－45.fsa | 242 | 241.3 | 12 651 | 56 037 | 2 703 |

（续）

| 资源序号 | 样本名<br>（sample file name） | 等位基因位点<br>（allele，bp） | 大小<br>（size，bp） | 高度<br>（height，RFU） | 面积<br>（area，RFU） | 数据取值点<br>（data point，RFU） |
|---|---|---|---|---|---|---|
| 2023 - 8249 | E03_HBB2302343_24 - 12 - 45. fsa | 242 | 241.21 | 6 418 | 27 657 | 2 670 |
|  | E03_HBB2302343_24 - 12 - 45. fsa | 254 | 253.79 | 3 865 | 17 282 | 2 746 |
| 2023 - 8250 | E04_HBB2302344_24 - 12 - 45. fsa | 242 | 241.21 | 15 564 | 66 263 | 2 668 |
| 2023 - 8251 | E06_HBB2302346_24 - 12 - 45. fsa | 242 | 242.09 | 26 091 | 108 739 | 2 624 |
| 2023 - 8252 | E07_HBB2302347_24 - 12 - 45. fsa | 242 | 241.04 | 16 876 | 71 447 | 2 616 |
| 2023 - 8253 | E08_HBB2302348_24 - 12 - 45. fsa | 242 | 241.12 | 26 003 | 109 255 | 2 634 |
| 2023 - 8254 | E09_HBB2302349_24 - 12 - 45. fsa | 242 | 241.12 | 31 763 | 136 502 | 2 638 |
| 2023 - 8255 | E10_HBB2302350_24 - 12 - 45. fsa | 223 | 223.02 | 3 428 | 18 925 | 2 524 |
|  | E10_HBB2302350_24 - 12 - 45. fsa | 242 | 241.11 | 22 491 | 99 971 | 2 629 |
| 2023 - 8256 | E11_HBB2302351_24 - 12 - 45. fsa | 223 | 223.07 | 14 575 | 65 709 | 2 558 |
|  | E11_HBB2302351_24 - 12 - 45. fsa | 242 | 241.24 | 32 229 | 160 669 | 2 665 |
| 2023 - 8257 | E12_HBB2302352_24 - 12 - 45. fsa | 223 | 223.11 | 2 529 | 12 039 | 2 607 |
|  | E12_HBB2302352_24 - 12 - 45. fsa | 242 | 241.37 | 32 255 | 168 209 | 2 716 |
| 2023 - 8258 | F01_HBB2302353_24 - 12 - 45. fsa | 242 | 241.59 | 12 675 | 54 658 | 2 733 |
|  | F01_HBB2302353_24 - 12 - 45. fsa | 254 | 254.18 | 4 374 | 20 735 | 2 810 |
| 2023 - 8259 | F02_HBB2302354_24 - 12 - 45. fsa | 223 | 223.17 | 10 279 | 43 248 | 2 593 |
|  | F02_HBB2302354_24 - 12 - 45. fsa | 242 | 241.44 | 15 353 | 66 010 | 2 701 |
| 2023 - 8260 | F03_HBB2302355_24 - 12 - 45. fsa | 242 | 241.24 | 26 355 | 113 424 | 2 680 |
| 2023 - 8261 | F04_HBB2302356_24 - 12 - 45. fsa | 242 | 242.09 | 32 559 | 167 591 | 2 683 |
| 2023 - 8262 | F05_HBB2302357_24 - 12 - 45. fsa | 223 | 223.22 | 3 575 | 18 847 | 2 539 |
|  | F05_HBB2302357_24 - 12 - 45. fsa | 242 | 241.3 | 32 014 | 142 098 | 2 644 |
| 2023 - 8263 | F06_HBB2302358_24 - 12 - 45. fsa | 242 | 242.12 | 30 306 | 125 045 | 2 632 |
| 2023 - 8264 | F07_HBB2302359_24 - 12 - 45. fsa | 223 | 223.03 | 3 772 | 20 083 | 2 522 |
|  | F07_HBB2302359_24 - 12 - 45. fsa | 242 | 241.12 | 17 799 | 150 722 | 2 627 |
| 2023 - 8265 | F08_HBB2302360_24 - 12 - 45. fsa | 242 | 242.09 | 22 440 | 93 678 | 2 621 |
| 2023 - 8266 | F09_HBB2302361_24 - 12 - 45. fsa | 242 | 242.11 | 14 975 | 62 236 | 2 638 |
|  | F09_HBB2302361_24 - 12 - 45. fsa | 254 | 253.86 | 9 764 | 40 815 | 2 708 |
| 2023 - 8267 | F10_HBB2302362_24 - 12 - 45. fsa | 242 | 242.14 | 31 921 | 138 299 | 2 638 |
| 2023 - 8268 | F11_HBB2302363_24 - 12 - 45. fsa | 254 | 253.76 | 25 354 | 111 012 | 2 766 |
| 2023 - 8269 | F12_HBB2302364_24 - 12 - 45. fsa | 254 | 254.05 | 19 627 | 88 648 | 2 769 |

（续）

| 资源序号 | 样本名<br>（sample file name） | 等位基因位点<br>（allele，bp） | 大小<br>（size，bp） | 高度<br>（height，RFU） | 面积<br>（area，RFU） | 数据取值点<br>（data point，RFU） |
|---|---|---|---|---|---|---|
| 2023 - 8270 | G01_HBB2302365_24 - 12 - 45. fsa | 223 | 223.35 | 4 203 | 17 987 | 2 633 |
| | G01_HBB2302365_24 - 12 - 45. fsa | 242 | 241.62 | 26 503 | 110 494 | 2 741 |
| 2023 - 8271 | G03_HBB2302367_24 - 12 - 45. fsa | 242 | 242.26 | 25 115 | 110 187 | 2 690 |
| 2023 - 8272 | G04_HBB2302368_24 - 12 - 45. fsa | 242 | 242.2 | 24 620 | 102 199 | 2 668 |
| 2023 - 8273 | G05_HBB2302369_24 - 12 - 45. fsa | 242 | 242.17 | 30 109 | 115 535 | 2 654 |
| 2023 - 8274 | G06_HBB2302370_24 - 12 - 45. fsa | 242 | 242 | 27 391 | 114 069 | 2 654 |
| 2023 - 8275 | G07_HBB2302371_24 - 12 - 45. fsa | 254 | 253.84 | 25 847 | 105 578 | 2 707 |
| 2023 - 8276 | G08_HBB2302372_24 - 12 - 45. fsa | 242 | 242.17 | 29 039 | 123 620 | 2 651 |
| 2023 - 8277 | G09_HBB2302373_24 - 12 - 45. fsa | 242 | 242.12 | 31 901 | 142 545 | 2 636 |
| 2023 - 8278 | G10_HBB2302374_24 - 12 - 45. fsa | 242 | 242.2 | 31 996 | 133 429 | 2 654 |
| 2023 - 8279 | G11_HBB2302375_24 - 12 - 45. fsa | 223 | 223.42 | 1 458 | 8 822 | 2 578 |
| | G11_HBB2302375_24 - 12 - 45. fsa | 264 | 264.4 | 1 667 | 2 628 | 2 828 |
| 2023 - 8280 | G12_HBB2302376_24 - 12 - 45. fsa | 223 | 223.87 | 2 167 | 8 123 | 2 602 |
| 2023 - 8281 | H01_HBB2302377_24 - 12 - 45. fsa | 242 | 241.71 | 32 535 | 157 373 | 2 765 |
| 2023 - 8282 | H02_HBB2302378_24 - 12 - 45. fsa | 242 | 241.4 | 29 194 | 123 904 | 2 735 |
| 2023 - 8283 | H03_HBB2302379_24 - 12 - 45. fsa | 242 | 241.34 | 13 232 | 57 068 | 2 705 |
| | H03_HBB2302379_24 - 12 - 45. fsa | 254 | 253.89 | 8 310 | 37 290 | 2 782 |
| 2023 - 8284 | H04_HBB2302380_24 - 12 - 45. fsa | 242 | 241.28 | 3 255 | 17 323 | 2 683 |
| 2023 - 8285 | H05_HBB2302381_24 - 12 - 45. fsa | 242 | 242.23 | 32 600 | 173 622 | 2 673 |
| 2023 - 8286 | H06_HBB2302382_24 - 12 - 45. fsa | 235 | 235.06 | 355 | 2 751 | 2 624 |
| 2023 - 8287 | H07_HBB2302383_24 - 12 - 45. fsa | 223 | 223.57 | 773 | 4 493 | 2 554 |
| | H07_HBB2302383_24 - 12 - 45. fsa | 235 | 235.05 | 778 | 7 529 | 2 621 |
| 2023 - 8288 | H08_HBB2302384_24 - 12 - 45. fsa | 242 | 241.18 | 28 800 | 118 282 | 2 662 |
| 2023 - 8289 | H09_HBB2302385_24 - 12 - 45. fsa | 223 | 223.47 | 1 273 | 9 665 | 2 545 |
| 2023 - 8290 | A01_HBB2302387_08 - 49 - 11. fsa | 242 | 242.37 | 32 466 | 171 089 | 2 744 |
| 2023 - 8291 | A02_HBB2302388_08 - 49 - 11. fsa | 242 | 242.33 | 32 526 | 159 005 | 2 726 |
| 2023 - 8292 | A03_HBB2302389_08 - 49 - 11. fsa | 242 | 241.04 | 32 422 | 191 943 | 2 680 |
| 2023 - 8293 | A04_HBB2302390_08 - 49 - 11. fsa | 254 | 253.94 | 1 995 | 9 532 | 2 752 |

（续）

| 资源序号 | 样本名<br>（sample file name） | 等位基因位点<br>（allele，bp） | 大小<br>（size，bp） | 高度<br>（height，RFU） | 面积<br>（area，RFU） | 数据取值点<br>（data point，RFU） |
|---|---|---|---|---|---|---|
| 2023－8294 | A05_HBB2302391_08－49－11. fsa | 242 | 242.18 | 31 171 | 155 115 | 2 665 |
| 2023－8295 | A06_HBB2302392_08－49－11. fsa | 242 | 241.15 | 32 478 | 188 087 | 2 654 |
| 2023－8296 | A07_HBB2302393_08－49－11. fsa | 242 | 241.87 | 573 | 4 120 | 2 651 |
| 2023－8297 | A08_HBB2302394_08－49－11. fsa | 242 | 242.22 | 3 334 | 23 744 | 2 685 |
| 2023－8298 | A09_HBB2302395_08－49－11. fsa | 242 | 242.37 | 553 | 2 646 | 2 677 |
| 2023－8299 | A10_HBB2302396_08－49－11. fsa | 242 | 242.26 | 32 638 | 184 604 | 2 693 |
| 2023－8300 | A11_HBB2302397_08－49－11. fsa | 242 | 242.54 | 6 635 | 33 539 | 2 732 |
| 2023－8301 | A12_HBB2302398_08－49－11. fsa | 242 | 242.42 | 32 694 | 191 082 | 2 759 |
| 2023－8302 | B01_HBB2302399_08－49－11. fsa | 242 | 242.14 | 32 557 | 188 385 | 2 708 |
| 2023－8303 | B02_HBB2302400_08－49－11. fsa | 254 | 253.88 | 32 591 | 155 642 | 2 790 |
| 2023－8304 | B03_HBB2302401_08－49－11. fsa | 242 | 241.18 | 29 458 | 140 218 | 2 670 |
| 2023－8305 | B04_HBB2302402_08－49－11. fsa | 254 | 253.81 | 32 444 | 162 979 | 2 743 |
| 2023－8306 | B05_HBB2302403_08－49－11. fsa | 242 | 241.14 | 30 605 | 131 802 | 2 657 |
| 2023－8307 | B06_HBB2302404_08－49－11. fsa | 242 | 242.29 | 32 028 | 165 392 | 2 639 |
| 2023－8308 | B07_HBB2302405_08－49－11. fsa | 242 | 242.14 | 31 318 | 138 117 | 2 650 |
| 2023－8309 | B08_HBB2302406_08－49－11. fsa | 242 | 242.18 | 32 543 | 186 861 | 2 651 |
| 2023－8310 | B09_HBB2302407_08－49－11. fsa | 242 | 242.17 | 32 428 | 170 746 | 2 648 |
| 2023－8311 | B11_HBB2302409_08－49－11. fsa | 242 | 242.17 | 32 439 | 183 831 | 2 708 |
| 2023－8312 | B12_HBB2302410_08－49－11. fsa | 242 | 242.23 | 32 627 | 205 069 | 2 732 |
| 2023－8313 | C01_HBB2302411_08－49－11. fsa | 242 | 242.17 | 32 572 | 205 378 | 2 724 |
| 2023－8314 | C02_HBB2302412_08－49－11. fsa | 242 | 242.12 | 32 620 | 184 466 | 2 698 |
| 2023－8315 | C03_HBB2302413_08－49－11. fsa | 244 | 244.11 | 6 275 | 28 939 | 2 695 |
| 2023－8316 | C04_HBB2302414_08－49－11. fsa | 242 | 242.2 | 32 488 | 153 743 | 2 664 |
| 2023－8317 | C05_HBB2302415_08－49－11. fsa | 244 | 244 | 2 786 | 12 609 | 2 651 |
| 2023－8318 | C06_HBB2302416_08－49－11. fsa | 242 | 241.15 | 32 442 | 159 821 | 2 650 |
| 2023－8319 | C07_HBB2302417_08－49－11. fsa | 235 | 234.89 | 402 | 1 998 | 2 591 |
| 2023－8320 | C08_HBB2302418_08－49－11. fsa | 242 | 241.2 | 31 265 | 148 700 | 2 622 |
| 2023－8321 | C09_HBB2302419_08－49－11. fsa | 242 | 242.03 | 32 576 | 187 019 | 2 662 |

（续）

| 资源序号 | 样本名<br>（sample file name） | 等位基因位点<br>（allele，bp） | 大小<br>（size，bp） | 高度<br>（height，RFU） | 面积<br>（area，RFU） | 数据取值点<br>（data point，RFU） |
|---|---|---|---|---|---|---|
| 2023－8322 | C10_HBB2302420_08－49－11. fsa | 242 | 242.15 | 1 994 | 10 655 | 2 648 |
| 2023－8323 | C11_HBB2302421_08－49－11. fsa | 242 | 242.29 | 32 656 | 194 708 | 2 697 |
| 2023－8324 | C12_HBB2302422_08－49－11. fsa | 242 | 241.19 | 30 797 | 183 218 | 2 715 |
| 2023－8325 | D01_HBB2302423_08－49－11. fsa | 242 | 242.34 | 32 655 | 166 718 | 2 736 |
| 2023－8326 | D02_HBB2302424_08－49－11. fsa | 244 | 244.14 | 32 641 | 182 709 | 2 711 |
| 2023－8327 | D03_HBB2302425_08－49－11. fsa | 242 | 241.15 | 32 533 | 157 494 | 2 650 |
| 2023－8328 | D04_HBB2302426_08－49－11. fsa | 242 | 241.13 | 32 487 | 186 494 | 2 644 |
| 2023－8329 | D05_HBB2302427_08－49－11. fsa | 242 | 242.09 | 32 445 | 176 337 | 2 632 |
| 2023－8330 | D06_HBB2302428_08－49－11. fsa | 242 | 242.09 | 31 487 | 150 555 | 2 640 |
| 2023－8331 | D08_HBB2302430_08－49－11. fsa | 242 | 241.01 | 32 057 | 159 995 | 2 611 |
| 2023－8332 | D09_HBB2302431_08－49－11. fsa | 242 | 241.26 | 32 194 | 150 220 | 2 638 |
| 2023－8333 | D10_HBB2302432_08－49－11. fsa | 242 | 241.08 | 1 528 | 11 645 | 2 631 |
| 2023－8334 | D11_HBB2302433_08－49－11. fsa | 242 | 241.24 | 32 471 | 172 659 | 2 678 |
| 2023－8335 | D12_HBB2302434_08－49－11. fsa | 242 | 241.36 | 32 494 | 168 343 | 2 712 |
| 2023－8336 | E01_HBB2302435_08－49－11. fsa | 242 | 242.51 | 32 696 | 163 285 | 2 750 |
| 2023－8337 | E02_HBB2302436_08－49－11. fsa | 242 | 241.3 | 4 525 | 31 616 | 2 708 |
| 2023－8338 | E03_HBB2302437_08－49－11. fsa | 242 | 242.23 | 32 446 | 164 089 | 2 682 |
| 2023－8339 | E04_HBB2302438_08－49－11. fsa | 242 | 242.73 | 485 | 3 551 | 2 682 |
| 2023－8340 | E05_HBB2302439_08－49－11. fsa | 242 | 242.15 | 32 546 | 170 970 | 2 660 |
| 2023－8341 | E06_HBB2302440_08－49－11. fsa | 242 | 242.26 | 4 188 | 32 793 | 2 631 |
| 2023－8342 | E07_HBB2302441_08－49－11. fsa | 242 | 242.09 | 32 016 | 157 411 | 2 626 |
| 2023－8343 | E08_HBB2302442_08－49－11. fsa | 242 | 242.31 | 318 | 1 756 | 2 650 |
| 2023－8344 | E09_HBB2302443_08－49－11. fsa | 242 | 241.15 | 16 615 | 76 124 | 2 645 |
| 2023－8345 | E10_HBB2302444_08－49－11. fsa | 242 | 241.26 | 22 062 | 197 466 | 2 635 |
| 2023－8346 | E11_HBB2302445_08－49－11. fsa | 242 | 242.22 | 32 330 | 167 057 | 2 678 |
| 2023－8347 | E12_HBB2302446_08－49－11. fsa | 242 | 241.37 | 21 785 | 197 910 | 2 720 |
| 2023－8348 | F01_HBB2302447_08－49－11. fsa | 242 | 242.46 | 12 585 | 85 272 | 2 741 |
| 2023－8349 | F02_HBB2302448_08－49－11. fsa | 242 | 241.31 | 25 171 | 114 885 | 2 707 |

（续）

| 资源序号 | 样本名<br>（sample file name） | 等位基因位点<br>（allele，bp） | 大小<br>（size,<br>bp） | 高度<br>（height,<br>RFU） | 面积<br>（area,<br>RFU） | 数据取值点<br>（data point,<br>RFU） |
|---|---|---|---|---|---|---|
| 2023 - 8350 | F03_HBB2302449_08 - 49 - 11. fsa | 242 | 241. 38 | 26 040 | 230 873 | 2 685 |
| 2023 - 8351 | F05_HBB2302451_08 - 49 - 11. fsa | 242 | 242. 18 | 32 578 | 158 119 | 2 656 |
| 2023 - 8352 | F06_HBB2302452_08 - 49 - 11. fsa | 242 | 241. 09 | 32 416 | 157 603 | 2 631 |
| 2023 - 8353 | F07_HBB2302453_08 - 49 - 11. fsa | 242 | 241. 12 | 20 564 | 176 078 | 2 632 |
| 2023 - 8354 | F08_HBB2302454_08 - 49 - 11. fsa | 242 | 242. 08 | 4 313 | 21 118 | 2 628 |
| 2023 - 8355 | F09_HBB2302455_08 - 49 - 11. fsa | 242 | 242. 12 | 32 027 | 162 669 | 2 646 |
| 2023 - 8356 | F10_HBB2302456_08 - 49 - 11. fsa | 254 | 253. 83 | 22 705 | 96 973 | 2 715 |
| 2023 - 8357 | F11_HBB2302457_08 - 49 - 11. fsa | 242 | 241. 14 | 32 546 | 193 164 | 2 694 |
| 2023 - 8358 | F12_HBB2302458_08 - 49 - 11. fsa | 242 | 242. 3 | 32 370 | 164 093 | 2 704 |
| 2023 - 8359 | G01_HBB2302459_08 - 49 - 11. fsa | 242 | 242. 61 | 13 503 | 61 313 | 2 746 |
| 2023 - 8360 | G02_HBB2302460_08 - 49 - 11. fsa | 235 | 235. 31 | 463 | 3 849 | 2 687 |
| 2023 - 8361 | G03_HBB2302461_08 - 49 - 11. fsa | 242 | 242. 26 | 11 033 | 52 959 | 2 695 |
| 2023 - 8362 | G04_HBB2302462_08 - 49 - 11. fsa | 242 | 242. 2 | 11 150 | 49 177 | 2 674 |
| 2023 - 8363 | G05_HBB2302463_08 - 49 - 11. fsa | 242 | 242. 32 | 11 982 | 56 475 | 2 661 |
| 2023 - 8364 | G06_HBB2302464_08 - 49 - 11. fsa | 242 | 242. 18 | 26 883 | 118 754 | 2 662 |
| 2023 - 8365 | G07_HBB2302465_08 - 49 - 11. fsa | 242 | 241. 3 | 21 701 | 95 381 | 2 639 |
| 2023 - 8366 | G08_HBB2302466_08 - 49 - 11. fsa | 242 | 242. 17 | 6 844 | 31 649 | 2 660 |
| 2023 - 8367 | G09_HBB2302467_08 - 49 - 11. fsa | 242 | 241. 26 | 31 746 | 137 707 | 2 639 |
| 2023 - 8368 | G10_HBB2302468_08 - 49 - 11. fsa | 242 | 242. 17 | 616 | 3 219 | 2 662 |
| 2023 - 8369 | G11_HBB2302469_08 - 49 - 11. fsa | 242 | 242. 31 | 31 866 | 144 445 | 2 697 |
| 2023 - 8370 | G12_HBB2302470_08 - 49 - 11. fsa | 254 | 254. 01 | 30 039 | 130 162 | 2 793 |
| 2023 - 8371 | H02_HBB2302472_08 - 49 - 11. fsa | 242 | 241. 4 | 32 612 | 150 388 | 2 742 |
| 2023 - 8372 | H03_HBB2302473_08 - 49 - 11. fsa | 242 | 242. 48 | 26 760 | 123 292 | 2 716 |
| 2023 - 8373 | H04_HBB2302474_08 - 49 - 11. fsa | 242 | 241. 24 | 32 593 | 174 346 | 2 688 |
| 2023 - 8374 | H05_HBB2302475_08 - 49 - 11. fsa | 242 | 241. 39 | 32 546 | 169 144 | 2 675 |
| 2023 - 8375 | H06_HBB2302476_08 - 49 - 11. fsa | 242 | 241. 35 | 31 917 | 152 096 | 2 669 |
| 2023 - 8376 | H07_HBB2302477_08 - 49 - 11. fsa | 242 | 241. 36 | 32 167 | 157 443 | 2 665 |
| 2023 - 8377 | H08_HBB2302478_08 - 49 - 11. fsa | 242 | 241. 36 | 31 577 | 153 431 | 2 670 |
| 2023 - 8378 | H09_HBB2302479_08 - 49 - 11. fsa | 242 | 241. 5 | 18 062 | 80 313 | 2 658 |

# 3 P03

| 资源序号 | 样本名<br>（sample file name） | 等位基因位点<br>（allele，bp） | 大小<br>（size，bp） | 高度<br>（height，RFU） | 面积<br>（area，RFU） | 数据取值点<br>（data point，RFU） |
|---|---|---|---|---|---|---|
| 2023 - 8200 | A01_HBB2302293_23 - 08 - 17. fsa | 257 | 257.52 | 2 823 | 20 175 | 2 831 |
| 2023 - 8201 | A02_HBB2302294_23 - 08 - 17. fsa | 253 | 252.79 | 3 993 | 21 396 | 2 782 |
| 2023 - 8202 | A03_HBB2302295_23 - 08 - 17. fsa | 253 | 252.84 | 2 900 | 14 669 | 2 740 |
|  | A03_HBB2302295_23 - 08 - 17. fsa | 258 | 258.36 | 2 337 | 10 933 | 2 775 |
| 2023 - 8203 | A04_HBB2302296_23 - 08 - 17. fsa | 253 | 252.84 | 2 313 | 11 947 | 2 733 |
|  | A04_HBB2302296_23 - 08 - 17. fsa | 258 | 258.2 | 2 864 | 17 407 | 2 767 |
| 2023 - 8204 | A05_HBB2302297_23 - 08 - 17. fsa | 274 | 274.79 | 2 046 | 10 934 | 2 858 |
| 2023 - 8205 | A06_HBB2302298_23 - 08 - 17. fsa | 253 | 252.87 | 2 524 | 13 603 | 2 713 |
|  | A06_HBB2302298_23 - 08 - 17. fsa | 258 | 258.27 | 2 992 | 19 115 | 2 747 |
| 2023 - 8206 | A07_HBB2302299_23 - 08 - 17. fsa | 249 | 248.81 | 2 245 | 16 340 | 2 682 |
|  | A07_HBB2302299_23 - 08 - 17. fsa | 258 | 258.14 | 2 492 | 19 277 | 2 740 |
| 2023 - 8207 | A08_HBB2302300_23 - 08 - 17. fsa | 253 | 252.69 | 4 494 | 25 612 | 2 737 |
| 2023 - 8208 | A09_HBB2302301_23 - 08 - 17. fsa | 258 | 258.25 | 4 097 | 33 858 | 2 764 |
| 2023 - 8209 | A10_HBB2302302_23 - 08 - 17. fsa | 249 | 248.99 | 2 866 | 21 943 | 2 722 |
|  | A10_HBB2302302_23 - 08 - 17. fsa | 253 | 252.83 | 2 497 | 18 440 | 2 746 |
| 2023 - 8210 | A11_HBB2302303_23 - 08 - 17. fsa | 258 | 258.21 | 3 683 | 29 693 | 2 821 |
| 2023 - 8211 | B01_HBB2302305_23 - 08 - 17. fsa | 249 | 249 | 1 638 | 12 938 | 2 741 |
|  | B01_HBB2302305_23 - 08 - 17. fsa | 258 | 258.26 | 1 953 | 15 959 | 2 800 |
| 2023 - 8212 | B02_HBB2302306_23 - 08 - 17. fsa | 253 | 252.64 | 2 064 | 16 144 | 2 776 |
| 2023 - 8213 | B03_HBB2302307_23 - 08 - 17. fsa | 285 | 284.98 | 1 697 | 8 303 | 2 934 |
| 2023 - 8214 | B04_HBB2302308_23 - 08 - 17. fsa | 253 | 252.71 | 9 346 | 52 367 | 2 727 |
| 2023 - 8215 | B05_HBB2302309_23 - 08 - 17. fsa | 257 | 257.37 | 2 157 | 15 825 | 2 745 |
|  | B05_HBB2302309_23 - 08 - 17. fsa | 274 | 274.79 | 865 | 4 939 | 2 854 |
| 2023 - 8216 | B06_HBB2302310_23 - 08 - 17. fsa | 249 | 248.8 | 2 591 | 13 779 | 2 671 |
|  | B06_HBB2302310_23 - 08 - 17. fsa | 274 | 274.87 | 1 005 | 4 987 | 2 833 |
| 2023 - 8217 | B07_HBB2302311_23 - 08 - 17. fsa | 253 | 252.73 | 3 615 | 18 361 | 2 702 |
|  | B07_HBB2302311_23 - 08 - 17. fsa | 274 | 274.88 | 1 633 | 8 010 | 2 840 |

（续）

| 资源序号 | 样本名<br>（sample file name） | 等位基因位点<br>（allele，bp） | 大小<br>（size，bp） | 高度<br>（height，RFU） | 面积<br>（area，RFU） | 数据取值点<br>（data point，RFU） |
|---|---|---|---|---|---|---|
| 2023－8218 | B08_HBB2302312_23－08－17.fsa | 257 | 257.36 | 1 653 | 14 619 | 2 734 |
| | B08_HBB2302312_23－08－17.fsa | 274 | 273.82 | 485 | 4 539 | 2 837 |
| 2023－8219 | B09_HBB2302313_23－08－17.fsa | 258 | 258.19 | 3 634 | 21 010 | 2 735 |
| 2023－8220 | B10_HBB2302314_23－08－17.fsa | 253 | 252.71 | 1 812 | 14 567 | 2 708 |
| | B10_HBB2302314_23－08－17.fsa | 274 | 274.71 | 1 144 | 7 556 | 2 846 |
| 2023－8221 | B11_HBB2302315_23－08－17.fsa | 253 | 252.72 | 1 589 | 15 099 | 2 757 |
| | B11_HBB2302315_23－08－17.fsa | 285 | 284.14 | 573 | 6 278 | 2 965 |
| 2023－8222 | B12_HBB2302316_23－08－17.fsa | 274 | 274.51 | 1 293 | 8 122 | 2 929 |
| | B12_HBB2302316_23－08－17.fsa | 287 | 286.8 | 998 | 6 103 | 3 009 |
| 2023－8223 | C01_HBB2302317_23－08－17.fsa | 258 | 258.2 | 2 734 | 20 006 | 2 817 |
| | C01_HBB2302317_23－08－17.fsa | 274 | 274.57 | 979 | 5 297 | 2 923 |
| 2023－8224 | C02_HBB2302318_23－08－17.fsa | 253 | 252.66 | 2 768 | 14 559 | 2 756 |
| | C02_HBB2302318_23－08－17.fsa | 274 | 274.72 | 1 240 | 6 332 | 2 897 |
| 2023－8226 | C03_HBB2302319_23－08－17.fsa | 253 | 252.69 | 3 532 | 33 303 | 2 738 |
| 2023－8227 | C04_HBB2302320_23－08－17.fsa | 253 | 252.76 | 1 097 | 7 414 | 2 713 |
| | C04_HBB2302320_23－08－17.fsa | 257 | 257.18 | 706 | 4 118 | 2 747 |
| 2023－8228 | C05_HBB2302321_23－08－17.fsa | 258 | 258.22 | 4 010 | 34 299 | 2 727 |
| 2023－8229 | C06_HBB2302322_23－08－17.fsa | 258 | 258.17 | 1 711 | 15 426 | 2 742 |
| | C06_HBB2302322_23－08－17.fsa | 268 | 267.76 | 723 | 7 483 | 2 802 |
| 2023－8230 | C07_HBB2302323_23－08－17.fsa | 253 | 252.59 | 2 108 | 11 441 | 2 686 |
| | C07_HBB2302323_23－08－17.fsa | 285 | 285.18 | 787 | 3 822 | 2 888 |
| 2023－8231 | C09_HBB2302325_23－08－17.fsa | 285 | 285.22 | 1 031 | 4 917 | 2 921 |
| 2023－8232 | C10_HBB2302326_23－08－17.fsa | 251 | 250.64 | 1 700 | 18 420 | 2 689 |
| 2023－8233 | C11_HBB2302327_23－08－17.fsa | 253 | 252.67 | 2 444 | 14 821 | 2 753 |
| | C11_HBB2302327_23－08－17.fsa | 285 | 285.19 | 900 | 4 894 | 2 961 |
| 2023－8234 | C12_HBB2302328_23－08－17.fsa | 249 | 248.84 | 2 427 | 22 003 | 2 750 |
| 2023－8235 | D01_HBB2302329_23－08－17.fsa | 253 | 252.79 | 3 296 | 18 097 | 2 790 |
| | D01_HBB2302329_23－08－17.fsa | 280 | 280.13 | 1 105 | 5 770 | 2 967 |
| 2023－8236 | D02_HBB2302330_23－08－17.fsa | 251 | 250.79 | 2 755 | 14 363 | 2 744 |
| | D02_HBB2302330_23－08－17.fsa | 258 | 258.18 | 3 214 | 17 699 | 2 791 |

（续）

| 资源序号 | 样本名<br>（sample file name） | 等位基因位点<br>（allele，bp） | 大小<br>（size，bp） | 高度<br>（height，RFU） | 面积<br>（area，RFU） | 数据取值点<br>（data point，RFU） |
|---|---|---|---|---|---|---|
| 2023－8237 | D03_HBB2302331_23－08－17.fsa | 249 | 248.81 | 2 363 | 15 975 | 2 686 |
| | D03_HBB2302331_23－08－17.fsa | 256 | 256.41 | 1 853 | 10 253 | 2 733 |
| 2023－8238 | D04_HBB2302332_23－08－17.fsa | 253 | 252.57 | 2 533 | 13 263 | 2 704 |
| | D04_HBB2302332_23－08－17.fsa | 258 | 258.19 | 2 075 | 10 851 | 2 739 |
| 2023－8239 | D05_HBB2302333_23－08－17.fsa | 251 | 250.81 | 3 546 | 25 804 | 2 675 |
| | D05_HBB2302333_23－08－17.fsa | 253 | 252.75 | 2 673 | 14 192 | 2 687 |
| 2023－8240 | D06_HBB2302334_23－08－17.fsa | 249 | 248.8 | 2 552 | 12 632 | 2 669 |
| | D06_HBB2302334_23－08－17.fsa | 258 | 258.24 | 1 862 | 9 352 | 2 727 |
| 2023－8241 | D07_HBB2302335_23－08－17.fsa | 253 | 252.58 | 1 415 | 6 696 | 2 714 |
| | D07_HBB2302335_23－08－17.fsa | 274 | 274.96 | 953 | 4 699 | 2 853 |
| 2023－8242 | D08_HBB2302336_23－08－17.fsa | 253 | 252.6 | 2 059 | 10 607 | 2 669 |
| | D08_HBB2302336_23－08－17.fsa | 257 | 257.48 | 2 334 | 13 351 | 2 699 |
| 2023－8243 | D09_HBB2302337_23－08－17.fsa | 249 | 248.81 | 705 | 6 461 | 2 674 |
| 2023－8244 | D10_HBB2302338_23－08－17.fsa | 253 | 252.75 | 2 608 | 14 714 | 2 690 |
| | D10_HBB2302338_23－08－17.fsa | 274 | 274.72 | 3 813 | 15 782 | 2 826 |
| 2023－8245 | D11_HBB2302339_23－08－17.fsa | 249 | 248.66 | 1 683 | 14 562 | 2 714 |
| | D11_HBB2302339_23－08－17.fsa | 258 | 258.22 | 1 230 | 8 342 | 2 774 |
| 2023－8246 | D12_HBB2302340_23－08－17.fsa | 274 | 274.66 | 1 963 | 11 335 | 2 913 |
| 2023－8247 | E01_HBB2302341_23－08－17.fsa | 249 | 249 | 2 510 | 15 694 | 2 774 |
| | E01_HBB2302341_23－08－17.fsa | 256 | 256.51 | 1 765 | 9 237 | 2 822 |
| 2023－8248 | E02_HBB2302342_23－08－17.fsa | 249 | 249 | 1 004 | 7 561 | 2 745 |
| | E02_HBB2302342_23－08－17.fsa | 256 | 256.41 | 594 | 4 206 | 2 792 |
| 2023－8249 | E03_HBB2302343_23－08－17.fsa | 249 | 248.82 | 1 149 | 7 967 | 2 712 |
| | E03_HBB2302343_23－08－17.fsa | 255 | 254.6 | 738 | 6 033 | 2 748 |
| 2023－8250 | E04_HBB2302344_23－08－17.fsa | 249 | 248.82 | 1 571 | 8 061 | 2 710 |
| | E04_HBB2302344_23－08－17.fsa | 274 | 274.79 | 624 | 2 980 | 2 873 |
| 2023－8251 | E06_HBB2302346_23－08－17.fsa | 249 | 248.97 | 843 | 7 464 | 2 660 |
| | E06_HBB2302346_23－08－17.fsa | 253 | 252.76 | 677 | 5 789 | 2 683 |
| 2023－8252 | E07_HBB2302347_23－08－17.fsa | 253 | 252.75 | 1 238 | 11 611 | 2 682 |

（续）

| 资源序号 | 样本名<br>（sample file name） | 等位基因位点<br>（allele，bp） | 大小<br>（size，bp） | 高度<br>（height，RFU） | 面积<br>（area，RFU） | 数据取值点<br>（data point，RFU） |
|---|---|---|---|---|---|---|
| 2023－8253 | E08_HBB2302348_23－08－17.fsa | 253 | 252.59 | 1 047 | 6 686 | 2 700 |
| | E08_HBB2302348_23－08－17.fsa | 258 | 258.25 | 789 | 3 926 | 2 735 |
| 2023－8254 | E09_HBB2302349_23－08－17.fsa | 258 | 258.22 | 1 023 | 5 591 | 2 738 |
| | E09_HBB2302349_23－08－17.fsa | 274 | 274.95 | 541 | 2 671 | 2 842 |
| 2023－8255 | E10_HBB2302350_23－08－17.fsa | 256 | 256.45 | 1 432 | 8 290 | 2 717 |
| | E10_HBB2302350_23－08－17.fsa | 258 | 258.39 | 1 167 | 5 513 | 2 729 |
| 2023－8256 | E11_HBB2302351_23－08－17.fsa | 253 | 252.7 | 3 244 | 18 297 | 2 730 |
| 2023－8257 | E12_HBB2302352_23－08－17.fsa | 253 | 252.79 | 5 080 | 27 148 | 2 781 |
| 2023－8258 | F01_HBB2302353_23－08－17.fsa | 253 | 252.65 | 3 029 | 27 125 | 2 796 |
| 2023－8259 | F02_HBB2302354_23－08－17.fsa | 253 | 252.66 | 2 922 | 25 005 | 2 765 |
| 2023－8260 | F03_HBB2302355_23－08－17.fsa | 253 | 252.53 | 4 201 | 24 555 | 2 745 |
| | F03_HBB2302355_23－08－17.fsa | 268 | 268.32 | 1 520 | 4 042 | 2 845 |
| 2023－8261 | F04_HBB2302356_23－08－17.fsa | 253 | 252.69 | 2 257 | 11 517 | 2 744 |
| | F04_HBB2302356_23－08－17.fsa | 256 | 256.49 | 1 747 | 8 219 | 2 768 |
| 2023－8262 | F05_HBB2302357_23－08－17.fsa | 253 | 252.72 | 2 662 | 13 051 | 2 709 |
| | F05_HBB2302357_23－08－17.fsa | 280 | 279.58 | 2 968 | 6 694 | 2 877 |
| 2023－8263 | F06_HBB2302358_23－08－17.fsa | 257 | 257.44 | 2 728 | 13 740 | 2 721 |
| | F06_HBB2302358_23－08－17.fsa | 274 | 274.87 | 1 028 | 5 024 | 2 829 |
| 2023－8264 | F07_HBB2302359_23－08－17.fsa | 255 | 254.66 | 1 576 | 8 775 | 2 705 |
| | F07_HBB2302359_23－08－17.fsa | 285 | 285.12 | 635 | 3 239 | 2 895 |
| 2023－8265 | F08_HBB2302360_23－08－17.fsa | 249 | 248.97 | 2 469 | 12 803 | 2 658 |
| 2023－8266 | F09_HBB2302361_23－08－17.fsa | 258 | 258.19 | 2 549 | 17 426 | 2 732 |
| | F09_HBB2302361_23－08－17.fsa | 274 | 274.87 | 870 | 4 586 | 2 836 |
| 2023－8267 | F10_HBB2302362_23－08－17.fsa | 251 | 250.64 | 2 721 | 13 662 | 2 685 |
| | F10_HBB2302362_23－08－17.fsa | 257 | 257.39 | 1 710 | 14 642 | 2 727 |
| 2023－8268 | F11_HBB2302363_23－08－17.fsa | 257 | 257.53 | 3 391 | 38 951 | 2 785 |
| 2023－8269 | F12_HBB2302364_23－08－17.fsa | 257 | 257.48 | 3 278 | 22 049 | 2 786 |
| | F12_HBB2302364_23－08－17.fsa | 274 | 274.73 | 1 726 | 7 064 | 2 897 |
| 2023－8270 | G01_HBB2302365_23－08－17.fsa | 251 | 250.93 | 2 479 | 22 012 | 2 792 |
| | G01_HBB2302365_23－08－17.fsa | 253 | 252.79 | 1 907 | 10 937 | 2 804 |

（续）

| 资源序号 | 样本名<br>（sample file name） | 等位基因位点<br>（allele，bp） | 大小<br>（size，bp） | 高度<br>（height，RFU） | 面积<br>（area，RFU） | 数据取值点<br>（data point，RFU） |
|---|---|---|---|---|---|---|
| 2023-8271 | G03_HBB2302367_23-08-17.fsa | 257 | 257.39 | 2 281 | 13 775 | 2 780 |
| | G03_HBB2302367_23-08-17.fsa | 285 | 284.98 | 811 | 4 184 | 2 956 |
| 2023-8272 | G04_HBB2302368_23-08-17.fsa | 257 | 257.3 | 2 380 | 11 911 | 2 757 |
| | G04_HBB2302368_23-08-17.fsa | 274 | 274.72 | 822 | 4 031 | 2 867 |
| 2023-8273 | G05_HBB2302369_23-08-17.fsa | 249 | 248.81 | 3 280 | 15 089 | 2 689 |
| | G05_HBB2302369_23-08-17.fsa | 274 | 274.81 | 1 282 | 5 771 | 2 851 |
| 2023-8274 | G06_HBB2302370_23-08-17.fsa | 249 | 248.81 | 1 673 | 9 058 | 2 690 |
| | G06_HBB2302370_23-08-17.fsa | 257 | 257.51 | 1 700 | 10 240 | 2 744 |
| 2023-8275 | G07_HBB2302371_23-08-17.fsa | 255 | 254.64 | 1 969 | 10 247 | 2 709 |
| | G07_HBB2302371_23-08-17.fsa | 268 | 267.75 | 1 126 | 5 722 | 2 791 |
| 2023-8276 | G08_HBB2302372_23-08-17.fsa | 256 | 256.39 | 2 081 | 10 306 | 2 734 |
| | G08_HBB2302372_23-08-17.fsa | 274 | 274.87 | 982 | 4 749 | 2 850 |
| 2023-8277 | G09_HBB2302373_23-08-17.fsa | 253 | 252.73 | 2 286 | 11 383 | 2 696 |
| | G09_HBB2302373_23-08-17.fsa | 285 | 285.13 | 915 | 4 436 | 2 898 |
| 2023-8278 | G10_HBB2302374_23-08-17.fsa | 274 | 274.87 | 1 175 | 5 658 | 2 852 |
| 2023-8279 | G11_HBB2302375_23-08-17.fsa | 285 | 285.02 | 2 122 | 10 498 | 2 956 |
| 2023-8280 | G12_HBB2302376_23-08-17.fsa | 253 | 252.63 | 2 646 | 12 532 | 2 770 |
| | G12_HBB2302376_23-08-17.fsa | 258 | 258.36 | 2 004 | 9 525 | 2 807 |
| 2023-8281 | H01_HBB2302377_23-08-17.fsa | 253 | 252.74 | 3 780 | 23 596 | 2 828 |
| | H01_HBB2302377_23-08-17.fsa | 255 | 254.56 | 2 765 | 14 107 | 2 840 |
| 2023-8282 | H02_HBB2302378_23-08-17.fsa | 258 | 258.29 | 2 249 | 12 676 | 2 836 |
| | H02_HBB2302378_23-08-17.fsa | 276 | 276.35 | 1 100 | 5 784 | 2 954 |
| 2023-8283 | H03_HBB2302379_23-08-17.fsa | 251 | 250.78 | 1 586 | 11 696 | 2 758 |
| | H03_HBB2302379_23-08-17.fsa | 257 | 257.32 | 1 496 | 10 597 | 2 800 |
| 2023-8284 | H04_HBB2302380_23-08-17.fsa | 253 | 252.66 | 1 921 | 9 923 | 2 747 |
| | H04_HBB2302380_23-08-17.fsa | 258 | 258.3 | 1 521 | 7 564 | 2 783 |
| 2023-8285 | H05_HBB2302381_23-08-17.fsa | 249 | 248.99 | 1 906 | 13 540 | 2 709 |
| | H05_HBB2302381_23-08-17.fsa | 258 | 258.22 | 2 172 | 14 874 | 2 767 |
| 2023-8286 | H06_HBB2302382_23-08-17.fsa | 253 | 252.7 | 2 767 | 15 907 | 2 725 |

（续）

| 资源序号 | 样本名<br>（sample file name） | 等位基因位点<br>（allele，bp） | 大小<br>（size，bp） | 高度<br>（height，RFU） | 面积<br>（area，RFU） | 数据取值点<br>（data point，RFU） |
|---|---|---|---|---|---|---|
| 2023 - 8287 | H07_HBB2302383_23 - 08 - 17. fsa | 253 | 252.7 | 2 146 | 10 253 | 2 723 |
|  | H07_HBB2302383_23 - 08 - 17. fsa | 274 | 274.7 | 894 | 4 318 | 2 862 |
| 2023 - 8288 | H08_HBB2302384_23 - 08 - 17. fsa | 249 | 248.82 | 2 420 | 12 746 | 2 704 |
|  | H08_HBB2302384_23 - 08 - 17. fsa | 287 | 286.89 | 585 | 2 940 | 2 944 |
| 2023 - 8289 | H09_HBB2302385_23 - 08 - 17. fsa | 257 | 257.48 | 3 026 | 30 479 | 2 743 |
| 2023 - 8290 | A01_HBB2302387_01 - 49 - 27. fsa | 251 | 250.92 | 6 054 | 63 645 | 2 795 |
|  | A01_HBB2302387_01 - 49 - 27. fsa | 253 | 252.75 | 5 223 | 35 885 | 2 807 |
| 2023 - 8291 | A02_HBB2302388_01 - 49 - 27. fsa | 258 | 258.33 | 10 449 | 93 528 | 2 825 |
| 2023 - 8292 | A03_HBB2302389_01 - 49 - 27. fsa | 249 | 248.83 | 15 607 | 125 503 | 2 724 |
| 2023 - 8293 | A04_HBB2302390_01 - 49 - 27. fsa | 253 | 252.68 | 15 492 | 126 138 | 2 741 |
| 2023 - 8294 | A05_HBB2302391_01 - 49 - 27. fsa | 251 | 250.79 | 8 965 | 81 321 | 2 715 |
|  | A05_HBB2302391_01 - 49 - 27. fsa | 258 | 258.09 | 2 142 | 19 066 | 2 761 |
| 2023 - 8295 | A06_HBB2302392_01 - 49 - 27. fsa | 256 | 256.37 | 10 722 | 111 680 | 2 743 |
| 2023 - 8296 | A07_HBB2302393_01 - 49 - 27. fsa | 258 | 258.24 | 10 240 | 113 761 | 2 747 |
| 2023 - 8297 | A08_HBB2302394_01 - 49 - 27. fsa | 255 | 254.57 | 11 507 | 98 964 | 2 757 |
| 2023 - 8298 | A09_HBB2302395_01 - 49 - 27. fsa | 269 | 269.13 | 4 282 | 45 332 | 2 840 |
| 2023 - 8299 | A10_HBB2302396_01 - 49 - 27. fsa | 258 | 258.31 | 14 918 | 100 859 | 2 789 |
| 2023 - 8300 | A11_HBB2302397_01 - 49 - 27. fsa | 249 | 249.01 | 14 087 | 145 497 | 2 768 |
| 2023 - 8301 | A12_HBB2302398_01 - 49 - 27. fsa | 257 | 257.31 | 13 899 | 134 936 | 2 850 |
| 2023 - 8302 | B01_HBB2302399_01 - 49 - 27. fsa | 274 | 274.5 | 2 101 | 22 291 | 2 911 |
|  | B01_HBB2302399_01 - 49 - 27. fsa | 287 | 286.72 | 1 642 | 12 925 | 2 990 |
| 2023 - 8303 | B02_HBB2302400_01 - 49 - 27. fsa | 251 | 250.78 | 7 521 | 62 637 | 2 769 |
|  | B02_HBB2302400_01 - 49 - 27. fsa | 287 | 286.88 | 2 630 | 17 103 | 3 002 |
| 2023 - 8304 | B03_HBB2302401_01 - 49 - 27. fsa | 257 | 257.44 | 3 368 | 34 922 | 2 768 |
|  | B03_HBB2302401_01 - 49 - 27. fsa | 285 | 285.04 | 1 639 | 13 265 | 2 943 |
| 2023 - 8305 | B04_HBB2302402_01 - 49 - 27. fsa | 241 | 240.88 | 9 236 | 71 900 | 2 664 |
|  | B04_HBB2302402_01 - 49 - 27. fsa | 256 | 256.35 | 5 387 | 46 434 | 2 758 |
| 2023 - 8306 | B05_HBB2302403_01 - 49 - 27. fsa | 253 | 252.72 | 7 206 | 64 967 | 2 724 |
|  | B05_HBB2302403_01 - 49 - 27. fsa | 255 | 254.64 | 5 331 | 29 095 | 2 736 |

（续）

| 资源序号 | 样本名<br>（sample file name） | 等位基因位点<br>（allele，bp） | 大小<br>（size，bp） | 高度<br>（height，RFU） | 面积<br>（area，RFU） | 数据取值点<br>（data point，RFU） |
|---|---|---|---|---|---|---|
| 2023 - 8307 | B06_HBB2302404_01 - 49 - 27. fsa | 274 | 274.79 | 3 254 | 21 894 | 2 838 |
| | B06_HBB2302404_01 - 49 - 27. fsa | 287 | 286.92 | 2 626 | 16 456 | 2 914 |
| 2023 - 8308 | B07_HBB2302405_01 - 49 - 27. fsa | 253 | 252.71 | 6 721 | 40 172 | 2 709 |
| | B07_HBB2302405_01 - 49 - 27. fsa | 285 | 285.05 | 2 768 | 15 125 | 2 912 |
| 2023 - 8309 | B08_HBB2302406_01 - 49 - 27. fsa | 260 | 260.21 | 5 389 | 35 649 | 2 757 |
| | B08_HBB2302406_01 - 49 - 27. fsa | 285 | 285.21 | 2 817 | 17 318 | 2 914 |
| 2023 - 8310 | B09_HBB2302407_01 - 49 - 27. fsa | 274 | 274.81 | 3 252 | 18 550 | 2 845 |
| | B09_HBB2302407_01 - 49 - 27. fsa | 285 | 285.18 | 3 311 | 18 629 | 2 910 |
| 2023 - 8311 | B11_HBB2302409_01 - 49 - 27. fsa | 253 | 252.65 | 5 972 | 63 932 | 2 768 |
| | B11_HBB2302409_01 - 49 - 27. fsa | 285 | 285.14 | 2 263 | 16 080 | 2 977 |
| 2023 - 8312 | B12_HBB2302410_01 - 49 - 27. fsa | 274 | 274.51 | 4 678 | 31 169 | 2 936 |
| | B12_HBB2302410_01 - 49 - 27. fsa | 287 | 286.81 | 3 524 | 22 276 | 3 016 |
| 2023 - 8313 | C01_HBB2302411_01 - 49 - 27. fsa | 274 | 274.57 | 3 790 | 21 457 | 2 930 |
| | C01_HBB2302411_01 - 49 - 27. fsa | 285 | 284.9 | 3 602 | 19 772 | 2 997 |
| 2023 - 8314 | C02_HBB2302412_01 - 49 - 27. fsa | 274 | 274.65 | 4 582 | 23 897 | 2 902 |
| | C02_HBB2302412_01 - 49 - 27. fsa | 285 | 285.08 | 4 748 | 24 420 | 2 969 |
| 2023 - 8315 | C03_HBB2302413_01 - 49 - 27. fsa | 274 | 274.79 | 3 052 | 17 433 | 2 884 |
| | C03_HBB2302413_01 - 49 - 27. fsa | 287 | 286.93 | 2 839 | 15 860 | 2 961 |
| 2023 - 8316 | C04_HBB2302414_01 - 49 - 27. fsa | 274 | 274.88 | 3 139 | 19 108 | 2 864 |
| | C04_HBB2302414_01 - 49 - 27. fsa | 285 | 285.06 | 2 835 | 17 565 | 2 928 |
| 2023 - 8317 | C05_HBB2302415_01 - 49 - 27. fsa | 253 | 252.58 | 8 898 | 78 503 | 2 699 |
| | C05_HBB2302415_01 - 49 - 27. fsa | 255 | 254.51 | 6 749 | 35 760 | 2 711 |
| 2023 - 8318 | C06_HBB2302416_01 - 49 - 27. fsa | 258 | 258.14 | 10 053 | 54 803 | 2 750 |
| | C06_HBB2302416_01 - 49 - 27. fsa | 274 | 274.87 | 3 694 | 18 834 | 2 855 |
| 2023 - 8319 | C07_HBB2302417_01 - 49 - 27. fsa | 253 | 252.58 | 9 340 | 49 115 | 2 692 |
| | C07_HBB2302417_01 - 49 - 27. fsa | 274 | 274.85 | 3 994 | 20 307 | 2 830 |
| 2023 - 8320 | C08_HBB2302418_01 - 49 - 27. fsa | 249 | 248.97 | 8 157 | 55 413 | 2 665 |
| | C08_HBB2302418_01 - 49 - 27. fsa | 255 | 254.7 | 5 940 | 47 677 | 2 700 |
| 2023 - 8321 | C09_HBB2302419_01 - 49 - 27. fsa | 251 | 250.64 | 8 822 | 90 018 | 2 711 |
| | C09_HBB2302419_01 - 49 - 27. fsa | 253 | 252.55 | 6 402 | 42 848 | 2 723 |

（续）

| 资源序号 | 样本名<br>（sample file name） | 等位基因位点<br>（allele，bp） | 大小<br>（size，bp） | 高度<br>（height，RFU） | 面积<br>（area，RFU） | 数据取值点<br>（data point，RFU） |
|---|---|---|---|---|---|---|
| 2023 - 8322 | C10_HBB2302420_01 - 49 - 27. fsa | 253 | 252.56 | 8 081 | 56 792 | 2 707 |
| | C10_HBB2302420_01 - 49 - 27. fsa | 258 | 258.33 | 6 153 | 36 468 | 2 743 |
| 2023 - 8323 | C11_HBB2302421_01 - 49 - 27. fsa | 251 | 250.79 | 5 707 | 49 230 | 2 747 |
| | C11_HBB2302421_01 - 49 - 27. fsa | 258 | 258.16 | 6 396 | 51 513 | 2 794 |
| 2023 - 8324 | C12_HBB2302422_01 - 49 - 27. fsa | 253 | 252.64 | 5 788 | 55 455 | 2 782 |
| | C12_HBB2302422_01 - 49 - 27. fsa | 272 | 272.74 | 2 713 | 26 776 | 2 912 |
| 2023 - 8325 | D01_HBB2302423_01 - 49 - 27. fsa | 255 | 254.48 | 8 096 | 47 524 | 2 810 |
| | D01_HBB2302423_01 - 49 - 27. fsa | 272 | 272.65 | 4 086 | 21 880 | 2 928 |
| 2023 - 8326 | D02_HBB2302424_01 - 49 - 27. fsa | 258 | 258.31 | 5 467 | 30 804 | 2 798 |
| | D02_HBB2302424_01 - 49 - 27. fsa | 285 | 285.19 | 3 657 | 18 441 | 2 970 |
| 2023 - 8327 | D03_HBB2302425_01 - 49 - 27. fsa | 255 | 254.64 | 5 853 | 49 631 | 2 729 |
| | D03_HBB2302425_01 - 49 - 27. fsa | 287 | 286.97 | 2 662 | 15 501 | 2 932 |
| 2023 - 8328 | D04_HBB2302426_01 - 49 - 27. fsa | 249 | 248.98 | 8 769 | 55 601 | 2 688 |
| | D04_HBB2302426_01 - 49 - 27. fsa | 256 | 256.41 | 6 829 | 37 285 | 2 734 |
| 2023 - 8329 | D05_HBB2302427_01 - 49 - 27. fsa | 253 | 252.75 | 9 693 | 76 267 | 2 693 |
| 2023 - 8330 | D06_HBB2302428_01 - 49 - 27. fsa | 258 | 258.38 | 7 569 | 40 859 | 2 735 |
| | D06_HBB2302428_01 - 49 - 27. fsa | 285 | 285.23 | 3 951 | 19 451 | 2 902 |
| 2023 - 8331 | D08_HBB2302430_01 - 49 - 27. fsa | 256 | 256.34 | 9 966 | 60 510 | 2 698 |
| | D08_HBB2302430_01 - 49 - 27. fsa | 258 | 258.3 | 7 122 | 35 520 | 2 710 |
| 2023 - 8332 | D09_HBB2302431_01 - 49 - 27. fsa | 249 | 248.8 | 7 620 | 52 690 | 2 679 |
| | D09_HBB2302431_01 - 49 - 27. fsa | 274 | 274.87 | 3 076 | 15 945 | 2 841 |
| 2023 - 8333 | D10_HBB2302432_01 - 49 - 27. fsa | 258 | 258.35 | 7 278 | 44 811 | 2 731 |
| | D10_HBB2302432_01 - 49 - 27. fsa | 274 | 274.87 | 3 830 | 21 220 | 2 834 |
| 2023 - 8334 | D11_HBB2302433_01 - 49 - 27. fsa | 249 | 248.82 | 6 197 | 54 752 | 2 720 |
| | D11_HBB2302433_01 - 49 - 27. fsa | 287 | 287.02 | 1 904 | 12 899 | 2 963 |
| 2023 - 8335 | D12_HBB2302434_01 - 49 - 27. fsa | 252 | 251.71 | 7 048 | 60 335 | 2 772 |
| | D12_HBB2302434_01 - 49 - 27. fsa | 257 | 257.44 | 3 561 | 26 959 | 2 809 |

（续）

| 资源序号 | 样本名<br>（sample file name） | 等位基因位点<br>（allele，bp） | 大小<br>（size，bp） | 高度<br>（height，RFU） | 面积<br>（area，RFU） | 数据取值点<br>（data point，RFU） |
|---|---|---|---|---|---|---|
| 2023－8336 | E01_HBB2302435_01－49－27.fsa | 258 | 258.29 | 6 219 | 35 593 | 2 847 |
| | E01_HBB2302435_01－49－27.fsa | 274 | 274.51 | 3 231 | 18 299 | 2 953 |
| 2023－8337 | E02_HBB2302436_01－49－27.fsa | 249 | 249 | 6 429 | 36 190 | 2 752 |
| | E02_HBB2302436_01－49－27.fsa | 274 | 274.73 | 2 806 | 14 528 | 2 917 |
| 2023－8338 | E03_HBB2302437_01－49－27.fsa | 258 | 258.38 | 5 976 | 33 618 | 2 778 |
| | E03_HBB2302437_01－49－27.fsa | 274 | 274.8 | 3 150 | 16 715 | 2 882 |
| 2023－8339 | E04_HBB2302438_01－49－27.fsa | 253 | 252.55 | 9 319 | 47 237 | 2 739 |
| | E04_HBB2302438_01－49－27.fsa | 256 | 256.37 | 7 501 | 34 124 | 2 763 |
| 2023－8340 | E05_HBB2302439_01－49－27.fsa | 258 | 258.17 | 7 356 | 38 603 | 2 757 |
| | E05_HBB2302439_01－49－27.fsa | 277 | 276.71 | 3 611 | 17 383 | 2 873 |
| 2023－8341 | E06_HBB2302440_01－49－27.fsa | 249 | 248.8 | 6 440 | 44 188 | 2 667 |
| | E06_HBB2302440_01－49－27.fsa | 258 | 258.08 | 6 858 | 48 300 | 2 724 |
| 2023－8342 | E07_HBB2302441_01－49－27.fsa | 272 | 273.02 | 1 338 | 12 156 | 2 812 |
| | E07_HBB2302441_01－49－27.fsa | 285 | 285.31 | 1 843 | 12 364 | 2 888 |
| 2023－8343 | E08_HBB2302442_01－49－27.fsa | 249 | 248.81 | 8 568 | 44 964 | 2 683 |
| | E08_HBB2302442_01－49－27.fsa | 258 | 258.22 | 9 174 | 65 154 | 2 741 |
| 2023－8344 | E09_HBB2302443_01－49－27.fsa | 253 | 252.72 | 5 701 | 32 671 | 2 710 |
| | E09_HBB2302443_01－49－27.fsa | 283 | 282.45 | 1 743 | 9 422 | 2 896 |
| 2023－8345 | E10_HBB2302444_01－49－27.fsa | 249 | 248.97 | 13 131 | 112 326 | 2 677 |
| 2023－8346 | E11_HBB2302445_01－49－27.fsa | 249 | 248.82 | 8 537 | 70 783 | 2 714 |
| | E11_HBB2302445_01－49－27.fsa | 287 | 286.94 | 2 788 | 19 451 | 2 955 |
| 2023－8347 | E12_HBB2302446_01－49－27.fsa | 256 | 256.33 | 5 400 | 51 753 | 2 812 |
| | E12_HBB2302446_01－49－27.fsa | 268 | 267.58 | 3 443 | 33 223 | 2 885 |
| 2023－8348 | F01_HBB2302447_01－49－27.fsa | 255 | 255.44 | 3 354 | 32 427 | 2 818 |
| | F01_HBB2302447_01－49－27.fsa | 284 | 283.94 | 1 399 | 14 587 | 3 002 |
| 2023－8349 | F02_HBB2302448_01－49－27.fsa | 253 | 252.65 | 6 317 | 34 237 | 2 775 |
| | F02_HBB2302448_01－49－27.fsa | 274 | 274.57 | 2 791 | 14 015 | 2 916 |

（续）

| 资源序号 | 样本名<br>（sample file name） | 等位基因位点<br>（allele，bp） | 大小<br>（size，bp） | 高度<br>（height，RFU） | 面积<br>（area，RFU） | 数据取值点<br>（data point，RFU） |
|---|---|---|---|---|---|---|
| 2023－8350 | F03_HBB2302449_01－49－27. fsa | 256 | 256.44 | 8 213 | 43 040 | 2 775 |
| | F03_HBB2302449_01－49－27. fsa | 268 | 267.74 | 5 202 | 26 360 | 2 847 |
| 2023－8351 | F05_HBB2302451_01－49－27. fsa | 251 | 250.8 | 13 473 | 67 446 | 2 704 |
| | F05_HBB2302451_01－49－27. fsa | 253 | 252.71 | 10 581 | 49 737 | 2 716 |
| 2023－8352 | F06_HBB2302452_01－49－27. fsa | 249 | 248.8 | 11 583 | 60 710 | 2 674 |
| | F06_HBB2302452_01－49－27. fsa | 251 | 250.81 | 6 376 | 31 727 | 2 686 |
| 2023－8353 | F07_HBB2302453_01－49－27. fsa | 249 | 248.81 | 5 076 | 36 414 | 2 675 |
| | F07_HBB2302453_01－49－27. fsa | 268 | 267.72 | 3 794 | 20 401 | 2 792 |
| 2023－8354 | F08_HBB2302454_01－49－27. fsa | 253 | 252.75 | 6 699 | 29 528 | 2 687 |
| | F08_HBB2302454_01－49－27. fsa | 258 | 258.41 | 7 013 | 29 372 | 2 722 |
| 2023－8355 | F09_HBB2302455_01－49－27. fsa | 253 | 252.73 | 3 305 | 20 825 | 2 705 |
| | F09_HBB2302455_01－49－27. fsa | 257 | 257.53 | 4 276 | 28 291 | 2 735 |
| 2023－8356 | F10_HBB2302456_01－49－27. fsa | 258 | 258.18 | 15 449 | 113 827 | 2 738 |
| 2023－8357 | F11_HBB2302457_01－49－27. fsa | 249 | 248.83 | 8 918 | 65 774 | 2 738 |
| | F11_HBB2302457_01－49－27. fsa | 256 | 256.43 | 5 779 | 45 887 | 2 786 |
| 2023－8358 | F12_HBB2302458_01－49－27. fsa | 252 | 251.72 | 5 627 | 43 943 | 2 758 |
| | F12_HBB2302458_01－49－27. fsa | 272 | 271.79 | 2 363 | 19 740 | 2 887 |
| 2023－8359 | G01_HBB2302459_01－49－27. fsa | 251 | 250.77 | 7 435 | 52 331 | 2 795 |
| | G01_HBB2302459_01－49－27. fsa | 274 | 274.27 | 2 982 | 17 039 | 2 947 |
| 2023－8360 | G02_HBB2302460_01－49－27. fsa | 257 | 257.41 | 7 638 | 40 086 | 2 822 |
| | G02_HBB2302460_01－49－27. fsa | 274 | 274.51 | 2 883 | 15 059 | 2 933 |
| 2023－8361 | G03_HBB2302461_01－49－27. fsa | 257 | 257.36 | 18 736 | 113 871 | 2 787 |
| 2023－8362 | G04_HBB2302462_01－49－27. fsa | 253 | 252.69 | 12 896 | 64 650 | 2 734 |
| 2023－8363 | G05_HBB2302463_01－49－27. fsa | 253 | 252.71 | 10 525 | 49 861 | 2 720 |
| | G05_HBB2302463_01－49－27. fsa | 274 | 274.81 | 4 814 | 22 681 | 2 859 |
| 2023－8364 | G06_HBB2302464_01－49－27. fsa | 253 | 252.71 | 7 504 | 38 215 | 2 722 |
| | G06_HBB2302464_01－49－27. fsa | 285 | 285.1 | 3 508 | 16 674 | 2 926 |

（续）

| 资源序号 | 样本名<br>（sample file name） | 等位基因位点<br>（allele，bp） | 大小<br>（size，bp） | 高度<br>（height，RFU） | 面积<br>（area，RFU） | 数据取值点<br>（data point，RFU） |
|---|---|---|---|---|---|---|
| 2023－8365 | G07_HBB2302465_01－49－27.fsa | 249 | 248.81 | 2 972 | 16 350 | 2 680 |
| | G07_HBB2302465_01－49－27.fsa | 255 | 254.63 | 3 285 | 16 732 | 2 716 |
| 2023－8366 | G08_HBB2302466_01－49－27.fsa | 258 | 258.31 | 7 675 | 39 014 | 2 753 |
| | G08_HBB2302466_01－49－27.fsa | 274 | 274.89 | 4 098 | 20 174 | 2 857 |
| 2023－8367 | G09_HBB2302467_01－49－27.fsa | 253 | 252.56 | 7 050 | 36 209 | 2 702 |
| | G09_HBB2302467_01－49－27.fsa | 258 | 258.33 | 5 545 | 27 213 | 2 738 |
| 2023－8368 | G10_HBB2302468_01－49－27.fsa | 253 | 252.71 | 6 100 | 50 631 | 2 721 |
| | G10_HBB2302468_01－49－27.fsa | 285 | 285.11 | 2 586 | 14 272 | 2 925 |
| 2023－8369 | G11_HBB2302469_01－49－27.fsa | 253 | 252.66 | 6 213 | 52 295 | 2 757 |
| | G11_HBB2302469_01－49－27.fsa | 285 | 284.91 | 2 532 | 17 025 | 2 964 |
| 2023－8370 | G12_HBB2302470_01－49－27.fsa | 257 | 257.41 | 15 582 | 176 296 | 2 811 |
| 2023－8371 | H02_HBB2302472_01－49－27.fsa | 253 | 252.76 | 6 536 | 35 927 | 2 809 |
| | H02_HBB2302472_01－49－27.fsa | 272 | 272.61 | 3 140 | 16 690 | 2 939 |
| 2023－8372 | H03_HBB2302473_01－49－27.fsa | 253 | 252.64 | 2 843 | 24 625 | 2 777 |
| | H03_HBB2302473_01－49－27.fsa | 257 | 257.3 | 2 058 | 17 862 | 2 807 |
| 2023－8373 | H04_HBB2302474_01－49－27.fsa | 253 | 252.81 | 5 936 | 29 873 | 2 755 |
| | H04_HBB2302474_01－49－27.fsa | 258 | 258.44 | 4 619 | 23 312 | 2 791 |
| 2023－8374 | H05_HBB2302475_01－49－27.fsa | 253 | 252.68 | 10 106 | 49 897 | 2 741 |
| | H05_HBB2302475_01－49－27.fsa | 274 | 274.72 | 4 477 | 21 018 | 2 881 |
| 2023－8375 | H06_HBB2302476_01－49－27.fsa | 253 | 252.69 | 9 760 | 44 139 | 2 734 |
| | H06_HBB2302476_01－49－27.fsa | 258 | 258.22 | 7 817 | 34 234 | 2 769 |
| 2023－8376 | H07_HBB2302477_01－49－27.fsa | 253 | 252.69 | 6 721 | 48 871 | 2 730 |
| | H07_HBB2302477_01－49－27.fsa | 256 | 256.49 | 5 489 | 27 690 | 2 754 |
| 2023－8377 | H08_HBB2302478_01－49－27.fsa | 253 | 252.84 | 7 470 | 40 640 | 2 736 |
| | H08_HBB2302478_01－49－27.fsa | 258 | 258.36 | 1 571 | 6 723 | 2 771 |
| 2023－8378 | H09_HBB2302479_01－49－27.fsa | 255 | 254.61 | 4 218 | 37 099 | 2 732 |
| | H09_HBB2302479_01－49－27.fsa | 274 | 274.73 | 2 035 | 19 487 | 2 859 |
| 2023－8379 | H10_HBB2302480_01－49－27.fsa | 248 | 247.97 | 3 558 | 30 383 | 2 700 |
| | H10_HBB2302480_01－49－27.fsa | 252 | 251.9 | 2 854 | 23 160 | 2 724 |

# 4 P04

| 资源序号 | 样本名<br>（sample file name） | 等位基因位点<br>（allele，bp） | 大小<br>（size，bp） | 高度<br>（height，RFU） | 面积<br>（area，RFU） | 数据取值点<br>（data point，RFU） |
|---|---|---|---|---|---|---|
| 2023－8200 | A01_HBB2302293_23－40－30.fsa | 348 | 347.71 | 3 532 | 29 528 | 3 401 |
| | A01_HBB2302293_23－40－30.fsa | 378 | 377.97 | 895 | 9 227 | 3 592 |
| 2023－8201 | A02_HBB2302294_23－40－30.fsa | 348 | 347.71 | 3 028 | 27 131 | 3 379 |
| 2023－8202 | A03_HBB2302295_23－40－30.fsa | 358 | 358.24 | 2 005 | 20 429 | 3 392 |
| 2023－8203 | A04_HBB2302296_23－40－30.fsa | 358 | 358.27 | 1 430 | 17 337 | 3 384 |
| 2023－8204 | A05_HBB2302297_23－40－30.fsa | 348 | 348.65 | 1 284 | 13 057 | 3 307 |
| 2023－8205 | A06_HBB2302298_23－40－30.fsa | 352 | 352.62 | 1 313 | 15 251 | 3 323 |
| 2023－8206 | A07_HBB2302299_23－40－30.fsa | 352 | 352.45 | 1 291 | 13 766 | 3 315 |
| 2023－8207 | A08_HBB2302300_23－40－30.fsa | 358 | 358.29 | 811 | 12 153 | 3 389 |
| 2023－8208 | A09_HBB2302301_23－40－30.fsa | 358 | 358.27 | 1 317 | 15 943 | 3 378 |
| 2023－8209 | A10_HBB2302302_23－40－30.fsa | 348 | 347.67 | 2 106 | 22 154 | 3 335 |
| 2023－8210 | A11_HBB2302303_23－40－30.fsa | 348 | 347.84 | 2 058 | 21 599 | 3 384 |
| 2023－8211 | B01_HBB2302305_23－40－30.fsa | 358 | 358.09 | 1 748 | 25 318 | 3 423 |
| 2023－8212 | B02_HBB2302306_23－40－30.fsa | 352 | 351.59 | 1 073 | 9 810 | 3 394 |
| | B02_HBB2302306_23－40－30.fsa | 357 | 357.33 | 764 | 7 119 | 3 430 |
| 2023－8213 | B03_HBB2302307_23－40－30.fsa | 348 | 347.63 | 1 836 | 18 867 | 3 315 |
| | B03_HBB2302307_23－40－30.fsa | 353 | 353.41 | 1 466 | 14 382 | 3 350 |
| 2023－8214 | B04_HBB2302308_23－40－30.fsa | 348 | 347.63 | 1 598 | 15 382 | 3 312 |
| | B04_HBB2302308_23－40－30.fsa | 358 | 358.12 | 1 020 | 10 077 | 3 376 |
| 2023－8215 | B05_HBB2302309_23－40－30.fsa | 348 | 348.48 | 586 | 6 552 | 3 303 |
| 2023－8216 | B06_HBB2302310_23－40－30.fsa | 348 | 348.45 | 915 | 8 291 | 3 274 |
| | B06_HBB2302310_23－40－30.fsa | 353 | 353.46 | 1 321 | 11 654 | 3 304 |
| 2023－8217 | B07_HBB2302311_23－40－30.fsa | 358 | 358.25 | 684 | 8 901 | 3 344 |
| 2023－8218 | B08_HBB2302312_23－40－30.fsa | 359 | 359.05 | 615 | 6 614 | 3 350 |
| 2023－8219 | B09_HBB2302313_23－40－30.fsa | 348 | 347.59 | 1 358 | 14 287 | 3 277 |
| | B09_HBB2302313_23－40－30.fsa | 358 | 358.06 | 903 | 9 342 | 3 340 |
| 2023－8220 | B10_HBB2302314_23－40－30.fsa | 359 | 358.99 | 741 | 8 754 | 3 357 |
| | B10_HBB2302314_23－40－30.fsa | 361 | 361.11 | 613 | 7 468 | 3 370 |

（续）

| 资源序号 | 样本名<br>（sample file name） | 等位基因位点<br>（allele，bp） | 大小<br>（size，bp） | 高度<br>（height，RFU） | 面积<br>（area，RFU） | 数据取值点<br>（data point，RFU） |
|---|---|---|---|---|---|---|
| 2023－8221 | B11_HBB2302315_23－40－30. fsa | 359 | 359.11 | 536 | 7 451 | 3 427 |
| 2023－8222 | B12_HBB2302316_23－40－30. fsa | 348 | 347.71 | 1 546 | 16 029 | 3 387 |
| | B12_HBB2302316_23－40－30. fsa | 358 | 358.18 | 973 | 10 668 | 3 453 |
| 2023－8223 | C01_HBB2302317_23－40－30. fsa | 345 | 344.84 | 1 141 | 10 228 | 3 360 |
| | C01_HBB2302317_23－40－30. fsa | 361 | 361.16 | 839 | 8 924 | 3 461 |
| 2023－8224 | C02_HBB2302318_23－40－30. fsa | 358 | 358.21 | 2 292 | 28 016 | 3 410 |
| 2023－8226 | C03_HBB2302319_23－40－30. fsa | 348 | 347.63 | 1 428 | 15 653 | 3 323 |
| | C03_HBB2302319_23－40－30. fsa | 358 | 358.27 | 759 | 9 958 | 3 388 |
| 2023－8227 | C04_HBB2302320_23－40－30. fsa | 361 | 361.96 | 521 | 4 073 | 3 386 |
| 2023－8228 | C05_HBB2302321_23－40－30. fsa | 358 | 358.1 | 1 215 | 15 611 | 3 331 |
| 2023－8229 | C06_HBB2302322_23－40－30. fsa | 348 | 348.62 | 1 462 | 13 155 | 3 293 |
| 2023－8230 | C07_HBB2302323_23－40－30. fsa | 348 | 347.59 | 1 033 | 9 070 | 3 259 |
| | C07_HBB2302323_23－40－30. fsa | 353 | 353.31 | 759 | 6 787 | 3 293 |
| 2023－8231 | C09_HBB2302325_23－40－30. fsa | 348 | 347.46 | 1 189 | 10 988 | 3 296 |
| | C09_HBB2302325_23－40－30. fsa | 353 | 353.27 | 944 | 8 178 | 3 331 |
| 2023－8232 | C10_HBB2302326_23－40－30. fsa | 348 | 347.76 | 855 | 9 237 | 3 280 |
| 2023－8233 | C11_HBB2302327_23－40－30. fsa | 336 | 336.29 | 745 | 6 169 | 3 276 |
| | C11_HBB2302327_23－40－30. fsa | 353 | 353.37 | 1 258 | 13 004 | 3 379 |
| 2023－8234 | C12_HBB2302328_23－40－30. fsa | 343 | 343.78 | 196 | 1 697 | 3 348 |
| 2023－8235 | D01_HBB2302329_23－40－30. fsa | 353 | 353.48 | 1 967 | 17 470 | 3 424 |
| 2023－8236 | D02_HBB2302330_23－40－30. fsa | 358 | 358.21 | 1 094 | 11 069 | 3 411 |
| 2023－8237 | D03_HBB2302331_23－40－30. fsa | 348 | 347.59 | 1 322 | 11 793 | 3 289 |
| | D03_HBB2302331_23－40－30. fsa | 354 | 354.43 | 876 | 7 570 | 3 330 |
| 2023－8238 | D04_HBB2302332_23－40－30. fsa | 356 | 356.22 | 1 210 | 12 363 | 3 334 |
| 2023－8239 | D05_HBB2302333_23－40－30. fsa | 353 | 353.32 | 787 | 6 691 | 3 292 |
| | D05_HBB2302333_23－40－30. fsa | 358 | 358.13 | 678 | 5 306 | 3 321 |
| 2023－8240 | D06_HBB2302334_23－40－30. fsa | 348 | 347.72 | 982 | 9 278 | 3 267 |
| 2023－8241 | D07_HBB2302335_23－40－30. fsa | 357 | 357.41 | 1 118 | 11 188 | 3 350 |
| 2023－8242 | D08_HBB2302336_23－40－30. fsa | 350 | 350.33 | 765 | 7 777 | 3 254 |
| 2023－8243 | D09_HBB2302337_23－40－30. fsa | 350 | 350.33 | 297 | 2 806 | 3 288 |

（续）

| 资源序号 | 样本名<br>（sample file name） | 等位基因位点<br>（allele，bp） | 大小<br>（size，bp） | 高度<br>（height，RFU） | 面积<br>（area，RFU） | 数据取值点<br>（data point，RFU） |
|---|---|---|---|---|---|---|
| 2023 - 8244 | D10_HBB2302338_23 - 40 - 30. fsa | 357 | 357.07 | 814 | 7 786 | 3 322 |
| 2023 - 8245 | D11_HBB2302339_23 - 40 - 30. fsa | 363 | 362.61 | 521 | 4 219 | 3 417 |
| 2023 - 8246 | D12_HBB2302340_23 - 40 - 30. fsa | 348 | 348.53 | 827 | 6 576 | 3 373 |
|  | D12_HBB2302340_23 - 40 - 30. fsa | 353 | 353.31 | 536 | 3 931 | 3 403 |
| 2023 - 8247 | E01_HBB2302341_23 - 40 - 30. fsa | 354 | 354.56 | 1 094 | 10 892 | 3 445 |
|  | E01_HBB2302341_23 - 40 - 30. fsa | 358 | 358.19 | 1 150 | 10 173 | 3 468 |
| 2023 - 8248 | E02_HBB2302342_23 - 40 - 30. fsa | 350 | 350.48 | 1 849 | 19 207 | 3 378 |
| 2023 - 8249 | E03_HBB2302343_23 - 40 - 30. fsa | 357 | 357.15 | 939 | 12 782 | 3 378 |
| 2023 - 8250 | E04_HBB2302344_23 - 40 - 30. fsa | 358 | 358.12 | 1 285 | 13 306 | 3 380 |
| 2023 - 8251 | E06_HBB2302346_23 - 40 - 30. fsa | 352 | 352.32 | 355 | 3 150 | 3 284 |
| 2023 - 8252 | E07_HBB2302347_23 - 40 - 30. fsa | 357 | 357.16 | 561 | 5 832 | 3 308 |
| 2023 - 8253 | E08_HBB2302348_23 - 40 - 30. fsa | 363 | 362.55 | 298 | 2 320 | 3 366 |
| 2023 - 8254 | E09_HBB2302349_23 - 40 - 30. fsa | 357 | 357.24 | 789 | 7 702 | 3 337 |
| 2023 - 8255 | E10_HBB2302350_23 - 40 - 30. fsa | 354 | 354.29 | 1 087 | 9 633 | 3 310 |
| 2023 - 8256 | E11_HBB2302351_23 - 40 - 30. fsa | 352 | 351.62 | 2 816 | 27 109 | 3 340 |
| 2023 - 8257 | E12_HBB2302352_23 - 40 - 30. fsa | 356 | 356.3 | 1 396 | 13 706 | 3 434 |
|  | E12_HBB2302352_23 - 40 - 30. fsa | 363 | 362.62 | 534 | 3 667 | 3 474 |
| 2023 - 8258 | F01_HBB2302353_23 - 40 - 30. fsa | 352 | 351.59 | 2 854 | 25 467 | 3 407 |
| 2023 - 8259 | F02_HBB2302354_23 - 40 - 30. fsa | 387 | 387.44 | 672 | 7 335 | 3 613 |
| 2023 - 8260 | F03_HBB2302355_23 - 40 - 30. fsa | 348 | 348.5 | 1 578 | 15 611 | 3 337 |
| 2023 - 8261 | F04_HBB2302356_23 - 40 - 30. fsa | 350 | 349.49 | 1 195 | 11 777 | 3 340 |
| 2023 - 8262 | F05_HBB2302357_23 - 40 - 30. fsa | 354 | 354.44 | 1 267 | 11 032 | 3 328 |
| 2023 - 8263 | F06_HBB2302358_23 - 40 - 30. fsa | 357 | 357.27 | 817 | 8 228 | 3 323 |
| 2023 - 8264 | F07_HBB2302359_23 - 40 - 30. fsa | 348 | 347.59 | 1 338 | 12 856 | 3 267 |
| 2023 - 8265 | F08_HBB2302360_23 - 40 - 30. fsa | 348 | 347.59 | 1 185 | 10 549 | 3 253 |
| 2023 - 8266 | F09_HBB2302361_23 - 40 - 30. fsa | 348 | 347.59 | 1 126 | 9 494 | 3 274 |
|  | F09_HBB2302361_23 - 40 - 30. fsa | 353 | 353.3 | 913 | 7 589 | 3 308 |
| 2023 - 8267 | F10_HBB2302362_23 - 40 - 30. fsa | 348 | 347.59 | 1 161 | 8 793 | 3 275 |
|  | F10_HBB2302362_23 - 40 - 30. fsa | 353 | 353.29 | 1 024 | 8 126 | 3 309 |
| 2023 - 8268 | F11_HBB2302363_23 - 40 - 30. fsa | 348 | 347.67 | 1 292 | 11 994 | 3 346 |

（续）

| 资源序号 | 样本名<br>（sample file name） | 等位基因位点<br>（allele，bp） | 大小<br>（size，bp） | 高度<br>（height，RFU） | 面积<br>（area，RFU） | 数据取值点<br>（data point，RFU） |
|---|---|---|---|---|---|---|
| 2023－8269 | F12_HBB2302364_23－40－30. fsa | 358 | 358.14 | 1 044 | 12 383 | 3 415 |
| | F12_HBB2302364_23－40－30. fsa | 361 | 361.18 | 811 | 7 452 | 3 434 |
| 2023－8270 | G01_HBB2302365_23－40－30. fsa | 356 | 356.32 | 1 089 | 10 028 | 3 446 |
| 2023－8271 | G03_HBB2302367_23－40－30. fsa | 348 | 347.8 | 738 | 7 299 | 3 339 |
| 2023－8272 | G04_HBB2302368_23－40－30. fsa | 363 | 362.68 | 247 | 1 642 | 3 403 |
| 2023－8273 | G05_HBB2302369_23－40－30. fsa | 348 | 347.63 | 1 178 | 9 651 | 3 293 |
| | G05_HBB2302369_23－40－30. fsa | 358 | 358.15 | 851 | 7 431 | 3 357 |
| 2023－8274 | G06_HBB2302370_23－40－30. fsa | 348 | 347.63 | 712 | 6 027 | 3 295 |
| 2023－8275 | G07_HBB2302371_23－40－30. fsa | 350 | 349.66 | 731 | 6 980 | 3 286 |
| | G07_HBB2302371_23－40－30. fsa | 353 | 353.45 | 586 | 4 806 | 3 309 |
| 2023－8276 | G08_HBB2302372_23－40－30. fsa | 343 | 343.45 | 1 674 | 14 205 | 3 266 |
| | G08_HBB2302372_23－40－30. fsa | 348 | 347.59 | 1 582 | 12 530 | 3 290 |
| 2023－8277 | G09_HBB2302373_23－40－30. fsa | 353 | 353.27 | 585 | 4 792 | 3 307 |
| | G09_HBB2302373_23－40－30. fsa | 358 | 358.03 | 488 | 3 720 | 3 336 |
| 2023－8278 | G10_HBB2302374_23－40－30. fsa | 357 | 357.33 | 584 | 5 675 | 3 353 |
| 2023－8279 | G11_HBB2302375_23－40－30. fsa | 348 | 347.63 | 1 177 | 9 817 | 3 340 |
| | G11_HBB2302375_23－40－30. fsa | 353 | 353.54 | 911 | 7 613 | 3 376 |
| 2023－8280 | G12_HBB2302376_23－40－30. fsa | 358 | 358.07 | 1 696 | 14 073 | 3 435 |
| 2023－8281 | H01_HBB2302377_23－40－30. fsa | 352 | 351.69 | 2 497 | 20 718 | 3 464 |
| 2023－8282 | H02_HBB2302378_23－40－30. fsa | 350 | 349.67 | 1 355 | 15 199 | 3 415 |
| | H02_HBB2302378_23－40－30. fsa | 352 | 351.72 | 1 899 | 16 527 | 3 428 |
| 2023－8283 | H03_HBB2302379_23－40－30. fsa | 359 | 359.05 | 656 | 9 176 | 3 435 |
| | H03_HBB2302379_23－40－30. fsa | 361 | 360.97 | 563 | 4 957 | 3 447 |
| 2023－8284 | H04_HBB2302380_23－40－30. fsa | 350 | 349.66 | 425 | 4 307 | 3 348 |
| | H04_HBB2302380_23－40－30. fsa | 352 | 351.78 | 546 | 5 219 | 3 361 |
| 2023－8285 | H05_HBB2302381_23－40－30. fsa | 361 | 360.99 | 457 | 4 688 | 3 401 |
| 2023－8286 | H06_HBB2302382_23－40－30. fsa | 353 | 353.56 | 534 | 4 290 | 3 346 |
| | H06_HBB2302382_23－40－30. fsa | 358 | 358.09 | 441 | 3 126 | 3 374 |
| 2023－8287 | H07_HBB2302383_23－40－30. fsa | 358 | 358.12 | 955 | 12 072 | 3 370 |
| 2023－8288 | H08_HBB2302384_23－40－30. fsa | 357 | 357.32 | 674 | 6 234 | 3 371 |

（续）

| 资源序号 | 样本名<br>（sample file name） | 等位基因位点<br>（allele，bp） | 大小<br>（size，bp） | 高度<br>（height，RFU） | 面积<br>（area，RFU） | 数据取值点<br>（data point，RFU） |
|---|---|---|---|---|---|---|
| 2023 - 8289 | H09_HBB2302385_23 - 40 - 30. fsa | 348 | 347.8 | 1 030 | 8 533 | 3 295 |
| | H09_HBB2302385_23 - 40 - 30. fsa | 358 | 358.13 | 642 | 5 383 | 3 358 |
| 2023 - 8290 | A01_HBB2302387_08 - 05 - 34. fsa | 345 | 346.11 | 8 041 | 72 554 | 3 431 |
| | A01_HBB2302387_08 - 05 - 34. fsa | 359 | 359.14 | 7 285 | 72 711 | 3 516 |
| 2023 - 8291 | A02_HBB2302388_08 - 05 - 34. fsa | 359 | 359.1 | 5 999 | 62 263 | 3 486 |
| | A02_HBB2302388_08 - 05 - 34. fsa | 378 | 378.75 | 2 735 | 17 223 | 3 612 |
| 2023 - 8292 | A03_HBB2302389_08 - 05 - 34. fsa | 357 | 357.21 | 18 064 | 156 866 | 3 430 |
| 2023 - 8293 | A04_HBB2302390_08 - 05 - 34. fsa | 359 | 358.96 | 11 076 | 120 864 | 3 433 |
| 2023 - 8294 | A05_HBB2302391_08 - 05 - 34. fsa | 345 | 345.91 | 17 088 | 148 144 | 3 330 |
| 2023 - 8295 | A06_HBB2302392_08 - 05 - 34. fsa | 359 | 359.07 | 12 524 | 139 289 | 3 410 |
| 2023 - 8296 | A07_HBB2302393_08 - 05 - 34. fsa | 386 | 386.22 | 6 081 | 41 570 | 3 570 |
| 2023 - 8297 | A08_HBB2302394_08 - 05 - 34. fsa | 359 | 358.99 | 7 944 | 101 699 | 3 440 |
| 2023 - 8298 | A09_HBB2302395_08 - 05 - 34. fsa | 363 | 362.41 | 1 270 | 9 836 | 3 459 |
| | A09_HBB2302395_08 - 05 - 34. fsa | 384 | 384.35 | 3 020 | 17 528 | 3 597 |
| 2023 - 8299 | A10_HBB2302396_08 - 05 - 34. fsa | 359 | 359.09 | 8 266 | 120 845 | 3 454 |
| 2023 - 8300 | A11_HBB2302397_08 - 05 - 34. fsa | 358 | 358.11 | 13 940 | 173 309 | 3 497 |
| 2023 - 8301 | A12_HBB2302398_08 - 05 - 34. fsa | 358 | 358.35 | 10 185 | 125 766 | 3 534 |
| 2023 - 8302 | B01_HBB2302399_08 - 05 - 34. fsa | 359 | 359.17 | 7 506 | 90 524 | 3 471 |
| 2023 - 8303 | B02_HBB2302400_08 - 05 - 34. fsa | 348 | 348.89 | 14 296 | 127 064 | 3 411 |
| 2023 - 8304 | B03_HBB2302401_08 - 05 - 34. fsa | 361 | 360.94 | 4 323 | 27 751 | 3 436 |
| | B03_HBB2302401_08 - 05 - 34. fsa | 381 | 380.76 | 1 986 | 11 910 | 3 560 |
| 2023 - 8305 | B04_HBB2302402_08 - 05 - 34. fsa | 355 | 355.38 | 9 159 | 72 487 | 3 396 |
| | B04_HBB2302402_08 - 05 - 34. fsa | 386 | 386.39 | 2 872 | 16 647 | 3 590 |
| 2023 - 8306 | B05_HBB2302403_08 - 05 - 34. fsa | 359 | 358.94 | 6 226 | 40 595 | 3 405 |
| | B05_HBB2302403_08 - 05 - 34. fsa | 386 | 386.4 | 2 046 | 11 658 | 3 575 |
| 2023 - 8307 | B06_HBB2302404_08 - 05 - 34. fsa | 348 | 348.84 | 13 855 | 112 054 | 3 317 |
| 2023 - 8308 | B07_HBB2302405_08 - 05 - 34. fsa | 348 | 348.84 | 7 757 | 70 595 | 3 328 |
| | B07_HBB2302405_08 - 05 - 34. fsa | 359 | 359.14 | 4 683 | 51 833 | 3 392 |
| 2023 - 8309 | B08_HBB2302406_08 - 05 - 34. fsa | 348 | 348.69 | 8 726 | 87 122 | 3 334 |
| | B08_HBB2302406_08 - 05 - 34. fsa | 361 | 360.85 | 5 485 | 65 861 | 3 410 |

（续）

| 资源序号 | 样本名<br>（sample file name） | 等位基因位点<br>（allele，bp） | 大小<br>（size，bp） | 高度<br>（height，RFU） | 面积<br>（area，RFU） | 数据取值点<br>（data point，RFU） |
|---|---|---|---|---|---|---|
| 2023－8310 | B09_HBB2302407_08－05－34.fsa | 348 | 348.69 | 7 088 | 74 550 | 3 332 |
| | B09_HBB2302407_08－05－34.fsa | 356 | 356.2 | 4 510 | 57 485 | 3 379 |
| 2023－8311 | B11_HBB2302409_08－05－34.fsa | 348 | 348.74 | 10 833 | 120 711 | 3 406 |
| | B11_HBB2302409_08－05－34.fsa | 359 | 359.11 | 6 655 | 101 389 | 3 473 |
| 2023－8312 | B12_HBB2302410_08－05－34.fsa | 348 | 347.98 | 11 854 | 127 826 | 3 432 |
| | B12_HBB2302410_08－05－34.fsa | 355 | 355.49 | 8 445 | 97 526 | 3 481 |
| 2023－8313 | C01_HBB2302411_08－05－34.fsa | 348 | 348.88 | 6 329 | 58 834 | 3 419 |
| | C01_HBB2302411_08－05－34.fsa | 354 | 354.49 | 4 661 | 44 821 | 3 455 |
| 2023－8314 | C02_HBB2302412_08－05－34.fsa | 348 | 348.71 | 8 089 | 62 649 | 3 388 |
| | C02_HBB2302412_08－05－34.fsa | 354 | 354.37 | 6 079 | 53 274 | 3 424 |
| 2023－8315 | C03_HBB2302413_08－05－34.fsa | 348 | 347.55 | 7 707 | 46 086 | 3 356 |
| 2023－8316 | C04_HBB2302414_08－05－34.fsa | 348 | 348.84 | 8 841 | 76 747 | 3 338 |
| | C04_HBB2302414_08－05－34.fsa | 359 | 359.12 | 5 979 | 40 865 | 3 402 |
| 2023－8317 | C05_HBB2302415_08－05－34.fsa | 359 | 359.02 | 8 730 | 59 136 | 3 376 |
| | C05_HBB2302415_08－05－34.fsa | 388 | 388.31 | 2 530 | 15 197 | 3 556 |
| 2023－8318 | C06_HBB2302416_08－05－34.fsa | 358 | 358.17 | 12 019 | 126 273 | 3 392 |
| 2023－8319 | C07_HBB2302417_08－05－34.fsa | 358 | 358.24 | 8 565 | 113 210 | 3 369 |
| 2023－8320 | C08_HBB2302418_08－05－34.fsa | 357 | 357.27 | 5 186 | 71 940 | 3 361 |
| 2023－8321 | C09_HBB2302419_08－05－34.fsa | 359 | 359.11 | 13 092 | 90 141 | 3 410 |
| 2023－8322 | C10_HBB2302420_08－05－34.fsa | 359 | 359.08 | 8 897 | 108 554 | 3 400 |
| | C10_HBB2302420_08－05－34.fsa | 386 | 386.46 | 2 989 | 21 885 | 3 570 |
| 2023－8323 | C11_HBB2302421_08－05－34.fsa | 348 | 347.63 | 8 004 | 85 581 | 3 385 |
| | C11_HBB2302421_08－05－34.fsa | 359 | 359.03 | 10 144 | 127 850 | 3 458 |
| 2023－8324 | C12_HBB2302422_08－05－34.fsa | 348 | 347.63 | 8 746 | 100 877 | 3 414 |
| | C12_HBB2302422_08－05－34.fsa | 358 | 358.15 | 5 996 | 69 158 | 3 482 |
| 2023－8325 | D01_HBB2302423_08－05－34.fsa | 348 | 348.89 | 13 495 | 128 163 | 3 434 |
| 2023－8326 | D02_HBB2302424_08－05－34.fsa | 359 | 359.06 | 7 621 | 90 687 | 3 451 |
| | D02_HBB2302424_08－05－34.fsa | 381 | 380.66 | 3 262 | 26 039 | 3 588 |
| 2023－8327 | D03_HBB2302425_08－05－34.fsa | 358 | 358.13 | 18 552 | 191 646 | 3 391 |

（续）

| 资源序号 | 样本名<br>（sample file name） | 等位基因位点<br>（allele，bp） | 大小<br>（size，bp） | 高度<br>（height，RFU） | 面积<br>（area，RFU） | 数据取值点<br>（data point，RFU） |
|---|---|---|---|---|---|---|
| 2023 - 8328 | D04_HBB2302426_08 - 05 - 34. fsa | 355 | 355. 27 | 10 875 | 107 101 | 3 367 |
| | D04_HBB2302426_08 - 05 - 34. fsa | 358 | 358. 15 | 10 162 | 75 608 | 3 385 |
| 2023 - 8329 | D05_HBB2302427_08 - 05 - 34. fsa | 348 | 348. 84 | 7 370 | 62 815 | 3 308 |
| | D05_HBB2302427_08 - 05 - 34. fsa | 359 | 359. 04 | 9 077 | 59 465 | 3 371 |
| 2023 - 8330 | D06_HBB2302428_08 - 05 - 34. fsa | 345 | 345. 77 | 7 218 | 61 505 | 3 296 |
| | D06_HBB2302428_08 - 05 - 34. fsa | 361 | 361. 02 | 7 858 | 84 849 | 3 389 |
| 2023 - 8331 | D08_HBB2302430_08 - 05 - 34. fsa | 350 | 349. 5 | 3 603 | 30 722 | 3 299 |
| | D08_HBB2302430_08 - 05 - 34. fsa | 359 | 359. 06 | 5 716 | 54 022 | 3 358 |
| 2023 - 8332 | D09_HBB2302431_08 - 05 - 34. fsa | 359 | 359. 01 | 6 736 | 80 622 | 3 388 |
| | D09_HBB2302431_08 - 05 - 34. fsa | 375 | 375. 18 | 3 883 | 30 633 | 3 488 |
| 2023 - 8333 | D10_HBB2302432_08 - 05 - 34. fsa | 357 | 357. 22 | 7 839 | 92 571 | 3 373 |
| | D10_HBB2302432_08 - 05 - 34. fsa | 359 | 358. 98 | 5 391 | 39 969 | 3 384 |
| 2023 - 8334 | D11_HBB2302433_08 - 05 - 34. fsa | 358 | 358. 13 | 7 456 | 85 361 | 3 438 |
| | D11_HBB2302433_08 - 05 - 34. fsa | 386 | 386. 41 | 2 655 | 23 083 | 3 617 |
| 2023 - 8335 | D12_HBB2302434_08 - 05 - 34. fsa | 350 | 349. 53 | 6 430 | 67 470 | 3 426 |
| | D12_HBB2302434_08 - 05 - 34. fsa | 358 | 358. 11 | 7 381 | 83 943 | 3 482 |
| 2023 - 8336 | E01_HBB2302435_08 - 05 - 34. fsa | 358 | 358. 17 | 10 497 | 114 255 | 3 504 |
| 2023 - 8337 | E02_HBB2302436_08 - 05 - 34. fsa | 358 | 358. 29 | 6 700 | 73 578 | 3 457 |
| | E02_HBB2302436_08 - 05 - 34. fsa | 384 | 384. 49 | 2 347 | 19 442 | 3 623 |
| 2023 - 8338 | E03_HBB2302437_08 - 05 - 34. fsa | 354 | 354. 29 | 7 005 | 50 292 | 3 395 |
| | E03_HBB2302437_08 - 05 - 34. fsa | 359 | 359. 06 | 5 561 | 39 111 | 3 425 |
| 2023 - 8339 | E04_HBB2302438_08 - 05 - 34. fsa | 350 | 349. 51 | 4 193 | 39 907 | 3 359 |
| | E04_HBB2302438_08 - 05 - 34. fsa | 361 | 360. 97 | 5 649 | 63 229 | 3 431 |
| 2023 - 8340 | E05_HBB2302439_08 - 05 - 34. fsa | 358 | 358. 15 | 6 029 | 59 137 | 3 395 |
| | E05_HBB2302439_08 - 05 - 34. fsa | 375 | 375. 09 | 2 946 | 18 926 | 3 500 |
| 2023 - 8341 | E06_HBB2302440_08 - 05 - 34. fsa | 348 | 348. 67 | 6 829 | 59 977 | 3 305 |
| | E06_HBB2302440_08 - 05 - 34. fsa | 361 | 360. 99 | 4 336 | 30 805 | 3 381 |
| 2023 - 8342 | E07_HBB2302441_08 - 05 - 34. fsa | 348 | 348. 67 | 3 148 | 18 362 | 3 305 |
| | E07_HBB2302441_08 - 05 - 34. fsa | 386 | 386. 45 | 991 | 5 436 | 3 537 |

（续）

| 资源序号 | 样本名<br>（sample file name） | 等位基因位点<br>（allele，bp） | 大小<br>（size，bp) | 高度<br>（height，RFU) | 面积<br>（area，RFU) | 数据取值点<br>（data point，RFU) |
|---|---|---|---|---|---|---|
| 2023－8343 | E08_HBB2302442_08－05－34. fsa | 348 | 348.69 | 8 285 | 81 138 | 3 328 |
| | E08_HBB2302442_08－05－34. fsa | 375 | 375.09 | 2 777 | 21 780 | 3 492 |
| 2023－8344 | E09_HBB2302443_08－05－34. fsa | 361 | 360.86 | 5 160 | 63 523 | 3 411 |
| | E09_HBB2302443_08－05－34. fsa | 378 | 378.92 | 2 558 | 18 465 | 3 523 |
| 2023－8345 | E10_HBB2302444_08－05－34. fsa | 358 | 358.11 | 6 714 | 64 482 | 3 387 |
| | E10_HBB2302444_08－05－34. fsa | 378 | 378.82 | 2 788 | 22 346 | 3 516 |
| 2023－8346 | E11_HBB2302445_08－05－34. fsa | 348 | 348.69 | 14 335 | 156 420 | 3 372 |
| 2023－8347 | E12_HBB2302446_08－05－34. fsa | 341 | 341.1 | 7 095 | 67 693 | 3 381 |
| | E12_HBB2302446_08－05－34. fsa | 357 | 357.33 | 8 670 | 101 657 | 3 486 |
| 2023－8348 | F01_HBB2302447_08－05－34. fsa | 341 | 342.07 | 4 073 | 29 992 | 3 400 |
| | F01_HBB2302447_08－05－34. fsa | 348 | 349.05 | 5 390 | 50 126 | 3 444 |
| 2023－8349 | F02_HBB2302448_08－05－34. fsa | 354 | 354.33 | 8 049 | 76 429 | 3 435 |
| | F02_HBB2302448_08－05－34. fsa | 358 | 358.06 | 6 240 | 56 235 | 3 459 |
| 2023－8350 | F03_HBB2302449_08－05－34. fsa | 341 | 341.94 | 5 089 | 46 549 | 3 330 |
| | F03_HBB2302449_08－05－34. fsa | 358 | 358.04 | 7 551 | 88 659 | 3 431 |
| 2023－8351 | F05_HBB2302451_08－05－34. fsa | 348 | 348.86 | 12 193 | 110 534 | 3 341 |
| 2023－8352 | F06_HBB2302452_08－05－34. fsa | 352 | 352.4 | 4 831 | 44 551 | 3 341 |
| | F06_HBB2302452_08－05－34. fsa | 386 | 386.28 | 1 221 | 8 550 | 3 550 |
| 2023－8353 | F07_HBB2302453_08－05－34. fsa | 348 | 348.67 | 7 859 | 85 684 | 3 321 |
| | F07_HBB2302453_08－05－34. fsa | 357 | 357.23 | 4 280 | 50 836 | 3 374 |
| 2023－8354 | F08_HBB2302454_08－05－34. fsa | 358 | 358.03 | 9 954 | 128 959 | 3 369 |
| 2023－8355 | F09_HBB2302455_08－05－34. fsa | 348 | 348.69 | 8 108 | 75 339 | 3 336 |
| 2023－8356 | F10_HBB2302456_08－05－34. fsa | 348 | 348.69 | 8 986 | 88 909 | 3 334 |
| | F10_HBB2302456_08－05－34. fsa | 359 | 359.08 | 6 011 | 74 031 | 3 399 |
| 2023－8357 | F11_HBB2302457_08－05－34. fsa | 348 | 348.71 | 8 729 | 88 664 | 3 402 |
| | F11_HBB2302457_08－05－34. fsa | 357 | 357.16 | 5 039 | 57 720 | 3 456 |
| 2023－8358 | F12_HBB2302458_08－05－34. fsa | 348 | 348.73 | 4 979 | 49 548 | 3 409 |
| | F12_HBB2302458_08－05－34. fsa | 359 | 359.1 | 2 929 | 32 054 | 3 476 |
| 2023－8359 | G01_HBB2302459_08－05－34. fsa | 358 | 358.23 | 11 101 | 145 832 | 3 519 |
| 2023－8360 | G02_HBB2302460_08－05－34. fsa | 358 | 358.36 | 9 013 | 116 341 | 3 483 |

（续）

| 资源序号 | 样本名<br>（sample file name） | 等位基因位点<br>（allele，bp） | 大小<br>（size，bp） | 高度<br>（height，RFU） | 面积<br>（area，RFU） | 数据取值点<br>（data point，RFU） |
|---|---|---|---|---|---|---|
| 2023－8361 | G03_HBB2302461_08－05－34.fsa | 359 | 359.11 | 9 813 | 102 348 | 3 449 |
| 2023－8362 | G04_HBB2302462_08－05－34.fsa | 359 | 359.14 | 8 193 | 86 804 | 3 428 |
| 2023－8363 | G05_HBB2302463_08－05－34.fsa | 358 | 358.25 | 7 564 | 95 315 | 3 407 |
| 2023－8364 | G06_HBB2302464_08－05－34.fsa | 348 | 348.86 | 3 819 | 36 062 | 3 348 |
| | G06_HBB2302464_08－05－34.fsa | 359 | 359.02 | 2 495 | 26 287 | 3 412 |
| 2023－8365 | G07_HBB2302465_08－05－34.fsa | 358 | 358.13 | 2 964 | 35 993 | 3 388 |
| | G07_HBB2302465_08－05－34.fsa | 361 | 361.97 | 1 231 | 10 225 | 3 412 |
| 2023－8366 | G08_HBB2302466_08－05－34.fsa | 358 | 358.24 | 5 601 | 70 237 | 3 410 |
| 2023－8367 | G09_HBB2302467_08－05－34.fsa | 348 | 348.86 | 5 312 | 52 298 | 3 338 |
| | G09_HBB2302467_08－05－34.fsa | 358 | 358.27 | 3 628 | 38 847 | 3 397 |
| 2023－8368 | G10_HBB2302468_08－05－34.fsa | 358 | 358.22 | 7 071 | 93 049 | 3 417 |
| 2023－8369 | G11_HBB2302469_08－05－34.fsa | 359 | 358.98 | 4 370 | 53 768 | 3 468 |
| | G11_HBB2302469_08－05－34.fsa | 361 | 361 | 2 924 | 30 113 | 3 481 |
| 2023－8370 | G12_HBB2302470_08－05－34.fsa | 361 | 361 | 4 439 | 47 347 | 3 513 |
| | G12_HBB2302470_08－05－34.fsa | 384 | 385.34 | 1 498 | 15 776 | 3 670 |
| 2023－8371 | H02_HBB2302472_08－05－34.fsa | 348 | 348.89 | 10 919 | 104 934 | 3 447 |
| | H02_HBB2302472_08－05－34.fsa | 386 | 386.4 | 2 345 | 18 636 | 3 690 |
| 2023－8372 | H03_HBB2302473_08－05－34.fsa | 354 | 354.33 | 5 113 | 54 704 | 3 442 |
| | H03_HBB2302473_08－05－34.fsa | 384 | 384.47 | 1 449 | 9 639 | 3 634 |
| 2023－8373 | H04_HBB2302474_08－05－34.fsa | 348 | 348.88 | 9 935 | 94 691 | 3 387 |
| | H04_HBB2302474_08－05－34.fsa | 358 | 358.27 | 6 847 | 69 956 | 3 447 |
| 2023－8374 | H05_HBB2302475_08－05－34.fsa | 359 | 359.09 | 7 100 | 70 098 | 3 438 |
| | H05_HBB2302475_08－05－34.fsa | 386 | 386.27 | 2 674 | 19 209 | 3 609 |
| 2023－8375 | H06_HBB2302476_08－05－34.fsa | 348 | 348.86 | 7 492 | 70 579 | 3 363 |
| | H06_HBB2302476_08－05－34.fsa | 359 | 359.17 | 4 819 | 49 597 | 3 428 |
| 2023－8376 | H07_HBB2302477_08－05－34.fsa | 355 | 355.35 | 6 803 | 64 308 | 3 409 |
| | H07_HBB2302477_08－05－34.fsa | 386 | 386.33 | 2 205 | 16 160 | 3 603 |
| 2023－8377 | H08_HBB2302478_08－05－34.fsa | 353 | 353.45 | 6 315 | 64 511 | 3 403 |
| | H08_HBB2302478_08－05－34.fsa | 357 | 357.23 | 4 831 | 46 304 | 3 427 |

（续）

| 资源序号 | 样本名<br>（sample file name） | 等位基因位点<br>（allele，bp） | 大小<br>（size，bp） | 高度<br>（height，RFU） | 面积<br>（area，RFU） | 数据取值点<br>（data point，RFU） |
|---|---|---|---|---|---|---|
| 2023－8378 | H09_HBB2302479_08－05－34.fsa | 359 | 359.11 | 3 984 | 39 161 | 3 427 |
| | H09_HBB2302479_08－05－34.fsa | 384 | 384.44 | 1 533 | 10 466 | 3 586 |
| 2023－8379 | H10_HBB2302480_08－05－34.fsa | 355 | 355.47 | 4 492 | 47 542 | 3 413 |
| | H10_HBB2302480_08－05－34.fsa | 358 | 358.29 | 2 954 | 26 681 | 3 431 |

# 5 P05

| 资源序号 | 样本名<br>（sample file name） | 等位基因位点<br>（allele，bp） | 大小<br>（size，bp） | 高度<br>（height，RFU） | 面积<br>（area，RFU） | 数据取值点<br>（data point，RFU） |
|---|---|---|---|---|---|---|
| 2023－8200 | A01_HBB2302293_23－08－17.fsa | 302 | 301.62 | 1 978 | 10 408 | 3 119 |
| | A01_HBB2302293_23－08－17.fsa | 316 | 316.16 | 839 | 4 417 | 3 208 |
| 2023－8201 | A02_HBB2302294_23－08－17.fsa | 314 | 314.21 | 2 049 | 9 230 | 3 175 |
| | A02_HBB2302294_23－08－17.fsa | 330 | 330.11 | 1 090 | 4 910 | 3 271 |
| 2023－8202 | A03_HBB2302295_23－08－17.fsa | 291 | 291.05 | 3 757 | 16 321 | 2 983 |
| 2023－8203 | A04_HBB2302296_23－08－17.fsa | 294 | 293.88 | 3 900 | 18 675 | 2 994 |
| 2023－8204 | A05_HBB2302297_23－08－17.fsa | 291 | 291.13 | 2 120 | 10 369 | 2 961 |
| | A05_HBB2302297_23－08－17.fsa | 316 | 316.3 | 670 | 3 277 | 3 114 |
| 2023－8205 | A06_HBB2302298_23－08－17.fsa | 288 | 288.43 | 3 670 | 18 431 | 2 937 |
| 2023－8206 | A07_HBB2302299_23－08－17.fsa | 288 | 288.4 | 3 384 | 16 547 | 2 930 |
| | A07_HBB2302299_23－08－17.fsa | 314 | 314.22 | 1 155 | 5 729 | 3 088 |
| 2023－8207 | A08_HBB2302300_23－08－17.fsa | 291 | 291.03 | 3 023 | 15 628 | 2 980 |
| 2023－8208 | A09_HBB2302301_23－08－17.fsa | 292 | 292.1 | 901 | 4 619 | 2 978 |
| | A09_HBB2302301_23－08－17.fsa | 314 | 314.37 | 1 580 | 8 020 | 3 114 |
| 2023－8209 | A10_HBB2302302_23－08－17.fsa | 291 | 290.93 | 2 253 | 12 491 | 2 989 |
| | A10_HBB2302302_23－08－17.fsa | 302 | 301.49 | 2 087 | 13 285 | 3 056 |
| 2023－8210 | A11_HBB2302303_23－08－17.fsa | 290 | 290.15 | 4 546 | 45 584 | 3 028 |
| | A11_HBB2302303_23－08－17.fsa | 325 | 324.68 | 781 | 3 791 | 3 243 |

（续）

| 资源序号 | 样本名<br>（sample file name） | 等位基因位点<br>（allele，bp） | 大小<br>（size，bp） | 高度<br>（height，RFU） | 面积<br>（area，RFU） | 数据取值点<br>（data point，RFU） |
|---|---|---|---|---|---|---|
| 2023 - 8211 | B01_HBB2302305_23 - 08 - 17. fsa | 292 | 292.1 | 2 500 | 12 691 | 3 018 |
| | B01_HBB2302305_23 - 08 - 17. fsa | 316 | 316.35 | 746 | 3 563 | 3 168 |
| 2023 - 8212 | B02_HBB2302306_23 - 08 - 17. fsa | 292 | 291.96 | 3 341 | 16 142 | 3 030 |
| | B02_HBB2302306_23 - 08 - 17. fsa | 302 | 301.49 | 2 696 | 13 073 | 3 091 |
| 2023 - 8213 | B03_HBB2302307_23 - 08 - 17. fsa | 291 | 290.99 | 4 464 | 22 139 | 2 972 |
| | B03_HBB2302307_23 - 08 - 17. fsa | 304 | 304.35 | 2 874 | 13 836 | 3 055 |
| 2023 - 8214 | B04_HBB2302308_23 - 08 - 17. fsa | 291 | 291.13 | 6 305 | 28 581 | 2 969 |
| | B04_HBB2302308_23 - 08 - 17. fsa | 304 | 304.33 | 3 980 | 18 525 | 3 051 |
| 2023 - 8215 | B05_HBB2302309_23 - 08 - 17. fsa | 291 | 291.07 | 2 308 | 10 890 | 2 956 |
| | B05_HBB2302309_23 - 08 - 17. fsa | 316 | 316.33 | 828 | 3 734 | 3 109 |
| 2023 - 8216 | B06_HBB2302310_23 - 08 - 17. fsa | 302 | 301.51 | 2 956 | 14 410 | 2 999 |
| | B06_HBB2302310_23 - 08 - 17. fsa | 316 | 316.24 | 1 161 | 5 458 | 3 086 |
| 2023 - 8217 | B07_HBB2302311_23 - 08 - 17. fsa | 291 | 291.05 | 5 367 | 25 288 | 2 941 |
| | B07_HBB2302311_23 - 08 - 17. fsa | 314 | 314.13 | 2 147 | 9 618 | 3 081 |
| 2023 - 8218 | B08_HBB2302312_23 - 08 - 17. fsa | 314 | 314.19 | 2 223 | 11 105 | 3 085 |
| 2023 - 8219 | B09_HBB2302313_23 - 08 - 17. fsa | 291 | 291.04 | 2 271 | 12 415 | 2 940 |
| | B09_HBB2302313_23 - 08 - 17. fsa | 302 | 301.51 | 2 067 | 11 097 | 3 005 |
| 2023 - 8220 | B10_HBB2302314_23 - 08 - 17. fsa | 314 | 314.35 | 2 922 | 14 870 | 3 090 |
| 2023 - 8221 | B11_HBB2302315_23 - 08 - 17. fsa | 291 | 290.98 | 2 819 | 14 425 | 3 009 |
| | B11_HBB2302315_23 - 08 - 17. fsa | 306 | 306.39 | 1 507 | 8 158 | 3 106 |
| 2023 - 8222 | B12_HBB2302316_23 - 08 - 17. fsa | 291 | 291.1 | 2 885 | 16 058 | 3 037 |
| | B12_HBB2302316_23 - 08 - 17. fsa | 304 | 304.39 | 1 863 | 10 329 | 3 122 |
| 2023 - 8223 | C01_HBB2302317_23 - 08 - 17. fsa | 292 | 291.99 | 2 556 | 24 234 | 3 036 |
| 2023 - 8224 | C02_HBB2302318_23 - 08 - 17. fsa | 291 | 290.95 | 3 423 | 15 796 | 3 001 |
| | C02_HBB2302318_23 - 08 - 17. fsa | 316 | 316.27 | 1 305 | 5 821 | 3 157 |
| 2023 - 8226 | C03_HBB2302319_23 - 08 - 17. fsa | 291 | 291.02 | 2 891 | 14 749 | 2 981 |
| | C03_HBB2302319_23 - 08 - 17. fsa | 314 | 314.2 | 1 115 | 5 630 | 3 123 |
| 2023 - 8227 | C04_HBB2302320_23 - 08 - 17. fsa | 314 | 314.05 | 1 257 | 6 009 | 3 100 |
| 2023 - 8228 | C05_HBB2302321_23 - 08 - 17. fsa | 314 | 314.27 | 2 104 | 9 710 | 3 071 |
| 2023 - 8229 | C06_HBB2302322_23 - 08 - 17. fsa | 291 | 290.91 | 3 203 | 30 229 | 2 947 |

（续）

| 资源序号 | 样本名<br>（sample file name） | 等位基因位点<br>（allele，bp） | 大小<br>（size，bp） | 高度<br>（height，RFU） | 面积<br>（area，RFU） | 数据取值点<br>（data point，RFU） |
|---|---|---|---|---|---|---|
| 2023－8230 | C07_HBB2302323_23－08－17.fsa | 316 | 316.09 | 929 | 4 274 | 3 075 |
| | C07_HBB2302323_23－08－17.fsa | 332 | 332.13 | 746 | 3 351 | 3 168 |
| 2023－8231 | C09_HBB2302325_23－08－17.fsa | 291 | 290.94 | 2 488 | 11 350 | 2 957 |
| | C09_HBB2302325_23－08－17.fsa | 302 | 301.5 | 2 547 | 12 584 | 3 023 |
| 2023－8232 | C10_HBB2302326_23－08－17.fsa | 290 | 290.08 | 2 322 | 13 364 | 2 935 |
| | C10_HBB2302326_23－08－17.fsa | 314 | 314.3 | 735 | 3 637 | 3 082 |
| 2023－8233 | C11_HBB2302327_23－08－17.fsa | 291 | 290.96 | 2 583 | 13 392 | 2 998 |
| | C11_HBB2302327_23－08－17.fsa | 304 | 304.28 | 1 760 | 9 071 | 3 082 |
| 2023－8234 | C12_HBB2302328_23－08－17.fsa | 292 | 292.11 | 2 732 | 27 769 | 3 028 |
| 2023－8235 | D01_HBB2302329_23－08－17.fsa | 291 | 291.07 | 3 419 | 16 570 | 3 038 |
| | D01_HBB2302329_23－08－17.fsa | 316 | 316.33 | 1 336 | 6 051 | 3 195 |
| 2023－8236 | D02_HBB2302330_23－08－17.fsa | 291 | 291.09 | 5 842 | 26 899 | 3 001 |
| 2023－8237 | D03_HBB2302331_23－08－17.fsa | 291 | 291.07 | 6 129 | 28 162 | 2 950 |
| 2023－8238 | D04_HBB2302332_23－08－17.fsa | 291 | 291.03 | 3 926 | 16 163 | 2 944 |
| 2023－8239 | D05_HBB2302333_23－08－17.fsa | 314 | 314.18 | 1 436 | 6 426 | 3 063 |
| | D05_HBB2302333_23－08－17.fsa | 336 | 336.33 | 627 | 2 542 | 3 191 |
| 2023－8240 | D06_HBB2302334_23－08－17.fsa | 302 | 301.52 | 5 128 | 23 930 | 2 995 |
| 2023－8241 | D07_HBB2302335_23－08－17.fsa | 302 | 301.67 | 1 877 | 8 693 | 3 019 |
| | D07_HBB2302335_23－08－17.fsa | 318 | 318.29 | 811 | 3 791 | 3 118 |
| 2023－8242 | D08_HBB2302336_23－08－17.fsa | 314 | 314.26 | 1 399 | 6 156 | 3 044 |
| | D08_HBB2302336_23－08－17.fsa | 330 | 330.39 | 802 | 3 688 | 3 137 |
| 2023－8243 | D09_HBB2302337_23－08－17.fsa | 291 | 290.99 | 1 604 | 8 160 | 2 935 |
| | D09_HBB2302337_23－08－17.fsa | 302 | 301.66 | 1 483 | 7 607 | 3 001 |
| 2023－8244 | D10_HBB2302338_23－08－17.fsa | 318 | 318.15 | 1 052 | 4 934 | 3 091 |
| | D10_HBB2302338_23－08－17.fsa | 338 | 338.26 | 542 | 2 444 | 3 208 |
| 2023－8245 | D11_HBB2302339_23－08－17.fsa | 304 | 304.45 | 1 562 | 8 197 | 3 066 |
| | D11_HBB2302339_23－08－17.fsa | 314 | 314.23 | 910 | 4 697 | 3 125 |
| 2023－8246 | D12_HBB2302340_23－08－17.fsa | 291 | 291.05 | 2 684 | 13 133 | 3 019 |
| | D12_HBB2302340_23－08－17.fsa | 316 | 316.19 | 877 | 4 707 | 3 176 |

（续）

| 资源序号 | 样本名<br>（sample file name） | 等位基因位点<br>（allele，bp） | 大小<br>（size，bp） | 高度<br>（height，RFU） | 面积<br>（area，RFU） | 数据取值点<br>（data point，RFU） |
|---|---|---|---|---|---|---|
| 2023 - 8247 | E01_HBB2302341_23 - 08 - 17. fsa | 291 | 291.23 | 2 471 | 12 022 | 3 047 |
| | E01_HBB2302341_23 - 08 - 17. fsa | 302 | 301.63 | 1 959 | 9 860 | 3 114 |
| 2023 - 8248 | E02_HBB2302342_23 - 08 - 17. fsa | 302 | 301.46 | 2 648 | 13 922 | 3 081 |
| 2023 - 8249 | E03_HBB2302343_23 - 08 - 17. fsa | 291 | 290.99 | 1 475 | 7 203 | 2 978 |
| 2023 - 8250 | E04_HBB2302344_23 - 08 - 17. fsa | 291 | 290.96 | 2 118 | 9 694 | 2 975 |
| 2023 - 8251 | E06_HBB2302346_23 - 08 - 17. fsa | 316 | 316.34 | 1 075 | 4 493 | 3 071 |
| 2023 - 8252 | E07_HBB2302347_23 - 08 - 17. fsa | 292 | 291.95 | 1 337 | 6 643 | 2 925 |
| 2023 - 8253 | E08_HBB2302348_23 - 08 - 17. fsa | 293 | 292.92 | 1 250 | 6 082 | 2 950 |
| | E08_HBB2302348_23 - 08 - 17. fsa | 304 | 304.36 | 895 | 4 558 | 3 020 |
| 2023 - 8254 | E09_HBB2302349_23 - 08 - 17. fsa | 291 | 291.01 | 1 741 | 8 626 | 2 942 |
| 2023 - 8255 | E10_HBB2302350_23 - 08 - 17. fsa | 291 | 291.18 | 3 769 | 17 901 | 2 933 |
| 2023 - 8256 | E11_HBB2302351_23 - 08 - 17. fsa | 292 | 292.11 | 4 592 | 23 803 | 2 979 |
| 2023 - 8257 | E12_HBB2302352_23 - 08 - 17. fsa | 291 | 291.08 | 3 509 | 15 985 | 3 029 |
| 2023 - 8258 | F01_HBB2302353_23 - 08 - 17. fsa | 291 | 291.17 | 3 139 | 14 591 | 3 044 |
| 2023 - 8259 | F02_HBB2302354_23 - 08 - 17. fsa | 291 | 290.99 | 4 339 | 21 202 | 3 011 |
| 2023 - 8260 | F03_HBB2302355_23 - 08 - 17. fsa | 291 | 291.18 | 6 299 | 30 949 | 2 990 |
| 2023 - 8261 | F04_HBB2302356_23 - 08 - 17. fsa | 291 | 291.03 | 2 624 | 12 253 | 2 987 |
| | F04_HBB2302356_23 - 08 - 17. fsa | 316 | 316.3 | 905 | 4 305 | 3 142 |
| 2023 - 8262 | F05_HBB2302357_23 - 08 - 17. fsa | 291 | 291.07 | 5 962 | 25 797 | 2 949 |
| 2023 - 8263 | F06_HBB2302358_23 - 08 - 17. fsa | 291 | 290.98 | 2 548 | 11 587 | 2 929 |
| | F06_HBB2302358_23 - 08 - 17. fsa | 316 | 316.25 | 859 | 3 670 | 3 081 |
| 2023 - 8264 | F07_HBB2302359_23 - 08 - 17. fsa | 291 | 291.04 | 3 822 | 17 544 | 2 932 |
| 2023 - 8265 | F08_HBB2302360_23 - 08 - 17. fsa | 291 | 290.98 | 2 327 | 11 528 | 2 918 |
| | F08_HBB2302360_23 - 08 - 17. fsa | 294 | 293.88 | 2 677 | 12 839 | 2 936 |
| 2023 - 8266 | F09_HBB2302361_23 - 08 - 17. fsa | 291 | 291.04 | 4 715 | 22 007 | 2 937 |
| 2023 - 8267 | F10_HBB2302362_23 - 08 - 17. fsa | 291 | 291.04 | 3 078 | 14 863 | 2 937 |
| | F10_HBB2302362_23 - 08 - 17. fsa | 304 | 304.35 | 1 834 | 8 140 | 3 019 |
| 2023 - 8268 | F11_HBB2302363_23 - 08 - 17. fsa | 291 | 291.12 | 2 961 | 14 397 | 3 000 |
| | F11_HBB2302363_23 - 08 - 17. fsa | 304 | 304.44 | 1 996 | 10 005 | 3 084 |

（续）

| 资源序号 | 样本名<br>（sample file name） | 等位基因位点<br>（allele，bp） | 大小<br>（size，bp） | 高度<br>（height，RFU） | 面积<br>（area，RFU） | 数据取值点<br>（data point，RFU） |
|---|---|---|---|---|---|---|
| 2023 - 8269 | F12_HBB2302364_23 - 08 - 17. fsa | 291 | 291.01 | 3 406 | 16 764 | 3 002 |
| | F12_HBB2302364_23 - 08 - 17. fsa | 316 | 316.25 | 1 195 | 5 456 | 3 158 |
| 2023 - 8270 | G01_HBB2302365_23 - 08 - 17. fsa | 292 | 292.15 | 2 652 | 15 894 | 3 059 |
| 2023 - 8271 | G03_HBB2302367_23 - 08 - 17. fsa | 304 | 304.28 | 1 658 | 7 904 | 3 078 |
| | G03_HBB2302367_23 - 08 - 17. fsa | 314 | 314.22 | 926 | 4 560 | 3 138 |
| 2023 - 8272 | G04_HBB2302368_23 - 08 - 17. fsa | 304 | 304.33 | 1 684 | 7 703 | 3 053 |
| | G04_HBB2302368_23 - 08 - 17. fsa | 314 | 314.2 | 1 005 | 4 468 | 3 112 |
| 2023 - 8273 | G05_HBB2302369_23 - 08 - 17. fsa | 304 | 304.33 | 2 777 | 12 725 | 3 035 |
| | G05_HBB2302369_23 - 08 - 17. fsa | 316 | 316.08 | 1 365 | 6 214 | 3 105 |
| 2023 - 8274 | G06_HBB2302370_23 - 08 - 17. fsa | 291 | 291.11 | 1 703 | 8 084 | 2 955 |
| | G06_HBB2302370_23 - 08 - 17. fsa | 304 | 304.33 | 1 160 | 5 119 | 3 037 |
| 2023 - 8275 | G07_HBB2302371_23 - 08 - 17. fsa | 291 | 291.06 | 2 902 | 14 758 | 2 937 |
| | G07_HBB2302371_23 - 08 - 17. fsa | 330 | 330.29 | 510 | 2 310 | 3 171 |
| 2023 - 8276 | G08_HBB2302372_23 - 08 - 17. fsa | 291 | 290.94 | 2 798 | 10 968 | 2 951 |
| | G08_HBB2302372_23 - 08 - 17. fsa | 316 | 316.22 | 970 | 4 473 | 3 104 |
| 2023 - 8277 | G09_HBB2302373_23 - 08 - 17. fsa | 304 | 304.35 | 1 999 | 8 843 | 3 017 |
| | G09_HBB2302373_23 - 08 - 17. fsa | 322 | 322.29 | 955 | 4 161 | 3 123 |
| 2023 - 8278 | G10_HBB2302374_23 - 08 - 17. fsa | 291 | 291.1 | 2 401 | 11 096 | 2 954 |
| | G10_HBB2302374_23 - 08 - 17. fsa | 316 | 316.31 | 844 | 3 777 | 3 107 |
| 2023 - 8279 | G11_HBB2302375_23 - 08 - 17. fsa | 291 | 290.95 | 4 605 | 22 483 | 2 994 |
| 2023 - 8280 | G12_HBB2302376_23 - 08 - 17. fsa | 291 | 291.07 | 3 022 | 13 851 | 3 019 |
| | G12_HBB2302376_23 - 08 - 17. fsa | 314 | 314.34 | 1 166 | 5 689 | 3 164 |
| 2023 - 8281 | H01_HBB2302377_23 - 08 - 17. fsa | 291 | 291.08 | 3 364 | 14 978 | 3 081 |
| | H01_HBB2302377_23 - 08 - 17. fsa | 314 | 314.23 | 1 327 | 5 961 | 3 227 |
| 2023 - 8282 | H02_HBB2302378_23 - 08 - 17. fsa | 291 | 291.15 | 2 952 | 14 027 | 3 051 |
| | H02_HBB2302378_23 - 08 - 17. fsa | 314 | 314.19 | 1 084 | 5 029 | 3 196 |
| 2023 - 8283 | H03_HBB2302379_23 - 08 - 17. fsa | 290 | 290.24 | 2 128 | 11 108 | 3 012 |
| | H03_HBB2302379_23 - 08 - 17. fsa | 316 | 316.11 | 598 | 3 004 | 3 173 |
| 2023 - 8284 | H04_HBB2302380_23 - 08 - 17. fsa | 314 | 314.17 | 1 942 | 9 416 | 3 135 |

（续）

| 资源序号 | 样本名<br>（sample file name） | 等位基因位点<br>（allele，bp） | 大小<br>（size，bp） | 高度<br>（height，RFU） | 面积<br>（area，RFU） | 数据取值点<br>（data point，RFU） |
|---|---|---|---|---|---|---|
| 2023－8285 | H05_HBB2302381_23－08－17.fsa | 291 | 291.03 | 2 402 | 11 244 | 2 975 |
| | H05_HBB2302381_23－08－17.fsa | 314 | 314.2 | 934 | 4 199 | 3 117 |
| 2023－8286 | H06_HBB2302382_23－08－17.fsa | 291 | 291.16 | 3 959 | 18 168 | 2 968 |
| 2023－8287 | H07_HBB2302383_23－08－17.fsa | 291 | 290.99 | 2 420 | 10 534 | 2 965 |
| | H07_HBB2302383_23－08－17.fsa | 316 | 316.13 | 849 | 3 816 | 3 118 |
| 2023－8288 | H08_HBB2302384_23－08－17.fsa | 291 | 291.16 | 2 288 | 10 668 | 2 971 |
| | H08_HBB2302384_23－08－17.fsa | 302 | 301.5 | 1 159 | 6 234 | 3 036 |
| 2023－8289 | H09_HBB2302385_23－08－17.fsa | 291 | 291.13 | 2 924 | 12 325 | 2 955 |
| | H09_HBB2302385_23－08－17.fsa | 316 | 316.3 | 1 113 | 4 550 | 3 108 |
| 2023－8290 | A01_HBB2302387_01－49－27.fsa | 291 | 291.02 | 8 122 | 36 918 | 3 058 |
| 2023－8291 | A02_HBB2302388_01－49－27.fsa | 314 | 314.27 | 4 229 | 19 909 | 3 183 |
| | A02_HBB2302388_01－49－27.fsa | 330 | 330.16 | 2 213 | 10 212 | 3 279 |
| 2023－8292 | A03_HBB2302389_01－49－27.fsa | 302 | 301.49 | 22 605 | 95 362 | 3 059 |
| 2023－8293 | A04_HBB2302390_01－49－27.fsa | 291 | 291.06 | 16 518 | 78 480 | 2 985 |
| 2023－8294 | A05_HBB2302391_01－49－27.fsa | 314 | 314.2 | 4 225 | 20 235 | 3 111 |
| | A05_HBB2302391_01－49－27.fsa | 332 | 332.31 | 1 486 | 6 714 | 3 218 |
| 2023－8295 | A06_HBB2302392_01－49－27.fsa | 291 | 291.13 | 20 796 | 100 705 | 2 962 |
| 2023－8296 | A07_HBB2302393_01－49－27.fsa | 291 | 290.99 | 22 010 | 108 059 | 2 954 |
| 2023－8297 | A08_HBB2302394_01－49－27.fsa | 318 | 318.14 | 8 743 | 44 159 | 3 155 |
| 2023－8298 | A09_HBB2302395_01－49－27.fsa | 291 | 291.03 | 14 901 | 73 633 | 2 979 |
| 2023－8299 | A10_HBB2302396_01－49－27.fsa | 330 | 330.19 | 6 067 | 31 100 | 3 237 |
| 2023－8300 | A11_HBB2302397_01－49－27.fsa | 291 | 290.98 | 30 754 | 166 860 | 3 041 |
| 2023－8301 | A12_HBB2302398_01－49－27.fsa | 332 | 332.41 | 6 698 | 34 007 | 3 332 |
| 2023－8302 | B01_HBB2302399_01－49－27.fsa | 304 | 304.41 | 4 842 | 24 474 | 3 103 |
| | B01_HBB2302399_01－49－27.fsa | 316 | 316.27 | 2 554 | 12 393 | 3 175 |
| 2023－8303 | B02_HBB2302400_01－49－27.fsa | 288 | 288.42 | 14 393 | 66 317 | 3 012 |
| | B02_HBB2302400_01－49－27.fsa | 304 | 304.39 | 8 417 | 38 771 | 3 114 |
| 2023－8304 | B03_HBB2302401_01－49－27.fsa | 304 | 304.3 | 7 357 | 37 602 | 3 064 |
| | B03_HBB2302401_01－49－27.fsa | 314 | 314.3 | 4 464 | 22 028 | 3 124 |

（续）

| 资源序号 | 样本名<br>（sample file name） | 等位基因位点<br>（allele，bp） | 大小<br>（size，bp） | 高度<br>（height，RFU） | 面积<br>（area，RFU） | 数据取值点<br>（data point，RFU） |
|---|---|---|---|---|---|---|
| 2023－8305 | B04_HBB2302402_01－49－27.fsa | 291 | 291.16 | 10 259 | 51 481 | 2 978 |
| | B04_HBB2302402_01－49－27.fsa | 294 | 294 | 10 455 | 49 640 | 2 996 |
| 2023－8306 | B05_HBB2302403_01－49－27.fsa | 291 | 291.11 | 5 296 | 24 569 | 2 965 |
| | B05_HBB2302403_01－49－27.fsa | 302 | 301.65 | 4 854 | 24 226 | 3 031 |
| 2023－8307 | B06_HBB2302404_01－49－27.fsa | 291 | 290.91 | 7 506 | 35 517 | 2 939 |
| | B06_HBB2302404_01－49－27.fsa | 302 | 301.51 | 6 482 | 31 603 | 3 005 |
| 2023－8308 | B07_HBB2302405_01－49－27.fsa | 291 | 290.94 | 8 362 | 41 358 | 2 949 |
| | B07_HBB2302405_01－49－27.fsa | 304 | 304.35 | 5 466 | 26 600 | 3 032 |
| 2023－8309 | B08_HBB2302406_01－49－27.fsa | 304 | 304.35 | 5 558 | 27 602 | 3 033 |
| | B08_HBB2302406_01－49－27.fsa | 314 | 314.29 | 3 194 | 15 783 | 3 092 |
| 2023－8310 | B09_HBB2302407_01－49－27.fsa | 291 | 291.08 | 7 338 | 37 641 | 2 947 |
| | B09_HBB2302407_01－49－27.fsa | 304 | 304.33 | 4 986 | 25 821 | 3 029 |
| 2023－8311 | B11_HBB2302409_01－49－27.fsa | 291 | 291.18 | 8 852 | 47 089 | 3 016 |
| | B11_HBB2302409_01－49－27.fsa | 304 | 304.4 | 5 869 | 31 417 | 3 100 |
| 2023－8312 | B12_HBB2302410_01－49－27.fsa | 291 | 291.1 | 9 938 | 52 981 | 3 044 |
| | B12_HBB2302410_01－49－27.fsa | 304 | 304.37 | 6 383 | 34 009 | 3 129 |
| 2023－8313 | C01_HBB2302411_01－49－27.fsa | 291 | 291.07 | 12 293 | 59 038 | 3 037 |
| | C01_HBB2302411_01－49－27.fsa | 304 | 304.23 | 8 171 | 37 046 | 3 121 |
| 2023－8314 | C02_HBB2302412_01－49－27.fsa | 291 | 290.99 | 11 595 | 52 701 | 3 007 |
| | C02_HBB2302412_01－49－27.fsa | 304 | 304.25 | 8 437 | 37 155 | 3 091 |
| 2023－8315 | C03_HBB2302413_01－49－27.fsa | 292 | 292.12 | 12 308 | 121 499 | 2 994 |
| 2023－8316 | C04_HBB2302414_01－49－27.fsa | 291 | 291.1 | 8 732 | 40 025 | 2 966 |
| | C04_HBB2302414_01－49－27.fsa | 304 | 304.31 | 5 740 | 26 502 | 3 048 |
| 2023－8317 | C05_HBB2302415_01－49－27.fsa | 291 | 291.01 | 10 513 | 47 372 | 2 938 |
| | C05_HBB2302415_01－49－27.fsa | 336 | 336.35 | 1 933 | 8 198 | 3 207 |
| 2023－8318 | C06_HBB2302416_01－49－27.fsa | 302 | 301.51 | 8 066 | 38 876 | 3 022 |
| | C06_HBB2302416_01－49－27.fsa | 316 | 316.22 | 3 299 | 15 451 | 3 109 |
| 2023－8319 | C07_HBB2302417_01－49－27.fsa | 291 | 290.97 | 11 829 | 55 526 | 2 930 |
| | C07_HBB2302417_01－49－27.fsa | 316 | 316.33 | 4 095 | 18 956 | 3 082 |

（续）

| 资源序号 | 样本名<br>（sample file name） | 等位基因位点<br>（allele，bp） | 大小<br>（size，bp） | 高度<br>（height，RFU） | 面积<br>（area，RFU） | 数据取值点<br>（data point，RFU） |
|---|---|---|---|---|---|---|
| 2023－8320 | C08_HBB2302418_01－49－27.fsa | 291 | 291.16 | 11 765 | 52 955 | 2 926 |
| | C08_HBB2302418_01－49－27.fsa | 302 | 301.68 | 8 571 | 43 711 | 2 991 |
| 2023－8321 | C09_HBB2302419_01－49－27.fsa | 291 | 290.93 | 11 445 | 54 239 | 2 964 |
| | C09_HBB2302419_01－49－27.fsa | 304 | 304.35 | 7 689 | 36 100 | 3 047 |
| 2023－8322 | C10_HBB2302420_01－49－27.fsa | 291 | 291.07 | 14 731 | 74 057 | 2 948 |
| | C10_HBB2302420_01－49－27.fsa | 330 | 330.19 | 3 166 | 14 536 | 3 183 |
| 2023－8323 | C11_HBB2302421_01－49－27.fsa | 291 | 291.12 | 10 566 | 53 488 | 3 005 |
| | C11_HBB2302421_01－49－27.fsa | 304 | 304.42 | 7 962 | 39 233 | 3 089 |
| 2023－8324 | C12_HBB2302422_01－49－27.fsa | 294 | 294 | 7 021 | 35 975 | 3 050 |
| | C12_HBB2302422_01－49－27.fsa | 302 | 301.63 | 2 712 | 14 272 | 3 099 |
| 2023－8325 | D01_HBB2302423_01－49－27.fsa | 290 | 290.17 | 13 287 | 63 826 | 3 042 |
| | D01_HBB2302423_01－49－27.fsa | 316 | 316.24 | 3 876 | 18 436 | 3 205 |
| 2023－8326 | D02_HBB2302424_01－49－27.fsa | 304 | 304.44 | 10 643 | 49 220 | 3 092 |
| | D02_HBB2302424_01－49－27.fsa | 312 | 312.38 | 3 992 | 18 074 | 3 140 |
| 2023－8327 | D03_HBB2302425_01－49－27.fsa | 294 | 293.97 | 13 371 | 61 188 | 2 976 |
| | D03_HBB2302425_01－49－27.fsa | 302 | 301.5 | 10 778 | 49 036 | 3 023 |
| 2023－8328 | D04_HBB2302426_01－49－27.fsa | 291 | 291.07 | 10 789 | 50 370 | 2 951 |
| | D04_HBB2302426_01－49－27.fsa | 302 | 301.51 | 9 514 | 44 042 | 3 016 |
| 2023－8329 | D05_HBB2302427_01－49－27.fsa | 304 | 304.35 | 4 200 | 19 187 | 3 012 |
| | D05_HBB2302427_01－49－27.fsa | 336 | 336.33 | 1 954 | 8 793 | 3 199 |
| 2023－8330 | D06_HBB2302428_01－49－27.fsa | 302 | 301.51 | 10 181 | 46 727 | 3 003 |
| | D06_HBB2302428_01－49－27.fsa | 314 | 314.2 | 4 094 | 18 589 | 3 078 |
| 2023－8331 | D08_HBB2302430_01－49－27.fsa | 291 | 291.08 | 14 750 | 68 880 | 2 912 |
| | D08_HBB2302430_01－49－27.fsa | 314 | 314.13 | 4 976 | 22 941 | 3 050 |
| 2023－8332 | D09_HBB2302431_01－49－27.fsa | 288 | 288.32 | 8 398 | 47 824 | 2 925 |
| | D09_HBB2302431_01－49－27.fsa | 291 | 291.04 | 6 864 | 33 206 | 2 942 |
| 2023－8333 | D10_HBB2302432_01－49－27.fsa | 291 | 291.04 | 25 342 | 116 355 | 2 935 |
| | D11_HBB2302433_01－49－27.fsa | 291 | 291.09 | 9 413 | 47 908 | 2 989 |
| 2023－8334 | D11_HBB2302433_01－49－27.fsa | 302 | 301.49 | 7 496 | 39 848 | 3 055 |
| | D12_HBB2302434_01－49－27.fsa | 292 | 292.15 | 11 282 | 57 063 | 3 034 |

（续）

| 资源序号 | 样本名<br>（sample file name） | 等位基因位点<br>（allele，bp） | 大小<br>（size，bp） | 高度<br>（height，RFU） | 面积<br>（area，RFU） | 数据取值点<br>（data point，RFU） |
|---|---|---|---|---|---|---|
| 2023－8335 | D12_HBB2302434_01－49－27.fsa | 302 | 301.45 | 9 276 | 47 192 | 3 094 |
| 2023－8336 | E01_HBB2302435_01－49－27.fsa | 294 | 293.9 | 9 191 | 44 306 | 3 080 |
|  | E01_HBB2302435_01－49－27.fsa | 316 | 316.23 | 3 374 | 16 310 | 3 219 |
| 2023－8337 | E02_HBB2302436_01－49－27.fsa | 302 | 301.47 | 19 856 | 98 306 | 3 089 |
| 2023－8338 | E03_HBB2302437_01－49－27.fsa | 314 | 314.13 | 7 127 | 33 382 | 3 127 |
| 2023－8339 | E04_HBB2302438_01－49－27.fsa | 291 | 291.13 | 20 703 | 96 594 | 2 982 |
| 2023－8340 | E05_HBB2302439_01－49－27.fsa | 288 | 288.36 | 5 409 | 23 242 | 2 946 |
|  | E05_HBB2302439_01－49－27.fsa | 302 | 301.5 | 7 286 | 32 303 | 3 028 |
| 2023－8341 | E06_HBB2302440_01－49－27.fsa | 292 | 291.95 | 9 917 | 46 552 | 2 934 |
|  | E06_HBB2302440_01－49－27.fsa | 318 | 318.22 | 2 986 | 13 349 | 3 091 |
| 2023－8342 | E07_HBB2302441_01－49－27.fsa | 302 | 301.51 | 16 243 | 77 479 | 2 988 |
| 2023－8343 | E08_HBB2302442_01－49－27.fsa | 292 | 292.14 | 14 946 | 68 884 | 2 952 |
|  | E08_HBB2302442_01－49－27.fsa | 318 | 318.38 | 4 052 | 18 628 | 3 110 |
| 2023－8344 | E09_HBB2302443_01－49－27.fsa | 314 | 314.29 | 5 302 | 24 905 | 3 091 |
| 2023－8345 | E10_HBB2302444_01－49－27.fsa | 302 | 301.68 | 10 299 | 49 315 | 3 005 |
|  | E10_HBB2302444_01－49－27.fsa | 314 | 314.36 | 4 373 | 21 074 | 3 080 |
| 2023－8346 | E11_HBB2302445_01－49－27.fsa | 302 | 301.48 | 12 175 | 61 086 | 3 047 |
|  | E11_HBB2302445_01－49－27.fsa | 314 | 314.23 | 5 019 | 24 757 | 3 124 |
| 2023－8347 | E12_HBB2302446_01－49－27.fsa | 290 | 290.17 | 14 232 | 146 443 | 3 032 |
| 2023－8348 | F01_HBB2302447_01－49－27.fsa | 290 | 290.27 | 9 841 | 50 211 | 3 043 |
|  | F01_HBB2302447_01－49－27.fsa | 304 | 304.27 | 3 984 | 19 335 | 3 132 |
| 2023－8349 | F02_HBB2302448_01－49－27.fsa | 293 | 292.87 | 10 869 | 49 039 | 3 034 |
| 2023－8350 | F03_HBB2302449_01－49－27.fsa | 290 | 290.14 | 8 260 | 84 420 | 2 990 |
| 2023－8351 | F05_HBB2302451_01－49－27.fsa | 302 | 301.5 | 7 650 | 46 426 | 3 022 |
|  | F05_HBB2302451_01－49－27.fsa | 304 | 304.35 | 5 697 | 25 482 | 3 039 |
| 2023－8352 | F06_HBB2302452_01－49－27.fsa | 288 | 288.45 | 11 545 | 50 547 | 2 920 |
|  | F06_HBB2302452_01－49－27.fsa | 314 | 314.31 | 3 498 | 15 442 | 3 077 |
| 2023－8353 | F07_HBB2302453_01－49－27.fsa | 291 | 291.17 | 17 209 | 84 211 | 2 938 |
| 2023－8354 | F08_HBB2302454_01－49－27.fsa | 291 | 291.15 | 11 851 | 53 749 | 2 925 |
|  | F08_HBB2302454_01－49－27.fsa | 314 | 314.38 | 4 782 | 20 844 | 3 065 |

（续）

| 资源序号 | 样本名<br>（sample file name） | 等位基因位点<br>（allele，bp） | 大小<br>（size，bp） | 高度<br>（height，RFU） | 面积<br>（area，RFU） | 数据取值点<br>（data point，RFU） |
|---|---|---|---|---|---|---|
| 2023－8355 | F09_HBB2302455_01－49－27.fsa | 291 | 291.08 | 11 963 | 54 841 | 2 945 |
| | F09_HBB2302455_01－49－27.fsa | 330 | 330.16 | 2 189 | 9 610 | 3 179 |
| 2023－8356 | F10_HBB2302456_01－49－27.fsa | 291 | 291.08 | 13 910 | 62 149 | 2 944 |
| | F10_HBB2302456_01－49－27.fsa | 318 | 318.28 | 4 461 | 20 059 | 3 109 |
| 2023－8357 | F11_HBB2302457_01－49－27.fsa | 304 | 304.42 | 11 664 | 52 443 | 3 092 |
| | F11_HBB2302457_01－49－27.fsa | 316 | 316.29 | 5 030 | 23 549 | 3 164 |
| 2023－8358 | F12_HBB2302458_01－49－27.fsa | 291 | 291.17 | 11 840 | 62 655 | 3 012 |
| | F12_HBB2302458_01－49－27.fsa | 293 | 293.03 | 10 567 | 50 209 | 3 024 |
| 2023－8359 | G01_HBB2302459_01－49－27.fsa | 314 | 314.24 | 6 524 | 31 430 | 3 200 |
| | G01_HBB2302459_01－49－27.fsa | 316 | 316.24 | 4 125 | 18 430 | 3 212 |
| 2023－8360 | G02_HBB2302460_01－49－27.fsa | 314 | 314.21 | 6 039 | 26 667 | 3 186 |
| | G02_HBB2302460_01－49－27.fsa | 318 | 318.16 | 3 927 | 15 882 | 3 210 |
| 2023－8361 | G03_HBB2302461_01－49－27.fsa | 314 | 314.27 | 8 930 | 40 858 | 3 146 |
| 2023－8362 | G04_HBB2302462_01－49－27.fsa | 291 | 291.03 | 21 349 | 97 862 | 2 977 |
| 2023－8363 | G05_HBB2302463_01－49－27.fsa | 291 | 290.97 | 12 094 | 54 647 | 2 961 |
| | G05_HBB2302463_01－49－27.fsa | 318 | 318.1 | 3 622 | 15 379 | 3 126 |
| 2023－8364 | G06_HBB2302464_01－49－27.fsa | 291 | 290.97 | 8 410 | 38 046 | 2 963 |
| | G06_HBB2302464_01－49－27.fsa | 304 | 304.35 | 4 731 | 20 654 | 3 046 |
| 2023－8365 | G07_HBB2302465_01－49－27.fsa | 291 | 291.09 | 7 754 | 37 409 | 2 945 |
| | G07_HBB2302465_01－49－27.fsa | 302 | 301.52 | 3 648 | 17 005 | 3 010 |
| 2023－8366 | G08_HBB2302466_01－49－27.fsa | 314 | 314.15 | 9 162 | 42 175 | 3 100 |
| | G08_HBB2302466_01－49－27.fsa | 316 | 316.17 | 6 058 | 25 678 | 3 112 |
| 2023－8367 | G09_HBB2302467_01－49－27.fsa | 291 | 291.07 | 8 592 | 37 689 | 2 943 |
| | G09_HBB2302467_01－49－27.fsa | 302 | 301.5 | 7 951 | 36 140 | 3 008 |
| 2023－8368 | G10_HBB2302468_01－49－27.fsa | 291 | 291.13 | 7 720 | 36 157 | 2 963 |
| | G10_HBB2302468_01－49－27.fsa | 302 | 301.5 | 7 386 | 36 145 | 3 028 |
| 2023－8369 | G11_HBB2302469_01－49－27.fsa | 291 | 290.98 | 11 239 | 54 432 | 3 003 |
| | G11_HBB2302469_01－49－27.fsa | 316 | 316.19 | 3 573 | 16 797 | 3 159 |
| 2023－8370 | G12_HBB2302470_01－49－27.fsa | 291 | 291.09 | 13 070 | 59 265 | 3 030 |
| | G12_HBB2302470_01－49－27.fsa | 304 | 304.41 | 8 741 | 39 559 | 3 115 |

（续）

| 资源序号 | 样本名<br>（sample file name） | 等位基因位点<br>（allele，bp） | 大小<br>（size，bp） | 高度<br>（height，RFU） | 面积<br>（area，RFU） | 数据取值点<br>（data point，RFU） |
|---|---|---|---|---|---|---|
| 2023－8371 | H02_HBB2302472_01－49－27.fsa | 291 | 291.18 | 10 344 | 55 171 | 3 061 |
| | H02_HBB2302472_01－49－27.fsa | 294 | 293.92 | 9 939 | 49 739 | 3 079 |
| 2023－8372 | H03_HBB2302473_01－49－27.fsa | 292 | 292.12 | 7 822 | 74 492 | 3 032 |
| 2023－8373 | H04_HBB2302474_01－49－27.fsa | 291 | 290.98 | 5 241 | 24 548 | 3 000 |
| | H04_HBB2302474_01－49－27.fsa | 302 | 301.49 | 4 727 | 22 964 | 3 067 |
| 2023－8374 | H05_HBB2302475_01－49－27.fsa | 291 | 291.06 | 11 400 | 50 415 | 2 985 |
| | H05_HBB2302475_01－49－27.fsa | 294 | 293.88 | 12 492 | 54 487 | 3 003 |
| 2023－8375 | H06_HBB2302476_01－49－27.fsa | 291 | 291.03 | 8 698 | 36 508 | 2 977 |
| | H06_HBB2302476_01－49－27.fsa | 302 | 301.5 | 7 469 | 32 627 | 3 043 |
| 2023－8376 | H07_HBB2302477_01－49－27.fsa | 291 | 291.18 | 11 996 | 59 743 | 2 974 |
| | H07_HBB2302477_01－49－27.fsa | 294 | 293.86 | 11 381 | 52 532 | 2 991 |
| 2023－8377 | H08_HBB2302478_01－49－27.fsa | 291 | 291.06 | 5 849 | 26 164 | 2 979 |
| | H08_HBB2302478_01－49－27.fsa | 330 | 330.29 | 1 192 | 5 580 | 3 217 |
| 2023－8378 | H09_HBB2302479_01－49－27.fsa | 291 | 291.16 | 9 735 | 40 629 | 2 963 |
| | H09_HBB2302479_01－49－27.fsa | 302 | 301.66 | 8 715 | 38 358 | 3 029 |
| 2023－8379 | H10_HBB2302480_01－49－27.fsa | 291 | 291.06 | 5 191 | 24 382 | 2 973 |
| | H10_HBB2302480_01－49－27.fsa | 316 | 316.3 | 1 872 | 8 577 | 3 128 |

## 6　P06

| 资源序号 | 样本名<br>（sample file name） | 等位基因位点<br>（allele，bp） | 大小<br>（size，bp） | 高度<br>（height，RFU） | 面积<br>（area，RFU） | 数据取值点<br>（data point，RFU） |
|---|---|---|---|---|---|---|
| 2023－8200 | A01_HBB2302293_23－40－30.fsa | 336 | 336.33 | 10 732 | 76 640 | 3 332 |
| 2023－8201 | A02_HBB2302294_23－40－30.fsa | 336 | 336.32 | 20 788 | 134 142 | 3 310 |
| 2023－8202 | A03_HBB2302295_23－40－30.fsa | 336 | 336.24 | 14 773 | 86 700 | 3 260 |
| | A03_HBB2302295_23－40－30.fsa | 363 | 362.61 | 2 378 | 16 574 | 3 419 |
| 2023－8203 | A04_HBB2302296_23－40－30.fsa | 336 | 336.24 | 17 134 | 109 743 | 3 252 |
| 2023－8204 | A05_HBB2302297_23－40－30.fsa | 336 | 336.39 | 12 647 | 80 770 | 3 235 |

（续）

| 资源序号 | 样本名<br>（sample file name） | 等位基因位点<br>（allele，bp） | 大小<br>（size，bp） | 高度<br>（height，RFU） | 面积<br>（area，RFU） | 数据取值点<br>（data point，RFU） |
|---|---|---|---|---|---|---|
| 2023－8205 | A06_HBB2302298_23－40－30. fsa | 336 | 336.2 | 16 624 | 114 176 | 3 227 |
| 2023－8206 | A07_HBB2302299_23－40－30. fsa | 336 | 336.38 | 7 957 | 53 256 | 3 220 |
| | A07_HBB2302299_23－40－30. fsa | 363 | 362.58 | 5 321 | 39 763 | 3 377 |
| 2023－8207 | A08_HBB2302300_23－40－30. fsa | 336 | 336.07 | 13 381 | 90 653 | 3 256 |
| | A08_HBB2302300_23－40－30. fsa | 363 | 362.69 | 1 309 | 9 881 | 3 416 |
| 2023－8208 | A09_HBB2302301_23－40－30. fsa | 342 | 341.53 | 5 839 | 44 021 | 3 277 |
| | A09_HBB2302301_23－40－30. fsa | 363 | 362.65 | 4 090 | 34 640 | 3 405 |
| 2023－8209 | A10_HBB2302302_23－40－30. fsa | 336 | 336.28 | 7 127 | 56 644 | 3 267 |
| | A10_HBB2302302_23－40－30. fsa | 363 | 362.56 | 998 | 9 071 | 3 427 |
| 2023－8210 | A11_HBB2302303_23－40－30. fsa | 363 | 362.65 | 3 536 | 32 663 | 3 477 |
| 2023－8211 | B01_HBB2302305_23－40－30. fsa | 342 | 341.64 | 2 313 | 19 759 | 3 321 |
| | B01_HBB2302305_23－40－30. fsa | 363 | 362.39 | 1 327 | 12 788 | 3 450 |
| 2023－8212 | B02_HBB2302306_23－40－30. fsa | 344 | 343.67 | 2 201 | 17 469 | 3 346 |
| | B02_HBB2302306_23－40－30. fsa | 363 | 362.59 | 4 585 | 39 757 | 3 463 |
| 2023－8213 | B03_HBB2302307_23－40－30. fsa | 336 | 336.23 | 14 534 | 100 686 | 3 248 |
| 2023－8214 | B04_HBB2302308_23－40－30. fsa | 342 | 341.53 | 4 941 | 35 509 | 3 276 |
| | B04_HBB2302308_23－40－30. fsa | 363 | 362.52 | 3 561 | 28 494 | 3 403 |
| 2023－8215 | B05_HBB2302309_23－40－30. fsa | 336 | 336.21 | 3 535 | 24 118 | 3 231 |
| 2023－8216 | B06_HBB2302310_23－40－30. fsa | 363 | 362.53 | 14 102 | 96 612 | 3 359 |
| 2023－8217 | B07_HBB2302311_23－40－30. fsa | 336 | 336.19 | 10 743 | 68 655 | 3 214 |
| 2023－8218 | B08_HBB2302312_23－40－30. fsa | 342 | 341.56 | 3 865 | 31 787 | 3 246 |
| | B08_HBB2302312_23－40－30. fsa | 363 | 362.67 | 2 858 | 26 265 | 3 372 |
| 2023－8219 | B09_HBB2302313_23－40－30. fsa | 344 | 343.63 | 3 297 | 26 544 | 3 254 |
| | B09_HBB2302313_23－40－30. fsa | 363 | 362.68 | 2 404 | 23 765 | 3 368 |
| 2023－8220 | B10_HBB2302314_23－40－30. fsa | 342 | 341.53 | 4 137 | 34 291 | 3 252 |
| | B10_HBB2302314_23－40－30. fsa | 363 | 362.59 | 3 046 | 30 049 | 3 379 |
| 2023－8221 | B11_HBB2302315_23－40－30. fsa | 336 | 336.13 | 8 248 | 84 130 | 3 287 |
| 2023－8222 | B12_HBB2302316_23－40－30. fsa | 336 | 336.33 | 6 084 | 56 334 | 3 318 |
| | B12_HBB2302316_23－40－30. fsa | 363 | 362.59 | 1 249 | 13 376 | 3 481 |

（续）

| 资源序号 | 样本名<br>（sample file name） | 等位基因位点<br>（allele，bp） | 大小<br>（size，bp） | 高度<br>（height，RFU） | 面积<br>（area，RFU） | 数据取值点<br>（data point，RFU） |
|---|---|---|---|---|---|---|
| 2023－8223 | C01_HBB2302317_23－40－30. fsa | 336 | 336.3 | 4 218 | 28 369 | 3 309 |
| | C01_HBB2302317_23－40－30. fsa | 342 | 341.5 | 1 293 | 9 319 | 3 340 |
| 2023－8224 | C02_HBB2302318_23－40－30. fsa | 342 | 341.53 | 4 533 | 32 167 | 3 309 |
| | C02_HBB2302318_23－40－30. fsa | 363 | 362.71 | 3 474 | 28 992 | 3 438 |
| 2023－8226 | C03_HBB2302319_23－40－30. fsa | 336 | 336.24 | 5 984 | 46 486 | 3 256 |
| | C03_HBB2302319_23－40－30. fsa | 363 | 362.65 | 1 484 | 13 014 | 3 415 |
| 2023－8227 | C04_HBB2302320_23－40－30. fsa | 342 | 341.55 | 5 647 | 43 651 | 3 264 |
| | C04_HBB2302320_23－40－30. fsa | 363 | 362.78 | 4 114 | 34 622 | 3 391 |
| 2023－8228 | C05_HBB2302321_23－40－30. fsa | 342 | 341.38 | 5 830 | 42 811 | 3 232 |
| | C05_HBB2302321_23－40－30. fsa | 363 | 362.57 | 4 215 | 35 693 | 3 358 |
| 2023－8229 | C06_HBB2302322_23－40－30. fsa | 336 | 336.19 | 4 727 | 34 861 | 3 221 |
| 2023－8230 | C07_HBB2302323_23－40－30. fsa | 336 | 336.17 | 6 714 | 45 087 | 3 193 |
| | C07_HBB2302323_23－40－30. fsa | 363 | 362.42 | 4 674 | 35 105 | 3 348 |
| 2023－8231 | C09_HBB2302325_23－40－30. fsa | 336 | 336.23 | 13 671 | 106 954 | 3 230 |
| 2023－8232 | C10_HBB2302326_23－40－30. fsa | 336 | 336.19 | 6 848 | 58 203 | 3 213 |
| | C10_HBB2302326_23－40－30. fsa | 363 | 362.65 | 1 681 | 16 420 | 3 370 |
| 2023－8233 | C11_HBB2302327_23－40－30. fsa | 336 | 336.29 | 7 803 | 62 339 | 3 276 |
| 2023－8234 | C12_HBB2302328_23－40－30. fsa | 336 | 336.33 | 3 224 | 26 499 | 3 303 |
| | C12_HBB2302328_23－40－30. fsa | 344 | 343.78 | 2 275 | 18 055 | 3 348 |
| 2023－8235 | D01_HBB2302329_23－40－30. fsa | 336 | 336.48 | 8 415 | 60 926 | 3 320 |
| 2023－8236 | D02_HBB2302330_23－40－30. fsa | 336 | 336.1 | 4 883 | 32 701 | 3 278 |
| | D02_HBB2302330_23－40－30. fsa | 344 | 343.73 | 4 065 | 26 769 | 3 323 |
| 2023－8237 | D03_HBB2302331_23－40－30. fsa | 336 | 336.2 | 4 966 | 33 916 | 3 223 |
| | D03_HBB2302331_23－40－30. fsa | 362 | 361.65 | 1 123 | 7 950 | 3 374 |
| 2023－8238 | D04_HBB2302332_23－40－30. fsa | 336 | 336.2 | 7 800 | 52 173 | 3 215 |
| | D04_HBB2302332_23－40－30. fsa | 363 | 362.46 | 1 011 | 7 482 | 3 372 |
| 2023－8239 | D05_HBB2302333_23－40－30. fsa | 361 | 360.63 | 2 446 | 18 908 | 3 336 |
| | D05_HBB2302333_23－40－30. fsa | 363 | 362.62 | 2 609 | 16 602 | 3 348 |
| 2023－8240 | D06_HBB2302334_23－40－30. fsa | 336 | 336.16 | 9 995 | 68 975 | 3 201 |

（续）

| 资源序号 | 样本名<br>（sample file name） | 等位基因位点<br>（allele，bp） | 大小<br>（size，bp） | 高度<br>（height，RFU） | 面积<br>（area，RFU） | 数据取值点<br>（data point，RFU） |
|---|---|---|---|---|---|---|
| 2023－8241 | D07_HBB2302335_23－40－30. fsa | 342 | 341.55 | 5 801 | 42 840 | 3 256 |
| | D07_HBB2302335_23－40－30. fsa | 363 | 362.68 | 4 105 | 35 035 | 3 382 |
| 2023－8242 | D08_HBB2302336_23－40－30. fsa | 336 | 336.14 | 7 356 | 58 994 | 3 173 |
| 2023－8243 | D09_HBB2302337_23－40－30. fsa | 336 | 336.19 | 2 311 | 19 485 | 3 206 |
| | D09_HBB2302337_23－40－30. fsa | 362 | 361.59 | 1 109 | 9 830 | 3 356 |
| 2023－8244 | D10_HBB2302338_23－40－30. fsa | 336 | 336.21 | 4 389 | 31 187 | 3 198 |
| 2023－8245 | D11_HBB2302339_23－40－30. fsa | 363 | 362.61 | 5 862 | 52 001 | 3 417 |
| 2023－8246 | D12_HBB2302340_23－40－30. fsa | 336 | 336.33 | 4 461 | 35 948 | 3 299 |
| 2023－8247 | E01_HBB2302341_23－40－30. fsa | 336 | 336.49 | 6 356 | 45 557 | 3 334 |
| | E01_HBB2302341_23－40－30. fsa | 362 | 361.66 | 732 | 6 221 | 3 490 |
| 2023－8248 | E02_HBB2302342_23－40－30. fsa | 336 | 336.1 | 6 193 | 46 365 | 3 293 |
| | E02_HBB2302342_23－40－30. fsa | 362 | 361.74 | 1 032 | 8 201 | 3 448 |
| 2023－8249 | E03_HBB2302343_23－40－30. fsa | 336 | 336.23 | 4 177 | 29 890 | 3 253 |
| | E03_HBB2302343_23－40－30. fsa | 362 | 361.55 | 1 041 | 8 277 | 3 405 |
| 2023－8250 | E04_HBB2302344_23－40－30. fsa | 342 | 341.53 | 4 097 | 27 544 | 3 280 |
| | E04_HBB2302344_23－40－30. fsa | 362 | 361.54 | 3 510 | 23 630 | 3 401 |
| 2023－8251 | E06_HBB2302346_23－40－30. fsa | 336 | 336.17 | 4 983 | 38 185 | 3 190 |
| 2023－8252 | E07_HBB2302347_23－40－30. fsa | 363 | 362.66 | 4 380 | 36 573 | 3 341 |
| 2023－8253 | E08_HBB2302348_23－40－30. fsa | 363 | 362.55 | 5 263 | 41 392 | 3 366 |
| 2023－8254 | E09_HBB2302349_23－40－30. fsa | 336 | 336.19 | 6 048 | 41 021 | 3 213 |
| 2023－8255 | E10_HBB2302350_23－40－30. fsa | 336 | 336.19 | 5 406 | 39 067 | 3 204 |
| 2023－8256 | E11_HBB2302351_23－40－30. fsa | 363 | 362.64 | 6 873 | 57 588 | 3 408 |
| 2023－8257 | E12_HBB2302352_23－40－30. fsa | 363 | 362.62 | 6 688 | 51 625 | 3 474 |
| 2023－8258 | F01_HBB2302353_23－40－30. fsa | 336 | 336.28 | 7 350 | 58 454 | 3 315 |
| 2023－8259 | F02_HBB2302354_23－40－30. fsa | 336 | 336.29 | 7 223 | 56 053 | 3 297 |
| 2023－8260 | F03_HBB2302355_23－40－30. fsa | 363 | 362.39 | 5 471 | 43 335 | 3 423 |
| 2023－8261 | F04_HBB2302356_23－40－30. fsa | 342 | 341.53 | 3 601 | 23 601 | 3 293 |
| | F04_HBB2302356_23－40－30. fsa | 362 | 361.64 | 2 774 | 19 375 | 3 415 |
| 2023－8262 | F05_HBB2302357_23－40－30. fsa | 342 | 341.38 | 1 541 | 12 124 | 3 251 |
| | F05_HBB2302357_23－40－30. fsa | 363 | 362.67 | 4 197 | 42 931 | 3 378 |

（续）

| 资源序号 | 样本名<br>（sample file name） | 等位基因位点<br>（allele，bp） | 大小<br>（size，bp） | 高度<br>（height，RFU） | 面积<br>（area，RFU） | 数据取值点<br>（data point，RFU） |
|---|---|---|---|---|---|---|
| 2023－8263 | F06_HBB2302358_23－40－30. fsa | 336 | 336.36 | 6 124 | 41 036 | 3 200 |
| 2023－8264 | F07_HBB2302359_23－40－30. fsa | 336 | 336.18 | 3 038 | 23 515 | 3 201 |
| | F07_HBB2302359_23－40－30. fsa | 363 | 362.57 | 1 899 | 16 351 | 3 357 |
| 2023－8265 | F08_HBB2302360_23－40－30. fsa | 336 | 336.17 | 6 641 | 45 327 | 3 187 |
| | F08_HBB2302360_23－40－30. fsa | 362 | 361.6 | 995 | 6 872 | 3 337 |
| 2023－8266 | F09_HBB2302361_23－40－30. fsa | 336 | 336.19 | 5 512 | 40 874 | 3 208 |
| | F09_HBB2302361_23－40－30. fsa | 362 | 361.55 | 894 | 7 418 | 3 358 |
| 2023－8267 | F10_HBB2302362_23－40－30. fsa | 336 | 336.19 | 6 719 | 48 705 | 3 209 |
| | F10_HBB2302362_23－40－30. fsa | 363 | 362.68 | 862 | 6 917 | 3 366 |
| 2023－8268 | F11_HBB2302363_23－40－30. fsa | 336 | 336.29 | 5 211 | 38 060 | 3 278 |
| 2023－8269 | F12_HBB2302364_23－40－30. fsa | 336 | 336.29 | 9 670 | 73 670 | 3 282 |
| 2023－8270 | G01_HBB2302365_23－40－30. fsa | 336 | 336.45 | 3 819 | 28 649 | 3 324 |
| | G01_HBB2302365_23－40－30. fsa | 363 | 362.34 | 2 558 | 21 076 | 3 484 |
| 2023－8271 | G03_HBB2302367_23－40－30. fsa | 336 | 336.25 | 7 905 | 65 350 | 3 271 |
| 2023－8272 | G04_HBB2302368_23－40－30. fsa | 342 | 341.53 | 1 437 | 11 810 | 3 275 |
| | G04_HBB2302368_23－40－30. fsa | 363 | 362.52 | 4 766 | 37 780 | 3 402 |
| 2023－8273 | G05_HBB2302369_23－40－30. fsa | 336 | 336.38 | 9 133 | 61 302 | 3 227 |
| 2023－8274 | G06_HBB2302370_23－40－30. fsa | 336 | 336.4 | 4 352 | 32 244 | 3 229 |
| 2023－8275 | G07_HBB2302371_23－40－30. fsa | 336 | 336.19 | 5 389 | 37 186 | 3 208 |
| 2023－8276 | G08_HBB2302372_23－40－30. fsa | 336 | 336.2 | 9 130 | 64 813 | 3 224 |
| 2023－8277 | G09_HBB2302373_23－40－30. fsa | 336 | 336.37 | 3 790 | 26 296 | 3 207 |
| | G09_HBB2302373_23－40－30. fsa | 363 | 362.47 | 2 460 | 17 048 | 3 363 |
| 2023－8278 | G10_HBB2302374_23－40－30. fsa | 342 | 341.53 | 4 347 | 32 539 | 3 258 |
| | G10_HBB2302374_23－40－30. fsa | 363 | 362.71 | 2 587 | 24 239 | 3 386 |
| 2023－8279 | G11_HBB2302375_23－40－30. fsa | 336 | 336.09 | 6 582 | 45 658 | 3 272 |
| 2023－8280 | G12_HBB2302376_23－40－30. fsa | 342 | 341.64 | 6 941 | 52 410 | 3 333 |
| | G12_HBB2302376_23－40－30. fsa | 363 | 362.52 | 4 419 | 39 281 | 3 463 |
| 2023－8281 | H01_HBB2302377_23－40－30. fsa | 336 | 336.54 | 7 344 | 52 856 | 3 369 |
| | H01_HBB2302377_23－40－30. fsa | 363 | 362.52 | 1 017 | 8 236 | 3 534 |

（续）

| 资源序号 | 样本名<br>（sample file name） | 等位基因位点<br>（allele，bp） | 大小<br>（size，bp） | 高度<br>（height，RFU） | 面积<br>（area，RFU） | 数据取值点<br>（data point，RFU） |
|---|---|---|---|---|---|---|
| 2023－8282 | H02_HBB2302378_23－40－30.fsa | 336 | 336.33 | 3 105 | 23 620 | 3 334 |
| | H02_HBB2302378_23－40－30.fsa | 363 | 362.55 | 2 241 | 18 362 | 3 497 |
| 2023－8283 | H03_HBB2302379_23－40－30.fsa | 336 | 336.47 | 2 869 | 24 108 | 3 296 |
| 2023－8284 | H04_HBB2302380_23－40－30.fsa | 336 | 336.25 | 5 622 | 43 912 | 3 269 |
| 2023－8285 | H05_HBB2302381_23－40－30.fsa | 344 | 343.84 | 1 400 | 11 065 | 3 296 |
| | H05_HBB2302381_23－40－30.fsa | 363 | 362.45 | 4 012 | 33 363 | 3 410 |
| 2023－8286 | H06_HBB2302382_23－40－30.fsa | 336 | 336.4 | 5 959 | 44 944 | 3 244 |
| | H06_HBB2302382_23－40－30.fsa | 363 | 362.63 | 684 | 5 702 | 3 402 |
| 2023－8287 | H07_HBB2302383_23－40－30.fsa | 342 | 341.53 | 8 190 | 55 704 | 3 270 |
| | H07_HBB2302383_23－40－30.fsa | 363 | 362.67 | 4 781 | 41 274 | 3 398 |
| 2023－8288 | H08_HBB2302384_23－40－30.fsa | 336 | 336.25 | 9 383 | 67 180 | 3 245 |
| | H08_HBB2302384_23－40－30.fsa | 362 | 361.55 | 1 601 | 12 021 | 3 397 |
| 2023－8289 | H09_HBB2302385_23－40－30.fsa | 336 | 336.22 | 10 872 | 80 660 | 3 227 |
| | H09_HBB2302385_23－40－30.fsa | 363 | 362.53 | 1 593 | 13 149 | 3 385 |
| 2023－8290 | A01_HBB2302387_08－05－34.fsa | 336 | 336.72 | 17 382 | 123 443 | 3 372 |
| | A01_HBB2302387_08－05－34.fsa | 344 | 344.08 | 4 032 | 28 339 | 3 418 |
| 2023－8291 | A02_HBB2302388_08－05－34.fsa | 336 | 336.53 | 14 284 | 96 041 | 3 343 |
| 2023－8292 | A03_HBB2302389_08－05－34.fsa | 363 | 362.4 | 16 518 | 113 337 | 3 463 |
| 2023－8293 | A04_HBB2302390_08－05－34.fsa | 336 | 336.49 | 22 454 | 154 315 | 3 293 |
| 2023－8294 | A05_HBB2302391_08－05－34.fsa | 344 | 343.94 | 11 464 | 84 706 | 3 318 |
| 2023－8295 | A06_HBB2302392_08－05－34.fsa | 362 | 361.47 | 13 358 | 97 846 | 3 425 |
| 2023－8296 | A07_HBB2302393_08－05－34.fsa | 363 | 362.36 | 13 508 | 110 398 | 3 422 |
| | A07_HBB2302393_08－05－34.fsa | 411 | 411.33 | 12 230 | 41 717 | 3 719 |
| 2023－8297 | A08_HBB2302394_08－05－34.fsa | 362 | 361.53 | 13 114 | 96 098 | 3 456 |
| 2023－8298 | A09_HBB2302395_08－05－34.fsa | 363 | 362.41 | 14 604 | 114 379 | 3 459 |
| | A09_HBB2302395_08－05－34.fsa | 411 | 411.19 | 7 889 | 24 186 | 3 759 |
| 2023－8299 | A10_HBB2302396_08－05－34.fsa | 342 | 341.78 | 9 402 | 77 100 | 3 345 |
| | A10_HBB2302396_08－05－34.fsa | 411 | 410.94 | 10 011 | 47 017 | 3 775 |
| 2023－8300 | A11_HBB2302397_08－05－34.fsa | 336 | 336.57 | 7 220 | 69 121 | 3 359 |
| | A11_HBB2302397_08－05－34.fsa | 412 | 411.78 | 13 069 | 18 344 | 3 835 |

（续）

| 资源序号 | 样本名<br>（sample file name） | 等位基因位点<br>（allele，bp） | 大小<br>（size，bp） | 高度<br>（height，RFU） | 面积<br>（area，RFU） | 数据取值点<br>（data point，RFU） |
|---|---|---|---|---|---|---|
| 2023 - 8301 | A12_HBB2302398_08 - 05 - 34. fsa | 344 | 344.07 | 10 477 | 100 163 | 3 441 |
| 2023 - 8302 | B01_HBB2302399_08 - 05 - 34. fsa | 336 | 336.5 | 4 531 | 37 839 | 3 329 |
| | B01_HBB2302399_08 - 05 - 34. fsa | 344 | 344.04 | 1 272 | 10 937 | 3 375 |
| 2023 - 8303 | B02_HBB2302400_08 - 05 - 34. fsa | 336 | 336.69 | 9 130 | 62 289 | 3 335 |
| | B02_HBB2302400_08 - 05 - 34. fsa | 344 | 343.98 | 1 582 | 10 506 | 3 380 |
| 2023 - 8304 | B03_HBB2302401_08 - 05 - 34. fsa | 336 | 336.46 | 8 438 | 61 505 | 3 285 |
| | B03_HBB2302401_08 - 05 - 34. fsa | 411 | 411.27 | 6 925 | 25 249 | 3 744 |
| 2023 - 8305 | B04_HBB2302402_08 - 05 - 34. fsa | 336 | 336.46 | 9 981 | 64 542 | 3 280 |
| | B04_HBB2302402_08 - 05 - 34. fsa | 362 | 361.41 | 1 496 | 10 131 | 3 434 |
| 2023 - 8306 | B05_HBB2302403_08 - 05 - 34. fsa | 362 | 361.5 | 12 013 | 114 830 | 3 421 |
| | B05_HBB2302403_08 - 05 - 34. fsa | 411 | 411.33 | 10 141 | 35 181 | 3 723 |
| 2023 - 8307 | B06_HBB2302404_08 - 05 - 34. fsa | 336 | 336.41 | 11 248 | 70 643 | 3 243 |
| | B06_HBB2302404_08 - 05 - 34. fsa | 411 | 411.39 | 10 905 | 44 055 | 3 697 |
| 2023 - 8308 | B07_HBB2302405_08 - 05 - 34. fsa | 336 | 336.42 | 11 806 | 70 077 | 3 254 |
| 2023 - 8309 | B08_HBB2302406_08 - 05 - 34. fsa | 362 | 361.49 | 7 302 | 76 496 | 3 414 |
| 2023 - 8310 | B09_HBB2302407_08 - 05 - 34. fsa | 336 | 336.44 | 7 299 | 51 178 | 3 258 |
| | B09_HBB2302407_08 - 05 - 34. fsa | 411 | 411.19 | 11 247 | 35 523 | 3 714 |
| 2023 - 8311 | B11_HBB2302409_08 - 05 - 34. fsa | 336 | 336.53 | 7 014 | 56 486 | 3 330 |
| | B11_HBB2302409_08 - 05 - 34. fsa | 363 | 362.37 | 4 751 | 41 514 | 3 494 |
| 2023 - 8312 | B12_HBB2302410_08 - 05 - 34. fsa | 336 | 336.57 | 19 318 | 165 419 | 3 360 |
| 2023 - 8313 | C01_HBB2302411_08 - 05 - 34. fsa | 336 | 336.51 | 7 666 | 49 901 | 3 343 |
| 2023 - 8314 | C02_HBB2302412_08 - 05 - 34. fsa | 336 | 336.5 | 14 984 | 84 147 | 3 313 |
| 2023 - 8315 | C03_HBB2302413_08 - 05 - 34. fsa | 336 | 336.3 | 14 889 | 102 261 | 3 288 |
| 2023 - 8316 | C04_HBB2302414_08 - 05 - 34. fsa | 336 | 336.43 | 20 244 | 118 413 | 3 264 |
| 2023 - 8317 | C05_HBB2302415_08 - 05 - 34. fsa | 336 | 336.41 | 13 336 | 77 240 | 3 239 |
| 2023 - 8318 | C06_HBB2302416_08 - 05 - 34. fsa | 336 | 336.42 | 15 949 | 89 590 | 3 260 |
| 2023 - 8319 | C07_HBB2302417_08 - 05 - 34. fsa | 342 | 341.67 | 2 549 | 19 564 | 3 268 |
| | C07_HBB2302417_08 - 05 - 34. fsa | 363 | 362.45 | 8 180 | 51 257 | 3 395 |
| 2023 - 8320 | C08_HBB2302418_08 - 05 - 34. fsa | 344 | 343.84 | 6 229 | 36 654 | 3 279 |
| | C08_HBB2302418_08 - 05 - 34. fsa | 362 | 361.64 | 5 835 | 35 368 | 3 388 |

（续）

| 资源序号 | 样本名<br>（sample file name） | 等位基因位点<br>（allele，bp） | 大小<br>（size,<br>bp） | 高度<br>（height,<br>RFU） | 面积<br>（area,<br>RFU） | 数据取值点<br>（data point,<br>RFU） |
|---|---|---|---|---|---|---|
| 2023 - 8321 | C09_HBB2302419_08 - 05 - 34. fsa | 336 | 336.44 | 11 607 | 77 272 | 3 272 |
| 2023 - 8322 | C10_HBB2302420_08 - 05 - 34. fsa | 336 | 336.45 | 10 921 | 72 172 | 3 261 |
| 2023 - 8323 | C11_HBB2302421_08 - 05 - 34. fsa | 336 | 336.69 | 6 849 | 50 906 | 3 317 |
| | C11_HBB2302421_08 - 05 - 34. fsa | 410 | 410.55 | 12 527 | 48 223 | 3 778 |
| 2023 - 8324 | C12_HBB2302422_08 - 05 - 34. fsa | 336 | 336.55 | 8 827 | 68 985 | 3 345 |
| | C12_HBB2302422_08 - 05 - 34. fsa | 363 | 362.47 | 3 011 | 27 775 | 3 510 |
| 2023 - 8325 | D01_HBB2302423_08 - 05 - 34. fsa | 336 | 336.69 | 7 715 | 52 618 | 3 358 |
| 2023 - 8326 | D02_HBB2302424_08 - 05 - 34. fsa | 336 | 336.5 | 14 338 | 88 689 | 3 310 |
| | D02_HBB2302424_08 - 05 - 34. fsa | 363 | 362.5 | 1 112 | 7 537 | 3 473 |
| 2023 - 8327 | D03_HBB2302425_08 - 05 - 34. fsa | 336 | 336.44 | 10 752 | 67 406 | 3 258 |
| | D03_HBB2302425_08 - 05 - 34. fsa | 363 | 362.45 | 7 869 | 53 603 | 3 418 |
| 2023 - 8328 | D04_HBB2302426_08 - 05 - 34. fsa | 362 | 361.52 | 13 138 | 118 671 | 3 406 |
| 2023 - 8329 | D05_HBB2302427_08 - 05 - 34. fsa | 344 | 343.84 | 14 640 | 80 279 | 3 278 |
| 2023 - 8330 | D06_HBB2302428_08 - 05 - 34. fsa | 336 | 336.22 | 23 476 | 131 412 | 3 240 |
| | D06_HBB2302428_08 - 05 - 34. fsa | 363 | 362.64 | 2 773 | 19 156 | 3 399 |
| 2023 - 8331 | D08_HBB2302430_08 - 05 - 34. fsa | 336 | 336.56 | 16 875 | 96 289 | 3 222 |
| | D08_HBB2302430_08 - 05 - 34. fsa | 362 | 361.5 | 3 666 | 20 966 | 3 373 |
| 2023 - 8332 | D09_HBB2302431_08 - 05 - 34. fsa | 336 | 336.25 | 14 154 | 81 942 | 3 250 |
| | D09_HBB2302431_08 - 05 - 34. fsa | 363 | 362.56 | 1 703 | 12 078 | 3 410 |
| 2023 - 8333 | D10_HBB2302432_08 - 05 - 34. fsa | 342 | 341.67 | 7 988 | 55 932 | 3 278 |
| | D10_HBB2302432_08 - 05 - 34. fsa | 363 | 362.52 | 5 245 | 39 265 | 3 406 |
| 2023 - 8334 | D11_HBB2302433_08 - 05 - 34. fsa | 363 | 362.37 | 17 866 | 145 900 | 3 465 |
| 2023 - 8335 | D12_HBB2302434_08 - 05 - 34. fsa | 362 | 361.34 | 15 935 | 181 791 | 3 503 |
| 2023 - 8336 | E01_HBB2302435_08 - 05 - 34. fsa | 336 | 336.53 | 13 349 | 83 390 | 3 367 |
| | E01_HBB2302435_08 - 05 - 34. fsa | 342 | 341.91 | 7 482 | 56 132 | 3 400 |
| 2023 - 8337 | E02_HBB2302436_08 - 05 - 34. fsa | 336 | 336.51 | 18 784 | 117 923 | 3 321 |
| 2023 - 8338 | E03_HBB2302437_08 - 05 - 34. fsa | 336 | 336.46 | 11 686 | 67 598 | 3 286 |
| | E03_HBB2302437_08 - 05 - 34. fsa | 363 | 362.41 | 7 623 | 48 509 | 3 446 |
| 2023 - 8339 | E04_HBB2302438_08 - 05 - 34. fsa | 363 | 362.4 | 28 704 | 170 183 | 3 440 |

（续）

| 资源序号 | 样本名<br>（sample file name） | 等位基因位点<br>（allele，bp） | 大小<br>（size，bp） | 高度<br>（height，RFU） | 面积<br>（area，RFU） | 数据取值点<br>（data point，RFU） |
|---|---|---|---|---|---|---|
| 2023－8340 | E05_HBB2302439_08－05－34.fsa | 336 | 336.61 | 7 397 | 42 573 | 3 263 |
| | E05_HBB2302439_08－05－34.fsa | 363 | 362.49 | 17 695 | 103 425 | 3 422 |
| 2023－8341 | E06_HBB2302440_08－05－34.fsa | 336 | 336.4 | 10 980 | 62 125 | 3 232 |
| 2023－8342 | E07_HBB2302441_08－05－34.fsa | 336 | 336.41 | 5 281 | 29 677 | 3 232 |
| | E07_HBB2302441_08－05－34.fsa | 362 | 361.47 | 1 493 | 9 072 | 3 384 |
| 2023－8343 | E08_HBB2302442_08－05－34.fsa | 336 | 336.6 | 10 275 | 57 782 | 3 255 |
| | E08_HBB2302442_08－05－34.fsa | 363 | 362.49 | 1 314 | 7 777 | 3 414 |
| 2023－8344 | E09_HBB2302443_08－05－34.fsa | 336 | 336.61 | 11 580 | 68 774 | 3 262 |
| | E09_HBB2302443_08－05－34.fsa | 410 | 410.1 | 10 579 | 44 429 | 3 710 |
| 2023－8345 | E10_HBB2302444_08－05－34.fsa | 363 | 362.42 | 22 585 | 173 019 | 3 414 |
| | E10_HBB2302444_08－05－34.fsa | 411 | 411.36 | 12 285 | 42 865 | 3 711 |
| 2023－8346 | E11_HBB2302445_08－05－34.fsa | 363 | 362.59 | 11 546 | 98 222 | 3 460 |
| 2023－8347 | E12_HBB2302446_08－05－34.fsa | 336 | 336.57 | 13 636 | 107 517 | 3 353 |
| 2023－8348 | F01_HBB2302447_08－05－34.fsa | 336 | 336.68 | 13 808 | 107 891 | 3 367 |
| 2023－8349 | F02_HBB2302448_08－05－34.fsa | 336 | 336.52 | 8 838 | 54 607 | 3 323 |
| 2023－8350 | F03_HBB2302449_08－05－34.fsa | 336 | 336.48 | 28 439 | 167 339 | 3 297 |
| 2023－8351 | F05_HBB2302451_08－05－34.fsa | 336 | 336.61 | 18 797 | 94 432 | 3 267 |
| 2023－8352 | F06_HBB2302452_08－05－34.fsa | 336 | 336.6 | 9 547 | 50 133 | 3 245 |
| | F06_HBB2302452_08－05－34.fsa | 362 | 361.39 | 15 325 | 83 168 | 3 397 |
| 2023－8353 | F07_HBB2302453_08－05－34.fsa | 336 | 336.42 | 13 042 | 76 024 | 3 248 |
| | F07_HBB2302453_08－05－34.fsa | 363 | 362.39 | 10 737 | 65 230 | 3 406 |
| 2023－8354 | F08_HBB2302454_08－05－34.fsa | 342 | 341.81 | 26 422 | 144 204 | 3 269 |
| 2023－8355 | F09_HBB2302455_08－05－34.fsa | 342 | 341.64 | 23 961 | 134 565 | 3 293 |
| 2023－8356 | F10_HBB2302456_08－05－34.fsa | 336 | 336.45 | 11 302 | 65 891 | 3 260 |
| | F10_HBB2302456_08－05－34.fsa | 344 | 343.78 | 8 471 | 50 366 | 3 304 |
| 2023－8357 | F11_HBB2302457_08－05－34.fsa | 336 | 336.53 | 15 360 | 100 623 | 3 327 |
| 2023－8358 | F12_HBB2302458_08－05－34.fsa | 333 | 333.44 | 2 237 | 15 789 | 3 314 |
| | F12_HBB2302458_08－05－34.fsa | 363 | 362.51 | 8 101 | 58 280 | 3 498 |
| 2023－8359 | G01_HBB2302459_08－05－34.fsa | 342 | 341.88 | 6 091 | 43 654 | 3 413 |
| | G01_HBB2302459_08－05－34.fsa | 363 | 362.37 | 3 921 | 32 580 | 3 546 |

（续）

| 资源序号 | 样本名<br>(sample file name) | 等位基因位点<br>(allele，bp) | 大小<br>(size，bp) | 高度<br>(height，RFU) | 面积<br>(area，RFU) | 数据取值点<br>(data point，RFU) |
|---|---|---|---|---|---|---|
| 2023 - 8360 | G02_HBB2302460_08 - 05 - 34. fsa | 342 | 341.78 | 5 975 | 41 570 | 3 378 |
| | G02_HBB2302460_08 - 05 - 34. fsa | 363 | 362.56 | 4 154 | 32 199 | 3 510 |
| 2023 - 8361 | G03_HBB2302461_08 - 05 - 34. fsa | 363 | 362.42 | 18 990 | 114 993 | 3 470 |
| 2023 - 8362 | G04_HBB2302462_08 - 05 - 34. fsa | 363 | 362.62 | 18 094 | 102 026 | 3 450 |
| 2023 - 8363 | G05_HBB2302463_08 - 05 - 34. fsa | 342 | 341.81 | 12 138 | 74 068 | 3 305 |
| | G05_HBB2302463_08 - 05 - 34. fsa | 363 | 362.54 | 9 392 | 61 470 | 3 434 |
| 2023 - 8364 | G06_HBB2302464_08 - 05 - 34. fsa | 363 | 362.52 | 19 689 | 109 662 | 3 434 |
| 2023 - 8365 | G07_HBB2302465_08 - 05 - 34. fsa | 336 | 336.61 | 14 564 | 80 144 | 3 256 |
| | G07_HBB2302465_08 - 05 - 34. fsa | 363 | 362.45 | 7 709 | 46 998 | 3 415 |
| 2023 - 8366 | G08_HBB2302466_08 - 05 - 34. fsa | 342 | 341.81 | 13 053 | 79 739 | 3 308 |
| | G08_HBB2302466_08 - 05 - 34. fsa | 363 | 362.53 | 9 005 | 63 647 | 3 437 |
| 2023 - 8367 | G09_HBB2302467_08 - 05 - 34. fsa | 336 | 336.45 | 20 120 | 108 170 | 3 263 |
| 2023 - 8368 | G10_HBB2302468_08 - 05 - 34. fsa | 342 | 341.81 | 13 494 | 88 162 | 3 315 |
| | G10_HBB2302468_08 - 05 - 34. fsa | 363 | 362.67 | 9 662 | 69 930 | 3 445 |
| 2023 - 8369 | G11_HBB2302469_08 - 05 - 34. fsa | 336 | 336.53 | 19 962 | 128 030 | 3 326 |
| 2023 - 8370 | G12_HBB2302470_08 - 05 - 34. fsa | 336 | 336.73 | 10 798 | 77 163 | 3 357 |
| 2023 - 8371 | H02_HBB2302472_08 - 05 - 34. fsa | 336 | 336.56 | 16 326 | 101 909 | 3 370 |
| 2023 - 8372 | H03_HBB2302473_08 - 05 - 34. fsa | 336 | 336.69 | 4 731 | 31 896 | 3 331 |
| | H03_HBB2302473_08 - 05 - 34. fsa | 362 | 361.49 | 3 450 | 23 421 | 3 488 |
| 2023 - 8373 | H04_HBB2302474_08 - 05 - 34. fsa | 336 | 336.49 | 11 601 | 60 185 | 3 311 |
| 2023 - 8374 | H05_HBB2302475_08 - 05 - 34. fsa | 336 | 336.65 | 17 270 | 92 926 | 3 298 |
| 2023 - 8375 | H06_HBB2302476_08 - 05 - 34. fsa | 336 | 336.45 | 13 965 | 72 899 | 3 288 |
| | H06_HBB2302476_08 - 05 - 34. fsa | 344 | 343.94 | 12 200 | 61 638 | 3 333 |
| 2023 - 8376 | H07_HBB2302477_08 - 05 - 34. fsa | 336 | 336.64 | 11 592 | 66 076 | 3 293 |
| | H07_HBB2302477_08 - 05 - 34. fsa | 362 | 361.52 | 2 909 | 16 107 | 3 448 |
| 2023 - 8377 | H08_HBB2302478_08 - 05 - 34. fsa | 336 | 336.48 | 18 486 | 100 490 | 3 298 |
| 2023 - 8378 | H09_HBB2302479_08 - 05 - 34. fsa | 336 | 336.64 | 22 250 | 138 703 | 3 287 |
| 2023 - 8379 | H10_HBB2302480_08 - 05 - 34. fsa | 362 | 361.59 | 7 307 | 68 482 | 3 452 |

## 7 P07

| 资源序号 | 样本名<br>（sample file name） | 等位基因位点<br>（allele，bp） | 大小<br>（size，bp） | 高度<br>（height，RFU） | 面积<br>（area，RFU） | 数据取值点<br>（data point，RFU） |
|---|---|---|---|---|---|---|
| 2023 - 8200 | A01_HBB2302293_23 - 40 - 30. fsa | 411 | 411.33 | 27 453 | 142 951 | 3 796 |
| 2023 - 8201 | A02_HBB2302294_23 - 40 - 30. fsa | 411 | 411.42 | 22 867 | 122 251 | 3 772 |
| 2023 - 8202 | A03_HBB2302295_23 - 40 - 30. fsa | 411 | 411.26 | 23 177 | 114 370 | 3 713 |
| 2023 - 8203 | A04_HBB2302296_23 - 40 - 30. fsa | 411 | 411.39 | 18 572 | 104 752 | 3 705 |
| 2023 - 8204 | A05_HBB2302297_23 - 40 - 30. fsa | 411 | 411.3 | 11 741 | 120 749 | 3 684 |
| 2023 - 8205 | A06_HBB2302298_23 - 40 - 30. fsa | 411 | 411.38 | 18 333 | 110 861 | 3 676 |
| 2023 - 8206 | A07_HBB2302299_23 - 40 - 30. fsa | 411 | 411.48 | 24 272 | 140 339 | 3 669 |
| 2023 - 8207 | A08_HBB2302300_23 - 40 - 30. fsa | 411 | 411.41 | 16 227 | 98 615 | 3 709 |
| 2023 - 8208 | A09_HBB2302301_23 - 40 - 30. fsa | 411 | 411.41 | 23 401 | 127 925 | 3 699 |
| 2023 - 8209 | A10_HBB2302302_23 - 40 - 30. fsa | 411 | 411.34 | 19 341 | 132 944 | 3 722 |
| 2023 - 8210 | A11_HBB2302303_23 - 40 - 30. fsa | 411 | 411.26 | 32 387 | 215 217 | 3 779 |
| 2023 - 8211 | B01_HBB2302305_23 - 40 - 30. fsa | 411 | 411.32 | 8 871 | 52 096 | 3 748 |
| 2023 - 8212 | B02_HBB2302306_23 - 40 - 30. fsa | 411 | 411.28 | 11 570 | 108 960 | 3 761 |
| 2023 - 8213 | B03_HBB2302307_23 - 40 - 30. fsa | 411 | 411.3 | 28 663 | 163 039 | 3 699 |
| 2023 - 8214 | B04_HBB2302308_23 - 40 - 30. fsa | 411 | 411.26 | 27 634 | 141 770 | 3 696 |
| 2023 - 8215 | B05_HBB2302309_23 - 40 - 30. fsa | 411 | 411.36 | 13 393 | 75 259 | 3 680 |
| 2023 - 8216 | B06_HBB2302310_23 - 40 - 30. fsa | 411 | 410.54 | 26 336 | 140 357 | 3 644 |
| 2023 - 8217 | B07_HBB2302311_23 - 40 - 30. fsa | 411 | 411.53 | 17 406 | 94 558 | 3 661 |
| 2023 - 8218 | B08_HBB2302312_23 - 40 - 30. fsa | 411 | 411.39 | 19 837 | 111 040 | 3 662 |
| 2023 - 8219 | B09_HBB2302313_23 - 40 - 30. fsa | 411 | 411.34 | 20 254 | 125 836 | 3 658 |
| 2023 - 8220 | B10_HBB2302314_23 - 40 - 30. fsa | 411 | 411.45 | 22 536 | 125 856 | 3 671 |
| 2023 - 8221 | B11_HBB2302315_23 - 40 - 30. fsa | 411 | 411.3 | 22 218 | 138 079 | 3 748 |
| 2023 - 8222 | B12_HBB2302316_23 - 40 - 30. fsa | 411 | 411.28 | 17 171 | 111 987 | 3 783 |
| 2023 - 8223 | C01_HBB2302317_23 - 40 - 30. fsa | 411 | 411.42 | 17 407 | 92 255 | 3 769 |
| 2023 - 8224 | C02_HBB2302318_23 - 40 - 30. fsa | 411 | 411.35 | 10 390 | 92 189 | 3 734 |
| 2023 - 8226 | C03_HBB2302319_23 - 40 - 30. fsa | 411 | 411.39 | 22 200 | 130 719 | 3 709 |
| 2023 - 8227 | C04_HBB2302320_23 - 40 - 30. fsa | 411 | 411.3 | 18 881 | 97 285 | 3 682 |

（续）

| 资源序号 | 样本名<br>（sample file name） | 等位基因位点<br>（allele，bp） | 大小<br>（size，bp） | 高度<br>（height，RFU） | 面积<br>（area，RFU） | 数据取值点<br>（data point，RFU） |
|---|---|---|---|---|---|---|
| 2023 - 8228 | C05_HBB2302321_23 - 40 - 30. fsa | 411 | 411.43 | 28 472 | 142 752 | 3 647 |
| 2023 - 8229 | C06_HBB2302322_23 - 40 - 30. fsa | 411 | 411.4 | 12 630 | 71 342 | 3 668 |
| | C06_HBB2302322_23 - 40 - 30. fsa | 425 | 425.05 | 4 417 | 26 293 | 3 744 |
| 2023 - 8230 | C07_HBB2302323_23 - 40 - 30. fsa | 411 | 411.34 | 23 756 | 125 479 | 3 636 |
| 2023 - 8231 | C09_HBB2302325_23 - 40 - 30. fsa | 411 | 411.27 | 28 747 | 159 088 | 3 679 |
| 2023 - 8232 | C10_HBB2302326_23 - 40 - 30. fsa | 411 | 411.31 | 16 347 | 96 569 | 3 661 |
| 2023 - 8233 | C11_HBB2302327_23 - 40 - 30. fsa | 411 | 411.4 | 14 995 | 86 951 | 3 734 |
| | C11_HBB2302327_23 - 40 - 30. fsa | 430 | 430.76 | 2 666 | 16 508 | 3 845 |
| 2023 - 8234 | C12_HBB2302328_23 - 40 - 30. fsa | 411 | 411.27 | 10 616 | 104 412 | 3 766 |
| 2023 - 8235 | D01_HBB2302329_23 - 40 - 30. fsa | 411 | 411.37 | 11 368 | 107 540 | 3 781 |
| 2023 - 8236 | D02_HBB2302330_23 - 40 - 30. fsa | 411 | 411.33 | 29 385 | 151 067 | 3 735 |
| 2023 - 8237 | D03_HBB2302331_23 - 40 - 30. fsa | 411 | 411.39 | 17 122 | 88 121 | 3 671 |
| | D03_HBB2302331_23 - 40 - 30. fsa | 423 | 422.88 | 7 546 | 37 676 | 3 735 |
| 2023 - 8238 | D04_HBB2302332_23 - 40 - 30. fsa | 411 | 411.44 | 25 206 | 149 159 | 3 662 |
| 2023 - 8239 | D05_HBB2302333_23 - 40 - 30. fsa | 411 | 411.52 | 20 451 | 105 103 | 3 635 |
| 2023 - 8240 | D06_HBB2302334_23 - 40 - 30. fsa | 411 | 411.25 | 12 073 | 107 960 | 3 644 |
| 2023 - 8241 | D07_HBB2302335_23 - 40 - 30. fsa | 411 | 411.5 | 16 589 | 84 068 | 3 673 |
| | D07_HBB2302335_23 - 40 - 30. fsa | 430 | 430.81 | 2 795 | 15 485 | 3 781 |
| 2023 - 8242 | D08_HBB2302336_23 - 40 - 30. fsa | 411 | 410.47 | 19 649 | 103 549 | 3 609 |
| 2023 - 8243 | D09_HBB2302337_23 - 40 - 30. fsa | 411 | 411.36 | 3 243 | 19 845 | 3 651 |
| | D09_HBB2302337_23 - 40 - 30. fsa | 421 | 421.01 | 3 379 | 20 961 | 3 705 |
| 2023 - 8244 | D10_HBB2302338_23 - 40 - 30. fsa | 411 | 411.54 | 10 461 | 59 379 | 3 645 |
| | D10_HBB2302338_23 - 40 - 30. fsa | 430 | 430.73 | 1 722 | 10 294 | 3 752 |
| 2023 - 8245 | D11_HBB2302339_23 - 40 - 30. fsa | 411 | 411.48 | 20 602 | 118 462 | 3 714 |
| 2023 - 8246 | D12_HBB2302340_23 - 40 - 30. fsa | 411 | 411.31 | 9 475 | 95 296 | 3 762 |
| 2023 - 8247 | E01_HBB2302341_23 - 40 - 30. fsa | 411 | 411.16 | 13 797 | 73 773 | 3 796 |
| | E01_HBB2302341_23 - 40 - 30. fsa | 423 | 422.77 | 3 316 | 17 768 | 3 863 |
| 2023 - 8248 | E02_HBB2302342_23 - 40 - 30. fsa | 411 | 411.42 | 11 832 | 64 629 | 3 752 |
| 2023 - 8249 | E03_HBB2302343_23 - 40 - 30. fsa | 411 | 411.4 | 8 423 | 71 457 | 3 705 |
| 2023 - 8250 | E04_HBB2302344_23 - 40 - 30. fsa | 411 | 411.26 | 10 983 | 67 089 | 3 700 |

（续）

| 资源序号 | 样本名<br>（sample file name） | 等位基因位点<br>（allele，bp） | 大小<br>（size，bp） | 高度<br>（height，RFU） | 面积<br>（area，RFU） | 数据取值点<br>（data point，RFU） |
|---|---|---|---|---|---|---|
| 2023 - 8251 | E06_HBB2302346_23 - 40 - 30. fsa | 411 | 411.48 | 7 653 | 66 499 | 3 634 |
| 2023 - 8252 | E07_HBB2302347_23 - 40 - 30. fsa | 411 | 411.33 | 8 166 | 73 270 | 3 628 |
| 2023 - 8253 | E08_HBB2302348_23 - 40 - 30. fsa | 411 | 411.35 | 12 359 | 87 150 | 3 656 |
| 2023 - 8254 | E09_HBB2302349_23 - 40 - 30. fsa | 411 | 411.34 | 14 094 | 73 089 | 3 660 |
| 2023 - 8255 | E10_HBB2302350_23 - 40 - 30. fsa | 411 | 411.4 | 15 419 | 80 043 | 3 650 |
| | E10_HBB2302350_23 - 40 - 30. fsa | 423 | 422.89 | 3 544 | 19 080 | 3 714 |
| 2023 - 8256 | E11_HBB2302351_23 - 40 - 30. fsa | 411 | 410.43 | 29 132 | 167 225 | 3 698 |
| 2023 - 8257 | E12_HBB2302352_23 - 40 - 30. fsa | 411 | 411.27 | 25 588 | 138 614 | 3 775 |
| 2023 - 8258 | F01_HBB2302353_23 - 40 - 30. fsa | 411 | 410.42 | 15 244 | 82 735 | 3 769 |
| 2023 - 8259 | F02_HBB2302354_23 - 40 - 30. fsa | 425 | 424.96 | 13 055 | 70 444 | 3 835 |
| 2023 - 8260 | F03_HBB2302355_23 - 40 - 30. fsa | 411 | 410.34 | 14 534 | 80 757 | 3 713 |
| 2023 - 8261 | F04_HBB2302356_23 - 40 - 30. fsa | 411 | 410.52 | 10 116 | 53 976 | 3 711 |
| | F04_HBB2302356_23 - 40 - 30. fsa | 430 | 430.74 | 2 806 | 15 510 | 3 825 |
| 2023 - 8262 | F05_HBB2302357_23 - 40 - 30. fsa | 411 | 410.49 | 16 004 | 78 345 | 3 663 |
| | F05_HBB2302357_23 - 40 - 30. fsa | 423 | 422.87 | 5 945 | 28 974 | 3 732 |
| 2023 - 8263 | F06_HBB2302358_23 - 40 - 30. fsa | 411 | 410.55 | 16 143 | 81 210 | 3 639 |
| 2023 - 8264 | F07_HBB2302359_23 - 40 - 30. fsa | 411 | 410.55 | 10 640 | 57 616 | 3 641 |
| 2023 - 8265 | F08_HBB2302360_23 - 40 - 30. fsa | 411 | 411.48 | 15 619 | 82 663 | 3 631 |
| 2023 - 8266 | F09_HBB2302361_23 - 40 - 30. fsa | 411 | 411.39 | 18 541 | 96 690 | 3 654 |
| 2023 - 8267 | F10_HBB2302362_23 - 40 - 30. fsa | 411 | 410.44 | 18 853 | 99 701 | 3 651 |
| 2023 - 8268 | F11_HBB2302363_23 - 40 - 30. fsa | 411 | 411.26 | 11 198 | 101 250 | 3 736 |
| 2023 - 8269 | F12_HBB2302364_23 - 40 - 30. fsa | 411 | 410.49 | 10 324 | 54 842 | 3 737 |
| | F12_HBB2302364_23 - 40 - 30. fsa | 423 | 423.49 | 8 585 | 46 619 | 3 812 |
| 2023 - 8270 | G01_HBB2302365_23 - 40 - 30. fsa | 411 | 410.21 | 19 067 | 100 637 | 3 778 |
| 2023 - 8271 | G03_HBB2302367_23 - 40 - 30. fsa | 411 | 411.37 | 9 446 | 89 635 | 3 726 |
| 2023 - 8272 | G04_HBB2302368_23 - 40 - 30. fsa | 411 | 410.56 | 14 105 | 72 842 | 3 691 |
| 2023 - 8273 | G05_HBB2302369_23 - 40 - 30. fsa | 411 | 411.38 | 28 020 | 139 386 | 3 675 |
| 2023 - 8274 | G06_HBB2302370_23 - 40 - 30. fsa | 411 | 410.61 | 10 457 | 53 373 | 3 673 |
| | G06_HBB2302370_23 - 40 - 30. fsa | 430 | 430.8 | 2 949 | 15 967 | 3 786 |
| 2023 - 8275 | G07_HBB2302371_23 - 40 - 30. fsa | 411 | 411.39 | 9 680 | 86 734 | 3 655 |

（续）

| 资源序号 | 样本名<br>（sample file name） | 等位基因位点<br>（allele，bp） | 大小<br>（size，<br>bp） | 高度<br>（height，<br>RFU） | 面积<br>（area，<br>RFU） | 数据取值点<br>（data point，<br>RFU） |
|---|---|---|---|---|---|---|
| 2023 - 8276 | G08_HBB2302372_23 - 40 - 30. fsa | 411 | 411.49 | 26 750 | 133 725 | 3 673 |
| 2023 - 8277 | G09_HBB2302373_23 - 40 - 30. fsa | 411 | 411.4 | 22 644 | 110 320 | 3 653 |
| 2023 - 8278 | G10_HBB2302374_23 - 40 - 30. fsa | 411 | 411.46 | 9 984 | 89 488 | 3 678 |
| 2023 - 8279 | G11_HBB2302375_23 - 40 - 30. fsa | 411 | 411.42 | 27 561 | 145 358 | 3 731 |
| 2023 - 8280 | G12_HBB2302376_23 - 40 - 30. fsa | 411 | 411.36 | 16 500 | 147 163 | 3 763 |
| 2023 - 8281 | H01_HBB2302377_23 - 40 - 30. fsa | 411 | 411.22 | 18 318 | 94 765 | 3 838 |
| 2023 - 8282 | H02_HBB2302378_23 - 40 - 30. fsa | 411 | 411.25 | 9 158 | 85 411 | 3 800 |
| 2023 - 8283 | H03_HBB2302379_23 - 40 - 30. fsa | 411 | 410.41 | 3 063 | 17 384 | 3 749 |
| | H03_HBB2302379_23 - 40 - 30. fsa | 423 | 423.53 | 3 016 | 16 664 | 3 824 |
| 2023 - 8284 | H04_HBB2302380_23 - 40 - 30. fsa | 411 | 411.31 | 11 277 | 62 196 | 3 724 |
| | H04_HBB2302380_23 - 40 - 30. fsa | 430 | 430.69 | 1 249 | 7 598 | 3 834 |
| 2023 - 8285 | H05_HBB2302381_23 - 40 - 30. fsa | 411 | 411.45 | 20 715 | 99 201 | 3 704 |
| 2023 - 8286 | H06_HBB2302382_23 - 40 - 30. fsa | 411 | 411.31 | 21 139 | 100 307 | 3 695 |
| 2023 - 8287 | H07_HBB2302383_23 - 40 - 30. fsa | 411 | 411.3 | 11 114 | 96 041 | 3 690 |
| 2023 - 8288 | H08_HBB2302384_23 - 40 - 30. fsa | 411 | 411.41 | 24 377 | 117 670 | 3 697 |
| 2023 - 8289 | H09_HBB2302385_23 - 40 - 30. fsa | 411 | 411.34 | 13 877 | 111 588 | 3 677 |
| 2023 - 8290 | A01_HBB2302387_08 - 05 - 34. fsa | 411 | 411.17 | 31 804 | 170 809 | 3 844 |
| | A01_HBB2302387_08 - 05 - 34. fsa | 430 | 430 | 16 078 | 90 193 | 3 954 |
| 2023 - 8291 | A02_HBB2302388_08 - 05 - 34. fsa | 411 | 410.74 | 32 547 | 256 163 | 3 809 |
| 2023 - 8292 | A03_HBB2302389_08 - 05 - 34. fsa | 411 | 410.03 | 32 573 | 230 248 | 3 756 |
| 2023 - 8293 | A04_HBB2302390_08 - 05 - 34. fsa | 411 | 411.06 | 32 583 | 215 814 | 3 753 |
| 2023 - 8294 | A05_HBB2302391_08 - 05 - 34. fsa | 430 | 429.8 | 32 670 | 243 994 | 3 837 |
| 2023 - 8295 | A06_HBB2302392_08 - 05 - 34. fsa | 423 | 422.72 | 31 774 | 194 734 | 3 793 |
| 2023 - 8296 | A07_HBB2302393_08 - 05 - 34. fsa | 411 | 411.15 | 32 598 | 231 863 | 3 718 |
| 2023 - 8297 | A08_HBB2302394_08 - 05 - 34. fsa | 411 | 411.36 | 30 872 | 192 352 | 3 761 |
| 2023 - 8298 | A09_HBB2302395_08 - 05 - 34. fsa | 411 | 411.19 | 32 648 | 209 768 | 3 759 |
| 2023 - 8299 | A10_HBB2302396_08 - 05 - 34. fsa | 411 | 410.94 | 32 600 | 299 854 | 3 775 |
| 2023 - 8300 | A11_HBB2302397_08 - 05 - 34. fsa | 411 | 410.43 | 32 457 | 414 953 | 3 827 |
| 2023 - 8301 | A12_HBB2302398_08 - 05 - 34. fsa | 430 | 429.4 | 32 627 | 342 865 | 3 980 |

（续）

| 资源序号 | 样本名<br>（sample file name） | 等位基因位点<br>（allele，bp） | 大小<br>（size，bp） | 高度<br>（height，RFU） | 面积<br>（area，RFU） | 数据取值点<br>（data point，RFU） |
|---|---|---|---|---|---|---|
| 2023 - 8302 | B01_HBB2302399_08 - 05 - 34. fsa | 411 | 411. 11 | 24 050 | 144 367 | 3 795 |
| | B01_HBB2302399_08 - 05 - 34. fsa | 430 | 430. 67 | 6 005 | 38 409 | 3 908 |
| 2023 - 8303 | B02_HBB2302400_08 - 05 - 34. fsa | 411 | 411. 11 | 26 445 | 138 793 | 3 801 |
| | B02_HBB2302400_08 - 05 - 34. fsa | 423 | 423. 19 | 17 378 | 97 686 | 3 871 |
| 2023 - 8304 | B03_HBB2302401_08 - 05 - 34. fsa | 411 | 411. 27 | 32 319 | 215 371 | 3 744 |
| 2023 - 8305 | B04_HBB2302402_08 - 05 - 34. fsa | 411 | 410. 94 | 32 444 | 238 060 | 3 737 |
| | B04_HBB2302402_08 - 05 - 34. fsa | 423 | 422. 84 | 17 166 | 96 444 | 3 805 |
| 2023 - 8306 | B05_HBB2302403_08 - 05 - 34. fsa | 411 | 411. 16 | 32 549 | 211 319 | 3 722 |
| 2023 - 8307 | B06_HBB2302404_08 - 05 - 34. fsa | 411 | 411. 04 | 32 394 | 236 154 | 3 695 |
| 2023 - 8308 | B07_HBB2302405_08 - 05 - 34. fsa | 411 | 410. 83 | 32 562 | 305 798 | 3 706 |
| 2023 - 8309 | B08_HBB2302406_08 - 05 - 34. fsa | 411 | 410. 83 | 32 544 | 281 527 | 3 713 |
| | B08_HBB2302406_08 - 05 - 34. fsa | 421 | 420. 86 | 8 926 | 59 795 | 3 770 |
| 2023 - 8310 | B09_HBB2302407_08 - 05 - 34. fsa | 411 | 411. 02 | 32 647 | 245 493 | 3 713 |
| | B09_HBB2302407_08 - 05 - 34. fsa | 430 | 430. 64 | 2 364 | 17 225 | 3 824 |
| 2023 - 8311 | B11_HBB2302409_08 - 05 - 34. fsa | 411 | 410. 68 | 32 533 | 346 113 | 3 796 |
| 2023 - 8312 | B12_HBB2302410_08 - 05 - 34. fsa | 411 | 410. 7 | 32 424 | 367 633 | 3 831 |
| | B12_HBB2302410_08 - 05 - 34. fsa | 430 | 430. 46 | 12 099 | 89 060 | 3 948 |
| 2023 - 8313 | C01_HBB2302411_08 - 05 - 34. fsa | 411 | 411. 08 | 32 550 | 211 874 | 3 810 |
| 2023 - 8314 | C02_HBB2302412_08 - 05 - 34. fsa | 411 | 411. 03 | 32 533 | 215 442 | 3 775 |
| 2023 - 8315 | C03_HBB2302413_08 - 05 - 34. fsa | 413 | 413. 37 | 9 259 | 69 642 | 3 760 |
| | C03_HBB2302413_08 - 05 - 34. fsa | 423 | 422. 65 | 17 463 | 109 219 | 3 813 |
| 2023 - 8316 | C04_HBB2302414_08 - 05 - 34. fsa | 411 | 411. 18 | 31 771 | 188 441 | 3 719 |
| 2023 - 8317 | C05_HBB2302415_08 - 05 - 34. fsa | 411 | 411. 27 | 23 826 | 125 678 | 3 691 |
| | C05_HBB2302415_08 - 05 - 34. fsa | 430 | 429. 95 | 10 611 | 61 029 | 3 796 |
| 2023 - 8318 | C06_HBB2302416_08 - 05 - 34. fsa | 411 | 411. 23 | 22 699 | 232 999 | 3 714 |
| 2023 - 8319 | C07_HBB2302417_08 - 05 - 34. fsa | 411 | 411. 26 | 23 957 | 238 485 | 3 688 |
| 2023 - 8320 | C08_HBB2302418_08 - 05 - 34. fsa | 411 | 411. 26 | 29 187 | 294 661 | 3 686 |
| 2023 - 8321 | C09_HBB2302419_08 - 05 - 34. fsa | 411 | 410. 24 | 28 098 | 252 540 | 3 723 |
| 2023 - 8322 | C10_HBB2302420_08 - 05 - 34. fsa | 411 | 410. 94 | 32 628 | 284 139 | 3 716 |

（续）

| 资源序号 | 样本名<br>（sample file name） | 等位基因位点<br>（allele，bp） | 大小<br>（size，bp） | 高度<br>（height，RFU） | 面积<br>（area，RFU） | 数据取值点<br>（data point，RFU） |
|---|---|---|---|---|---|---|
| 2023 - 8323 | C11_HBB2302421_08 - 05 - 34. fsa | 411 | 410. 2 | 32 464 | 253 362 | 3 776 |
| | C11_HBB2302421_08 - 05 - 34. fsa | 430 | 430. 65 | 12 893 | 84 673 | 3 895 |
| 2023 - 8324 | C12_HBB2302422_08 - 05 - 34. fsa | 411 | 410. 27 | 31 461 | 277 641 | 3 811 |
| | C12_HBB2302422_08 - 05 - 34. fsa | 425 | 424. 87 | 3 585 | 22 430 | 3 897 |
| 2023 - 8325 | D01_HBB2302423_08 - 05 - 34. fsa | 411 | 410. 88 | 32 565 | 232 688 | 3 825 |
| | D01_HBB2302423_08 - 05 - 34. fsa | 421 | 420. 82 | 8 479 | 49 620 | 3 883 |
| 2023 - 8326 | D02_HBB2302424_08 - 05 - 34. fsa | 411 | 411. 17 | 32 360 | 305 273 | 3 774 |
| 2023 - 8327 | D03_HBB2302425_08 - 05 - 34. fsa | 411 | 410. 3 | 27 186 | 144 760 | 3 708 |
| | D03_HBB2302425_08 - 05 - 34. fsa | 425 | 424. 93 | 6 215 | 34 229 | 3 791 |
| 2023 - 8328 | D04_HBB2302426_08 - 05 - 34. fsa | 411 | 411. 04 | 32 538 | 206 481 | 3 705 |
| | D04_HBB2302426_08 - 05 - 34. fsa | 423 | 422. 71 | 14 455 | 76 760 | 3 771 |
| 2023 - 8329 | D05_HBB2302427_08 - 05 - 34. fsa | 411 | 411. 3 | 28 278 | 157 023 | 3 685 |
| | D05_HBB2302427_08 - 05 - 34. fsa | 430 | 430. 6 | 9 900 | 57 277 | 3 793 |
| 2023 - 8330 | D06_HBB2302428_08 - 05 - 34. fsa | 411 | 411. 09 | 32 509 | 233 538 | 3 691 |
| 2023 - 8331 | D08_HBB2302430_08 - 05 - 34. fsa | 411 | 411. 3 | 32 410 | 186 006 | 3 671 |
| | D08_HBB2302430_08 - 05 - 34. fsa | 423 | 422. 7 | 16 846 | 91 363 | 3 735 |
| 2023 - 8332 | D09_HBB2302431_08 - 05 - 34. fsa | 411 | 411. 01 | 32 569 | 238 688 | 3 703 |
| | D09_HBB2302431_08 - 05 - 34. fsa | 430 | 430. 63 | 5 921 | 37 327 | 3 814 |
| 2023 - 8333 | D10_HBB2302432_08 - 05 - 34. fsa | 411 | 411. 19 | 22 420 | 231 541 | 3 701 |
| 2023 - 8334 | D11_HBB2302433_08 - 05 - 34. fsa | 411 | 410. 71 | 32 601 | 315 453 | 3 765 |
| 2023 - 8335 | D12_HBB2302434_08 - 05 - 34. fsa | 411 | 411. 07 | 32 513 | 423 041 | 3 816 |
| 2023 - 8336 | E01_HBB2302435_08 - 05 - 34. fsa | 411 | 411. 14 | 31 409 | 309 723 | 3 837 |
| 2023 - 8337 | E02_HBB2302436_08 - 05 - 34. fsa | 411 | 410. 92 | 32 606 | 270 201 | 3 784 |
| 2023 - 8338 | E03_HBB2302437_08 - 05 - 34. fsa | 411 | 411. 07 | 32 482 | 249 860 | 3 743 |
| 2023 - 8339 | E04_HBB2302438_08 - 05 - 34. fsa | 411 | 411. 28 | 30 327 | 312 554 | 3 738 |
| 2023 - 8340 | E05_HBB2302439_08 - 05 - 34. fsa | 411 | 410. 48 | 22 511 | 120 956 | 3 712 |
| | E05_HBB2302439_08 - 05 - 34. fsa | 430 | 430. 1 | 15 578 | 84 660 | 3 823 |
| 2023 - 8341 | E06_HBB2302440_08 - 05 - 34. fsa | 411 | 410. 21 | 32 459 | 218 613 | 3 677 |
| | E06_HBB2302440_08 - 05 - 34. fsa | 430 | 430. 68 | 17 777 | 99 908 | 3 792 |

（续）

| 资源序号 | 样本名<br>（sample file name） | 等位基因位点<br>（allele，bp） | 大小<br>（size，bp） | 高度<br>（height，RFU） | 面积<br>（area，RFU） | 数据取值点<br>（data point，RFU） |
|---|---|---|---|---|---|---|
| 2023 - 8342 | E07_HBB2302441_08 - 05 - 34. fsa | 411 | 411.14 | 31 369 | 178 287 | 3 682 |
| | E07_HBB2302441_08 - 05 - 34. fsa | 421 | 420.75 | 10 484 | 58 380 | 3 736 |
| 2023 - 8343 | E08_HBB2302442_08 - 05 - 34. fsa | 411 | 410.31 | 29 697 | 163 203 | 3 703 |
| | E08_HBB2302442_08 - 05 - 34. fsa | 430 | 429.92 | 20 482 | 116 230 | 3 814 |
| 2023 - 8344 | E09_HBB2302443_08 - 05 - 34. fsa | 411 | 410.1 | 32 660 | 229 228 | 3 710 |
| 2023 - 8345 | E10_HBB2302444_08 - 05 - 34. fsa | 411 | 411.01 | 32 663 | 234 916 | 3 709 |
| 2023 - 8346 | E11_HBB2302445_08 - 05 - 34. fsa | 411 | 410.74 | 32 628 | 322 563 | 3 759 |
| 2023 - 8347 | E12_HBB2302446_08 - 05 - 34. fsa | 411 | 410.7 | 32 573 | 327 258 | 3 824 |
| 2023 - 8348 | F01_HBB2302447_08 - 05 - 34. fsa | 411 | 410.85 | 32 648 | 246 426 | 3 835 |
| 2023 - 8349 | F02_HBB2302448_08 - 05 - 34. fsa | 411 | 410.06 | 32 524 | 232 663 | 3 783 |
| | F02_HBB2302448_08 - 05 - 34. fsa | 430 | 430.58 | 12 132 | 69 205 | 3 902 |
| 2023 - 8350 | F03_HBB2302449_08 - 05 - 34. fsa | 411 | 411.24 | 32 531 | 371 721 | 3 757 |
| 2023 - 8351 | F05_HBB2302451_08 - 05 - 34. fsa | 411 | 411 | 32 513 | 257 571 | 3 721 |
| 2023 - 8352 | F06_HBB2302452_08 - 05 - 34. fsa | 411 | 410.17 | 32 463 | 220 390 | 3 691 |
| | F06_HBB2302452_08 - 05 - 34. fsa | 430 | 430.56 | 11 819 | 68 052 | 3 806 |
| 2023 - 8353 | F07_HBB2302453_08 - 05 - 34. fsa | 411 | 411.04 | 32 559 | 222 171 | 3 700 |
| | F07_HBB2302453_08 - 05 - 34. fsa | 425 | 424.84 | 11 108 | 67 135 | 3 778 |
| 2023 - 8354 | F08_HBB2302454_08 - 05 - 34. fsa | 411 | 410.88 | 32 423 | 251 674 | 3 687 |
| 2023 - 8355 | F09_HBB2302455_08 - 05 - 34. fsa | 411 | 411.15 | 32 297 | 195 752 | 3 717 |
| | F09_HBB2302455_08 - 05 - 34. fsa | 430 | 430.52 | 7 406 | 44 250 | 3 827 |
| 2023 - 8356 | F10_HBB2302456_08 - 05 - 34. fsa | 411 | 410.25 | 32 664 | 229 923 | 3 711 |
| 2023 - 8357 | F11_HBB2302457_08 - 05 - 34. fsa | 411 | 410.85 | 32 494 | 286 953 | 3 792 |
| 2023 - 8358 | F12_HBB2302458_08 - 05 - 34. fsa | 411 | 411.11 | 25 142 | 292 964 | 3 803 |
| 2023 - 8359 | G01_HBB2302459_08 - 05 - 34. fsa | 411 | 410.97 | 32 602 | 369 124 | 3 852 |
| 2023 - 8360 | G02_HBB2302460_08 - 05 - 34. fsa | 411 | 411.18 | 32 053 | 285 765 | 3 815 |
| 2023 - 8361 | G03_HBB2302461_08 - 05 - 34. fsa | 411 | 410.99 | 32 517 | 262 467 | 3 769 |
| 2023 - 8362 | G04_HBB2302462_08 - 05 - 34. fsa | 411 | 410.88 | 32 556 | 254 369 | 3 747 |
| 2023 - 8363 | G05_HBB2302463_08 - 05 - 34. fsa | 411 | 411.18 | 32 426 | 344 369 | 3 730 |
| 2023 - 8364 | G06_HBB2302464_08 - 05 - 34. fsa | 411 | 410.97 | 32 479 | 228 492 | 3 730 |
| 2023 - 8365 | G07_HBB2302465_08 - 05 - 34. fsa | 411 | 411.18 | 28 897 | 291 811 | 3 710 |

（续）

| 资源序号 | 样本名<br>（sample file name） | 等位基因位点<br>（allele，bp） | 大小<br>（size，bp） | 高度<br>（height，RFU） | 面积<br>（area，RFU） | 数据取值点<br>（data point，RFU） |
|---|---|---|---|---|---|---|
| 2023 – 8366 | G08_HBB2302466_08 – 05 – 34. fsa | 411 | 411.1 | 25 841 | 246 045 | 3 734 |
| 2023 – 8367 | G09_HBB2302467_08 – 05 – 34. fsa | 411 | 410.98 | 32 610 | 254 176 | 3 718 |
| 2023 – 8368 | G10_HBB2302468_08 – 05 – 34. fsa | 411 | 411.03 | 32 434 | 242 920 | 3 742 |
| 2023 – 8369 | G11_HBB2302469_08 – 05 – 34. fsa | 411 | 411.18 | 28 775 | 167 399 | 3 794 |
| | G11_HBB2302469_08 – 05 – 34. fsa | 423 | 423.3 | 18 212 | 112 806 | 3 865 |
| 2023 – 8370 | G12_HBB2302470_08 – 05 – 34. fsa | 411 | 411.06 | 30 481 | 182 652 | 3 829 |
| | G12_HBB2302470_08 – 05 – 34. fsa | 423 | 423.23 | 18 614 | 114 486 | 3 901 |
| 2023 – 8371 | H02_HBB2302472_08 – 05 – 34. fsa | 411 | 410.89 | 32 599 | 270 501 | 3 842 |
| | H02_HBB2302472_08 – 05 – 34. fsa | 425 | 424.92 | 7 472 | 42 930 | 3 925 |
| 2023 – 8372 | H03_HBB2302473_08 – 05 – 34. fsa | 411 | 411.08 | 32 612 | 205 849 | 3 796 |
| | H03_HBB2302473_08 – 05 – 34. fsa | 421 | 420.87 | 11 751 | 66 804 | 3 853 |
| 2023 – 8373 | H04_HBB2302474_08 – 05 – 34. fsa | 411 | 410.81 | 32 521 | 277 660 | 3 773 |
| 2023 – 8374 | H05_HBB2302475_08 – 05 – 34. fsa | 411 | 410.88 | 32 452 | 245 208 | 3 757 |
| 2023 – 8375 | H06_HBB2302476_08 – 05 – 34. fsa | 411 | 410.88 | 32 561 | 258 974 | 3 746 |
| 2023 – 8376 | H07_HBB2302477_08 – 05 – 34. fsa | 411 | 411.07 | 32 526 | 223 664 | 3 751 |
| | H07_HBB2302477_08 – 05 – 34. fsa | 423 | 422.75 | 23 062 | 121 022 | 3 818 |
| 2023 – 8377 | H08_HBB2302478_08 – 05 – 34. fsa | 411 | 410.86 | 32 582 | 261 355 | 3 757 |
| 2023 – 8378 | H09_HBB2302479_08 – 05 – 34. fsa | 411 | 411.09 | 32 379 | 194 762 | 3 746 |
| | H09_HBB2302479_08 – 05 – 34. fsa | 430 | 430.57 | 6 711 | 36 132 | 3 857 |
| 2023 – 8379 | H10_HBB2302480_08 – 05 – 34. fsa | 411 | 410.86 | 32 616 | 247 166 | 3 756 |

## 8 P08

| 资源序号 | 样本名<br>（sample file name） | 等位基因位点<br>（allele，bp） | 大小<br>（size，bp） | 高度<br>（height，RFU） | 面积<br>（area，RFU） | 数据取值点<br>（data point，RFU） |
|---|---|---|---|---|---|---|
| 2023 – 8200 | A01_HBB2302293_23 – 08 – 17. fsa | 365 | 364.97 | 4 261 | 21 914 | 3 508 |
| | A01_HBB2302293_23 – 08 – 17. fsa | 406 | 405.99 | 1 000 | 4 933 | 3 763 |

（续）

| 资源序号 | 样本名<br>（sample file name） | 等位基因位点<br>（allele，bp） | 大小<br>（size，bp） | 高度<br>（height，RFU） | 面积<br>（area，RFU） | 数据取值点<br>（data point，RFU） |
|---|---|---|---|---|---|---|
| 2023－8201 | A02_HBB2302294_23－08－17.fsa | 365 | 364.96 | 6 000 | 29 665 | 3 484 |
| | A02_HBB2302294_23－08－17.fsa | 406 | 406.02 | 1 366 | 6 529 | 3 738 |
| 2023－8202 | A03_HBB2302295_23－08－17.fsa | 365 | 364.84 | 4 699 | 23 215 | 3 429 |
| | A03_HBB2302295_23－08－17.fsa | 382 | 382.25 | 2 888 | 13 816 | 3 536 |
| 2023－8203 | A04_HBB2302296_23－08－17.fsa | 365 | 364.97 | 8 820 | 47 249 | 3 421 |
| 2023－8204 | A05_HBB2302297_23－08－17.fsa | 365 | 364.87 | 3 097 | 16 750 | 3 403 |
| 2023－8205 | A06_HBB2302298_23－08－17.fsa | 365 | 364.85 | 5 098 | 28 357 | 3 395 |
| | A06_HBB2302298_23－08－17.fsa | 404 | 403.9 | 1 169 | 6 390 | 3 630 |
| 2023－8206 | A07_HBB2302299_23－08－17.fsa | 404 | 404.05 | 2 252 | 12 114 | 3 624 |
| 2023－8207 | A08_HBB2302300_23－08－17.fsa | 365 | 364.96 | 4 827 | 27 275 | 3 425 |
| | A08_HBB2302300_23－08－17.fsa | 382 | 382.43 | 2 856 | 15 967 | 3 532 |
| 2023－8208 | A09_HBB2302301_23－08－17.fsa | 382 | 382.44 | 3 230 | 17 092 | 3 523 |
| | A09_HBB2302301_23－08－17.fsa | 406 | 406.14 | 1 189 | 6 312 | 3 665 |
| 2023－8209 | A10_HBB2302302_23－08－17.fsa | 382 | 382.48 | 3 095 | 19 486 | 3 545 |
| | A10_HBB2302302_23－08－17.fsa | 406 | 405.94 | 1 147 | 6 764 | 3 687 |
| 2023－8210 | A11_HBB2302303_23－08－17.fsa | 365 | 365.07 | 7 936 | 48 727 | 3 490 |
| | A11_HBB2302303_23－08－17.fsa | 380 | 380.61 | 2 552 | 15 622 | 3 588 |
| 2023－8211 | B01_HBB2302305_23－08－17.fsa | 382 | 382.38 | 1 409 | 7 794 | 3 571 |
| | B01_HBB2302305_23－08－17.fsa | 406 | 406.06 | 666 | 3 412 | 3 715 |
| 2023－8212 | B02_HBB2302306_23－08－17.fsa | 365 | 364.81 | 3 760 | 18 917 | 3 476 |
| | B02_HBB2302306_23－08－17.fsa | 375 | 374.58 | 3 120 | 14 944 | 3 537 |
| 2023－8213 | B03_HBB2302307_23－08－17.fsa | 365 | 364.95 | 5 702 | 30 952 | 3 416 |
| | B03_HBB2302307_23－08－17.fsa | 382 | 382.42 | 3 407 | 18 716 | 3 523 |
| 2023－8214 | B04_HBB2302308_23－08－17.fsa | 365 | 364.84 | 5 756 | 29 642 | 3 412 |
| | B04_HBB2302308_23－08－17.fsa | 382 | 382.37 | 3 465 | 17 720 | 3 519 |
| 2023－8215 | B05_HBB2302309_23－08－17.fsa | 404 | 404.06 | 2 027 | 10 768 | 3 631 |
| 2023－8216 | B06_HBB2302310_23－08－17.fsa | 375 | 374.77 | 3 809 | 19 463 | 3 432 |
| | B06_HBB2302310_23－08－17.fsa | 382 | 382.56 | 2 719 | 13 690 | 3 479 |
| 2023－8217 | B07_HBB2302311_23－08－17.fsa | 382 | 382.39 | 6 956 | 37 561 | 3 486 |
| 2023－8218 | B08_HBB2302312_23－08－17.fsa | 382 | 382.45 | 2 503 | 13 627 | 3 490 |

（续）

| 资源序号 | 样本名<br>（sample file name） | 等位基因位点<br>（allele，bp） | 大小<br>（size，bp） | 高度<br>（height，RFU） | 面积<br>（area，RFU） | 数据取值点<br>（data point，RFU） |
|---|---|---|---|---|---|---|
| 2023－8219 | B09_HBB2302313_23－08－17. fsa | 365 | 364.86 | 3 812 | 22 323 | 3 379 |
| | B09_HBB2302313_23－08－17. fsa | 404 | 403.9 | 938 | 5 267 | 3 613 |
| 2023－8220 | B10_HBB2302314_23－08－17. fsa | 382 | 382.29 | 3 142 | 16 891 | 3 496 |
| | B10_HBB2302314_23－08－17. fsa | 406 | 406 | 1 221 | 6 435 | 3 637 |
| 2023－8221 | B11_HBB2302315_23－08－17. fsa | 365 | 364.86 | 4 499 | 26 914 | 3 461 |
| | B11_HBB2302315_23－08－17. fsa | 382 | 382.48 | 2 689 | 16 283 | 3 571 |
| 2023－8222 | B12_HBB2302316_23－08－17. fsa | 365 | 364.84 | 6 029 | 35 542 | 3 493 |
| | B12_HBB2302316_23－08－17. fsa | 382 | 382.29 | 3 256 | 19 806 | 3 603 |
| 2023－8223 | C01_HBB2302317_23－08－17. fsa | 382 | 382.45 | 2 054 | 10 236 | 3 592 |
| 2023－8224 | C02_HBB2302318_23－08－17. fsa | 382 | 382.4 | 2 854 | 14 162 | 3 559 |
| | C02_HBB2302318_23－08－17. fsa | 406 | 405.93 | 1 209 | 5 618 | 3 701 |
| 2023－8226 | C03_HBB2302319_23－08－17. fsa | 365 | 364.92 | 4 974 | 27 128 | 3 426 |
| | C03_HBB2302319_23－08－17. fsa | 382 | 382.33 | 2 777 | 15 657 | 3 533 |
| 2023－8227 | C04_HBB2302320_23－08－17. fsa | 382 | 382.54 | 3 501 | 17 416 | 3 508 |
| 2023－8228 | C05_HBB2302321_23－08－17. fsa | 382 | 382.42 | 3 235 | 16 309 | 3 473 |
| | C05_HBB2302321_23－08－17. fsa | 406 | 406.07 | 1 349 | 6 087 | 3 612 |
| 2023－8229 | C06_HBB2302322_23－08－17. fsa | 365 | 364.77 | 3 255 | 17 172 | 3 387 |
| | C06_HBB2302322_23－08－17. fsa | 380 | 380.32 | 2 156 | 11 554 | 3 481 |
| 2023－8230 | C07_HBB2302323_23－08－17. fsa | 365 | 364.99 | 4 825 | 24 622 | 3 360 |
| | C07_HBB2302323_23－08－17. fsa | 382 | 382.48 | 2 945 | 14 910 | 3 465 |
| 2023－8231 | C09_HBB2302325_23－08－17. fsa | 365 | 364.96 | 4 966 | 25 905 | 3 399 |
| | C09_HBB2302325_23－08－17. fsa | 382 | 382.55 | 3 029 | 16 129 | 3 506 |
| 2023－8232 | C10_HBB2302326_23－08－17. fsa | 365 | 364.94 | 4 054 | 22 466 | 3 381 |
| | C10_HBB2302326_23－08－17. fsa | 382 | 382.53 | 2 469 | 13 775 | 3 488 |
| 2023－8233 | C11_HBB2302327_23－08－17. fsa | 365 | 364.93 | 4 560 | 26 286 | 3 449 |
| | C11_HBB2302327_23－08－17. fsa | 382 | 382.34 | 2 782 | 15 623 | 3 557 |
| 2023－8234 | C12_HBB2302328_23－08－17. fsa | 382 | 382.45 | 2 570 | 14 445 | 3 586 |
| | C12_HBB2302328_23－08－17. fsa | 400 | 399.84 | 1 241 | 6 676 | 3 695 |
| 2023－8235 | D01_HBB2302329_23－08－17. fsa | 382 | 382.28 | 3 157 | 16 152 | 3 601 |
| | D01_HBB2302329_23－08－17. fsa | 406 | 405.87 | 1 286 | 6 552 | 3 745 |

（续）

| 资源序号 | 样本名<br>（sample file name） | 等位基因位点<br>（allele，bp） | 大小<br>（size，bp） | 高度<br>（height，RFU） | 面积<br>（area，RFU） | 数据取值点<br>（data point，RFU） |
|---|---|---|---|---|---|---|
| 2023－8236 | D02_HBB2302330_23－08－17．fsa | 382 | 382.39 | 6 209 | 31 190 | 3 558 |
| 2023－8237 | D03_HBB2302331_23－08－17．fsa | 365 | 364.73 | 4 091 | 20 179 | 3 390 |
| | D03_HBB2302331_23－08－17．fsa | 375 | 374.44 | 3 357 | 16 432 | 3 449 |
| 2023－8238 | D04_HBB2302332_23－08－17．fsa | 365 | 364.77 | 5 086 | 24 884 | 3 383 |
| | D04_HBB2302332_23－08－17．fsa | 382 | 382.3 | 3 016 | 14 324 | 3 489 |
| 2023－8239 | D05_HBB2302333_23－08－17．fsa | 382 | 382.33 | 3 315 | 16 680 | 3 464 |
| | D05_HBB2302333_23－08－17．fsa | 408 | 408.09 | 1 054 | 5 126 | 3 614 |
| 2023－8240 | D06_HBB2302334_23－08－17．fsa | 365 | 364.75 | 3 920 | 19 063 | 3 366 |
| | D06_HBB2302334_23－08－17．fsa | 375 | 374.57 | 3 220 | 15 381 | 3 425 |
| 2023－8241 | D07_HBB2302335_23－08－17．fsa | 365 | 364.83 | 4 352 | 22 407 | 3 393 |
| | D07_HBB2302335_23－08－17．fsa | 406 | 406 | 1 086 | 4 998 | 3 640 |
| 2023－8242 | D08_HBB2302336_23－08－17．fsa | 365 | 364.83 | 5 468 | 27 642 | 3 339 |
| | D08_HBB2302336_23－08－17．fsa | 404 | 403.94 | 1 357 | 6 581 | 3 570 |
| 2023－8243 | D09_HBB2302337_23－08－17．fsa | 365 | 365.09 | 2 962 | 15 852 | 3 374 |
| | D09_HBB2302337_23－08－17．fsa | 382 | 382.47 | 1 872 | 9 932 | 3 479 |
| 2023－8244 | D10_HBB2302338_23－08－17．fsa | 365 | 364.94 | 4 433 | 23 392 | 3 365 |
| | D10_HBB2302338_23－08－17．fsa | 375 | 374.71 | 3 604 | 18 872 | 3 424 |
| 2023－8245 | D11_HBB2302339_23－08－17．fsa | 365 | 365.04 | 4 560 | 25 797 | 3 430 |
| | D11_HBB2302339_23－08－17．fsa | 408 | 407.96 | 971 | 5 314 | 3 692 |
| 2023－8246 | D12_HBB2302340_23－08－17．fsa | 382 | 382.56 | 3 157 | 18 206 | 3 583 |
| | D12_HBB2302340_23－08－17．fsa | 406 | 406.14 | 1 360 | 6 877 | 3 728 |
| 2023－8247 | E01_HBB2302341_23－08－17．fsa | 365 | 364.96 | 3 327 | 17 151 | 3 499 |
| | E01_HBB2302341_23－08－17．fsa | 375 | 374.69 | 2 877 | 14 879 | 3 560 |
| 2023－8248 | E02_HBB2302342_23－08－17．fsa | 365 | 364.94 | 3 142 | 17 422 | 3 465 |
| 2023－8249 | E03_HBB2302343_23－08－17．fsa | 365 | 364.92 | 2 202 | 11 059 | 3 423 |
| | E03_HBB2302343_23－08－17．fsa | 384 | 384.29 | 1 249 | 6 333 | 3 542 |
| 2023－8250 | E04_HBB2302344_23－08－17．fsa | 365 | 365.03 | 2 450 | 12 310 | 3 419 |
| | E04_HBB2302344_23－08－17．fsa | 384 | 384.47 | 1 583 | 7 613 | 3 538 |
| 2023－8251 | E06_HBB2302346_23－08－17．fsa | 365 | 364.75 | 2 077 | 10 316 | 3 355 |
| | E06_HBB2302346_23－08－17．fsa | 382 | 382.41 | 1 111 | 5 311 | 3 461 |

（续）

| 资源序号 | 样本名<br>（sample file name） | 等位基因位点<br>（allele，bp） | 大小<br>（size，bp） | 高度<br>（height，RFU） | 面积<br>（area，RFU） | 数据取值点<br>（data point，RFU） |
|---|---|---|---|---|---|---|
| 2023 - 8252 | E07_HBB2302347_23 - 08 - 17.fsa | 365 | 365.05 | 1 715 | 8 688 | 3 355 |
| | E07_HBB2302347_23 - 08 - 17.fsa | 382 | 382.6 | 968 | 4 830 | 3 460 |
| 2023 - 8253 | E08_HBB2302348_23 - 08 - 17.fsa | 365 | 364.85 | 2 451 | 12 552 | 3 377 |
| | E08_HBB2302348_23 - 08 - 17.fsa | 406 | 406.05 | 523 | 2 434 | 3 623 |
| 2023 - 8254 | E09_HBB2302349_23 - 08 - 17.fsa | 365 | 365.03 | 2 642 | 13 897 | 3 382 |
| | E09_HBB2302349_23 - 08 - 17.fsa | 382 | 382.58 | 1 632 | 8 167 | 3 488 |
| 2023 - 8255 | E10_HBB2302350_23 - 08 - 17.fsa | 375 | 374.61 | 2 133 | 10 839 | 3 430 |
| | E10_HBB2302350_23 - 08 - 17.fsa | 382 | 382.39 | 1 633 | 8 522 | 3 477 |
| 2023 - 8256 | E11_HBB2302351_23 - 08 - 17.fsa | 375 | 374.55 | 4 545 | 25 460 | 3 478 |
| 2023 - 8257 | E12_HBB2302352_23 - 08 - 17.fsa | 365 | 364.88 | 4 783 | 26 087 | 3 485 |
| | E12_HBB2302352_23 - 08 - 17.fsa | 382 | 382.38 | 2 964 | 15 925 | 3 595 |
| 2023 - 8258 | F01_HBB2302353_23 - 08 - 17.fsa | 380 | 380.54 | 3 311 | 17 918 | 3 592 |
| 2023 - 8259 | F02_HBB2302354_23 - 08 - 17.fsa | 375 | 374.5 | 3 260 | 17 004 | 3 522 |
| 2023 - 8260 | F03_HBB2302355_23 - 08 - 17.fsa | 375 | 374.59 | 3 950 | 21 125 | 3 496 |
| 2023 - 8261 | F04_HBB2302356_23 - 08 - 17.fsa | 365 | 365.05 | 6 487 | 32 082 | 3 434 |
| 2023 - 8262 | F05_HBB2302357_23 - 08 - 17.fsa | 365 | 365.02 | 3 915 | 19 094 | 3 389 |
| | F05_HBB2302357_23 - 08 - 17.fsa | 375 | 374.61 | 3 214 | 15 625 | 3 447 |
| 2023 - 8263 | F06_HBB2302358_23 - 08 - 17.fsa | 365 | 364.88 | 2 995 | 14 721 | 3 367 |
| | F06_HBB2302358_23 - 08 - 17.fsa | 382 | 382.31 | 1 566 | 7 899 | 3 472 |
| 2023 - 8264 | F07_HBB2302359_23 - 08 - 17.fsa | 365 | 364.89 | 2 238 | 11 580 | 3 370 |
| | F07_HBB2302359_23 - 08 - 17.fsa | 375 | 374.68 | 1 836 | 9 385 | 3 429 |
| 2023 - 8265 | F08_HBB2302360_23 - 08 - 17.fsa | 365 | 365 | 3 842 | 18 813 | 3 354 |
| 2023 - 8266 | F09_HBB2302361_23 - 08 - 17.fsa | 365 | 364.85 | 3 231 | 16 282 | 3 375 |
| | F09_HBB2302361_23 - 08 - 17.fsa | 382 | 382.39 | 1 833 | 9 206 | 3 481 |
| 2023 - 8267 | F10_HBB2302362_23 - 08 - 17.fsa | 382 | 382.47 | 2 803 | 14 148 | 3 483 |
| | F10_HBB2302362_23 - 08 - 17.fsa | 404 | 403.88 | 931 | 4 448 | 3 611 |
| 2023 - 8268 | F11_HBB2302363_23 - 08 - 17.fsa | 365 | 364.77 | 10 097 | 52 908 | 3 449 |
| 2023 - 8269 | F12_HBB2302364_23 - 08 - 17.fsa | 365 | 364.82 | 5 143 | 26 563 | 3 454 |
| | F12_HBB2302364_23 - 08 - 17.fsa | 382 | 382.33 | 2 933 | 14 865 | 3 563 |

（续）

| 资源序号 | 样本名<br>（sample file name） | 等位基因位点<br>（allele，bp） | 大小<br>（size，bp） | 高度<br>（height，RFU） | 面积<br>（area，RFU） | 数据取值点<br>（data point，RFU） |
|---|---|---|---|---|---|---|
| 2023－8270 | G01_HBB2302365_23－08－17. fsa | 375 | 374.45 | 2 530 | 12 477 | 3 565 |
| | G01_HBB2302365_23－08－17. fsa | 382 | 382.29 | 1 889 | 9 186 | 3 614 |
| 2023－8271 | G03_HBB2302367_23－08－17. fsa | 365 | 365.01 | 3 157 | 16 205 | 3 443 |
| | G03_HBB2302367_23－08－17. fsa | 404 | 403.83 | 761 | 3 821 | 3 681 |
| 2023－8272 | G04_HBB2302368_23－08－17. fsa | 382 | 382.37 | 1 763 | 8 812 | 3 521 |
| | G04_HBB2302368_23－08－17. fsa | 404 | 404.04 | 790 | 3 780 | 3 651 |
| 2023－8273 | G05_HBB2302369_23－08－17. fsa | 365 | 364.98 | 9 791 | 46 883 | 3 394 |
| 2023－8274 | G06_HBB2302370_23－08－17. fsa | 365 | 364.95 | 1 143 | 5 817 | 3 396 |
| | G06_HBB2302370_23－08－17. fsa | 402 | 401.94 | 1 114 | 5 528 | 3 620 |
| 2023－8275 | G07_HBB2302371_23－08－17. fsa | 365 | 364.97 | 3 529 | 17 995 | 3 376 |
| 2023－8276 | G08_HBB2302372_23－08－17. fsa | 365 | 364.75 | 7 012 | 34 365 | 3 392 |
| 2023－8277 | G09_HBB2302373_23－08－17. fsa | 382 | 382.4 | 2 415 | 12 109 | 3 480 |
| | G09_HBB2302373_23－08－17. fsa | 404 | 404.07 | 1 043 | 4 849 | 3 609 |
| 2023－8278 | G10_HBB2302374_23－08－17. fsa | 365 | 364.84 | 3 234 | 16 776 | 3 396 |
| | G10_HBB2302374_23－08－17. fsa | 406 | 405.97 | 704 | 3 424 | 3 644 |
| 2023－8279 | G11_HBB2302375_23－08－17. fsa | 365 | 364.87 | 8 819 | 46 952 | 3 444 |
| 2023－8280 | G12_HBB2302376_23－08－17. fsa | 382 | 382.4 | 2 751 | 13 899 | 3 582 |
| | G12_HBB2302376_23－08－17. fsa | 406 | 406.01 | 1 192 | 5 584 | 3 726 |
| 2023－8281 | H01_HBB2302377_23－08－17. fsa | 365 | 364.8 | 3 808 | 19 199 | 3 540 |
| | H01_HBB2302377_23－08－17. fsa | 382 | 382.23 | 2 285 | 11 612 | 3 651 |
| 2023－8282 | H02_HBB2302378_23－08－17. fsa | 375 | 374.57 | 2 463 | 11 737 | 3 569 |
| | H02_HBB2302378_23－08－17. fsa | 380 | 380.43 | 1 841 | 8 893 | 3 606 |
| 2023－8283 | H03_HBB2302379_23－08－17. fsa | 382 | 382.38 | 3 677 | 19 001 | 3 578 |
| 2023－8284 | H04_HBB2302380_23－08－17. fsa | 365 | 364.94 | 2 870 | 14 525 | 3 441 |
| | H04_HBB2302380_23－08－17. fsa | 380 | 380.45 | 1 974 | 9 749 | 3 537 |
| 2023－8285 | H05_HBB2302381_23－08－17. fsa | 382 | 382.32 | 2 331 | 11 685 | 3 527 |
| | H05_HBB2302381_23－08－17. fsa | 406 | 406 | 968 | 4 485 | 3 669 |
| 2023－8286 | H06_HBB2302382_23－08－17. fsa | 382 | 382.37 | 2 937 | 14 994 | 3 518 |
| 2023－8287 | H07_HBB2302383_23－08－17. fsa | 382 | 382.36 | 2 151 | 10 567 | 3 515 |
| | H07_HBB2302383_23－08－17. fsa | 406 | 406 | 909 | 4 209 | 3 656 |

（续）

| 资源序号 | 样本名<br>（sample file name） | 等位基因位点<br>（allele，bp） | 大小<br>（size，bp） | 高度<br>（height，RFU） | 面积<br>（area，RFU） | 数据取值点<br>（data point，RFU） |
|---|---|---|---|---|---|---|
| 2023－8288 | H08_HBB2302384_23－08－17.fsa | 365 | 364.97 | 7 139 | 34 779 | 3 415 |
| 2023－8289 | H09_HBB2302385_23－08－17.fsa | 365 | 364.87 | 4 752 | 22 549 | 3 397 |
| | H09_HBB2302385_23－08－17.fsa | 382 | 382.46 | 2 742 | 12 617 | 3 504 |
| 2023－8290 | A01_HBB2302387_01－49－27.fsa | 382 | 382.48 | 4 772 | 23 422 | 3 627 |
| | A01_HBB2302387_01－49－27.fsa | 406 | 406 | 2 065 | 10 113 | 3 772 |
| 2023－8291 | A02_HBB2302388_01－49－27.fsa | 365 | 364.89 | 8 467 | 43 121 | 3 493 |
| | A02_HBB2302388_01－49－27.fsa | 382 | 382.45 | 4 961 | 26 199 | 3 603 |
| 2023－8292 | A03_HBB2302389_01－49－27.fsa | 375 | 374.7 | 13 086 | 60 513 | 3 500 |
| 2023－8293 | A04_HBB2302390_01－49－27.fsa | 382 | 382.43 | 9 529 | 48 391 | 3 540 |
| 2023－8294 | A05_HBB2302391_01－49－27.fsa | 406 | 406 | 3 768 | 20 035 | 3 661 |
| 2023－8295 | A06_HBB2302392_01－49－27.fsa | 365 | 364.82 | 14 610 | 81 721 | 3 404 |
| 2023－8296 | A07_HBB2302393_01－49－27.fsa | 365 | 364.83 | 13 842 | 78 546 | 3 396 |
| 2023－8297 | A08_HBB2302394_01－49－27.fsa | 382 | 382.51 | 8 144 | 43 733 | 3 543 |
| 2023－8298 | A09_HBB2302395_01－49－27.fsa | 365 | 364.93 | 9 193 | 48 931 | 3 425 |
| 2023－8299 | A10_HBB2302396_01－49－27.fsa | 382 | 382.24 | 13 999 | 87 368 | 3 555 |
| 2023－8300 | A11_HBB2302397_01－49－27.fsa | 365 | 364.84 | 19 537 | 115 642 | 3 498 |
| 2023－8301 | A12_HBB2302398_01－49－27.fsa | 406 | 405.88 | 6 084 | 32 197 | 3 794 |
| 2023－8302 | B01_HBB2302399_01－49－27.fsa | 382 | 382.44 | 3 033 | 16 616 | 3 580 |
| | B01_HBB2302399_01－49－27.fsa | 402 | 401.73 | 1 505 | 7 906 | 3 699 |
| 2023－8303 | B02_HBB2302400_01－49－27.fsa | 365 | 364.94 | 7 487 | 36 598 | 3 483 |
| | B02_HBB2302400_01－49－27.fsa | 380 | 380.42 | 5 040 | 24 423 | 3 580 |
| 2023－8304 | B03_HBB2302401_01－49－27.fsa | 382 | 382.43 | 7 216 | 39 711 | 3 534 |
| 2023－8305 | B04_HBB2302402_01－49－27.fsa | 375 | 374.59 | 12 180 | 60 883 | 3 482 |
| 2023－8306 | B05_HBB2302403_01－49－27.fsa | 365 | 364.95 | 6 820 | 36 113 | 3 407 |
| | B05_HBB2302403_01－49－27.fsa | 382 | 382.54 | 4 055 | 20 748 | 3 514 |
| 2023－8307 | B06_HBB2302404_01－49－27.fsa | 365 | 364.96 | 8 286 | 43 544 | 3 379 |
| | B06_HBB2302404_01－49－27.fsa | 382 | 382.44 | 4 873 | 25 391 | 3 485 |
| 2023－8308 | B07_HBB2302405_01－49－27.fsa | 365 | 364.98 | 8 325 | 44 927 | 3 390 |
| | B07_HBB2302405_01－49－27.fsa | 382 | 382.46 | 4 843 | 26 219 | 3 496 |

（续）

| 资源序号 | 样本名<br>（sample file name） | 等位基因位点<br>（allele，bp） | 大小<br>（size，bp） | 高度<br>（height，RFU） | 面积<br>（area，RFU） | 数据取值点<br>（data point，RFU） |
|---|---|---|---|---|---|---|
| 2023 - 8309 | B08_HBB2302406_01 - 49 - 27.fsa | 365 | 364.98 | 11 276 | 63 357 | 3 391 |
| | B08_HBB2302406_01 - 49 - 27.fsa | 404 | 404.07 | 2 818 | 14 837 | 3 626 |
| 2023 - 8310 | B09_HBB2302407_01 - 49 - 27.fsa | 365 | 364.99 | 8 672 | 50 511 | 3 388 |
| | B09_HBB2302407_01 - 49 - 27.fsa | 382 | 382.47 | 5 306 | 31 131 | 3 494 |
| 2023 - 8311 | B11_HBB2302409_01 - 49 - 27.fsa | 365 | 364.98 | 8 615 | 50 349 | 3 469 |
| | B11_HBB2302409_01 - 49 - 27.fsa | 382 | 382.55 | 5 243 | 31 254 | 3 579 |
| 2023 - 8312 | B12_HBB2302410_01 - 49 - 27.fsa | 365 | 364.97 | 12 384 | 72 616 | 3 502 |
| | B12_HBB2302410_01 - 49 - 27.fsa | 382 | 382.52 | 7 417 | 44 339 | 3 613 |
| 2023 - 8313 | C01_HBB2302411_01 - 49 - 27.fsa | 365 | 364.95 | 7 411 | 36 710 | 3 491 |
| | C01_HBB2302411_01 - 49 - 27.fsa | 382 | 382.35 | 4 527 | 22 516 | 3 600 |
| 2023 - 8314 | C02_HBB2302412_01 - 49 - 27.fsa | 365 | 364.98 | 10 719 | 51 545 | 3 457 |
| | C02_HBB2302412_01 - 49 - 27.fsa | 382 | 382.55 | 6 551 | 31 464 | 3 566 |
| 2023 - 8315 | C03_HBB2302413_01 - 49 - 27.fsa | 375 | 374.61 | 6 124 | 33 921 | 3 493 |
| | C03_HBB2302413_01 - 49 - 27.fsa | 382 | 382.4 | 4 174 | 22 612 | 3 541 |
| 2023 - 8316 | C04_HBB2302414_01 - 49 - 27.fsa | 365 | 365.07 | 10 568 | 55 309 | 3 409 |
| | C04_HBB2302414_01 - 49 - 27.fsa | 382 | 382.6 | 5 790 | 29 310 | 3 516 |
| 2023 - 8317 | C05_HBB2302415_01 - 49 - 27.fsa | 365 | 365.01 | 10 829 | 53 441 | 3 377 |
| | C05_HBB2302415_01 - 49 - 27.fsa | 382 | 382.38 | 6 351 | 32 286 | 3 482 |
| 2023 - 8318 | C06_HBB2302416_01 - 49 - 27.fsa | 380 | 380.4 | 8 010 | 42 303 | 3 492 |
| | C06_HBB2302416_01 - 49 - 27.fsa | 408 | 408.15 | 2 248 | 11 554 | 3 656 |
| 2023 - 8319 | C07_HBB2302417_01 - 49 - 27.fsa | 382 | 382.3 | 7 393 | 38 004 | 3 472 |
| | C07_HBB2302417_01 - 49 - 27.fsa | 406 | 405.91 | 2 956 | 14 270 | 3 611 |
| 2023 - 8320 | C08_HBB2302418_01 - 49 - 27.fsa | 375 | 374.57 | 8 923 | 44 159 | 3 421 |
| | C08_HBB2302418_01 - 49 - 27.fsa | 384 | 384.24 | 5 777 | 30 048 | 3 479 |
| 2023 - 8321 | C09_HBB2302419_01 - 49 - 27.fsa | 365 | 364.89 | 22 830 | 125 031 | 3 407 |
| 2023 - 8322 | C10_HBB2302420_01 - 49 - 27.fsa | 365 | 364.95 | 11 074 | 61 272 | 3 389 |
| | C10_HBB2302420_01 - 49 - 27.fsa | 382 | 382.54 | 6 874 | 38 342 | 3 496 |
| 2023 - 8323 | C11_HBB2302421_01 - 49 - 27.fsa | 365 | 364.89 | 17 815 | 98 976 | 3 456 |
| 2023 - 8324 | C12_HBB2302422_01 - 49 - 27.fsa | 365 | 364.89 | 14 393 | 79 004 | 3 487 |
| | C12_HBB2302422_01 - 49 - 27.fsa | 380 | 380.48 | 4 696 | 26 666 | 3 585 |

（续）

| 资源序号 | 样本名<br>（sample file name） | 等位基因位点<br>（allele，bp） | 大小<br>（size，bp） | 高度<br>（height，RFU） | 面积<br>（area，RFU） | 数据取值点<br>（data point，RFU） |
|---|---|---|---|---|---|---|
| 2023 - 8325 | D01_HBB2302423_01 - 49 - 27. fsa | 365 | 364.85 | 9 195 | 46 431 | 3 503 |
| | D01_HBB2302423_01 - 49 - 27. fsa | 404 | 403.95 | 2 329 | 11 584 | 3 746 |
| 2023 - 8326 | D02_HBB2302424_01 - 49 - 27. fsa | 382 | 382.32 | 7 039 | 35 678 | 3 566 |
| | D02_HBB2302424_01 - 49 - 27. fsa | 406 | 406.07 | 2 907 | 14 012 | 3 710 |
| 2023 - 8327 | D03_HBB2302425_01 - 49 - 27. fsa | 365 | 364.94 | 11 262 | 57 446 | 3 399 |
| | D03_HBB2302425_01 - 49 - 27. fsa | 406 | 406.02 | 2 665 | 12 353 | 3 646 |
| 2023 - 8328 | D04_HBB2302426_01 - 49 - 27. fsa | 365 | 364.78 | 10 140 | 51 639 | 3 391 |
| | D04_HBB2302426_01 - 49 - 27. fsa | 375 | 374.53 | 8 973 | 45 394 | 3 450 |
| 2023 - 8329 | D05_HBB2302427_01 - 49 - 27. fsa | 365 | 365 | 7 280 | 36 691 | 3 367 |
| | D05_HBB2302427_01 - 49 - 27. fsa | 380 | 380.66 | 6 472 | 31 825 | 3 461 |
| 2023 - 8330 | D06_HBB2302428_01 - 49 - 27. fsa | 382 | 382.31 | 13 993 | 72 498 | 3 481 |
| 2023 - 8331 | D08_HBB2302430_01 - 49 - 27. fsa | 375 | 374.72 | 9 079 | 45 039 | 3 404 |
| | D08_HBB2302430_01 - 49 - 27. fsa | 382 | 382.41 | 6 389 | 32 613 | 3 450 |
| 2023 - 8332 | D09_HBB2302431_01 - 49 - 27. fsa | 365 | 365.03 | 9 348 | 49 375 | 3 381 |
| | D09_HBB2302431_01 - 49 - 27. fsa | 382 | 382.57 | 5 714 | 30 970 | 3 487 |
| 2023 - 8333 | D10_HBB2302432_01 - 49 - 27. fsa | 375 | 374.71 | 8 150 | 42 331 | 3 433 |
| | D10_HBB2302432_01 - 49 - 27. fsa | 382 | 382.46 | 5 284 | 27 767 | 3 480 |
| 2023 - 8334 | D11_HBB2302433_01 - 49 - 27. fsa | 365 | 364.8 | 16 272 | 87 886 | 3 437 |
| 2023 - 8335 | D12_HBB2302434_01 - 49 - 27. fsa | 375 | 374.66 | 8 027 | 41 269 | 3 543 |
| | D12_HBB2302434_01 - 49 - 27. fsa | 406 | 405.97 | 2 462 | 12 771 | 3 737 |
| 2023 - 8336 | E01_HBB2302435_01 - 49 - 27. fsa | 382 | 382.32 | 5 228 | 26 683 | 3 628 |
| | E01_HBB2302435_01 - 49 - 27. fsa | 406 | 405.83 | 2 033 | 10 358 | 3 773 |
| 2023 - 8337 | E02_HBB2302436_01 - 49 - 27. fsa | 375 | 374.68 | 5 384 | 29 001 | 3 535 |
| | E02_HBB2302436_01 - 49 - 27. fsa | 382 | 382.4 | 3 887 | 20 692 | 3 583 |
| 2023 - 8338 | E03_HBB2302437_01 - 49 - 27. fsa | 382 | 382.33 | 5 804 | 29 618 | 3 538 |
| | E03_HBB2302437_01 - 49 - 27. fsa | 404 | 403.86 | 2 478 | 11 731 | 3 668 |
| 2023 - 8339 | E04_HBB2302438_01 - 49 - 27. fsa | 375 | 374.59 | 8 817 | 44 128 | 3 486 |
| | E04_HBB2302438_01 - 49 - 27. fsa | 382 | 382.44 | 5 174 | 26 403 | 3 534 |
| 2023 - 8340 | E05_HBB2302439_01 - 49 - 27. fsa | 365 | 364.99 | 21 308 | 108 199 | 3 404 |

（续）

| 资源序号 | 样本名<br>（sample file name） | 等位基因位点<br>（allele，bp） | 大小<br>（size，bp） | 高度<br>（height，RFU） | 面积<br>（area，RFU） | 数据取值点<br>（data point，RFU） |
|---|---|---|---|---|---|---|
| 2023－8341 | E06_HBB2302440_01－49－27.fsa | 365 | 364.88 | 10 186 | 51 896 | 3 365 |
| | E06_HBB2302440_01－49－27.fsa | 382 | 382.31 | 5 562 | 28 536 | 3 470 |
| 2023－8342 | E07_HBB2302441_01－49－27.fsa | 365 | 365 | 7 051 | 36 079 | 3 360 |
| | E07_HBB2302441_01－49－27.fsa | 382 | 382.49 | 4 835 | 24 977 | 3 465 |
| 2023－8343 | E08_HBB2302442_01－49－27.fsa | 365 | 364.87 | 21 049 | 108 772 | 3 384 |
| 2023－8344 | E09_HBB2302443_01－49－27.fsa | 382 | 382.47 | 5 387 | 28 614 | 3 496 |
| | E09_HBB2302443_01－49－27.fsa | 406 | 406 | 2 147 | 10 727 | 3 636 |
| 2023－8345 | E10_HBB2302444_01－49－27.fsa | 365 | 364.78 | 10 692 | 56 109 | 3 379 |
| | E10_HBB2302444_01－49－27.fsa | 406 | 406.03 | 2 553 | 12 291 | 3 625 |
| 2023－8346 | E11_HBB2302445_01－49－27.fsa | 365 | 365.04 | 10 602 | 57 808 | 3 429 |
| | E11_HBB2302445_01－49－27.fsa | 375 | 374.74 | 8 267 | 46 599 | 3 489 |
| 2023－8347 | E12_HBB2302446_01－49－27.fsa | 365 | 364.8 | 19 434 | 106 641 | 3 494 |
| 2023－8348 | F01_HBB2302447_01－49－27.fsa | 365 | 364.96 | 9 327 | 49 263 | 3 500 |
| 2023－8349 | F02_HBB2302448_01－49－27.fsa | 365 | 364.84 | 7 228 | 36 811 | 3 474 |
| | F02_HBB2302448_01－49－27.fsa | 382 | 382.29 | 4 406 | 23 042 | 3 583 |
| 2023－8350 | F03_HBB2302449_01－49－27.fsa | 365 | 364.81 | 18 571 | 100 070 | 3 443 |
| 2023－8351 | F05_HBB2302451_01－49－27.fsa | 365 | 364.93 | 24 671 | 119 687 | 3 397 |
| 2023－8352 | F06_HBB2302452_01－49－27.fsa | 365 | 364.89 | 13 386 | 66 803 | 3 375 |
| | F06_HBB2302452_01－49－27.fsa | 382 | 382.49 | 5 792 | 28 539 | 3 481 |
| 2023－8353 | F07_HBB2302453_01－49－27.fsa | 365 | 364.85 | 11 628 | 62 527 | 3 376 |
| | F07_HBB2302453_01－49－27.fsa | 375 | 374.61 | 4 606 | 23 364 | 3 435 |
| 2023－8354 | F08_HBB2302454_01－49－27.fsa | 365 | 364.93 | 12 476 | 64 507 | 3 362 |
| | F08_HBB2302454_01－49－27.fsa | 384 | 384.42 | 7 034 | 34 779 | 3 479 |
| 2023－8355 | F09_HBB2302455_01－49－27.fsa | 365 | 364.86 | 9 384 | 48 838 | 3 384 |
| | F09_HBB2302455_01－49－27.fsa | 382 | 382.4 | 6 170 | 32 016 | 3 490 |
| 2023－8356 | F10_HBB2302456_01－49－27.fsa | 365 | 364.96 | 10 457 | 53 666 | 3 385 |
| | F10_HBB2302456_01－49－27.fsa | 382 | 382.55 | 5 959 | 31 531 | 3 492 |
| 2023－8357 | F11_HBB2302457_01－49－27.fsa | 365 | 364.89 | 13 014 | 65 537 | 3 459 |
| | F11_HBB2302457_01－49－27.fsa | 375 | 374.52 | 8 879 | 45 799 | 3 519 |

（续）

| 资源序号 | 样本名<br>（sample file name） | 等位基因位点<br>（allele，bp） | 大小<br>（size，bp） | 高度<br>（height，RFU） | 面积<br>（area，RFU） | 数据取值点<br>（data point，RFU） |
|---|---|---|---|---|---|---|
| 2023－8358 | F12_HBB2302458_01－49－27. fsa | 384 | 384.3 | 3 426 | 18 550 | 3 586 |
| | F12_HBB2302458_01－49－27. fsa | 404 | 403.93 | 1 632 | 8 145 | 3 707 |
| 2023－8359 | G01_HBB2302459_01－49－27. fsa | 382 | 382.36 | 4 096 | 20 156 | 3 619 |
| | G01_HBB2302459_01－49－27. fsa | 408 | 408.07 | 1 672 | 8 097 | 3 776 |
| 2023－8360 | G02_HBB2302460_01－49－27. fsa | 382 | 382.51 | 4 337 | 21 889 | 3 606 |
| | G02_HBB2302460_01－49－27. fsa | 406 | 405.98 | 1 842 | 8 950 | 3 751 |
| 2023－8361 | G03_HBB2302461_01－49－27. fsa | 382 | 382.41 | 11 967 | 60 679 | 3 560 |
| 2023－8362 | G04_HBB2302462_01－49－27. fsa | 382 | 382.33 | 11 900 | 59 617 | 3 530 |
| 2023－8363 | G05_HBB2302463_01－49－27. fsa | 382 | 382.43 | 7 839 | 36 982 | 3 510 |
| | G05_HBB2302463_01－49－27. fsa | 406 | 406.01 | 3 249 | 15 109 | 3 651 |
| 2023－8364 | G06_HBB2302464_01－49－27. fsa | 365 | 364.83 | 9 647 | 47 411 | 3 406 |
| | G06_HBB2302464_01－49－27. fsa | 382 | 382.36 | 5 841 | 28 114 | 3 513 |
| 2023－8365 | G07_HBB2302465_01－49－27. fsa | 375 | 374.62 | 5 308 | 26 387 | 3 444 |
| | G07_HBB2302465_01－49－27. fsa | 384 | 384.37 | 1 868 | 9 659 | 3 503 |
| 2023－8366 | G08_HBB2302466_01－49－27. fsa | 382 | 382.44 | 7 191 | 34 829 | 3 508 |
| | G08_HBB2302466_01－49－27. fsa | 406 | 406 | 2 812 | 13 151 | 3 649 |
| 2023－8367 | G09_HBB2302467_01－49－27. fsa | 382 | 382.46 | 6 409 | 31 623 | 3 489 |
| | G09_HBB2302467_01－49－27. fsa | 402 | 401.95 | 3 022 | 13 600 | 3 606 |
| 2023－8368 | G10_HBB2302468_01－49－27. fsa | 382 | 382.38 | 4 738 | 23 222 | 3 513 |
| | G10_HBB2302468_01－49－27. fsa | 406 | 406.14 | 2 058 | 9 924 | 3 655 |
| 2023－8369 | G11_HBB2302469_01－49－27. fsa | 382 | 382.29 | 10 593 | 55 926 | 3 563 |
| 2023－8370 | G12_HBB2302470_01－49－27. fsa | 382 | 382.37 | 18 970 | 95 883 | 3 595 |
| 2023－8371 | H02_HBB2302472_01－49－27. fsa | 380 | 380.27 | 5 771 | 29 653 | 3 618 |
| | H02_HBB2302472_01－49－27. fsa | 382 | 382.33 | 4 040 | 20 022 | 3 631 |
| 2023－8372 | H03_HBB2302473_01－49－27. fsa | 365 | 365 | 4 662 | 24 322 | 3 478 |
| | H03_HBB2302473_01－49－27. fsa | 382 | 382.45 | 2 598 | 13 356 | 3 587 |
| 2023－8373 | H04_HBB2302474_01－49－27. fsa | 382 | 382.3 | 4 552 | 23 077 | 3 558 |
| | H04_HBB2302474_01－49－27. fsa | 402 | 401.74 | 2 011 | 9 856 | 3 677 |
| 2023－8374 | H05_HBB2302475_01－49－27. fsa | 382 | 382.4 | 12 920 | 60 874 | 3 539 |

（续）

| 资源序号 | 样本名<br>（sample file name） | 等位基因位点<br>（allele，bp） | 大小<br>（size，bp） | 高度<br>（height，RFU） | 面积<br>（area，RFU） | 数据取值点<br>（data point，RFU） |
|---|---|---|---|---|---|---|
| 2023－8375 | H06_HBB2302476_01－49－27. fsa | 382 | 382.49 | 6 837 | 32 486 | 3 530 |
| | H06_HBB2302476_01－49－27. fsa | 402 | 401.93 | 3 299 | 15 046 | 3 648 |
| 2023－8376 | H07_HBB2302477_01－49－27. fsa | 375 | 374.74 | 5 950 | 29 742 | 3 478 |
| | H07_HBB2302477_01－49－27. fsa | 382 | 382.43 | 4 622 | 22 336 | 3 525 |
| 2023－8377 | H08_HBB2302478_01－49－27. fsa | 365 | 364.92 | 6 194 | 30 881 | 3 425 |
| | H08_HBB2302478_01－49－27. fsa | 382 | 382.5 | 3 720 | 18 978 | 3 533 |
| 2023－8378 | H09_HBB2302479_01－49－27. fsa | 365 | 364.83 | 8 910 | 41 788 | 3 406 |
| | H09_HBB2302479_01－49－27. fsa | 382 | 382.36 | 5 149 | 23 787 | 3 513 |
| 2023－8379 | H10_HBB2302480_01－49－27. fsa | 384 | 384.47 | 2 648 | 13 289 | 3 539 |
| | H10_HBB2302480_01－49－27. fsa | 402 | 401.92 | 1 549 | 7 379 | 3 645 |

## 9 P09

| 资源序号 | 样本名<br>（sample file name） | 等位基因位点<br>（allele，bp） | 大小<br>（size，bp） | 高度<br>（height，RFU） | 面积<br>（area，RFU） | 数据取值点<br>（data point，RFU） |
|---|---|---|---|---|---|---|
| 2023－8200 | A01_HBB2302293_23－08－17. fsa | 290 | 289.93 | 17 779 | 82 072 | 3 043 |
| | A01_HBB2302293_23－08－17. fsa | 301 | 301.3 | 11 990 | 52 789 | 3 117 |
| 2023－8201 | A02_HBB2302294_23－08－17. fsa | 280 | 279.52 | 32 704 | 180 047 | 2 955 |
| 2023－8202 | A03_HBB2302295_23－08－17. fsa | 323 | 323.36 | 13 230 | 58 672 | 3 179 |
| | A03_HBB2302295_23－08－17. fsa | 325 | 325.39 | 14 055 | 57 908 | 3 191 |
| 2023－8203 | A04_HBB2302296_23－08－17. fsa | 296 | 295.61 | 31 488 | 148 528 | 3 005 |
| 2023－8204 | A05_HBB2302297_23－08－17. fsa | 275 | 274.64 | 29 665 | 139 472 | 2 857 |
| 2023－8205 | A06_HBB2302298_23－08－17. fsa | 319 | 319.44 | 14 217 | 69 216 | 3 125 |
| 2023－8206 | A07_HBB2302299_23－08－17. fsa | 301 | 301.33 | 15 758 | 74 205 | 3 011 |
| | A07_HBB2302299_23－08－17. fsa | 319 | 319.29 | 7 988 | 36 250 | 3 118 |
| 2023－8207 | A08_HBB2302300_23－08－17. fsa | 319 | 319.24 | 12 620 | 60 663 | 3 152 |
| 2023－8208 | A09_HBB2302301_23－08－17. fsa | 323 | 323.48 | 13 228 | 61 143 | 3 168 |
| 2023－8209 | A10_HBB2302302_23－08－17. fsa | 301 | 301.32 | 26 211 | 137 271 | 3 055 |

（续）

| 资源序号 | 样本名<br>（sample file name） | 等位基因位点<br>（allele，bp） | 大小<br>（size，bp） | 高度<br>（height，RFU） | 面积<br>（area，RFU） | 数据取值点<br>（data point，RFU） |
|---|---|---|---|---|---|---|
| 2023－8210 | A11_HBB2302303_23－08－17.fsa | 290 | 289.84 | 31 435 | 171 202 | 3 026 |
| | A11_HBB2302303_23－08－17.fsa | 323 | 323.35 | 7 713 | 38 783 | 3 235 |
| 2023－8211 | B01_HBB2302305_23－08－17.fsa | 319 | 319.35 | 8 461 | 37 444 | 3 186 |
| | B01_HBB2302305_23－08－17.fsa | 323 | 323.35 | 5 126 | 21 234 | 3 210 |
| 2023－8212 | B02_HBB2302306_23－08－17.fsa | 290 | 289.79 | 22 258 | 99 892 | 3 016 |
| | B02_HBB2302306_23－08－17.fsa | 323 | 323.41 | 7 139 | 30 519 | 3 223 |
| 2023－8213 | B03_HBB2302307_23－08－17.fsa | 319 | 319.34 | 17 959 | 84 407 | 3 144 |
| 2023－8214 | B04_HBB2302308_23－08－17.fsa | 319 | 319.43 | 20 774 | 90 890 | 3 141 |
| 2023－8215 | B05_HBB2302309_23－08－17.fsa | 301 | 301.34 | 11 957 | 53 403 | 3 020 |
| | B05_HBB2302309_23－08－17.fsa | 319 | 319.38 | 6 224 | 28 858 | 3 127 |
| 2023－8216 | B06_HBB2302310_23－08－17.fsa | 268 | 268.3 | 32 681 | 163 222 | 2 792 |
| | B06_HBB2302310_23－08－17.fsa | 280 | 279.67 | 9 774 | 45 116 | 2 863 |
| 2023－8217 | B07_HBB2302311_23－08－17.fsa | 319 | 319.22 | 16 881 | 75 537 | 3 111 |
| 2023－8218 | B08_HBB2302312_23－08－17.fsa | 301 | 301.34 | 11 002 | 51 016 | 3 009 |
| | B08_HBB2302312_23－08－17.fsa | 323 | 323.24 | 5 300 | 24 827 | 3 138 |
| 2023－8219 | B09_HBB2302313_23－08－17.fsa | 301 | 301.34 | 14 261 | 70 810 | 3 004 |
| | B09_HBB2302313_23－08－17.fsa | 323 | 323.31 | 6 451 | 30 692 | 3 134 |
| 2023－8220 | B10_HBB2302314_23－08－17.fsa | 301 | 301.35 | 12 834 | 60 890 | 3 013 |
| | B10_HBB2302314_23－08－17.fsa | 323 | 323.36 | 6 312 | 29 158 | 3 143 |
| 2023－8221 | B11_HBB2302315_23－08－17.fsa | 319 | 319.43 | 13 840 | 70 612 | 3 185 |
| 2023－8222 | B12_HBB2302316_23－08－17.fsa | 319 | 319.29 | 15 851 | 81 974 | 3 213 |
| 2023－8223 | C01_HBB2302317_23－08－17.fsa | 301 | 301.31 | 22 514 | 101 759 | 3 096 |
| 2023－8224 | C02_HBB2302318_23－08－17.fsa | 301 | 301.32 | 17 270 | 72 694 | 3 067 |
| | C02_HBB2302318_23－08－17.fsa | 319 | 319.28 | 9 853 | 41 009 | 3 175 |
| 2023－8226 | C03_HBB2302319_23－08－17.fsa | 280 | 279.52 | 4 070 | 19 325 | 2 908 |
| | C03_HBB2302319_23－08－17.fsa | 323 | 323.3 | 10 527 | 50 878 | 3 177 |
| | C03_HBB2302319_23－08－17.fsa | 325 | 325.33 | 10 958 | 50 942 | 3 189 |
| 2023－8227 | C04_HBB2302320_23－08－17.fsa | 301 | 301.33 | 13 409 | 58 552 | 3 024 |
| | C04_HBB2302320_23－08－17.fsa | 321 | 321.32 | 3 842 | 18 344 | 3 143 |
| | C04_HBB2302320_23－08－17.fsa | 323 | 323.19 | 3 817 | 17 098 | 3 154 |

（续）

| 资源序号 | 样本名<br>（sample file name） | 等位基因位点<br>（allele，bp） | 大小<br>（size，bp） | 高度<br>（height，RFU） | 面积<br>（area，RFU） | 数据取值点<br>（data point，RFU） |
|---|---|---|---|---|---|---|
| 2023－8228 | C05_HBB2302321_23－08－17. fsa | 323 | 323.36 | 15 027 | 64 407 | 3 124 |
| 2023－8229 | C06_HBB2302322_23－08－17. fsa | 290 | 289.95 | 28 966 | 130 869 | 2 941 |
| 2023－8230 | C07_HBB2302323_23－08－17. fsa | 301 | 301.34 | 26 105 | 115 886 | 2 988 |
| 2023－8231 | C09_HBB2302325_23－08－17. fsa | 290 | 289.99 | 23 048 | 105 846 | 2 951 |
| | C09_HBB2302325_23－08－17. fsa | 319 | 319.29 | 8 681 | 39 688 | 3 129 |
| 2023－8232 | C10_HBB2302326_23－08－17. fsa | 290 | 289.92 | 17 906 | 84 036 | 2 934 |
| | C10_HBB2302326_23－08－17. fsa | 323 | 323.31 | 5 309 | 25 702 | 3 135 |
| | C10_HBB2302326_23－08－17. fsa | 325 | 325.36 | 5 413 | 25 267 | 3 147 |
| 2023－8233 | C11_HBB2302327_23－08－17. fsa | 319 | 319.36 | 14 843 | 73 979 | 3 173 |
| 2023－8234 | C12_HBB2302328_23－08－17. fsa | 301 | 301.46 | 23 456 | 111 622 | 3 088 |
| 2023－8235 | D01_HBB2302329_23－08－17. fsa | 301 | 301.31 | 15 756 | 69 986 | 3 104 |
| | D01_HBB2302329_23－08－17. fsa | 319 | 319.48 | 9 280 | 40 926 | 3 214 |
| 2023－8236 | D02_HBB2302330_23－08－17. fsa | 319 | 319.3 | 16 419 | 70 631 | 3 175 |
| 2023－8237 | D03_HBB2302331_23－08－17. fsa | 280 | 279.42 | 32 615 | 176 429 | 2 877 |
| 2023－8238 | D04_HBB2302332_23－08－17. fsa | 275 | 274.54 | 31 487 | 149 552 | 2 841 |
| | D04_HBB2302332_23－08－17. fsa | 290 | 289.91 | 19 496 | 89 527 | 2 937 |
| 2023－8239 | D05_HBB2302333_23－08－17. fsa | 276 | 276.47 | 31 949 | 154 814 | 2 834 |
| | D05_HBB2302333_23－08－17. fsa | 319 | 319.34 | 6 622 | 28 313 | 3 093 |
| 2023－8240 | D06_HBB2302334_23－08－17. fsa | 275 | 274.38 | 32 664 | 194 774 | 2 827 |
| 2023－8241 | D07_HBB2302335_23－08－17. fsa | 301 | 301.5 | 26 805 | 112 942 | 3 018 |
| 2023－8242 | D08_HBB2302336_23－08－17. fsa | 275 | 274.53 | 15 948 | 75 415 | 2 804 |
| | D08_HBB2302336_23－08－17. fsa | 301 | 301.37 | 15 033 | 66 605 | 2 969 |
| 2023－8243 | D09_HBB2302337_23－08－17. fsa | 275 | 274.55 | 32 456 | 163 471 | 2 833 |
| 2023－8244 | D10_HBB2302338_23－08－17. fsa | 275 | 274.56 | 32 632 | 199 909 | 2 825 |
| 2023－8245 | D11_HBB2302339_23－08－17. fsa | 301 | 301.48 | 9 914 | 48 634 | 3 048 |
| | D11_HBB2302339_23－08－17. fsa | 321 | 321.41 | 5 566 | 26 502 | 3 168 |
| 2023－8246 | D12_HBB2302340_23－08－17. fsa | 301 | 301.3 | 12 024 | 58 241 | 3 085 |
| | D12_HBB2302340_23－08－17. fsa | 319 | 319.33 | 7 122 | 33 574 | 3 195 |
| 2023－8247 | E01_HBB2302341_23－08－17. fsa | 321 | 321.24 | 11 664 | 51 442 | 3 233 |
| 2023－8248 | E02_HBB2302342_23－08－17. fsa | 275 | 274.66 | 26 414 | 128 093 | 2 909 |

（续）

| 资源序号 | 样本名<br>（sample file name） | 等位基因位点<br>（allele，bp） | 大小<br>（size，bp） | 高度<br>（height，RFU） | 面积<br>（area，RFU） | 数据取值点<br>（data point，RFU） |
|---|---|---|---|---|---|---|
| 2023－8249 | E03_HBB2302343_23－08－17. fsa | 272 | 272. 02 | 14 749 | 63 574 | 2 858 |
| | E03_HBB2302343_23－08－17. fsa | 301 | 301. 33 | 5 734 | 25 035 | 3 043 |
| 2023－8250 | E04_HBB2302344_23－08－17. fsa | 301 | 301. 32 | 16 424 | 72 524 | 3 040 |
| 2023－8251 | E06_HBB2302346_23－08－17. fsa | 301 | 301. 52 | 6 425 | 27 954 | 2 984 |
| | E06_HBB2302346_23－08－17. fsa | 319 | 319. 42 | 3 606 | 16 187 | 3 089 |
| | E06_HBB2302346_23－08－17. fsa | 321 | 321. 49 | 3 840 | 15 857 | 3 101 |
| 2023－8252 | E07_HBB2302347_23－08－17. fsa | 275 | 274. 54 | 13 812 | 64 237 | 2 817 |
| | E07_HBB2302347_23－08－17. fsa | 290 | 289. 85 | 8 355 | 38 335 | 2 912 |
| 2023－8253 | E08_HBB2302348_23－08－17. fsa | 301 | 301. 51 | 7 920 | 35 298 | 3 003 |
| | E08_HBB2302348_23－08－17. fsa | 319 | 319. 41 | 3 907 | 17 489 | 3 109 |
| 2023－8254 | E09_HBB2302349_23－08－17. fsa | 323 | 323. 32 | 7 860 | 35 566 | 3 136 |
| 2023－8255 | E10_HBB2302350_23－08－17. fsa | 290 | 290. 06 | 2 470 | 11 746 | 2 926 |
| | E10_HBB2302350_23－08－17. fsa | 323 | 323. 32 | 7 952 | 34 907 | 3 126 |
| 2023－8256 | E11_HBB2302351_23－08－17. fsa | 290 | 290. 06 | 31 945 | 160 297 | 2 966 |
| 2023－8257 | E12_HBB2302352_23－08－17. fsa | 275 | 274. 74 | 29 639 | 150 050 | 2 923 |
| | E12_HBB2302352_23－08－17. fsa | 290 | 290 | 16 996 | 84 677 | 3 022 |
| 2023－8258 | F01_HBB2302353_23－08－17. fsa | 290 | 289. 94 | 25 761 | 124 204 | 3 036 |
| 2023－8259 | F02_HBB2302354_23－08－17. fsa | 275 | 274. 5 | 32 721 | 189 602 | 2 905 |
| 2023－8260 | F03_HBB2302355_23－08－17. fsa | 268 | 268. 17 | 32 704 | 187 684 | 2 844 |
| 2023－8261 | F04_HBB2302356_23－08－17. fsa | 323 | 323. 36 | 13 369 | 55 528 | 3 184 |
| 2023－8262 | F05_HBB2302357_23－08－17. fsa | 280 | 279. 42 | 32 674 | 183 718 | 2 876 |
| 2023－8263 | F06_HBB2302358_23－08－17. fsa | 280 | 279. 54 | 32 581 | 162 929 | 2 858 |
| 2023－8264 | F07_HBB2302359_23－08－17. fsa | 275 | 274. 55 | 21 692 | 106 619 | 2 829 |
| | F07_HBB2302359_23－08－17. fsa | 290 | 289. 92 | 13 618 | 64 381 | 2 925 |
| 2023－8265 | F08_HBB2302360_23－08－17. fsa | 275 | 274. 54 | 30 107 | 138 124 | 2 816 |
| | F08_HBB2302360_23－08－17. fsa | 301 | 301. 34 | 11 339 | 50 752 | 2 982 |
| 2023－8266 | F09_HBB2302361_23－08－17. fsa | 301 | 301. 34 | 22 397 | 100 242 | 3 001 |
| 2023－8267 | F10_HBB2302362_23－08－17. fsa | 319 | 319. 22 | 12 672 | 58 542 | 3 107 |
| 2023－8268 | F11_HBB2302363_23－08－17. fsa | 301 | 301. 32 | 31 054 | 145 823 | 3 065 |

（续）

| 资源序号 | 样本名<br>（sample file name） | 等位基因位点<br>（allele，bp） | 大小<br>（size，bp） | 高度<br>（height，RFU） | 面积<br>（area，RFU） | 数据取值点<br>（data point，RFU） |
|---|---|---|---|---|---|---|
| 2023 - 8269 | F12_HBB2302364_23 - 08 - 17. fsa | 275 | 274.73 | 32 031 | 169 500 | 2 897 |
|  | F12_HBB2302364_23 - 08 - 17. fsa | 301 | 301.32 | 13 609 | 64 928 | 3 068 |
| 2023 - 8270 | G01_HBB2302365_23 - 08 - 17. fsa | 297 | 297.38 | 24 216 | 107 407 | 3 093 |
| 2023 - 8271 | G03_HBB2302367_23 - 08 - 17. fsa | 301 | 301.31 | 12 765 | 54 988 | 3 060 |
|  | G03_HBB2302367_23 - 08 - 17. fsa | 319 | 319.22 | 7 677 | 33 122 | 3 168 |
| 2023 - 8272 | G04_HBB2302368_23 - 08 - 17. fsa | 301 | 301.33 | 21 649 | 95 562 | 3 035 |
| 2023 - 8273 | G05_HBB2302369_23 - 08 - 17. fsa | 280 | 279.6 | 19 706 | 83 656 | 2 881 |
|  | G05_HBB2302369_23 - 08 - 17. fsa | 301 | 301.33 | 12 453 | 51 094 | 3 017 |
| 2023 - 8274 | G06_HBB2302370_23 - 08 - 17. fsa | 323 | 323.36 | 8 321 | 35 877 | 3 150 |
| 2023 - 8275 | G07_HBB2302371_23 - 08 - 17. fsa | 275 | 274.62 | 26 938 | 131 389 | 2 834 |
|  | G07_HBB2302371_23 - 08 - 17. fsa | 301 | 301.34 | 9 858 | 46 123 | 3 001 |
| 2023 - 8276 | G08_HBB2302372_23 - 08 - 17. fsa | 290 | 289.82 | 32 237 | 164 738 | 2 944 |
| 2023 - 8277 | G09_HBB2302373_23 - 08 - 17. fsa | 319 | 319.39 | 13 750 | 61 588 | 3 106 |
| 2023 - 8278 | G10_HBB2302374_23 - 08 - 17. fsa | 301 | 301.51 | 12 300 | 53 149 | 3 019 |
|  | G10_HBB2302374_23 - 08 - 17. fsa | 319 | 319.52 | 6 390 | 28 895 | 3 126 |
| 2023 - 8279 | G11_HBB2302375_23 - 08 - 17. fsa | 301 | 301.32 | 14 293 | 64 916 | 3 060 |
|  | G11_HBB2302375_23 - 08 - 17. fsa | 321 | 321.46 | 7 241 | 33 177 | 3 181 |
| 2023 - 8280 | G12_HBB2302376_23 - 08 - 17. fsa | 301 | 301.31 | 15 747 | 72 279 | 3 085 |
|  | G12_HBB2302376_23 - 08 - 17. fsa | 319 | 319.31 | 8 571 | 38 470 | 3 194 |
| 2023 - 8281 | H01_HBB2302377_23 - 08 - 17. fsa | 301 | 301.14 | 17 283 | 75 377 | 3 147 |
|  | H01_HBB2302377_23 - 08 - 17. fsa | 319 | 319.33 | 9 240 | 41 066 | 3 258 |
| 2023 - 8282 | H02_HBB2302378_23 - 08 - 17. fsa | 272 | 272.22 | 24 975 | 109 645 | 2 927 |
|  | H02_HBB2302378_23 - 08 - 17. fsa | 301 | 301.3 | 8 542 | 38 522 | 3 117 |
| 2023 - 8283 | H03_HBB2302379_23 - 08 - 17. fsa | 275 | 274.73 | 32 134 | 157 595 | 2 912 |
| 2023 - 8284 | H04_HBB2302380_23 - 08 - 17. fsa | 301 | 301.33 | 11 997 | 53 119 | 3 058 |
|  | H04_HBB2302380_23 - 08 - 17. fsa | 323 | 323.41 | 5 953 | 25 626 | 3 190 |
| 2023 - 8285 | H05_HBB2302381_23 - 08 - 17. fsa | 301 | 301.33 | 12 285 | 53 271 | 3 040 |
|  | H05_HBB2302381_23 - 08 - 17. fsa | 323 | 323.3 | 6 120 | 26 455 | 3 171 |
| 2023 - 8286 | H06_HBB2302382_23 - 08 - 17. fsa | 319 | 319.42 | 8 886 | 35 851 | 3 140 |
|  | H06_HBB2302382_23 - 08 - 17. fsa | 323 | 323.31 | 4 995 | 19 327 | 3 163 |

（续）

| 资源序号 | 样本名<br>（sample file name） | 等位基因位点<br>（allele，bp） | 大小<br>（size，bp） | 高度<br>（height，RFU） | 面积<br>（area，RFU） | 数据取值点<br>（data point，RFU） |
|---|---|---|---|---|---|---|
| 2023 - 8287 | H07_HBB2302383_23 - 08 - 17. fsa | 301 | 301. 34 | 13 200 | 57 175 | 3 030 |
| | H07_HBB2302383_23 - 08 - 17. fsa | 319 | 319. 34 | 7 055 | 30 529 | 3 137 |
| 2023 - 8288 | H08_HBB2302384_23 - 08 - 17. fsa | 301 | 301. 33 | 24 530 | 105 349 | 3 035 |
| 2023 - 8289 | H09_HBB2302385_23 - 08 - 17. fsa | 319 | 319. 35 | 13 548 | 54 052 | 3 126 |
| | H09_HBB2302385_23 - 08 - 17. fsa | 323 | 323. 42 | 7 543 | 27 552 | 3 150 |
| 2023 - 8290 | A01_HBB2302387_01 - 49 - 27. fsa | 275 | 274. 73 | 11 846 | 55 556 | 2 951 |
| | A01_HBB2302387_01 - 49 - 27. fsa | 319 | 319. 27 | 2 212 | 10 172 | 3 235 |
| 2023 - 8291 | A02_HBB2302388_01 - 49 - 27. fsa | 301 | 301. 31 | 5 369 | 24 359 | 3 104 |
| | A02_HBB2302388_01 - 49 - 27. fsa | 323 | 323. 35 | 2 252 | 9 814 | 3 238 |
| 2023 - 8292 | A03_HBB2302389_01 - 49 - 27. fsa | 280 | 279. 65 | 15 228 | 63 701 | 2 920 |
| 2023 - 8293 | A04_HBB2302390_01 - 49 - 27. fsa | 319 | 319. 38 | 6 058 | 26 907 | 3 158 |
| 2023 - 8294 | A05_HBB2302391_01 - 49 - 27. fsa | 275 | 274. 56 | 19 646 | 95 170 | 2 865 |
| 2023 - 8295 | A06_HBB2302392_01 - 49 - 27. fsa | 323 | 323. 42 | 5 052 | 23 917 | 3 157 |
| 2023 - 8296 | A07_HBB2302393_01 - 49 - 27. fsa | 275 | 274. 54 | 20 107 | 101 171 | 2 850 |
| 2023 - 8297 | A08_HBB2302394_01 - 49 - 27. fsa | 323 | 323. 36 | 4 272 | 20 820 | 3 186 |
| 2023 - 8298 | A09_HBB2302395_01 - 49 - 27. fsa | 323 | 323. 36 | 3 479 | 16 209 | 3 176 |
| 2023 - 8299 | A10_HBB2302396_01 - 49 - 27. fsa | 323 | 323. 3 | 7 403 | 37 797 | 3 196 |
| 2023 - 8300 | A11_HBB2302397_01 - 49 - 27. fsa | 319 | 319. 29 | 6 768 | 34 625 | 3 218 |
| 2023 - 8301 | A12_HBB2302398_01 - 49 - 27. fsa | 275 | 274. 92 | 31 492 | 169 323 | 2 966 |
| 2023 - 8302 | B01_HBB2302399_01 - 49 - 27. fsa | 280 | 279. 76 | 616 | 3 287 | 2 945 |
| | B01_HBB2302399_01 - 49 - 27. fsa | 301 | 301. 31 | 5 655 | 26 197 | 3 084 |
| 2023 - 8303 | B02_HBB2302400_01 - 49 - 27. fsa | 272 | 272. 18 | 12 221 | 51 411 | 2 907 |
| | B02_HBB2302400_01 - 49 - 27. fsa | 319 | 319. 33 | 1 908 | 8 287 | 3 205 |
| 2023 - 8304 | B03_HBB2302401_01 - 49 - 27. fsa | 301 | 301. 32 | 4 378 | 20 501 | 3 046 |
| | B03_HBB2302401_01 - 49 - 27. fsa | 323 | 323. 36 | 2 116 | 9 802 | 3 178 |
| 2023 - 8305 | B04_HBB2302402_01 - 49 - 27. fsa | 280 | 279. 63 | 15 746 | 69 063 | 2 905 |
| 2023 - 8306 | B05_HBB2302403_01 - 49 - 27. fsa | 301 | 301. 49 | 4 668 | 22 002 | 3 030 |
| | B05_HBB2302403_01 - 49 - 27. fsa | 319 | 319. 37 | 2 398 | 11 188 | 3 137 |
| 2023 - 8307 | B06_HBB2302404_01 - 49 - 27. fsa | 321 | 321. 19 | 4 932 | 22 677 | 3 121 |

（续）

| 资源序号 | 样本名<br>（sample file name） | 等位基因位点<br>（allele，bp） | 大小<br>（size，bp） | 高度<br>（height，RFU） | 面积<br>（area，RFU） | 数据取值点<br>（data point，RFU） |
|---|---|---|---|---|---|---|
| 2023－8308 | B07_HBB2302405_01－49－27.fsa | 280 | 279.49 | 702 | 3 414 | 2 877 |
| | B07_HBB2302405_01－49－27.fsa | 319 | 319.21 | 5 180 | 23 793 | 3 120 |
| 2023－8309 | B08_HBB2302406_01－49－27.fsa | 301 | 301.34 | 7 200 | 34 262 | 3 015 |
| | B08_HBB2302406_01－49－27.fsa | 323 | 323.3 | 3 210 | 14 790 | 3 145 |
| 2023－8310 | B09_HBB2302407_01－49－27.fsa | 280 | 279.6 | 13 490 | 66 372 | 2 875 |
| 2023－8311 | B11_HBB2302409_01－49－27.fsa | 280 | 279.71 | 588 | 2 748 | 2 942 |
| | B11_HBB2302409_01－49－27.fsa | 319 | 319.33 | 5 125 | 25 697 | 3 191 |
| 2023－8312 | B12_HBB2302410_01－49－27.fsa | 280 | 279.74 | 849 | 5 762 | 2 970 |
| | B12_HBB2302410_01－49－27.fsa | 321 | 321.5 | 6 785 | 35 583 | 3 234 |
| 2023－8313 | C01_HBB2302411_01－49－27.fsa | 280 | 279.66 | 14 080 | 64 606 | 2 963 |
| 2023－8314 | C02_HBB2302412_01－49－27.fsa | 280 | 279.63 | 20 035 | 82 156 | 2 934 |
| 2023－8315 | C03_HBB2302413_01－49－27.fsa | 301 | 301.32 | 8 759 | 40 776 | 3 052 |
| 2023－8316 | C04_HBB2302414_01－49－27.fsa | 280 | 279.49 | 15 167 | 67 775 | 2 893 |
| | C04_HBB2302414_01－49－27.fsa | 321 | 321.22 | 1 084 | 4 884 | 3 149 |
| 2023－8317 | C05_HBB2302415_01－49－27.fsa | 301 | 301.35 | 6 617 | 30 037 | 3 002 |
| | C05_HBB2302415_01－49－27.fsa | 319 | 319.32 | 3 646 | 16 161 | 3 108 |
| 2023－8318 | C06_HBB2302416_01－49－27.fsa | 301 | 301.35 | 13 482 | 59 530 | 3 021 |
| 2023－8319 | C07_HBB2302417_01－49－27.fsa | 301 | 301.35 | 7 377 | 32 601 | 2 994 |
| | C07_HBB2302417_01－49－27.fsa | 319 | 319.42 | 3 799 | 16 351 | 3 100 |
| 2023－8320 | C08_HBB2302418_01－49－27.fsa | 290 | 290.03 | 10 431 | 47 350 | 2 919 |
| | C08_HBB2302418_01－49－27.fsa | 301 | 301.51 | 4 589 | 21 405 | 2 990 |
| 2023－8321 | C09_HBB2302419_01－49－27.fsa | 270 | 269.93 | 13 721 | 62 961 | 2 832 |
| | C09_HBB2302419_01－49－27.fsa | 279 | 278.52 | 12 232 | 56 027 | 2 886 |
| 2023－8322 | C10_HBB2302420_01－49－27.fsa | 319 | 319.29 | 7 406 | 34 869 | 3 119 |
| 2023－8323 | C11_HBB2302421_01－49－27.fsa | 275 | 274.75 | 10 248 | 51 490 | 2 900 |
| | C11_HBB2302421_01－49－27.fsa | 279 | 278.65 | 8 331 | 38 970 | 2 925 |
| 2023－8324 | C12_HBB2302422_01－49－27.fsa | 280 | 280.29 | 21 082 | 108 632 | 2 961 |
| 2023－8325 | D01_HBB2302423_01－49－27.fsa | 275 | 274.65 | 11 946 | 57 878 | 2 941 |
| | D01_HBB2302423_01－49－27.fsa | 290 | 289.86 | 7 092 | 35 398 | 3 040 |

（续）

| 资源序号 | 样本名<br>（sample file name） | 等位基因位点<br>（allele，bp） | 大小<br>（size，bp） | 高度<br>（height，RFU） | 面积<br>（area，RFU） | 数据取值点<br>（data point，RFU） |
|---|---|---|---|---|---|---|
| 2023 - 8326 | D02_HBB2302424_01 - 49 - 27. fsa | 301 | 301.32 | 7 051 | 31 763 | 3 073 |
| | D02_HBB2302424_01 - 49 - 27. fsa | 323 | 323.36 | 3 264 | 13 824 | 3 206 |
| 2023 - 8327 | D03_HBB2302425_01 - 49 - 27. fsa | 268 | 268.36 | 2 649 | 11 510 | 2 815 |
| | D03_HBB2302425_01 - 49 - 27. fsa | 301 | 301.33 | 10 782 | 46 696 | 3 022 |
| 2023 - 8328 | D04_HBB2302426_01 - 49 - 27. fsa | 275 | 274.63 | 29 495 | 129 870 | 2 848 |
| 2023 - 8329 | D05_HBB2302427_01 - 49 - 27. fsa | 319 | 319.26 | 5 136 | 23 172 | 3 100 |
| | D05_HBB2302427_01 - 49 - 27. fsa | 321 | 321.31 | 4 814 | 21 182 | 3 112 |
| 2023 - 8330 | D06_HBB2302428_01 - 49 - 27. fsa | 319 | 319.32 | 6 931 | 28 793 | 3 108 |
| | D06_HBB2302428_01 - 49 - 27. fsa | 323 | 323.26 | 3 531 | 13 411 | 3 131 |
| 2023 - 8331 | D08_HBB2302430_01 - 49 - 27. fsa | 280 | 279.57 | 1 643 | 8 040 | 2 841 |
| | D08_HBB2302430_01 - 49 - 27. fsa | 323 | 323.25 | 6 713 | 29 063 | 3 103 |
| 2023 - 8332 | D09_HBB2302431_01 - 49 - 27. fsa | 319 | 319.31 | 6 009 | 27 308 | 3 112 |
| 2023 - 8333 | D10_HBB2302432_01 - 49 - 27. fsa | 290 | 289.92 | 5 563 | 25 529 | 2 928 |
| | D10_HBB2302432_01 - 49 - 27. fsa | 323 | 323.42 | 4 961 | 22 617 | 3 129 |
| 2023 - 8334 | D11_HBB2302433_01 - 49 - 27. fsa | 290 | 289.99 | 7 746 | 38 283 | 2 982 |
| | D11_HBB2302433_01 - 49 - 27. fsa | 301 | 301.32 | 5 257 | 25 101 | 3 054 |
| 2023 - 8335 | D12_HBB2302434_01 - 49 - 27. fsa | 290 | 290 | 14 338 | 67 113 | 3 020 |
| 2023 - 8336 | E01_HBB2302435_01 - 49 - 27. fsa | 301 | 301.31 | 9 079 | 42 808 | 3 128 |
| 2023 - 8337 | E02_HBB2302436_01 - 49 - 27. fsa | 272 | 272.1 | 16 060 | 75 148 | 2 900 |
| 2023 - 8338 | E03_HBB2302437_01 - 49 - 27. fsa | 303 | 303.31 | 5 667 | 24 859 | 3 062 |
| | E03_HBB2302437_01 - 49 - 27. fsa | 319 | 319.32 | 3 487 | 15 176 | 3 158 |
| 2023 - 8339 | E04_HBB2302438_01 - 49 - 27. fsa | 290 | 290.02 | 19 456 | 86 802 | 2 975 |
| 2023 - 8340 | E05_HBB2302439_01 - 49 - 27. fsa | 272 | 272.08 | 30 505 | 137 249 | 2 844 |
| 2023 - 8341 | E06_HBB2302440_01 - 49 - 27. fsa | 303 | 303.39 | 6 240 | 27 086 | 3 004 |
| | E06_HBB2302440_01 - 49 - 27. fsa | 319 | 319.42 | 3 713 | 15 487 | 3 098 |
| 2023 - 8342 | E07_HBB2302441_01 - 49 - 27. fsa | 290 | 289.99 | 7 102 | 31 584 | 2 917 |
| | E07_HBB2302441_01 - 49 - 27. fsa | 301 | 301.51 | 5 699 | 25 185 | 2 988 |
| 2023 - 8343 | E08_HBB2302442_01 - 49 - 27. fsa | 301 | 301.51 | 10 902 | 48 278 | 3 010 |
| | E08_HBB2302442_01 - 49 - 27. fsa | 303 | 303.52 | 6 894 | 30 353 | 3 022 |
| 2023 - 8344 | E09_HBB2302443_01 - 49 - 27. fsa | 301 | 301.34 | 9 605 | 43 458 | 3 014 |

（续）

| 资源序号 | 样本名<br>（sample file name） | 等位基因位点<br>（allele，bp） | 大小<br>（size，bp） | 高度<br>（height，RFU） | 面积<br>（area，RFU） | 数据取值点<br>（data point，RFU） |
|---|---|---|---|---|---|---|
| 2023 - 8345 | E10_HBB2302444_01 - 49 - 27. fsa | 301 | 301.52 | 11 959 | 53 539 | 3 004 |
| 2023 - 8346 | E11_HBB2302445_01 - 49 - 27. fsa | 272 | 271.97 | 15 182 | 73 989 | 2 860 |
|  | E11_HBB2302445_01 - 49 - 27. fsa | 301 | 301.32 | 5 005 | 23 467 | 3 046 |
| 2023 - 8347 | E12_HBB2302446_01 - 49 - 27. fsa | 290 | 290.02 | 14 827 | 72 230 | 3 031 |
| 2023 - 8348 | F01_HBB2302447_01 - 49 - 27. fsa | 290 | 289.97 | 5 465 | 24 547 | 3 041 |
|  | F01_HBB2302447_01 - 49 - 27. fsa | 319 | 319.17 | 1 803 | 8 350 | 3 222 |
| 2023 - 8349 | F02_HBB2302448_01 - 49 - 27. fsa | 301 | 301.31 | 8 264 | 35 756 | 3 088 |
| 2023 - 8350 | F03_HBB2302449_01 - 49 - 27. fsa | 290 | 289.98 | 16 585 | 76 975 | 2 989 |
| 2023 - 8351 | F05_HBB2302451_01 - 49 - 27. fsa | 276 | 276.46 | 19 529 | 87 445 | 2 865 |
|  | F05_HBB2302451_01 - 49 - 27. fsa | 301 | 301.17 | 7 286 | 32 434 | 3 020 |
| 2023 - 8352 | F06_HBB2302452_01 - 49 - 27. fsa | 301 | 301.51 | 16 362 | 71 181 | 3 001 |
| 2023 - 8353 | F07_HBB2302453_01 - 49 - 27. fsa | 272 | 272.06 | 14 588 | 63 936 | 2 819 |
|  | F07_HBB2302453_01 - 49 - 27. fsa | 292 | 291.82 | 3 647 | 16 533 | 2 942 |
| 2023 - 8354 | F08_HBB2302454_01 - 49 - 27. fsa | 319 | 319.33 | 6 882 | 29 970 | 3 094 |
|  | F08_HBB2302454_01 - 49 - 27. fsa | 323 | 323.43 | 3 957 | 15 117 | 3 118 |
| 2023 - 8355 | F09_HBB2302455_01 - 49 - 27. fsa | 319 | 319.21 | 5 499 | 23 156 | 3 115 |
|  | F09_HBB2302455_01 - 49 - 27. fsa | 323 | 323.3 | 2 862 | 10 728 | 3 139 |
| 2023 - 8356 | F10_HBB2302456_01 - 49 - 27. fsa | 303 | 303.5 | 6 220 | 27 291 | 3 021 |
|  | F10_HBB2302456_01 - 49 - 27. fsa | 319 | 319.29 | 3 664 | 16 010 | 3 115 |
| 2023 - 8357 | F11_HBB2302457_01 - 49 - 27. fsa | 290 | 290.03 | 21 002 | 95 518 | 3 001 |
| 2023 - 8358 | F12_HBB2302458_01 - 49 - 27. fsa | 290 | 290.09 | 7 211 | 34 843 | 3 005 |
|  | F12_HBB2302458_01 - 49 - 27. fsa | 319 | 319.33 | 2 170 | 10 117 | 3 187 |
| 2023 - 8359 | G01_HBB2302459_01 - 49 - 27. fsa | 301 | 301.32 | 4 379 | 19 842 | 3 122 |
|  | G01_HBB2302459_01 - 49 - 27. fsa | 321 | 321.4 | 2 234 | 9 749 | 3 243 |
| 2023 - 8360 | G02_HBB2302460_01 - 49 - 27. fsa | 301 | 301.3 | 3 943 | 17 920 | 3 107 |
|  | G02_HBB2302460_01 - 49 - 27. fsa | 319 | 319.15 | 2 092 | 9 593 | 3 216 |
| 2023 - 8361 | G03_HBB2302461_01 - 49 - 27. fsa | 319 | 319.28 | 6 989 | 31 149 | 3 176 |
| 2023 - 8362 | G04_HBB2302462_01 - 49 - 27. fsa | 323 | 323.36 | 6 638 | 28 355 | 3 174 |
| 2023 - 8363 | G05_HBB2302463_01 - 49 - 27. fsa | 301 | 301.33 | 8 348 | 34 560 | 3 026 |
|  | G05_HBB2302463_01 - 49 - 27. fsa | 323 | 323.18 | 3 891 | 16 629 | 3 156 |

（续）

| 资源序号 | 样本名<br>（sample file name） | 等位基因位点<br>（allele，bp） | 大小<br>（size，bp） | 高度<br>（height，RFU） | 面积<br>（area，RFU） | 数据取值点<br>（data point，RFU） |
|---|---|---|---|---|---|---|
| 2023 - 8364 | G06_HBB2302464_01 - 49 - 27. fsa | 280 | 279.55 | 633 | 2 858 | 2 891 |
| | G06_HBB2302464_01 - 49 - 27. fsa | 323 | 323.42 | 5 752 | 24 874 | 3 159 |
| 2023 - 8365 | G07_HBB2302465_01 - 49 - 27. fsa | 272 | 271.99 | 6 130 | 26 351 | 2 825 |
| | G07_HBB2302465_01 - 49 - 27. fsa | 276 | 276.45 | 3 891 | 17 698 | 2 853 |
| 2023 - 8366 | G08_HBB2302466_01 - 49 - 27. fsa | 301 | 301.32 | 7 268 | 31 692 | 3 023 |
| | G08_HBB2302466_01 - 49 - 27. fsa | 323 | 323.25 | 3 325 | 13 716 | 3 154 |
| 2023 - 8367 | G09_HBB2302467_01 - 49 - 27. fsa | 301 | 301.34 | 7 689 | 31 403 | 3 007 |
| | G09_HBB2302467_01 - 49 - 27. fsa | 305 | 305.36 | 5 329 | 21 808 | 3 031 |
| 2023 - 8368 | G10_HBB2302468_01 - 49 - 27. fsa | 301 | 301.33 | 5 624 | 25 382 | 3 027 |
| | G10_HBB2302468_01 - 49 - 27. fsa | 319 | 319.43 | 2 803 | 12 364 | 3 135 |
| 2023 - 8369 | G11_HBB2302469_01 - 49 - 27. fsa | 275 | 274.64 | 14 904 | 72 101 | 2 898 |
| | G11_HBB2302469_01 - 49 - 27. fsa | 319 | 319.35 | 2 584 | 12 292 | 3 178 |
| 2023 - 8370 | G12_HBB2302470_01 - 49 - 27. fsa | 275 | 274.65 | 25 256 | 126 024 | 2 923 |
| | G12_HBB2302470_01 - 49 - 27. fsa | 323 | 323.35 | 3 999 | 18 845 | 3 230 |
| 2023 - 8371 | H02_HBB2302472_01 - 49 - 27. fsa | 301 | 301.3 | 4 314 | 19 273 | 3 127 |
| | H02_HBB2302472_01 - 49 - 27. fsa | 323 | 323.35 | 2 016 | 8 949 | 3 262 |
| 2023 - 8372 | H03_HBB2302473_01 - 49 - 27. fsa | 280 | 279.6 | 8 031 | 37 049 | 2 951 |
| 2023 - 8373 | H04_HBB2302474_01 - 49 - 27. fsa | 301 | 301.32 | 4 558 | 20 489 | 3 066 |
| | H04_HBB2302474_01 - 49 - 27. fsa | 319 | 319.27 | 2 418 | 10 896 | 3 174 |
| 2023 - 8374 | H05_HBB2302475_01 - 49 - 27. fsa | 319 | 319.32 | 5 407 | 21 622 | 3 158 |
| | H05_HBB2302475_01 - 49 - 27. fsa | 323 | 323.36 | 3 178 | 11 559 | 3 182 |
| 2023 - 8375 | H06_HBB2302476_01 - 49 - 27. fsa | 301 | 301.33 | 14 500 | 58 267 | 3 042 |
| 2023 - 8376 | H07_HBB2302477_01 - 49 - 27. fsa | 280 | 279.68 | 1 447 | 6 555 | 2 901 |
| | H07_HBB2302477_01 - 49 - 27. fsa | 325 | 325.33 | 4 265 | 17 918 | 3 181 |
| 2023 - 8377 | H08_HBB2302478_01 - 49 - 27. fsa | 275 | 274.73 | 9 903 | 45 331 | 2 875 |
| | H08_HBB2302478_01 - 49 - 27. fsa | 319 | 319.32 | 1 784 | 8 142 | 3 152 |
| 2023 - 8378 | H09_HBB2302479_01 - 49 - 27. fsa | 301 | 301.33 | 9 577 | 40 653 | 3 027 |
| 2023 - 8379 | H10_HBB2302480_01 - 49 - 27. fsa | 268 | 268.44 | 2 010 | 9 274 | 2 829 |
| | H10_HBB2302480_01 - 49 - 27. fsa | 301 | 301.32 | 4 705 | 21 409 | 3 038 |

## 10 P10

| 资源序号 | 样本名<br>（sample file name） | 等位基因位点<br>（allele，bp） | 大小<br>（size，bp） | 高度<br>（height，RFU） | 面积<br>（area，RFU） | 数据取值点<br>（data point，RFU） |
|---|---|---|---|---|---|---|
| 2023－8200 | A01_HBB2302293_23－40－30. fsa | 270 | 269.93 | 12 037 | 58 657 | 2 914 |
| | A01_HBB2302293_23－40－30. fsa | 290 | 290.24 | 4 669 | 21 798 | 3 047 |
| 2023－8201 | A02_HBB2302294_23－40－30. fsa | 288 | 288.62 | 12 164 | 55 230 | 3 016 |
| 2023－8202 | A03_HBB2302295_23－40－30. fsa | 266 | 266.07 | 1 354 | 5 863 | 2 828 |
| | A03_HBB2302295_23－40－30. fsa | 288 | 288.39 | 12 136 | 51 705 | 2 970 |
| 2023－8203 | A04_HBB2302296_23－40－30. fsa | 254 | 253.96 | 13 915 | 64 716 | 2 744 |
| | A04_HBB2302296_23－40－30. fsa | 288 | 288.51 | 4 956 | 22 932 | 2 963 |
| 2023－8204 | A05_HBB2302297_23－40－30. fsa | 263 | 263.2 | 16 810 | 85 915 | 2 788 |
| 2023－8205 | A06_HBB2302298_23－40－30. fsa | 288 | 288.6 | 5 225 | 28 411 | 2 941 |
| 2023－8206 | A07_HBB2302299_23－40－30. fsa | 288 | 288.42 | 6 687 | 35 484 | 2 933 |
| 2023－8207 | A08_HBB2302300_23－40－30. fsa | 247 | 246.95 | 2 093 | 10 455 | 2 705 |
| | A08_HBB2302300_23－40－30. fsa | 288 | 288.55 | 6 720 | 34 175 | 2 968 |
| 2023－8208 | A09_HBB2302301_23－40－30. fsa | 254 | 253.97 | 3 307 | 15 973 | 2 740 |
| | A09_HBB2302301_23－40－30. fsa | 263 | 263.16 | 2 655 | 13 694 | 2 798 |
| 2023－8209 | A10_HBB2302302_23－40－30. fsa | 254 | 254.09 | 7 856 | 42 784 | 2 757 |
| | A10_HBB2302302_23－40－30. fsa | 263 | 263.37 | 6 660 | 37 767 | 2 816 |
| 2023－8210 | A11_HBB2302303_23－40－30. fsa | 290 | 290.65 | 14 882 | 106 916 | 3 033 |
| | A11_HBB2302303_23－40－30. fsa | 292 | 291.72 | 15 946 | 91 727 | 3 040 |
| 2023－8211 | B01_HBB2302305_23－40－30. fsa | 254 | 254.05 | 6 944 | 37 008 | 2 775 |
| | B01_HBB2302305_23－40－30. fsa | 290 | 290.39 | 2 405 | 12 418 | 3 009 |
| 2023－8212 | B02_HBB2302306_23－40－30. fsa | 254 | 254.04 | 6 851 | 33 289 | 2 786 |
| | B02_HBB2302306_23－40－30. fsa | 276 | 276.2 | 5 701 | 28 017 | 2 929 |
| 2023－8213 | B03_HBB2302307_23－40－30. fsa | 270 | 269.91 | 9 099 | 44 396 | 2 842 |
| | B03_HBB2302307_23－40－30. fsa | 290 | 290.4 | 3 817 | 18 176 | 2 972 |
| 2023－8214 | B04_HBB2302308_23－40－30. fsa | 263 | 263.16 | 7 227 | 35 384 | 2 797 |
| | B04_HBB2302308_23－40－30. fsa | 288 | 288.47 | 3 151 | 14 979 | 2 957 |

（续）

| 资源序号 | 样本名<br>（sample file name） | 等位基因位点<br>（allele，bp） | 大小<br>（size，bp） | 高度<br>（height，RFU） | 面积<br>（area，RFU） | 数据取值点<br>（data point，RFU） |
|---|---|---|---|---|---|---|
| 2023－8215 | B05_HBB2302309_23－40－30. fsa | 263 | 263.08 | 3 173 | 17 638 | 2 786 |
| | B05_HBB2302309_23－40－30. fsa | 290 | 290.29 | 1 356 | 6 826 | 2 957 |
| 2023－8216 | B06_HBB2302310_23－40－30. fsa | 270 | 269.74 | 6 447 | 30 031 | 2 802 |
| | B06_HBB2302310_23－40－30. fsa | 288 | 288.48 | 2 949 | 13 271 | 2 919 |
| 2023－8217 | B07_HBB2302311_23－40－30. fsa | 254 | 254.01 | 7 050 | 34 176 | 2 713 |
| | B07_HBB2302311_23－40－30. fsa | 290 | 290.28 | 2 433 | 11 348 | 2 940 |
| 2023－8218 | B08_HBB2302312_23－40－30. fsa | 263 | 263.23 | 5 272 | 27 553 | 2 772 |
| | B08_HBB2302312_23－40－30. fsa | 288 | 288.38 | 2 072 | 10 431 | 2 930 |
| 2023－8219 | B09_HBB2302313_23－40－30. fsa | 247 | 246.75 | 11 413 | 27 750 | 2 666 |
| | B09_HBB2302313_23－40－30. fsa | 254 | 254.01 | 12 821 | 66 069 | 2 710 |
| 2023－8220 | B10_HBB2302314_23－40－30. fsa | 254 | 253.99 | 4 088 | 22 104 | 2 719 |
| | B10_HBB2302314_23－40－30. fsa | 263 | 263.08 | 3 418 | 19 330 | 2 776 |
| 2023－8221 | B11_HBB2302315_23－40－30. fsa | 263 | 263.24 | 4 290 | 23 137 | 2 832 |
| | B11_HBB2302315_23－40－30. fsa | 290 | 290.4 | 1 713 | 9 178 | 3 007 |
| 2023－8222 | B12_HBB2302316_23－40－30. fsa | 255 | 255.72 | 7 001 | 41 229 | 2 809 |
| | B12_HBB2302316_23－40－30. fsa | 290 | 290.33 | 2 508 | 13 679 | 3 034 |
| 2023－8223 | C01_HBB2302317_23－40－30. fsa | 254 | 254.04 | 5 794 | 28 192 | 2 792 |
| | C01_HBB2302317_23－40－30. fsa | 290 | 290.43 | 2 007 | 9 404 | 3 027 |
| 2023－8224 | C02_HBB2302318_23－40－30. fsa | 263 | 263.33 | 9 373 | 41 693 | 2 825 |
| | C02_HBB2302318_23－40－30. fsa | 290 | 290.34 | 3 962 | 17 225 | 2 998 |
| 2023－8226 | C03_HBB2302319_23－40－30. fsa | 254 | 253.96 | 10 536 | 57 466 | 2 748 |
| 2023－8227 | C04_HBB2302320_23－40－30. fsa | 263 | 263.2 | 5 081 | 25 692 | 2 787 |
| | C04_HBB2302320_23－40－30. fsa | 290 | 290.33 | 1 584 | 7 388 | 2 958 |
| 2023－8228 | C05_HBB2302321_23－40－30. fsa | 263 | 263.21 | 2 111 | 10 694 | 2 761 |
| | C05_HBB2302321_23－40－30. fsa | 288 | 288.44 | 1 880 | 8 390 | 2 918 |
| 2023－8229 | C06_HBB2302322_23－40－30. fsa | 263 | 263.13 | 5 609 | 28 046 | 2 777 |
| | C06_HBB2302322_23－40－30. fsa | 292 | 291.71 | 7 000 | 60 281 | 2 956 |
| 2023－8230 | C07_HBB2302323_23－40－30. fsa | 263 | 263.09 | 9 522 | 44 729 | 2 753 |
| 2023－8231 | C09_HBB2302325_23－40－30. fsa | 255 | 255.44 | 7 443 | 38 987 | 2 737 |
| | C09_HBB2302325_23－40－30. fsa | 290 | 290.27 | 2 737 | 13 425 | 2 955 |

（续）

| 资源序号 | 样本名<br>（sample file name） | 等位基因位点<br>（allele，bp） | 大小<br>（size，bp） | 高度<br>（height，RFU） | 面积<br>（area，RFU） | 数据取值点<br>（data point，RFU） |
|---|---|---|---|---|---|---|
| 2023－8232 | C10_HBB2302326_23－40－30. fsa | 254 | 253.84 | 6 225 | 31 656 | 2 711 |
| | C10_HBB2302326_23－40－30. fsa | 290 | 290.27 | 1 995 | 9 596 | 2 939 |
| 2023－8233 | C11_HBB2302327_23－40－30. fsa | 263 | 263.16 | 4 634 | 23 451 | 2 822 |
| | C11_HBB2302327_23－40－30. fsa | 290 | 290.34 | 2 170 | 10 796 | 2 996 |
| 2023－8234 | C12_HBB2302328_23－40－30. fsa | 254 | 254.04 | 5 424 | 28 859 | 2 786 |
| | C12_HBB2302328_23－40－30. fsa | 263 | 263.35 | 4 175 | 22 759 | 2 846 |
| 2023－8235 | D01_HBB2302329_23－40－30. fsa | 290 | 290.32 | 7 545 | 35 626 | 3 037 |
| 2023－8236 | D02_HBB2302330_23－40－30. fsa | 254 | 253.93 | 15 113 | 70 367 | 2 767 |
| 2023－8237 | D03_HBB2302331_23－40－30. fsa | 254 | 254.01 | 6 286 | 28 334 | 2 721 |
| | D03_HBB2302331_23－40－30. fsa | 288 | 288.53 | 2 536 | 11 018 | 2 937 |
| 2023－8238 | D04_HBB2302332_23－40－30. fsa | 263 | 263.12 | 4 658 | 23 001 | 2 772 |
| | D04_HBB2302332_23－40－30. fsa | 276 | 276.22 | 4 311 | 22 389 | 2 854 |
| 2023－8239 | D05_HBB2302333_23－40－30. fsa | 254 | 253.88 | 5 012 | 23 916 | 2 696 |
| | D05_HBB2302333_23－40－30. fsa | 276 | 275.33 | 3 122 | 14 774 | 2 829 |
| 2023－8240 | D06_HBB2302334_23－40－30. fsa | 270 | 269.71 | 4 641 | 21 924 | 2 801 |
| | D06_HBB2302334_23－40－30. fsa | 288 | 288.41 | 2 043 | 8 967 | 2 917 |
| 2023－8241 | D07_HBB2302335_23－40－30. fsa | 254 | 253.84 | 3 374 | 16 675 | 2 723 |
| | D07_HBB2302335_23－40－30. fsa | 263 | 263.13 | 3 056 | 15 868 | 2 781 |
| 2023－8242 | D08_HBB2302336_23－40－30. fsa | 270 | 269.68 | 9 655 | 51 286 | 2 776 |
| 2023－8243 | D09_HBB2302337_23－40－30. fsa | 254 | 253.87 | 985 | 5 539 | 2 706 |
| | D09_HBB2302337_23－40－30. fsa | 288 | 288.61 | 2 277 | 10 712 | 2 922 |
| 2023－8244 | D10_HBB2302338_23－40－30. fsa | 263 | 263.09 | 4 398 | 22 721 | 2 757 |
| | D10_HBB2302338_23－40－30. fsa | 276 | 276.16 | 4 266 | 22 375 | 2 838 |
| 2023－8245 | D11_HBB2302339_23－40－30. fsa | 263 | 263.09 | 3 136 | 17 230 | 2 806 |
| | D11_HBB2302339_23－40－30. fsa | 288 | 288.39 | 1 460 | 7 792 | 2 967 |
| 2023－8246 | D12_HBB2302340_23－40－30. fsa | 263 | 263.35 | 4 709 | 25 437 | 2 842 |
| | D12_HBB2302340_23－40－30. fsa | 290 | 290.43 | 1 912 | 9 513 | 3 017 |
| 2023－8247 | E01_HBB2302341_23－40－30. fsa | 254 | 254.17 | 7 701 | 37 238 | 2 815 |
| | E01_HBB2302341_23－40－30. fsa | 288 | 288.49 | 2 911 | 13 652 | 3 038 |

（续）

| 资源序号 | 样本名<br>（sample file name） | 等位基因位点<br>（allele，bp） | 大小<br>（size，bp） | 高度<br>（height，RFU） | 面积<br>（area，RFU） | 数据取值点<br>（data point，RFU） |
|---|---|---|---|---|---|---|
| 2023 - 8248 | E02_HBB2302342_23 - 40 - 30. fsa | 276 | 276.21 | 6 189 | 31 230 | 2 922 |
| | E02_HBB2302342_23 - 40 - 30. fsa | 288 | 288.5 | 2 613 | 12 464 | 3 001 |
| 2023 - 8249 | E03_HBB2302343_23 - 40 - 30. fsa | 254 | 253.95 | 4 591 | 22 437 | 2 746 |
| | E03_HBB2302343_23 - 40 - 30. fsa | 276 | 276.21 | 3 026 | 15 672 | 2 887 |
| 2023 - 8250 | E04_HBB2302344_23 - 40 - 30. fsa | 254 | 253.82 | 5 765 | 28 431 | 2 743 |
| | E04_HBB2302344_23 - 40 - 30. fsa | 263 | 263.04 | 4 864 | 25 416 | 2 801 |
| 2023 - 8251 | E06_HBB2302346_23 - 40 - 30. fsa | 288 | 288.41 | 2 207 | 11 879 | 2 907 |
| 2023 - 8252 | E07_HBB2302347_23 - 40 - 30. fsa | 263 | 263.13 | 5 606 | 28 216 | 2 747 |
| | E07_HBB2302347_23 - 40 - 30. fsa | 288 | 288.37 | 2 314 | 11 031 | 2 903 |
| 2023 - 8253 | E08_HBB2302348_23 - 40 - 30. fsa | 263 | 263.05 | 7 428 | 40 315 | 2 767 |
| 2023 - 8254 | E09_HBB2302349_23 - 40 - 30. fsa | 263 | 263.18 | 4 998 | 25 159 | 2 770 |
| | E09_HBB2302349_23 - 40 - 30. fsa | 288 | 288.49 | 2 060 | 9 860 | 2 928 |
| 2023 - 8255 | E10_HBB2302350_23 - 40 - 30. fsa | 254 | 253.87 | 5 230 | 25 487 | 2 704 |
| | E10_HBB2302350_23 - 40 - 30. fsa | 288 | 288.45 | 2 149 | 10 337 | 2 919 |
| 2023 - 8256 | E11_HBB2302351_23 - 40 - 30. fsa | 251 | 250.32 | 6 831 | 16 694 | 2 718 |
| | E11_HBB2302351_23 - 40 - 30. fsa | 276 | 276.06 | 11 300 | 60 545 | 2 881 |
| 2023 - 8257 | E12_HBB2302352_23 - 40 - 30. fsa | 263 | 263.3 | 6 326 | 30 203 | 2 852 |
| | E12_HBB2302352_23 - 40 - 30. fsa | 276 | 276.26 | 6 045 | 30 755 | 2 936 |
| 2023 - 8258 | F01_HBB2302353_23 - 40 - 30. fsa | 276 | 276.3 | 12 093 | 63 353 | 2 944 |
| 2023 - 8259 | F02_HBB2302354_23 - 40 - 30. fsa | 263 | 263.35 | 14 575 | 79 317 | 2 841 |
| 2023 - 8260 | F03_HBB2302355_23 - 40 - 30. fsa | 251 | 250.47 | 1 656 | 6 490 | 2 733 |
| | F03_HBB2302355_23 - 40 - 30. fsa | 276 | 276.2 | 9 143 | 48 428 | 2 897 |
| 2023 - 8261 | F04_HBB2302356_23 - 40 - 30. fsa | 263 | 263.12 | 3 953 | 20 708 | 2 812 |
| | F04_HBB2302356_23 - 40 - 30. fsa | 288 | 288.34 | 1 645 | 7 893 | 2 972 |
| 2023 - 8262 | F05_HBB2302357_23 - 40 - 30. fsa | 254 | 253.84 | 5 658 | 25 029 | 2 719 |
| | F05_HBB2302357_23 - 40 - 30. fsa | 263 | 263.13 | 5 046 | 24 216 | 2 777 |
| 2023 - 8263 | F06_HBB2302358_23 - 40 - 30. fsa | 254 | 253.88 | 5 860 | 27 393 | 2 701 |
| | F06_HBB2302358_23 - 40 - 30. fsa | 263 | 263.09 | 5 075 | 24 007 | 2 758 |
| 2023 - 8264 | F07_HBB2302359_23 - 40 - 30. fsa | 288 | 288.43 | 3 242 | 17 066 | 2 917 |

（续）

| 资源序号 | 样本名<br>（sample file name） | 等位基因位点<br>（allele，bp） | 大小<br>（size，bp） | 高度<br>（height，RFU） | 面积<br>（area，RFU） | 数据取值点<br>（data point，RFU） |
|---|---|---|---|---|---|---|
| 2023 - 8265 | F08_HBB2302360_23 - 40 - 30. fsa | 247 | 246.55 | 7 964 | 20 676 | 2 646 |
|  | F08_HBB2302360_23 - 40 - 30. fsa | 288 | 288.57 | 5 806 | 27 024 | 2 905 |
| 2023 - 8266 | F09_HBB2302361_23 - 40 - 30. fsa | 254 | 253.87 | 6 792 | 33 724 | 2 708 |
|  | F09_HBB2302361_23 - 40 - 30. fsa | 263 | 263.06 | 5 572 | 28 762 | 2 765 |
| 2023 - 8267 | F10_HBB2302362_23 - 40 - 30. fsa | 270 | 269.68 | 5 349 | 27 254 | 2 806 |
|  | F10_HBB2302362_23 - 40 - 30. fsa | 290 | 290.27 | 2 643 | 12 300 | 2 935 |
| 2023 - 8268 | F11_HBB2302363_23 - 40 - 30. fsa | 254 | 253.92 | 6 115 | 30 035 | 2 765 |
|  | F11_HBB2302363_23 - 40 - 30. fsa | 290 | 290.33 | 2 049 | 10 071 | 2 998 |
| 2023 - 8269 | F12_HBB2302364_23 - 40 - 30. fsa | 262 | 261.69 | 9 183 | 52 445 | 2 816 |
|  | F12_HBB2302364_23 - 40 - 30. fsa | 263 | 263.25 | 6 456 | 30 574 | 2 826 |
| 2023 - 8270 | G01_HBB2302365_23 - 40 - 30. fsa | 276 | 276.28 | 6 094 | 29 845 | 2 952 |
|  | G01_HBB2302365_23 - 40 - 30. fsa | 290 | 290.3 | 2 625 | 12 901 | 3 043 |
| 2023 - 8271 | G03_HBB2302367_23 - 40 - 30. fsa | 288 | 288.42 | 2 566 | 11 510 | 2 980 |
|  | G03_HBB2302367_23 - 40 - 30. fsa | 292 | 292.17 | 1 875 | 7 678 | 3 004 |
| 2023 - 8272 | G04_HBB2302368_23 - 40 - 30. fsa | 287 | 286.58 | 3 094 | 15 506 | 2 944 |
|  | G04_HBB2302368_23 - 40 - 30. fsa | 288 | 288.47 | 2 161 | 9 680 | 2 956 |
| 2023 - 8273 | G05_HBB2302369_23 - 40 - 30. fsa | 263 | 263.24 | 5 286 | 23 756 | 2 782 |
|  | G05_HBB2302369_23 - 40 - 30. fsa | 290 | 290.3 | 2 486 | 10 407 | 2 952 |
| 2023 - 8274 | G06_HBB2302370_23 - 40 - 30. fsa | 270 | 269.95 | 4 079 | 19 529 | 2 825 |
|  | G06_HBB2302370_23 - 40 - 30. fsa | 290 | 290.47 | 1 826 | 8 067 | 2 954 |
| 2023 - 8275 | G07_HBB2302371_23 - 40 - 30. fsa | 254 | 254.01 | 8 443 | 39 178 | 2 707 |
| 2023 - 8276 | G08_HBB2302372_23 - 40 - 30. fsa | 276 | 276.16 | 5 657 | 26 319 | 2 860 |
|  | G08_HBB2302372_23 - 40 - 30. fsa | 290 | 290.47 | 2 433 | 11 875 | 2 950 |
| 2023 - 8277 | G09_HBB2302373_23 - 40 - 30. fsa | 263 | 263.28 | 5 054 | 22 858 | 2 764 |
|  | G09_HBB2302373_23 - 40 - 30. fsa | 290 | 290.43 | 2 036 | 9 342 | 2 934 |
| 2023 - 8278 | G10_HBB2302374_23 - 40 - 30. fsa | 263 | 263.21 | 3 739 | 18 735 | 2 781 |
|  | G10_HBB2302374_23 - 40 - 30. fsa | 288 | 288.6 | 1 569 | 7 424 | 2 941 |
| 2023 - 8279 | G11_HBB2302375_23 - 40 - 30. fsa | 263 | 263.28 | 8 166 | 39 865 | 2 819 |
| 2023 - 8280 | G12_HBB2302376_23 - 40 - 30. fsa | 263 | 263.47 | 7 781 | 39 461 | 2 844 |
|  | G12_HBB2302376_23 - 40 - 30. fsa | 290 | 290.46 | 3 104 | 14 544 | 3 019 |

（续）

| 资源序号 | 样本名<br>（sample file name） | 等位基因位点<br>（allele，bp） | 大小<br>（size，bp） | 高度<br>（height，RFU） | 面积<br>（area，RFU） | 数据取值点<br>（data point，RFU） |
|---|---|---|---|---|---|---|
| 2023－8281 | H01_HBB2302377_23－40－30. fsa | 254 | 254.41 | 13 408 | 58 998 | 2 845 |
| | H01_HBB2302377_23－40－30. fsa | 290 | 290.33 | 4 727 | 20 988 | 3 082 |
| 2023－8282 | H02_HBB2302378_23－40－30. fsa | 263 | 263.34 | 10 022 | 47 238 | 2 873 |
| | H02_HBB2302378_23－40－30. fsa | 290 | 290.23 | 4 167 | 20 034 | 3 049 |
| 2023－8283 | H03_HBB2302379_23－40－30. fsa | 262 | 261.52 | 5 043 | 26 512 | 2 829 |
| | H03_HBB2302379_23－40－30. fsa | 288 | 288.37 | 1 885 | 9 636 | 3 002 |
| 2023－8284 | H04_HBB2302380_23－40－30. fsa | 263 | 263.32 | 3 164 | 17 007 | 2 817 |
| | H04_HBB2302380_23－40－30. fsa | 290 | 290.33 | 1 220 | 6 318 | 2 990 |
| 2023－8285 | H05_HBB2302381_23－40－30. fsa | 247 | 246.95 | 1 933 | 8 131 | 2 700 |
| | H05_HBB2302381_23－40－30. fsa | 288 | 288.54 | 7 376 | 34 116 | 2 963 |
| 2023－8286 | H06_HBB2302382_23－40－30. fsa | 288 | 288.47 | 3 305 | 16 185 | 2 955 |
| | H06_HBB2302382_23－40－30. fsa | 290 | 290.37 | 2 154 | 9 290 | 2 967 |
| 2023－8287 | H07_HBB2302383_23－40－30. fsa | 263 | 263.33 | 7 060 | 31 520 | 2 792 |
| | H07_HBB2302383_23－40－30. fsa | 290 | 290.37 | 2 790 | 12 070 | 2 963 |
| 2023－8288 | H08_HBB2302384_23－40－30. fsa | 254 | 253.97 | 5 197 | 22 685 | 2 738 |
| | H08_HBB2302384_23－40－30. fsa | 290 | 290.38 | 1 834 | 8 033 | 2 968 |
| 2023－8289 | H09_HBB2302385_23－40－30. fsa | 270 | 269.87 | 7 098 | 31 802 | 2 823 |
| | H09_HBB2302385_23－40－30. fsa | 288 | 288.59 | 3 040 | 13 605 | 2 941 |
| 2023－8290 | A01_HBB2302387_08－05－34. fsa | 288 | 288.5 | 20 864 | 92 593 | 3 071 |
| | A01_HBB2302387_08－05－34. fsa | 290 | 290.44 | 13 612 | 59 612 | 3 084 |
| 2023－8291 | A02_HBB2302388_08－05－34. fsa | 288 | 288.51 | 21 231 | 96 294 | 3 045 |
| | A02_HBB2302388_08－05－34. fsa | 290 | 290.48 | 13 581 | 59 803 | 3 058 |
| 2023－8292 | A03_HBB2302389_08－05－34. fsa | 254 | 254.33 | 32 767 | 164 066 | 2 785 |
| 2023－8293 | A04_HBB2302390_08－05－34. fsa | 290 | 290.46 | 18 657 | 83 186 | 3 012 |
| 2023－8294 | A05_HBB2302391_08－05－34. fsa | 288 | 288.54 | 21 285 | 95 855 | 2 982 |
| 2023－8295 | A06_HBB2302392_08－05－34. fsa | 290 | 290.4 | 14 994 | 70 523 | 2 992 |
| 2023－8296 | A07_HBB2302393_08－05－34. fsa | 266 | 266.51 | 2 074 | 11 137 | 2 828 |
| | A07_HBB2302393_08－05－34. fsa | 288 | 288.7 | 13 117 | 62 176 | 2 971 |
| 2023－8297 | A08_HBB2302394_08－05－34. fsa | 266 | 266.34 | 1 790 | 9 548 | 2 863 |
| | A08_HBB2302394_08－05－34. fsa | 290 | 290.32 | 12 988 | 62 525 | 3 019 |

（续）

| 资源序号 | 样本名<br>（sample file name） | 等位基因位点<br>（allele，bp） | 大小<br>（size，bp） | 高度<br>（height，RFU） | 面积<br>（area，RFU） | 数据取值点<br>（data point，RFU） |
|---|---|---|---|---|---|---|
| 2023－8298 | A09_HBB2302395_08－05－34.fsa | 288 | 288.65 | 21 901 | 99 216 | 3 004 |
| 2023－8299 | A10_HBB2302396_08－05－34.fsa | 266 | 266.57 | 3 281 | 13 219 | 2 874 |
| | A10_HBB2302396_08－05－34.fsa | 290 | 290.55 | 11 276 | 60 247 | 3 031 |
| 2023－8300 | A11_HBB2302397_08－05－34.fsa | 254 | 254.54 | 28 270 | 144 024 | 2 833 |
| 2023－8301 | A12_HBB2302398_08－05－34.fsa | 288 | 288.61 | 13 155 | 67 328 | 3 091 |
| 2023－8302 | B01_HBB2302399_08－05－34.fsa | 254 | 254.58 | 14 883 | 69 499 | 2 809 |
| | B01_HBB2302399_08－05－34.fsa | 288 | 288.47 | 5 872 | 28 717 | 3 032 |
| 2023－8303 | B02_HBB2302400_08－05－34.fsa | 262 | 261.89 | 29 923 | 129 505 | 2 862 |
| | B02_HBB2302400_08－05－34.fsa | 290 | 290.45 | 10 920 | 49 981 | 3 050 |
| 2023－8304 | B03_HBB2302401_08－05－34.fsa | 254 | 254.51 | 14 004 | 63 756 | 2 773 |
| | B03_HBB2302401_08－05－34.fsa | 263 | 263.67 | 12 793 | 58 878 | 2 832 |
| 2023－8305 | B04_HBB2302402_08－05－34.fsa | 276 | 276.29 | 14 205 | 61 856 | 2 909 |
| | B04_HBB2302402_08－05－34.fsa | 288 | 288.54 | 6 370 | 28 239 | 2 988 |
| 2023－8306 | B05_HBB2302403_08－05－34.fsa | 254 | 254.4 | 18 198 | 79 922 | 2 758 |
| | B05_HBB2302403_08－05－34.fsa | 290 | 290.5 | 6 453 | 29 569 | 2 989 |
| 2023－8307 | B06_HBB2302404_08－05－34.fsa | 263 | 263.4 | 16 283 | 75 725 | 2 795 |
| | B06_HBB2302404_08－05－34.fsa | 288 | 288.55 | 8 319 | 37 334 | 2 955 |
| 2023－8308 | B07_HBB2302405_08－05－34.fsa | 263 | 263.52 | 12 939 | 57 001 | 2 805 |
| | B07_HBB2302405_08－05－34.fsa | 290 | 290.46 | 6 166 | 27 571 | 2 977 |
| 2023－8309 | B08_HBB2302406_08－05－34.fsa | 254 | 254.4 | 30 653 | 132 955 | 2 751 |
| 2023－8310 | B09_HBB2302407_08－05－34.fsa | 254 | 254.39 | 10 490 | 51 854 | 2 750 |
| | B09_HBB2302407_08－05－34.fsa | 263 | 263.48 | 10 434 | 50 119 | 2 808 |
| 2023－8311 | B11_HBB2302409_08－05－34.fsa | 270 | 270.12 | 15 716 | 77 412 | 2 911 |
| | B11_HBB2302409_08－05－34.fsa | 290 | 290.45 | 7 931 | 38 302 | 3 045 |
| 2023－8312 | B12_HBB2302410_08－05－34.fsa | 254 | 254.53 | 15 000 | 74 588 | 2 833 |
| | B12_HBB2302410_08－05－34.fsa | 266 | 266.42 | 12 773 | 38 542 | 2 912 |
| 2023－8313 | C01_HBB2302411_08－05－34.fsa | 254 | 254.41 | 14 057 | 62 787 | 2 820 |
| | C01_HBB2302411_08－05－34.fsa | 263 | 263.68 | 12 200 | 56 165 | 2 881 |
| 2023－8314 | C02_HBB2302412_08－05－34.fsa | 254 | 254.47 | 21 767 | 90 937 | 2 796 |
| | C02_HBB2302412_08－05－34.fsa | 263 | 263.53 | 18 897 | 78 409 | 2 855 |

（续）

| 资源序号 | 样本名<br>（sample file name） | 等位基因位点<br>（allele，bp） | 大小<br>（size，bp） | 高度<br>（height，RFU） | 面积<br>（area，RFU） | 数据取值点<br>（data point，RFU） |
|---|---|---|---|---|---|---|
| 2023 - 8315 | C03_HBB2302413_08 - 05 - 34. fsa | 254 | 254.35 | 21 188 | 92 069 | 2 775 |
| | C03_HBB2302413_08 - 05 - 34. fsa | 263 | 263.51 | 17 500 | 80 422 | 2 834 |
| 2023 - 8316 | C04_HBB2302414_08 - 05 - 34. fsa | 254 | 254.24 | 23 095 | 97 102 | 2 754 |
| | C04_HBB2302414_08 - 05 - 34. fsa | 263 | 263.48 | 20 122 | 87 167 | 2 813 |
| 2023 - 8317 | C05_HBB2302415_08 - 05 - 34. fsa | 270 | 270.02 | 18 052 | 75 285 | 2 833 |
| | C05_HBB2302415_08 - 05 - 34. fsa | 288 | 288.55 | 8 431 | 34 779 | 2 951 |
| 2023 - 8318 | C06_HBB2302416_08 - 05 - 34. fsa | 254 | 254.4 | 21 282 | 93 277 | 2 752 |
| | C06_HBB2302416_08 - 05 - 34. fsa | 263 | 263.64 | 18 282 | 82 097 | 2 811 |
| 2023 - 8319 | C07_HBB2302417_08 - 05 - 34. fsa | 263 | 263.61 | 15 516 | 67 297 | 2 791 |
| | C07_HBB2302417_08 - 05 - 34. fsa | 290 | 290.56 | 6 395 | 28 725 | 2 962 |
| 2023 - 8320 | C08_HBB2302418_08 - 05 - 34. fsa | 263 | 263.44 | 14 319 | 63 345 | 2 789 |
| | C08_HBB2302418_08 - 05 - 34. fsa | 290 | 290.4 | 6 170 | 27 170 | 2 960 |
| 2023 - 8321 | C09_HBB2302419_08 - 05 - 34. fsa | 254 | 254.38 | 16 128 | 72 767 | 2 761 |
| | C09_HBB2302419_08 - 05 - 34. fsa | 270 | 270.15 | 12 638 | 58 946 | 2 862 |
| 2023 - 8322 | C10_HBB2302420_08 - 05 - 34. fsa | 254 | 254.38 | 16 943 | 75 521 | 2 751 |
| | C10_HBB2302420_08 - 05 - 34. fsa | 266 | 266.1 | 11 595 | 38 533 | 2 826 |
| 2023 - 8323 | C11_HBB2302421_08 - 05 - 34. fsa | 263 | 263.66 | 14 568 | 65 067 | 2 857 |
| | C11_HBB2302421_08 - 05 - 34. fsa | 270 | 270.24 | 13 633 | 65 821 | 2 900 |
| 2023 - 8324 | C12_HBB2302422_08 - 05 - 34. fsa | 265 | 264.83 | 15 020 | 71 356 | 2 887 |
| | C12_HBB2302422_08 - 05 - 34. fsa | 288 | 288.6 | 6 732 | 32 537 | 3 045 |
| 2023 - 8325 | D01_HBB2302423_08 - 05 - 34. fsa | 270 | 270.14 | 20 720 | 89 775 | 2 937 |
| | D01_HBB2302423_08 - 05 - 34. fsa | 292 | 291.86 | 12 084 | 61 628 | 3 081 |
| 2023 - 8326 | D02_HBB2302424_08 - 05 - 34. fsa | 254 | 254.47 | 12 477 | 52 110 | 2 793 |
| | D02_HBB2302424_08 - 05 - 34. fsa | 288 | 288.53 | 5 304 | 23 757 | 3 015 |
| 2023 - 8327 | D03_HBB2302425_08 - 05 - 34. fsa | 254 | 254.39 | 26 462 | 108 544 | 2 750 |
| | D03_HBB2302425_08 - 05 - 34. fsa | 288 | 288.62 | 9 918 | 42 944 | 2 969 |
| 2023 - 8328 | D04_HBB2302426_08 - 05 - 34. fsa | 250 | 250 | 32 790 | 159 328 | 2 745 |
| 2023 - 8329 | D05_HBB2302427_08 - 05 - 34. fsa | 254 | 254.29 | 21 980 | 93 600 | 2 731 |
| | D05_HBB2302427_08 - 05 - 34. fsa | 263 | 263.48 | 10 309 | 42 954 | 2 789 |

（续）

| 资源序号 | 样本名<br>（sample file name） | 等位基因位点<br>（allele，bp） | 大小<br>（size，bp） | 高度<br>（height，RFU） | 面积<br>（area，RFU） | 数据取值点<br>（data point，RFU） |
|---|---|---|---|---|---|---|
| 2023－8330 | D06_HBB2302428_08－05－34.fsa | 288 | 288.55 | 17 634 | 76 391 | 2 953 |
| | D06_HBB2302428_08－05－34.fsa | 290 | 290.44 | 11 775 | 51 186 | 2 965 |
| 2023－8331 | D08_HBB2302430_08－05－34.fsa | 254 | 254.29 | 17 632 | 74 095 | 2 719 |
| | D08_HBB2302430_08－05－34.fsa | 276 | 276.3 | 14 842 | 64 784 | 2 858 |
| 2023－8332 | D09_HBB2302431_08－05－34.fsa | 254 | 254.4 | 14 258 | 63 356 | 2 743 |
| | D09_HBB2302431_08－05－34.fsa | 270 | 270.21 | 11 550 | 54 443 | 2 844 |
| 2023－8333 | D10_HBB2302432_08－05－34.fsa | 254 | 254.41 | 21 639 | 95 888 | 2 739 |
| | D10_HBB2302432_08－05－34.fsa | 288 | 288.76 | 8 151 | 37 510 | 2 958 |
| 2023－8334 | D11_HBB2302433_08－05－34.fsa | 254 | 254.32 | 32 803 | 163 484 | 2 784 |
| 2023－8335 | D12_HBB2302434_08－05－34.fsa | 276 | 276.58 | 25 735 | 125 142 | 2 964 |
| | D12_HBB2302434_08－05－34.fsa | 288 | 288.6 | 12 128 | 58 635 | 3 044 |
| 2023－8336 | E01_HBB2302435_08－05－34.fsa | 254 | 254.69 | 26 403 | 112 490 | 2 844 |
| | E01_HBB2302435_08－05－34.fsa | 263 | 263.75 | 22 429 | 97 027 | 2 904 |
| 2023－8337 | E02_HBB2302436_08－05－34.fsa | 254 | 254.31 | 23 773 | 103 855 | 2 802 |
| | E02_HBB2302436_08－05－34.fsa | 288 | 288.52 | 9 315 | 42 861 | 3 025 |
| 2023－8338 | E03_HBB2302437_08－05－34.fsa | 263 | 263.51 | 20 467 | 85 396 | 2 832 |
| | E03_HBB2302437_08－05－34.fsa | 270 | 270.17 | 19 277 | 82 746 | 2 875 |
| 2023－8339 | E04_HBB2302438_08－05－34.fsa | 254 | 254.22 | 18 615 | 80 908 | 2 768 |
| | E04_HBB2302438_08－05－34.fsa | 263 | 263.44 | 15 950 | 72 733 | 2 827 |
| 2023－8340 | E05_HBB2302439_08－05－34.fsa | 254 | 254.25 | 29 925 | 125 358 | 2 754 |
| | E05_HBB2302439_08－05－34.fsa | 290 | 290.46 | 11 650 | 48 593 | 2 985 |
| 2023－8341 | E06_HBB2302440_08－05－34.fsa | 290 | 290.4 | 13 701 | 57 347 | 2 957 |
| 2023－8342 | E07_HBB2302441_08－05－34.fsa | 270 | 269.99 | 7 889 | 36 265 | 2 827 |
| | E07_HBB2302441_08－05－34.fsa | 288 | 288.64 | 4 292 | 19 348 | 2 945 |
| 2023－8343 | E08_HBB2302442_08－05－34.fsa | 266 | 266.17 | 11 973 | 33 612 | 2 823 |
| | E08_HBB2302442_08－05－34.fsa | 290 | 290.45 | 12 357 | 55 112 | 2 978 |
| 2023－8344 | E09_HBB2302443_08－05－34.fsa | 266 | 266.4 | 1 696 | 8 164 | 2 829 |
| | E09_HBB2302443_08－05－34.fsa | 290 | 290.36 | 13 253 | 58 472 | 2 983 |
| 2023－8345 | E10_HBB2302444_08－05－34.fsa | 254 | 254.39 | 24 006 | 106 287 | 2 746 |
| | E10_HBB2302444_08－05－34.fsa | 288 | 288.62 | 9 601 | 43 401 | 2 965 |

（续）

| 资源序号 | 样本名<br>（sample file name） | 等位基因位点<br>（allele，bp） | 大小<br>（size，bp） | 高度<br>（height，RFU） | 面积<br>（area，RFU） | 数据取值点<br>（data point，RFU） |
|---|---|---|---|---|---|---|
| 2023－8346 | E11_HBB2302445_08－05－34.fsa | 263 | 263.6 | 16 351 | 77 684 | 2 840 |
| | E11_HBB2302445_08－05－34.fsa | 276 | 276.37 | 15 581 | 75 307 | 2 923 |
| 2023－8347 | E12_HBB2302446_08－05－34.fsa | 251 | 250.75 | 21 119 | 96 976 | 2 801 |
| | E12_HBB2302446_08－05－34.fsa | 288 | 288.62 | 8 426 | 40 443 | 3 053 |
| 2023－8348 | F01_HBB2302447_08－05－34.fsa | 251 | 250.91 | 24 827 | 103 504 | 2 820 |
| | F01_HBB2302447_08－05－34.fsa | 292 | 292.17 | 7 638 | 33 746 | 3 093 |
| 2023－8349 | F02_HBB2302448_08－05－34.fsa | 254 | 254.3 | 28 114 | 120 168 | 2 803 |
| 2023－8350 | F03_HBB2302449_08－05－34.fsa | 250 | 250 | 32 783 | 173 615 | 2 758 |
| 2023－8351 | F05_HBB2302451_08－05－34.fsa | 262 | 261.75 | 22 387 | 91 533 | 2 805 |
| | F05_HBB2302451_08－05－34.fsa | 290 | 290.33 | 8 247 | 35 900 | 2 988 |
| 2023－8352 | F06_HBB2302452_08－05－34.fsa | 263 | 263.4 | 32 626 | 163 905 | 2 796 |
| 2023－8353 | F07_HBB2302453_08－05－34.fsa | 254 | 254.25 | 19 187 | 82 551 | 2 740 |
| | F07_HBB2302453_08－05－34.fsa | 263 | 263.52 | 18 231 | 78 351 | 2 799 |
| 2023－8354 | F08_HBB2302454_08－05－34.fsa | 254 | 254.26 | 25 042 | 108 323 | 2 732 |
| | F08_HBB2302454_08－05－34.fsa | 288 | 288.54 | 10 908 | 47 081 | 2 950 |
| 2023－8355 | F09_HBB2302455_08－05－34.fsa | 263 | 263.64 | 16 117 | 70 783 | 2 812 |
| | F09_HBB2302455_08－05－34.fsa | 288 | 288.63 | 9 423 | 40 567 | 2 972 |
| 2023－8356 | F10_HBB2302456_08－05－34.fsa | 254 | 254.53 | 23 024 | 97 667 | 2 750 |
| | F10_HBB2302456_08－05－34.fsa | 290 | 290.4 | 8 304 | 36 886 | 2 981 |
| 2023－8357 | F11_HBB2302457_08－05－34.fsa | 254 | 254.45 | 21 589 | 94 254 | 2 805 |
| | F11_HBB2302457_08－05－34.fsa | 276 | 276.44 | 14 281 | 66 583 | 2 949 |
| 2023－8358 | F12_HBB2302458_08－05－34.fsa | 288 | 288.72 | 13 711 | 62 548 | 3 034 |
| | F12_HBB2302458_08－05－34.fsa | 290 | 290.52 | 8 928 | 37 821 | 3 046 |
| 2023－8359 | G01_HBB2302459_08－05－34.fsa | 254 | 254.68 | 20 097 | 85 212 | 2 856 |
| | G01_HBB2302459_08－05－34.fsa | 263 | 263.86 | 17 382 | 74 013 | 2 917 |
| 2023－8360 | G02_HBB2302460_08－05－34.fsa | 263 | 263.74 | 22 904 | 100 982 | 2 884 |
| | G02_HBB2302460_08－05－34.fsa | 288 | 288.65 | 10 824 | 47 092 | 3 048 |
| 2023－8361 | G03_HBB2302461_08－05－34.fsa | 288 | 288.53 | 20 223 | 86 671 | 3 013 |
| 2023－8362 | G04_HBB2302462_08－05－34.fsa | 288 | 288.45 | 17 464 | 74 727 | 2 995 |

（续）

| 资源序号 | 样本名<br>（sample file name） | 等位基因位点<br>（allele，bp） | 大小<br>（size，bp） | 高度<br>（height，RFU） | 面积<br>（area，RFU） | 数据取值点<br>（data point，RFU） |
|---|---|---|---|---|---|---|
| 2023 - 8363 | G05_HBB2302463_08 - 05 - 34. fsa | 263 | 263.71 | 22 965 | 95 479 | 2 822 |
| | G05_HBB2302463_08 - 05 - 34. fsa | 288 | 288.54 | 11 528 | 46 645 | 2 982 |
| 2023 - 8364 | G06_HBB2302464_08 - 05 - 34. fsa | 270 | 270.08 | 17 482 | 75 254 | 2 863 |
| | G06_HBB2302464_08 - 05 - 34. fsa | 288 | 288.54 | 8 357 | 35 604 | 2 982 |
| 2023 - 8365 | G07_HBB2302465_08 - 05 - 34. fsa | 254 | 254.39 | 10 365 | 43 680 | 2 747 |
| | G07_HBB2302465_08 - 05 - 34. fsa | 288 | 288.62 | 11 892 | 51 897 | 2 966 |
| 2023 - 8366 | G08_HBB2302466_08 - 05 - 34. fsa | 263 | 263.54 | 20 875 | 87 579 | 2 824 |
| | G08_HBB2302466_08 - 05 - 34. fsa | 288 | 288.53 | 7 333 | 31 493 | 2 985 |
| 2023 - 8367 | G09_HBB2302467_08 - 05 - 34. fsa | 254 | 254.38 | 21 406 | 86 580 | 2 753 |
| | G09_HBB2302467_08 - 05 - 34. fsa | 290 | 290.53 | 8 415 | 35 708 | 2 985 |
| 2023 - 8368 | G10_HBB2302468_08 - 05 - 34. fsa | 263 | 263.68 | 30 257 | 128 760 | 2 829 |
| | G10_HBB2302468_08 - 05 - 34. fsa | 290 | 290.59 | 12 787 | 55 133 | 3 003 |
| 2023 - 8369 | G11_HBB2302469_08 - 05 - 34. fsa | 263 | 263.69 | 21 127 | 91 758 | 2 864 |
| | G11_HBB2302469_08 - 05 - 34. fsa | 290 | 290.48 | 10 003 | 44 067 | 3 041 |
| 2023 - 8370 | G12_HBB2302470_08 - 05 - 34. fsa | 262 | 262.03 | 28 258 | 129 190 | 2 878 |
| | G12_HBB2302470_08 - 05 - 34. fsa | 288 | 288.66 | 11 830 | 53 134 | 3 056 |
| 2023 - 8371 | H02_HBB2302472_08 - 05 - 34. fsa | 263 | 263.72 | 20 324 | 86 816 | 2 903 |
| | H02_HBB2302472_08 - 05 - 34. fsa | 288 | 288.63 | 8 921 | 36 958 | 3 069 |
| 2023 - 8372 | H03_HBB2302473_08 - 05 - 34. fsa | 263 | 263.72 | 14 261 | 61 106 | 2 870 |
| | H03_HBB2302473_08 - 05 - 34. fsa | 288 | 288.63 | 5 676 | 25 026 | 3 034 |
| 2023 - 8373 | H04_HBB2302474_08 - 05 - 34. fsa | 254 | 254.46 | 17 152 | 70 686 | 2 793 |
| | H04_HBB2302474_08 - 05 - 34. fsa | 290 | 290.39 | 6 641 | 27 666 | 3 028 |
| 2023 - 8374 | H05_HBB2302475_08 - 05 - 34. fsa | 288 | 288.61 | 14 846 | 60 192 | 3 004 |
| | H05_HBB2302475_08 - 05 - 34. fsa | 290 | 290.46 | 9 966 | 39 018 | 3 016 |
| 2023 - 8375 | H06_HBB2302476_08 - 05 - 34. fsa | 254 | 254.49 | 27 397 | 106 531 | 2 775 |
| | H06_HBB2302476_08 - 05 - 34. fsa | 290 | 290.46 | 10 337 | 42 403 | 3 008 |
| 2023 - 8376 | H07_HBB2302477_08 - 05 - 34. fsa | 276 | 276.51 | 17 303 | 75 069 | 2 921 |
| | H07_HBB2302477_08 - 05 - 34. fsa | 288 | 288.64 | 7 720 | 32 057 | 3 000 |
| 2023 - 8377 | H08_HBB2302478_08 - 05 - 34. fsa | 288 | 288.64 | 11 736 | 50 065 | 3 005 |
| | H08_HBB2302478_08 - 05 - 34. fsa | 290 | 290.49 | 8 005 | 32 756 | 3 017 |

（续）

| 资源序号 | 样本名<br>（sample file name） | 等位基因位点<br>（allele，bp） | 大小<br>（size，bp） | 高度<br>（height，RFU） | 面积<br>（area，RFU） | 数据取值点<br>（data point，RFU） |
|---|---|---|---|---|---|---|
| 2023 - 8378 | H09_HBB2302479_08 - 05 - 34. fsa | 254 | 254.64 | 32 711 | 147 979 | 2 773 |
| 2023 - 8379 | H10_HBB2302480_08 - 05 - 34. fsa | 254 | 254.47 | 14 452 | 61 246 | 2 779 |
| | H10_HBB2302480_08 - 05 - 34. fsa | 276 | 276.43 | 13 271 | 55 414 | 2 922 |

## 11 P11

| 资源序号 | 样本名<br>（sample file name） | 等位基因位点<br>（allele，bp） | 大小<br>（size，bp） | 高度<br>（height，RFU） | 面积<br>（area，RFU） | 数据取值点<br>（data point，RFU） |
|---|---|---|---|---|---|---|
| 2023 - 8200 | A01_HBB2302293_23 - 08 - 17. fsa | 183 | 183.44 | 11 486 | 45 302 | 2 384 |
| | A01_HBB2302293_23 - 08 - 17. fsa | 201 | 201.2 | 8 780 | 35 049 | 2 492 |
| 2023 - 8201 | A02_HBB2302294_23 - 08 - 17. fsa | 165 | 165.53 | 30 131 | 114 833 | 2 260 |
| | A02_HBB2302294_23 - 08 - 17. fsa | 183 | 183.51 | 14 305 | 54 957 | 2 368 |
| 2023 - 8202 | A03_HBB2302295_23 - 08 - 17. fsa | 183 | 183.34 | 30 945 | 109 290 | 2 332 |
| 2023 - 8203 | A04_HBB2302296_23 - 08 - 17. fsa | 172 | 172.53 | 16 518 | 63 378 | 2 261 |
| | A04_HBB2302296_23 - 08 - 17. fsa | 183 | 183.5 | 12 431 | 50 047 | 2 326 |
| 2023 - 8204 | A05_HBB2302297_23 - 08 - 17. fsa | 172 | 172.45 | 12 937 | 51 264 | 2 250 |
| | A05_HBB2302297_23 - 08 - 17. fsa | 183 | 183.34 | 10 452 | 42 114 | 2 314 |
| 2023 - 8205 | A06_HBB2302298_23 - 08 - 17. fsa | 181 | 181.38 | 22 316 | 88 382 | 2 297 |
| | A06_HBB2302298_23 - 08 - 17. fsa | 183 | 183.43 | 15 787 | 59 825 | 2 309 |
| 2023 - 8206 | A07_HBB2302299_23 - 08 - 17. fsa | 165 | 165.31 | 27 126 | 104 061 | 2 196 |
| | A07_HBB2302299_23 - 08 - 17. fsa | 191 | 191.29 | 15 699 | 61 930 | 2 348 |
| 2023 - 8207 | A08_HBB2302300_23 - 08 - 17. fsa | 183 | 183.34 | 25 126 | 101 851 | 2 330 |
| 2023 - 8208 | A09_HBB2302301_23 - 08 - 17. fsa | 172 | 172.41 | 17 542 | 71 221 | 2 258 |
| | A09_HBB2302301_23 - 08 - 17. fsa | 185 | 185.29 | 10 013 | 41 916 | 2 334 |
| 2023 - 8209 | A10_HBB2302302_23 - 08 - 17. fsa | 165 | 165.41 | 26 880 | 112 629 | 2 230 |
| | A10_HBB2302302_23 - 08 - 17. fsa | 201 | 201.04 | 10 551 | 45 820 | 2 442 |
| 2023 - 8210 | A11_HBB2302303_23 - 08 - 17. fsa | 172 | 172.49 | 25 795 | 109 375 | 2 305 |
| | A11_HBB2302303_23 - 08 - 17. fsa | 191 | 191.24 | 25 008 | 107 362 | 2 418 |

（续）

| 资源序号 | 样本名<br>（sample file name） | 等位基因位点<br>（allele，bp） | 大小<br>（size，bp） | 高度<br>（height，RFU） | 面积<br>（area，RFU） | 数据取值点<br>（data point，RFU） |
|---|---|---|---|---|---|---|
| 2023－8211 | B01_HBB2302305_23－08－17. fsa | 185 | 185.42 | 8 076 | 32 012 | 2 365 |
| | B01_HBB2302305_23－08－17. fsa | 191 | 191.39 | 9 486 | 37 725 | 2 401 |
| 2023－8212 | B02_HBB2302306_23－08－17. fsa | 159 | 158.68 | 24 074 | 92 463 | 2 215 |
| | B02_HBB2302306_23－08－17. fsa | 201 | 201.2 | 8 628 | 33 671 | 2 470 |
| 2023－8213 | B03_HBB2302307_23－08－17. fsa | 183 | 183.43 | 17 663 | 70 350 | 2 324 |
| | B03_HBB2302307_23－08－17. fsa | 201 | 201.22 | 13 621 | 55 822 | 2 429 |
| 2023－8214 | B04_HBB2302308_23－08－17. fsa | 183 | 183.35 | 19 877 | 75 662 | 2 321 |
| | B04_HBB2302308_23－08－17. fsa | 201 | 201.22 | 15 953 | 62 603 | 2 426 |
| 2023－8215 | B05_HBB2302309_23－08－17. fsa | 183 | 183.26 | 19 951 | 81 116 | 2 312 |
| 2023－8216 | B06_HBB2302310_23－08－17. fsa | 159 | 158.49 | 24 789 | 97 089 | 2 148 |
| | B06_HBB2302310_23－08－17. fsa | 187 | 187.29 | 9 769 | 38 210 | 2 316 |
| 2023－8217 | B07_HBB2302311_23－08－17. fsa | 183 | 183.32 | 31 291 | 126 212 | 2 299 |
| 2023－8218 | B08_HBB2302312_23－08－17. fsa | 172 | 172.31 | 22 833 | 90 123 | 2 237 |
| 2023－8219 | B09_HBB2302313_23－08－17. fsa | 181 | 181.44 | 14 907 | 59 323 | 2 286 |
| | B09_HBB2302313_23－08－17. fsa | 185 | 185.37 | 11 668 | 46 486 | 2 309 |
| 2023－8220 | B10_HBB2302314_23－08－17. fsa | 172 | 172.31 | 31 741 | 136 809 | 2 240 |
| 2023－8221 | B11_HBB2302315_23－08－17. fsa | 195 | 195.16 | 14 769 | 61 518 | 2 421 |
| | B11_HBB2302315_23－08－17. fsa | 201 | 201.2 | 11 170 | 46 089 | 2 457 |
| 2023－8222 | B12_HBB2302316_23－08－17. fsa | 183 | 183.36 | 18 419 | 79 263 | 2 372 |
| | B12_HBB2302316_23－08－17. fsa | 201 | 201.03 | 13 931 | 59 658 | 2 479 |
| 2023－8223 | C01_HBB2302317_23－08－17. fsa | 172 | 172.53 | 12 161 | 46 997 | 2 303 |
| | C01_HBB2302317_23－08－17. fsa | 183 | 183.37 | 9 574 | 38 699 | 2 368 |
| 2023－8224 | C02_HBB2302318_23－08－17. fsa | 172 | 172.67 | 16 593 | 62 535 | 2 282 |
| | C02_HBB2302318_23－08－17. fsa | 183 | 183.6 | 14 092 | 52 711 | 2 347 |
| 2023－8226 | C03_HBB2302319_23－08－17. fsa | 172 | 172.54 | 12 089 | 48 947 | 2 266 |
| | C03_HBB2302319_23－08－17. fsa | 203 | 203.13 | 6 792 | 26 606 | 2 447 |
| 2023－8227 | C04_HBB2302320_23－08－17. fsa | 172 | 172.5 | 19 077 | 75 540 | 2 250 |
| 2023－8228 | C05_HBB2302321_23－08－17. fsa | 172 | 172.41 | 14 885 | 55 870 | 2 228 |
| | C05_HBB2302321_23－08－17. fsa | 185 | 185.29 | 11 923 | 45 007 | 2 303 |

（续）

| 资源序号 | 样本名<br>（sample file name） | 等位基因位点<br>（allele，bp） | 大小<br>（size，bp） | 高度<br>（height，RFU） | 面积<br>（area，RFU） | 数据取值点<br>（data point，RFU） |
|---|---|---|---|---|---|---|
| 2023－8229 | C06_HBB2302322_23－08－17.fsa | 172 | 172.48 | 9 555 | 38 986 | 2 242 |
| | C06_HBB2302322_23－08－17.fsa | 185 | 185.3 | 8 238 | 32 006 | 2 317 |
| 2023－8230 | C07_HBB2302323_23－08－17.fsa | 183 | 183.32 | 13 826 | 53 838 | 2 286 |
| | C07_HBB2302323_23－08－17.fsa | 201 | 201.24 | 10 790 | 42 385 | 2 390 |
| 2023－8231 | C09_HBB2302325_23－08－17.fsa | 183 | 183.26 | 14 573 | 56 792 | 2 312 |
| | C09_HBB2302325_23－08－17.fsa | 201 | 201.23 | 11 225 | 45 650 | 2 417 |
| 2023－8232 | C10_HBB2302326_23－08－17.fsa | 172 | 172.31 | 22 454 | 91 632 | 2 234 |
| 2023－8233 | C11_HBB2302327_23－08－17.fsa | 183 | 183.37 | 14 866 | 62 058 | 2 343 |
| | C11_HBB2302327_23－08－17.fsa | 201 | 201.21 | 11 567 | 49 594 | 2 449 |
| 2023－8234 | C12_HBB2302328_23－08－17.fsa | 165 | 165.35 | 19 448 | 77 658 | 2 252 |
| | C12_HBB2302328_23－08－17.fsa | 170 | 170.37 | 12 924 | 53 879 | 2 282 |
| 2023－8235 | D01_HBB2302329_23－08－17.fsa | 183 | 183.44 | 12 815 | 50 937 | 2 377 |
| | D01_HBB2302329_23－08－17.fsa | 191 | 191.23 | 15 336 | 59 179 | 2 424 |
| 2023－8236 | D02_HBB2302330_23－08－17.fsa | 170 | 170.6 | 19 261 | 73 769 | 2 270 |
| | D02_HBB2302330_23－08－17.fsa | 181 | 181.5 | 14 138 | 53 241 | 2 335 |
| 2023－8237 | D03_HBB2302331_23－08－17.fsa | 201 | 201.23 | 10 306 | 40 383 | 2 411 |
| | D03_HBB2302331_23－08－17.fsa | 211 | 211.39 | 6 688 | 26 122 | 2 469 |
| 2023－8238 | D04_HBB2302332_23－08－17.fsa | 159 | 158.63 | 16 681 | 61 367 | 2 158 |
| | D04_HBB2302332_23－08－17.fsa | 201 | 201.23 | 11 887 | 44 706 | 2 406 |
| 2023－8239 | D05_HBB2302333_23－08－17.fsa | 159 | 158.5 | 27 499 | 107 488 | 2 143 |
| | D05_HBB2302333_23－08－17.fsa | 195 | 195.16 | 13 684 | 51 705 | 2 356 |
| 2023－8240 | D06_HBB2302334_23－08－17.fsa | 159 | 158.63 | 32 503 | 125 822 | 2 148 |
| 2023－8241 | D07_HBB2302335_23－08－17.fsa | 172 | 172.49 | 13 420 | 52 055 | 2 247 |
| | D07_HBB2302335_23－08－17.fsa | 191 | 191.29 | 12 277 | 46 527 | 2 357 |
| 2023－8242 | D08_HBB2302336_23－08－17.fsa | 159 | 158.64 | 24 715 | 96 600 | 2 129 |
| | D08_HBB2302336_23－08－17.fsa | 191 | 191.18 | 14 666 | 56 354 | 2 317 |
| 2023－8243 | D09_HBB2302337_23－08－17.fsa | 183 | 183.42 | 11 463 | 45 792 | 2 295 |
| 2023－8244 | D10_HBB2302338_23－08－17.fsa | 172 | 172.4 | 15 449 | 61 823 | 2 225 |
| | D10_HBB2302338_23－08－17.fsa | 187 | 187.23 | 11 918 | 46 196 | 2 311 |

（续）

| 资源序号 | 样本名<br>（sample file name） | 等位基因位点<br>（allele，bp） | 大小<br>（size，bp） | 高度<br>（height，RFU） | 面积<br>（area，RFU） | 数据取值点<br>（data point，RFU） |
|---|---|---|---|---|---|---|
| 2023－8245 | D11_HBB2302339_23－08－17. fsa | 191 | 191.27 | 13 752 | 58 835 | 2 376 |
| | D11_HBB2302339_23－08－17. fsa | 201 | 201.21 | 9 604 | 40 753 | 2 435 |
| 2023－8246 | D12_HBB2302340_23－08－17. fsa | 172 | 172.32 | 14 664 | 61 781 | 2 291 |
| | D12_HBB2302340_23－08－17. fsa | 183 | 183.28 | 12 012 | 49 106 | 2 357 |
| 2023－8247 | E01_HBB2302341_23－08－17. fsa | 185 | 185.48 | 11 274 | 43 626 | 2 398 |
| | E01_HBB2302341_23－08－17. fsa | 211 | 211.38 | 5 605 | 23 015 | 2 552 |
| 2023－8248 | E02_HBB2302342_23－08－17. fsa | 185 | 185.52 | 5 695 | 24 068 | 2 369 |
| | E02_HBB2302342_23－08－17. fsa | 211 | 211.34 | 3 019 | 12 346 | 2 522 |
| 2023－8249 | E03_HBB2302343_23－08－17. fsa | 191 | 191.39 | 7 151 | 28 791 | 2 376 |
| | E03_HBB2302343_23－08－17. fsa | 211 | 211.27 | 3 029 | 11 878 | 2 492 |
| 2023－8250 | E04_HBB2302344_23－08－17. fsa | 172 | 172.4 | 8 638 | 33 820 | 2 263 |
| | E04_HBB2302344_23－08－17. fsa | 191 | 191.3 | 7 921 | 30 632 | 2 374 |
| 2023－8251 | E06_HBB2302346_23－08－17. fsa | 159 | 158.63 | 13 716 | 51 082 | 2 140 |
| | E06_HBB2302346_23－08－17. fsa | 185 | 185.38 | 5 307 | 20 836 | 2 295 |
| 2023－8252 | E07_HBB2302347_23－08－17. fsa | 197 | 197.25 | 4 374 | 17 341 | 2 362 |
| | E07_HBB2302347_23－08－17. fsa | 201 | 201.24 | 3 484 | 13 075 | 2 385 |
| 2023－8253 | E08_HBB2302348_23－08－17. fsa | 183 | 183.35 | 6 014 | 23 262 | 2 298 |
| | E08_HBB2302348_23－08－17. fsa | 201 | 201.05 | 4 485 | 17 731 | 2 401 |
| 2023－8254 | E09_HBB2302349_23－08－17. fsa | 172 | 172.55 | 8 189 | 33 170 | 2 237 |
| | E09_HBB2302349_23－08－17. fsa | 185 | 185.37 | 6 455 | 24 746 | 2 312 |
| 2023－8255 | E10_HBB2302350_23－08－17. fsa | 183 | 183.41 | 8 028 | 32 002 | 2 292 |
| | E10_HBB2302350_23－08－17. fsa | 211 | 211.25 | 3 956 | 15 245 | 2 453 |
| 2023－8256 | E11_HBB2302351_23－08－17. fsa | 159 | 158.66 | 30 052 | 124 769 | 2 176 |
| 2023－8257 | E12_HBB2302352_23－08－17. fsa | 159 | 158.51 | 28 172 | 112 046 | 2 216 |
| | E12_HBB2302352_23－08－17. fsa | 201 | 201.2 | 9 860 | 41 036 | 2 473 |
| 2023－8258 | F01_HBB2302353_23－08－17. fsa | 159 | 158.68 | 22 830 | 93 082 | 2 239 |
| 2023－8259 | F02_HBB2302354_23－08－17. fsa | 201 | 201.04 | 13 035 | 53 538 | 2 460 |
| 2023－8260 | F03_HBB2302355_23－08－17. fsa | 189 | 189.19 | 17 535 | 69 009 | 2 372 |
| 2023－8261 | F04_HBB2302356_23－08－17. fsa | 173 | 173.49 | 16 275 | 60 471 | 2 278 |
| | F04_HBB2302356_23－08－17. fsa | 201 | 201.04 | 7 743 | 29 046 | 2 441 |

（续）

| 资源序号 | 样本名<br>（sample file name） | 等位基因位点<br>（allele，bp） | 大小<br>（size，bp） | 高度<br>（height，RFU） | 面积<br>（area，RFU） | 数据取值点<br>（data point，RFU） |
|---|---|---|---|---|---|---|
| 2023－8262 | F05_HBB2302357_23－08－17. fsa | 201 | 201. 23 | 12 135 | 43 891 | 2 410 |
| | F05_HBB2302357_23－08－17. fsa | 211 | 211. 39 | 7 953 | 28 886 | 2 468 |
| 2023－8263 | F06_HBB2302358_23－08－17. fsa | 172 | 172. 4 | 12 951 | 49 464 | 2 227 |
| | F06_HBB2302358_23－08－17. fsa | 201 | 201. 23 | 7 554 | 29 771 | 2 394 |
| 2023－8264 | F07_HBB2302359_23－08－17. fsa | 165 | 165. 32 | 15 786 | 59 426 | 2 186 |
| | F07_HBB2302359_23－08－17. fsa | 199 | 199. 14 | 5 534 | 22 153 | 2 383 |
| 2023－8265 | F08_HBB2302360_23－08－17. fsa | 165 | 165. 37 | 20 298 | 78 150 | 2 176 |
| | F08_HBB2302360_23－08－17. fsa | 201 | 201. 24 | 8 086 | 31 601 | 2 384 |
| 2023－8266 | F09_HBB2302361_23－08－17. fsa | 172 | 172. 41 | 13 170 | 51 446 | 2 232 |
| | F09_HBB2302361_23－08－17. fsa | 183 | 183. 41 | 10 320 | 39 922 | 2 296 |
| 2023－8267 | F10_HBB2302362_23－08－17. fsa | 172 | 172. 31 | 15 693 | 61 489 | 2 230 |
| | F10_HBB2302362_23－08－17. fsa | 183 | 183. 26 | 12 842 | 50 162 | 2 294 |
| 2023－8268 | F11_HBB2302363_23－08－17. fsa | 172 | 172. 46 | 32 187 | 131 287 | 2 278 |
| 2023－8269 | F12_HBB2302364_23－08－17. fsa | 165 | 165. 38 | 31 404 | 126 349 | 2 236 |
| | F12_HBB2302364_23－08－17. fsa | 183 | 183. 42 | 14 969 | 60 844 | 2 344 |
| 2023－8270 | G01_HBB2302365_23－08－17. fsa | 159 | 158. 68 | 15 839 | 60 454 | 2 245 |
| | G01_HBB2302365_23－08－17. fsa | 173 | 173. 51 | 10 423 | 42 394 | 2 334 |
| 2023－8271 | G03_HBB2302367_23－08－17. fsa | 191 | 191. 26 | 5 524 | 20 925 | 2 388 |
| | G03_HBB2302367_23－08－17. fsa | 201 | 201. 04 | 5 321 | 21 288 | 2 446 |
| 2023－8272 | G04_HBB2302368_23－08－17. fsa | 183 | 183. 43 | 9 832 | 37 002 | 2 322 |
| | G04_HBB2302368_23－08－17. fsa | 191 | 191. 21 | 11 705 | 46 092 | 2 368 |
| 2023－8273 | G05_HBB2302369_23－08－17. fsa | 165 | 165. 49 | 22 551 | 82 293 | 2 204 |
| | G05_HBB2302369_23－08－17. fsa | 201 | 201. 05 | 9 495 | 36 276 | 2 413 |
| 2023－8274 | G06_HBB2302370_23－08－17. fsa | 172 | 172. 5 | 9 173 | 34 870 | 2 246 |
| | G06_HBB2302370_23－08－17. fsa | 183 | 183. 4 | 7 274 | 27 572 | 2 310 |
| 2023－8275 | G07_HBB2302371_23－08－17. fsa | 159 | 158. 66 | 15 201 | 59 357 | 2 150 |
| | G07_HBB2302371_23－08－17. fsa | 165 | 165. 32 | 14 825 | 55 704 | 2 189 |
| 2023－8276 | G08_HBB2302372_23－08－17. fsa | 201 | 201. 05 | 25 542 | 93 420 | 2 411 |
| 2023－8277 | G09_HBB2302373_23－08－17. fsa | 172 | 172. 54 | 13 049 | 49 494 | 2 230 |
| | G09_HBB2302373_23－08－17. fsa | 178 | 177. 5 | 13 399 | 47 583 | 2 259 |

（续）

| 资源序号 | 样本名<br>（sample file name） | 等位基因位点<br>（allele，bp） | 大小<br>（size，bp） | 高度<br>（height，RFU） | 面积<br>（area，RFU） | 数据取值点<br>（data point，RFU） |
|---|---|---|---|---|---|---|
| 2023 - 8278 | G10_HBB2302374_23 - 08 - 17. fsa | 159 | 158.63 | 15 897 | 59 730 | 2 163 |
| | G10_HBB2302374_23 - 08 - 17. fsa | 172 | 172.51 | 8 496 | 33 531 | 2 244 |
| 2023 - 8279 | G11_HBB2302375_23 - 08 - 17. fsa | 183 | 183.34 | 13 731 | 56 526 | 2 338 |
| | G11_HBB2302375_23 - 08 - 17. fsa | 191 | 191.19 | 15 293 | 63 015 | 2 385 |
| 2023 - 8280 | G12_HBB2302376_23 - 08 - 17. fsa | 172 | 172.31 | 16 159 | 65 612 | 2 291 |
| | G12_HBB2302376_23 - 08 - 17. fsa | 183 | 183.27 | 13 369 | 51 509 | 2 357 |
| 2023 - 8281 | H01_HBB2302377_23 - 08 - 17. fsa | 159 | 158.67 | 20 451 | 77 154 | 2 262 |
| | H01_HBB2302377_23 - 08 - 17. fsa | 183 | 183.44 | 9 920 | 36 959 | 2 412 |
| 2023 - 8282 | H02_HBB2302378_23 - 08 - 17. fsa | 165 | 165.48 | 17 034 | 64 801 | 2 276 |
| | H02_HBB2302378_23 - 08 - 17. fsa | 201 | 201.2 | 6 506 | 26 038 | 2 492 |
| 2023 - 8283 | H03_HBB2302379_23 - 08 - 17. fsa | 165 | 165.51 | 12 838 | 52 407 | 2 251 |
| | H03_HBB2302379_23 - 08 - 17. fsa | 183 | 183.36 | 6 504 | 26 929 | 2 358 |
| 2023 - 8284 | H04_HBB2302380_23 - 08 - 17. fsa | 165 | 165.58 | 15 960 | 59 606 | 2 232 |
| | H04_HBB2302380_23 - 08 - 17. fsa | 173 | 173.68 | 11 437 | 44 813 | 2 280 |
| 2023 - 8285 | H05_HBB2302381_23 - 08 - 17. fsa | 185 | 185.29 | 9 221 | 36 448 | 2 337 |
| | H05_HBB2302381_23 - 08 - 17. fsa | 191 | 191.38 | 10 922 | 41 554 | 2 373 |
| 2023 - 8286 | H06_HBB2302382_23 - 08 - 17. fsa | 172 | 172.4 | 9 241 | 37 606 | 2 255 |
| | H06_HBB2302382_23 - 08 - 17. fsa | 183 | 183.42 | 8 052 | 30 555 | 2 320 |
| 2023 - 8287 | H07_HBB2302383_23 - 08 - 17. fsa | 172 | 172.45 | 12 965 | 47 598 | 2 253 |
| | H07_HBB2302383_23 - 08 - 17. fsa | 183 | 183.35 | 10 334 | 38 003 | 2 317 |
| 2023 - 8288 | H08_HBB2302384_23 - 08 - 17. fsa | 191 | 191.21 | 23 514 | 88 657 | 2 368 |
| 2023 - 8289 | H09_HBB2302385_23 - 08 - 17. fsa | 172 | 172.51 | 14 630 | 54 434 | 2 244 |
| | H09_HBB2302385_23 - 08 - 17. fsa | 185 | 185.45 | 11 600 | 41 291 | 2 320 |
| 2023 - 8290 | A01_HBB2302387_01 - 49 - 27. fsa | 183 | 183.45 | 11 864 | 45 759 | 2 390 |
| | A01_HBB2302387_01 - 49 - 27. fsa | 197 | 197.22 | 11 014 | 42 307 | 2 474 |
| 2023 - 8291 | A02_HBB2302388_01 - 49 - 27. fsa | 172 | 172.49 | 27 595 | 107 818 | 2 308 |
| 2023 - 8292 | A03_HBB2302389_01 - 49 - 27. fsa | 191 | 191.22 | 32 346 | 129 656 | 2 386 |
| 2023 - 8293 | A04_HBB2302390_01 - 49 - 27. fsa | 183 | 183.42 | 24 967 | 96 526 | 2 333 |
| 2023 - 8294 | A05_HBB2302391_01 - 49 - 27. fsa | 197 | 197.13 | 26 084 | 103 419 | 2 402 |
| 2023 - 8295 | A06_HBB2302392_01 - 49 - 27. fsa | 183 | 183.34 | 26 432 | 104 275 | 2 315 |

（续）

| 资源序号 | 样本名<br>（sample file name） | 等位基因位点<br>（allele，bp） | 大小<br>（size，bp） | 高度<br>（height，RFU） | 面积<br>（area，RFU） | 数据取值点<br>（data point，RFU） |
|---|---|---|---|---|---|---|
| 2023－8296 | A07_HBB2302393_01－49－27.fsa | 183 | 183.34 | 27 423 | 110 149 | 2 307 |
| 2023－8297 | A08_HBB2302394_01－49－27.fsa | 172 | 172.37 | 25 752 | 105 876 | 2 272 |
| 2023－8298 | A09_HBB2302395_01－49－27.fsa | 201 | 201.05 | 18 048 | 75 990 | 2 434 |
| 2023－8299 | A10_HBB2302396_01－49－27.fsa | 172 | 172.33 | 32 469 | 170 307 | 2 278 |
| 2023－8300 | A11_HBB2302397_01－49－27.fsa | 185 | 185.34 | 28 420 | 132 080 | 2 388 |
| 2023－8301 | A12_HBB2302398_01－49－27.fsa | 197 | 197.09 | 31 934 | 153 989 | 2 485 |
| 2023－8302 | B01_HBB2302399_01－49－27.fsa | 172 | 172.59 | 10 988 | 45 040 | 2 293 |
| | B01_HBB2302399_01－49－27.fsa | 201 | 201.21 | 6 726 | 28 044 | 2 465 |
| 2023－8303 | B02_HBB2302400_01－49－27.fsa | 172 | 172.53 | 16 257 | 61 300 | 2 303 |
| | B02_HBB2302400_01－49－27.fsa | 197 | 197.18 | 11 560 | 45 146 | 2 451 |
| 2023－8304 | B03_HBB2302401_01－49－27.fsa | 172 | 172.41 | 14 715 | 60 318 | 2 266 |
| | B03_HBB2302401_01－49－27.fsa | 191 | 191.39 | 13 909 | 56 860 | 2 378 |
| 2023－8305 | B04_HBB2302402_01－49－27.fsa | 165 | 165.45 | 28 637 | 113 032 | 2 222 |
| | B04_HBB2302402_01－49－27.fsa | 211 | 211.27 | 7 019 | 28 089 | 2 491 |
| 2023－8306 | B05_HBB2302403_01－49－27.fsa | 159 | 158.63 | 20 757 | 80 600 | 2 174 |
| | B05_HBB2302403_01－49－27.fsa | 183 | 183.41 | 9 091 | 36 683 | 2 319 |
| 2023－8307 | B06_HBB2302404_01－49－27.fsa | 183 | 183.32 | 17 127 | 66 472 | 2 297 |
| | B06_HBB2302404_01－49－27.fsa | 201 | 201.06 | 12 996 | 50 324 | 2 401 |
| 2023－8308 | B07_HBB2302405_01－49－27.fsa | 183 | 183.49 | 16 129 | 65 153 | 2 306 |
| | B07_HBB2302405_01－49－27.fsa | 201 | 201.23 | 12 066 | 49 617 | 2 410 |
| 2023－8309 | B08_HBB2302406_01－49－27.fsa | 172 | 172.5 | 21 690 | 86 811 | 2 242 |
| | B08_HBB2302406_01－49－27.fsa | 185 | 185.44 | 16 640 | 68 788 | 2 318 |
| 2023－8310 | B09_HBB2302407_01－49－27.fsa | 183 | 183.26 | 13 641 | 58 371 | 2 303 |
| | B09_HBB2302407_01－49－27.fsa | 201 | 201.05 | 11 962 | 49 865 | 2 407 |
| 2023－8311 | B11_HBB2302409_01－49－27.fsa | 183 | 183.2 | 13 572 | 60 200 | 2 355 |
| | B11_HBB2302409_01－49－27.fsa | 201 | 201.03 | 10 529 | 46 376 | 2 462 |
| 2023－8312 | B12_HBB2302410_01－49－27.fsa | 183 | 183.31 | 17 958 | 77 010 | 2 378 |
| | B12_HBB2302410_01－49－27.fsa | 201 | 201.02 | 14 568 | 65 165 | 2 485 |
| 2023－8313 | C01_HBB2302411_01－49－27.fsa | 183 | 183.45 | 16 550 | 65 108 | 2 374 |
| | C01_HBB2302411_01－49－27.fsa | 201 | 201.2 | 13 037 | 50 770 | 2 481 |

（续）

| 资源序号 | 样本名<br>（sample file name） | 等位基因位点<br>（allele，bp） | 大小<br>（size，bp） | 高度<br>（height，RFU） | 面积<br>（area，RFU） | 数据取值点<br>（data point，RFU） |
|---|---|---|---|---|---|---|
| 2023 - 8314 | C02_HBB2302412_01 - 49 - 27. fsa | 183 | 183.54 | 17 616 | 68 929 | 2 352 |
| | C02_HBB2302412_01 - 49 - 27. fsa | 201 | 201.21 | 14 866 | 55 604 | 2 457 |
| 2023 - 8315 | C03_HBB2302413_01 - 49 - 27. fsa | 165 | 165.43 | 32 448 | 133 599 | 2 229 |
| | C03_HBB2302413_01 - 49 - 27. fsa | 185 | 185.37 | 15 814 | 62 223 | 2 347 |
| 2023 - 8316 | C04_HBB2302414_01 - 49 - 27. fsa | 183 | 183.49 | 16 691 | 64 735 | 2 319 |
| | C04_HBB2302414_01 - 49 - 27. fsa | 201 | 201.05 | 12 514 | 49 664 | 2 423 |
| 2023 - 8317 | C05_HBB2302415_01 - 49 - 27. fsa | 159 | 158.66 | 30 044 | 116 300 | 2 154 |
| | C05_HBB2302415_01 - 49 - 27. fsa | 183 | 183.34 | 14 970 | 58 283 | 2 298 |
| 2023 - 8318 | C06_HBB2302416_01 - 49 - 27. fsa | 165 | 165.49 | 29 678 | 112 235 | 2 207 |
| | C06_HBB2302416_01 - 49 - 27. fsa | 172 | 172.5 | 17 981 | 69 684 | 2 248 |
| 2023 - 8319 | C07_HBB2302417_01 - 49 - 27. fsa | 172 | 172.46 | 23 658 | 90 082 | 2 228 |
| | C07_HBB2302417_01 - 49 - 27. fsa | 183 | 183.33 | 17 775 | 69 761 | 2 291 |
| 2023 - 8320 | C08_HBB2302418_01 - 49 - 27. fsa | 165 | 165.52 | 32 104 | 133 553 | 2 184 |
| | C08_HBB2302418_01 - 49 - 27. fsa | 191 | 191.28 | 19 158 | 76 159 | 2 334 |
| 2023 - 8321 | C09_HBB2302419_01 - 49 - 27. fsa | 172 | 172.28 | 23 689 | 95 427 | 2 253 |
| | C09_HBB2302419_01 - 49 - 27. fsa | 183 | 183.35 | 18 383 | 77 656 | 2 318 |
| 2023 - 8322 | C10_HBB2302420_01 - 49 - 27. fsa | 172 | 172.55 | 22 648 | 94 034 | 2 240 |
| | C10_HBB2302420_01 - 49 - 27. fsa | 183 | 183.33 | 18 406 | 79 524 | 2 303 |
| 2023 - 8323 | C11_HBB2302421_01 - 49 - 27. fsa | 172 | 172.4 | 17 487 | 74 331 | 2 283 |
| | C11_HBB2302421_01 - 49 - 27. fsa | 197 | 196.99 | 12 010 | 51 735 | 2 430 |
| 2023 - 8324 | C12_HBB2302422_01 - 49 - 27. fsa | 159 | 158.51 | 31 535 | 131 694 | 2 218 |
| | C12_HBB2302422_01 - 49 - 27. fsa | 183 | 183.29 | 15 328 | 63 478 | 2 367 |
| 2023 - 8325 | D01_HBB2302423_01 - 49 - 27. fsa | 172 | 172.45 | 29 142 | 118 240 | 2 317 |
| 2023 - 8326 | D02_HBB2302424_01 - 49 - 27. fsa | 172 | 172.44 | 18 023 | 68 956 | 2 287 |
| | D02_HBB2302424_01 - 49 - 27. fsa | 191 | 191.27 | 18 357 | 71 243 | 2 399 |
| 2023 - 8327 | D03_HBB2302425_01 - 49 - 27. fsa | 183 | 183.33 | 20 874 | 78 523 | 2 313 |
| | D03_HBB2302425_01 - 49 - 27. fsa | 191 | 191.16 | 23 331 | 88 714 | 2 359 |
| 2023 - 8328 | D04_HBB2302426_01 - 49 - 27. fsa | 191 | 191.33 | 21 827 | 87 853 | 2 354 |
| | D04_HBB2302426_01 - 49 - 27. fsa | 211 | 211.39 | 9 906 | 38 325 | 2 470 |

（续）

| 资源序号 | 样本名<br>（sample file name） | 等位基因位点<br>（allele，bp） | 大小<br>（size，bp） | 高度<br>（height，RFU） | 面积<br>（area，RFU） | 数据取值点<br>（data point，RFU） |
|---|---|---|---|---|---|---|
| 2023－8329 | D05_HBB2302427_01－49－27.fsa | 183 | 183.25 | 18 962 | 73 634 | 2 292 |
| | D05_HBB2302427_01－49－27.fsa | 201 | 201.24 | 8 954 | 35 609 | 2 396 |
| 2023－8330 | D06_HBB2302428_01－49－27.fsa | 172 | 172.41 | 24 537 | 98 834 | 2 234 |
| | D06_HBB2302428_01－49－27.fsa | 201 | 201.23 | 16 433 | 64 023 | 2 402 |
| 2023－8331 | D08_HBB2302430_01－49－27.fsa | 172 | 172.32 | 23 516 | 89 635 | 2 213 |
| | D08_HBB2302430_01－49－27.fsa | 211 | 211.15 | 9 072 | 37 019 | 2 436 |
| 2023－8332 | D09_HBB2302431_01－49－27.fsa | 183 | 183.32 | 31 827 | 137 232 | 2 300 |
| 2023－8333 | D10_HBB2302432_01－49－27.fsa | 172 | 172.41 | 23 455 | 93 400 | 2 230 |
| | D10_HBB2302432_01－49－27.fsa | 211 | 211.26 | 10 320 | 41 808 | 2 455 |
| 2023－8334 | D11_HBB2302433_01－49－27.fsa | 159 | 158.52 | 6 799 | 28 622 | 2 187 |
| | D11_HBB2302433_01－49－27.fsa | 191 | 191.09 | 26 653 | 117 668 | 2 381 |
| 2023－8335 | D12_HBB2302434_01－49－27.fsa | 181 | 181.46 | 11 317 | 46 377 | 2 352 |
| | D12_HBB2302434_01－49－27.fsa | 189 | 189.25 | 11 401 | 46 050 | 2 399 |
| 2023－8336 | E01_HBB2302435_01－49－27.fsa | 172 | 172.44 | 15 513 | 62 748 | 2 330 |
| | E01_HBB2302435_01－49－27.fsa | 201 | 201.03 | 9 101 | 37 104 | 2 503 |
| 2023－8337 | E02_HBB2302436_01－49－27.fsa | 165 | 165.35 | 30 181 | 124 620 | 2 255 |
| 2023－8338 | E03_HBB2302437_01－49－27.fsa | 183 | 183.34 | 31 307 | 123 775 | 2 334 |
| 2023－8339 | E04_HBB2302438_01－49－27.fsa | 183 | 183.34 | 19 027 | 73 790 | 2 332 |
| | E04_HBB2302438_01－49－27.fsa | 191 | 191.26 | 21 169 | 82 919 | 2 379 |
| 2023－8340 | E05_HBB2302439_01－49－27.fsa | 165 | 165.46 | 32 161 | 129 965 | 2 213 |
| | E05_HBB2302439_01－49－27.fsa | 191 | 191.33 | 18 562 | 74 563 | 2 365 |
| 2023－8341 | E06_HBB2302440_01－49－27.fsa | 172 | 172.41 | 20 168 | 77 275 | 2 226 |
| | E06_HBB2302440_01－49－27.fsa | 191 | 191.28 | 17 986 | 72 389 | 2 336 |
| 2023－8342 | E07_HBB2302441_01－49－27.fsa | 165 | 165.35 | 20 363 | 80 775 | 2 181 |
| | E07_HBB2302441_01－49－27.fsa | 185 | 185.29 | 11 812 | 46 859 | 2 297 |
| 2023－8343 | E08_HBB2302442_01－49－27.fsa | 172 | 172.37 | 21 341 | 83 893 | 2 239 |
| | E08_HBB2302442_01－49－27.fsa | 183 | 183.32 | 17 936 | 70 927 | 2 303 |
| 2023－8344 | E09_HBB2302443_01－49－27.fsa | 183 | 183.26 | 10 855 | 47 100 | 2 306 |
| | E09_HBB2302443_01－49－27.fsa | 191 | 191.29 | 11 901 | 52 172 | 2 353 |
| 2023－8345 | E10_HBB2302444_01－49－27.fsa | 191 | 191.16 | 30 963 | 124 743 | 2 343 |

（续）

| 资源序号 | 样本名<br>（sample file name） | 等位基因位点<br>（allele，bp） | 大小<br>（size，bp） | 高度<br>（height，RFU） | 面积<br>（area，RFU） | 数据取值点<br>（data point，RFU） |
|---|---|---|---|---|---|---|
| 2023 - 8346 | E11_HBB2302445_01 - 49 - 27. fsa | 191 | 191. 27 | 27 944 | 120 844 | 2 376 |
| | E11_HBB2302445_01 - 49 - 27. fsa | 211 | 211. 23 | 13 046 | 54 839 | 2 493 |
| 2023 - 8347 | E12_HBB2302446_01 - 49 - 27. fsa | 172 | 172. 45 | 30 636 | 130 212 | 2 306 |
| 2023 - 8348 | F01_HBB2302447_01 - 49 - 27. fsa | 172 | 172. 35 | 11 079 | 45 174 | 2 324 |
| | F01_HBB2302447_01 - 49 - 27. fsa | 201 | 201. 04 | 6 336 | 25 439 | 2 496 |
| 2023 - 8349 | F02_HBB2302448_01 - 49 - 27. fsa | 183 | 183. 6 | 11 431 | 46 766 | 2 363 |
| | F02_HBB2302448_01 - 49 - 27. fsa | 191 | 191. 4 | 12 609 | 50 429 | 2 410 |
| 2023 - 8350 | F03_HBB2302449_01 - 49 - 27. fsa | 172 | 172. 66 | 32 129 | 137 331 | 2 278 |
| 2023 - 8351 | F05_HBB2302451_01 - 49 - 27. fsa | 173 | 173. 63 | 28 435 | 108 129 | 2 255 |
| | F05_HBB2302451_01 - 49 - 27. fsa | 191 | 191. 16 | 22 397 | 84 184 | 2 358 |
| 2023 - 8352 | F06_HBB2302452_01 - 49 - 27. fsa | 187 | 187. 35 | 17 229 | 62 549 | 2 319 |
| | F06_HBB2302452_01 - 49 - 27. fsa | 191 | 191. 29 | 22 923 | 82 120 | 2 342 |
| 2023 - 8353 | F07_HBB2302453_01 - 49 - 27. fsa | 155 | 154. 64 | 24 223 | 97 113 | 2 128 |
| | F07_HBB2302453_01 - 49 - 27. fsa | 191 | 191. 33 | 12 932 | 51 425 | 2 342 |
| 2023 - 8354 | F08_HBB2302454_01 - 49 - 27. fsa | 172 | 172. 45 | 16 015 | 62 113 | 2 223 |
| | F08_HBB2302454_01 - 49 - 27. fsa | 183 | 183. 32 | 18 302 | 69 491 | 2 286 |
| 2023 - 8355 | F09_HBB2302455_01 - 49 - 27. fsa | 183 | 183. 25 | 23 598 | 94 702 | 2 302 |
| | F09_HBB2302455_01 - 49 - 27. fsa | 185 | 185. 3 | 17 273 | 65 474 | 2 314 |
| 2023 - 8356 | F10_HBB2302456_01 - 49 - 27. fsa | 172 | 172. 31 | 20 079 | 79 277 | 2 236 |
| | F10_HBB2302456_01 - 49 - 27. fsa | 183 | 183. 26 | 16 795 | 64 145 | 2 300 |
| 2023 - 8357 | F11_HBB2302457_01 - 49 - 27. fsa | 201 | 201. 03 | 21 265 | 85 256 | 2 456 |
| | F11_HBB2302457_01 - 49 - 27. fsa | 211 | 211. 15 | 8 715 | 37 103 | 2 515 |
| 2023 - 8358 | F12_HBB2302458_01 - 49 - 27. fsa | 172 | 172. 59 | 20 644 | 86 355 | 2 286 |
| | F12_HBB2302458_01 - 49 - 27. fsa | 183 | 183. 44 | 4 522 | 18 000 | 2 351 |
| 2023 - 8359 | G01_HBB2302459_01 - 49 - 27. fsa | 170 | 170. 52 | 14 821 | 58 383 | 2 319 |
| | G01_HBB2302459_01 - 49 - 27. fsa | 172 | 172. 52 | 10 391 | 41 314 | 2 331 |
| 2023 - 8360 | G02_HBB2302460_01 - 49 - 27. fsa | 172 | 172. 49 | 20 131 | 81 112 | 2 312 |
| 2023 - 8361 | G03_HBB2302461_01 - 49 - 27. fsa | 172 | 172. 44 | 30 015 | 114 073 | 2 282 |
| 2023 - 8362 | G04_HBB2302462_01 - 49 - 27. fsa | 172 | 172. 41 | 31 646 | 121 503 | 2 263 |
| 2023 - 8363 | G05_HBB2302463_01 - 49 - 27. fsa | 172 | 172. 44 | 32 512 | 142 921 | 2 252 |

（续）

| 资源序号 | 样本名<br>（sample file name） | 等位基因位点<br>（allele，bp） | 大小<br>（size，bp） | 高度<br>（height，RFU） | 面积<br>（area，RFU） | 数据取值点<br>（data point，RFU） |
|---|---|---|---|---|---|---|
| 2023 - 8364 | G06_HBB2302464_01 - 49 - 27. fsa | 172 | 172.45 | 17 010 | 66 958 | 2 253 |
| | G06_HBB2302464_01 - 49 - 27. fsa | 201 | 201.05 | 11 263 | 43 512 | 2 421 |
| 2023 - 8365 | G07_HBB2302465_01 - 49 - 27. fsa | 165 | 165.3 | 19 892 | 78 488 | 2 195 |
| | G07_HBB2302465_01 - 49 - 27. fsa | 191 | 191.29 | 6 641 | 26 539 | 2 347 |
| 2023 - 8366 | G08_HBB2302466_01 - 49 - 27. fsa | 172 | 172.45 | 32 504 | 140 830 | 2 249 |
| 2023 - 8367 | G09_HBB2302467_01 - 49 - 27. fsa | 183 | 183.43 | 15 681 | 63 612 | 2 300 |
| | G09_HBB2302467_01 - 49 - 27. fsa | 201 | 201.05 | 12 284 | 50 310 | 2 403 |
| 2023 - 8368 | G10_HBB2302468_01 - 49 - 27. fsa | 183 | 183.49 | 12 833 | 50 247 | 2 315 |
| | G10_HBB2302468_01 - 49 - 27. fsa | 201 | 201.05 | 10 272 | 41 929 | 2 419 |
| 2023 - 8369 | G11_HBB2302469_01 - 49 - 27. fsa | 165 | 165.37 | 15 260 | 61 491 | 2 238 |
| | G11_HBB2302469_01 - 49 - 27. fsa | 183 | 183.29 | 15 596 | 63 696 | 2 345 |
| 2023 - 8370 | G12_HBB2302470_01 - 49 - 27. fsa | 165 | 165.34 | 32 614 | 148 957 | 2 257 |
| | G12_HBB2302470_01 - 49 - 27. fsa | 183 | 183.45 | 19 223 | 78 510 | 2 366 |
| 2023 - 8371 | H02_HBB2302472_01 - 49 - 27. fsa | 172 | 172.57 | 12 789 | 50 013 | 2 326 |
| | H02_HBB2302472_01 - 49 - 27. fsa | 201 | 201.2 | 7 817 | 31 025 | 2 500 |
| 2023 - 8372 | H03_HBB2302473_01 - 49 - 27. fsa | 173 | 173.7 | 9 643 | 39 758 | 2 306 |
| | H03_HBB2302473_01 - 49 - 27. fsa | 183 | 183.37 | 6 401 | 25 440 | 2 364 |
| 2023 - 8373 | H04_HBB2302474_01 - 49 - 27. fsa | 183 | 183.36 | 10 552 | 42 176 | 2 345 |
| | H04_HBB2302474_01 - 49 - 27. fsa | 201 | 201.22 | 8 187 | 34 081 | 2 451 |
| 2023 - 8374 | H05_HBB2302475_01 - 49 - 27. fsa | 183 | 183.34 | 15 047 | 56 363 | 2 333 |
| | H05_HBB2302475_01 - 49 - 27. fsa | 201 | 201.22 | 11 878 | 45 246 | 2 439 |
| 2023 - 8375 | H06_HBB2302476_01 - 49 - 27. fsa | 181 | 181.48 | 19 480 | 74 483 | 2 316 |
| | H06_HBB2302476_01 - 49 - 27. fsa | 201 | 201.05 | 14 622 | 55 129 | 2 432 |
| 2023 - 8376 | H07_HBB2302477_01 - 49 - 27. fsa | 201 | 201.22 | 13 242 | 52 309 | 2 429 |
| | H07_HBB2302477_01 - 49 - 27. fsa | 211 | 211.32 | 8 860 | 32 874 | 2 487 |
| 2023 - 8377 | H08_HBB2302478_01 - 49 - 27. fsa | 183 | 183.34 | 9 819 | 38 701 | 2 328 |
| | H08_HBB2302478_01 - 49 - 27. fsa | 201 | 201.05 | 7 644 | 31 102 | 2 433 |
| 2023 - 8378 | H09_HBB2302479_01 - 49 - 27. fsa | 159 | 158.63 | 24 073 | 89 848 | 2 169 |
| | H09_HBB2302479_01 - 49 - 27. fsa | 183 | 183.49 | 12 119 | 43 994 | 2 315 |
| 2023 - 8379 | H10_HBB2302480_01 - 49 - 27. fsa | 191 | 191.25 | 16 040 | 65 627 | 2 369 |

## 12 P12

| 资源序号 | 样本名<br>（sample file name） | 等位基因位点<br>（allele，bp） | 大小<br>（size，bp） | 高度<br>（height，RFU） | 面积<br>（area，RFU） | 数据取值点<br>（data point，RFU） |
|---|---|---|---|---|---|---|
| 2023 - 8200 | A01_HBB2302293_23 - 40 - 30. fsa | 266 | 266.25 | 11 413 | 56 316 | 2 890 |
| 2023 - 8201 | A02_HBB2302294_23 - 40 - 30. fsa | 266 | 266.26 | 9 383 | 42 764 | 2 871 |
| 2023 - 8202 | A03_HBB2302295_23 - 40 - 30. fsa | 266 | 266.07 | 19 497 | 87 282 | 2 828 |
| 2023 - 8203 | A04_HBB2302296_23 - 40 - 30. fsa | 266 | 265.97 | 10 366 | 46 752 | 2 820 |
| 2023 - 8204 | A05_HBB2302297_23 - 40 - 30. fsa | 266 | 265.9 | 15 467 | 76 182 | 2 805 |
| 2023 - 8205 | A06_HBB2302298_23 - 40 - 30. fsa | 266 | 266.07 | 14 068 | 70 256 | 2 799 |
| 2023 - 8206 | A07_HBB2302299_23 - 40 - 30. fsa | 266 | 265.89 | 12 717 | 62 648 | 2 791 |
| 2023 - 8207 | A08_HBB2302300_23 - 40 - 30. fsa | 266 | 265.93 | 16 311 | 83 395 | 2 824 |
| 2023 - 8208 | A09_HBB2302301_23 - 40 - 30. fsa | 266 | 265.86 | 8 771 | 42 710 | 2 815 |
| 2023 - 8209 | A10_HBB2302302_23 - 40 - 30. fsa | 281 | 281.55 | 3 487 | 19 123 | 2 932 |
| 2023 - 8210 | A11_HBB2302303_23 - 40 - 30. fsa | 268 | 267.9 | 17 593 | 97 126 | 2 885 |
| | A11_HBB2302303_23 - 40 - 30. fsa | 281 | 281.59 | 9 625 | 49 431 | 2 974 |
| 2023 - 8211 | B01_HBB2302305_23 - 40 - 30. fsa | 266 | 266.19 | 3 107 | 16 633 | 2 853 |
| 2023 - 8212 | B02_HBB2302306_23 - 40 - 30. fsa | 279 | 279.61 | 3 804 | 17 129 | 2 951 |
| 2023 - 8213 | B03_HBB2302307_23 - 40 - 30. fsa | 266 | 265.96 | 7 838 | 39 376 | 2 817 |
| | B03_HBB2302307_23 - 40 - 30. fsa | 281 | 281.58 | 4 464 | 21 342 | 2 916 |
| 2023 - 8214 | B04_HBB2302308_23 - 40 - 30. fsa | 266 | 265.86 | 12 462 | 58 448 | 2 814 |
| 2023 - 8215 | B05_HBB2302309_23 - 40 - 30. fsa | 266 | 265.78 | 6 588 | 31 857 | 2 803 |
| 2023 - 8216 | B06_HBB2302310_23 - 40 - 30. fsa | 266 | 265.89 | 15 025 | 70 403 | 2 778 |
| 2023 - 8217 | B07_HBB2302311_23 - 40 - 30. fsa | 266 | 265.85 | 8 711 | 41 154 | 2 787 |
| | B07_HBB2302311_23 - 40 - 30. fsa | 279 | 279.43 | 4 994 | 23 995 | 2 872 |
| 2023 - 8218 | B08_HBB2302312_23 - 40 - 30. fsa | 266 | 265.78 | 7 109 | 37 330 | 2 788 |
| 2023 - 8219 | B09_HBB2302313_23 - 40 - 30. fsa | 266 | 265.85 | 3 560 | 18 765 | 2 784 |
| | B09_HBB2302313_23 - 40 - 30. fsa | 293 | 292.83 | 2 968 | 15 979 | 2 953 |
| 2023 - 8220 | B10_HBB2302314_23 - 40 - 30. fsa | 266 | 265.79 | 11 113 | 55 761 | 2 793 |
| 2023 - 8221 | B11_HBB2302315_23 - 40 - 30. fsa | 266 | 265.88 | 4 307 | 23 444 | 2 849 |
| | B11_HBB2302315_23 - 40 - 30. fsa | 281 | 281.41 | 2 404 | 12 784 | 2 949 |

（续）

| 资源序号 | 样本名<br>（sample file name） | 等位基因位点<br>（allele，bp） | 大小<br>（size，bp） | 高度<br>（height，RFU） | 面积<br>（area，RFU） | 数据取值点<br>（data point，RFU） |
|---|---|---|---|---|---|---|
| 2023 - 8222 | B12_HBB2302316_23 - 40 - 30. fsa | 266 | 265.89 | 5 896 | 33 065 | 2 875 |
|  | B12_HBB2302316_23 - 40 - 30. fsa | 281 | 281.43 | 3 206 | 17 519 | 2 976 |
| 2023 - 8223 | C01_HBB2302317_23 - 40 - 30. fsa | 281 | 281.62 | 3 144 | 15 014 | 2 970 |
| 2023 - 8224 | C02_HBB2302318_23 - 40 - 30. fsa | 266 | 266.14 | 6 824 | 29 203 | 2 843 |
| 2023 - 8227 | C04_HBB2302320_23 - 40 - 30. fsa | 266 | 265.75 | 11 190 | 55 135 | 2 803 |
| 2023 - 8228 | C05_HBB2302321_23 - 40 - 30. fsa | 266 | 265.78 | 6 357 | 28 190 | 2 777 |
| 2023 - 8229 | C06_HBB2302322_23 - 40 - 30. fsa | 268 | 267.76 | 6 428 | 31 577 | 2 806 |
| 2023 - 8230 | C07_HBB2302323_23 - 40 - 30. fsa | 266 | 265.67 | 14 156 | 68 091 | 2 769 |
| 2023 - 8231 | C09_HBB2302325_23 - 40 - 30. fsa | 266 | 265.68 | 13 807 | 65 130 | 2 801 |
| 2023 - 8232 | C10_HBB2302326_23 - 40 - 30. fsa | 266 | 265.68 | 11 564 | 59 432 | 2 785 |
| 2023 - 8233 | C11_HBB2302327_23 - 40 - 30. fsa | 266 | 265.82 | 10 791 | 54 973 | 2 839 |
| 2023 - 8234 | C12_HBB2302328_23 - 40 - 30. fsa | 266 | 265.98 | 4 807 | 25 902 | 2 863 |
|  | C12_HBB2302328_23 - 40 - 30. fsa | 275 | 275.58 | 3 394 | 17 612 | 2 925 |
| 2023 - 8235 | D01_HBB2302329_23 - 40 - 30. fsa | 281 | 281.56 | 4 432 | 21 008 | 2 980 |
| 2023 - 8236 | D02_HBB2302330_23 - 40 - 30. fsa | 266 | 265.87 | 6 413 | 29 722 | 2 843 |
|  | D02_HBB2302330_23 - 40 - 30. fsa | 275 | 275.59 | 3 954 | 18 205 | 2 905 |
| 2023 - 8237 | D03_HBB2302331_23 - 40 - 30. fsa | 266 | 265.86 | 6 272 | 28 582 | 2 795 |
| 2023 - 8238 | D04_HBB2302332_23 - 40 - 30. fsa | 281 | 281.33 | 4 035 | 18 771 | 2 886 |
|  | D04_HBB2302332_23 - 40 - 30. fsa | 291 | 290.91 | 3 610 | 17 668 | 2 946 |
| 2023 - 8239 | D05_HBB2302333_23 - 40 - 30. fsa | 266 | 265.66 | 7 381 | 34 501 | 2 769 |
|  | D05_HBB2302333_23 - 40 - 30. fsa | 295 | 294.84 | 2 350 | 10 517 | 2 950 |
| 2023 - 8240 | D06_HBB2302334_23 - 40 - 30. fsa | 266 | 265.67 | 5 330 | 23 770 | 2 776 |
|  | D06_HBB2302334_23 - 40 - 30. fsa | 281 | 281.32 | 3 051 | 13 778 | 2 873 |
| 2023 - 8241 | D07_HBB2302335_23 - 40 - 30. fsa | 266 | 265.84 | 5 692 | 26 896 | 2 798 |
| 2023 - 8242 | D08_HBB2302336_23 - 40 - 30. fsa | 266 | 265.78 | 5 792 | 26 747 | 2 752 |
| 2023 - 8243 | D09_HBB2302337_23 - 40 - 30. fsa | 266 | 265.8 | 4 535 | 23 095 | 2 780 |
| 2023 - 8244 | D10_HBB2302338_23 - 40 - 30. fsa | 266 | 265.67 | 4 608 | 22 777 | 2 773 |
| 2023 - 8245 | D11_HBB2302339_23 - 40 - 30. fsa | 266 | 265.76 | 5 128 | 27 242 | 2 823 |

（续）

| 资源序号 | 样本名<br>（sample file name） | 等位基因位点<br>（allele，bp） | 大小<br>（size，bp） | 高度<br>（height，RFU） | 面积<br>（area，RFU） | 数据取值点<br>（data point，RFU） |
|---|---|---|---|---|---|---|
| 2023 - 8246 | D12_HBB2302340_23 - 40 - 30. fsa | 266 | 265.99 | 4 670 | 24 564 | 2 859 |
| 2023 - 8247 | E01_HBB2302341_23 - 40 - 30. fsa | 307 | 307.2 | 1 530 | 7 209 | 3 157 |
| 2023 - 8248 | E02_HBB2302342_23 - 40 - 30. fsa | 266 | 265.93 | 7 132 | 35 328 | 2 856 |
| | E02_HBB2302342_23 - 40 - 30. fsa | 281 | 281.35 | 2 378 | 12 270 | 2 955 |
| 2023 - 8249 | E03_HBB2302343_23 - 40 - 30. fsa | 266 | 265.8 | 5 522 | 26 347 | 2 821 |
| 2023 - 8250 | E04_HBB2302344_23 - 40 - 30. fsa | 266 | 265.74 | 6 207 | 28 502 | 2 818 |
| 2023 - 8251 | E06_HBB2302346_23 - 40 - 30. fsa | 266 | 265.68 | 6 462 | 29 666 | 2 766 |
| 2023 - 8252 | E07_HBB2302347_23 - 40 - 30. fsa | 281 | 281.25 | 2 825 | 12 252 | 2 859 |
| | E07_HBB2302347_23 - 40 - 30. fsa | 291 | 290.79 | 2 460 | 11 615 | 2 918 |
| 2023 - 8253 | E08_HBB2302348_23 - 40 - 30. fsa | 266 | 265.63 | 8 681 | 43 232 | 2 783 |
| 2023 - 8254 | E09_HBB2302349_23 - 40 - 30. fsa | 266 | 265.75 | 4 662 | 23 640 | 2 786 |
| | E09_HBB2302349_23 - 40 - 30. fsa | 281 | 281.29 | 2 509 | 11 973 | 2 883 |
| 2023 - 8255 | E10_HBB2302350_23 - 40 - 30. fsa | 266 | 265.8 | 7 313 | 37 162 | 2 778 |
| 2023 - 8256 | E11_HBB2302351_23 - 40 - 30. fsa | 268 | 267.55 | 2 831 | 7 712 | 2 827 |
| | E11_HBB2302351_23 - 40 - 30. fsa | 291 | 290.87 | 8 408 | 41 824 | 2 975 |
| 2023 - 8257 | E12_HBB2302352_23 - 40 - 30. fsa | 281 | 281.51 | 3 277 | 18 251 | 2 970 |
| | E12_HBB2302352_23 - 40 - 30. fsa | 291 | 291.06 | 2 970 | 15 545 | 3 032 |
| 2023 - 8258 | F01_HBB2302353_23 - 40 - 30. fsa | 291 | 291.34 | 5 028 | 26 554 | 3 041 |
| 2023 - 8259 | F02_HBB2302354_23 - 40 - 30. fsa | 281 | 281.46 | 5 617 | 27 076 | 2 958 |
| 2023 - 8260 | F03_HBB2302355_23 - 40 - 30. fsa | 291 | 290.92 | 4 015 | 22 231 | 2 991 |
| | F03_HBB2302355_23 - 40 - 30. fsa | 293 | 292.95 | 2 988 | 14 424 | 3 004 |
| 2023 - 8261 | F04_HBB2302356_23 - 40 - 30. fsa | 266 | 265.8 | 4 868 | 25 060 | 2 829 |
| | F04_HBB2302356_23 - 40 - 30. fsa | 268 | 267.85 | 3 927 | 18 964 | 2 842 |
| 2023 - 8262 | F05_HBB2302357_23 - 40 - 30. fsa | 275 | 274.15 | 4 464 | 8 076 | 2 846 |
| | F05_HBB2302357_23 - 40 - 30. fsa | 307 | 306.7 | 3 099 | 14 066 | 3 048 |
| 2023 - 8263 | F06_HBB2302358_23 - 40 - 30. fsa | 266 | 265.83 | 5 623 | 26 702 | 2 775 |
| 2023 - 8264 | F07_HBB2302359_23 - 40 - 30. fsa | 266 | 265.77 | 4 635 | 22 648 | 2 776 |
| 2023 - 8265 | F08_HBB2302360_23 - 40 - 30. fsa | 266 | 265.84 | 5 921 | 28 391 | 2 764 |
| 2023 - 8266 | F09_HBB2302361_23 - 40 - 30. fsa | 299 | 298.88 | 1 392 | 5 844 | 2 988 |
| 2023 - 8267 | F10_HBB2302362_23 - 40 - 30. fsa | 266 | 265.68 | 10 310 | 51 076 | 2 781 |

（续）

| 资源序号 | 样本名<br>（sample file name） | 等位基因位点<br>（allele，bp） | 大小<br>（size，bp） | 高度<br>（height，RFU） | 面积<br>（area，RFU） | 数据取值点<br>（data point，RFU） |
|---|---|---|---|---|---|---|
| 2023 - 8268 | F11_HBB2302363_23 - 40 - 30. fsa | 281 | 281.28 | 3 392 | 17 528 | 2 940 |
|  | F11_HBB2302363_23 - 40 - 30. fsa | 299 | 298.75 | 1 594 | 7 587 | 3 052 |
| 2023 - 8269 | F12_HBB2302364_23 - 40 - 30. fsa | 281 | 281.42 | 3 890 | 20 529 | 2 943 |
|  | F12_HBB2302364_23 - 40 - 30. fsa | 293 | 293.04 | 3 100 | 15 893 | 3 018 |
| 2023 - 8270 | G01_HBB2302365_23 - 40 - 30. fsa | 266 | 266.25 | 5 215 | 26 089 | 2 887 |
|  | G01_HBB2302365_23 - 40 - 30. fsa | 291 | 291.22 | 2 415 | 11 806 | 3 049 |
| 2023 - 8271 | G03_HBB2302367_23 - 40 - 30. fsa | 266 | 265.86 | 5 052 | 24 713 | 2 836 |
| 2023 - 8272 | G04_HBB2302368_23 - 40 - 30. fsa | 266 | 266.01 | 4 594 | 22 636 | 2 814 |
| 2023 - 8273 | G05_HBB2302369_23 - 40 - 30. fsa | 281 | 281.39 | 2 610 | 11 018 | 2 896 |
| 2023 - 8274 | G06_HBB2302370_23 - 40 - 30. fsa | 266 | 265.97 | 5 965 | 29 485 | 2 800 |
| 2023 - 8275 | G07_HBB2302371_23 - 40 - 30. fsa | 297 | 296.81 | 3 275 | 16 028 | 2 975 |
| 2023 - 8276 | G08_HBB2302372_23 - 40 - 30. fsa | 266 | 265.81 | 6 831 | 32 808 | 2 795 |
|  | G08_HBB2302372_23 - 40 - 30. fsa | 291 | 290.95 | 3 450 | 16 496 | 2 953 |
| 2023 - 8277 | G09_HBB2302373_23 - 40 - 30. fsa | 279 | 279.42 | 4 672 | 23 514 | 2 865 |
| 2023 - 8278 | G10_HBB2302374_23 - 40 - 30. fsa | 268 | 267.66 | 207 | 951 | 2 809 |
| 2023 - 8279 | G11_HBB2302375_23 - 40 - 30. fsa | 266 | 265.93 | 5 883 | 29 888 | 2 836 |
|  | G11_HBB2302375_23 - 40 - 30. fsa | 281 | 281.5 | 3 059 | 15 409 | 2 936 |
| 2023 - 8280 | G12_HBB2302376_23 - 40 - 30. fsa | 266 | 266.09 | 7 135 | 35 608 | 2 861 |
| 2023 - 8281 | H01_HBB2302377_23 - 40 - 30. fsa | 266 | 266.41 | 6 943 | 33 602 | 2 924 |
|  | H01_HBB2302377_23 - 40 - 30. fsa | 297 | 297.13 | 2 609 | 12 513 | 3 127 |
| 2023 - 8282 | H02_HBB2302378_23 - 40 - 30. fsa | 266 | 266.09 | 4 641 | 23 609 | 2 891 |
|  | H02_HBB2302378_23 - 40 - 30. fsa | 293 | 293.13 | 1 986 | 10 153 | 3 068 |
| 2023 - 8283 | H03_HBB2302379_23 - 40 - 30. fsa | 266 | 266.02 | 2 956 | 16 159 | 2 858 |
|  | H03_HBB2302379_23 - 40 - 30. fsa | 293 | 293.02 | 1 261 | 6 863 | 3 032 |
| 2023 - 8284 | H04_HBB2302380_23 - 40 - 30. fsa | 266 | 265.98 | 3 923 | 22 459 | 2 834 |
|  | H04_HBB2302380_23 - 40 - 30. fsa | 293 | 292.98 | 1 743 | 9 825 | 3 007 |
| 2023 - 8285 | H05_HBB2302381_23 - 40 - 30. fsa | 301 | 300.84 | 1 418 | 6 083 | 3 041 |
| 2023 - 8286 | H06_HBB2302382_23 - 40 - 30. fsa | 266 | 266.01 | 3 909 | 19 332 | 2 813 |
|  | H06_HBB2302382_23 - 40 - 30. fsa | 283 | 283.41 | 1 263 | 5 488 | 2 923 |

（续）

| 资源序号 | 样本名<br>（sample file name） | 等位基因位点<br>（allele，bp） | 大小<br>（size，bp） | 高度<br>（height，RFU） | 面积<br>（area，RFU） | 数据取值点<br>（data point，RFU） |
|---|---|---|---|---|---|---|
| 2023－8287 | H07_HBB2302383_23－40－30.fsa | 266 | 266.02 | 10 790 | 49 374 | 2 809 |
| | H07_HBB2302383_23－40－30.fsa | 309 | 309 | 1 794 | 8 000 | 3 078 |
| 2023－8288 | H08_HBB2302384_23－40－30.fsa | 281 | 281.53 | 3 805 | 17 860 | 2 912 |
| 2023－8289 | H09_HBB2302385_23－40－30.fsa | 266 | 265.9 | 14 505 | 72 189 | 2 798 |
| 2023－8290 | A01_HBB2302387_08－05－34.fsa | 266 | 266.66 | 20 360 | 91 117 | 2 925 |
| | A01_HBB2302387_08－05－34.fsa | 275 | 276.24 | 13 953 | 63 598 | 2 989 |
| 2023－8291 | A02_HBB2302388_08－05－34.fsa | 266 | 266.56 | 23 214 | 109 471 | 2 900 |
| | A02_HBB2302388_08－05－34.fsa | 311 | 311.5 | 4 098 | 18 738 | 3 191 |
| 2023－8292 | A03_HBB2302389_08－05－34.fsa | 263 | 263.89 | 9 082 | 37 980 | 2 847 |
| | A03_HBB2302389_08－05－34.fsa | 315 | 315.63 | 11 888 | 52 986 | 3 176 |
| 2023－8293 | A04_HBB2302390_08－05－34.fsa | 266 | 266.41 | 29 614 | 148 743 | 2 856 |
| 2023－8294 | A05_HBB2302391_08－05－34.fsa | 275 | 275.98 | 26 545 | 135 015 | 2 901 |
| 2023－8295 | A06_HBB2302392_08－05－34.fsa | 315 | 315.39 | 12 013 | 61 379 | 3 146 |
| 2023－8296 | A07_HBB2302393_08－05－34.fsa | 266 | 266.36 | 27 113 | 144 739 | 2 827 |
| 2023－8297 | A08_HBB2302394_08－05－34.fsa | 266 | 266.34 | 23 261 | 121 328 | 2 863 |
| 2023－8298 | A09_HBB2302395_08－05－34.fsa | 266 | 266.52 | 23 947 | 118 001 | 2 860 |
| 2023－8299 | A10_HBB2302396_08－05－34.fsa | 266 | 266.57 | 31 397 | 187 447 | 2 874 |
| 2023－8300 | A11_HBB2302397_08－05－34.fsa | 275 | 274.31 | 11 638 | 35 013 | 2 964 |
| | A11_HBB2302397_08－05－34.fsa | 307 | 307.35 | 17 374 | 93 701 | 3 180 |
| 2023－8301 | A12_HBB2302398_08－05－34.fsa | 275 | 276.18 | 27 924 | 154 928 | 3 007 |
| 2023－8302 | B01_HBB2302399_08－05－34.fsa | 266 | 266.46 | 20 887 | 106 925 | 2 887 |
| 2023－8303 | B02_HBB2302400_08－05－34.fsa | 293 | 293.33 | 24 499 | 108 836 | 3 069 |
| 2023－8304 | B03_HBB2302401_08－05－34.fsa | 266 | 266.45 | 22 957 | 114 461 | 2 850 |
| | B03_HBB2302401_08－05－34.fsa | 309 | 309.31 | 4 618 | 21 937 | 3 123 |
| 2023－8305 | B04_HBB2302402_08－05－34.fsa | 266 | 266.2 | 32 484 | 157 681 | 2 844 |
| | B04_HBB2302402_08－05－34.fsa | 275 | 274.12 | 8 838 | 21 075 | 2 895 |
| 2023－8306 | B05_HBB2302403_08－05－34.fsa | 266 | 266.3 | 16 036 | 73 450 | 2 834 |
| | B05_HBB2302403_08－05－34.fsa | 297 | 297.04 | 6 566 | 30 920 | 3 031 |
| 2023－8307 | B06_HBB2302404_08－05－34.fsa | 266 | 266.23 | 27 717 | 129 243 | 2 813 |
| | B06_HBB2302404_08－05－34.fsa | 281 | 281.64 | 14 194 | 67 693 | 2 911 |

（续）

| 资源序号 | 样本名<br>（sample file name） | 等位基因位点<br>（allele，bp） | 大小<br>（size，<br>bp） | 高度<br>（height，<br>RFU） | 面积<br>（area，<br>RFU） | 数据取值点<br>（data point，<br>RFU） |
|---|---|---|---|---|---|---|
| 2023－8308 | B07_HBB2302405_08－05－34. fsa | 266 | 266.19 | 26 315 | 129 566 | 2 822 |
| | B07_HBB2302405_08－05－34. fsa | 281 | 281.7 | 15 605 | 74 965 | 2 921 |
| 2023－8309 | B08_HBB2302406_08－05－34. fsa | 266 | 266.3 | 30 220 | 152 506 | 2 827 |
| | B08_HBB2302406_08－05－34. fsa | 315 | 315.41 | 6 354 | 31 525 | 3 135 |
| 2023－8310 | B09_HBB2302407_08－05－34. fsa | 266 | 266.29 | 18 980 | 104 028 | 2 826 |
| 2023－8311 | B11_HBB2302409_08－05－34. fsa | 266 | 266.32 | 30 904 | 167 910 | 2 886 |
| | B11_HBB2302409_08－05－34. fsa | 281 | 281.66 | 16 987 | 93 855 | 2 987 |
| 2023－8312 | B12_HBB2302410_08－05－34. fsa | 266 | 266.42 | 32 403 | 220 855 | 2 912 |
| | B12_HBB2302410_08－05－34. fsa | 309 | 309.3 | 7 217 | 38 570 | 3 193 |
| 2023－8313 | C01_HBB2302411_08－05－34. fsa | 266 | 266.41 | 12 348 | 60 742 | 2 899 |
| | C01_HBB2302411_08－05－34. fsa | 281 | 281.86 | 7 087 | 34 008 | 3 001 |
| 2023－8314 | C02_HBB2302412_08－05－34. fsa | 266 | 266.45 | 17 461 | 80 251 | 2 874 |
| | C02_HBB2302412_08－05－34. fsa | 285 | 285.61 | 9 167 | 39 619 | 2 999 |
| 2023－8315 | C03_HBB2302413_08－05－34. fsa | 293 | 293.21 | 8 287 | 40 912 | 3 026 |
| | C03_HBB2302413_08－05－34. fsa | 309 | 309.27 | 3 315 | 16 113 | 3 126 |
| 2023－8316 | C04_HBB2302414_08－05－34. fsa | 266 | 266.14 | 18 049 | 82 757 | 2 830 |
| | C04_HBB2302414_08－05－34. fsa | 281 | 281.6 | 10 180 | 47 810 | 2 929 |
| 2023－8317 | C05_HBB2302415_08－05－34. fsa | 266 | 266.24 | 19 044 | 87 701 | 2 809 |
| | C05_HBB2302415_08－05－34. fsa | 278 | 277.72 | 15 351 | 69 882 | 2 882 |
| 2023－8318 | C06_HBB2302416_08－05－34. fsa | 281 | 281.77 | 11 430 | 53 598 | 2 927 |
| | C06_HBB2302416_08－05－34. fsa | 309 | 309.2 | 3 974 | 18 353 | 3 099 |
| 2023－8319 | C07_HBB2302417_08－05－34. fsa | 266 | 266.3 | 21 523 | 96 829 | 2 808 |
| | C07_HBB2302417_08－05－34. fsa | 309 | 309.26 | 4 097 | 18 869 | 3 077 |
| 2023－8320 | C08_HBB2302418_08－05－34. fsa | 281 | 281.58 | 24 155 | 114 168 | 2 904 |
| 2023－8321 | C09_HBB2302419_08－05－34. fsa | 266 | 266.26 | 32 205 | 170 346 | 2 837 |
| 2023－8322 | C10_HBB2302420_08－05－34. fsa | 266 | 266.1 | 32 562 | 227 943 | 2 826 |
| 2023－8323 | C11_HBB2302421_08－05－34. fsa | 266 | 266.41 | 25 058 | 141 116 | 2 875 |
| | C11_HBB2302421_08－05－34. fsa | 268 | 268.25 | 26 497 | 135 289 | 2 887 |
| 2023－8324 | C12_HBB2302422_08－05－34. fsa | 266 | 266.48 | 10 418 | 55 793 | 2 898 |
| | C12_HBB2302422_08－05－34. fsa | 281 | 281.84 | 8 482 | 43 185 | 3 000 |

（续）

| 资源序号 | 样本名<br>（sample file name） | 等位基因位点<br>（allele，bp） | 大小<br>（size，bp） | 高度<br>（height，RFU） | 面积<br>（area，RFU） | 数据取值点<br>（data point，RFU） |
|---|---|---|---|---|---|---|
| 2023 - 8325 | D01_HBB2302423_08 - 05 - 34. fsa | 266 | 266.51 | 20 186 | 104 600 | 2 913 |
| | D01_HBB2302423_08 - 05 - 34. fsa | 268 | 268.32 | 20 842 | 94 337 | 2 925 |
| 2023 - 8326 | D02_HBB2302424_08 - 05 - 34. fsa | 266 | 266.31 | 24 538 | 116 602 | 2 870 |
| | D02_HBB2302424_08 - 05 - 34. fsa | 309 | 309.26 | 5 058 | 23 083 | 3 146 |
| 2023 - 8327 | D03_HBB2302425_08 - 05 - 34. fsa | 266 | 266.29 | 20 221 | 89 127 | 2 826 |
| | D03_HBB2302425_08 - 05 - 34. fsa | 315 | 315.31 | 4 352 | 20 012 | 3 133 |
| 2023 - 8328 | D04_HBB2302426_08 - 05 - 34. fsa | 279 | 279.76 | 9 112 | 41 732 | 2 920 |
| 2023 - 8329 | D05_HBB2302427_08 - 05 - 34. fsa | 266 | 266.18 | 27 362 | 119 980 | 2 806 |
| 2023 - 8330 | D06_HBB2302428_08 - 05 - 34. fsa | 266 | 266.24 | 27 434 | 128 441 | 2 811 |
| 2023 - 8331 | D08_HBB2302430_08 - 05 - 34. fsa | 266 | 266.17 | 21 520 | 99 975 | 2 794 |
| 2023 - 8332 | D09_HBB2302431_08 - 05 - 34. fsa | 281 | 281.61 | 12 742 | 59 042 | 2 917 |
| | D09_HBB2302431_08 - 05 - 34. fsa | 309 | 309.03 | 5 285 | 24 351 | 3 089 |
| 2023 - 8333 | D10_HBB2302432_08 - 05 - 34. fsa | 266 | 266.37 | 15 316 | 77 069 | 2 815 |
| | D10_HBB2302432_08 - 05 - 34. fsa | 309 | 309.16 | 3 178 | 14 760 | 3 085 |
| 2023 - 8334 | D11_HBB2302433_08 - 05 - 34. fsa | 281 | 281.64 | 16 718 | 84 004 | 2 962 |
| | D11_HBB2302433_08 - 05 - 34. fsa | 297 | 296.94 | 11 884 | 59 563 | 3 062 |
| 2023 - 8335 | D12_HBB2302434_08 - 05 - 34. fsa | 291 | 291.3 | 14 274 | 70 108 | 3 062 |
| | D12_HBB2302434_08 - 05 - 34. fsa | 309 | 309.31 | 5 394 | 26 642 | 3 177 |
| 2023 - 8336 | E01_HBB2302435_08 - 05 - 34. fsa | 281 | 281.97 | 10 691 | 48 936 | 3 025 |
| | E01_HBB2302435_08 - 05 - 34. fsa | 307 | 307.38 | 4 662 | 22 968 | 3 190 |
| 2023 - 8337 | E02_HBB2302436_08 - 05 - 34. fsa | 266 | 266.3 | 26 740 | 130 809 | 2 880 |
| | E02_HBB2302436_08 - 05 - 34. fsa | 309 | 309.21 | 5 293 | 25 269 | 3 156 |
| 2023 - 8338 | E03_HBB2302437_08 - 05 - 34. fsa | 266 | 266.3 | 22 188 | 97 685 | 2 850 |
| | E03_HBB2302437_08 - 05 - 34. fsa | 293 | 293.21 | 9 822 | 44 496 | 3 024 |
| 2023 - 8339 | E04_HBB2302438_08 - 05 - 34. fsa | 281 | 281.66 | 22 951 | 106 603 | 2 944 |
| 2023 - 8340 | E05_HBB2302439_08 - 05 - 34. fsa | 266 | 266.19 | 15 502 | 69 967 | 2 830 |
| | E05_HBB2302439_08 - 05 - 34. fsa | 281 | 281.7 | 9 015 | 39 912 | 2 929 |
| 2023 - 8341 | E06_HBB2302440_08 - 05 - 34. fsa | 266 | 266.14 | 32 592 | 171 964 | 2 803 |
| 2023 - 8342 | E07_HBB2302441_08 - 05 - 34. fsa | 266 | 266.19 | 19 130 | 87 158 | 2 803 |
| 2023 - 8343 | E08_HBB2302442_08 - 05 - 34. fsa | 266 | 266.02 | 32 578 | 185 759 | 2 822 |

（续）

| 资源序号 | 样本名<br>（sample file name） | 等位基因位点<br>（allele，bp） | 大小<br>（size，bp） | 高度<br>（height，RFU） | 面积<br>（area，RFU） | 数据取值点<br>（data point，RFU） |
|---|---|---|---|---|---|---|
| 2023 - 8344 | E09_HBB2302443_08 - 05 - 34. fsa | 266 | 266.24 | 20 688 | 100 362 | 2 828 |
| | E09_HBB2302443_08 - 05 - 34. fsa | 309 | 309.24 | 4 019 | 18 716 | 3 100 |
| 2023 - 8345 | E10_HBB2302444_08 - 05 - 34. fsa | 309 | 309.25 | 4 356 | 19 241 | 3 093 |
| | E10_HBB2302444_08 - 05 - 34. fsa | 315 | 315.48 | 3 769 | 16 031 | 3 130 |
| 2023 - 8346 | E11_HBB2302445_08 - 05 - 34. fsa | 281 | 281.75 | 15 638 | 80 060 | 2 958 |
| | E11_HBB2302445_08 - 05 - 34. fsa | 315 | 315.26 | 5 612 | 28 533 | 3 170 |
| 2023 - 8347 | E12_HBB2302446_08 - 05 - 34. fsa | 266 | 266.41 | 27 704 | 141 663 | 2 905 |
| | E12_HBB2302446_08 - 05 - 34. fsa | 315 | 315.51 | 6 172 | 30 441 | 3 224 |
| 2023 - 8348 | F01_HBB2302447_08 - 05 - 34. fsa | 266 | 266.52 | 31 189 | 155 242 | 2 923 |
| 2023 - 8349 | F02_HBB2302448_08 - 05 - 34. fsa | 266 | 266.25 | 26 734 | 125 694 | 2 881 |
| | F02_HBB2302448_08 - 05 - 34. fsa | 281 | 281.69 | 15 389 | 70 674 | 2 982 |
| 2023 - 8350 | F03_HBB2302449_08 - 05 - 34. fsa | 266 | 265.89 | 26 575 | 125 571 | 2 860 |
| | F03_HBB2302449_08 - 05 - 34. fsa | 315 | 315.56 | 5 349 | 25 804 | 3 172 |
| 2023 - 8351 | F05_HBB2302451_08 - 05 - 34. fsa | 266 | 266.28 | 15 901 | 68 822 | 2 834 |
| | F05_HBB2302451_08 - 05 - 34. fsa | 281 | 281.74 | 9 051 | 39 136 | 2 933 |
| 2023 - 8352 | F06_HBB2302452_08 - 05 - 34. fsa | 266 | 266.23 | 31 465 | 148 531 | 2 814 |
| 2023 - 8353 | F07_HBB2302453_08 - 05 - 34. fsa | 281 | 281.7 | 13 403 | 61 330 | 2 915 |
| | F07_HBB2302453_08 - 05 - 34. fsa | 315 | 315.25 | 5 092 | 22 609 | 3 123 |
| 2023 - 8354 | F08_HBB2302454_08 - 05 - 34. fsa | 281 | 281.63 | 13 556 | 60 297 | 2 906 |
| | F08_HBB2302454_08 - 05 - 34. fsa | 291 | 291.21 | 11 868 | 56 010 | 2 967 |
| 2023 - 8355 | F09_HBB2302455_08 - 05 - 34. fsa | 266 | 266.3 | 21 985 | 101 055 | 2 829 |
| | F09_HBB2302455_08 - 05 - 34. fsa | 281 | 281.77 | 3 595 | 16 090 | 2 928 |
| 2023 - 8356 | F10_HBB2302456_08 - 05 - 34. fsa | 266 | 266.36 | 16 243 | 77 860 | 2 826 |
| | F10_HBB2302456_08 - 05 - 34. fsa | 275 | 275.99 | 10 897 | 50 801 | 2 888 |
| 2023 - 8357 | F11_HBB2302457_08 - 05 - 34. fsa | 266 | 266.38 | 26 359 | 130 444 | 2 883 |
| | F11_HBB2302457_08 - 05 - 34. fsa | 291 | 291.35 | 10 972 | 55 829 | 3 047 |
| 2023 - 8358 | F12_HBB2302458_08 - 05 - 34. fsa | 266 | 266.53 | 30 929 | 154 379 | 2 887 |
| 2023 - 8359 | G01_HBB2302459_08 - 05 - 34. fsa | 299 | 299.1 | 9 676 | 42 414 | 3 152 |
| | G01_HBB2302459_08 - 05 - 34. fsa | 309 | 309.56 | 6 675 | 28 768 | 3 216 |

（续）

| 资源序号 | 样本名<br>（sample file name） | 等位基因位点<br>（allele，bp） | 大小<br>（size，bp） | 高度<br>（height，RFU） | 面积<br>（area，RFU） | 数据取值点<br>（data point，RFU） |
|---|---|---|---|---|---|---|
| 2023－8360 | G02_HBB2302460_08－05－34.fsa | 266 | 266.48 | 21 507 | 96 550 | 2 902 |
| | G02_HBB2302460_08－05－34.fsa | 309 | 309.44 | 3 983 | 17 686 | 3 181 |
| 2023－8361 | G03_HBB2302461_08－05－34.fsa | 266 | 266.46 | 32 563 | 158 496 | 2 869 |
| 2023－8362 | G04_HBB2302462_08－05－34.fsa | 266 | 266.24 | 28 637 | 129 580 | 2 851 |
| 2023－8363 | G05_HBB2302463_08－05－34.fsa | 266 | 266.36 | 19 654 | 89 208 | 2 839 |
| | G05_HBB2302463_08－05－34.fsa | 309 | 309.36 | 4 356 | 18 305 | 3 112 |
| 2023－8364 | G06_HBB2302464_08－05－34.fsa | 266 | 266.35 | 24 220 | 112 596 | 2 839 |
| 2023－8365 | G07_HBB2302465_08－05－34.fsa | 281 | 281.76 | 11 360 | 50 335 | 2 922 |
| | G07_HBB2302465_08－05－34.fsa | 320 | 319.7 | 2 612 | 12 062 | 3 156 |
| 2023－8366 | G08_HBB2302466_08－05－34.fsa | 266 | 266.18 | 15 461 | 73 486 | 2 841 |
| | G08_HBB2302466_08－05－34.fsa | 309 | 309.19 | 3 167 | 13 929 | 3 114 |
| 2023－8367 | G09_HBB2302467_08－05－34.fsa | 266 | 266.41 | 30 543 | 140 394 | 2 830 |
| 2023－8368 | G10_HBB2302468_08－05－34.fsa | 266 | 266.31 | 27 950 | 125 695 | 2 846 |
| 2023－8369 | G11_HBB2302469_08－05－34.fsa | 266 | 266.42 | 28 865 | 139 897 | 2 882 |
| 2023－8370 | G12_HBB2302470_08－05－34.fsa | 266 | 266.53 | 17 919 | 90 096 | 2 908 |
| | G12_HBB2302470_08－05－34.fsa | 293 | 293.29 | 8 202 | 40 383 | 3 087 |
| 2023－8371 | H02_HBB2302472_08－05－34.fsa | 281 | 282.04 | 18 439 | 81 597 | 3 025 |
| | H02_HBB2302472_08－05－34.fsa | 309 | 309.54 | 6 431 | 28 050 | 3 204 |
| 2023－8372 | H03_HBB2302473_08－05－34.fsa | 266 | 266.46 | 19 753 | 91 541 | 2 888 |
| | H03_HBB2302473_08－05－34.fsa | 309 | 309.24 | 5 672 | 26 019 | 3 165 |
| 2023－8373 | H04_HBB2302474_08－05－34.fsa | 266 | 266.26 | 32 546 | 183 664 | 2 870 |
| 2023－8374 | H05_HBB2302475_08－05－34.fsa | 281 | 281.83 | 29 067 | 120 685 | 2 960 |
| 2023－8375 | H06_HBB2302476_08－05－34.fsa | 266 | 266.4 | 23 747 | 100 885 | 2 852 |
| | H06_HBB2302476_08－05－34.fsa | 275 | 275.97 | 16 282 | 73 159 | 2 914 |
| 2023－8376 | H07_HBB2302477_08－05－34.fsa | 281 | 281.88 | 16 850 | 74 608 | 2 956 |
| | H07_HBB2302477_08－05－34.fsa | 320 | 319.71 | 4 066 | 17 585 | 3 192 |
| 2023－8377 | H08_HBB2302478_08－05－34.fsa | 281 | 281.73 | 30 218 | 130 472 | 2 960 |
| 2023－8378 | H09_HBB2302479_08－05－34.fsa | 281 | 281.89 | 11 736 | 50 516 | 2 950 |
| | H09_HBB2302479_08－05－34.fsa | 297 | 297.09 | 8 543 | 37 286 | 3 049 |
| 2023－8379 | H10_HBB2302480_08－05－34.fsa | 266 | 266.46 | 21 198 | 91 244 | 2 857 |

# 13 P13

| 资源序号 | 样本名<br>(sample file name) | 等位基因位点<br>(allele，bp) | 大小<br>(size，bp) | 高度<br>(height，RFU) | 面积<br>(area，RFU) | 数据取值点<br>(data point，RFU) |
|---|---|---|---|---|---|---|
| 2023 - 8200 | A01_HBB2302293_23 - 08 - 17. fsa | 190 | 190.83 | 3 030 | 12 207 | 2 429 |
| | A01_HBB2302293_23 - 08 - 17. fsa | 208 | 208.54 | 7 591 | 37 964 | 2 535 |
| 2023 - 8201 | A02_HBB2302294_23 - 08 - 17. fsa | 190 | 190.79 | 3 793 | 15 421 | 2 412 |
| | A02_HBB2302294_23 - 08 - 17. fsa | 207 | 207.2 | 8 456 | 37 902 | 2 510 |
| 2023 - 8202 | A03_HBB2302295_23 - 08 - 17. fsa | 183 | 183.34 | 2 540 | 9 225 | 2 332 |
| | A03_HBB2302295_23 - 08 - 17. fsa | 207 | 207.15 | 8 573 | 58 898 | 2 472 |
| 2023 - 8203 | A04_HBB2302296_23 - 08 - 17. fsa | 204 | 204.01 | 4 695 | 22 195 | 2 447 |
| | A04_HBB2302296_23 - 08 - 17. fsa | 207 | 207.15 | 9 526 | 45 182 | 2 465 |
| 2023 - 8204 | A05_HBB2302297_23 - 08 - 17. fsa | 208 | 208.04 | 4 212 | 23 506 | 2 458 |
| | A05_HBB2302297_23 - 08 - 17. fsa | 231 | 231.06 | 5 166 | 22 738 | 2 591 |
| 2023 - 8205 | A06_HBB2302298_23 - 08 - 17. fsa | 181 | 181.38 | 1 799 | 7 659 | 2 297 |
| | A06_HBB2302298_23 - 08 - 17. fsa | 207 | 207.2 | 7 413 | 55 336 | 2 447 |
| 2023 - 8206 | A07_HBB2302299_23 - 08 - 17. fsa | 190 | 190.44 | 3 258 | 19 618 | 2 343 |
| | A07_HBB2302299_23 - 08 - 17. fsa | 213 | 213.27 | 9 394 | 41 318 | 2 475 |
| 2023 - 8207 | A08_HBB2302300_23 - 08 - 17. fsa | 183 | 183.34 | 2 219 | 9 424 | 2 330 |
| | A08_HBB2302300_23 - 08 - 17. fsa | 207 | 206.97 | 6 846 | 54 024 | 2 469 |
| 2023 - 8208 | A09_HBB2302301_23 - 08 - 17. fsa | 202 | 201.92 | 4 021 | 18 638 | 2 432 |
| | A09_HBB2302301_23 - 08 - 17. fsa | 208 | 208.01 | 3 402 | 17 616 | 2 467 |
| 2023 - 8209 | A10_HBB2302302_23 - 08 - 17. fsa | 190 | 190.46 | 4 068 | 18 062 | 2 379 |
| | A10_HBB2302302_23 - 08 - 17. fsa | 208 | 207.99 | 7 422 | 43 526 | 2 482 |
| 2023 - 8210 | A11_HBB2302303_23 - 08 - 17. fsa | 204 | 204.11 | 11 142 | 63 043 | 2 495 |
| | A11_HBB2302303_23 - 08 - 17. fsa | 212 | 212.28 | 6 559 | 32 810 | 2 543 |
| 2023 - 8211 | B01_HBB2302305_23 - 08 - 17. fsa | 202 | 202.07 | 4 317 | 20 986 | 2 465 |
| | B01_HBB2302305_23 - 08 - 17. fsa | 208 | 208.28 | 3 046 | 14 942 | 2 501 |
| 2023 - 8212 | B02_HBB2302306_23 - 08 - 17. fsa | 190 | 190.69 | 6 833 | 26 589 | 2 407 |
| | B02_HBB2302306_23 - 08 - 17. fsa | 202 | 202.23 | 8 739 | 47 942 | 2 476 |
| 2023 - 8213 | B03_HBB2302307_23 - 08 - 17. fsa | 208 | 208.19 | 14 953 | 79 860 | 2 469 |

（续）

| 资源序号 | 样本名<br>（sample file name） | 等位基因位点<br>（allele，bp） | 大小<br>（size，bp） | 高度<br>（height，RFU） | 面积<br>（area，RFU） | 数据取值点<br>（data point，RFU） |
|---|---|---|---|---|---|---|
| 2023－8214 | B04_HBB2302308_23－08－17. fsa | 208 | 208.02 | 19 607 | 106 921 | 2 465 |
| 2023－8215 | B05_HBB2302309_23－08－17. fsa | 190 | 190.43 | 3 857 | 15 903 | 2 354 |
| | B05_HBB2302309_23－08－17. fsa | 208 | 208.07 | 4 762 | 25 786 | 2 456 |
| 2023－8216 | B06_HBB2302310_23－08－17. fsa | 190 | 190.38 | 4 658 | 19 648 | 2 334 |
| | B06_HBB2302310_23－08－17. fsa | 231 | 230.92 | 9 562 | 40 882 | 2 567 |
| 2023－8217 | B07_HBB2302311_23－08－17. fsa | 208 | 207.92 | 6 378 | 38 769 | 2 442 |
| | B07_HBB2302311_23－08－17. fsa | 213 | 213.17 | 9 835 | 44 048 | 2 472 |
| 2023－8218 | B08_HBB2302312_23－08－17. fsa | 208 | 208.07 | 11 838 | 68 096 | 2 445 |
| 2023－8219 | B09_HBB2302313_23－08－17. fsa | 208 | 207.89 | 3 902 | 24 563 | 2 440 |
| | B09_HBB2302313_23－08－17. fsa | 213 | 213.13 | 5 655 | 27 906 | 2 470 |
| 2023－8220 | B10_HBB2302314_23－08－17. fsa | 208 | 207.9 | 11 419 | 66 956 | 2 447 |
| 2023－8221 | B11_HBB2302315_23－08－17. fsa | 207 | 207.03 | 6 423 | 34 214 | 2 491 |
| | B11_HBB2302315_23－08－17. fsa | 248 | 248.34 | 7 271 | 35 391 | 2 736 |
| 2023－8222 | B12_HBB2302316_23－08－17. fsa | 207 | 207.01 | 9 009 | 73 792 | 2 514 |
| 2023－8223 | C01_HBB2302317_23－08－17. fsa | 208 | 208.41 | 9 518 | 51 508 | 2 517 |
| 2023－8224 | C02_HBB2302318_23－08－17. fsa | 208 | 208.28 | 13 444 | 72 935 | 2 493 |
| 2023－8226 | C03_HBB2302319_23－08－17. fsa | 208 | 208.16 | 12 124 | 66 716 | 2 476 |
| 2023－8227 | C04_HBB2302320_23－08－17. fsa | 207 | 206.98 | 8 042 | 59 745 | 2 451 |
| 2023－8228 | C05_HBB2302321_23－08－17. fsa | 202 | 201.77 | 5 212 | 22 592 | 2 399 |
| | C05_HBB2302321_23－08－17. fsa | 208 | 207.94 | 4 023 | 18 129 | 2 434 |
| 2023－8229 | C06_HBB2302322_23－08－17. fsa | 204 | 203.88 | 6 288 | 31 320 | 2 425 |
| | C06_HBB2302322_23－08－17. fsa | 212 | 212.13 | 3 538 | 15 432 | 2 472 |
| 2023－8230 | C07_HBB2302323_23－08－17. fsa | 208 | 208.12 | 6 326 | 33 381 | 2 429 |
| | C07_HBB2302323_23－08－17. fsa | 231 | 230.85 | 6 336 | 26 608 | 2 559 |
| 2023－8231 | C09_HBB2302325_23－08－17. fsa | 208 | 208.05 | 10 341 | 57 556 | 2 456 |
| 2023－8232 | C10_HBB2302326_23－08－17. fsa | 208 | 207.89 | 8 073 | 47 014 | 2 441 |
| 2023－8233 | C11_HBB2302327_23－08－17. fsa | 207 | 206.91 | 7 373 | 57 877 | 2 482 |
| 2023－8234 | C12_HBB2302328_23－08－17. fsa | 207 | 207.01 | 6 535 | 33 528 | 2 501 |
| | C12_HBB2302328_23－08－17. fsa | 211 | 211.26 | 4 930 | 27 194 | 2 526 |
| 2023－8235 | D01_HBB2302329_23－08－17. fsa | 208 | 208.25 | 13 313 | 71 713 | 2 525 |

（续）

| 资源序号 | 样本名<br>（sample file name） | 等位基因位点<br>（allele，bp） | 大小<br>（size，bp） | 高度<br>（height，RFU） | 面积<br>（area，RFU） | 数据取值点<br>（data point，RFU） |
|---|---|---|---|---|---|---|
| 2023－8236 | D02_HBB2302330_23－08－17.fsa | 207 | 206.92 | 6 505 | 29 751 | 2 486 |
| | D02_HBB2302330_23－08－17.fsa | 248 | 248.49 | 7 828 | 34 914 | 2 730 |
| 2023－8237 | D03_HBB2302331_23－08－17.fsa | 190 | 190.48 | 4 538 | 18 364 | 2 348 |
| | D03_HBB2302331_23－08－17.fsa | 207 | 207.02 | 8 016 | 34 733 | 2 444 |
| 2023－8238 | D04_HBB2302332_23－08－17.fsa | 190 | 190.61 | 3 998 | 16 536 | 2 344 |
| | D04_HBB2302332_23－08－17.fsa | 213 | 213.31 | 12 423 | 49 418 | 2 475 |
| 2023－8239 | D05_HBB2302333_23－08－17.fsa | 207 | 206.91 | 5 802 | 24 515 | 2 423 |
| | D05_HBB2302333_23－08－17.fsa | 248 | 248.28 | 6 760 | 28 371 | 2 660 |
| 2023－8240 | D06_HBB2302334_23－08－17.fsa | 190 | 190.25 | 12 504 | 53 368 | 2 332 |
| 2023－8241 | D07_HBB2302335_23－08－17.fsa | 202 | 202.8 | 4 127 | 17 188 | 2 424 |
| | D07_HBB2302335_23－08－17.fsa | 208 | 207.86 | 5 775 | 28 317 | 2 453 |
| 2023－8242 | D08_HBB2302336_23－08－17.fsa | 190 | 190.32 | 13 925 | 61 036 | 2 312 |
| 2023－8243 | D09_HBB2302337_23－08－17.fsa | 208 | 207.89 | 2 881 | 17 060 | 2 437 |
| | D09_HBB2302337_23－08－17.fsa | 213 | 213.12 | 4 232 | 19 277 | 2 467 |
| 2023－8244 | D10_HBB2302338_23－08－17.fsa | 190 | 190.33 | 3 893 | 17 026 | 2 329 |
| | D10_HBB2302338_23－08－17.fsa | 208 | 207.92 | 5 672 | 31 572 | 2 430 |
| 2023－8245 | D11_HBB2302339_23－08－17.fsa | 190 | 190.43 | 2 918 | 18 985 | 2 371 |
| | D11_HBB2302339_23－08－17.fsa | 207 | 206.9 | 5 884 | 29 443 | 2 468 |
| 2023－8246 | D12_HBB2302340_23－08－17.fsa | 208 | 207.88 | 9 868 | 60 716 | 2 504 |
| 2023－8247 | E01_HBB2302341_23－08－17.fsa | 190 | 190.77 | 3 279 | 13 221 | 2 430 |
| | E01_HBB2302341_23－08－17.fsa | 207 | 207.25 | 8 453 | 38 874 | 2 528 |
| 2023－8248 | E02_HBB2302342_23－08－17.fsa | 207 | 207.05 | 4 587 | 35 802 | 2 497 |
| 2023－8249 | E03_HBB2302343_23－08－17.fsa | 207 | 207.12 | 3 982 | 19 152 | 2 468 |
| | E03_HBB2302343_23－08－17.fsa | 210 | 210.24 | 3 453 | 15 674 | 2 486 |
| 2023－8250 | E04_HBB2302344_23－08－17.fsa | 207 | 206.95 | 6 016 | 39 972 | 2 465 |
| 2023－8251 | E06_HBB2302346_23－08－17.fsa | 190 | 190.37 | 3 502 | 14 306 | 2 324 |
| | E06_HBB2302346_23－08－17.fsa | 208 | 207.97 | 4 118 | 23 267 | 2 425 |
| 2023－8252 | E07_HBB2302347_23－08－17.fsa | 202 | 201.77 | 2 790 | 14 936 | 2 388 |
| | E07_HBB2302347_23－08－17.fsa | 213 | 213.22 | 2 804 | 12 419 | 2 453 |

（续）

| 资源序号 | 样本名<br>（sample file name） | 等位基因位点<br>（allele，bp） | 大小<br>（size，bp） | 高度<br>（height，RFU） | 面积<br>（area，RFU） | 数据取值点<br>（data point，RFU） |
|---|---|---|---|---|---|---|
| 2023－8253 | E08_HBB2302348_23－08－17.fsa | 190 | 190.21 | 2 888 | 12 000 | 2 338 |
| | E08_HBB2302348_23－08－17.fsa | 207 | 206.84 | 3 979 | 19 324 | 2 434 |
| 2023－8254 | E09_HBB2302349_23－08－17.fsa | 207 | 206.83 | 3 472 | 15 188 | 2 437 |
| | E09_HBB2302349_23－08－17.fsa | 213 | 213.12 | 3 900 | 16 939 | 2 473 |
| 2023－8255 | E10_HBB2302350_23－08－17.fsa | 190 | 190.43 | 7 409 | 31 776 | 2 333 |
| 2023－8256 | E11_HBB2302351_23－08－17.fsa | 190 | 190.25 | 11 020 | 49 899 | 2 363 |
| 2023－8257 | E12_HBB2302352_23－08－17.fsa | 190 | 190.41 | 3 398 | 14 968 | 2 408 |
| | E12_HBB2302352_23－08－17.fsa | 213 | 213.3 | 8 877 | 40 461 | 2 544 |
| 2023－8258 | F01_HBB2302353_23－08－17.fsa | 190 | 190.63 | 8 377 | 37 466 | 2 430 |
| 2023－8259 | F02_HBB2302354_23－08－17.fsa | 204 | 203.97 | 11 163 | 49 444 | 2 477 |
| 2023－8260 | F03_HBB2302355_23－08－17.fsa | 190 | 190.54 | 13 919 | 64 937 | 2 380 |
| 2023－8261 | F04_HBB2302356_23－08－17.fsa | 208 | 207.99 | 5 101 | 28 840 | 2 481 |
| | F04_HBB2302356_23－08－17.fsa | 210 | 210.06 | 7 394 | 31 329 | 2 493 |
| 2023－8262 | F05_HBB2302357_23－08－17.fsa | 190 | 190.48 | 14 827 | 60 505 | 2 347 |
| 2023－8263 | F06_HBB2302358_23－08－17.fsa | 190 | 190.33 | 4 713 | 18 813 | 2 331 |
| | F06_HBB2302358_23－08－17.fsa | 207 | 206.87 | 7 338 | 32 825 | 2 426 |
| 2023－8264 | F07_HBB2302359_23－08－17.fsa | 204 | 203.88 | 2 970 | 13 943 | 2 410 |
| | F07_HBB2302359_23－08－17.fsa | 208 | 208.1 | 5 655 | 29 989 | 2 434 |
| 2023－8265 | F08_HBB2302360_23－08－17.fsa | 207 | 206.89 | 6 834 | 50 133 | 2 416 |
| 2023－8266 | F09_HBB2302361_23－08－17.fsa | 208 | 207.92 | 3 718 | 22 641 | 2 438 |
| | F09_HBB2302361_23－08－17.fsa | 213 | 213.18 | 5 794 | 26 063 | 2 468 |
| 2023－8267 | F10_HBB2302362_23－08－17.fsa | 208 | 207.89 | 10 555 | 54 612 | 2 437 |
| 2023－8268 | F11_HBB2302363_23－08－17.fsa | 207 | 206.9 | 6 375 | 29 880 | 2 483 |
| | F11_HBB2302363_23－08－17.fsa | 213 | 213.25 | 7 089 | 31 850 | 2 520 |
| 2023－8269 | F12_HBB2302364_23－08－17.fsa | 190 | 190.4 | 4 355 | 18 355 | 2 386 |
| | F12_HBB2302364_23－08－17.fsa | 207 | 206.9 | 8 812 | 42 122 | 2 484 |
| 2023－8270 | G01_HBB2302365_23－08－17.fsa | 190 | 190.68 | 4 129 | 17 173 | 2 437 |
| | G01_HBB2302365_23－08－17.fsa | 207 | 207.28 | 7 331 | 34 383 | 2 535 |
| 2023－8271 | G03_HBB2302367_23－08－17.fsa | 208 | 208.13 | 9 644 | 51 057 | 2 487 |

（续）

| 资源序号 | 样本名<br>（sample file name） | 等位基因位点<br>（allele，bp） | 大小<br>（size，bp） | 高度<br>（height，RFU） | 面积<br>（area，RFU） | 数据取值点<br>（data point，RFU） |
|---|---|---|---|---|---|---|
| 2023 - 8272 | G04_HBB2302368_23 - 08 - 17. fsa | 190 | 190.54 | 3 828 | 19 207 | 2 364 |
|  | G04_HBB2302368_23 - 08 - 17. fsa | 207 | 206.97 | 8 153 | 37 259 | 2 460 |
| 2023 - 8273 | G05_HBB2302369_23 - 08 - 17. fsa | 190 | 190.53 | 3 448 | 13 911 | 2 351 |
|  | G05_HBB2302369_23 - 08 - 17. fsa | 213 | 213.3 | 9 848 | 38 477 | 2 483 |
| 2023 - 8274 | G06_HBB2302370_23 - 08 - 17. fsa | 190 | 190.53 | 2 429 | 10 345 | 2 352 |
|  | G06_HBB2302370_23 - 08 - 17. fsa | 208 | 208.07 | 4 495 | 22 701 | 2 454 |
| 2023 - 8275 | G07_HBB2302371_23 - 08 - 17. fsa | 190 | 190.39 | 3 203 | 13 303 | 2 335 |
|  | G07_HBB2302371_23 - 08 - 17. fsa | 208 | 208.08 | 6 146 | 31 279 | 2 437 |
| 2023 - 8276 | G08_HBB2302372_23 - 08 - 17. fsa | 208 | 207.89 | 5 456 | 27 191 | 2 450 |
|  | G08_HBB2302372_23 - 08 - 17. fsa | 231 | 230.81 | 5 799 | 24 476 | 2 582 |
| 2023 - 8277 | G09_HBB2302373_23 - 08 - 17. fsa | 208 | 208.09 | 4 249 | 22 435 | 2 437 |
|  | G09_HBB2302373_23 - 08 - 17. fsa | 248 | 248.46 | 5 670 | 23 886 | 2 670 |
| 2023 - 8278 | G10_HBB2302374_23 - 08 - 17. fsa | 190 | 190.53 | 3 324 | 13 985 | 2 350 |
|  | G10_HBB2302374_23 - 08 - 17. fsa | 208 | 208.04 | 4 837 | 25 366 | 2 452 |
| 2023 - 8279 | G11_HBB2302375_23 - 08 - 17. fsa | 190 | 190.52 | 3 294 | 20 726 | 2 381 |
|  | G11_HBB2302375_23 - 08 - 17. fsa | 208 | 208.1 | 5 815 | 32 108 | 2 485 |
| 2023 - 8280 | G12_HBB2302376_23 - 08 - 17. fsa | 208 | 208.08 | 10 529 | 56 443 | 2 505 |
| 2023 - 8281 | H01_HBB2302377_23 - 08 - 17. fsa | 190 | 190.83 | 5 697 | 23 396 | 2 457 |
|  | H01_HBB2302377_23 - 08 - 17. fsa | 208 | 208.73 | 6 891 | 36 278 | 2 564 |
| 2023 - 8282 | H02_HBB2302378_23 - 08 - 17. fsa | 202 | 203.26 | 3 760 | 14 483 | 2 504 |
|  | H02_HBB2302378_23 - 08 - 17. fsa | 208 | 208.38 | 7 008 | 35 443 | 2 534 |
| 2023 - 8283 | H03_HBB2302379_23 - 08 - 17. fsa | 190 | 190.69 | 8 010 | 36 469 | 2 402 |
| 2023 - 8284 | H04_HBB2302380_23 - 08 - 17. fsa | 208 | 208.31 | 10 073 | 53 927 | 2 485 |
| 2023 - 8285 | H05_HBB2302381_23 - 08 - 17. fsa | 190 | 190.54 | 4 313 | 21 585 | 2 368 |
|  | H05_HBB2302381_23 - 08 - 17. fsa | 202 | 201.92 | 7 104 | 38 050 | 2 435 |
| 2023 - 8286 | H06_HBB2302382_23 - 08 - 17. fsa | 208 | 208.22 | 7 428 | 40 886 | 2 465 |
| 2023 - 8287 | H07_HBB2302383_23 - 08 - 17. fsa | 208 | 208.2 | 8 984 | 45 042 | 2 462 |
| 2023 - 8288 | H08_HBB2302384_23 - 08 - 17. fsa | 202 | 202.79 | 10 887 | 43 244 | 2 436 |
| 2023 - 8289 | H09_HBB2302385_23 - 08 - 17. fsa | 208 | 208.22 | 4 843 | 23 162 | 2 453 |
|  | H09_HBB2302385_23 - 08 - 17. fsa | 231 | 231.23 | 5 806 | 23 071 | 2 586 |

（续）

| 资源序号 | 样本名<br>（sample file name） | 等位基因位点<br>（allele，bp） | 大小<br>（size，bp） | 高度<br>（height，RFU） | 面积<br>（area，RFU） | 数据取值点<br>（data point，RFU） |
|---|---|---|---|---|---|---|
| 2023－8290 | A01_HBB2302387_01－49－27.fsa | 202 | 202.22 | 4 022 | 17 713 | 2 504 |
| | A01_HBB2302387_01－49－27.fsa | 208 | 208.52 | 3 046 | 13 792 | 2 541 |
| 2023－8291 | A02_HBB2302388_01－49－27.fsa | 190 | 190.74 | 3 100 | 13 067 | 2 418 |
| | A02_HBB2302388_01－49－27.fsa | 208 | 208.38 | 4 778 | 26 024 | 2 523 |
| 2023－8292 | A03_HBB2302389_01－49－27.fsa | 190 | 190.54 | 11 555 | 65 831 | 2 382 |
| 2023－8293 | A04_HBB2302390_01－49－27.fsa | 183 | 183.42 | 2 130 | 7 302 | 2 333 |
| | A04_HBB2302390_01－49－27.fsa | 208 | 208.16 | 7 694 | 41 625 | 2 479 |
| 2023－8294 | A05_HBB2302391_01－49－27.fsa | 202 | 201.92 | 8 491 | 45 059 | 2 430 |
| 2023－8295 | A06_HBB2302392_01－49－27.fsa | 183 | 183.34 | 2 230 | 8 923 | 2 315 |
| | A06_HBB2302392_01－49－27.fsa | 202 | 201.93 | 9 050 | 48 498 | 2 424 |
| 2023－8296 | A07_HBB2302393_01－49－27.fsa | 183 | 183.34 | 2 277 | 8 764 | 2 307 |
| | A07_HBB2302393_01－49－27.fsa | 213 | 213.27 | 11 393 | 50 948 | 2 481 |
| 2023－8297 | A08_HBB2302394_01－49－27.fsa | 208 | 208.16 | 7 198 | 38 627 | 2 483 |
| 2023－8298 | A09_HBB2302395_01－49－27.fsa | 207 | 206.97 | 7 655 | 38 658 | 2 468 |
| 2023－8299 | A10_HBB2302396_01－49－27.fsa | 208 | 208.14 | 12 158 | 70 913 | 2 490 |
| 2023－8300 | A11_HBB2302397_01－49－27.fsa | 185 | 185.34 | 4 482 | 10 656 | 2 388 |
| | A11_HBB2302397_01－49－27.fsa | 207 | 207.18 | 10 871 | 58 677 | 2 519 |
| 2023－8301 | A12_HBB2302398_01－49－27.fsa | 197 | 197.09 | 7 756 | 20 375 | 2 485 |
| | A12_HBB2302398_01－49－27.fsa | 202 | 202.04 | 12 436 | 67 226 | 2 515 |
| 2023－8302 | B01_HBB2302399_01－49－27.fsa | 204 | 203.96 | 4 393 | 19 227 | 2 481 |
| | B01_HBB2302399_01－49－27.fsa | 213 | 213.56 | 4 012 | 18 143 | 2 537 |
| 2023－8303 | B02_HBB2302400_01－49－27.fsa | 208 | 208.4 | 10 346 | 53 956 | 2 517 |
| 2023－8304 | B03_HBB2302401_01－49－27.fsa | 208 | 208.34 | 4 014 | 23 435 | 2 477 |
| | B03_HBB2302401_01－49－27.fsa | 231 | 231.2 | 4 972 | 22 041 | 2 610 |
| 2023－8305 | B04_HBB2302402_01－49－27.fsa | 210 | 210.24 | 6 560 | 52 164 | 2 485 |
| 2023－8306 | B05_HBB2302403_01－49－27.fsa | 190 | 190.53 | 2 193 | 9 073 | 2 361 |
| | B05_HBB2302403_01－49－27.fsa | 208 | 208.04 | 3 416 | 19 246 | 2 463 |
| 2023－8307 | B06_HBB2302404_01－49－27.fsa | 208 | 207.92 | 5 529 | 30 287 | 2 440 |
| | B06_HBB2302404_01－49－27.fsa | 213 | 213.18 | 6 239 | 26 517 | 2 470 |
| 2023－8308 | B07_HBB2302405_01－49－27.fsa | 208 | 208.07 | 6 234 | 34 768 | 2 449 |

（续）

| 资源序号 | 样本名<br>（sample file name） | 等位基因位点<br>（allele, bp） | 大小<br>（size, bp） | 高度<br>（height, RFU） | 面积<br>（area, RFU） | 数据取值点<br>（data point, RFU） |
|---|---|---|---|---|---|---|
| 2023 - 8309 | B08_HBB2302406_01 - 49 - 27. fsa | 190 | 190.53 | 12 607 | 54 323 | 2 348 |
| 2023 - 8310 | B09_HBB2302407_01 - 49 - 27. fsa | 208 | 208.07 | 4 264 | 23 968 | 2 447 |
|  | B09_HBB2302407_01 - 49 - 27. fsa | 213 | 213.13 | 4 590 | 22 377 | 2 476 |
| 2023 - 8311 | B11_HBB2302409_01 - 49 - 27. fsa | 208 | 207.91 | 6 747 | 40 457 | 2 502 |
| 2023 - 8312 | B12_HBB2302410_01 - 49 - 27. fsa | 208 | 208.17 | 4 434 | 25 400 | 2 527 |
|  | B12_HBB2302410_01 - 49 - 27. fsa | 213 | 213.25 | 5 072 | 24 367 | 2 557 |
| 2023 - 8313 | C01_HBB2302411_01 - 49 - 27. fsa | 208 | 208.37 | 4 729 | 24 274 | 2 523 |
|  | C01_HBB2302411_01 - 49 - 27. fsa | 213 | 213.64 | 5 012 | 22 277 | 2 554 |
| 2023 - 8314 | C02_HBB2302412_01 - 49 - 27. fsa | 208 | 208.46 | 5 851 | 28 018 | 2 499 |
|  | C02_HBB2302412_01 - 49 - 27. fsa | 213 | 213.62 | 6 818 | 26 581 | 2 529 |
| 2023 - 8315 | C03_HBB2302413_01 - 49 - 27. fsa | 210 | 210.2 | 6 337 | 27 432 | 2 493 |
| 2023 - 8316 | C04_HBB2302414_01 - 49 - 27. fsa | 208 | 208 | 10 098 | 53 544 | 2 463 |
| 2023 - 8317 | C05_HBB2302415_01 - 49 - 27. fsa | 202 | 201.76 | 5 653 | 24 747 | 2 405 |
|  | C05_HBB2302415_01 - 49 - 27. fsa | 208 | 207.92 | 4 319 | 20 108 | 2 440 |
| 2023 - 8318 | C06_HBB2302416_01 - 49 - 27. fsa | 202 | 202.81 | 4 274 | 17 782 | 2 426 |
|  | C06_HBB2302416_01 - 49 - 27. fsa | 208 | 208.07 | 7 085 | 38 400 | 2 456 |
| 2023 - 8319 | C07_HBB2302417_01 - 49 - 27. fsa | 208 | 208.1 | 11 661 | 62 973 | 2 434 |
| 2023 - 8320 | C08_HBB2302418_01 - 49 - 27. fsa | 208 | 207.97 | 10 733 | 58 698 | 2 430 |
| 2023 - 8321 | C09_HBB2302419_01 - 49 - 27. fsa | 204 | 203.84 | 6 830 | 34 985 | 2 438 |
|  | C09_HBB2302419_01 - 49 - 27. fsa | 208 | 207.84 | 4 393 | 26 649 | 2 461 |
| 2023 - 8322 | C10_HBB2302420_01 - 49 - 27. fsa | 190 | 190.49 | 4 110 | 18 295 | 2 345 |
|  | C10_HBB2302420_01 - 49 - 27. fsa | 208 | 208.04 | 6 999 | 39 558 | 2 447 |
| 2023 - 8323 | C11_HBB2302421_01 - 49 - 27. fsa | 204 | 203.8 | 11 020 | 55 210 | 2 470 |
| 2023 - 8324 | C12_HBB2302422_01 - 49 - 27. fsa | 190 | 190.41 | 6 566 | 29 923 | 2 410 |
|  | C12_HBB2302422_01 - 49 - 27. fsa | 202 | 202.91 | 5 137 | 24 316 | 2 485 |
| 2023 - 8325 | D01_HBB2302423_01 - 49 - 27. fsa | 204 | 203.93 | 7 824 | 29 189 | 2 507 |
|  | D01_HBB2302423_01 - 49 - 27. fsa | 208 | 208.37 | 4 750 | 25 160 | 2 533 |
| 2023 - 8326 | D02_HBB2302424_01 - 49 - 27. fsa | 208 | 208.11 | 13 283 | 71 767 | 2 498 |
| 2023 - 8327 | D03_HBB2302425_01 - 49 - 27. fsa | 190 | 190.48 | 8 875 | 47 788 | 2 355 |
|  | D03_HBB2302425_01 - 49 - 27. fsa | 202 | 202.81 | 9 247 | 36 835 | 2 427 |

（续）

| 资源序号 | 样本名<br>（sample file name） | 等位基因位点<br>（allele，bp） | 大小<br>（size，<br>bp） | 高度<br>（height，<br>RFU） | 面积<br>（area，<br>RFU） | 数据取值点<br>（data point，<br>RFU） |
|---|---|---|---|---|---|---|
| 2023－8328 | D04_HBB2302426_01－49－27.fsa | 190 | 190.48 | 3 918 | 25 340 | 2 349 |
| | D04_HBB2302426_01－49－27.fsa | 207 | 207.02 | 5 481 | 36 290 | 2 445 |
| 2023－8329 | D05_HBB2302427_01－49－27.fsa | 183 | 183.25 | 1 444 | 5 968 | 2 292 |
| | D05_HBB2302427_01－49－27.fsa | 208 | 208.12 | 8 115 | 44 317 | 2 435 |
| 2023－8330 | D06_HBB2302428_01－49－27.fsa | 208 | 207.92 | 12 168 | 66 726 | 2 440 |
| 2023－8331 | D08_HBB2302430_01－49－27.fsa | 208 | 209.03 | 5 722 | 49 301 | 2 424 |
| 2023－8332 | D09_HBB2302431_01－49－27.fsa | 208 | 207.92 | 4 276 | 26 471 | 2 443 |
| | D09_HBB2302431_01－49－27.fsa | 213 | 213 | 6 222 | 29 715 | 2 472 |
| 2023－8333 | D10_HBB2302432_01－49－27.fsa | 190 | 190.43 | 3 959 | 16 942 | 2 335 |
| | D10_HBB2302432_01－49－27.fsa | 208 | 207.92 | 5 796 | 33 281 | 2 436 |
| 2023－8334 | D11_HBB2302433_01－49－27.fsa | 190 | 191.26 | 2 239 | 9 294 | 2 382 |
| | D11_HBB2302433_01－49－27.fsa | 207 | 206.93 | 6 043 | 45 069 | 2 474 |
| 2023－8335 | D12_HBB2302434_01－49－27.fsa | 190 | 190.41 | 12 769 | 59 860 | 2 406 |
| 2023－8336 | E01_HBB2302435_01－49－27.fsa | 208 | 208.41 | 10 659 | 56 835 | 2 546 |
| 2023－8337 | E02_HBB2302436_01－49－27.fsa | 202 | 202.93 | 3 188 | 13 580 | 2 480 |
| | E02_HBB2302436_01－49－27.fsa | 208 | 208.08 | 6 146 | 35 517 | 2 510 |
| 2023－8338 | E03_HBB2302437_01－49－27.fsa | 190 | 190.42 | 4 069 | 17 268 | 2 376 |
| | E03_HBB2302437_01－49－27.fsa | 208 | 208.16 | 5 531 | 30 473 | 2 480 |
| 2023－8339 | E04_HBB2302438_01－49－27.fsa | 202 | 202.78 | 4 425 | 18 475 | 2 447 |
| | E04_HBB2302438_01－49－27.fsa | 208 | 207.98 | 7 389 | 41 628 | 2 477 |
| 2023－8340 | E05_HBB2302439_01－49－27.fsa | 204 | 203.85 | 2 885 | 14 907 | 2 438 |
| | E05_HBB2302439_01－49－27.fsa | 208 | 208.03 | 5 304 | 30 128 | 2 462 |
| 2023－8341 | E06_HBB2302440_01－49－27.fsa | 208 | 207.94 | 8 338 | 46 055 | 2 432 |
| 2023－8342 | E07_HBB2302441_01－49－27.fsa | 190 | 190.25 | 2 503 | 10 514 | 2 326 |
| | E07_HBB2302441_01－49－27.fsa | 208 | 207.76 | 3 892 | 22 719 | 2 427 |
| 2023－8343 | E08_HBB2302442_01－49－27.fsa | 183 | 183.32 | 1 619 | 6 462 | 2 303 |
| | E08_HBB2302442_01－49－27.fsa | 208 | 207.88 | 8 958 | 46 343 | 2 446 |
| 2023－8344 | E09_HBB2302443_01－49－27.fsa | 208 | 207.89 | 6 153 | 36 381 | 2 449 |
| 2023－8345 | E10_HBB2302444_01－49－27.fsa | 190 | 191.16 | 3 532 | 26 739 | 2 343 |
| | E10_HBB2302444_01－49－27.fsa | 207 | 206.86 | 6 177 | 29 365 | 2 434 |

（续）

| 资源序号 | 样本名<br>（sample file name） | 等位基因位点<br>（allele，bp） | 大小<br>（size，bp） | 高度<br>（height，RFU） | 面积<br>（area，RFU） | 数据取值点<br>（data point，RFU） |
|---|---|---|---|---|---|---|
| 2023 - 8346 | E11_HBB2302445_01 - 49 - 27. fsa | 190 | 191.27 | 2 214 | 8 439 | 2 376 |
| | E11_HBB2302445_01 - 49 - 27. fsa | 208 | 207.96 | 5 997 | 54 785 | 2 474 |
| 2023 - 8347 | E12_HBB2302446_01 - 49 - 27. fsa | 202 | 202.9 | 3 178 | 14 206 | 2 490 |
| | E12_HBB2302446_01 - 49 - 27. fsa | 208 | 208.17 | 4 371 | 26 534 | 2 521 |
| 2023 - 8348 | F01_HBB2302447_01 - 49 - 27. fsa | 208 | 208.31 | 7 019 | 38 006 | 2 538 |
| 2023 - 8349 | F02_HBB2302448_01 - 49 - 27. fsa | 208 | 208.22 | 7 818 | 41 452 | 2 510 |
| 2023 - 8350 | F03_HBB2302449_01 - 49 - 27. fsa | 202 | 203.12 | 3 157 | 13 578 | 2 459 |
| | F03_HBB2302449_01 - 49 - 27. fsa | 208 | 208.31 | 5 870 | 33 493 | 2 489 |
| 2023 - 8351 | F05_HBB2302451_01 - 49 - 27. fsa | 208 | 208.07 | 12 437 | 60 453 | 2 456 |
| 2023 - 8352 | F06_HBB2302452_01 - 49 - 27. fsa | 190 | 191.29 | 1 989 | 7 058 | 2 342 |
| | F06_HBB2302452_01 - 49 - 27. fsa | 207 | 206.86 | 5 970 | 44 704 | 2 432 |
| 2023 - 8353 | F07_HBB2302453_01 - 49 - 27. fsa | 190 | 190.48 | 3 189 | 18 506 | 2 337 |
| | F07_HBB2302453_01 - 49 - 27. fsa | 204 | 203.68 | 5 467 | 23 541 | 2 414 |
| 2023 - 8354 | F08_HBB2302454_01 - 49 - 27. fsa | 208 | 207.95 | 4 556 | 23 975 | 2 428 |
| | F08_HBB2302454_01 - 49 - 27. fsa | 248 | 248.28 | 6 414 | 27 331 | 2 660 |
| 2023 - 8355 | F09_HBB2302455_01 - 49 - 27. fsa | 185 | 185.3 | 1 910 | 6 194 | 2 314 |
| | F09_HBB2302455_01 - 49 - 27. fsa | 208 | 207.92 | 9 989 | 53 843 | 2 445 |
| 2023 - 8356 | F10_HBB2302456_01 - 49 - 27. fsa | 208 | 207.89 | 5 471 | 28 457 | 2 443 |
| | F10_HBB2302456_01 - 49 - 27. fsa | 248 | 248.3 | 5 960 | 25 721 | 2 677 |
| 2023 - 8357 | F11_HBB2302457_01 - 49 - 27. fsa | 208 | 207.9 | 6 528 | 35 177 | 2 496 |
| | F11_HBB2302457_01 - 49 - 27. fsa | 231 | 230.86 | 5 584 | 23 575 | 2 631 |
| 2023 - 8358 | F12_HBB2302458_01 - 49 - 27. fsa | 208 | 208.22 | 8 956 | 53 905 | 2 499 |
| 2023 - 8359 | G01_HBB2302459_01 - 49 - 27. fsa | 208 | 208.46 | 7 772 | 42 679 | 2 545 |
| 2023 - 8360 | G02_HBB2302460_01 - 49 - 27. fsa | 202 | 202.06 | 3 482 | 16 086 | 2 490 |
| | G02_HBB2302460_01 - 49 - 27. fsa | | 208.4 | 2 224 | 10 948 | 2 527 |
| 2023 - 8361 | G03_HBB2302461_01 - 49 - 27. fsa | 202 | 202.08 | 10 298 | 50 361 | 2 458 |
| 2023 - 8362 | G04_HBB2302462_01 - 49 - 27. fsa | 208 | 208.19 | 9 893 | 52 362 | 2 473 |

（续）

| 资源序号 | 样本名<br>（sample file name） | 等位基因位点<br>（allele，bp） | 大小<br>（size，bp） | 高度<br>（height，RFU） | 面积<br>（area，RFU） | 数据取值点<br>（data point，RFU） |
|---|---|---|---|---|---|---|
| 2023 - 8363 | G05_HBB2302463_01 - 49 - 27. fsa | 208 | 208.07 | 10 980 | 56 621 | 2 460 |
| 2023 - 8364 | G06_HBB2302464_01 - 49 - 27. fsa | 208 | 208.04 | 7 856 | 39 229 | 2 461 |
| 2023 - 8365 | G07_HBB2302465_01 - 49 - 27. fsa | 204 | 203.87 | 1 967 | 15 132 | 2 420 |
|  | G07_HBB2302465_01 - 49 - 27. fsa | 208 | 208.07 | 1 964 | 13 608 | 2 444 |
| 2023 - 8366 | G08_HBB2302466_01 - 49 - 27. fsa | 208 | 208.04 | 10 749 | 54 893 | 2 457 |
| 2023 - 8367 | G09_HBB2302467_01 - 49 - 27. fsa | 183 | 183.26 | 1 402 | 5 619 | 2 299 |
|  | G09_HBB2302467_01 - 49 - 27. fsa | 207 | 207.02 | 6 245 | 45 465 | 2 437 |
| 2023 - 8368 | G10_HBB2302468_01 - 49 - 27. fsa | 208 | 208.01 | 7 397 | 37 871 | 2 459 |
| 2023 - 8369 | G11_HBB2302469_01 - 49 - 27. fsa | 207 | 207.05 | 6 450 | 50 084 | 2 486 |
| 2023 - 8370 | G12_HBB2302470_01 - 49 - 27. fsa | 190 | 190.58 | 10 411 | 43 435 | 2 409 |
| 2023 - 8371 | H02_HBB2302472_01 - 49 - 27. fsa | 207 | 207.33 | 5 472 | 39 961 | 2 536 |
| 2023 - 8372 | H03_HBB2302473_01 - 49 - 27. fsa | 183 | 183.54 | 598 | 2 320 | 2 365 |
|  | H03_HBB2302473_01 - 49 - 27. fsa | 207 | 207.2 | 4 125 | 30 823 | 2 506 |
| 2023 - 8373 | H04_HBB2302474_01 - 49 - 27. fsa | 207 | 207.11 | 4 699 | 36 277 | 2 485 |
| 2023 - 8374 | H05_HBB2302475_01 - 49 - 27. fsa | 207 | 207.12 | 7 694 | 51 119 | 2 473 |
| 2023 - 8375 | H06_HBB2302476_01 - 49 - 27. fsa | 207 | 206.97 | 5 937 | 24 158 | 2 466 |
|  | H06_HBB2302476_01 - 49 - 27. fsa | 231 | 231.12 | 6 076 | 24 388 | 2 606 |
| 2023 - 8376 | H07_HBB2302477_01 - 49 - 27. fsa | 207 | 207.15 | 4 262 | 21 102 | 2 463 |
|  | H07_HBB2302477_01 - 49 - 27. fsa | 208 | 209.41 | 4 358 | 19 348 | 2 476 |
| 2023 - 8377 | H08_HBB2302478_01 - 49 - 27. fsa | 207 | 206.97 | 3 807 | 27 807 | 2 467 |
| 2023 - 8378 | H09_HBB2302479_01 - 49 - 27. fsa | 208 | 208.22 | 3 625 | 20 566 | 2 460 |
|  | H09_HBB2302479_01 - 49 - 27. fsa | 213 | 213.44 | 5 289 | 21 857 | 2 490 |
| 2023 - 8379 | H10_HBB2302480_01 - 49 - 27. fsa | 190 | 190.41 | 2 694 | 19 575 | 2 364 |
|  | H10_HBB2302480_01 - 49 - 27. fsa | 207 | 206.97 | 3 594 | 18 384 | 2 461 |

## 14 P14

| 资源序号 | 样本名<br>（sample file name） | 等位基因位点<br>（allele，bp） | 大小<br>（size，bp） | 高度<br>（height，RFU） | 面积<br>（area，RFU） | 数据取值点<br>（data point，RFU） |
|---|---|---|---|---|---|---|
| 2023－8200 | A01_HBB2302293_24－44－56.fsa | 150 | 149.82 | 32 667 | 187 900 | 2 190 |
| | A01_HBB2302293_24－44－56.fsa | 173 | 174.73 | 19 263 | 97 184 | 2 332 |
| 2023－8201 | A02_HBB2302294_24－44－56.fsa | 151 | 150.7 | 32 534 | 178 119 | 2 175 |
| | A02_HBB2302294_24－44－56.fsa | 169 | 169.99 | 31 418 | 136 067 | 2 290 |
| 2023－8202 | A03_HBB2302295_24－44－56.fsa | 151 | 150.53 | 32 685 | 159 234 | 2 143 |
| | A03_HBB2302295_24－44－56.fsa | 173 | 174.06 | 23 586 | 102 393 | 2 281 |
| 2023－8203 | A04_HBB2302296_24－44－56.fsa | 150 | 149.82 | 32 621 | 188 481 | 2 136 |
| | A04_HBB2302296_24－44－56.fsa | 169 | 170.22 | 31 746 | 140 934 | 2 250 |
| 2023－8204 | A05_HBB2302297_24－44－56.fsa | 169 | 170.03 | 29 041 | 131 492 | 2 239 |
| | A05_HBB2302297_24－44－56.fsa | 173 | 174.1 | 23 588 | 103 832 | 2 263 |
| 2023－8205 | A06_HBB2302298_24－44－56.fsa | 151 | 150.54 | 32 683 | 183 268 | 2 121 |
| | A06_HBB2302298_24－44－56.fsa | 169 | 170.11 | 30 220 | 141 368 | 2 234 |
| 2023－8206 | A07_HBB2302299_24－44－56.fsa | 169 | 169.94 | 32 453 | 173 445 | 2 225 |
| | A07_HBB2302299_24－44－56.fsa | 173 | 174.21 | 29 871 | 139 991 | 2 250 |
| 2023－8207 | A08_HBB2302300_24－44－56.fsa | 151 | 150.71 | 32 708 | 176 341 | 2 142 |
| | A08_HBB2302300_24－44－56.fsa | 173 | 174.23 | 22 049 | 106 319 | 2 280 |
| 2023－8208 | A09_HBB2302301_24－44－56.fsa | 155 | 154.73 | 32 580 | 158 130 | 2 157 |
| | A09_HBB2302301_24－44－56.fsa | 173 | 174.11 | 21 960 | 100 741 | 2 271 |
| 2023－8209 | A10_HBB2302302_24－44－56.fsa | 151 | 150.71 | 32 697 | 183 671 | 2 148 |
| | A10_HBB2302302_24－44－56.fsa | 169 | 169.97 | 30 963 | 146 577 | 2 261 |
| 2023－8210 | A11_HBB2302303_24－44－56.fsa | 151 | 150.52 | 32 496 | 229 209 | 2 177 |
| | A11_HBB2302303_24－44－56.fsa | 173 | 173.94 | 32 662 | 190 126 | 2 317 |
| 2023－8211 | B01_HBB2302305_24－44－56.fsa | 152 | 152.47 | 27 051 | 149 695 | 2 171 |
| | B01_HBB2302305_24－44－56.fsa | 155 | 154.9 | 15 306 | 78 730 | 2 185 |
| | B01_HBB2302305_24－44－56.fsa | 169 | 170.07 | 10 905 | 59 006 | 2 275 |
| 2023－8212 | B02_HBB2302306_24－44－56.fsa | 151 | 150.87 | 32 209 | 145 001 | 2 171 |
| | B02_HBB2302306_24－44－56.fsa | 155 | 154.83 | 31 867 | 140 238 | 2 194 |

（续）

| 资源序号 | 样本名<br>（sample file name） | 等位基因位点<br>（allele，bp） | 大小<br>（size，bp） | 高度<br>（height，RFU） | 面积<br>（area，RFU） | 数据取值点<br>（data point，RFU） |
|---|---|---|---|---|---|---|
| 2023 - 8213 | B03_HBB2302307_24 - 44 - 56. fsa | 151 | 150. 71 | 32 701 | 177 481 | 2 136 |
| | B03_HBB2302307_24 - 44 - 56. fsa | 173 | 174. 11 | 25 057 | 118 083 | 2 273 |
| 2023 - 8214 | B04_HBB2302308_24 - 44 - 56. fsa | 173 | 173. 94 | 32 658 | 222 499 | 2 269 |
| 2023 - 8215 | B05_HBB2302309_24 - 44 - 56. fsa | 169 | 169. 88 | 26 269 | 119 842 | 2 238 |
| | B05_HBB2302309_24 - 44 - 56. fsa | 173 | 173. 97 | 22 018 | 97 071 | 2 262 |
| 2023 - 8216 | B06_HBB2302310_24 - 44 - 56. fsa | 169 | 169. 78 | 30 943 | 150 335 | 2 216 |
| | B06_HBB2302310_24 - 44 - 56. fsa | 173 | 173. 9 | 21 644 | 105 828 | 2 240 |
| 2023 - 8217 | B07_HBB2302311_24 - 44 - 56. fsa | 152 | 152. 33 | 21 394 | 106 788 | 2 122 |
| | B07_HBB2302311_24 - 44 - 56. fsa | 169 | 169. 97 | 18 750 | 93 434 | 2 224 |
| 2023 - 8218 | B08_HBB2302312_24 - 44 - 56. fsa | 155 | 154. 81 | 20 943 | 104 611 | 2 136 |
| | B08_HBB2302312_24 - 44 - 56. fsa | 173 | 174. 04 | 10 865 | 54 507 | 2 248 |
| 2023 - 8219 | B09_HBB2302313_24 - 44 - 56. fsa | 173 | 173. 68 | 32 658 | 248 020 | 2 244 |
| 2023 - 8220 | B10_HBB2302314_24 - 44 - 56. fsa | 155 | 154. 56 | 30 905 | 152 374 | 2 139 |
| | B10_HBB2302314_24 - 44 - 56. fsa | 173 | 173. 86 | 21 493 | 102 610 | 2 252 |
| 2023 - 8221 | B11_HBB2302315_24 - 44 - 56. fsa | 151 | 150. 7 | 27 324 | 147 987 | 2 158 |
| | B11_HBB2302315_24 - 44 - 56. fsa | 173 | 173. 86 | 17 985 | 97 476 | 2 296 |
| 2023 - 8222 | B12_HBB2302316_24 - 44 - 56. fsa | 173 | 173. 94 | 32 674 | 246 504 | 2 318 |
| 2023 - 8223 | C01_HBB2302317_24 - 44 - 56. fsa | 155 | 154. 72 | 22 851 | 115 908 | 2 199 |
| | C01_HBB2302317_24 - 44 - 56. fsa | 173 | 174. 38 | 16 247 | 79 708 | 2 316 |
| 2023 - 8224 | C02_HBB2302318_24 - 44 - 56. fsa | 169 | 170. 1 | 30 456 | 140 129 | 2 269 |
| | C02_HBB2302318_24 - 44 - 56. fsa | 173 | 174. 3 | 22 787 | 109 823 | 2 294 |
| 2023 - 8226 | C03_HBB2302319_24 - 44 - 56. fsa | 169 | 169. 83 | 21 107 | 104 329 | 2 253 |
| | C03_HBB2302319_24 - 44 - 56. fsa | 173 | 174. 06 | 17 464 | 86 653 | 2 278 |
| 2023 - 8227 | C04_HBB2302320_24 - 44 - 56. fsa | 155 | 154. 63 | 15 045 | 78 058 | 2 148 |
| | C04_HBB2302320_24 - 44 - 56. fsa | 173 | 174. 05 | 10 504 | 56 853 | 2 261 |
| 2023 - 8228 | C05_HBB2302321_24 - 44 - 56. fsa | 155 | 154. 64 | 16 429 | 84 670 | 2 128 |
| | C05_HBB2302321_24 - 44 - 56. fsa | 173 | 173. 96 | 15 129 | 77 786 | 2 240 |
| 2023 - 8229 | C06_HBB2302322_24 - 44 - 56. fsa | 173 | 173. 85 | 25 380 | 142 761 | 2 254 |
| 2023 - 8230 | C07_HBB2302323_24 - 44 - 56. fsa | 169 | 169. 86 | 26 667 | 131 268 | 2 210 |
| | C07_HBB2302323_24 - 44 - 56. fsa | 173 | 174. 01 | 20 681 | 101 475 | 2 234 |

（续）

| 资源序号 | 样本名<br>（sample file name） | 等位基因位点<br>（allele，bp） | 大小<br>（size，bp） | 高度<br>（height，RFU） | 面积<br>（area，RFU） | 数据取值点<br>（data point，RFU） |
|---|---|---|---|---|---|---|
| 2023 - 8231 | C09_HBB2302325_24 - 44 - 56. fsa | 173 | 173. 81 | 32 648 | 199 095 | 2 259 |
| 2023 - 8232 | C10_HBB2302326_24 - 44 - 56. fsa | 155 | 154. 81 | 26 186 | 134 738 | 2 134 |
| | C10_HBB2302326_24 - 44 - 56. fsa | 173 | 174. 09 | 19 075 | 96 027 | 2 246 |
| 2023 - 8233 | C11_HBB2302327_24 - 44 - 56. fsa | 155 | 154. 83 | 31 996 | 175 458 | 2 175 |
| | C11_HBB2302327_24 - 44 - 56. fsa | 173 | 173. 96 | 21 781 | 110 050 | 2 289 |
| 2023 - 8234 | C12_HBB2302328_24 - 44 - 56. fsa | 173 | 174. 05 | 32 689 | 233 421 | 2 307 |
| 2023 - 8235 | D01_HBB2302329_24 - 44 - 56. fsa | 169 | 170 | 14 444 | 77 758 | 2 300 |
| | D01_HBB2302329_24 - 44 - 56. fsa | 173 | 174. 16 | 10 749 | 57 900 | 2 325 |
| 2023 - 8236 | D02_HBB2302330_24 - 44 - 56. fsa | 169 | 169. 92 | 14 398 | 82 389 | 2 270 |
| | D02_HBB2302330_24 - 44 - 56. fsa | 173 | 173. 96 | 9 815 | 55 208 | 2 294 |
| 2023 - 8237 | D03_HBB2302331_24 - 44 - 56. fsa | 151 | 150. 71 | 25 285 | 141 688 | 2 120 |
| 2023 - 8238 | D04_HBB2302332_24 - 44 - 56. fsa | 169 | 169. 97 | 12 738 | 88 591 | 2 227 |
| | D04_HBB2302332_24 - 44 - 56. fsa | 173 | 174. 08 | 7 133 | 47 551 | 2 251 |
| 2023 - 8239 | D05_HBB2302333_24 - 44 - 56. fsa | 155 | 154. 63 | 19 855 | 118 341 | 2 123 |
| | D05_HBB2302333_24 - 44 - 56. fsa | 173 | 174. 01 | 9 946 | 60 355 | 2 235 |
| 2023 - 8240 | D06_HBB2302334_24 - 44 - 56. fsa | 169 | 169. 82 | 20 313 | 110 014 | 2 217 |
| | D06_HBB2302334_24 - 44 - 56. fsa | 173 | 173. 95 | 13 301 | 73 155 | 2 241 |
| 2023 - 8241 | D07_HBB2302335_24 - 44 - 56. fsa | 152 | 152. 29 | 18 242 | 96 850 | 2 132 |
| | D07_HBB2302335_24 - 44 - 56. fsa | 169 | 169. 75 | 17 027 | 89 129 | 2 234 |
| 2023 - 8242 | D08_HBB2302336_24 - 44 - 56. fsa | 169 | 169. 89 | 18 797 | 93 807 | 2 196 |
| | D08_HBB2302336_24 - 44 - 56. fsa | 173 | 174. 05 | 14 924 | 77 488 | 2 220 |
| 2023 - 8243 | D09_HBB2302337_24 - 44 - 56. fsa | 151 | 150. 54 | 19 005 | 96 156 | 2 107 |
| | D09_HBB2302337_24 - 44 - 56. fsa | 173 | 173. 91 | 10 567 | 54 259 | 2 242 |
| 2023 - 8244 | D10_HBB2302338_24 - 44 - 56. fsa | 169 | 169. 66 | 32 620 | 207 080 | 2 211 |
| 2023 - 8245 | D11_HBB2302339_24 - 44 - 56. fsa | 155 | 154. 73 | 29 481 | 162 904 | 2 162 |
| | D11_HBB2302339_24 - 44 - 56. fsa | 173 | 174. 01 | 14 364 | 82 779 | 2 276 |
| 2023 - 8246 | D12_HBB2302340_24 - 44 - 56. fsa | 169 | 169. 91 | 24 735 | 116 421 | 2 279 |
| | D12_HBB2302340_24 - 44 - 56. fsa | 173 | 174. 1 | 32 386 | 174 658 | 2 304 |
| 2023 - 8247 | E01_HBB2302341_24 - 44 - 56. fsa | 151 | 150. 7 | 17 727 | 131 363 | 2 197 |
| | E01_HBB2302341_24 - 44 - 56. fsa | 152 | 152. 6 | 16 309 | 89 436 | 2 208 |

（续）

| 资源序号 | 样本名<br>（sample file name） | 等位基因位点<br>（allele，bp） | 大小<br>（size，bp） | 高度<br>（height，RFU） | 面积<br>（area，RFU） | 数据取值点<br>（data point，RFU） |
|---|---|---|---|---|---|---|
| 2023－8248 | E02_HBB2302342_24－44－56.fsa | 151 | 150.7 | 17 134 | 88 306 | 2 166 |
| | E02_HBB2302342_24－44－56.fsa | 173 | 174.09 | 10 076 | 53 164 | 2 305 |
| 2023－8249 | E03_HBB2302343_24－44－56.fsa | 152 | 152.29 | 15 767 | 82 096 | 2 149 |
| | E03_HBB2302343_24－44－56.fsa | 173 | 174.06 | 8 888 | 47 835 | 2 277 |
| 2023－8250 | E04_HBB2302344_24－44－56.fsa | 152 | 152.29 | 12 761 | 72 934 | 2 147 |
| | E04_HBB2302344_24－44－56.fsa | 173 | 173.94 | 8 030 | 47 350 | 2 274 |
| 2023－8251 | E06_HBB2302346_24－44－56.fsa | 169 | 169.68 | 15 651 | 78 333 | 2 208 |
| | E06_HBB2302346_24－44－56.fsa | 173 | 173.83 | 13 379 | 65 539 | 2 232 |
| 2023－8252 | E07_HBB2302347_24－44－56.fsa | 155 | 154.63 | 14 989 | 76 208 | 2 117 |
| | E07_HBB2302347_24－44－56.fsa | 169 | 169.86 | 11 704 | 58 368 | 2 205 |
| 2023－8253 | E08_HBB2302348_24－44－56.fsa | 155 | 154.74 | 21 053 | 109 768 | 2 134 |
| | E08_HBB2302348_24－44－56.fsa | 173 | 173.91 | 12 454 | 66 332 | 2 246 |
| 2023－8254 | E09_HBB2302349_24－44－56.fsa | 169 | 169.75 | 25 045 | 148 482 | 2 224 |
| 2023－8255 | E10_HBB2302350_24－44－56.fsa | 151 | 150.54 | 19 811 | 125 151 | 2 104 |
| | E10_HBB2302350_24－44－56.fsa | 152 | 152.33 | 16 692 | 79 921 | 2 114 |
| 2023－8256 | E11_HBB2302351_24－44－56.fsa | 151 | 150.35 | 32 625 | 242 663 | 2 131 |
| 2023－8257 | E12_HBB2302352_24－44－56.fsa | 169 | 169.96 | 22 628 | 131 450 | 2 288 |
| | E12_HBB2302352_24－44－56.fsa | 173 | 174.1 | 15 312 | 88 674 | 2 313 |
| 2023－8258 | F01_HBB2302353_24－44－56.fsa | 173 | 174.41 | 27 627 | 164 730 | 2 332 |
| 2023－8259 | F02_HBB2302354_24－44－56.fsa | 151 | 150.7 | 17 487 | 100 495 | 2 165 |
| 2023－8260 | F03_HBB2302355_24－44－56.fsa | 151 | 150.71 | 23 752 | 138 986 | 2 147 |
| 2023－8261 | F04_HBB2302356_24－44－56.fsa | 151 | 150.53 | 13 694 | 75 972 | 2 145 |
| | F04_HBB2302356_24－44－56.fsa | 173 | 174.06 | 7 293 | 41 524 | 2 283 |
| 2023－8262 | F05_HBB2302357_24－44－56.fsa | 151 | 150.54 | 8 835 | 51 117 | 2 118 |
| | F05_HBB2302357_24－44－56.fsa | 173 | 174.04 | 4 971 | 29 565 | 2 254 |
| 2023－8263 | F06_HBB2302358_24－44－56.fsa | 151 | 150.54 | 12 540 | 69 468 | 2 103 |
| | F06_HBB2302358_24－44－56.fsa | 169 | 169.83 | 10 243 | 54 992 | 2 214 |
| 2023－8264 | F07_HBB2302359_24－44－56.fsa | 151 | 150.71 | 12 885 | 69 697 | 2 103 |
| | F07_HBB2302359_24－44－56.fsa | 169 | 169.78 | 11 291 | 59 342 | 2 214 |

（续）

| 资源序号 | 样本名<br>（sample file name） | 等位基因位点<br>（allele，bp） | 大小<br>（size，bp） | 高度<br>（height，RFU） | 面积<br>（area，RFU） | 数据取值点<br>（data point，RFU） |
|---|---|---|---|---|---|---|
| 2023－8265 | F08_HBB2302360_24－44－56.fsa | 152 | 152.33 | 13 820 | 76 913 | 2 104 |
| | F08_HBB2302360_24－44－56.fsa | 169 | 169.86 | 12 500 | 69 802 | 2 205 |
| 2023－8266 | F09_HBB2302361_24－44－56.fsa | 169 | 169.8 | 12 469 | 72 276 | 2 220 |
| | F09_HBB2302361_24－44－56.fsa | 173 | 173.91 | 13 100 | 78 714 | 2 244 |
| 2023－8267 | F10_HBB2302362_24－44－56.fsa | 155 | 154.74 | 14 629 | 89 646 | 2 130 |
| | F10_HBB2302362_24－44－56.fsa | 173 | 173.85 | 7 651 | 47 946 | 2 242 |
| 2023－8268 | F11_HBB2302363_24－44－56.fsa | 173 | 173.97 | 30 715 | 187 782 | 2 290 |
| 2023－8269 | F12_HBB2302364_24－44－56.fsa | 151 | 150.53 | 20 832 | 110 313 | 2 153 |
| | F12_HBB2302364_24－44－56.fsa | 155 | 154.72 | 21 265 | 112 597 | 2 177 |
| 2023－8270 | G01_HBB2302365_24－44－56.fsa | 151 | 150.87 | 27 052 | 147 233 | 2 199 |
| 2023－8271 | G03_HBB2302367_24－44－56.fsa | 152 | 152.29 | 13 589 | 72 540 | 2 160 |
| | G03_HBB2302367_24－44－56.fsa | 173 | 174.18 | 9 743 | 51 690 | 2 289 |
| 2023－8272 | G04_HBB2302368_24－44－56.fsa | 173 | 174.1 | 15 158 | 82 314 | 2 270 |
| 2023－8273 | G05_HBB2302369_24－44－56.fsa | 169 | 169.94 | 24 217 | 136 944 | 2 234 |
| 2023－8274 | G06_HBB2302370_24－44－56.fsa | 155 | 154.73 | 13 124 | 74 861 | 2 146 |
| | G06_HBB2302370_24－44－56.fsa | 173 | 174.03 | 5 935 | 35 241 | 2 259 |
| 2023－8275 | G07_HBB2302371_24－44－56.fsa | 169 | 169.97 | 15 295 | 84 061 | 2 218 |
| | G07_HBB2302371_24－44－56.fsa | 173 | 174.09 | 9 756 | 55 704 | 2 242 |
| 2023－8276 | G08_HBB2302372_24－44－56.fsa | 151 | 150.53 | 18 234 | 99 145 | 2 118 |
| | G08_HBB2302372_24－44－56.fsa | 169 | 169.75 | 15 162 | 78 413 | 2 230 |
| 2023－8277 | G09_HBB2302373_24－44－56.fsa | 152 | 152.33 | 14 179 | 78 170 | 2 116 |
| | G09_HBB2302373_24－44－56.fsa | 173 | 174.09 | 7 779 | 44 644 | 2 242 |
| 2023－8278 | G10_HBB2302374_24－44－56.fsa | 169 | 169.72 | 23 089 | 131 878 | 2 232 |
| 2023－8279 | G11_HBB2302375_24－44－56.fsa | 173 | 174.14 | 14 989 | 94 117 | 2 286 |
| 2023－8280 | G12_HBB2302376_24－44－56.fsa | 169 | 169.99 | 10 211 | 72 371 | 2 282 |
| | G12_HBB2302376_24－44－56.fsa | 173 | 173.98 | 17 971 | 131 841 | 2 306 |
| 2023－8281 | H01_HBB2302377_24－44－56.fsa | 169 | 170.35 | 18 488 | 108 205 | 2 339 |
| | H01_HBB2302377_24－44－56.fsa | 173 | 174.45 | 11 808 | 66 970 | 2 364 |
| 2023－8282 | H02_HBB2302378_24－44－56.fsa | 151 | 150.86 | 13 808 | 78 679 | 2 193 |
| | H02_HBB2302378_24－44－56.fsa | 173 | 174.21 | 7 238 | 41 504 | 2 334 |

（续）

| 资源序号 | 样本名<br>（sample file name） | 等位基因位点<br>（allele，bp） | 大小<br>（size，bp） | 高度<br>（height，RFU） | 面积<br>（area，RFU） | 数据取值点<br>（data point，RFU） |
|---|---|---|---|---|---|---|
| 2023-8283 | H03_HBB2302379_24-44-56.fsa | 152 | 152.61 | 10 138 | 63 430 | 2 177 |
| | H03_HBB2302379_24-44-56.fsa | 155 | 155 | 11 648 | 62 406 | 2 191 |
| 2023-8284 | H04_HBB2302380_24-44-56.fsa | 173 | 174.18 | 14 153 | 81 688 | 2 287 |
| 2023-8285 | H05_HBB2302381_24-44-56.fsa | 173 | 173.88 | 23 559 | 132 463 | 2 274 |
| 2023-8286 | H06_HBB2302382_24-44-56.fsa | 152 | 152.48 | 20 655 | 108 924 | 2 142 |
| | H06_HBB2302382_24-44-56.fsa | 173 | 174.1 | 12 936 | 68 028 | 2 269 |
| 2023-8287 | H07_HBB2302383_24-44-56.fsa | 169 | 169.85 | 20 390 | 104 846 | 2 241 |
| | H07_HBB2302383_24-44-56.fsa | 173 | 173.93 | 13 993 | 71 104 | 2 265 |
| 2023-8288 | H08_HBB2302384_24-44-56.fsa | 151 | 150.53 | 18 951 | 120 003 | 2 132 |
| 2023-8289 | H09_HBB2302385_24-44-56.fsa | 169 | 170.08 | 17 288 | 89 435 | 2 233 |
| | H09_HBB2302385_24-44-56.fsa | 173 | 174.16 | 12 501 | 63 652 | 2 257 |
| 2023-8290 | A01_HBB2302387_09-21-29.fsa | 173 | 174.27 | 16 994 | 114 052 | 2 328 |
| 2023-8291 | A02_HBB2302388_09-21-29.fsa | 152 | 152.43 | 10 696 | 81 297 | 2 182 |
| | A02_HBB2302388_09-21-29.fsa | 173 | 173.98 | 9 824 | 80 674 | 2 311 |
| 2023-8292 | A03_HBB2302389_09-21-29.fsa | 150 | 149.81 | 31 605 | 230 320 | 2 133 |
| 2023-8293 | A04_HBB2302390_09-21-29.fsa | 152 | 151.41 | 9 545 | 67 736 | 2 137 |
| | A04_HBB2302390_09-21-29.fsa | 173 | 173.08 | 27 125 | 192 817 | 2 264 |
| 2023-8294 | A05_HBB2302391_09-21-29.fsa | 152 | 152.3 | 11 773 | 89 717 | 2 130 |
| | A05_HBB2302391_09-21-29.fsa | 173 | 173.97 | 16 456 | 125 650 | 2 257 |
| 2023-8295 | A06_HBB2302392_09-21-29.fsa | 151 | 150.71 | 17 240 | 160 110 | 2 115 |
| | A06_HBB2302392_09-21-29.fsa | 173 | 174.02 | 6 179 | 47 282 | 2 251 |
| 2023-8296 | A07_HBB2302393_09-21-29.fsa | 152 | 152.15 | 18 575 | 141 995 | 2 117 |
| | A07_HBB2302393_09-21-29.fsa | 173 | 174.09 | 11 119 | 86 684 | 2 244 |
| 2023-8297 | A08_HBB2302394_09-21-29.fsa | 173 | 174.1 | 27 518 | 210 700 | 2 274 |
| 2023-8298 | A09_HBB2302395_09-21-29.fsa | 151 | 150.54 | 12 792 | 97 661 | 2 130 |
| | A09_HBB2302395_09-21-29.fsa | 173 | 174.17 | 11 771 | 89 357 | 2 267 |
| 2023-8299 | A10_HBB2302396_09-21-29.fsa | 173 | 174.01 | 23 646 | 195 023 | 2 280 |
| 2023-8300 | A11_HBB2302397_09-21-29.fsa | 169 | 170.01 | 18 383 | 131 392 | 2 289 |
| | A11_HBB2302397_09-21-29.fsa | 173 | 174.16 | 25 273 | 184 937 | 2 314 |

（续）

| 资源序号 | 样本名<br>（sample file name） | 等位基因位点<br>（allele，bp） | 大小<br>（size，bp） | 高度<br>（height，RFU） | 面积<br>（area，RFU） | 数据取值点<br>（data point，RFU） |
|---|---|---|---|---|---|---|
| 2023 - 8301 | A12_HBB2302398_09 - 21 - 29. fsa | 155 | 154.75 | 9 511 | 71 527 | 2 221 |
| | A12_HBB2302398_09 - 21 - 29. fsa | 173 | 173.95 | 16 808 | 134 023 | 2 338 |
| 2023 - 8302 | B01_HBB2302399_09 - 21 - 29. fsa | 169 | 169.89 | 16 953 | 122 573 | 2 272 |
| | B01_HBB2302399_09 - 21 - 29. fsa | 173 | 174.07 | 14 708 | 105 301 | 2 297 |
| 2023 - 8303 | B02_HBB2302400_09 - 21 - 29. fsa | 155 | 154.83 | 13 730 | 95 190 | 2 190 |
| | B02_HBB2302400_09 - 21 - 29. fsa | 173 | 174.03 | 30 222 | 220 706 | 2 305 |
| 2023 - 8304 | B03_HBB2302401_09 - 21 - 29. fsa | 152 | 152.47 | 18 763 | 151 588 | 2 140 |
| | B03_HBB2302401_09 - 21 - 29. fsa | 155 | 154.73 | 17 975 | 122 169 | 2 153 |
| 2023 - 8305 | B04_HBB2302402_09 - 21 - 29. fsa | 151 | 150.53 | 6 659 | 50 515 | 2 127 |
| | B04_HBB2302402_09 - 21 - 29. fsa | 173 | 173.98 | 8 585 | 62 364 | 2 264 |
| 2023 - 8306 | B05_HBB2302403_09 - 21 - 29. fsa | 169 | 169.74 | 16 807 | 121 541 | 2 231 |
| | B05_HBB2302403_09 - 21 - 29. fsa | 173 | 173.85 | 15 849 | 118 533 | 2 255 |
| 2023 - 8307 | B06_HBB2302404_09 - 21 - 29. fsa | 169 | 169.83 | 14 106 | 93 145 | 2 210 |
| | B06_HBB2302404_09 - 21 - 29. fsa | 173 | 173.95 | 15 554 | 105 582 | 2 234 |
| 2023 - 8308 | B07_HBB2302405_09 - 21 - 29. fsa | 152 | 152.3 | 14 917 | 96 148 | 2 116 |
| 2023 - 8309 | B08_HBB2302406_09 - 21 - 29. fsa | 151 | 150.54 | 12 512 | 94 241 | 2 107 |
| | B08_HBB2302406_09 - 21 - 29. fsa | 173 | 174.08 | 24 857 | 181 371 | 2 243 |
| 2023 - 8310 | B09_HBB2302407_09 - 21 - 29. fsa | 150 | 149.61 | 10 937 | 85 819 | 2 099 |
| | B09_HBB2302407_09 - 21 - 29. fsa | 169 | 169.83 | 12 682 | 96 465 | 2 215 |
| | B09_HBB2302407_09 - 21 - 29. fsa | 173 | 173.1 | 13 287 | 106 002 | 2 234 |
| 2023 - 8311 | B11_HBB2302409_09 - 21 - 29. fsa | 169 | 169.91 | 21 882 | 169 774 | 2 268 |
| | B11_HBB2302409_09 - 21 - 29. fsa | 173 | 174.09 | 12 797 | 100 040 | 2 293 |
| 2023 - 8312 | B12_HBB2302410_09 - 21 - 29. fsa | 169 | 169.96 | 31 327 | 258 194 | 2 290 |
| | B12_HBB2302410_09 - 21 - 29. fsa | 173 | 174.1 | 10 883 | 81 953 | 2 315 |
| 2023 - 8313 | C01_HBB2302411_09 - 21 - 29. fsa | 169 | 170.03 | 16 291 | 118 907 | 2 286 |
| | C01_HBB2302411_09 - 21 - 29. fsa | 173 | 174.2 | 10 862 | 79 871 | 2 311 |
| 2023 - 8314 | C02_HBB2302412_09 - 21 - 29. fsa | 152 | 152.47 | 13 185 | 92 224 | 2 161 |
| | C02_HBB2302412_09 - 21 - 29. fsa | 173 | 174.18 | 24 278 | 163 348 | 2 289 |
| 2023 - 8315 | C03_HBB2302413_09 - 21 - 29. fsa | 151 | 150.71 | 14 138 | 105 508 | 2 135 |
| | C03_HBB2302413_09 - 21 - 29. fsa | 169 | 169.86 | 25 058 | 189 727 | 2 247 |

（续）

| 资源序号 | 样本名<br>（sample file name） | 等位基因位点<br>（allele，bp） | 大小<br>（size，bp） | 高度<br>（height，RFU） | 面积<br>（area，RFU） | 数据取值点<br>（data point，RFU） |
|---|---|---|---|---|---|---|
| 2023 - 8316 | C04_HBB2302414_09 - 21 - 29. fsa | 169 | 169. 94 | 15 926 | 114 325 | 2 231 |
| | C04_HBB2302414_09 - 21 - 29. fsa | 173 | 174. 04 | 13 932 | 97 560 | 2 255 |
| 2023 - 8317 | C05_HBB2302415_09 - 21 - 29. fsa | 152 | 151. 44 | 17 290 | 118 854 | 2 103 |
| | C05_HBB2302415_09 - 21 - 29. fsa | 173 | 173. 14 | 15 498 | 113 195 | 2 228 |
| 2023 - 8318 | C06_HBB2302416_09 - 21 - 29. fsa | 169 | 170. 05 | 18 138 | 136 783 | 2 224 |
| | C06_HBB2302416_09 - 21 - 29. fsa | 173 | 174. 2 | 13 507 | 98 699 | 2 248 |
| 2023 - 8319 | C07_HBB2302417_09 - 21 - 29. fsa | 155 | 154. 65 | 18 098 | 127 953 | 2 116 |
| | C07_HBB2302417_09 - 21 - 29. fsa | 169 | 169. 86 | 15 058 | 104 101 | 2 204 |
| 2023 - 8320 | C08_HBB2302418_09 - 21 - 29. fsa | 151 | 150. 55 | 17 804 | 159 598 | 2 091 |
| 2023 - 8321 | C09_HBB2302419_09 - 21 - 29. fsa | 152 | 151. 42 | 9 393 | 72 061 | 2 122 |
| | C09_HBB2302419_09 - 21 - 29. fsa | 173 | 172. 83 | 29 951 | 241 107 | 2 247 |
| 2023 - 8322 | C10_HBB2302420_09 - 21 - 29. fsa | 169 | 169. 61 | 10 270 | 70 517 | 2 216 |
| | C10_HBB2302420_09 - 21 - 29. fsa | 173 | 173. 73 | 10 056 | 73 068 | 2 240 |
| 2023 - 8323 | C11_HBB2302421_09 - 21 - 29. fsa | 155 | 154. 83 | 18 261 | 139 612 | 2 171 |
| | C11_HBB2302421_09 - 21 - 29. fsa | 173 | 173. 79 | 13 100 | 101 235 | 2 284 |
| 2023 - 8324 | C12_HBB2302422_09 - 21 - 29. fsa | 151 | 150. 7 | 8 638 | 65 132 | 2 164 |
| | C12_HBB2302422_09 - 21 - 29. fsa | 155 | 154. 83 | 7 466 | 54 284 | 2 188 |
| 2023 - 8325 | D01_HBB2302423_09 - 21 - 29. fsa | 152 | 152. 6 | 15 736 | 115 659 | 2 191 |
| | D01_HBB2302423_09 - 21 - 29. fsa | 173 | 174. 15 | 13 173 | 88 325 | 2 320 |
| 2023 - 8326 | D02_HBB2302424_09 - 21 - 29. fsa | 169 | 168. 98 | 18 988 | 143 364 | 2 259 |
| | D02_HBB2302424_09 - 21 - 29. fsa | 173 | 173. 22 | 14 642 | 112 250 | 2 284 |
| 2023 - 8327 | D03_HBB2302425_09 - 21 - 29. fsa | 152 | 152. 3 | 16 687 | 122 601 | 2 123 |
| | D03_HBB2302425_09 - 21 - 29. fsa | 173 | 173. 91 | 23 310 | 170 397 | 2 249 |
| 2023 - 8328 | D04_HBB2302426_09 - 21 - 29. fsa | 151 | 150. 71 | 21 431 | 208 416 | 2 110 |
| 2023 - 8329 | D05_HBB2302427_09 - 21 - 29. fsa | 152 | 152. 33 | 11 495 | 85 915 | 2 104 |
| | D05_HBB2302427_09 - 21 - 29. fsa | 173 | 173. 88 | 31 035 | 224 789 | 2 228 |
| 2023 - 8330 | D06_HBB2302428_09 - 21 - 29. fsa | 173 | 172. 97 | 31 043 | 243 820 | 2 228 |
| 2023 - 8331 | D08_HBB2302430_09 - 21 - 29. fsa | 151 | 150. 55 | 13 223 | 95 401 | 2 081 |
| | D08_HBB2302430_09 - 21 - 29. fsa | 173 | 173. 93 | 18 745 | 136 503 | 2 214 |
| 2023 - 8332 | D09_HBB2302431_09 - 21 - 29. fsa | 169 | 169. 64 | 27 193 | 191 899 | 2 213 |

（续）

| 资源序号 | 样本名<br>（sample file name） | 等位基因位点<br>（allele，bp） | 大小<br>（size，bp） | 高度<br>（height，RFU） | 面积<br>（area，RFU） | 数据取值点<br>（data point，RFU） |
|---|---|---|---|---|---|---|
| 2023 - 8333 | D10_HBB2302432_09 - 21 - 29. fsa | 151 | 150. 54 | 24 328 | 185 326 | 2 096 |
| | D10_HBB2302432_09 - 21 - 29. fsa | 173 | 173. 95 | 10 706 | 86 981 | 2 231 |
| 2023 - 8334 | D11_HBB2302433_09 - 21 - 29. fsa | 152 | 152. 29 | 16 811 | 134 050 | 2 144 |
| | D11_HBB2302433_09 - 21 - 29. fsa | 173 | 174. 01 | 13 212 | 104 678 | 2 272 |
| 2023 - 8335 | D12_HBB2302434_09 - 21 - 29. fsa | 152 | 152. 25 | 13 198 | 139 949 | 2 171 |
| | D12_HBB2302434_09 - 21 - 29. fsa | 169 | 169. 87 | 9 019 | 64 128 | 2 276 |
| 2023 - 8336 | E01_HBB2302435_09 - 21 - 29. fsa | 150 | 149. 81 | 10 022 | 72 750 | 2 186 |
| | E01_HBB2302435_09 - 21 - 29. fsa | 169 | 169. 24 | 10 183 | 74 729 | 2 300 |
| 2023 - 8337 | E02_HBB2302436_09 - 21 - 29. fsa | 152 | 152. 43 | 12 730 | 102 062 | 2 171 |
| | E02_HBB2302436_09 - 21 - 29. fsa | 169 | 169. 89 | 12 464 | 94 241 | 2 275 |
| 2023 - 8338 | E03_HBB2302437_09 - 21 - 29. fsa | 152 | 152. 29 | 15 510 | 109 281 | 2 144 |
| | E03_HBB2302437_09 - 21 - 29. fsa | 155 | 154. 73 | 16 341 | 108 191 | 2 158 |
| 2023 - 8339 | E04_HBB2302438_09 - 21 - 29. fsa | 151 | 150. 53 | 18 387 | 124 017 | 2 133 |
| | E04_HBB2302438_09 - 21 - 29. fsa | 169 | 169. 72 | 15 404 | 103 083 | 2 245 |
| 2023 - 8340 | E05_HBB2302439_09 - 21 - 29. fsa | 151 | 150. 53 | 24 853 | 169 442 | 2 119 |
| | E05_HBB2302439_09 - 21 - 29. fsa | 173 | 173. 91 | 13 531 | 93 652 | 2 255 |
| 2023 - 8341 | E06_HBB2302440_09 - 21 - 29. fsa | 152 | 152. 34 | 14 400 | 100 015 | 2 101 |
| | E06_HBB2302440_09 - 21 - 29. fsa | 155 | 154. 82 | 15 130 | 100 640 | 2 115 |
| 2023 - 8342 | E07_HBB2302441_09 - 21 - 29. fsa | 151 | 150. 54 | 13 022 | 113 334 | 2 089 |
| | E07_HBB2302441_09 - 21 - 29. fsa | 155 | 154. 82 | 10 022 | 70 739 | 2 113 |
| 2023 - 8343 | E08_HBB2302442_09 - 21 - 29. fsa | 151 | 150. 53 | 21 074 | 141 014 | 2 106 |
| | E08_HBB2302442_09 - 21 - 29. fsa | 155 | 154. 74 | 18 519 | 122 327 | 2 130 |
| 2023 - 8344 | E09_HBB2302443_09 - 21 - 29. fsa | 169 | 169. 78 | 13 103 | 102 551 | 2 220 |
| | E09_HBB2302443_09 - 21 - 29. fsa | 173 | 173. 73 | 20 616 | 163 265 | 2 243 |
| 2023 - 8345 | E10_HBB2302444_09 - 21 - 29. fsa | 152 | 152. 16 | 20 539 | 165 769 | 2 109 |
| | E10_HBB2302444_09 - 21 - 29. fsa | 173 | 173. 95 | 13 755 | 108 413 | 2 235 |
| 2023 - 8346 | E11_HBB2302445_09 - 21 - 29. fsa | 151 | 150. 53 | 18 145 | 187 026 | 2 129 |
| | E11_HBB2302445_09 - 21 - 29. fsa | 173 | 173. 88 | 11 694 | 91 608 | 2 266 |
| 2023 - 8347 | E12_HBB2302446_09 - 21 - 29. fsa | 173 | 173. 93 | 31 326 | 259 466 | 2 309 |

（续）

| 资源序号 | 样本名<br>（sample file name） | 等位基因位点<br>（allele，bp） | 大小<br>（size，bp） | 高度<br>（height，RFU） | 面积<br>（area，RFU） | 数据取值点<br>（data point，RFU） |
|---|---|---|---|---|---|---|
| 2023 - 8348 | F01_HBB2302447_09 - 21 - 29. fsa | 169 | 170.27 | 10 945 | 84 275 | 2 307 |
| | F01_HBB2302447_09 - 21 - 29. fsa | 173 | 174.3 | 13 458 | 99 030 | 2 331 |
| 2023 - 8349 | F02_HBB2302448_09 - 21 - 29. fsa | 169 | 169.1 | 9 233 | 70 221 | 2 267 |
| | F02_HBB2302448_09 - 21 - 29. fsa | 173 | 174.14 | 10 253 | 81 791 | 2 297 |
| 2023 - 8350 | F03_HBB2302449_09 - 21 - 29. fsa | 173 | 174.06 | 31 958 | 262 184 | 2 279 |
| 2023 - 8351 | F05_HBB2302451_09 - 21 - 29. fsa | 154 | 153.87 | 8 176 | 57 631 | 2 132 |
| | F05_HBB2302451_09 - 21 - 29. fsa | 173 | 173.05 | 25 347 | 177 516 | 2 244 |
| 2023 - 8352 | F06_HBB2302452_09 - 21 - 29. fsa | 155 | 154.63 | 5 682 | 40 274 | 2 121 |
| | F06_HBB2302452_09 - 21 - 29. fsa | 169 | 169.69 | 26 351 | 182 657 | 2 208 |
| 2023 - 8353 | F07_HBB2302453_09 - 21 - 29. fsa | 151 | 150.54 | 10 227 | 81 799 | 2 098 |
| | F07_HBB2302453_09 - 21 - 29. fsa | 169 | 169.87 | 14 534 | 91 829 | 2 209 |
| 2023 - 8354 | F08_HBB2302454_09 - 21 - 29. fsa | 155 | 154.82 | 9 560 | 68 236 | 2 113 |
| | F08_HBB2302454_09 - 21 - 29. fsa | 173 | 174 | 30 752 | 220 004 | 2 224 |
| 2023 - 8355 | F09_HBB2302455_09 - 21 - 29. fsa | 151 | 150.71 | 12 496 | 85 892 | 2 105 |
| | F09_HBB2302455_09 - 21 - 29. fsa | 173 | 173.85 | 24 090 | 170 820 | 2 239 |
| 2023 - 8356 | F10_HBB2302456_09 - 21 - 29. fsa | 155 | 154.64 | 14 200 | 95 681 | 2 125 |
| | F10_HBB2302456_09 - 21 - 29. fsa | 173 | 173.97 | 15 513 | 111 506 | 2 237 |
| 2023 - 8357 | F11_HBB2302457_09 - 21 - 29. fsa | 151 | 150.7 | 31 923 | 252 546 | 2 149 |
| 2023 - 8358 | F12_HBB2302458_09 - 21 - 29. fsa | 155 | 154.72 | 20 225 | 145 698 | 2 174 |
| | F12_HBB2302458_09 - 21 - 29. fsa | 169 | 169.91 | 11 904 | 83 770 | 2 264 |
| 2023 - 8359 | G01_HBB2302459_09 - 21 - 29. fsa | 169 | 170.27 | 16 761 | 121 753 | 2 314 |
| | G01_HBB2302459_09 - 21 - 29. fsa | 173 | 173.3 | 14 136 | 106 198 | 2 332 |
| 2023 - 8360 | G02_HBB2302460_09 - 21 - 29. fsa | 169 | 169.28 | 17 768 | 116 102 | 2 286 |
| | G02_HBB2302460_09 - 21 - 29. fsa | 173 | 173.48 | 10 697 | 72 040 | 2 311 |
| 2023 - 8361 | G03_HBB2302461_09 - 21 - 29. fsa | 155 | 154.72 | 14 703 | 99 408 | 2 170 |
| | G03_HBB2302461_09 - 21 - 29. fsa | 173 | 174.12 | 20 511 | 140 355 | 2 284 |
| 2023 - 8362 | G04_HBB2302462_09 - 21 - 29. fsa | 152 | 152.29 | 30 311 | 206 024 | 2 138 |
| 2023 - 8363 | G05_HBB2302463_09 - 21 - 29. fsa | 152 | 152.3 | 19 777 | 140 121 | 2 127 |
| | G05_HBB2302463_09 - 21 - 29. fsa | 169 | 169.79 | 20 121 | 134 194 | 2 229 |
| 2023 - 8364 | G06_HBB2302464_09 - 21 - 29. fsa | 152 | 152.3 | 13 410 | 78 140 | 2 127 |

（续）

| 资源序号 | 样本名<br>（sample file name） | 等位基因位点<br>（allele，bp） | 大小<br>（size，bp） | 高度<br>（height，RFU） | 面积<br>（area，RFU） | 数据取值点<br>（data point，RFU） |
|---|---|---|---|---|---|---|
| 2023 - 8365 | G07_HBB2302465_09 - 21 - 29. fsa | 151 | 150.54 | 12 986 | 99 975 | 2 102 |
| | G07_HBB2302465_09 - 21 - 29. fsa | 152 | 152.33 | 8 193 | 45 688 | 2 112 |
| 2023 - 8366 | G08_HBB2302466_09 - 21 - 29. fsa | 169 | 169.83 | 14 345 | 105 688 | 2 227 |
| | G08_HBB2302466_09 - 21 - 29. fsa | 173 | 172.94 | 20 204 | 160 666 | 2 245 |
| 2023 - 8367 | G09_HBB2302467_09 - 21 - 29. fsa | 173 | 174.13 | 28 507 | 214 887 | 2 238 |
| 2023 - 8368 | G10_HBB2302468_09 - 21 - 29. fsa | 169 | 169.75 | 13 829 | 96 500 | 2 228 |
| | G10_HBB2302468_09 - 21 - 29. fsa | 173 | 173.86 | 12 852 | 91 398 | 2 252 |
| 2023 - 8369 | G11_HBB2302469_09 - 21 - 29. fsa | 155 | 154.83 | 25 629 | 198 145 | 2 169 |
| | G11_HBB2302469_09 - 21 - 29. fsa | 173 | 173.96 | 11 488 | 88 571 | 2 283 |
| 2023 - 8370 | G12_HBB2302470_09 - 21 - 29. fsa | 152 | 152.43 | 18 127 | 138 810 | 2 174 |
| | G12_HBB2302470_09 - 21 - 29. fsa | 155 | 154.82 | 21 128 | 151 134 | 2 188 |
| 2023 - 8371 | H02_HBB2302472_09 - 21 - 29. fsa | 169 | 169.13 | 6 376 | 48 896 | 2 299 |
| | H02_HBB2302472_09 - 21 - 29. fsa | 173 | 173.28 | 15 682 | 116 383 | 2 324 |
| 2023 - 8372 | H03_HBB2302473_09 - 21 - 29. fsa | 152 | 152.43 | 9 387 | 66 938 | 2 173 |
| | H03_HBB2302473_09 - 21 - 29. fsa | 169 | 169.89 | 11 918 | 84 743 | 2 277 |
| 2023 - 8373 | H04_HBB2302474_09 - 21 - 29. fsa | 173 | 174.18 | 30 565 | 207 952 | 2 285 |
| 2023 - 8374 | H05_HBB2302475_09 - 21 - 29. fsa | 169 | 169.99 | 23 198 | 148 932 | 2 247 |
| | H05_HBB2302475_09 - 21 - 29. fsa | 173 | 174.05 | 12 772 | 77 805 | 2 271 |
| 2023 - 8375 | H06_HBB2302476_09 - 21 - 29. fsa | 169 | 169.85 | 19 101 | 128 054 | 2 240 |
| | H06_HBB2302476_09 - 21 - 29. fsa | 173 | 174.1 | 13 718 | 90 832 | 2 265 |
| 2023 - 8376 | H07_HBB2302477_09 - 21 - 29. fsa | 151 | 150.71 | 19 730 | 121 923 | 2 125 |
| | H07_HBB2302477_09 - 21 - 29. fsa | 173 | 173.99 | 15 815 | 98 625 | 2 261 |
| 2023 - 8377 | H08_HBB2302478_09 - 21 - 29. fsa | 152 | 152.3 | 23 397 | 145 832 | 2 139 |
| | H08_HBB2302478_09 - 21 - 29. fsa | 173 | 174.1 | 5 875 | 37 338 | 2 267 |
| 2023 - 8378 | H09_HBB2302479_09 - 21 - 29. fsa | 169 | 169.88 | 13 716 | 96 044 | 2 230 |
| | H09_HBB2302479_09 - 21 - 29. fsa | 173 | 173.97 | 19 894 | 137 590 | 2 254 |
| 2023 - 8379 | H10_HBB2302480_09 - 21 - 29. fsa | 152 | 152.29 | 6 096 | 43 524 | 2 132 |
| | H10_HBB2302480_09 - 21 - 29. fsa | 173 | 174.1 | 16 536 | 117 292 | 2 260 |

## 15 P15

| 资源序号 | 样本名<br>（sample file name） | 等位基因位点<br>（allele，bp） | 大小<br>（size，bp） | 高度<br>（height，RFU） | 面积<br>（area，RFU） | 数据取值点<br>（data point，RFU） |
|---|---|---|---|---|---|---|
| 2023－8200 | A01_HBB2302293_24－44－56.fsa | 235 | 235.25 | 6 159 | 32 846 | 2 697 |
| | A01_HBB2302293_24－44－56.fsa | 239 | 239.41 | 5 116 | 24 256 | 2 722 |
| 2023－8201 | A02_HBB2302294_24－44－56.fsa | 235 | 234.98 | 9 702 | 27 943 | 2 677 |
| | A02_HBB2302294_24－44－56.fsa | 239 | 239.17 | 12 930 | 59 254 | 2 702 |
| 2023－8202 | A03_HBB2302295_24－44－56.fsa | 239 | 239.19 | 8 479 | 36 260 | 2 663 |
| 2023－8203 | A04_HBB2302296_24－44－56.fsa | 239 | 239.18 | 9 160 | 41 057 | 2 656 |
| 2023－8204 | A05_HBB2302297_24－44－56.fsa | 235 | 235.04 | 4 335 | 21 902 | 2 619 |
| | A05_HBB2302297_24－44－56.fsa | 239 | 238.97 | 3 572 | 16 921 | 2 642 |
| 2023－8205 | A06_HBB2302298_24－44－56.fsa | 215 | 215.18 | 910 | 5 779 | 2 497 |
| | A06_HBB2302298_24－44－56.fsa | 239 | 239.11 | 8 183 | 37 031 | 2 636 |
| 2023－8206 | A07_HBB2302299_24－44－56.fsa | 237 | 237.06 | 7 641 | 36 712 | 2 616 |
| | A07_HBB2302299_24－44－56.fsa | 239 | 239.11 | 6 015 | 27 581 | 2 628 |
| 2023－8207 | A08_HBB2302300_24－44－56.fsa | 239 | 239.01 | 7 916 | 37 630 | 2 660 |
| 2023－8208 | A09_HBB2302301_24－44－56.fsa | 235 | 234.93 | 8 869 | 48 466 | 2 627 |
| 2023－8209 | A10_HBB2302302_24－44－56.fsa | 215 | 215.02 | 1 957 | 13 267 | 2 527 |
| | A10_HBB2302302_24－44－56.fsa | 235 | 235.16 | 14 181 | 77 168 | 2 645 |
| 2023－8210 | A11_HBB2302303_24－44－56.fsa | 233 | 233.01 | 8 851 | 51 470 | 2 670 |
| | A11_HBB2302303_24－44－56.fsa | 239 | 239.19 | 6 207 | 31 675 | 2 707 |
| 2023－8211 | B01_HBB2302305_24－44－56.fsa | 235 | 235.09 | 5 034 | 25 889 | 2 661 |
| | B01_HBB2302305_24－44－56.fsa | 239 | 239.12 | 3 765 | 17 093 | 2 685 |
| 2023－8212 | B02_HBB2302306_24－44－56.fsa | 235 | 235.32 | 7 728 | 27 499 | 2 673 |
| | B02_HBB2302306_24－44－56.fsa | 239 | 239.17 | 4 705 | 19 585 | 2 696 |
| 2023－8213 | B03_HBB2302307_24－44－56.fsa | 235 | 235.11 | 4 841 | 24 824 | 2 630 |
| | B03_HBB2302307_24－44－56.fsa | 239 | 239.02 | 3 986 | 18 524 | 2 653 |
| 2023－8214 | B04_HBB2302308_24－44－56.fsa | 235 | 234.87 | 4 854 | 27 137 | 2 626 |
| | B04_HBB2302308_24－44－56.fsa | 239 | 238.96 | 3 259 | 14 723 | 2 650 |
| 2023－8215 | B05_HBB2302309_24－44－56.fsa | 239 | 239.06 | 6 685 | 30 752 | 2 640 |

（续）

| 资源序号 | 样本名<br>（sample file name） | 等位基因位点<br>（allele，bp） | 大小<br>（size，bp） | 高度<br>（height，RFU） | 面积<br>（area，RFU） | 数据取值点<br>（data point，RFU） |
|---|---|---|---|---|---|---|
| 2023－8216 | B06_HBB2302310_24－44－56. fsa | 239 | 239.03 | 8 992 | 40 035 | 2 616 |
| 2023－8217 | B07_HBB2302311_24－44－56. fsa | 239 | 238.89 | 7 970 | 37 295 | 2 624 |
| 2023－8218 | B08_HBB2302312_24－44－56. fsa | 235 | 234.93 | 7 186 | 36 351 | 2 602 |
| 2023－8219 | B09_HBB2302313_24－44－56. fsa | 239 | 239.02 | 6 199 | 29 377 | 2 622 |
| 2023－8220 | B10_HBB2302314_24－44－56. fsa | 235 | 235.01 | 10 744 | 52 085 | 2 607 |
| 2023－8221 | B11_HBB2302315_24－44－56. fsa | 235 | 235.09 | 3 838 | 23 006 | 2 659 |
| | B11_HBB2302315_24－44－56. fsa | 241 | 241.14 | 2 840 | 14 677 | 2 695 |
| 2023－8222 | B12_HBB2302316_24－44－56. fsa | 235 | 235.19 | 5 786 | 31 790 | 2 684 |
| | B12_HBB2302316_24－44－56. fsa | 239 | 239.2 | 4 860 | 23 299 | 2 708 |
| 2023－8223 | C01_HBB2302317_24－44－56. fsa | 235 | 235.31 | 3 775 | 22 933 | 2 679 |
| | C01_HBB2302317_24－44－56. fsa | 239 | 239.33 | 3 158 | 14 406 | 2 703 |
| 2023－8224 | C02_HBB2302318_24－44－56. fsa | 235 | 235.16 | 7 264 | 33 019 | 2 653 |
| | C02_HBB2302318_24－44－56. fsa | 239 | 239.22 | 5 962 | 25 928 | 2 677 |
| 2023－8226 | C03_HBB2302319_24－44－56. fsa | 235 | 235.1 | 9 553 | 33 595 | 2 636 |
| 2023－8227 | C04_HBB2302320_24－44－56. fsa | 235 | 235.22 | 6 805 | 27 842 | 2 618 |
| 2023－8228 | C05_HBB2302321_24－44－56. fsa | 235 | 234.89 | 8 384 | 41 123 | 2 592 |
| 2023－8229 | C06_HBB2302322_24－44－56. fsa | 235 | 234.95 | 4 461 | 20 943 | 2 608 |
| 2023－8230 | C07_HBB2302323_24－44－56. fsa | 235 | 235.18 | 5 249 | 31 625 | 2 586 |
| | C07_HBB2302323_24－44－56. fsa | 239 | 238.99 | 4 176 | 19 494 | 2 608 |
| 2023－8231 | C09_HBB2302325_24－44－56. fsa | 235 | 234.81 | 6 268 | 32 748 | 2 614 |
| | C09_HBB2302325_24－44－56. fsa | 239 | 238.92 | 5 193 | 23 061 | 2 638 |
| 2023－8232 | C10_HBB2302326_24－44－56. fsa | 239 | 239.07 | 6 265 | 29 563 | 2 623 |
| 2023－8233 | C11_HBB2302327_24－44－56. fsa | 235 | 234.92 | 4 727 | 27 035 | 2 649 |
| | C11_HBB2302327_24－44－56. fsa | 239 | 238.96 | 4 012 | 18 774 | 2 673 |
| 2023－8234 | C12_HBB2302328_24－44－56. fsa | 241 | 240.86 | 8 169 | 41 073 | 2 706 |
| 2023－8235 | D01_HBB2302329_24－44－56. fsa | 239 | 239.21 | 9 326 | 42 016 | 2 713 |
| 2023－8236 | D02_HBB2302330_24－44－56. fsa | 239 | 239.09 | 9 308 | 42 418 | 2 678 |
| 2023－8237 | D03_HBB2302331_24－44－56. fsa | 233 | 233.06 | 7 958 | 37 342 | 2 598 |
| | D03_HBB2302331_24－44－56. fsa | 239 | 239.07 | 6 579 | 28 677 | 2 633 |
| 2023－8238 | D04_HBB2302332_24－44－56. fsa | 237 | 236.96 | 6 491 | 30 197 | 2 615 |

（续）

| 资源序号 | 样本名<br>（sample file name） | 等位基因位点<br>（allele，bp） | 大小<br>（size，<br>bp） | 高度<br>（height，<br>RFU） | 面积<br>（area，<br>RFU） | 数据取值点<br>（data point，<br>RFU） |
|---|---|---|---|---|---|---|
| 2023－8239 | D05_HBB2302333_24－44－56.fsa | 222 | 221.8 | 6 948 | 33 045 | 2 510 |
| | D05_HBB2302333_24－44－56.fsa | 241 | 240.89 | 3 724 | 18 758 | 2 620 |
| 2023－8240 | D06_HBB2302334_24－44－56.fsa | 235 | 235.06 | 4 711 | 23 968 | 2 593 |
| | D06_HBB2302334_24－44－56.fsa | 239 | 238.85 | 4 383 | 19 945 | 2 615 |
| 2023－8241 | D07_HBB2302335_24－44－56.fsa | 215 | 215.05 | 1 106 | 7 171 | 2 497 |
| | D07_HBB2302335_24－44－56.fsa | 235 | 235.12 | 6 711 | 36 163 | 2 613 |
| 2023－8242 | D08_HBB2302336_24－44－56.fsa | 239 | 238.94 | 8 741 | 38 469 | 2 592 |
| 2023－8243 | D09_HBB2302337_24－44－56.fsa | 235 | 234.88 | 6 654 | 32 994 | 2 595 |
| 2023－8244 | D10_HBB2302338_24－44－56.fsa | 235 | 235.05 | 6 725 | 28 727 | 2 589 |
| 2023－8245 | D11_HBB2302339_24－44－56.fsa | 235 | 234.98 | 5 606 | 27 766 | 2 635 |
| | D11_HBB2302339_24－44－56.fsa | 239 | 238.87 | 3 361 | 15 990 | 2 658 |
| 2023－8246 | D12_HBB2302340_24－44－56.fsa | 239 | 239.25 | 4 485 | 23 304 | 2 692 |
| | D12_HBB2302340_24－44－56.fsa | 241 | 241.08 | 2 941 | 14 057 | 2 703 |
| 2023－8247 | E01_HBB2302341_24－44－56.fsa | 233 | 233.3 | 5 132 | 24 905 | 2 690 |
| | E01_HBB2302341_24－44－56.fsa | 239 | 239.34 | 3 521 | 14 569 | 2 726 |
| 2023－8248 | E02_HBB2302342_24－44－56.fsa | 233 | 232.96 | 5 837 | 34 649 | 2 654 |
| | E02_HBB2302342_24－44－56.fsa | 239 | 239 | 2 480 | 10 323 | 2 690 |
| 2023－8249 | E03_HBB2302343_24－44－56.fsa | 235 | 234.92 | 4 370 | 22 583 | 2 634 |
| | E03_HBB2302343_24－44－56.fsa | 239 | 239 | 2 941 | 12 839 | 2 658 |
| 2023－8250 | E04_HBB2302344_24－44－56.fsa | 235 | 234.93 | 5 958 | 26 784 | 2 631 |
| | E04_HBB2302344_24－44－56.fsa | 239 | 238.83 | 4 952 | 22 164 | 2 654 |
| 2023－8251 | E06_HBB2302346_24－44－56.fsa | 239 | 238.95 | 5 879 | 25 932 | 2 606 |
| 2023－8252 | E07_HBB2302347_24－44－56.fsa | 233 | 232.93 | 3 754 | 23 478 | 2 568 |
| | E07_HBB2302347_24－44－56.fsa | 235 | 234.84 | 3 170 | 16 507 | 2 579 |
| 2023－8253 | E08_HBB2302348_24－44－56.fsa | 235 | 234.77 | 4 079 | 23 120 | 2 598 |
| | E08_HBB2302348_24－44－56.fsa | 239 | 238.89 | 3 625 | 15 679 | 2 622 |
| 2023－8254 | E09_HBB2302349_24－44－56.fsa | 233 | 233.91 | 1 531 | 6 895 | 2 596 |
| 2023－8255 | E10_HBB2302350_24－44－56.fsa | 233 | 232.98 | 4 681 | 25 854 | 2 581 |
| | E10_HBB2302350_24－44－56.fsa | 239 | 239.01 | 3 714 | 16 020 | 2 616 |

（续）

| 资源序号 | 样本名<br>（sample file name） | 等位基因位点<br>（allele，bp） | 大小<br>（size，bp） | 高度<br>（height，RFU） | 面积<br>（area，RFU） | 数据取值点<br>（data point，RFU） |
|---|---|---|---|---|---|---|
| 2023－8256 | E11_HBB2302351_24－44－56. fsa | 233 | 232.89 | 3 215 | 15 235 | 2 616 |
| | E11_HBB2302351_24－44－56. fsa | 239 | 239.01 | 7 386 | 34 589 | 2 652 |
| 2023－8257 | E12_HBB2302352_24－44－56. fsa | 235 | 235.19 | 7 021 | 26 570 | 2 678 |
| | E12_HBB2302352_24－44－56. fsa | 237 | 237.2 | 4 461 | 20 285 | 2 690 |
| 2023－8258 | F01_HBB2302353_24－44－56. fsa | 233 | 233.3 | 8 735 | 40 452 | 2 680 |
| 2023－8259 | F02_HBB2302354_24－44－56. fsa | 235 | 235.1 | 8 443 | 42 310 | 2 665 |
| 2023－8260 | F03_HBB2302355_24－44－56. fsa | 233 | 233.06 | 10 614 | 49 140 | 2 631 |
| 2023－8261 | F04_HBB2302356_24－44－56. fsa | 239 | 238.88 | 5 214 | 23 201 | 2 664 |
| | F04_HBB2302356_24－44－56. fsa | 241 | 240.91 | 3 398 | 13 524 | 2 676 |
| 2023－8262 | F05_HBB2302357_24－44－56. fsa | 233 | 232.87 | 4 576 | 21 943 | 2 596 |
| | F05_HBB2302357_24－44－56. fsa | 239 | 238.88 | 3 696 | 15 510 | 2 631 |
| 2023－8263 | F06_HBB2302358_24－44－56. fsa | 235 | 235.01 | 7 396 | 36 482 | 2 590 |
| 2023－8264 | F07_HBB2302359_24－44－56. fsa | 235 | 234.89 | 3 962 | 20 555 | 2 590 |
| | F07_HBB2302359_24－44－56. fsa | 239 | 239.02 | 3 262 | 16 263 | 2 614 |
| 2023－8265 | F08_HBB2302360_24－44－56. fsa | 239 | 238.99 | 8 618 | 37 346 | 2 603 |
| 2023－8266 | F09_HBB2302361_24－44－56. fsa | 239 | 238.85 | 7 909 | 35 823 | 2 620 |
| 2023－8267 | F10_HBB2302362_24－44－56. fsa | 235 | 234.94 | 6 760 | 32 589 | 2 596 |
| | F10_HBB2302362_24－44－56. fsa | 239 | 238.89 | 5 044 | 22 278 | 2 619 |
| 2023－8268 | F11_HBB2302363_24－44－56. fsa | 239 | 238.95 | 10 184 | 48 162 | 2 675 |
| 2023－8269 | F12_HBB2302364_24－44－56. fsa | 237 | 236.94 | 5 044 | 24 725 | 2 665 |
| | F12_HBB2302364_24－44－56. fsa | 239 | 239.12 | 4 668 | 21 043 | 2 678 |
| 2023－8270 | G01_HBB2302365_24－44－56. fsa | 233 | 233.3 | 5 446 | 32 537 | 2 687 |
| | G01_HBB2302365_24－44－56. fsa | 239 | 239.4 | 5 028 | 21 504 | 2 723 |
| 2023－8271 | G03_HBB2302367_24－44－56. fsa | 235 | 235.16 | 9 901 | 42 660 | 2 648 |
| 2023－8272 | G04_HBB2302368_24－44－56. fsa | 235 | 235.23 | 4 881 | 21 856 | 2 627 |
| | G04_HBB2302368_24－44－56. fsa | 239 | 239.15 | 4 155 | 17 606 | 2 650 |
| 2023－8273 | G05_HBB2302369_24－44－56. fsa | 235 | 235.11 | 5 010 | 25 825 | 2 613 |
| | G05_HBB2302369_24－44－56. fsa | 239 | 239.06 | 4 053 | 16 149 | 2 636 |
| 2023－8274 | G06_HBB2302370_24－44－56. fsa | 235 | 235.01 | 4 253 | 20 108 | 2 613 |
| | G06_HBB2302370_24－44－56. fsa | 239 | 238.94 | 2 923 | 12 277 | 2 636 |

（续）

| 资源序号 | 样本名<br>（sample file name） | 等位基因位点<br>（allele，bp） | 大小<br>（size，bp） | 高度<br>（height，RFU） | 面积<br>（area，RFU） | 数据取值点<br>（data point，RFU） |
|---|---|---|---|---|---|---|
| 2023 - 8275 | G07_HBB2302371_24 - 44 - 56.fsa | 239 | 239.07 | 6 581 | 28 809 | 2 619 |
| 2023 - 8276 | G08_HBB2302372_24 - 44 - 56.fsa | 233 | 232.95 | 4 734 | 26 866 | 2 597 |
| 2023 - 8277 | G09_HBB2302373_24 - 44 - 56.fsa | 231 | 230.81 | 4 202 | 16 854 | 2 571 |
| | G09_HBB2302373_24 - 44 - 56.fsa | 239 | 239.06 | 2 697 | 12 082 | 2 619 |
| 2023 - 8278 | G10_HBB2302374_24 - 44 - 56.fsa | 235 | 235 | 7 708 | 39 013 | 2 612 |
| 2023 - 8279 | G11_HBB2302375_24 - 44 - 56.fsa | 235 | 235.21 | 5 662 | 26 693 | 2 647 |
| | G11_HBB2302375_24 - 44 - 56.fsa | 239 | 239.26 | 3 512 | 15 296 | 2 671 |
| 2023 - 8280 | G12_HBB2302376_24 - 44 - 56.fsa | 235 | 235.32 | 3 952 | 23 818 | 2 671 |
| | G12_HBB2302376_24 - 44 - 56.fsa | 239 | 239.34 | 3 369 | 14 421 | 2 695 |
| 2023 - 8281 | H01_HBB2302377_24 - 44 - 56.fsa | 233 | 233.43 | 9 441 | 35 693 | 2 719 |
| | H01_HBB2302377_24 - 44 - 56.fsa | 239 | 239.58 | 15 692 | 67 010 | 2 756 |
| 2023 - 8282 | H02_HBB2302378_24 - 44 - 56.fsa | 235 | 235.43 | 10 767 | 42 964 | 2 700 |
| 2023 - 8283 | H03_HBB2302379_24 - 44 - 56.fsa | 237 | 237.12 | 4 717 | 22 647 | 2 679 |
| | H03_HBB2302379_24 - 44 - 56.fsa | 239 | 239.3 | 4 039 | 17 523 | 2 692 |
| 2023 - 8284 | H04_HBB2302380_24 - 44 - 56.fsa | 241 | 241.08 | 6 070 | 27 019 | 2 681 |
| 2023 - 8285 | H05_HBB2302381_24 - 44 - 56.fsa | 237 | 237.1 | 4 675 | 22 009 | 2 644 |
| | H05_HBB2302381_24 - 44 - 56.fsa | 239 | 239.14 | 3 778 | 15 942 | 2 656 |
| 2023 - 8286 | H06_HBB2302382_24 - 44 - 56.fsa | 239 | 239.15 | 8 293 | 34 033 | 2 649 |
| 2023 - 8287 | H07_HBB2302383_24 - 44 - 56.fsa | 235 | 235.18 | 4 140 | 20 888 | 2 622 |
| | H07_HBB2302383_24 - 44 - 56.fsa | 239 | 239.11 | 3 566 | 15 945 | 2 645 |
| 2023 - 8288 | H08_HBB2302384_24 - 44 - 56.fsa | 235 | 235.06 | 6 591 | 29 938 | 2 626 |
| 2023 - 8289 | H09_HBB2302385_24 - 44 - 56.fsa | 239 | 239.1 | 5 764 | 23 050 | 2 636 |
| 2023 - 8290 | A01_HBB2302387_09 - 21 - 29.fsa | 239 | 239.38 | 12 432 | 51 632 | 2 717 |
| 2023 - 8291 | A02_HBB2302388_09 - 21 - 29.fsa | 235 | 235.25 | 7 145 | 34 247 | 2 675 |
| | A02_HBB2302388_09 - 21 - 29.fsa | 239 | 239.29 | 5 762 | 25 263 | 2 699 |
| 2023 - 8292 | A03_HBB2302389_09 - 21 - 29.fsa | 235 | 235.22 | 13 822 | 55 614 | 2 634 |
| 2023 - 8293 | A04_HBB2302390_09 - 21 - 29.fsa | 239 | 239.15 | 19 120 | 87 120 | 2 650 |
| 2023 - 8294 | A05_HBB2302391_09 - 21 - 29.fsa | 239 | 239.06 | 14 524 | 65 369 | 2 635 |
| 2023 - 8295 | A06_HBB2302392_09 - 21 - 29.fsa | 239 | 239.07 | 10 935 | 50 425 | 2 628 |
| 2023 - 8296 | A07_HBB2302393_09 - 21 - 29.fsa | 233 | 232.93 | 5 131 | 25 760 | 2 586 |

（续）

| 资源序号 | 样本名<br>（sample file name） | 等位基因位点<br>（allele，bp） | 大小<br>（size，bp） | 高度<br>（height，RFU） | 面积<br>（area，RFU） | 数据取值点<br>（data point，RFU） |
|---|---|---|---|---|---|---|
| 2023 - 8297 | A08_HBB2302394_09 - 21 - 29. fsa | 235 | 235.05 | 10 221 | 52 816 | 2 630 |
| 2023 - 8298 | A09_HBB2302395_09 - 21 - 29. fsa | 237 | 236.92 | 11 173 | 53 453 | 2 634 |
| 2023 - 8299 | A10_HBB2302396_09 - 21 - 29. fsa | 235 | 234.92 | 16 446 | 89 054 | 2 638 |
| 2023 - 8300 | A11_HBB2302397_09 - 21 - 29. fsa | 235 | 235.13 | 22 838 | 114 643 | 2 678 |
| 2023 - 8301 | A12_HBB2302398_09 - 21 - 29. fsa | 239 | 239.24 | 17 449 | 85 349 | 2 730 |
| 2023 - 8302 | B01_HBB2302399_09 - 21 - 29. fsa | 235 | 235.22 | 5 803 | 26 878 | 2 658 |
| | B01_HBB2302399_09 - 21 - 29. fsa | 239 | 239.26 | 4 827 | 21 405 | 2 682 |
| 2023 - 8303 | B02_HBB2302400_09 - 21 - 29. fsa | 222 | 221.9 | 10 435 | 47 990 | 2 589 |
| | B02_HBB2302400_09 - 21 - 29. fsa | 239 | 239.12 | 6 149 | 27 061 | 2 691 |
| 2023 - 8304 | B03_HBB2302401_09 - 21 - 29. fsa | 231 | 230.01 | 2 691 | 12 740 | 2 592 |
| 2023 - 8305 | B04_HBB2302402_09 - 21 - 29. fsa | 233 | 232.94 | 8 972 | 40 611 | 2 607 |
| | B04_HBB2302402_09 - 21 - 29. fsa | 239 | 238.93 | 7 849 | 33 175 | 2 642 |
| 2023 - 8308 | B07_HBB2302405_09 - 21 - 29. fsa | 235 | 235.07 | 7 880 | 36 804 | 2 594 |
| | B07_HBB2302405_09 - 21 - 29. fsa | 239 | 239.03 | 6 724 | 28 404 | 2 617 |
| 2023 - 8309 | B08_HBB2302406_09 - 21 - 29. fsa | 235 | 234.88 | 14 491 | 70 785 | 2 595 |
| 2023 - 8310 | B09_HBB2302407_09 - 21 - 29. fsa | 235 | 235.06 | 8 103 | 41 121 | 2 592 |
| | B09_HBB2302407_09 - 21 - 29. fsa | 239 | 239.02 | 6 436 | 29 285 | 2 615 |
| 2023 - 8311 | B11_HBB2302409_09 - 21 - 29. fsa | 235 | 234.91 | 6 286 | 35 278 | 2 654 |
| | B11_HBB2302409_09 - 21 - 29. fsa | 239 | 238.94 | 6 274 | 29 339 | 2 678 |
| 2023 - 8312 | B12_HBB2302410_09 - 21 - 29. fsa | 235 | 235.02 | 13 360 | 66 103 | 2 679 |
| | B12_HBB2302410_09 - 21 - 29. fsa | 239 | 239.03 | 8 727 | 41 293 | 2 703 |
| 2023 - 8313 | C01_HBB2302411_09 - 21 - 29. fsa | 235 | 235.14 | 9 517 | 42 994 | 2 673 |
| | C01_HBB2302411_09 - 21 - 29. fsa | 239 | 239.16 | 7 281 | 30 900 | 2 697 |
| 2023 - 8314 | C02_HBB2302412_09 - 21 - 29. fsa | 235 | 235.16 | 6 686 | 32 162 | 2 648 |
| | C02_HBB2302412_09 - 21 - 29. fsa | 239 | 239.22 | 5 199 | 23 249 | 2 672 |
| 2023 - 8315 | C03_HBB2302413_09 - 21 - 29. fsa | 239 | 239 | 9 908 | 45 416 | 2 652 |
| 2023 - 8316 | C04_HBB2302414_09 - 21 - 29. fsa | 235 | 234.93 | 8 471 | 37 131 | 2 609 |
| | C04_HBB2302414_09 - 21 - 29. fsa | 239 | 239.06 | 6 883 | 30 541 | 2 633 |
| 2023 - 8317 | C05_HBB2302415_09 - 21 - 29. fsa | 222 | 221.79 | 7 498 | 36 497 | 2 508 |
| | C05_HBB2302415_09 - 21 - 29. fsa | 239 | 238.98 | 4 893 | 23 694 | 2 607 |

（续）

| 资源序号 | 样本名<br>（sample file name） | 等位基因位点<br>（allele，bp） | 大小<br>（size，bp） | 高度<br>（height，RFU） | 面积<br>（area，RFU） | 数据取值点<br>（data point，RFU） |
|---|---|---|---|---|---|---|
| 2023－8318 | C06_HBB2302416_09－21－29.fsa | 235 | 235.01 | 15 243 | 69 396 | 2 600 |
| 2023－8319 | C07_HBB2302417_09－21－29.fsa | 235 | 234.94 | 6 969 | 33 492 | 2 578 |
| | C07_HBB2302417_09－21－29.fsa | 239 | 238.93 | 5 766 | 24 942 | 2 601 |
| 2023－8320 | C08_HBB2302418_09－21－29.fsa | 222 | 221.68 | 8 993 | 42 260 | 2 499 |
| | C08_HBB2302418_09－21－29.fsa | 235 | 234.77 | 6 808 | 31 508 | 2 574 |
| 2023－8321 | C09_HBB2302419_09－21－29.fsa | 233 | 232.87 | 7 295 | 35 041 | 2 595 |
| | C09_HBB2302419_09－21－29.fsa | 239 | 238.89 | 6 135 | 26 054 | 2 630 |
| 2023－8322 | C10_HBB2302420_09－21－29.fsa | 239 | 239.02 | 18 050 | 83 052 | 2 617 |
| 2023－8323 | C11_HBB2302421_09－21－29.fsa | 233 | 232.83 | 7 777 | 40 321 | 2 632 |
| | C11_HBB2302421_09－21－29.fsa | 239 | 238.91 | 7 408 | 32 438 | 2 668 |
| 2023－8324 | C12_HBB2302422_09－21－29.fsa | 233 | 233.11 | 3 379 | 23 615 | 2 655 |
| | C12_HBB2302422_09－21－29.fsa | 235 | 234.96 | 21 041 | 102 317 | 2 666 |
| 2023－8325 | D01_HBB2302423_09－21－29.fsa | 233 | 233.12 | 11 069 | 51 136 | 2 671 |
| 2023－8326 | D02_HBB2302424_09－21－29.fsa | 235 | 235.11 | 11 518 | 51 012 | 2 648 |
| 2023－8327 | D03_HBB2302425_09－21－29.fsa | 235 | 234.95 | 7 915 | 34 629 | 2 602 |
| | D03_HBB2302425_09－21－29.fsa | 241 | 240.95 | 3 616 | 15 323 | 2 637 |
| 2023－8328 | D04_HBB2302426_09－21－29.fsa | 222 | 221.72 | 3 713 | 17 759 | 2 521 |
| | D04_HBB2302426_09－21－29.fsa | 233 | 232.82 | 4 715 | 22 409 | 2 585 |
| 2023－8329 | D05_HBB2302427_09－21－29.fsa | 235 | 234.95 | 9 529 | 43 110 | 2 578 |
| 2023－8330 | D06_HBB2302428_09－21－29.fsa | 239 | 238.8 | 11 507 | 51 044 | 2 607 |
| 2023－8331 | D08_HBB2302430_09－21－29.fsa | 233 | 232.91 | 13 390 | 62 623 | 2 551 |
| 2023－8332 | D09_HBB2302431_09－21－29.fsa | 239 | 238.85 | 5 400 | 25 481 | 2 612 |
| | D09_HBB2302431_09－21－29.fsa | 241 | 240.92 | 4 219 | 18 378 | 2 624 |
| 2023－8333 | D10_HBB2302432_09－21－29.fsa | 235 | 234.82 | 7 761 | 35 850 | 2 582 |
| | D10_HBB2302432_09－21－29.fsa | 239 | 238.8 | 6 059 | 26 292 | 2 605 |
| 2023－8334 | D11_HBB2302433_09－21－29.fsa | 239 | 239 | 7 627 | 35 851 | 2 654 |
| | D11_HBB2302433_09－21－29.fsa | 241 | 240.86 | 4 689 | 21 138 | 2 665 |
| 2023－8335 | D12_HBB2302434_09－21－29.fsa | 233 | 233.02 | 6 028 | 28 751 | 2 652 |
| | D12_HBB2302434_09－21－29.fsa | 241 | 241.03 | 4 643 | 20 925 | 2 700 |

（续）

| 资源序号 | 样本名<br>（sample file name） | 等位基因位点<br>（allele，bp） | 大小<br>（size，bp） | 高度<br>（height，RFU） | 面积<br>（area，RFU） | 数据取值点<br>（data point，RFU） |
|---|---|---|---|---|---|---|
| 2023－8336 | E01_HBB2302435_09－21－29.fsa | 231 | 231.22 | 7 374 | 33 177 | 2 668 |
| | E01_HBB2302435_09－21－29.fsa | 235 | 235.27 | 5 755 | 25 241 | 2 692 |
| 2023－8337 | E02_HBB2302436_09－21－29.fsa | 233 | 232.89 | 5 186 | 22 794 | 2 648 |
| | E02_HBB2302436_09－21－29.fsa | 239 | 238.95 | 4 343 | 19 302 | 2 684 |
| 2023－8338 | E03_HBB2302437_09－21－29.fsa | 239 | 239.06 | 6 598 | 30 981 | 2 651 |
| | E03_HBB2302437_09－21－29.fsa | 241 | 241.09 | 4 906 | 20 234 | 2 663 |
| 2023－8339 | E04_HBB2302438_09－21－29.fsa | 239 | 238.97 | 13 732 | 61 992 | 2 649 |
| | E04_HBB2302438_09－21－29.fsa | 241 | 241.01 | 9 870 | 44 472 | 2 661 |
| 2023－8340 | E05_HBB2302439_09－21－29.fsa | 239 | 238.89 | 7 978 | 35 128 | 2 631 |
| | E05_HBB2302439_09－21－29.fsa | 241 | 240.95 | 5 895 | 24 212 | 2 643 |
| 2023－8341 | E06_HBB2302440_09－21－29.fsa | 239 | 238.96 | 8 874 | 39 588 | 2 598 |
| 2023－8342 | E07_HBB2302441_09－21－29.fsa | 233 | 232.85 | 8 136 | 37 774 | 2 562 |
| | E07_HBB2302441_09－21－29.fsa | 235 | 234.77 | 8 460 | 38 388 | 2 573 |
| 2023－8343 | E08_HBB2302442_09－21－29.fsa | 239 | 238.91 | 9 238 | 41 450 | 2 617 |
| 2023－8344 | E09_HBB2302443_09－21－29.fsa | 235 | 234.89 | 11 753 | 53 820 | 2 596 |
| | E09_HBB2302443_09－21－29.fsa | 239 | 238.85 | 4 898 | 22 013 | 2 619 |
| 2023－8345 | E10_HBB2302444_09－21－29.fsa | 235 | 234.83 | 7 776 | 39 549 | 2 586 |
| | E10_HBB2302444_09－21－29.fsa | 237 | 236.9 | 5 901 | 26 957 | 2 598 |
| 2023－8346 | E11_HBB2302445_09－21－29.fsa | 233 | 232.99 | 9 557 | 51 346 | 2 612 |
| | E11_HBB2302445_09－21－29.fsa | 235 | 234.87 | 8 853 | 42 463 | 2 623 |
| 2023－8347 | E12_HBB2302446_09－21－29.fsa | 235 | 235.13 | 10 367 | 51 639 | 2 674 |
| | E12_HBB2302446_09－21－29.fsa | 241 | 241.16 | 8 086 | 35 158 | 2 710 |
| 2023－8348 | F01_HBB2302447_09－21－29.fsa | 233 | 233.19 | 4 649 | 25 795 | 2 679 |
| | F01_HBB2302447_09－21－29.fsa | 235 | 235.22 | 4 734 | 23 075 | 2 691 |
| 2023－8349 | F02_HBB2302448_09－21－29.fsa | 239 | 239.08 | 8 277 | 36 525 | 2 681 |
| 2023－8350 | F03_HBB2302449_09－21－29.fsa | 235 | 235.06 | 7 575 | 35 132 | 2 637 |
| | F03_HBB2302449_09－21－29.fsa | 239 | 238.97 | 6 141 | 27 138 | 2 660 |
| 2023－8351 | F05_HBB2302451_09－21－29.fsa | 237 | 236.84 | 7 983 | 35 330 | 2 613 |
| | F05_HBB2302451_09－21－29.fsa | 239 | 238.9 | 7 025 | 29 508 | 2 625 |

（续）

| 资源序号 | 样本名<br>（sample file name） | 等位基因位点<br>（allele，bp） | 大小<br>（size，bp） | 高度<br>（height，RFU） | 面积<br>（area，RFU） | 数据取值点<br>（data point，RFU） |
|---|---|---|---|---|---|---|
| 2023－8352 | F06_HBB2302452_09－21－29.fsa | 235 | 234.83 | 9 453 | 40 431 | 2 583 |
| | F06_HBB2302452_09－21－29.fsa | 239 | 238.81 | 7 505 | 31 421 | 2 606 |
| 2023－8353 | F07_HBB2302453_09－21－29.fsa | 235 | 234.89 | 14 390 | 63 672 | 2 584 |
| 2023－8354 | F08_HBB2302454_09－21－29.fsa | 239 | 238.93 | 16 468 | 71 522 | 2 597 |
| 2023－8355 | F09_HBB2302455_09－21－29.fsa | 235 | 235.01 | 16 576 | 73 877 | 2 592 |
| 2023－8356 | F10_HBB2302456_09－21－29.fsa | 239 | 238.89 | 11 388 | 52 749 | 2 613 |
| | F10_HBB2302456_09－21－29.fsa | 241 | 240.95 | 8 353 | 35 299 | 2 625 |
| 2023－8357 | F11_HBB2302457_09－21－29.fsa | 233 | 232.83 | 23 429 | 107 858 | 2 635 |
| 2023－8358 | F12_HBB2302458_09－21－29.fsa | 241 | 240.97 | 9 852 | 49 892 | 2 686 |
| 2023－8359 | G01_HBB2302459_09－21－29.fsa | 235 | 235.57 | 12 632 | 58 099 | 2 700 |
| 2023－8360 | G02_HBB2302460_09－21－29.fsa | 235 | 235.21 | 10 692 | 47 314 | 2 678 |
| | G02_HBB2302460_09－21－29.fsa | 239 | 239.22 | 8 686 | 36 609 | 2 702 |
| 2023－8361 | G03_HBB2302461_09－21－29.fsa | 239 | 239.1 | 10 396 | 45 883 | 2 666 |
| 2023－8362 | G04_HBB2302462_09－21－29.fsa | 239 | 238.98 | 3 775 | 18 314 | 2 644 |
| | G04_HBB2302462_09－21－29.fsa | 241 | 240.85 | 2 999 | 12 918 | 2 655 |
| 2023－8363 | G05_HBB2302463_09－21－29.fsa | 235 | 235.13 | 13 869 | 58 698 | 2 607 |
| 2023－8364 | G06_HBB2302464_09－21－29.fsa | 235 | 234.94 | 14 759 | 63 074 | 2 607 |
| 2023－8365 | G07_HBB2302465_09－21－29.fsa | 235 | 235.07 | 9 502 | 42 131 | 2 590 |
| 2023－8366 | G08_HBB2302466_09－21－29.fsa | 235 | 235.07 | 14 464 | 62 967 | 2 605 |
| 2023－8367 | G09_HBB2302467_09－21－29.fsa | 235 | 235.06 | 10 531 | 45 054 | 2 590 |
| | G09_HBB2302467_09－21－29.fsa | 239 | 239.02 | 7 262 | 29 783 | 2 613 |
| 2023－8368 | G10_HBB2302468_09－21－29.fsa | 235 | 235 | 7 443 | 34 140 | 2 607 |
| | G10_HBB2302468_09－21－29.fsa | 239 | 238.93 | 6 199 | 27 062 | 2 630 |
| 2023－8369 | G11_HBB2302469_09－21－29.fsa | 237 | 236.9 | 9 429 | 45 095 | 2 654 |
| | G11_HBB2302469_09－21－29.fsa | 239 | 239.09 | 8 910 | 38 428 | 2 667 |
| 2023－8370 | G12_HBB2302470_09－21－29.fsa | 237 | 237.11 | 14 058 | 64 897 | 2 678 |
| | G12_HBB2302470_09－21－29.fsa | 239 | 239.3 | 12 303 | 54 111 | 2 691 |
| 2023－8371 | H02_HBB2302472_09－21－29.fsa | 233 | 233.2 | 9 430 | 46 612 | 2 682 |
| | H02_HBB2302472_09－21－29.fsa | 235 | 235.21 | 8 033 | 37 040 | 2 694 |

（续）

| 资源序号 | 样本名<br>（sample file name） | 等位基因位点<br>（allele，bp） | 大小<br>（size，<br>bp） | 高度<br>（height，<br>RFU） | 面积<br>（area，<br>RFU） | 数据取值点<br>（data point，<br>RFU） |
|---|---|---|---|---|---|---|
| 2023－8372 | H03_HBB2302473_09－21－29.fsa | 222 | 221.91 | 13 267 | 65 800 | 2 585 |
|  | H03_HBB2302473_09－21－29.fsa | 239 | 239.13 | 9 061 | 42 238 | 2 687 |
| 2023－8373 | H04_HBB2302474_09－21－29.fsa | 235 | 235.16 | 6 985 | 32 165 | 2 644 |
|  | H04_HBB2302474_09－21－29.fsa | 239 | 239.05 | 5 665 | 24 205 | 2 667 |
| 2023－8374 | H05_HBB2302475_09－21－29.fsa | 233 | 232.99 | 7 237 | 29 263 | 2 616 |
|  | H05_HBB2302475_09－21－29.fsa | 239 | 238.96 | 5 848 | 23 793 | 2 651 |
| 2023－8375 | H06_HBB2302476_09－21－29.fsa | 235 | 234.99 | 13 223 | 55 500 | 2 620 |
|  | H06_HBB2302476_09－21－29.fsa | 239 | 239.1 | 11 030 | 44 589 | 2 644 |
| 2023－8376 | H07_HBB2302477_09－21－29.fsa | 233 | 233 | 13 151 | 60 789 | 2 605 |
| 2023－8377 | H08_HBB2302478_09－21－29.fsa | 233 | 233 | 8 093 | 35 759 | 2 611 |
|  | H08_HBB2302478_09－21－29.fsa | 239 | 239.14 | 5 696 | 23 290 | 2 647 |
| 2023－8378 | H09_HBB2302479_09－21－29.fsa | 235 | 235.12 | 7 540 | 33 894 | 2 609 |
|  | H09_HBB2302479_09－21－29.fsa | 239 | 239.07 | 5 771 | 24 640 | 2 632 |
| 2023－8379 | H10_HBB2302480_09－21－29.fsa | 235 | 235.05 | 8 354 | 36 734 | 2 616 |
|  | H10_HBB2302480_09－21－29.fsa | 239 | 238.97 | 6 191 | 27 557 | 2 639 |

## 16 P16

| 资源序号 | 样本名<br>（sample file name） | 等位基因位点<br>（allele，bp） | 大小<br>（size，<br>bp） | 高度<br>（height，<br>RFU） | 面积<br>（area，<br>RFU） | 数据取值点<br>（data point，<br>RFU） |
|---|---|---|---|---|---|---|
| 2023－8200 | A01_HBB2302293_23－08－17.fsa | 223 | 224.46 | 2 637 | 18 560 | 2 629 |
|  | A01_HBB2302293_23－08－17.fsa | 229 | 230.68 | 2 454 | 17 801 | 2 666 |
| 2023－8201 | A02_HBB2302294_23－08－17.fsa | 218 | 219.29 | 5 754 | 40 104 | 2 581 |
| 2023－8202 | A03_HBB2302295_23－08－17.fsa | 218 | 219.1 | 5 380 | 33 390 | 2 541 |
| 2023－8203 | A04_HBB2302296_23－08－17.fsa | 218 | 219.1 | 5 923 | 39 077 | 2 534 |
| 2023－8204 | A05_HBB2302297_23－08－17.fsa | 218 | 218.99 | 4 850 | 32 518 | 2 521 |
| 2023－8205 | A06_HBB2302298_23－08－17.fsa | 218 | 219.07 | 5 204 | 36 857 | 2 515 |
| 2023－8206 | A07_HBB2302299_23－08－17.fsa | 218 | 218.99 | 5 439 | 37 961 | 2 508 |

（续）

| 资源序号 | 样本名<br>（sample file name） | 等位基因位点<br>（allele，bp） | 大小<br>（size，bp） | 高度<br>（height，RFU） | 面积<br>（area，RFU） | 数据取值点<br>（data point，RFU） |
|---|---|---|---|---|---|---|
| 2023－8207 | A08_HBB2302300_23－08－17.fsa | 218 | 219.09 | 3 389 | 24 197 | 2 539 |
| 2023－8208 | A09_HBB2302301_23－08－17.fsa | 218 | 218.92 | 5 182 | 35 314 | 2 530 |
| 2023－8209 | A10_HBB2302302_23－08－17.fsa | 218 | 219.03 | 5 881 | 44 375 | 2 546 |
| 2023－8210 | A11_HBB2302303_23－08－17.fsa | 218 | 219.06 | 9 562 | 67 439 | 2 583 |
| 2023－8211 | B01_HBB2302305_23－08－17.fsa | 218 | 219.07 | 2 487 | 18 600 | 2 564 |
| | B01_HBB2302305_23－08－17.fsa | 229 | 230.47 | 1 945 | 14 513 | 2 631 |
| 2023－8212 | B02_HBB2302306_23－08－17.fsa | 229 | 230.45 | 2 510 | 16 080 | 2 642 |
| | B02_HBB2302306_23－08－17.fsa | 235 | 234.48 | 2 127 | 13 933 | 2 666 |
| 2023－8213 | B03_HBB2302307_23－08－17.fsa | 218 | 219.09 | 3 416 | 23 263 | 2 532 |
| | B03_HBB2302307_23－08－17.fsa | 229 | 230.26 | 3 202 | 21 836 | 2 597 |
| 2023－8214 | B04_HBB2302308_23－08－17.fsa | 218 | 218.93 | 2 581 | 17 544 | 2 528 |
| | B04_HBB2302308_23－08－17.fsa | 229 | 230.27 | 2 511 | 16 297 | 2 594 |
| 2023－8215 | B05_HBB2302309_23－08－17.fsa | 218 | 219.05 | 2 265 | 14 992 | 2 519 |
| | B05_HBB2302309_23－08－17.fsa | 223 | 224.08 | 2 074 | 13 270 | 2 548 |
| 2023－8216 | B06_HBB2302310_23－08－17.fsa | 223 | 224.16 | 3 015 | 20 420 | 2 528 |
| | B06_HBB2302310_23－08－17.fsa | 229 | 230.23 | 3 005 | 20 835 | 2 563 |
| 2023－8217 | B07_HBB2302311_23－08－17.fsa | 218 | 218.93 | 5 093 | 33 526 | 2 505 |
| 2023－8218 | B08_HBB2302312_23－08－17.fsa | 218 | 218.88 | 4 881 | 31 961 | 2 507 |
| 2023－8219 | B09_HBB2302313_23－08－17.fsa | 223 | 223.9 | 2 592 | 18 245 | 2 532 |
| | B09_HBB2302313_23－08－17.fsa | 229 | 230.12 | 2 515 | 17 683 | 2 568 |
| 2023－8220 | B10_HBB2302314_23－08－17.fsa | 218 | 218.89 | 3 841 | 26 522 | 2 510 |
| 2023－8221 | B11_HBB2302315_23－08－17.fsa | 218 | 218.95 | 2 347 | 16 209 | 2 561 |
| | B11_HBB2302315_23－08－17.fsa | 229 | 230.11 | 2 166 | 16 000 | 2 627 |
| 2023－8222 | B12_HBB2302316_23－08－17.fsa | 218 | 218.89 | 3 030 | 21 800 | 2 584 |
| | B12_HBB2302316_23－08－17.fsa | 229 | 230.17 | 2 787 | 20 995 | 2 651 |
| 2023－8223 | C01_HBB2302317_23－08－17.fsa | 218 | 219.14 | 4 147 | 27 912 | 2 580 |
| 2023－8224 | C02_HBB2302318_23－08－17.fsa | 218 | 219.25 | 6 328 | 41 666 | 2 557 |
| 2023－8226 | C03_HBB2302319_23－08－17.fsa | 218 | 219.03 | 5 025 | 35 522 | 2 539 |
| 2023－8227 | C04_HBB2302320_23－08－17.fsa | 218 | 218.93 | 4 478 | 28 417 | 2 520 |
| 2023－8228 | C05_HBB2302321_23－08－17.fsa | 218 | 218.82 | 3 723 | 23 852 | 2 496 |

（续）

| 资源序号 | 样本名<br>（sample file name） | 等位基因位点<br>（allele，bp） | 大小<br>（size，bp） | 高度<br>（height，RFU） | 面积<br>（area，RFU） | 数据取值点<br>（data point，RFU） |
|---|---|---|---|---|---|---|
| 2023－8229 | C06_HBB2302322_23－08－17. fsa | 218 | 218.94 | 4 267 | 27 893 | 2 511 |
| 2023－8230 | C07_HBB2302323_23－08－17. fsa | 218 | 219 | 1 991 | 12 785 | 2 491 |
| | C07_HBB2302323_23－08－17. fsa | 229 | 230.16 | 2 089 | 14 260 | 2 555 |
| 2023－8231 | C09_HBB2302325_23－08－17. fsa | 218 | 218.99 | 3 010 | 19 655 | 2 519 |
| | C09_HBB2302325_23－08－17. fsa | 229 | 230.2 | 2 781 | 18 034 | 2 584 |
| 2023－8232 | C10_HBB2302326_23－08－17. fsa | 218 | 218.87 | 3 729 | 24 849 | 2 504 |
| 2023－8233 | C11_HBB2302327_23－08－17. fsa | 218 | 218.91 | 2 764 | 19 017 | 2 552 |
| | C11_HBB2302327_23－08－17. fsa | 229 | 230.31 | 2 470 | 17 154 | 2 619 |
| 2023－8234 | C12_HBB2302328_23－08－17. fsa | 223 | 224.12 | 5 026 | 33 421 | 2 602 |
| 2023－8235 | D01_HBB2302329_23－08－17. fsa | 218 | 219.19 | 2 648 | 17 430 | 2 589 |
| | D01_HBB2302329_23－08－17. fsa | 229 | 230.54 | 2 357 | 15 984 | 2 656 |
| 2023－8236 | D02_HBB2302330_23－08－17. fsa | 218 | 218.95 | 1 274 | 6 081 | 2 556 |
| 2023－8237 | D03_HBB2302331_23－08－17. fsa | 229 | 229.26 | 5 585 | 46 276 | 2 572 |
| 2023－8238 | D04_HBB2302332_23－08－17. fsa | 235 | 234.26 | 5 551 | 35 739 | 2 596 |
| 2023－8239 | D05_HBB2302333_23－08－17. fsa | 218 | 218.89 | 3 555 | 23 555 | 2 491 |
| 2023－8240 | D06_HBB2302334_23－08－17. fsa | 218 | 218.82 | 5 429 | 34 237 | 2 496 |
| 2023－8241 | D07_HBB2302335_23－08－17. fsa | 218 | 218.79 | 3 405 | 21 122 | 2 516 |
| 2023－8242 | D08_HBB2302336_23－08－17. fsa | 229 | 230.01 | 5 756 | 37 269 | 2 538 |
| 2023－8243 | D09_HBB2302337_23－08－17. fsa | 218 | 218.86 | 1 869 | 11 389 | 2 500 |
| | D09_HBB2302337_23－08－17. fsa | 229 | 229.08 | 789 | 7 430 | 2 559 |
| 2023－8244 | D10_HBB2302338_23－08－17. fsa | 218 | 218.94 | 2 065 | 13 649 | 2 493 |
| | D10_HBB2302338_23－08－17. fsa | 235 | 234.2 | 1 599 | 10 873 | 2 581 |
| 2023－8245 | D11_HBB2302339_23－08－17. fsa | 218 | 218.9 | 1 646 | 11 782 | 2 538 |
| | D11_HBB2302339_23－08－17. fsa | 229 | 230.13 | 1 466 | 10 655 | 2 604 |
| 2023－8246 | D12_HBB2302340_23－08－17. fsa | 218 | 218.94 | 4 050 | 28 822 | 2 569 |
| 2023－8247 | E01_HBB2302341_23－08－17. fsa | 218 | 219.25 | 2 106 | 14 895 | 2 598 |
| | E01_HBB2302341_23－08－17. fsa | 229 | 229.63 | 1 843 | 13 236 | 2 659 |
| 2023－8248 | E02_HBB2302342_23－08－17. fsa | 229 | 230.37 | 2 558 | 17 468 | 2 634 |
| 2023－8249 | E03_HBB2302343_23－08－17. fsa | 229 | 229.31 | 1 858 | 16 845 | 2 597 |

（续）

| 资源序号 | 样本名<br>（sample file name） | 等位基因位点<br>（allele，bp） | 大小<br>（size，<br>bp) | 高度<br>（height，<br>RFU） | 面积<br>（area，<br>RFU） | 数据取值点<br>（data point，<br>RFU） |
|---|---|---|---|---|---|---|
| 2023 - 8250 | E04_HBB2302344_23 - 08 - 17. fsa | 218 | 219.04 | 2 116 | 14 001 | 2 535 |
| | E04_HBB2302344_23 - 08 - 17. fsa | 229 | 230.17 | 1 981 | 12 504 | 2 600 |
| 2023 - 8251 | E06_HBB2302346_23 - 08 - 17. fsa | 218 | 218.88 | 1 805 | 10 576 | 2 487 |
| 2023 - 8252 | E07_HBB2302347_23 - 08 - 17. fsa | 218 | 218.83 | 2 166 | 12 982 | 2 485 |
| 2023 - 8253 | E08_HBB2302348_23 - 08 - 17. fsa | 218 | 218.86 | 932 | 5 555 | 2 503 |
| | E08_HBB2302348_23 - 08 - 17. fsa | 229 | 229.94 | 1 599 | 9 985 | 2 567 |
| 2023 - 8254 | E09_HBB2302349_23 - 08 - 17. fsa | 218 | 218.86 | 2 092 | 14 142 | 2 506 |
| 2023 - 8255 | E10_HBB2302350_23 - 08 - 17. fsa | 229 | 229.18 | 2 513 | 17 024 | 2 556 |
| 2023 - 8256 | E11_HBB2302351_23 - 08 - 17. fsa | 235 | 234.24 | 4 709 | 31 762 | 2 620 |
| 2023 - 8257 | E12_HBB2302352_23 - 08 - 17. fsa | 235 | 234.36 | 5 586 | 36 440 | 2 669 |
| 2023 - 8258 | F01_HBB2302353_23 - 08 - 17. fsa | 218 | 219.15 | 3 702 | 27 380 | 2 597 |
| 2023 - 8259 | F02_HBB2302354_23 - 08 - 17. fsa | 235 | 234.37 | 3 365 | 22 945 | 2 655 |
| 2023 - 8260 | F03_HBB2302355_23 - 08 - 17. fsa | 235 | 234.3 | 3 701 | 23 815 | 2 636 |
| 2023 - 8261 | F04_HBB2302356_23 - 08 - 17. fsa | 218 | 218.85 | 2 069 | 13 667 | 2 544 |
| | F04_HBB2302356_23 - 08 - 17. fsa | 223 | 224.17 | 1 999 | 12 863 | 2 575 |
| 2023 - 8262 | F05_HBB2302357_23 - 08 - 17. fsa | 218 | 219.05 | 2 947 | 17 881 | 2 512 |
| | F05_HBB2302357_23 - 08 - 17. fsa | 229 | 229.26 | 2 570 | 15 847 | 2 571 |
| 2023 - 8263 | F06_HBB2302358_23 - 08 - 17. fsa | 218 | 218.94 | 2 170 | 13 344 | 2 495 |
| | F06_HBB2302358_23 - 08 - 17. fsa | 229 | 230.05 | 1 954 | 12 062 | 2 559 |
| 2023 - 8264 | F07_HBB2302359_23 - 08 - 17. fsa | 223 | 224.16 | 1 627 | 11 643 | 2 526 |
| | F07_HBB2302359_23 - 08 - 17. fsa | 229 | 229.19 | 1 588 | 10 401 | 2 555 |
| 2023 - 8265 | F08_HBB2302360_23 - 08 - 17. fsa | 223 | 224.07 | 2 073 | 12 805 | 2 514 |
| | F08_HBB2302360_23 - 08 - 17. fsa | 229 | 230.16 | 2 050 | 12 039 | 2 549 |
| 2023 - 8266 | F09_HBB2302361_23 - 08 - 17. fsa | 218 | 218.94 | 3 431 | 21 078 | 2 501 |
| 2023 - 8267 | F10_HBB2302362_23 - 08 - 17. fsa | 218 | 218.87 | 4 576 | 30 911 | 2 500 |
| 2023 - 8268 | F11_HBB2302363_23 - 08 - 17. fsa | 229 | 229.28 | 5 102 | 33 902 | 2 614 |
| 2023 - 8269 | F12_HBB2302364_23 - 08 - 17. fsa | 218 | 218.9 | 5 095 | 34 573 | 2 554 |
| 2023 - 8270 | G01_HBB2302365_23 - 08 - 17. fsa | 235 | 234.83 | 4 835 | 31 177 | 2 696 |
| 2023 - 8271 | G03_HBB2302367_23 - 08 - 17. fsa | 218 | 218.97 | 5 739 | 36 485 | 2 550 |

（续）

| 资源序号 | 样本名<br>（sample file name） | 等位基因位点<br>（allele，bp） | 大小<br>（size，bp） | 高度<br>（height，RFU） | 面积<br>（area，RFU） | 数据取值点<br>（data point，RFU） |
|---|---|---|---|---|---|---|
| 2023 - 8272 | G04_HBB2302368_23 - 08 - 17. fsa | 218 | 218.92 | 2 122 | 13 506 | 2 529 |
|  | G04_HBB2302368_23 - 08 - 17. fsa | 229 | 230.26 | 1 830 | 12 100 | 2 595 |
| 2023 - 8273 | G05_HBB2302369_23 - 08 - 17. fsa | 218 | 219.04 | 3 309 | 20 443 | 2 516 |
| 2023 - 8274 | G06_HBB2302370_23 - 08 - 17. fsa | 218 | 218.87 | 1 166 | 7 582 | 2 516 |
|  | G06_HBB2302370_23 - 08 - 17. fsa | 223 | 224.07 | 1 009 | 6 432 | 2 546 |
| 2023 - 8275 | G07_HBB2302371_23 - 08 - 17. fsa | 218 | 219.06 | 1 992 | 12 244 | 2 500 |
|  | G07_HBB2302371_23 - 08 - 17. fsa | 229 | 230.31 | 1 843 | 11 928 | 2 565 |
| 2023 - 8276 | G08_HBB2302372_23 - 08 - 17. fsa | 218 | 218.87 | 2 374 | 14 813 | 2 513 |
|  | G08_HBB2302372_23 - 08 - 17. fsa | 229 | 230.12 | 2 061 | 13 479 | 2 578 |
| 2023 - 8277 | G09_HBB2302373_23 - 08 - 17. fsa | 218 | 218.93 | 3 567 | 22 248 | 2 499 |
| 2023 - 8278 | G10_HBB2302374_23 - 08 - 17. fsa | 218 | 218.98 | 2 817 | 17 955 | 2 515 |
|  | G10_HBB2302374_23 - 08 - 17. fsa | 229 | 230.19 | 2 438 | 15 553 | 2 580 |
| 2023 - 8279 | G11_HBB2302375_23 - 08 - 17. fsa | 218 | 218.9 | 1 806 | 12 724 | 2 548 |
|  | G11_HBB2302375_23 - 08 - 17. fsa | 229 | 230.3 | 1 710 | 11 819 | 2 615 |
| 2023 - 8280 | G12_HBB2302376_23 - 08 - 17. fsa | 218 | 219.02 | 6 339 | 41 648 | 2 569 |
| 2023 - 8281 | H01_HBB2302377_23 - 08 - 17. fsa | 218 | 219.42 | 7 789 | 50 295 | 2 627 |
| 2023 - 8282 | H02_HBB2302378_23 - 08 - 17. fsa | 218 | 219.24 | 6 405 | 42 094 | 2 598 |
| 2023 - 8283 | H03_HBB2302379_23 - 08 - 17. fsa | 218 | 219.18 | 2 214 | 15 448 | 2 570 |
|  | H03_HBB2302379_23 - 08 - 17. fsa | 223 | 224.28 | 2 089 | 14 348 | 2 600 |
| 2023 - 8284 | H04_HBB2302380_23 - 08 - 17. fsa | 218 | 219.15 | 4 771 | 31 666 | 2 548 |
| 2023 - 8285 | H05_HBB2302381_23 - 08 - 17. fsa | 218 | 219.1 | 3 639 | 22 793 | 2 534 |
| 2023 - 8286 | H06_HBB2302382_23 - 08 - 17. fsa | 218 | 218.99 | 2 754 | 18 647 | 2 527 |
| 2023 - 8287 | H07_HBB2302383_23 - 08 - 17. fsa | 218 | 219.11 | 4 274 | 27 596 | 2 525 |
| 2023 - 8288 | H08_HBB2302384_23 - 08 - 17. fsa | 229 | 230.26 | 3 122 | 20 233 | 2 595 |
| 2023 - 8289 | H09_HBB2302385_23 - 08 - 17. fsa | 218 | 219.16 | 6 965 | 44 006 | 2 516 |
| 2023 - 8290 | A01_HBB2302387_01 - 49 - 27. fsa | 213 | 213.1 | 2 017 | 13 237 | 2 568 |
|  | A01_HBB2302387_01 - 49 - 27. fsa | 218 | 218.33 | 1 841 | 12 500 | 2 599 |
| 2023 - 8291 | A02_HBB2302388_01 - 49 - 27. fsa | 218 | 218.22 | 2 121 | 14 199 | 2 581 |
|  | A02_HBB2302388_01 - 49 - 27. fsa | 235 | 234.7 | 1 659 | 12 089 | 2 679 |
| 2023 - 8292 | A03_HBB2302389_01 - 49 - 27. fsa | 229 | 229.4 | 5 517 | 34 897 | 2 609 |

（续）

| 资源序号 | 样本名<br>（sample file name） | 等位基因位点<br>（allele，bp） | 大小<br>（size，bp） | 高度<br>（height，RFU） | 面积<br>（area，RFU） | 数据取值点<br>（data point，RFU） |
|---|---|---|---|---|---|---|
| 2023 - 8293 | A04_HBB2302390_01 - 49 - 27.fsa | 218 | 217.99 | 3 953 | 26 445 | 2 536 |
| 2023 - 8294 | A05_HBB2302391_01 - 49 - 27.fsa | 213 | 212.87 | 3 951 | 27 383 | 2 493 |
| 2023 - 8295 | A06_HBB2302392_01 - 49 - 27.fsa | 218 | 218.12 | 4 026 | 29 763 | 2 517 |
| 2023 - 8296 | A07_HBB2302393_01 - 49 - 27.fsa | 218 | 217.96 | 5 329 | 39 250 | 2 508 |
| 2023 - 8297 | A08_HBB2302394_01 - 49 - 27.fsa | 229 | 229.31 | 3 193 | 23 737 | 2 606 |
| 2023 - 8298 | A09_HBB2302395_01 - 49 - 27.fsa | 207 | 206.97 | 821 | 3 529 | 2 468 |
| | A09_HBB2302395_01 - 49 - 27.fsa | 229 | 229.23 | 3 176 | 23 373 | 2 597 |
| 2023 - 8299 | A10_HBB2302396_01 - 49 - 27.fsa | 218 | 218.12 | 6 513 | 49 266 | 2 548 |
| 2023 - 8300 | A11_HBB2302397_01 - 49 - 27.fsa | 229 | 229.34 | 5 019 | 40 077 | 2 650 |
| 2023 - 8301 | A12_HBB2302398_01 - 49 - 27.fsa | 213 | 213.05 | 5 894 | 43 590 | 2 580 |
| 2023 - 8302 | B01_HBB2302399_01 - 49 - 27.fsa | 218 | 218.17 | 3 349 | 23 925 | 2 564 |
| 2023 - 8303 | B02_HBB2302400_01 - 49 - 27.fsa | 218 | 218.28 | 4 430 | 30 586 | 2 575 |
| 2023 - 8304 | B03_HBB2302401_01 - 49 - 27.fsa | 218 | 218.18 | 1 877 | 12 963 | 2 534 |
| | B03_HBB2302401_01 - 49 - 27.fsa | 223 | 223.33 | 1 683 | 11 860 | 2 564 |
| 2023 - 8305 | B04_HBB2302402_01 - 49 - 27.fsa | 218 | 218 | 2 717 | 18 466 | 2 530 |
| | B04_HBB2302402_01 - 49 - 27.fsa | 229 | 229.31 | 2 281 | 15 888 | 2 596 |
| 2023 - 8306 | B05_HBB2302403_01 - 49 - 27.fsa | 218 | 218.12 | 3 037 | 22 350 | 2 521 |
| 2023 - 8307 | B06_HBB2302404_01 - 49 - 27.fsa | 223 | 223.12 | 2 484 | 17 521 | 2 527 |
| | B06_HBB2302404_01 - 49 - 27.fsa | 229 | 229.19 | 2 670 | 18 926 | 2 562 |
| 2023 - 8308 | B07_HBB2302405_01 - 49 - 27.fsa | 218 | 218.02 | 1 671 | 12 626 | 2 506 |
| | B07_HBB2302405_01 - 49 - 27.fsa | 229 | 229.27 | 1 512 | 11 501 | 2 571 |
| 2023 - 8309 | B08_HBB2302406_01 - 49 - 27.fsa | 218 | 218 | 2 760 | 19 389 | 2 507 |
| | B08_HBB2302406_01 - 49 - 27.fsa | 228 | 228.22 | 2 350 | 16 401 | 2 566 |
| 2023 - 8310 | B09_HBB2302407_01 - 49 - 27.fsa | 218 | 218.01 | 2 647 | 20 262 | 2 504 |
| | B09_HBB2302407_01 - 49 - 27.fsa | 229 | 229.09 | 2 236 | 17 476 | 2 568 |
| 2023 - 8311 | B11_HBB2302409_01 - 49 - 27.fsa | 218 | 217.99 | 1 922 | 15 080 | 2 561 |
| | B11_HBB2302409_01 - 49 - 27.fsa | 229 | 229.19 | 1 587 | 12 651 | 2 627 |
| 2023 - 8312 | B12_HBB2302410_01 - 49 - 27.fsa | 218 | 217.98 | 5 054 | 38 093 | 2 585 |
| 2023 - 8313 | C01_HBB2302411_01 - 49 - 27.fsa | 223 | 223.28 | 2 653 | 19 241 | 2 611 |
| | C01_HBB2302411_01 - 49 - 27.fsa | 229 | 229.5 | 2 438 | 18 218 | 2 648 |

（续）

| 资源序号 | 样本名<br>（sample file name） | 等位基因位点<br>（allele，bp） | 大小<br>（size，bp） | 高度<br>（height，RFU） | 面积<br>（area，RFU） | 数据取值点<br>（data point，RFU） |
|---|---|---|---|---|---|---|
| 2023－8314 | C02_HBB2302412_01－49－27. fsa | 223 | 223. 36 | 3 123 | 19 718 | 2 586 |
| | C02_HBB2302412_01－49－27. fsa | 229 | 229. 47 | 2 933 | 19 266 | 2 622 |
| 2023－8315 | C03_HBB2302413_01－49－27. fsa | 223 | 223. 07 | 4 825 | 33 882 | 2 568 |
| 2023－8316 | C04_HBB2302414_01－49－27. fsa | 218 | 217. 87 | 2 639 | 17 426 | 2 520 |
| | C04_HBB2302414_01－49－27. fsa | 229 | 229. 22 | 2 190 | 14 623 | 2 586 |
| 2023－8317 | C05_HBB2302415_01－49－27. fsa | 218 | 217. 89 | 5 347 | 33 711 | 2 497 |
| 2023－8318 | C06_HBB2302416_01－49－27. fsa | 218 | 218 | 5 016 | 34 792 | 2 513 |
| 2023－8319 | C07_HBB2302417_01－49－27. fsa | 218 | 217. 89 | 5 190 | 35 580 | 2 490 |
| 2023－8320 | C08_HBB2302418_01－49－27. fsa | 203 | 203. 37 | 739 | 4 656 | 2 404 |
| | C08_HBB2302418_01－49－27. fsa | 218 | 218. 88 | 558 | 3 846 | 2 492 |
| 2023－8321 | C09_HBB2302419_01－49－27. fsa | 218 | 217. 88 | 2 654 | 19 040 | 2 519 |
| | C09_HBB2302419_01－49－27. fsa | 223 | 222. 88 | 2 399 | 17 052 | 2 548 |
| 2023－8322 | C10_HBB2302420_01－49－27. fsa | 218 | 217. 95 | 5 761 | 40 300 | 2 504 |
| 2023－8323 | C11_HBB2302421_01－49－27. fsa | 218 | 217. 87 | 2 916 | 21 113 | 2 552 |
| | C11_HBB2302421_01－49－27. fsa | 223 | 222. 99 | 2 545 | 19 077 | 2 582 |
| 2023－8324 | C12_HBB2302422_01－49－27. fsa | 223 | 223. 11 | 4 239 | 29 837 | 2 604 |
| 2023－8325 | D01_HBB2302423_01－49－27. fsa | 223 | 223. 27 | 4 952 | 35 532 | 2 621 |
| 2023－8326 | D02_HBB2302424_01－49－27. fsa | 218 | 218. 06 | 3 392 | 23 357 | 2 556 |
| | D02_HBB2302424_01－49－27. fsa | 229 | 229. 29 | 2 957 | 21 030 | 2 622 |
| 2023－8327 | D03_HBB2302425_01－49－27. fsa | 218 | 218 | 1 857 | 12 099 | 2 514 |
| | D03_HBB2302425_01－49－27. fsa | 223 | 223. 03 | 3 318 | 21 712 | 2 543 |
| 2023－8328 | D04_HBB2302426_01－49－27. fsa | 228 | 228. 23 | 4 460 | 30 654 | 2 567 |
| 2023－8329 | D05_HBB2302427_01－49－27. fsa | 218 | 217. 95 | 3 187 | 21 429 | 2 491 |
| | D05_HBB2302427_01－49－27. fsa | 229 | 229. 11 | 1 383 | 9 940 | 2 555 |
| 2023－8330 | D06_HBB2302428_01－49－27. fsa | 218 | 217. 89 | 5 565 | 36 180 | 2 497 |
| 2023－8331 | D08_HBB2302430_01－49－27. fsa | 218 | 217. 84 | 2 460 | 16 411 | 2 474 |
| | D08_HBB2302430_01－49－27. fsa | 229 | 229. 04 | 2 308 | 15 190 | 2 538 |
| 2023－8332 | D09_HBB2302431_01－49－27. fsa | 218 | 217. 88 | 2 754 | 19 791 | 2 500 |
| | D09_HBB2302431_01－49－27. fsa | 223 | 222. 93 | 2 622 | 17 974 | 2 529 |
| 2023－8333 | D10_HBB2302432_01－49－27. fsa | 218 | 217. 9 | 5 535 | 38 532 | 2 493 |

（续）

| 资源序号 | 样本名<br>（sample file name） | 等位基因位点<br>（allele，bp） | 大小<br>（size，bp） | 高度<br>（height，RFU） | 面积<br>（area，RFU） | 数据取值点<br>（data point，RFU） |
|---|---|---|---|---|---|---|
| 2023－8334 | D11_HBB2302433_01－49－27.fsa | 207 | 206.93 | 537 | 3 619 | 2 474 |
| | D11_HBB2302433_01－49－27.fsa | 229 | 229.21 | 4 273 | 30 903 | 2 604 |
| 2023－8335 | D12_HBB2302434_01－49－27.fsa | 218 | 218.05 | 3 205 | 22 125 | 2 570 |
| | D12_HBB2302434_01－49－27.fsa | 223 | 223.11 | 2 888 | 19 562 | 2 600 |
| 2023－8336 | E01_HBB2302435_01－49－27.fsa | 218 | 218.29 | 4 479 | 32 089 | 2 604 |
| 2023－8337 | E02_HBB2302436_01－49－27.fsa | 218 | 217.99 | 4 015 | 29 821 | 2 568 |
| 2023－8338 | E03_HBB2302437_01－49－27.fsa | 218 | 217.99 | 4 543 | 30 116 | 2 537 |
| 2023－8339 | E04_HBB2302438_01－49－27.fsa | 229 | 229.12 | 5 688 | 39 867 | 2 600 |
| 2023－8340 | E05_HBB2302439_01－49－27.fsa | 218 | 217.93 | 2 263 | 15 128 | 2 519 |
| | E05_HBB2302439_01－49－27.fsa | 223 | 222.95 | 2 020 | 13 730 | 2 548 |
| 2023－8341 | E06_HBB2302440_01－49－27.fsa | 218 | 217.77 | 2 193 | 14 827 | 2 488 |
| | E06_HBB2302440_01－49－27.fsa | 229 | 229.1 | 1 865 | 12 736 | 2 553 |
| 2023－8342 | E07_HBB2302441_01－49－27.fsa | 218 | 217.76 | 2 788 | 19 250 | 2 484 |
| 2023－8343 | E08_HBB2302442_01－49－27.fsa | 218 | 217.82 | 2 594 | 16 891 | 2 503 |
| | E08_HBB2302442_01－49－27.fsa | 223 | 222.85 | 2 185 | 14 820 | 2 532 |
| 2023－8344 | E09_HBB2302443_01－49－27.fsa | 218 | 217.83 | 1 616 | 12 015 | 2 506 |
| | E09_HBB2302443_01－49－27.fsa | 229 | 229.09 | 1 448 | 10 772 | 2 571 |
| 2023－8345 | E10_HBB2302444_01－49－27.fsa | 218 | 217.88 | 3 835 | 25 604 | 2 497 |
| 2023－8346 | E11_HBB2302445_01－49－27.fsa | 229 | 229.04 | 5 817 | 43 490 | 2 597 |
| 2023－8347 | E12_HBB2302446_01－49－27.fsa | 228 | 228.23 | 3 453 | 24 742 | 2 640 |
| 2023－8348 | F01_HBB2302447_01－49－27.fsa | 218 | 218.12 | 2 656 | 19 649 | 2 595 |
| 2023－8349 | F02_HBB2302448_01－49－27.fsa | 218 | 218.1 | 3 611 | 25 171 | 2 568 |
| 2023－8350 | F03_HBB2302449_01－49－27.fsa | 228 | 228.36 | 3 574 | 27 211 | 2 606 |
| 2023－8351 | F05_HBB2302451_01－49－27.fsa | 218 | 218 | 2 984 | 20 592 | 2 513 |
| | F05_HBB2302451_01－49－27.fsa | 229 | 229.26 | 2 738 | 18 502 | 2 578 |
| 2023－8352 | F06_HBB2302452_01－49－27.fsa | 218 | 217.89 | 4 568 | 30 247 | 2 495 |
| 2023－8353 | F07_HBB2302453_01－49－27.fsa | 218 | 217.82 | 1 654 | 11 804 | 2 495 |
| | F07_HBB2302453_01－49－27.fsa | 228 | 228.04 | 1 403 | 10 343 | 2 554 |
| 2023－8354 | F08_HBB2302454_01－49－27.fsa | 218 | 217.95 | 5 300 | 35 296 | 2 485 |

（续）

| 资源序号 | 样本名<br>（sample file name） | 等位基因位点<br>（allele，bp） | 大小<br>（size，bp） | 高度<br>（height，RFU） | 面积<br>（area，RFU） | 数据取值点<br>（data point，RFU） |
|---|---|---|---|---|---|---|
| 2023 - 8355 | F09_HBB2302455_01 - 49 - 27. fsa | 218 | 217.89 | 4 104 | 26 709 | 2 502 |
| | F09_HBB2302455_01 - 49 - 27. fsa | 229 | 229.19 | 1 426 | 9 494 | 2 567 |
| 2023 - 8356 | F10_HBB2302456_01 - 49 - 27. fsa | 218 | 217.83 | 4 914 | 34 574 | 2 500 |
| 2023 - 8357 | F11_HBB2302457_01 - 49 - 27. fsa | 229 | 229.17 | 5 289 | 39 245 | 2 621 |
| 2023 - 8358 | F12_HBB2302458_01 - 49 - 27. fsa | 218 | 217.93 | 4 410 | 32 523 | 2 556 |
| 2023 - 8359 | G01_HBB2302459_01 - 49 - 27. fsa | 218 | 218.24 | 1 955 | 14 107 | 2 602 |
| | G01_HBB2302459_01 - 49 - 27. fsa | 229 | 229.64 | 1 720 | 12 495 | 2 669 |
| 2023 - 8360 | G02_HBB2302460_01 - 49 - 27. fsa | 218 | 218.11 | 3 005 | 20 967 | 2 584 |
| 2023 - 8361 | G03_HBB2302461_01 - 49 - 27. fsa | 218 | 218.06 | 4 229 | 29 479 | 2 551 |
| 2023 - 8362 | G04_HBB2302462_01 - 49 - 27. fsa | 218 | 218.07 | 4 330 | 28 365 | 2 530 |
| 2023 - 8363 | G05_HBB2302463_01 - 49 - 27. fsa | 218 | 218.01 | 5 264 | 35 403 | 2 517 |
| 2023 - 8364 | G06_HBB2302464_01 - 49 - 27. fsa | 218 | 217.95 | 1 883 | 13 283 | 2 518 |
| | G06_HBB2302464_01 - 49 - 27. fsa | 229 | 229.17 | 1 706 | 11 981 | 2 583 |
| 2023 - 8365 | G07_HBB2302465_01 - 49 - 27. fsa | 218 | 218.02 | 1 106 | 7 802 | 2 501 |
| | G07_HBB2302465_01 - 49 - 27. fsa | 228 | 228.24 | 1 796 | 12 339 | 2 560 |
| 2023 - 8366 | G08_HBB2302466_01 - 49 - 27. fsa | 218 | 217.94 | 5 334 | 34 458 | 2 514 |
| 2023 - 8367 | G09_HBB2302467_01 - 49 - 27. fsa | 218 | 218.01 | 4 012 | 27 524 | 2 500 |
| 2023 - 8368 | G10_HBB2302468_01 - 49 - 27. fsa | 218 | 217.88 | 3 614 | 26 051 | 2 516 |
| 2023 - 8369 | G11_HBB2302469_01 - 49 - 27. fsa | 218 | 217.99 | 2 091 | 14 145 | 2 550 |
| | G11_HBB2302469_01 - 49 - 27. fsa | 229 | 229.19 | 1 914 | 13 413 | 2 616 |
| 2023 - 8370 | G12_HBB2302470_01 - 49 - 27. fsa | 218 | 218.05 | 3 447 | 24 525 | 2 572 |
| 2023 - 8371 | H02_HBB2302472_01 - 49 - 27. fsa | 218 | 218.33 | 1 524 | 11 249 | 2 601 |
| | H02_HBB2302472_01 - 49 - 27. fsa | 229 | 229.58 | 1 333 | 9 792 | 2 668 |
| 2023 - 8372 | H03_HBB2302473_01 - 49 - 27. fsa | 218 | 218.11 | 1 240 | 9 120 | 2 570 |
| | H03_HBB2302473_01 - 49 - 27. fsa | 223 | 223.36 | 1 145 | 8 546 | 2 601 |
| 2023 - 8373 | H04_HBB2302474_01 - 49 - 27. fsa | 218 | 218.13 | 3 178 | 23 922 | 2 549 |
| 2023 - 8376 | H07_HBB2302477_01 - 49 - 27. fsa | 229 | 229.42 | 4 511 | 30 387 | 2 592 |
| 2023 - 8377 | H08_HBB2302478_01 - 49 - 27. fsa | 218 | 218.06 | 2 559 | 17 545 | 2 531 |
| 2023 - 8378 | H09_HBB2302479_01 - 49 - 27. fsa | 218 | 218.12 | 2 060 | 12 527 | 2 517 |
| | H09_HBB2302479_01 - 49 - 27. fsa | 229 | 229.33 | 1 998 | 12 832 | 2 582 |

（续）

| 资源序号 | 样本名<br>（sample file name） | 等位基因位点<br>（allele，bp） | 大小<br>（size，bp） | 高度<br>（height，RFU） | 面积<br>（area，RFU） | 数据取值点<br>（data point，RFU） |
|---|---|---|---|---|---|---|
| 2023 – 8379 | H10_HBB2302480_01 – 49 – 27. fsa | 207 | 207. 15 | 250 | 1 251 | 2 462 |
|  | H10_HBB2302480_01 – 49 – 27. fsa | 229 | 229. 41 | 2 355 | 16 598 | 2 591 |

## 17　P17

| 资源序号 | 样本名<br>（sample file name） | 等位基因位点<br>（allele，bp） | 大小<br>（size，bp） | 高度<br>（height，RFU） | 面积<br>（area，RFU） | 数据取值点<br>（data point，RFU） |
|---|---|---|---|---|---|---|
| 2023 – 8200 | A01_HBB2302293_23 – 08 – 17. fsa | 413 | 413. 05 | 20 496 | 145 302 | 3 804 |
| 2023 – 8201 | A02_HBB2302294_23 – 08 – 17. fsa | 393 | 392. 61 | 8 948 | 69 297 | 3 657 |
|  | A02_HBB2302294_23 – 08 – 17. fsa | 413 | 413. 27 | 12 995 | 100 802 | 3 780 |
| 2023 – 8202 | A03_HBB2302295_23 – 08 – 17. fsa | 393 | 392. 58 | 7 593 | 57 971 | 3 599 |
|  | A03_HBB2302295_23 – 08 – 17. fsa | 408 | 408. 08 | 10 654 | 81 477 | 3 690 |
| 2023 – 8203 | A04_HBB2302296_23 – 08 – 17. fsa | 393 | 392. 77 | 7 752 | 62 901 | 3 591 |
|  | A04_HBB2302296_23 – 08 – 17. fsa | 413 | 413. 33 | 10 914 | 86 930 | 3 711 |
| 2023 – 8204 | A05_HBB2302297_23 – 08 – 17. fsa | 408 | 408. 29 | 7 927 | 63 171 | 3 663 |
|  | A05_HBB2302297_23 – 08 – 17. fsa | 413 | 413. 44 | 7 816 | 63 457 | 3 692 |
| 2023 – 8205 | A06_HBB2302298_23 – 08 – 17. fsa | 393 | 392. 52 | 7 742 | 67 186 | 3 563 |
|  | A06_HBB2302298_23 – 08 – 17. fsa | 413 | 413. 35 | 12 141 | 103 077 | 3 683 |
| 2023 – 8206 | A07_HBB2302299_23 – 08 – 17. fsa | 408 | 408. 29 | 8 520 | 66 546 | 3 648 |
|  | A07_HBB2302299_23 – 08 – 17. fsa | 413 | 413. 44 | 8 632 | 68 609 | 3 677 |
| 2023 – 8207 | A08_HBB2302300_23 – 08 – 17. fsa | 393 | 392. 76 | 4 481 | 39 733 | 3 595 |
|  | A08_HBB2302300_23 – 08 – 17. fsa | 413 | 413. 4 | 6 623 | 56 429 | 3 715 |
| 2023 – 8208 | A09_HBB2302301_23 – 08 – 17. fsa | 408 | 408. 42 | 9 348 | 76 456 | 3 678 |
|  | A09_HBB2302301_23 – 08 – 17. fsa | 413 | 413. 53 | 9 127 | 74 978 | 3 707 |
| 2023 – 8209 | A10_HBB2302302_23 – 08 – 17. fsa | 393 | 392. 69 | 6 554 | 61 779 | 3 608 |
|  | A10_HBB2302302_23 – 08 – 17. fsa | 413 | 413. 31 | 9 935 | 93 731 | 3 729 |
| 2023 – 8210 | A11_HBB2302303_23 – 08 – 17. fsa | 413 | 413. 16 | 32 677 | 305 303 | 3 787 |
| 2023 – 8211 | B01_HBB2302305_23 – 08 – 17. fsa | 413 | 413. 19 | 18 991 | 148 331 | 3 756 |

（续）

| 资源序号 | 样本名<br>（sample file name） | 等位基因位点<br>（allele，bp） | 大小<br>（size，bp） | 高度<br>（height，RFU） | 面积<br>（area，RFU） | 数据取值点<br>（data point，RFU） |
|---|---|---|---|---|---|---|
| 2023 - 8212 | B02_HBB2302306_23 - 08 - 17. fsa | 393 | 392.68 | 8 197 | 69 539 | 3 649 |
|  | B02_HBB2302306_23 - 08 - 17. fsa | 413 | 413.32 | 10 688 | 88 034 | 3 771 |
| 2023 - 8213 | B03_HBB2302307_23 - 08 - 17. fsa | 413 | 413.24 | 18 511 | 154 117 | 3 705 |
| 2023 - 8214 | B04_HBB2302308_23 - 08 - 17. fsa | 393 | 392.74 | 5 624 | 44 513 | 3 582 |
|  | B04_HBB2302308_23 - 08 - 17. fsa | 413 | 413.4 | 8 940 | 70 179 | 3 702 |
| 2023 - 8215 | B05_HBB2302309_23 - 08 - 17. fsa | 413 | 413.44 | 11 882 | 95 831 | 3 684 |
| 2023 - 8216 | B06_HBB2302310_23 - 08 - 17. fsa | 393 | 392.85 | 7 450 | 60 958 | 3 541 |
|  | B06_HBB2302310_23 - 08 - 17. fsa | 413 | 413.35 | 11 311 | 94 587 | 3 659 |
| 2023 - 8217 | B07_HBB2302311_23 - 08 - 17. fsa | 408 | 408.37 | 6 898 | 52 562 | 3 639 |
|  | B07_HBB2302311_23 - 08 - 17. fsa | 413 | 413.37 | 6 481 | 51 567 | 3 667 |
| 2023 - 8218 | B08_HBB2302312_23 - 08 - 17. fsa | 408 | 408.35 | 6 321 | 54 948 | 3 643 |
|  | B08_HBB2302312_23 - 08 - 17. fsa | 413 | 413.53 | 6 005 | 53 688 | 3 672 |
| 2023 - 8219 | B09_HBB2302313_23 - 08 - 17. fsa | 413 | 413.5 | 14 714 | 133 351 | 3 667 |
| 2023 - 8220 | B10_HBB2302314_23 - 08 - 17. fsa | 408 | 408.3 | 3 656 | 30 803 | 3 650 |
|  | B10_HBB2302314_23 - 08 - 17. fsa | 413 | 413.45 | 6 641 | 56 653 | 3 679 |
| 2023 - 8221 | B11_HBB2302315_23 - 08 - 17. fsa | 413 | 413.37 | 18 677 | 178 668 | 3 758 |
| 2023 - 8222 | B12_HBB2302316_23 - 08 - 17. fsa | 413 | 413.29 | 23 004 | 213 696 | 3 792 |
| 2023 - 8223 | C01_HBB2302317_23 - 08 - 17. fsa | 413 | 413.15 | 15 769 | 124 371 | 3 777 |
| 2023 - 8224 | C02_HBB2302318_23 - 08 - 17. fsa | 413 | 413.29 | 23 455 | 180 344 | 3 743 |
| 2023 - 8226 | C04_HBB2302320_23 - 08 - 17. fsa | 408 | 408.48 | 8 257 | 64 948 | 3 662 |
|  | C04_HBB2302320_23 - 08 - 17. fsa | 413 | 413.45 | 8 422 | 65 758 | 3 690 |
| 2023 - 8227 | C05_HBB2302321_23 - 08 - 17. fsa | 408 | 408.58 | 7 260 | 52 085 | 3 626 |
|  | C05_HBB2302321_23 - 08 - 17. fsa | 413 | 413.61 | 7 206 | 52 904 | 3 654 |
| 2023 - 8229 | C06_HBB2302322_23 - 08 - 17. fsa | 413 | 413.36 | 11 400 | 93 323 | 3 674 |
| 2023 - 8230 | C07_HBB2302323_23 - 08 - 17. fsa | 404 | 403.59 | 6 403 | 52 151 | 3 590 |
|  | C07_HBB2302323_23 - 08 - 17. fsa | 413 | 413.52 | 9 825 | 78 164 | 3 645 |
| 2023 - 8231 | C09_HBB2302325_23 - 08 - 17. fsa | 413 | 413.59 | 18 104 | 145 927 | 3 689 |
| 2023 - 8232 | C10_HBB2302326_23 - 08 - 17. fsa | 393 | 393.73 | 5 666 | 49 729 | 3 556 |
|  | C10_HBB2302326_23 - 08 - 17. fsa | 413 | 413.5 | 7 908 | 70 580 | 3 670 |

（续）

| 资源序号 | 样本名<br>（sample file name） | 等位基因位点<br>（allele，bp） | 大小<br>（size，<br>bp） | 高度<br>（height，<br>RFU） | 面积<br>（area，<br>RFU） | 数据取值点<br>（data point，<br>RFU） |
|---|---|---|---|---|---|---|
| 2023-8233 | C11_HBB2302327_23-08-17.fsa | 413 | 413.31 | 18 711 | 170 014 | 3 743 |
| 2023-8234 | C12_HBB2302328_23-08-17.fsa | 408 | 408.23 | 8 995 | 75 402 | 3 744 |
| | C12_HBB2302328_23-08-17.fsa | 413 | 413.39 | 8 641 | 71 780 | 3 774 |
| 2023-8235 | D01_HBB2302329_23-08-17.fsa | 408 | 407.94 | 9 527 | 74 212 | 3 757 |
| | D01_HBB2302329_23-08-17.fsa | 413 | 413.15 | 9 938 | 77 666 | 3 787 |
| 2023-8236 | D02_HBB2302330_23-08-17.fsa | 393 | 393.69 | 9 404 | 71 453 | 3 628 |
| | D02_HBB2302330_23-08-17.fsa | 408 | 408.18 | 13 533 | 105 490 | 3 714 |
| 2023-8237 | D03_HBB2302331_23-08-17.fsa | 393 | 392.66 | 10 043 | 80 665 | 3 559 |
| | D03_HBB2302331_23-08-17.fsa | 413 | 413.35 | 15 657 | 123 986 | 3 678 |
| 2023-8238 | D04_HBB2302332_23-08-17.fsa | 393 | 392.63 | 5 537 | 43 845 | 3 551 |
| | D04_HBB2302332_23-08-17.fsa | 413 | 413.4 | 12 469 | 93 793 | 3 670 |
| 2023-8239 | D05_HBB2302333_23-08-17.fsa | 393 | 393.93 | 4 806 | 34 587 | 3 533 |
| | D05_HBB2302333_23-08-17.fsa | 413 | 413.51 | 7 767 | 54 666 | 3 644 |
| 2023-8240 | D06_HBB2302334_23-08-17.fsa | 393 | 392.78 | 6 288 | 47 540 | 3 534 |
| | D06_HBB2302334_23-08-17.fsa | 413 | 413.46 | 9 579 | 74 211 | 3 652 |
| 2023-8241 | D07_HBB2302335_23-08-17.fsa | 393 | 392.88 | 4 944 | 38 745 | 3 563 |
| | D07_HBB2302335_23-08-17.fsa | 413 | 413.44 | 7 292 | 57 141 | 3 682 |
| 2023-8242 | D08_HBB2302336_23-08-17.fsa | 408 | 408.44 | 9 020 | 70 411 | 3 595 |
| | D08_HBB2302336_23-08-17.fsa | 413 | 413.49 | 9 233 | 71 307 | 3 623 |
| 2023-8243 | D09_HBB2302337_23-08-17.fsa | 393 | 392.89 | 4 761 | 40 940 | 3 542 |
| | D09_HBB2302337_23-08-17.fsa | 413 | 413.55 | 8 649 | 74 545 | 3 661 |
| 2023-8244 | D10_HBB2302338_23-08-17.fsa | 404 | 403.71 | 6 178 | 50 542 | 3 598 |
| | D10_HBB2302338_23-08-17.fsa | 413 | 413.49 | 9 571 | 79 875 | 3 653 |
| 2023-8245 | D11_HBB2302339_23-08-17.fsa | 393 | 392.87 | 5 670 | 50 149 | 3 602 |
| | D11_HBB2302339_23-08-17.fsa | 408 | 408.31 | 8 897 | 77 151 | 3 694 |
| 2023-8246 | D12_HBB2302340_23-08-17.fsa | 413 | 413.34 | 14 719 | 124 054 | 3 770 |
| 2023-8247 | E01_HBB2302341_23-08-17.fsa | 413 | 413.12 | 20 307 | 150 719 | 3 794 |
| 2023-8248 | E02_HBB2302342_23-08-17.fsa | 393 | 392.75 | 11 564 | 95 063 | 3 638 |
| 2023-8249 | E03_HBB2302343_23-08-17.fsa | 393 | 392.79 | 3 968 | 33 628 | 3 594 |
| | E03_HBB2302343_23-08-17.fsa | 413 | 413.38 | 4 879 | 40 435 | 3 714 |

（续）

| 资源序号 | 样本名<br>（sample file name） | 等位基因位点<br>（allele，bp） | 大小<br>（size，bp） | 高度<br>（height，RFU） | 面积<br>（area，RFU） | 数据取值点<br>（data point，RFU） |
|---|---|---|---|---|---|---|
| 2023 - 8250 | E04_HBB2302344_23 - 08 - 17. fsa | 393 | 392.97 | 5 184 | 41 805 | 3 590 |
| | E04_HBB2302344_23 - 08 - 17. fsa | 413 | 413.57 | 7 747 | 60 939 | 3 710 |
| 2023 - 8251 | E06_HBB2302346_23 - 08 - 17. fsa | 413 | 413.46 | 6 076 | 47 667 | 3 641 |
| 2023 - 8252 | E07_HBB2302347_23 - 08 - 17. fsa | 404 | 403.74 | 2 644 | 21 768 | 3 585 |
| | E07_HBB2302347_23 - 08 - 17. fsa | 413 | 413.59 | 4 174 | 34 078 | 3 640 |
| 2023 - 8253 | E08_HBB2302348_23 - 08 - 17. fsa | 393 | 392.85 | 4 252 | 35 334 | 3 546 |
| | E08_HBB2302348_23 - 08 - 17. fsa | 413 | 413.55 | 5 812 | 49 030 | 3 665 |
| 2023 - 8254 | E09_HBB2302349_23 - 08 - 17. fsa | 404 | 403.7 | 3 704 | 27 530 | 3 614 |
| | E09_HBB2302349_23 - 08 - 17. fsa | 413 | 413.44 | 6 574 | 51 316 | 3 669 |
| 2023 - 8255 | E10_HBB2302350_23 - 08 - 17. fsa | 408 | 408.36 | 6 864 | 51 265 | 3 630 |
| | E10_HBB2302350_23 - 08 - 17. fsa | 413 | 413.36 | 6 778 | 53 259 | 3 658 |
| 2023 - 8256 | E11_HBB2302351_23 - 08 - 17. fsa | 413 | 413.4 | 14 766 | 126 217 | 3 711 |
| 2023 - 8257 | E12_HBB2302352_23 - 08 - 17. fsa | 404 | 403.58 | 8 176 | 65 457 | 3 726 |
| | E12_HBB2302352_23 - 08 - 17. fsa | 413 | 413.34 | 12 917 | 104 107 | 3 783 |
| 2023 - 8258 | F01_HBB2302353_23 - 08 - 17. fsa | 413 | 413.12 | 15 899 | 127 741 | 3 789 |
| 2023 - 8259 | F02_HBB2302354_23 - 08 - 17. fsa | 408 | 408.16 | 19 042 | 141 702 | 3 727 |
| 2023 - 8260 | F03_HBB2302355_23 - 08 - 17. fsa | 413 | 413.35 | 19 409 | 153 911 | 3 727 |
| 2023 - 8261 | F04_HBB2302356_23 - 08 - 17. fsa | 393 | 392.83 | 6 629 | 50 547 | 3 605 |
| | F04_HBB2302356_23 - 08 - 17. fsa | 413 | 413.28 | 10 030 | 75 948 | 3 725 |
| 2023 - 8262 | F05_HBB2302357_23 - 08 - 17. fsa | 393 | 392.85 | 6 792 | 51 177 | 3 557 |
| | F05_HBB2302357_23 - 08 - 17. fsa | 413 | 413.54 | 10 590 | 79 319 | 3 676 |
| 2023 - 8263 | F06_HBB2302358_23 - 08 - 17. fsa | 413 | 413.41 | 14 957 | 115 376 | 3 653 |
| 2023 - 8264 | F07_HBB2302359_23 - 08 - 17. fsa | 413 | 413.54 | 12 136 | 98 049 | 3 657 |
| 2023 - 8265 | F08_HBB2302360_23 - 08 - 17. fsa | 393 | 392.82 | 5 506 | 44 640 | 3 521 |
| | F08_HBB2302360_23 - 08 - 17. fsa | 413 | 413.46 | 8 422 | 65 323 | 3 639 |
| 2023 - 8266 | F09_HBB2302361_23 - 08 - 17. fsa | 404 | 403.55 | 6 202 | 48 451 | 3 607 |
| | F09_HBB2302361_23 - 08 - 17. fsa | 413 | 413.36 | 9 713 | 77 572 | 3 662 |
| 2023 - 8267 | F10_HBB2302362_23 - 08 - 17. fsa | 413 | 413.46 | 21 359 | 162 040 | 3 665 |
| 2023 - 8268 | F11_HBB2302363_23 - 08 - 17. fsa | 413 | 413.31 | 24 715 | 195 256 | 3 744 |

（续）

| 资源序号 | 样本名<br>（sample file name） | 等位基因位点<br>（allele，bp） | 大小<br>（size，bp） | 高度<br>（height，RFU） | 面积<br>（area，RFU） | 数据取值点<br>（data point，RFU） |
|---|---|---|---|---|---|---|
| 2023 - 8269 | F12_HBB2302364_23 - 08 - 17.fsa | 408 | 408.25 | 10 671 | 79 186 | 3 720 |
|  | F12_HBB2302364_23 - 08 - 17.fsa | 413 | 413.25 | 10 923 | 84 373 | 3 749 |
| 2023 - 8270 | G01_HBB2302365_23 - 08 - 17.fsa | 413 | 412.95 | 23 864 | 184 070 | 3 799 |
| 2023 - 8271 | G03_HBB2302367_23 - 08 - 17.fsa | 413 | 413.29 | 17 942 | 139 801 | 3 735 |
| 2023 - 8272 | G04_HBB2302368_23 - 08 - 17.fsa | 393 | 392.74 | 5 535 | 42 964 | 3 584 |
|  | G04_HBB2302368_23 - 08 - 17.fsa | 408 | 408.27 | 9 087 | 68 491 | 3 675 |
| 2023 - 8273 | G05_HBB2302369_23 - 08 - 17.fsa | 408 | 408.32 | 6 256 | 43 480 | 3 653 |
|  | G05_HBB2302369_23 - 08 - 17.fsa | 413 | 413.3 | 6 962 | 49 329 | 3 681 |
| 2023 - 8274 | G06_HBB2302370_23 - 08 - 17.fsa | 413 | 413.44 | 8 464 | 63 023 | 3 685 |
| 2023 - 8275 | G07_HBB2302371_23 - 08 - 17.fsa | 408 | 408.35 | 12 576 | 96 787 | 3 635 |
| 2023 - 8276 | G08_HBB2302372_23 - 08 - 17.fsa | 408 | 408.48 | 8 165 | 62 042 | 3 653 |
|  | G08_HBB2302372_23 - 08 - 17.fsa | 413 | 413.46 | 8 179 | 62 741 | 3 681 |
| 2023 - 8277 | G09_HBB2302373_23 - 08 - 17.fsa | 413 | 413.49 | 13 929 | 105 245 | 3 662 |
| 2023 - 8278 | G10_HBB2302374_23 - 08 - 17.fsa | 393 | 392.74 | 5 775 | 45 998 | 3 566 |
|  | G10_HBB2302374_23 - 08 - 17.fsa | 413 | 413.39 | 8 328 | 65 210 | 3 686 |
| 2023 - 8279 | G11_HBB2302375_23 - 08 - 17.fsa | 413 | 413.21 | 17 351 | 133 777 | 3 738 |
| 2023 - 8280 | G12_HBB2302376_23 - 08 - 17.fsa | 408 | 408.25 | 12 319 | 89 383 | 3 739 |
|  | G12_HBB2302376_23 - 08 - 17.fsa | 413 | 413.26 | 12 339 | 86 318 | 3 768 |
| 2023 - 8281 | H01_HBB2302377_23 - 08 - 17.fsa | 408 | 407.84 | 16 113 | 120 387 | 3 809 |
|  | H01_HBB2302377_23 - 08 - 17.fsa | 413 | 412.8 | 15 425 | 118 104 | 3 838 |
| 2023 - 8282 | H02_HBB2302378_23 - 08 - 17.fsa | 413 | 413.19 | 25 279 | 200 380 | 3 806 |
| 2023 - 8283 | H03_HBB2302379_23 - 08 - 17.fsa | 393 | 392.55 | 6 675 | 58 079 | 3 641 |
|  | H03_HBB2302379_23 - 08 - 17.fsa | 408 | 408.15 | 10 136 | 86 053 | 3 734 |
| 2023 - 8284 | H04_HBB2302380_23 - 08 - 17.fsa | 413 | 413.29 | 16 954 | 127 162 | 3 733 |
| 2023 - 8285 | H05_HBB2302381_23 - 08 - 17.fsa | 408 | 408.12 | 7 257 | 53 365 | 3 681 |
|  | H05_HBB2302381_23 - 08 - 17.fsa | 413 | 413.26 | 7 384 | 54 514 | 3 710 |
| 2023 - 8286 | H06_HBB2302382_23 - 08 - 17.fsa | 413 | 413.39 | 13 849 | 101 951 | 3 701 |
| 2023 - 8287 | H07_HBB2302383_23 - 08 - 17.fsa | 413 | 413.26 | 13 848 | 103 476 | 3 697 |
| 2023 - 8288 | H08_HBB2302384_23 - 08 - 17.fsa | 393 | 392.77 | 5 290 | 41 182 | 3 585 |
|  | H08_HBB2302384_23 - 08 - 17.fsa | 413 | 413.35 | 7 791 | 60 921 | 3 705 |

（续）

| 资源序号 | 样本名<br>（sample file name） | 等位基因位点<br>（allele，bp） | 大小<br>（size，bp） | 高度<br>（height，RFU） | 面积<br>（area，RFU） | 数据取值点<br>（data point，RFU） |
|---|---|---|---|---|---|---|
| 2023－8289 | H09_HBB2302385_23－08－17.fsa | 408 | 408.29 | 11 588 | 83 011 | 3 657 |
| | H09_HBB2302385_23－08－17.fsa | 413 | 413.26 | 11 326 | 80 524 | 3 685 |
| 2023－8290 | A01_HBB2302387_01－49－27.fsa | 393 | 393.29 | 9 423 | 61 630 | 3 695 |
| | A01_HBB2302387_01－49－27.fsa | 413 | 413.23 | 7 863 | 52 620 | 3 814 |
| 2023－8291 | A02_HBB2302388_01－49－27.fsa | 408 | 408.27 | 9 111 | 59 670 | 3 760 |
| | A02_HBB2302388_01－49－27.fsa | 413 | 413.28 | 8 805 | 58 096 | 3 789 |
| 2023－8292 | A03_HBB2302389_01－49－27.fsa | 393 | 392.52 | 19 810 | 121 659 | 3 610 |
| 2023－8293 | A04_HBB2302390_01－49－27.fsa | 413 | 413.29 | 18 422 | 120 971 | 3 723 |
| 2023－8294 | A05_HBB2302391_01－49－27.fsa | 393 | 393.39 | 15 122 | 109 664 | 3 587 |
| 2023－8295 | A06_HBB2302392_01－49－27.fsa | 408 | 408.14 | 13 766 | 106 588 | 3 664 |
| 2023－8296 | A07_HBB2302393_01－49－27.fsa | 408 | 408.3 | 18 541 | 140 518 | 3 657 |
| 2023－8297 | A08_HBB2302394_01－49－27.fsa | 408 | 408.39 | 10 588 | 79 071 | 3 698 |
| 2023－8298 | A09_HBB2302395_01－49－27.fsa | 413 | 413.49 | 11 244 | 82 660 | 3 717 |
| 2023－8299 | A10_HBB2302396_01－49－27.fsa | 408 | 408.19 | 18 714 | 148 606 | 3 711 |
| 2023－8300 | A11_HBB2302397_01－49－27.fsa | 413 | 413.29 | 17 575 | 138 229 | 3 797 |
| 2023－8301 | A12_HBB2302398_01－49－27.fsa | 393 | 393.26 | 19 840 | 150 138 | 3 716 |
| 2023－8302 | B01_HBB2302399_01－49－27.fsa | 413 | 413.19 | 16 665 | 121 226 | 3 765 |
| 2023－8303 | B02_HBB2302400_01－49－27.fsa | 393 | 393.25 | 12 109 | 79 927 | 3 660 |
| | B02_HBB2302400_01－49－27.fsa | 413 | 413.2 | 9 996 | 66 305 | 3 778 |
| 2023－8304 | B03_HBB2302401_01－49－27.fsa | 404 | 403.51 | 6 939 | 51 939 | 3 661 |
| | B03_HBB2302401_01－49－27.fsa | 408 | 408.26 | 9 935 | 75 742 | 3 688 |
| 2023－8305 | B04_HBB2302402_01－49－27.fsa | 393 | 393.59 | 6 930 | 49 233 | 3 598 |
| | B04_HBB2302402_01－49－27.fsa | 413 | 413.35 | 9 430 | 69 131 | 3 713 |
| 2023－8306 | B05_HBB2302403_01－49－27.fsa | 393 | 392.91 | 4 011 | 32 031 | 3 577 |
| | B05_HBB2302403_01－49－27.fsa | 413 | 413.45 | 5 610 | 43 307 | 3 696 |
| 2023－8307 | B06_HBB2302404_01－49－27.fsa | 413 | 413.4 | 13 377 | 100 478 | 3 666 |
| 2023－8308 | B07_HBB2302405_01－49－27.fsa | 393 | 392.88 | 4 600 | 37 023 | 3 559 |
| | B07_HBB2302405_01－49－27.fsa | 413 | 413.49 | 6 315 | 50 908 | 3 678 |
| 2023－8309 | B08_HBB2302406_01－49－27.fsa | 408 | 408.32 | 7 776 | 61 729 | 3 650 |
| | B08_HBB2302406_01－49－27.fsa | 413 | 413.48 | 7 711 | 59 727 | 3 679 |

（续）

| 资源序号 | 样本名<br>（sample file name） | 等位基因位点<br>（allele，bp） | 大小<br>（size，bp） | 高度<br>（height，RFU） | 面积<br>（area，RFU） | 数据取值点<br>（data point，RFU） |
|---|---|---|---|---|---|---|
| 2023－8310 | B09_HBB2302407_01－49－27.fsa | 393 | 392.88 | 7 380 | 60 796 | 3 557 |
| | B09_HBB2302407_01－49－27.fsa | 404 | 403.7 | 7 005 | 56 306 | 3 621 |
| 2023－8311 | B11_HBB2302409_01－49－27.fsa | 393 | 392.79 | 4 891 | 40 457 | 3 643 |
| | B11_HBB2302409_01－49－27.fsa | 413 | 413.37 | 8 638 | 70 225 | 3 766 |
| 2023－8312 | B12_HBB2302410_01－49－27.fsa | 393 | 392.68 | 8 936 | 72 257 | 3 677 |
| | B12_HBB2302410_01－49－27.fsa | 404 | 403.55 | 8 427 | 69 082 | 3 744 |
| 2023－8313 | C01_HBB2302411_01－49－27.fsa | 393 | 392.61 | 6 958 | 50 721 | 3 664 |
| | C01_HBB2302411_01－49－27.fsa | 413 | 413.16 | 10 273 | 74 701 | 3 786 |
| 2023－8314 | C02_HBB2302412_01－49－27.fsa | 393 | 392.72 | 9 103 | 64 364 | 3 629 |
| | C02_HBB2302412_01－49－27.fsa | 413 | 413.23 | 12 932 | 90 157 | 3 750 |
| 2023－8315 | C03_HBB2302413_01－49－27.fsa | 404 | 403.5 | 6 911 | 55 899 | 3 669 |
| | C03_HBB2302413_01－49－27.fsa | 413 | 413.33 | 10 017 | 80 141 | 3 725 |
| 2023－8316 | C04_HBB2302414_01－49－27.fsa | 393 | 392.94 | 7 355 | 56 461 | 3 579 |
| | C04_HBB2302414_01－49－27.fsa | 404 | 403.71 | 7 280 | 54 715 | 3 643 |
| 2023－8317 | C05_HBB2302415_01－49－27.fsa | 393 | 393.51 | 8 110 | 59 143 | 3 549 |
| | C05_HBB2302415_01－49－27.fsa | 413 | 413.41 | 6 991 | 51 733 | 3 663 |
| 2023－8318 | C06_HBB2302416_01－49－27.fsa | 393 | 392.67 | 7 087 | 57 964 | 3 566 |
| | C06_HBB2302416_01－49－27.fsa | 413 | 413.49 | 10 007 | 79 040 | 3 686 |
| 2023－8319 | C07_HBB2302417_01－49－27.fsa | 413 | 413.28 | 16 378 | 125 847 | 3 652 |
| 2023－8320 | C08_HBB2302418_01－49－27.fsa | 408 | 408.24 | 7 901 | 60 423 | 3 619 |
| | C08_HBB2302418_01－49－27.fsa | 413 | 413.27 | 8 117 | 64 819 | 3 647 |
| 2023－8321 | C09_HBB2302419_01－49－27.fsa | 393 | 392.88 | 4 368 | 34 320 | 3 577 |
| | C09_HBB2302419_01－49－27.fsa | 408 | 408.43 | 6 182 | 48 712 | 3 668 |
| 2023－8322 | C10_HBB2302420_01－49－27.fsa | 408 | 408.48 | 7 088 | 51 531 | 3 650 |
| | C10_HBB2302420_01－49－27.fsa | 413 | 413.45 | 7 018 | 51 015 | 3 678 |
| 2023－8323 | C11_HBB2302421_01－49－27.fsa | 393 | 393.53 | 12 836 | 125 430 | 3 634 |
| 2023－8324 | C12_HBB2302422_01－49－27.fsa | 393 | 393.74 | 5 656 | 46 623 | 3 668 |
| | C12_HBB2302422_01－49－27.fsa | 413 | 413.29 | 5 987 | 45 026 | 3 785 |
| 2023－8325 | D01_HBB2302423_01－49－27.fsa | 393 | 393.56 | 11 139 | 79 471 | 3 683 |
| | D01_HBB2302423_01－49－27.fsa | 413 | 413.1 | 15 641 | 113 359 | 3 799 |

（续）

| 资源序号 | 样本名<br>(sample file name) | 等位基因位点<br>（allele，bp） | 大小<br>（size，bp） | 高度<br>（height，RFU） | 面积<br>（area，RFU） | 数据取值点<br>（data point，RFU） |
|---|---|---|---|---|---|---|
| 2023 - 8326 | D02_HBB2302424_01 - 49 - 27. fsa | 408 | 408.33 | 19 171 | 137 764 | 3 723 |
| | D02_HBB2302424_01 - 49 - 27. fsa | 413 | 413.38 | 8 610 | 60 227 | 3 752 |
| 2023 - 8327 | D03_HBB2302425_01 - 49 - 27. fsa | 413 | 413.31 | 29 508 | 220 173 | 3 687 |
| 2023 - 8328 | D04_HBB2302426_01 - 49 - 27. fsa | 393 | 392.81 | 6 049 | 48 118 | 3 560 |
| | D04_HBB2302426_01 - 49 - 27. fsa | 413 | 413.48 | 10 187 | 77 269 | 3 679 |
| 2023 - 8329 | D05_HBB2302427_01 - 49 - 27. fsa | 393 | 393.66 | 10 580 | 95 408 | 3 539 |
| 2023 - 8330 | D06_HBB2302428_01 - 49 - 27. fsa | 408 | 408.39 | 10 403 | 74 851 | 3 634 |
| | D06_HBB2302428_01 - 49 - 27. fsa | 413 | 413.42 | 10 199 | 74 893 | 3 662 |
| 2023 - 8331 | D08_HBB2302430_01 - 49 - 27. fsa | 408 | 408.45 | 6 915 | 52 716 | 3 602 |
| | D08_HBB2302430_01 - 49 - 27. fsa | 413 | 413.51 | 6 783 | 52 156 | 3 630 |
| 2023 - 8332 | D09_HBB2302431_01 - 49 - 27. fsa | 393 | 392.85 | 5 928 | 47 153 | 3 549 |
| | D09_HBB2302431_01 - 49 - 27. fsa | 413 | 413.5 | 8 749 | 68 972 | 3 668 |
| 2023 - 8333 | D10_HBB2302432_01 - 49 - 27. fsa | 408 | 408.33 | 22 639 | 162 234 | 3 633 |
| 2023 - 8334 | D11_HBB2302433_01 - 49 - 27. fsa | 393 | 392.83 | 13 326 | 101 564 | 3 610 |
| 2023 - 8335 | D12_HBB2302434_01 - 49 - 27. fsa | 408 | 408.37 | 3 166 | 22 303 | 3 751 |
| | D12_HBB2302434_01 - 49 - 27. fsa | 413 | 413.34 | 6 690 | 49 740 | 3 780 |
| 2023 - 8336 | E01_HBB2302435_01 - 49 - 27. fsa | 408 | 407.89 | 7 812 | 55 586 | 3 785 |
| | E01_HBB2302435_01 - 49 - 27. fsa | 413 | 413.07 | 7 951 | 55 692 | 3 815 |
| 2023 - 8337 | E02_HBB2302436_01 - 49 - 27. fsa | 393 | 392.72 | 5 252 | 45 198 | 3 647 |
| | E02_HBB2302436_01 - 49 - 27. fsa | 413 | 413.46 | 7 780 | 65 516 | 3 770 |
| 2023 - 8338 | E03_HBB2302437_01 - 49 - 27. fsa | 408 | 408.26 | 8 704 | 66 988 | 3 693 |
| | E03_HBB2302437_01 - 49 - 27. fsa | 413 | 413.39 | 8 812 | 66 280 | 3 722 |
| 2023 - 8339 | E04_HBB2302438_01 - 49 - 27. fsa | 393 | 392.77 | 18 650 | 144 671 | 3 597 |
| 2023 - 8340 | E05_HBB2302439_01 - 49 - 27. fsa | 393 | 392.88 | 15 154 | 117 499 | 3 573 |
| 2023 - 8341 | E06_HBB2302440_01 - 49 - 27. fsa | 408 | 408.39 | 6 428 | 49 620 | 3 623 |
| | E06_HBB2302440_01 - 49 - 27. fsa | 413 | 413.41 | 6 403 | 49 096 | 3 651 |
| 2023 - 8342 | E07_HBB2302441_01 - 49 - 27. fsa | 408 | 408.42 | 4 105 | 32 205 | 3 617 |
| | E07_HBB2302441_01 - 49 - 27. fsa | 413 | 413.46 | 5 385 | 42 840 | 3 645 |
| 2023 - 8343 | E08_HBB2302442_01 - 49 - 27. fsa | 393 | 393.02 | 6 233 | 49 691 | 3 554 |
| | E08_HBB2302442_01 - 49 - 27. fsa | 408 | 408.48 | 9 049 | 68 965 | 3 644 |

（续）

| 资源序号 | 样本名<br>（sample file name） | 等位基因位点<br>（allele，bp） | 大小<br>（size，bp） | 高度<br>（height，RFU） | 面积<br>（area，RFU） | 数据取值点<br>（data point，RFU） |
|---|---|---|---|---|---|---|
| 2023－8344 | E09_HBB2302443_01－49－27.fsa | 413 | 413.44 | 10 844 | 79 850 | 3 678 |
| 2023－8345 | E10_HBB2302444_01－49－27.fsa | 408 | 408.34 | 6 762 | 48 000 | 3 638 |
| | E10_HBB2302444_01－49－27.fsa | 413 | 413.5 | 6 841 | 48 269 | 3 667 |
| 2023－8346 | E11_HBB2302445_01－49－27.fsa | 393 | 392.87 | 6 195 | 49 673 | 3 601 |
| | E11_HBB2302445_01－49－27.fsa | 408 | 408.3 | 9 651 | 73 707 | 3 693 |
| 2023－8347 | E12_HBB2302446_01－49－27.fsa | 393 | 393.63 | 5 752 | 41 376 | 3 676 |
| | E12_HBB2302446_01－49－27.fsa | 408 | 408.16 | 8 291 | 59 644 | 3 764 |
| 2023－8348 | F01_HBB2302447_01－49－27.fsa | 393 | 393.58 | 3 557 | 27 075 | 3 679 |
| | F01_HBB2302447_01－49－27.fsa | 413 | 413.12 | 11 349 | 88 341 | 3 795 |
| 2023－8349 | F02_HBB2302448_01－49－27.fsa | 408 | 408.13 | 7 218 | 53 854 | 3 740 |
| | F02_HBB2302448_01－49－27.fsa | 413 | 413.34 | 7 514 | 55 591 | 3 770 |
| 2023－8350 | F03_HBB2302449_01－49－27.fsa | 393 | 393.76 | 4 751 | 40 204 | 3 621 |
| | F03_HBB2302449_01－49－27.fsa | 408 | 408.24 | 6 958 | 60 146 | 3 706 |
| 2023－8351 | F05_HBB2302451_01－49－27.fsa | 413 | 413.36 | 13 495 | 99 045 | 3 685 |
| 2023－8352 | F06_HBB2302452_01－49－27.fsa | 393 | 393.65 | 9 512 | 73 905 | 3 548 |
| | F06_HBB2302452_01－49－27.fsa | 413 | 413.55 | 8 216 | 64 206 | 3 662 |
| 2023－8355 | F09_HBB2302455_01－49－27.fsa | 393 | 392.85 | 6 522 | 49 630 | 3 553 |
| | F09_HBB2302455_01－49－27.fsa | 413 | 413.5 | 7 876 | 60 347 | 3 672 |
| 2023－8356 | F10_HBB2302456_01－49－27.fsa | 408 | 408.45 | 7 603 | 54 859 | 3 646 |
| | F10_HBB2302456_01－49－27.fsa | 413 | 413.4 | 8 277 | 58 673 | 3 674 |
| 2023－8357 | F11_HBB2302457_01－49－27.fsa | 393 | 392.72 | 10 093 | 73 127 | 3 632 |
| | F11_HBB2302457_01－49－27.fsa | 413 | 413.48 | 12 116 | 89 347 | 3 755 |
| 2023－8358 | F12_HBB2302458_01－49－27.fsa | 393 | 393.43 | 6 191 | 42 447 | 3 643 |
| | F12_HBB2302458_01－49－27.fsa | 404 | 403.59 | 4 485 | 32 267 | 3 705 |
| 2023－8359 | G01_HBB2302459_01－49－27.fsa | 393 | 393.41 | 6 194 | 42 857 | 3 688 |
| | G01_HBB2302459_01－49－27.fsa | 413 | 413.07 | 8 087 | 57 975 | 3 805 |
| 2023－8360 | G02_HBB2302460_01－49－27.fsa | 408 | 408.21 | 6 793 | 48 082 | 3 764 |
| | G02_HBB2302460_01－49－27.fsa | 413 | 413.19 | 6 932 | 47 744 | 3 793 |
| 2023－8361 | G03_HBB2302461_01－49－27.fsa | 408 | 408.35 | 15 782 | 128 121 | 3 716 |
| 2023－8362 | G04_HBB2302462_01－49－27.fsa | 413 | 413.21 | 15 808 | 127 303 | 3 713 |

（续）

| 资源序号 | 样本名<br>（sample file name） | 等位基因位点<br>（allele，bp） | 大小<br>（size，bp） | 高度<br>（height，RFU） | 面积<br>（area，RFU） | 数据取值点<br>（data point，RFU） |
|---|---|---|---|---|---|---|
| 2023 - 8363 | G05_HBB2302463_01 - 49 - 27. fsa | 413 | 413.3 | 15 299 | 114 657 | 3 692 |
| 2023 - 8364 | G06_HBB2302464_01 - 49 - 27. fsa | 393 | 392.73 | 4 762 | 38 415 | 3 576 |
| | G06_HBB2302464_01 - 49 - 27. fsa | 413 | 413.44 | 7 257 | 58 296 | 3 696 |
| 2023 - 8365 | G07_HBB2302465_01 - 49 - 27. fsa | 393 | 393.5 | 4 113 | 38 747 | 3 558 |
| | G07_HBB2302465_01 - 49 - 27. fsa | 413 | 413.48 | 4 631 | 39 056 | 3 673 |
| 2023 - 8366 | G08_HBB2302466_01 - 49 - 27. fsa | 408 | 408.31 | 8 761 | 61 114 | 3 662 |
| | G08_HBB2302466_01 - 49 - 27. fsa | 413 | 413.45 | 8 370 | 57 944 | 3 691 |
| 2023 - 8367 | G09_HBB2302467_01 - 49 - 27. fsa | 393 | 392.88 | 4 440 | 33 157 | 3 552 |
| | G09_HBB2302467_01 - 49 - 27. fsa | 413 | 413.49 | 7 684 | 55 892 | 3 671 |
| 2023 - 8368 | G10_HBB2302468_01 - 49 - 27. fsa | 413 | 413.54 | 12 256 | 86 776 | 3 697 |
| 2023 - 8369 | G11_HBB2302469_01 - 49 - 27. fsa | 413 | 413.17 | 15 774 | 110 765 | 3 749 |
| 2023 - 8370 | G12_HBB2302470_01 - 49 - 27. fsa | 383 | 382.53 | 1 362 | 6 456 | 3 596 |
| | G12_HBB2302470_01 - 49 - 27. fsa | 408 | 408.22 | 11 122 | 72 611 | 3 753 |
| 2023 - 8371 | H02_HBB2302472_01 - 49 - 27. fsa | 408 | 408.18 | 6 146 | 43 656 | 3 790 |
| | H02_HBB2302472_01 - 49 - 27. fsa | 413 | 413.15 | 6 181 | 43 130 | 3 819 |
| 2023 - 8372 | H03_HBB2302473_01 - 49 - 27. fsa | 393 | 392.74 | 4 236 | 35 351 | 3 651 |
| | H03_HBB2302473_01 - 49 - 27. fsa | 404 | 403.45 | 3 788 | 32 639 | 3 716 |
| 2023 - 8373 | H04_HBB2302474_01 - 49 - 27. fsa | 393 | 392.51 | 4 359 | 35 226 | 3 621 |
| | H04_HBB2302474_01 - 49 - 27. fsa | 413 | 413.29 | 6 800 | 53 200 | 3 743 |
| 2023 - 8374 | H05_HBB2302475_01 - 49 - 27. fsa | 393 | 392.66 | 5 556 | 42 339 | 3 602 |
| | H05_HBB2302475_01 - 49 - 27. fsa | 413 | 413.15 | 8 833 | 65 771 | 3 722 |
| 2023 - 8375 | H06_HBB2302476_01 - 49 - 27. fsa | 393 | 393.61 | 10 860 | 104 643 | 3 598 |
| 2023 - 8376 | H07_HBB2302477_01 - 49 - 27. fsa | 408 | 408.27 | 6 255 | 46 988 | 3 679 |
| | H07_HBB2302477_01 - 49 - 27. fsa | 413 | 413.4 | 6 022 | 45 499 | 3 708 |
| 2023 - 8377 | H08_HBB2302478_01 - 49 - 27. fsa | 393 | 392.63 | 2 561 | 19 633 | 3 595 |
| | H08_HBB2302478_01 - 49 - 27. fsa | 413 | 413.35 | 3 781 | 28 366 | 3 716 |
| 2023 - 8378 | H09_HBB2302479_01 - 49 - 27. fsa | 393 | 392.73 | 4 991 | 34 081 | 3 576 |
| | H09_HBB2302479_01 - 49 - 27. fsa | 413 | 413.44 | 7 086 | 48 247 | 3 696 |
| 2023 - 8379 | H10_HBB2302480_01 - 49 - 27. fsa | 393 | 392.8 | 2 559 | 19 034 | 3 590 |
| | H10_HBB2302480_01 - 49 - 27. fsa | 413 | 413.3 | 3 501 | 26 360 | 3 710 |

## 18 P18

| 资源序号 | 样本名<br>（sample file name） | 等位基因位点<br>（allele，bp） | 大小<br>（size，bp） | 高度<br>（height，RFU） | 面积<br>（area，RFU） | 数据取值点<br>（data point，RFU） |
|---|---|---|---|---|---|---|
| 2023－8200 | A01_HBB2302293_24－44－56. fsa | 279 | 279.13 | 16 376 | 82 493 | 2 977 |
| 2023－8201 | A02_HBB2302294_24－44－56. fsa | 279 | 279.21 | 13 817 | 66 141 | 2 956 |
| 2023－8202 | A03_HBB2302295_24－44－56. fsa | 279 | 279.02 | 942 | 4 751 | 2 912 |
| | A03_HBB2302295_24－44－56. fsa | 284 | 284.5 | 378 | 1 736 | 2 947 |
| 2023－8203 | A04_HBB2302296_24－44－56. fsa | 279 | 279.12 | 762 | 4 815 | 2 905 |
| | A04_HBB2302296_24－44－56. fsa | 284 | 284.62 | 176 | 975 | 2 940 |
| 2023－8204 | A05_HBB2302297_24－44－56. fsa | 279 | 279.08 | 8 115 | 42 923 | 2 890 |
| 2023－8205 | A06_HBB2302298_24－44－56. fsa | 279 | 279.08 | 8 714 | 47 945 | 2 883 |
| 2023－8206 | A07_HBB2302299_24－44－56. fsa | 279 | 279.06 | 10 893 | 60 177 | 2 875 |
| 2023－8207 | A08_HBB2302300_24－44－56. fsa | 279 | 278.95 | 550 | 3 023 | 2 909 |
| 2023－8208 | A09_HBB2302301_24－44－56. fsa | 279 | 279.15 | 10 326 | 56 923 | 2 900 |
| | A09_HBB2302301_24－44－56. fsa | 284 | 283.58 | 1 189 | 6 520 | 2 928 |
| 2023－8209 | A10_HBB2302302_24－44－56. fsa | 279 | 279.03 | 479 | 3 028 | 2 918 |
| | A10_HBB2302302_24－44－56. fsa | 284 | 284.51 | 321 | 2 029 | 2 953 |
| 2023－8210 | A11_HBB2302303_24－44－56. fsa | 279 | 279.06 | 11 555 | 66 214 | 2 960 |
| 2023－8211 | B01_HBB2302305_24－44－56. fsa | 279 | 279.22 | 11 067 | 53 619 | 2 938 |
| 2023－8212 | B02_HBB2302306_24－44－56. fsa | 279 | 279.13 | 798 | 3 993 | 2 949 |
| | B02_HBB2302306_24－44－56. fsa | 284 | 284.7 | 437 | 2 220 | 2 985 |
| 2023－8213 | B03_HBB2302307_24－44－56. fsa | 279 | 279.04 | 11 770 | 61 502 | 2 902 |
| 2023－8214 | B04_HBB2302308_24－44－56. fsa | 279 | 278.99 | 11 731 | 59 364 | 2 898 |
| 2023－8215 | B05_HBB2302309_24－44－56. fsa | 279 | 279.18 | 7 292 | 38 150 | 2 887 |
| 2023－8216 | B06_HBB2302310_24－44－56. fsa | 279 | 279.05 | 1 169 | 6 310 | 2 861 |
| 2023－8217 | B07_HBB2302311_24－44－56. fsa | 279 | 278.94 | 8 483 | 42 461 | 2 870 |
| 2023－8218 | B08_HBB2302312_24－44－56. fsa | 279 | 278.93 | 5 895 | 32 596 | 2 871 |
| 2023－8219 | B09_HBB2302313_24－44－56. fsa | 279 | 279.06 | 8 635 | 47 171 | 2 867 |
| 2023－8220 | B10_HBB2302314_24－44－56. fsa | 279 | 279.01 | 6 712 | 35 449 | 2 877 |
| 2023－8221 | B11_HBB2302315_24－44－56. fsa | 279 | 279.08 | 952 | 5 850 | 2 935 |

（续）

| 资源序号 | 样本名<br>（sample file name） | 等位基因位点<br>（allele，bp） | 大小<br>（size，bp） | 高度<br>（height，RFU） | 面积<br>（area，RFU） | 数据取值点<br>（data point，RFU） |
|---|---|---|---|---|---|---|
| 2023 - 8222 | B12_HBB2302316_24 - 44 - 56. fsa | 279 | 279.14 | 7 807 | 45 180 | 2 962 |
| 2023 - 8223 | C01_HBB2302317_24 - 44 - 56. fsa | 279 | 279.21 | 8 207 | 41 148 | 2 956 |
| 2023 - 8224 | C02_HBB2302318_24 - 44 - 56. fsa | 279 | 279.16 | 14 633 | 66 465 | 2 928 |
| 2023 - 8226 | C03_HBB2302319_24 - 44 - 56. fsa | 279 | 279.06 | 10 937 | 56 321 | 2 908 |
| 2023 - 8227 | C04_HBB2302320_24 - 44 - 56. fsa | 279 | 279.02 | 8 376 | 42 638 | 2 887 |
| 2023 - 8228 | C05_HBB2302321_24 - 44 - 56. fsa | 279 | 278.97 | 8 118 | 39 126 | 2 860 |
| 2023 - 8229 | C06_HBB2302322_24 - 44 - 56. fsa | 279 | 278.94 | 5 645 | 28 319 | 2 877 |
| 2023 - 8230 | C07_HBB2302323_24 - 44 - 56. fsa | 279 | 279.06 | 8 360 | 39 968 | 2 852 |
| 2023 - 8231 | C09_HBB2302325_24 - 44 - 56. fsa | 279 | 278.95 | 13 809 | 69 126 | 2 884 |
| 2023 - 8232 | C10_HBB2302326_24 - 44 - 56. fsa | 279 | 279.12 | 7 310 | 38 549 | 2 869 |
| 2023 - 8233 | C11_HBB2302327_24 - 44 - 56. fsa | 279 | 279.04 | 9 896 | 54 361 | 2 924 |
| 2023 - 8234 | C12_HBB2302328_24 - 44 - 56. fsa | 284 | 283.63 | 1 446 | 7 979 | 2 978 |
| 2023 - 8235 | D01_HBB2302329_24 - 44 - 56. fsa | 279 | 279.26 | 11 154 | 57 855 | 2 968 |
| 2023 - 8236 | D02_HBB2302330_24 - 44 - 56. fsa | 279 | 279.09 | 1 327 | 6 553 | 2 929 |
| 2023 - 8237 | D03_HBB2302331_24 - 44 - 56. fsa | 279 | 279.01 | 1 722 | 9 003 | 2 879 |
| | D03_HBB2302331_24 - 44 - 56. fsa | 284 | 284.58 | 875 | 4 880 | 2 914 |
| 2023 - 8238 | D04_HBB2302332_24 - 44 - 56. fsa | 279 | 278.95 | 353 | 1 690 | 2 872 |
| 2023 - 8239 | D05_HBB2302333_24 - 44 - 56. fsa | 279 | 279.06 | 11 872 | 57 465 | 2 853 |
| 2023 - 8240 | D06_HBB2302334_24 - 44 - 56. fsa | 279 | 278.9 | 555 | 3 281 | 2 859 |
| 2023 - 8241 | D07_HBB2302335_24 - 44 - 56. fsa | 279 | 278.94 | 634 | 3 790 | 2 881 |
| | D07_HBB2302335_24 - 44 - 56. fsa | 284 | 283.41 | 1 059 | 5 446 | 2 909 |
| 2023 - 8242 | D08_HBB2302336_24 - 44 - 56. fsa | 279 | 278.92 | 977 | 4 780 | 2 834 |
| 2023 - 8243 | D09_HBB2302337_24 - 44 - 56. fsa | 279 | 278.97 | 6 579 | 35 645 | 2 863 |
| 2023 - 8244 | D10_HBB2302338_24 - 44 - 56. fsa | 279 | 278.91 | 1 660 | 8 815 | 2 855 |
| 2023 - 8245 | D11_HBB2302339_24 - 44 - 56. fsa | 279 | 278.81 | 198 | 1 097 | 2 907 |
| 2023 - 8246 | D12_HBB2302340_24 - 44 - 56. fsa | 279 | 279.14 | 6 064 | 32 241 | 2 945 |
| 2023 - 8247 | E01_HBB2302341_24 - 44 - 56. fsa | 279 | 279.34 | 10 002 | 49 084 | 2 981 |
| 2023 - 8248 | E02_HBB2302342_24 - 44 - 56. fsa | 279 | 279 | 8 940 | 46 839 | 2 942 |
| 2023 - 8249 | E03_HBB2302343_24 - 44 - 56. fsa | 279 | 278.99 | 5 200 | 26 641 | 2 906 |
| 2023 - 8250 | E04_HBB2302344_24 - 44 - 56. fsa | 279 | 278.91 | 3 009 | 15 352 | 2 902 |

（续）

| 资源序号 | 样本名<br>（sample file name） | 等位基因位点<br>（allele，bp） | 大小<br>（size，bp） | 高度<br>（height，RFU） | 面积<br>（area，RFU） | 数据取值点<br>（data point，RFU） |
|---|---|---|---|---|---|---|
| 2023－8251 | E06_HBB2302346_24－44－56.fsa | 279 | 279.08 | 3 685 | 18 206 | 2 850 |
| 2023－8252 | E07_HBB2302347_24－44－56.fsa | 279 | 278.89 | 663 | 3 440 | 2 846 |
| 2023－8253 | E08_HBB2302348_24－44－56.fsa | 279 | 278.97 | 624 | 3 101 | 2 867 |
| 2023－8254 | E09_HBB2302349_24－44－56.fsa | 279 | 278.88 | 7 810 | 41 116 | 2 870 |
| 2023－8255 | E10_HBB2302350_24－44－56.fsa | 279 | 278.98 | 477 | 3 033 | 2 860 |
| 2023－8256 | E11_HBB2302351_24－44－56.fsa | 279 | 278.92 | 639 | 3 314 | 2 900 |
| | E11_HBB2302351_24－44－56.fsa | 284 | 284.43 | 792 | 5 034 | 2 935 |
| 2023－8257 | E12_HBB2302352_24－44－56.fsa | 279 | 279.29 | 268 | 1 587 | 2 957 |
| | E12_HBB2302352_24－44－56.fsa | 284 | 284.67 | 96 | 574 | 2 992 |
| 2023－8258 | F01_HBB2302353_24－44－56.fsa | 279 | 279.3 | 328 | 1 727 | 2 968 |
| | F01_HBB2302353_24－44－56.fsa | 284 | 284.71 | 191 | 874 | 3 003 |
| 2023－8259 | F02_HBB2302354_24－44－56.fsa | 279 | 279.23 | 1 416 | 6 965 | 2 942 |
| 2023－8260 | F03_HBB2302355_24－44－56.fsa | 279 | 279.19 | 303 | 1 735 | 2 917 |
| | F03_HBB2302355_24－44－56.fsa | 284 | 284.98 | 136 | 850 | 2 954 |
| 2023－8261 | F04_HBB2302356_24－44－56.fsa | 279 | 280.15 | 85 | 361 | 2 921 |
| | F04_HBB2302356_24－44－56.fsa | 284 | 284.56 | 96 | 1 020 | 2 949 |
| 2023－8262 | F05_HBB2302357_24－44－56.fsa | 279 | 278.94 | 960 | 5 088 | 2 877 |
| | F05_HBB2302357_24－44－56.fsa | 284 | 284.37 | 133 | 681 | 2 911 |
| 2023－8263 | F06_HBB2302358_24－44－56.fsa | 279 | 279.14 | 13 924 | 66 659 | 2 858 |
| 2023－8264 | F07_HBB2302359_24－44－56.fsa | 279 | 279.14 | 1 205 | 6 337 | 2 859 |
| 2023－8265 | F08_HBB2302360_24－44－56.fsa | 279 | 278.89 | 7 442 | 34 483 | 2 846 |
| 2023－8266 | F09_HBB2302361_24－44－56.fsa | 279 | 279.03 | 414 | 2 425 | 2 866 |
| 2023－8267 | F10_HBB2302362_24－44－56.fsa | 279 | 279.04 | 8 855 | 43 435 | 2 865 |
| 2023－8268 | F11_HBB2302363_24－44－56.fsa | 284 | 283.48 | 1 447 | 6 936 | 2 955 |
| 2023－8269 | F12_HBB2302364_24－44－56.fsa | 279 | 279.08 | 7 689 | 38 836 | 2 930 |
| 2023－8270 | G01_HBB2302365_24－44－56.fsa | 279 | 279.37 | 1 437 | 7 490 | 2 976 |
| | G01_HBB2302365_24－44－56.fsa | 284 | 284.76 | 288 | 1 593 | 3 011 |
| 2023－8271 | G03_HBB2302367_24－44－56.fsa | 279 | 279.26 | 10 128 | 52 048 | 2 923 |
| 2023－8272 | G04_HBB2302368_24－44－56.fsa | 279 | 279.05 | 1 857 | 9 530 | 2 898 |
| 2023－8273 | G05_HBB2302369_24－44－56.fsa | 279 | 279.18 | 10 233 | 47 194 | 2 883 |

（续）

| 资源序号 | 样本名<br>(sample file name) | 等位基因位点<br>(allele，bp) | 大小<br>(size，bp) | 高度<br>(height，RFU) | 面积<br>(area，RFU) | 数据取值点<br>(data point，RFU) |
|---|---|---|---|---|---|---|
| 2023 - 8274 | G06_HBB2302370_24 - 44 - 56. fsa | 279 | 279.01 | 614 | 3 408 | 2 883 |
| 2023 - 8275 | G07_HBB2302371_24 - 44 - 56. fsa | 279 | 279.1 | 7 075 | 33 799 | 2 865 |
| 2023 - 8276 | G08_HBB2302372_24 - 44 - 56. fsa | 279 | 279.01 | 12 566 | 63 826 | 2 879 |
| 2023 - 8277 | G09_HBB2302373_24 - 44 - 56. fsa | 279 | 279.04 | 169 | 1 172 | 2 864 |
| 2023 - 8278 | G10_HBB2302374_24 - 44 - 56. fsa | 279 | 279.09 | 643 | 2 907 | 2 883 |
|  | G10_HBB2302374_24 - 44 - 56. fsa | 284 | 283.53 | 639 | 3 418 | 2 911 |
| 2023 - 8279 | G11_HBB2302375_24 - 44 - 56. fsa | 279 | 279.17 | 6 578 | 32 088 | 2 922 |
| 2023 - 8280 | G12_HBB2302376_24 - 44 - 56. fsa | 279 | 279.27 | 5 555 | 28 469 | 2 949 |
| 2023 - 8281 | H01_HBB2302377_24 - 44 - 56. fsa | 279 | 279.56 | 15 270 | 74 236 | 3 015 |
| 2023 - 8282 | H02_HBB2302378_24 - 44 - 56. fsa | 279 | 279.32 | 2 236 | 11 139 | 2 980 |
| 2023 - 8283 | H03_HBB2302379_24 - 44 - 56. fsa | 279 | 279.14 | 9 984 | 49 957 | 2 944 |
| 2023 - 8284 | H04_HBB2302380_24 - 44 - 56. fsa | 279 | 279.26 | 555 | 2 850 | 2 921 |
|  | H04_HBB2302380_24 - 44 - 56. fsa | 284 | 284.87 | 111 | 437 | 2 957 |
| 2023 - 8285 | H05_HBB2302381_24 - 44 - 56. fsa | 279 | 279.13 | 356 | 2 481 | 2 905 |
|  | H05_HBB2302381_24 - 44 - 56. fsa | 284 | 284.63 | 161 | 1 042 | 2 940 |
| 2023 - 8286 | H06_HBB2302382_24 - 44 - 56. fsa | 279 | 279.05 | 9 444 | 42 511 | 2 897 |
| 2023 - 8287 | H07_HBB2302383_24 - 44 - 56. fsa | 279 | 279.05 | 9 910 | 45 340 | 2 893 |
| 2023 - 8288 | H08_HBB2302384_24 - 44 - 56. fsa | 279 | 279.07 | 332 | 1 992 | 2 898 |
|  | H08_HBB2302384_24 - 44 - 56. fsa | 284 | 283.64 | 412 | 2 538 | 2 927 |
| 2023 - 8289 | H09_HBB2302385_24 - 44 - 56. fsa | 279 | 279.24 | 5 732 | 28 003 | 2 884 |
| 2023 - 8290 | A01_HBB2302387_09 - 21 - 29. fsa | 279 | 279.23 | 6 390 | 32 913 | 2 972 |
| 2023 - 8291 | A02_HBB2302388_09 - 21 - 29. fsa | 279 | 279.3 | 2 715 | 14 675 | 2 952 |
| 2023 - 8292 | A03_HBB2302389_09 - 21 - 29. fsa | 284 | 283.47 | 5 846 | 28 254 | 2 933 |
| 2023 - 8293 | A04_HBB2302390_09 - 21 - 29. fsa | 279 | 279.05 | 13 186 | 71 174 | 2 898 |
| 2023 - 8294 | A05_HBB2302391_09 - 21 - 29. fsa | 279 | 279.02 | 1 327 | 8 859 | 2 881 |
| 2023 - 8295 | A06_HBB2302392_09 - 21 - 29. fsa | 279 | 279.1 | 11 284 | 57 754 | 2 874 |
| 2023 - 8296 | A07_HBB2302393_09 - 21 - 29. fsa | 284 | 283.83 | 1 130 | 3 816 | 2 897 |
| 2023 - 8297 | A08_HBB2302394_09 - 21 - 29. fsa | 279 | 279.15 | 18 187 | 101 948 | 2 902 |
| 2023 - 8298 | A09_HBB2302395_09 - 21 - 29. fsa | 277 | 277.65 | 624 | 3 231 | 2 885 |
| 2023 - 8299 | A10_HBB2302396_09 - 21 - 29. fsa | 279 | 279.06 | 15 215 | 92 940 | 2 911 |

（续）

| 资源序号 | 样本名<br>（sample file name） | 等位基因位点<br>（allele，bp） | 大小<br>（size，bp） | 高度<br>（height，RFU） | 面积<br>（area，RFU） | 数据取值点<br>（data point，RFU） |
|---|---|---|---|---|---|---|
| 2023 - 8300 | A11_HBB2302397_09 - 21 - 29.fsa | 279 | 279.06 | 13 147 | 78 209 | 2 955 |
| 2023 - 8302 | B01_HBB2302399_09 - 21 - 29.fsa | 279 | 279.22 | 14 798 | 95 360 | 2 934 |
| 2023 - 8303 | B02_HBB2302400_09 - 21 - 29.fsa | 279 | 279.06 | 860 | 4 136 | 2 943 |
| | B02_HBB2302400_09 - 21 - 29.fsa | 284 | 283.56 | 1 127 | 5 603 | 2 972 |
| 2023 - 8304 | B03_HBB2302401_09 - 21 - 29.fsa | 279 | 279.06 | 2 909 | 17 752 | 2 893 |
| 2023 - 8305 | B04_HBB2302402_09 - 21 - 29.fsa | 279 | 279.03 | 6 125 | 30 222 | 2 889 |
| 2023 - 8306 | B05_HBB2302403_09 - 21 - 29.fsa | 279 | 279.05 | 10 545 | 50 537 | 2 877 |
| 2023 - 8307 | B06_HBB2302404_09 - 21 - 29.fsa | 279 | 278.96 | 10 347 | 50 665 | 2 853 |
| 2023 - 8308 | B07_HBB2302405_09 - 21 - 29.fsa | 279 | 279.13 | 6 494 | 33 454 | 2 862 |
| 2023 - 8309 | B08_HBB2302406_09 - 21 - 29.fsa | 279 | 279.13 | 1 397 | 8 878 | 2 864 |
| 2023 - 8310 | B09_HBB2302407_09 - 21 - 29.fsa | 279 | 279.14 | 7 909 | 46 263 | 2 860 |
| 2023 - 8311 | B11_HBB2302409_09 - 21 - 29.fsa | 279 | 278.95 | 9 773 | 59 621 | 2 929 |
| 2023 - 8312 | B12_HBB2302410_09 - 21 - 29.fsa | 279 | 279.06 | 6 591 | 39 475 | 2 957 |
| 2023 - 8313 | C01_HBB2302411_09 - 21 - 29.fsa | 279 | 279.07 | 19 144 | 96 677 | 2 949 |
| 2023 - 8314 | C02_HBB2302412_09 - 21 - 29.fsa | 279 | 279.19 | 9 189 | 44 133 | 2 922 |
| 2023 - 8315 | C03_HBB2302413_09 - 21 - 29.fsa | 279 | 279.23 | 957 | 5 822 | 2 901 |
| 2023 - 8316 | C04_HBB2302414_09 - 21 - 29.fsa | 279 | 279.1 | 4 707 | 24 022 | 2 879 |
| 2023 - 8317 | C05_HBB2302415_09 - 21 - 29.fsa | 279 | 278.99 | 11 615 | 53 338 | 2 850 |
| 2023 - 8318 | C06_HBB2302416_09 - 21 - 29.fsa | 279 | 278.96 | 752 | 5 310 | 2 868 |
| 2023 - 8319 | C07_HBB2302417_09 - 21 - 29.fsa | 279 | 279.1 | 9 968 | 49 126 | 2 844 |
| 2023 - 8320 | C08_HBB2302418_09 - 21 - 29.fsa | 303 | 303.39 | 946 | 9 058 | 2 990 |
| 2023 - 8321 | C09_HBB2302419_09 - 21 - 29.fsa | 279 | 279.04 | 13 233 | 67 123 | 2 876 |
| 2023 - 8322 | C10_HBB2302420_09 - 21 - 29.fsa | 279 | 278.98 | 7 330 | 38 437 | 2 861 |
| 2023 - 8323 | C11_HBB2302421_09 - 21 - 29.fsa | 279 | 278.97 | 9 040 | 50 678 | 2 918 |
| | C11_HBB2302421_09 - 21 - 29.fsa | 284 | 284.31 | 1 547 | 15 133 | 2 952 |
| 2023 - 8324 | C12_HBB2302422_09 - 21 - 29.fsa | 279 | 278.93 | 9 132 | 54 305 | 2 942 |
| 2023 - 8325 | D01_HBB2302423_09 - 21 - 29.fsa | 284 | 283.46 | 10 903 | 30 841 | 2 988 |
| 2023 - 8326 | D02_HBB2302424_09 - 21 - 29.fsa | 284 | 283.51 | 1 249 | 5 868 | 2 950 |
| 2023 - 8327 | D03_HBB2302425_09 - 21 - 29.fsa | 279 | 278.86 | 5 011 | 24 417 | 2 870 |

（续）

| 资源序号 | 样本名<br>（sample file name） | 等位基因位点<br>（allele，bp） | 大小<br>（size，bp） | 高度<br>（height，RFU） | 面积<br>（area，RFU） | 数据取值点<br>（data point，RFU） |
|---|---|---|---|---|---|---|
| 2023 - 8328 | D04_HBB2302426_09 - 21 - 29. fsa | 303 | 303. 37 | 719 | 7 559 | 3 016 |
| | D04_HBB2302426_09 - 21 - 29. fsa | 310 | 309. 96 | 692 | 5 027 | 3 055 |
| 2023 - 8329 | D05_HBB2302427_09 - 21 - 29. fsa | 279 | 279. 08 | 8 019 | 40 097 | 2 844 |
| 2023 - 8330 | D06_HBB2302428_09 - 21 - 29. fsa | 279 | 278. 92 | 15 212 | 74 934 | 2 850 |
| 2023 - 8331 | D08_HBB2302430_09 - 21 - 29. fsa | 279 | 279. 02 | 4 354 | 21 629 | 2 827 |
| 2023 - 8332 | D09_HBB2302431_09 - 21 - 29. fsa | 279 | 278. 88 | 3 012 | 15 562 | 2 856 |
| 2023 - 8333 | D10_HBB2302432_09 - 21 - 29. fsa | 279 | 278. 99 | 11 475 | 99 761 | 2 849 |
| 2023 - 8334 | D11_HBB2302433_09 - 21 - 29. fsa | 279 | 278. 76 | 243 | 2 405 | 2 901 |
| 2023 - 8335 | D12_HBB2302434_09 - 21 - 29. fsa | 279 | 279. 07 | 711 | 5 747 | 2 941 |
| 2023 - 8336 | E01_HBB2302435_09 - 21 - 29. fsa | 284 | 283. 61 | 1 009 | 5 946 | 2 997 |
| 2023 - 8337 | E02_HBB2302436_09 - 21 - 29. fsa | 277 | 276. 69 | 230 | 1 178 | 2 920 |
| 2023 - 8338 | E03_HBB2302437_09 - 21 - 29. fsa | 279 | 279. 06 | 849 | 5 162 | 2 899 |
| 2023 - 8339 | E04_HBB2302438_09 - 21 - 29. fsa | 279 | 279. 02 | 792 | 7 626 | 2 896 |
| 2023 - 8340 | E05_HBB2302439_09 - 21 - 29. fsa | 279 | 278. 97 | 558 | 3 127 | 2 876 |
| 2023 - 8341 | E06_HBB2302440_09 - 21 - 29. fsa | 279 | 278. 61 | 2 234 | 10 069 | 2 840 |
| 2023 - 8342 | E07_HBB2302441_09 - 21 - 29. fsa | 279 | 278. 92 | 8 738 | 41 498 | 2 839 |
| 2023 - 8343 | E08_HBB2302442_09 - 21 - 29. fsa | 279 | 278. 66 | 351 | 2 470 | 2 861 |
| 2023 - 8344 | E09_HBB2302443_09 - 21 - 29. fsa | 279 | 278. 97 | 1 700 | 10 230 | 2 864 |
| | E09_HBB2302443_09 - 21 - 29. fsa | 284 | 283. 46 | 1 367 | 8 264 | 2 892 |
| 2023 - 8345 | E10_HBB2302444_09 - 21 - 29. fsa | 279 | 279. 07 | 965 | 6 622 | 2 854 |
| 2023 - 8346 | E11_HBB2302445_09 - 21 - 29. fsa | 279 | 279 | 512 | 2 929 | 2 895 |
| 2023 - 8347 | E12_HBB2302446_09 - 21 - 29. fsa | 300 | 299. 08 | 1 886 | 19 753 | 3 081 |
| 2023 - 8348 | F01_HBB2302447_09 - 21 - 29. fsa | 279 | 279. 06 | 510 | 3 571 | 2 966 |
| 2023 - 8349 | F02_HBB2302448_09 - 21 - 29. fsa | 279 | 279. 1 | 1 515 | 8 072 | 2 932 |
| 2023 - 8350 | F03_HBB2302449_09 - 21 - 29. fsa | 300 | 300. 16 | 1 008 | 9 632 | 3 038 |
| 2023 - 8351 | F05_HBB2302451_09 - 21 - 29. fsa | 279 | 279. 02 | 16 637 | 78 244 | 2 871 |
| 2023 - 8352 | F06_HBB2302452_09 - 21 - 29. fsa | 279 | 278. 83 | 30 962 | 179 778 | 2 849 |
| 2023 - 8354 | F08_HBB2302454_09 - 21 - 29. fsa | 279 | 279. 1 | 8 924 | 41 414 | 2 840 |

（续）

| 资源序号 | 样本名<br>（sample file name） | 等位基因位点<br>（allele，bp） | 大小<br>（size，<br>bp） | 高度<br>（height，<br>RFU） | 面积<br>（area，<br>RFU） | 数据取值点<br>（data point，<br>RFU） |
|---|---|---|---|---|---|---|
| 2023－8355 | F09_HBB2302455_09－21－29.fsa | 279 | 278.88 | 5 962 | 29 856 | 2 859 |
| 2023－8356 | F10_HBB2302456_09－21－29.fsa | 279 | 278.95 | 18 297 | 94 426 | 2 858 |
| 2023－8357 | F11_HBB2302457_09－21－29.fsa | 279 | 279.04 | 18 692 | 97 980 | 2 922 |
| 2023－8358 | F12_HBB2302458_09－21－29.fsa | 279 | 279.02 | 7 304 | 45 365 | 2 926 |
| 2023－8359 | G01_HBB2302459_09－21－29.fsa | 284 | 283.67 | 3 759 | 11 696 | 3 004 |
| 2023－8360 | G02_HBB2302460_09－21－29.fsa | 284 | 283.45 | 402 | 2 174 | 2 983 |
| 2023－8361 | G03_HBB2302461_09－21－29.fsa | 279 | 279.27 | 1 194 | 6 655 | 2 917 |
| 2023－8362 | G04_HBB2302462_09－21－29.fsa | 279 | 279.08 | 2 682 | 12 245 | 2 892 |
| 2023－8363 | G05_HBB2302463_09－21－29.fsa | 279 | 279.1 | 1 448 | 7 036 | 2 876 |
| 2023－8364 | G06_HBB2302464_09－21－29.fsa | 284 | 283.21 | 1 002 | 7 884 | 2 902 |
| 2023－8365 | G07_HBB2302465_09－21－29.fsa | 279 | 279.02 | 15 750 | 75 270 | 2 858 |
| 2023－8366 | G08_HBB2302466_09－21－29.fsa | 279 | 279.03 | 4 214 | 33 939 | 2 874 |
| 2023－8367 | G09_HBB2302467_09－21－29.fsa | 279 | 279.13 | 21 566 | 101 563 | 2 858 |
| 2023－8368 | G10_HBB2302468_09－21－29.fsa | 279 | 279.11 | 12 651 | 61 167 | 2 877 |
| 2023－8369 | G11_HBB2302469_09－21－29.fsa | 279 | 279.04 | 16 028 | 82 104 | 2 917 |
| 2023－8370 | G12_HBB2302470_09－21－29.fsa | 279 | 279.21 | 26 402 | 150 774 | 2 944 |
| 2023－8371 | H02_HBB2302472_09－21－29.fsa | 279 | 279.25 | 878 | 4 534 | 2 974 |
|  | H02_HBB2302472_09－21－29.fsa | 284 | 284.44 | 886 | 6 356 | 3 008 |
| 2023－8372 | H03_HBB2302473_09－21－29.fsa | 279 | 279.17 | 929 | 5 496 | 2 939 |
| 2023－8373 | H04_HBB2302474_09－21－29.fsa | 279 | 279.02 | 4 581 | 22 596 | 2 917 |
| 2023－8374 | H05_HBB2302475_09－21－29.fsa | 279 | 279.15 | 8 465 | 44 688 | 2 900 |
| 2023－8375 | H06_HBB2302476_09－21－29.fsa | 279 | 279.09 | 2 620 | 13 036 | 2 891 |
| 2023－8376 | H07_HBB2302477_09－21－29.fsa | 303 | 303.52 | 980 | 8 392 | 3 040 |
| 2023－8377 | H08_HBB2302478_09－21－29.fsa | 279 | 278.99 | 8 653 | 40 412 | 2 894 |
| 2023－8378 | H09_HBB2302479_09－21－29.fsa | 279 | 279.07 | 5 205 | 25 187 | 2 879 |
| 2023－8379 | H10_HBB2302480_09－21－29.fsa | 310 | 309.89 | 1 407 | 11 158 | 3 079 |

## 19 P19

| 资源序号 | 样本名<br>（sample file name） | 等位基因位点<br>（allele，bp） | 大小<br>（size，bp） | 高度<br>（height，RFU） | 面积<br>（area，RFU） | 数据取值点<br>（data point，RFU） |
|---|---|---|---|---|---|---|
| 2023 - 8200 | A01_HBB2302293_23 - 40 - 30. fsa | 223 | 223.45 | 1 302 | 6 459 | 2 625 |
| 2023 - 8201 | A02_HBB2302294_23 - 40 - 30. fsa | 223 | 223.43 | 1 140 | 5 215 | 2 608 |
| 2023 - 8202 | A03_HBB2302295_23 - 40 - 30. fsa | 223 | 223.33 | 594 | 2 445 | 2 569 |
| 2023 - 8203 | A04_HBB2302296_23 - 40 - 30. fsa | 223 | 223.32 | 411 | 1 916 | 2 562 |
| 2023 - 8204 | A05_HBB2302297_23 - 40 - 30. fsa | 223 | 223.12 | 288 | 1 327 | 2 548 |
| 2023 - 8205 | A06_HBB2302298_23 - 40 - 30. fsa | 223 | 223.22 | 381 | 1 916 | 2 542 |
| 2023 - 8206 | A07_HBB2302299_23 - 40 - 30. fsa | 223 | 223.33 | 345 | 2 109 | 2 535 |
| 2023 - 8207 | A08_HBB2302300_23 - 40 - 30. fsa | 223 | 223.4 | 304 | 1 867 | 2 567 |
| 2023 - 8208 | A09_HBB2302301_23 - 40 - 30. fsa | 223 | 223.21 | 178 | 736 | 2 558 |
| 2023 - 8209 | A10_HBB2302302_23 - 40 - 30. fsa | 223 | 223.32 | 403 | 2 847 | 2 574 |
| 2023 - 8210 | A11_HBB2302303_23 - 40 - 30. fsa | 223 | 223.37 | 489 | 2 549 | 2 610 |
| 2023 - 8211 | B01_HBB2302305_23 - 40 - 30. fsa | 223 | 223.51 | 276 | 1 569 | 2 592 |
| 2023 - 8212 | B02_HBB2302306_23 - 40 - 30. fsa | 223 | 223.27 | 185 | 926 | 2 601 |
| 2023 - 8213 | B03_HBB2302307_23 - 40 - 30. fsa | 223 | 223.41 | 362 | 1 959 | 2 560 |
| 2023 - 8214 | B04_HBB2302308_23 - 40 - 30. fsa | 223 | 223.23 | 231 | 1 429 | 2 557 |
| 2023 - 8215 | B05_HBB2302309_23 - 40 - 30. fsa | 223 | 223.32 | 122 | 559 | 2 548 |
| 2023 - 8216 | B06_HBB2302310_23 - 40 - 30. fsa | 223 | 223.3 | 228 | 1 603 | 2 524 |
| 2023 - 8217 | B07_HBB2302311_23 - 40 - 30. fsa | 223 | 223.29 | 241 | 1 330 | 2 533 |
| 2023 - 8219 | B09_HBB2302313_23 - 40 - 30. fsa | 223 | 223.29 | 273 | 1 642 | 2 530 |
|  | B09_HBB2302313_23 - 40 - 30. fsa | 254 | 254.01 | 1 229 | 6 414 | 2 710 |
| 2023 - 8220 | B10_HBB2302314_23 - 40 - 30. fsa | 254 | 253.83 | 391 | 2 283 | 2 718 |
| 2023 - 8222 | B12_HBB2302316_23 - 40 - 30. fsa | 223 | 223.27 | 229 | 1 254 | 2 612 |
|  | B12_HBB2302316_23 - 40 - 30. fsa | 254 | 255.87 | 668 | 4 087 | 2 810 |
| 2023 - 8223 | C01_HBB2302317_23 - 40 - 30. fsa | 223 | 223.35 | 318 | 1 761 | 2 607 |
|  | C01_HBB2302317_23 - 40 - 30. fsa | 254 | 254.2 | 470 | 2 264 | 2 793 |
| 2023 - 8224 | C02_HBB2302318_23 - 40 - 30. fsa | 223 | 223.42 | 443 | 1 904 | 2 583 |

（续）

| 资源序号 | 样本名<br>（sample file name） | 等位基因位点<br>（allele，bp） | 大小<br>（size，bp） | 高度<br>（height，RFU） | 面积<br>（area，RFU） | 数据取值点<br>（data point，RFU） |
|---|---|---|---|---|---|---|
| 2023－8228 | C05_HBB2302321_23－40－30. fsa | 223 | 223.13 | 115 | 556 | 2 523 |
| 2023－8230 | C07_HBB2302323_23－40－30. fsa | 223 | 223.02 | 194 | 963 | 2 516 |
|  | C07_HBB2302323_23－40－30. fsa | 263 | 263.25 | 485 | 2 309 | 2 754 |
| 2023－8231 | C09_HBB2302325_23－40－30. fsa | 254 | 255.44 | 732 | 3 584 | 2 737 |
| 2023－8232 | C10_HBB2302326_23－40－30. fsa | 254 | 253.84 | 543 | 3 237 | 2 711 |
| 2023－8233 | C11_HBB2302327_23－40－30. fsa | 223 | 223.16 | 248 | 1 339 | 2 579 |
|  | C11_HBB2302327_23－40－30. fsa | 263 | 263.16 | 465 | 2 442 | 2 822 |
| 2023－8234 | C12_HBB2302328_23－40－30. fsa | 254 | 254.04 | 497 | 2 816 | 2 786 |
|  | C12_HBB2302328_23－40－30. fsa | 263 | 263.35 | 431 | 2 422 | 2 846 |
| 2023－8235 | D01_HBB2302329_23－40－30. fsa | 223 | 223.53 | 879 | 4 246 | 2 617 |
| 2023－8236 | D02_HBB2302330_23－40－30. fsa | 254 | 253.93 | 585 | 2 838 | 2 767 |
| 2023－8237 | D03_HBB2302331_23－40－30. fsa | 223 | 223.21 | 439 | 2 278 | 2 540 |
|  | D03_HBB2302331_23－40－30. fsa | 254 | 254.17 | 305 | 1 775 | 2 722 |
| 2023－8238 | D04_HBB2302332_23－40－30. fsa | 223 | 223.29 | 508 | 2 538 | 2 535 |
| 2023－8240 | D06_HBB2302334_23－40－30. fsa | 223 | 223.12 | 153 | 698 | 2 523 |
| 2023－8241 | D07_HBB2302335_23－40－30. fsa | 223 | 223.21 | 148 | 711 | 2 543 |
| 2023－8242 | D08_HBB2302336_23－40－30. fsa | 223 | 223.17 | 289 | 1 545 | 2 501 |
|  | D08_HBB2302336_23－40－30. fsa | 270 | 269.84 | 601 | 4 347 | 2 777 |
| 2023－8244 | D10_HBB2302338_23－40－30. fsa | 223 | 222.93 | 236 | 1 287 | 2 519 |
|  | D10_HBB2302338_23－40－30. fsa | 254 | 255.34 | 301 | 1 376 | 2 709 |
| 2023－8246 | D12_HBB2302340_23－40－30. fsa | 223 | 223.18 | 339 | 1 862 | 2 596 |
|  | D12_HBB2302340_23－40－30. fsa | 263 | 263.35 | 447 | 2 401 | 2 842 |
| 2023－8247 | E01_HBB2302341_23－40－30. fsa | 223 | 223.52 | 761 | 3 670 | 2 630 |
| 2023－8248 | E02_HBB2302342_23－40－30. fsa | 223 | 223.26 | 401 | 1 947 | 2 595 |
| 2023－8250 | E04_HBB2302344_23－40－30. fsa | 223 | 223.31 | 206 | 1 526 | 2 562 |
| 2023－8254 | E09_HBB2302349_23－40－30. fsa | 223 | 223.11 | 163 | 794 | 2 532 |
| 2023－8255 | E10_HBB2302350_23－40－30. fsa | 223 | 223.1 | 450 | 2 254 | 2 524 |
|  | E10_HBB2302350_23－40－30. fsa | 254 | 253.87 | 383 | 1 936 | 2 704 |
| 2023－8256 | E11_HBB2302351_23－40－30. fsa | 223 | 223.15 | 522 | 2 537 | 2 558 |
| 2023－8257 | E12_HBB2302352_23－40－30. fsa | 223 | 223.48 | 721 | 3 408 | 2 606 |

（续）

| 资源序号 | 样本名<br>（sample file name） | 等位基因位点<br>（allele，bp） | 大小<br>（size，bp） | 高度<br>（height，RFU） | 面积<br>（area，RFU） | 数据取值点<br>（data point，RFU） |
|---|---|---|---|---|---|---|
| 2023－8258 | F01_HBB2302353_23－40－30.fsa | 223 | 223.51 | 537 | 2 555 | 2 619 |
| 2023－8259 | F02_HBB2302354_23－40－30.fsa | 223 | 223.44 | 296 | 1 751 | 2 597 |
| 2023－8260 | F03_HBB2302355_23－40－30.fsa | 223 | 223.32 | 233 | 1 690 | 2 573 |
| 2023－8261 | F04_HBB2302356_23－40－30.fsa | 223 | 223.24 | 181 | 875 | 2 571 |
| 2023－8262 | F05_HBB2302357_23－40－30.fsa | 223 | 223.21 | 526 | 2 302 | 2 539 |
| 2023－8264 | F07_HBB2302359_23－40－30.fsa | 223 | 223.21 | 82 | 619 | 2 522 |
| 2023－8265 | F08_HBB2302360_23－40－30.fsa | 223 | 223.1 | 207 | 996 | 2 511 |
| 2023－8266 | F09_HBB2302361_23－40－30.fsa | 221 | 221.01 | 140 | 1 669 | 2 516 |
| 2023－8267 | F10_HBB2302362_23－40－30.fsa | 223 | 223.21 | 261 | 1 501 | 2 527 |
| 2023－8268 | F11_HBB2302363_23－40－30.fsa | 221 | 222.08 | 205 | 1 224 | 2 574 |
| 2023－8269 | F12_HBB2302364_23－40－30.fsa | 223 | 223.34 | 322 | 1 470 | 2 583 |
| 2023－8270 | G01_HBB2302365_23－40－30.fsa | 223 | 223.51 | 283 | 1 350 | 2 626 |
| 2023－8271 | G03_HBB2302367_23－40－30.fsa | 223 | 223.35 | 140 | 871 | 2 577 |
| 2023－8273 | G05_HBB2302369_23－40－30.fsa | 223 | 223.21 | 510 | 2 117 | 2 543 |
| 2023－8274 | G06_HBB2302370_23－40－30.fsa | 223 | 223.03 | 116 | 693 | 2 543 |
| 2023－8275 | G07_HBB2302371_23－40－30.fsa | 223 | 223.29 | 113 | 533 | 2 527 |
| 2023－8276 | G08_HBB2302372_23－40－30.fsa | 223 | 223.21 | 466 | 2 026 | 2 540 |
| 2023－8277 | G09_HBB2302373_23－40－30.fsa | 223 | 223.31 | 285 | 1 381 | 2 526 |
| 2023－8278 | G10_HBB2302374_23－40－30.fsa | 223 | 223.22 | 183 | 1 034 | 2 542 |
| 2023－8279 | G11_HBB2302375_23－40－30.fsa | 223 | 223.36 | 182 | 1 052 | 2 576 |
| 2023－8280 | G12_HBB2302376_23－40－30.fsa | 223 | 223.36 | 240 | 1 641 | 2 598 |
| 2023－8281 | H01_HBB2302377_23－40－30.fsa | 223 | 223.55 | 589 | 2 881 | 2 657 |
| 2023－8282 | H02_HBB2302378_23－40－30.fsa | 223 | 223.55 | 571 | 2 836 | 2 627 |
| 2023－8283 | H03_HBB2302379_23－40－30.fsa | 223 | 223.26 | 232 | 1 256 | 2 596 |
| 2023－8284 | H04_HBB2302380_23－40－30.fsa | 223 | 223.25 | 137 | 1 016 | 2 574 |
| 2023－8286 | H06_HBB2302382_23－40－30.fsa | 223 | 223.4 | 168 | 724 | 2 556 |
| 2023－8287 | H07_HBB2302383_23－40－30.fsa | 223 | 223.13 | 204 | 888 | 2 551 |
| 2023－8288 | H08_HBB2302384_23－40－30.fsa | 223 | 223.23 | 354 | 1 558 | 2 556 |
| 2023－8289 | H09_HBB2302385_23－40－30.fsa | 223 | 223.31 | 103 | 657 | 2 542 |
| 2023－8290 | A01_HBB2302387_08－05－34.fsa | 223 | 223.88 | 3 474 | 15 318 | 2 657 |

（续）

| 资源序号 | 样本名<br>（sample file name） | 等位基因位点<br>（allele，bp） | 大小<br>（size，bp） | 高度<br>（height，RFU） | 面积<br>（area，RFU） | 数据取值点<br>（data point，RFU） |
|---|---|---|---|---|---|---|
| 2023－8291 | A02_HBB2302388_08－05－34.fsa | 223 | 223.78 | 1 376 | 6 601 | 2 634 |
| 2023－8292 | A03_HBB2302389_08－05－34.fsa | 223 | 223.75 | 1 905 | 8 581 | 2 602 |
| 2023－8293 | A04_HBB2302390_08－05－34.fsa | 223 | 223.76 | 1 002 | 5 002 | 2 595 |
| 2023－8294 | A05_HBB2302391_08－05－34.fsa | 223 | 223.57 | 1 105 | 5 374 | 2 579 |
| 2023－8295 | A06_HBB2302392_08－05－34.fsa | 223 | 223.84 | 1 018 | 5 117 | 2 579 |
| 2023－8296 | A07_HBB2302393_08－05－34.fsa | 221 | 220.38 | 866 | 4 424 | 2 549 |
| 2023－8297 | A08_HBB2302394_08－05－34.fsa | 221 | 220.36 | 644 | 3 862 | 2 582 |
| 2023－8298 | A09_HBB2302395_08－05－34.fsa | 221 | 220.42 | 287 | 1 407 | 2 579 |
| 2023－8299 | A10_HBB2302396_08－05－34.fsa | 223 | 223.77 | 1 254 | 6 161 | 2 611 |
| 2023－8300 | A11_HBB2302397_08－05－34.fsa | 223 | 223.88 | 2 298 | 11 922 | 2 646 |
| | A11_HBB2302397_08－05－34.fsa | 254 | 254.54 | 2 209 | 11 280 | 2 833 |
| 2023－8301 | A12_HBB2302398_08－05－34.fsa | 223 | 223.89 | 846 | 4 287 | 2 673 |
| 2023－8302 | B01_HBB2302399_08－05－34.fsa | 254 | 254.58 | 576 | 3 089 | 2 809 |
| 2023－8303 | B02_HBB2302400_08－05－34.fsa | 223 | 223.7 | 1 041 | 4 618 | 2 627 |
| | B02_HBB2302400_08－05－34.fsa | 259 | 259.15 | 483 | 1 980 | 2 844 |
| 2023－8304 | B03_HBB2302401_08－05－34.fsa | 223 | 223.67 | 232 | 1 118 | 2 589 |
| | B03_HBB2302401_08－05－34.fsa | 251 | 251.4 | 105 | 1 180 | 2 753 |
| 2023－8305 | B04_HBB2302402_08－05－34.fsa | 223 | 223.49 | 875 | 4 224 | 2 584 |
| 2023－8306 | B05_HBB2302403_08－05－34.fsa | 221 | 220.19 | 612 | 3 061 | 2 556 |
| | B05_HBB2302403_08－05－34.fsa | 254 | 254.4 | 535 | 2 544 | 2 758 |
| 2023－8307 | B06_HBB2302404_08－05－34.fsa | 223 | 223.56 | 714 | 3 490 | 2 556 |
| | B06_HBB2302404_08－05－34.fsa | 256 | 257.57 | 127 | 737 | 2 758 |
| 2023－8308 | B07_HBB2302405_08－05－34.fsa | 223 | 223.66 | 1 033 | 4 978 | 2 565 |
| | B07_HBB2302405_08－05－34.fsa | 259 | 259.44 | 187 | 1 168 | 2 779 |
| 2023－8309 | B08_HBB2302406_08－05－34.fsa | 221 | 220.38 | 412 | 1 806 | 2 550 |
| | B08_HBB2302406_08－05－34.fsa | 254 | 254.55 | 991 | 4 884 | 2 752 |
| 2023－8310 | B09_HBB2302407_08－05－34.fsa | 223 | 223.66 | 1 044 | 5 640 | 2 568 |
| | B09_HBB2302407_08－05－34.fsa | 254 | 254.39 | 839 | 4 275 | 2 750 |
| 2023－8311 | B11_HBB2302409_08－05－34.fsa | 223 | 223.7 | 1 464 | 7 356 | 2 622 |
| | B11_HBB2302409_08－05－34.fsa | 259 | 259.77 | 524 | 3 891 | 2 843 |

（续）

| 资源序号 | 样本名<br>（sample file name） | 等位基因位点<br>（allele，bp） | 大小<br>（size，bp） | 高度<br>（height，RFU） | 面积<br>（area，RFU） | 数据取值点<br>（data point，RFU） |
|---|---|---|---|---|---|---|
| 2023 - 8312 | B12_HBB2302410_08 - 05 - 34. fsa | 223 | 223.71 | 3 247 | 16 707 | 2 645 |
| | B12_HBB2302410_08 - 05 - 34. fsa | 254 | 254.53 | 1 188 | 6 614 | 2 833 |
| 2023 - 8313 | C01_HBB2302411_08 - 05 - 34. fsa | 223 | 223.78 | 2 075 | 10 236 | 2 634 |
| | C01_HBB2302411_08 - 05 - 34. fsa | 254 | 254.41 | 1 147 | 5 169 | 2 820 |
| 2023 - 8314 | C02_HBB2302412_08 - 05 - 34. fsa | 223 | 223.78 | 2 290 | 10 369 | 2 611 |
| | C02_HBB2302412_08 - 05 - 34. fsa | 254 | 254.47 | 1 368 | 6 142 | 2 796 |
| 2023 - 8315 | C03_HBB2302413_08 - 05 - 34. fsa | 223 | 223.76 | 571 | 2 902 | 2 592 |
| | C03_HBB2302413_08 - 05 - 34. fsa | 254 | 254.51 | 503 | 1 937 | 2 776 |
| 2023 - 8316 | C04_HBB2302414_08 - 05 - 34. fsa | 223 | 223.57 | 937 | 4 549 | 2 572 |
| | C04_HBB2302414_08 - 05 - 34. fsa | 254 | 254.39 | 635 | 2 742 | 2 755 |
| 2023 - 8317 | C05_HBB2302415_08 - 05 - 34. fsa | 223 | 223.47 | 619 | 2 522 | 2 552 |
| 2023 - 8318 | C06_HBB2302416_08 - 05 - 34. fsa | 223 | 223.57 | 949 | 4 586 | 2 570 |
| | C06_HBB2302416_08 - 05 - 34. fsa | 254 | 254.4 | 553 | 2 803 | 2 752 |
| 2023 - 8319 | C07_HBB2302417_08 - 05 - 34. fsa | 223 | 223.65 | 1 227 | 5 718 | 2 552 |
| 2023 - 8320 | C08_HBB2302418_08 - 05 - 34. fsa | 223 | 223.65 | 630 | 3 036 | 2 551 |
| 2023 - 8321 | C09_HBB2302419_08 - 05 - 34. fsa | 223 | 223.58 | 532 | 2 586 | 2 578 |
| | C09_HBB2302419_08 - 05 - 34. fsa | 254 | 254.38 | 1 244 | 6 651 | 2 761 |
| 2023 - 8322 | C10_HBB2302420_08 - 05 - 34. fsa | 223 | 223.5 | 1 071 | 5 097 | 2 568 |
| | C10_HBB2302420_08 - 05 - 34. fsa | 254 | 254.38 | 1 197 | 5 754 | 2 751 |
| 2023 - 8323 | C11_HBB2302421_08 - 05 - 34. fsa | 223 | 223.62 | 1 275 | 6 325 | 2 611 |
| | C11_HBB2302421_08 - 05 - 34. fsa | 248 | 247 | 304 | 1 555 | 2 750 |
| 2023 - 8324 | C12_HBB2302422_08 - 05 - 34. fsa | 223 | 223.63 | 853 | 4 526 | 2 631 |
| 2023 - 8325 | D01_HBB2302423_08 - 05 - 34. fsa | 223 | 223.79 | 1 111 | 5 075 | 2 647 |
| 2023 - 8326 | D02_HBB2302424_08 - 05 - 34. fsa | 223 | 223.69 | 1 447 | 6 747 | 2 608 |
| | D02_HBB2302424_08 - 05 - 34. fsa | 256 | 255.85 | 1 184 | 5 234 | 2 802 |
| 2023 - 8327 | D03_HBB2302425_08 - 05 - 34. fsa | 223 | 223.66 | 1 424 | 6 911 | 2 568 |
| | D03_HBB2302425_08 - 05 - 34. fsa | 254 | 254.55 | 699 | 3 638 | 2 751 |
| 2023 - 8328 | D04_HBB2302426_08 - 05 - 34. fsa | 221 | 221.43 | 1 294 | 6 162 | 2 564 |
| | D04_HBB2302426_08 - 05 - 34. fsa | 251 | 250.34 | 677 | 3 090 | 2 747 |

（续）

| 资源序号 | 样本名<br>（sample file name） | 等位基因位点<br>（allele，bp） | 大小<br>（size，bp） | 高度<br>（height，RFU） | 面积<br>（area，RFU） | 数据取值点<br>（data point，RFU） |
|---|---|---|---|---|---|---|
| 2023 - 8329 | D05_HBB2302427_08 - 05 - 34. fsa | 223 | 223.46 | 712 | 3 527 | 2 550 |
| | D05_HBB2302427_08 - 05 - 34. fsa | 254 | 254.13 | 523 | 2 399 | 2 730 |
| 2023 - 8330 | D06_HBB2302428_08 - 05 - 34. fsa | 223 | 223.47 | 862 | 4 083 | 2 554 |
| 2023 - 8331 | D08_HBB2302430_08 - 05 - 34. fsa | 223 | 223.56 | 769 | 3 602 | 2 539 |
| | D08_HBB2302430_08 - 05 - 34. fsa | 254 | 254.29 | 751 | 3 202 | 2 719 |
| 2023 - 8332 | D09_HBB2302431_08 - 05 - 34. fsa | 223 | 223.58 | 2 015 | 9 845 | 2 561 |
| | D09_HBB2302431_08 - 05 - 34. fsa | 254 | 254.55 | 855 | 4 443 | 2 744 |
| 2023 - 8333 | D10_HBB2302432_08 - 05 - 34. fsa | 223 | 223.57 | 579 | 3 158 | 2 557 |
| 2023 - 8334 | D11_HBB2302433_08 - 05 - 34. fsa | 223 | 223.62 | 960 | 4 713 | 2 599 |
| | D11_HBB2302433_08 - 05 - 34. fsa | 254 | 254.62 | 2 161 | 7 887 | 2 786 |
| 2023 - 8335 | D12_HBB2302434_08 - 05 - 34. fsa | 223 | 223.79 | 1 057 | 5 076 | 2 631 |
| | D12_HBB2302434_08 - 05 - 34. fsa | 251 | 250.91 | 121 | 519 | 2 794 |
| 2023 - 8336 | E01_HBB2302435_08 - 05 - 34. fsa | 223 | 223.89 | 1 007 | 4 503 | 2 657 |
| | E01_HBB2302435_08 - 05 - 34. fsa | 254 | 254.69 | 1 003 | 4 882 | 2 844 |
| 2023 - 8337 | E02_HBB2302436_08 - 05 - 34. fsa | 223 | 223.52 | 1 831 | 8 916 | 2 616 |
| | E02_HBB2302436_08 - 05 - 34. fsa | 254 | 254.31 | 1 925 | 8 551 | 2 802 |
| 2023 - 8338 | E03_HBB2302437_08 - 05 - 34. fsa | 223 | 223.5 | 524 | 2 679 | 2 589 |
| 2023 - 8339 | E04_HBB2302438_08 - 05 - 34. fsa | 223 | 223.48 | 1 543 | 7 250 | 2 585 |
| | E04_HBB2302438_08 - 05 - 34. fsa | 254 | 254.38 | 522 | 2 149 | 2 769 |
| 2023 - 8340 | E05_HBB2302439_08 - 05 - 34. fsa | 223 | 223.48 | 1 526 | 7 088 | 2 572 |
| | E05_HBB2302439_08 - 05 - 34. fsa | 254 | 254.41 | 518 | 2 290 | 2 755 |
| 2023 - 8341 | E06_HBB2302440_08 - 05 - 34. fsa | 223 | 223.55 | 1 023 | 4 829 | 2 548 |
| 2023 - 8342 | E07_HBB2302441_08 - 05 - 34. fsa | 223 | 223.46 | 175 | 1 096 | 2 547 |
| | E07_HBB2302441_08 - 05 - 34. fsa | 256 | 255.72 | 252 | 1 616 | 2 737 |
| 2023 - 8343 | E08_HBB2302442_08 - 05 - 34. fsa | 223 | 223.48 | 1 656 | 7 854 | 2 565 |
| 2023 - 8344 | E09_HBB2302443_08 - 05 - 34. fsa | 223 | 223.67 | 601 | 2 992 | 2 570 |
| | E09_HBB2302443_08 - 05 - 34. fsa | 256 | 255.63 | 233 | 2 200 | 2 760 |

（续）

| 资源序号 | 样本名<br>（sample file name） | 等位基因位点<br>（allele，bp） | 大小<br>（size，bp） | 高度<br>（height，RFU） | 面积<br>（area，RFU） | 数据取值点<br>（data point，RFU） |
|---|---|---|---|---|---|---|
| 2023 - 8345 | E10_HBB2302444_08 - 05 - 34. fsa | 223 | 223.66 | 1 805 | 8 687 | 2 564 |
| | E10_HBB2302444_08 - 05 - 34. fsa | 254 | 254.39 | 1 613 | 7 167 | 2 746 |
| 2023 - 8346 | E11_HBB2302445_08 - 05 - 34. fsa | 223 | 223.69 | 810 | 4 356 | 2 596 |
| 2023 - 8347 | E12_HBB2302446_08 - 05 - 34. fsa | 223 | 223.82 | 1 168 | 6 252 | 2 638 |
| | E12_HBB2302446_08 - 05 - 34. fsa | 251 | 250.91 | 1 406 | 6 651 | 2 802 |
| 2023 - 8348 | F01_HBB2302447_08 - 05 - 34. fsa | 223 | 223.96 | 255 | 1 263 | 2 659 |
| | F01_HBB2302447_08 - 05 - 34. fsa | 256 | 255.77 | 144 | 1 082 | 2 852 |
| 2023 - 8349 | F02_HBB2302448_08 - 05 - 34. fsa | 223 | 223.69 | 747 | 3 663 | 2 618 |
| | F02_HBB2302448_08 - 05 - 34. fsa | 254 | 254.45 | 1 108 | 4 465 | 2 804 |
| 2023 - 8350 | F03_HBB2302449_08 - 05 - 34. fsa | 223 | 223.42 | 996 | 4 810 | 2 599 |
| | F03_HBB2302449_08 - 05 - 34. fsa | 256 | 256.39 | 180 | 1 842 | 2 799 |
| 2023 - 8351 | F05_HBB2302451_08 - 05 - 34. fsa | 223 | 223.58 | 905 | 4 128 | 2 575 |
| 2023 - 8352 | F06_HBB2302452_08 - 05 - 34. fsa | 223 | 223.58 | 1 549 | 7 369 | 2 557 |
| 2023 - 8353 | F07_HBB2302453_08 - 05 - 34. fsa | 223 | 223.66 | 624 | 3 272 | 2 559 |
| 2023 - 8354 | F08_HBB2302454_08 - 05 - 34. fsa | 221 | 220.16 | 682 | 3 268 | 2 532 |
| | F08_HBB2302454_08 - 05 - 34. fsa | 254 | 254.42 | 965 | 4 044 | 2 733 |
| 2023 - 8355 | F09_HBB2302455_08 - 05 - 34. fsa | 223 | 223.66 | 606 | 3 287 | 2 571 |
| | F09_HBB2302455_08 - 05 - 34. fsa | 254 | 254.4 | 383 | 1 941 | 2 753 |
| 2023 - 8356 | F10_HBB2302456_08 - 05 - 34. fsa | 223 | 223.68 | 728 | 3 806 | 2 567 |
| | F10_HBB2302456_08 - 05 - 34. fsa | 254 | 254.53 | 1 519 | 6 421 | 2 750 |
| 2023 - 8357 | F11_HBB2302457_08 - 05 - 34. fsa | 223 | 223.69 | 1 819 | 9 260 | 2 619 |
| | F11_HBB2302457_08 - 05 - 34. fsa | 254 | 254.45 | 1 335 | 6 187 | 2 805 |
| 2023 - 8358 | F12_HBB2302458_08 - 05 - 34. fsa | 221 | 220.6 | 199 | 1 315 | 2 602 |
| | F12_HBB2302458_08 - 05 - 34. fsa | 256 | 256.08 | 153 | 818 | 2 818 |
| 2023 - 8359 | G01_HBB2302459_08 - 05 - 34. fsa | 223 | 224.06 | 888 | 3 910 | 2 670 |
| | G01_HBB2302459_08 - 05 - 34. fsa | 256 | 256.03 | 1 041 | 3 490 | 2 865 |
| 2023 - 8360 | G02_HBB2302460_08 - 05 - 34. fsa | 223 | 223.7 | 2 186 | 10 023 | 2 637 |

（续）

| 资源序号 | 样本名<br>（sample file name） | 等位基因位点<br>（allele，bp） | 大小<br>（size，bp） | 高度<br>（height，RFU） | 面积<br>（area，RFU） | 数据取值点<br>（data point，RFU） |
|---|---|---|---|---|---|---|
| 2023 - 8361 | G03_HBB2302461_08 - 05 - 34. fsa | 223 | 223.69 | 1 771 | 8 210 | 2 606 |
| | G03_HBB2302461_08 - 05 - 34. fsa | 256 | 256.01 | 331 | 1 855 | 2 801 |
| 2023 - 8362 | G04_HBB2302462_08 - 05 - 34. fsa | 223 | 223.77 | 1 061 | 4 991 | 2 591 |
| | G04_HBB2302462_08 - 05 - 34. fsa | 259 | 259.75 | 140 | 676 | 2 809 |
| 2023 - 8363 | G05_HBB2302463_08 - 05 - 34. fsa | 223 | 223.66 | 2 508 | 10 471 | 2 580 |
| 2023 - 8364 | G06_HBB2302464_08 - 05 - 34. fsa | 223 | 223.58 | 1 182 | 5 513 | 2 579 |
| 2023 - 8365 | G07_HBB2302465_08 - 05 - 34. fsa | 223 | 223.66 | 691 | 2 945 | 2 565 |
| | G07_HBB2302465_08 - 05 - 34. fsa | 254 | 254.39 | 305 | 1 975 | 2 747 |
| 2023 - 8366 | G08_HBB2302466_08 - 05 - 34. fsa | 223 | 223.68 | 476 | 2 258 | 2 582 |
| | G08_HBB2302466_08 - 05 - 34. fsa | 254 | 254.36 | 271 | 1 189 | 2 765 |
| 2023 - 8367 | G09_HBB2302467_08 - 05 - 34. fsa | 226 | 225.55 | 965 | 3 861 | 2 582 |
| | G09_HBB2302467_08 - 05 - 34. fsa | 254 | 254.38 | 1 360 | 5 481 | 2 753 |
| 2023 - 8368 | G10_HBB2302468_08 - 05 - 34. fsa | 223 | 223.67 | 1 184 | 5 582 | 2 586 |
| 2023 - 8369 | G11_HBB2302469_08 - 05 - 34. fsa | 223 | 223.71 | 463 | 2 420 | 2 617 |
| 2023 - 8370 | G12_HBB2302470_08 - 05 - 34. fsa | 223 | 223.9 | 1 922 | 8 914 | 2 641 |
| | G12_HBB2302470_08 - 05 - 34. fsa | 248 | 248.02 | 242 | 1 346 | 2 786 |
| 2023 - 8371 | H02_HBB2302472_08 - 05 - 34. fsa | 223 | 223.98 | 1 663 | 7 559 | 2 655 |
| | H02_HBB2302472_08 - 05 - 34. fsa | 259 | 259.66 | 223 | 932 | 2 876 |
| 2023 - 8372 | H03_HBB2302473_08 - 05 - 34. fsa | 223 | 223.88 | 465 | 2 243 | 2 624 |
| | H03_HBB2302473_08 - 05 - 34. fsa | 256 | 255.8 | 285 | 1 923 | 2 818 |
| 2023 - 8373 | H04_HBB2302474_08 - 05 - 34. fsa | 226 | 225.74 | 1 527 | 6 712 | 2 620 |
| 2023 - 8374 | H05_HBB2302475_08 - 05 - 34. fsa | 223 | 223.59 | 2 475 | 11 110 | 2 598 |
| 2023 - 8375 | H06_HBB2302476_08 - 05 - 34. fsa | 223 | 223.68 | 619 | 2 984 | 2 591 |
| 2023 - 8376 | H07_HBB2302477_08 - 05 - 34. fsa | 223 | 223.85 | 1 931 | 8 996 | 2 595 |
| 2023 - 8377 | H08_HBB2302478_08 - 05 - 34. fsa | 223 | 223.6 | 964 | 4 394 | 2 598 |
| 2023 - 8378 | H09_HBB2302479_08 - 05 - 34. fsa | 231 | 230.97 | 246 | 1 213 | 2 631 |
| | H09_HBB2302479_08 - 05 - 34. fsa | 254 | 254.95 | 1 020 | 4 371 | 2 775 |
| 2023 - 8379 | H10_HBB2302480_08 - 05 - 34. fsa | 223 | 223.78 | 253 | 1 450 | 2 595 |
| | H10_HBB2302480_08 - 05 - 34. fsa | 254 | 254.62 | 759 | 3 241 | 2 780 |

## 20 P20

| 资源序号 | 样本名<br>（sample file name） | 等位基因位点<br>（allele，bp） | 大小<br>（size，bp） | 高度<br>（height，RFU） | 面积<br>（area，RFU） | 数据取值点<br>（data point，RFU） |
|---|---|---|---|---|---|---|
| 2023 - 8200 | A01_HBB2302293_23 - 08 - 17. fsa | 175 | 175.37 | 4 992 | 32 314 | 2 335 |
| | A01_HBB2302293_23 - 08 - 17. fsa | 185 | 184.92 | 5 026 | 31 419 | 2 393 |
| 2023 - 8201 | A02_HBB2302294_23 - 08 - 17. fsa | 178 | 178.7 | 7 370 | 43 033 | 2 339 |
| | A02_HBB2302294_23 - 08 - 17. fsa | 185 | 185 | 6 751 | 41 771 | 2 377 |
| 2023 - 8202 | A03_HBB2302295_23 - 08 - 17. fsa | 178 | 178.44 | 6 602 | 36 104 | 2 303 |
| | A03_HBB2302295_23 - 08 - 17. fsa | 185 | 184.68 | 6 749 | 37 108 | 2 340 |
| 2023 - 8203 | A04_HBB2302296_23 - 08 - 17. fsa | 178 | 178.61 | 6 477 | 37 612 | 2 297 |
| | A04_HBB2302296_23 - 08 - 17. fsa | 185 | 184.68 | 6 363 | 38 938 | 2 333 |
| 2023 - 8204 | A05_HBB2302297_23 - 08 - 17. fsa | 185 | 184.7 | 5 199 | 33 603 | 2 322 |
| | A05_HBB2302297_23 - 08 - 17. fsa | 190 | 189.97 | 5 237 | 31 499 | 2 353 |
| 2023 - 8205 | A06_HBB2302298_23 - 08 - 17. fsa | 178 | 178.47 | 5 688 | 35 749 | 2 280 |
| | A06_HBB2302298_23 - 08 - 17. fsa | 190 | 190.09 | 5 529 | 35 098 | 2 348 |
| 2023 - 8206 | A07_HBB2302299_23 - 08 - 17. fsa | 185 | 184.63 | 6 043 | 37 453 | 2 309 |
| | A07_HBB2302299_23 - 08 - 17. fsa | 190 | 190.1 | 5 648 | 35 296 | 2 341 |
| 2023 - 8207 | A08_HBB2302300_23 - 08 - 17. fsa | 178 | 178.44 | 5 770 | 38 865 | 2 301 |
| | A08_HBB2302300_23 - 08 - 17. fsa | 190 | 190.08 | 5 955 | 38 664 | 2 370 |
| 2023 - 8208 | A09_HBB2302301_23 - 08 - 17. fsa | 185 | 184.61 | 11 732 | 75 780 | 2 330 |
| 2023 - 8209 | A10_HBB2302302_23 - 08 - 17. fsa | 185 | 184.76 | 5 403 | 36 829 | 2 345 |
| | A10_HBB2302302_23 - 08 - 17. fsa | 190 | 190.13 | 5 333 | 35 652 | 2 377 |
| 2023 - 8210 | A11_HBB2302303_23 - 08 - 17. fsa | 178 | 178.48 | 8 461 | 52 776 | 2 341 |
| | A11_HBB2302303_23 - 08 - 17. fsa | 185 | 184.78 | 8 246 | 52 067 | 2 379 |
| 2023 - 8211 | B01_HBB2302305_23 - 08 - 17. fsa | 185 | 184.92 | 3 655 | 22 412 | 2 362 |
| | B01_HBB2302305_23 - 08 - 17. fsa | 190 | 190.23 | 3 528 | 21 130 | 2 394 |
| 2023 - 8212 | B02_HBB2302306_23 - 08 - 17. fsa | 178 | 178.7 | 6 718 | 39 769 | 2 335 |
| | B02_HBB2302306_23 - 08 - 17. fsa | 182 | 181.87 | 7 088 | 36 767 | 2 354 |
| 2023 - 8213 | B03_HBB2302307_23 - 08 - 17. fsa | 175 | 175.29 | 7 333 | 47 037 | 2 276 |
| | B03_HBB2302307_23 - 08 - 17. fsa | 190 | 190.03 | 6 400 | 43 856 | 2 363 |

（续）

| 资源序号 | 样本名<br>（sample file name） | 等位基因位点<br>（allele，bp） | 大小<br>（size，<br>bp） | 高度<br>（height，<br>RFU） | 面积<br>（area，<br>RFU） | 数据取值点<br>（data point，<br>RFU） |
|---|---|---|---|---|---|---|
| 2023 - 8214 | B04_HBB2302308_23 - 08 - 17. fsa | 175 | 175.18 | 6 618 | 41 429 | 2 273 |
| | B04_HBB2302308_23 - 08 - 17. fsa | 190 | 189.98 | 6 080 | 40 534 | 2 360 |
| 2023 - 8215 | B05_HBB2302309_23 - 08 - 17. fsa | 185 | 184.62 | 4 789 | 27 480 | 2 320 |
| | B05_HBB2302309_23 - 08 - 17. fsa | 190 | 189.92 | 4 372 | 25 866 | 2 351 |
| 2023 - 8216 | B06_HBB2302310_23 - 08 - 17. fsa | 185 | 184.54 | 5 501 | 33 245 | 2 300 |
| | B06_HBB2302310_23 - 08 - 17. fsa | 190 | 190.04 | 5 423 | 32 578 | 2 332 |
| 2023 - 8217 | B07_HBB2302311_23 - 08 - 17. fsa | 185 | 184.68 | 5 990 | 37 195 | 2 307 |
| | B07_HBB2302311_23 - 08 - 17. fsa | 190 | 189.97 | 5 792 | 35 186 | 2 338 |
| 2023 - 8218 | B08_HBB2302312_23 - 08 - 17. fsa | 185 | 184.62 | 11 248 | 62 624 | 2 309 |
| 2023 - 8219 | B09_HBB2302313_23 - 08 - 17. fsa | 178 | 178.54 | 2 110 | 14 758 | 2 269 |
| | B09_HBB2302313_23 - 08 - 17. fsa | 185 | 184.69 | 3 719 | 25 970 | 2 305 |
| 2023 - 8220 | B10_HBB2302314_23 - 08 - 17. fsa | 185 | 184.62 | 10 472 | 64 680 | 2 312 |
| 2023 - 8221 | B11_HBB2302315_23 - 08 - 17. fsa | 178 | 178.44 | 4 435 | 26 226 | 2 321 |
| | B11_HBB2302315_23 - 08 - 17. fsa | 190 | 189.98 | 6 403 | 38 326 | 2 390 |
| 2023 - 8222 | B12_HBB2302316_23 - 08 - 17. fsa | 175 | 175.26 | 7 007 | 46 719 | 2 323 |
| | B12_HBB2302316_23 - 08 - 17. fsa | 190 | 189.96 | 6 397 | 44 589 | 2 412 |
| 2023 - 8223 | C01_HBB2302317_23 - 08 - 17. fsa | 185 | 184.87 | 4 164 | 25 109 | 2 377 |
| | C01_HBB2302317_23 - 08 - 17. fsa | 190 | 190.19 | 4 278 | 24 032 | 2 409 |
| 2023 - 8224 | C02_HBB2302318_23 - 08 - 17. fsa | 185 | 184.95 | 5 699 | 32 477 | 2 355 |
| | C02_HBB2302318_23 - 08 - 17. fsa | 190 | 190.31 | 5 695 | 31 264 | 2 387 |
| 2023 - 8226 | C03_HBB2302319_23 - 08 - 17. fsa | 175 | 175.24 | 6 271 | 38 290 | 2 282 |
| | C03_HBB2302319_23 - 08 - 17. fsa | 185 | 184.69 | 6 013 | 36 956 | 2 338 |
| 2023 - 8227 | C04_HBB2302320_23 - 08 - 17. fsa | 185 | 184.64 | 11 938 | 61 247 | 2 321 |
| 2023 - 8228 | C05_HBB2302321_23 - 08 - 17. fsa | 185 | 184.6 | 12 260 | 66 162 | 2 299 |
| 2023 - 8229 | C06_HBB2302322_23 - 08 - 17. fsa | 175 | 175.04 | 5 035 | 29 032 | 2 257 |
| | C06_HBB2302322_23 - 08 - 17. fsa | 185 | 184.62 | 4 974 | 29 645 | 2 313 |
| 2023 - 8230 | C07_HBB2302323_23 - 08 - 17. fsa | 178 | 178.49 | 4 947 | 28 928 | 2 258 |
| | C07_HBB2302323_23 - 08 - 17. fsa | 185 | 184.7 | 5 033 | 30 480 | 2 294 |
| 2023 - 8231 | C09_HBB2302325_23 - 08 - 17. fsa | 175 | 175.06 | 6 598 | 40 162 | 2 264 |
| | C09_HBB2302325_23 - 08 - 17. fsa | 190 | 189.93 | 6 148 | 39 199 | 2 351 |

（续）

| 资源序号 | 样本名<br>（sample file name） | 等位基因位点<br>（allele，bp） | 大小<br>（size，bp） | 高度<br>（height，RFU） | 面积<br>（area，RFU） | 数据取值点<br>（data point，RFU） |
|---|---|---|---|---|---|---|
| 2023－8232 | C10_HBB2302326_23－08－17.fsa | 178 | 178.3 | 4 788 | 27 920 | 2 269 |
| | C10_HBB2302326_23－08－17.fsa | 185 | 184.45 | 4 788 | 29 280 | 2 305 |
| 2023－8233 | C11_HBB2302327_23－08－17.fsa | 178 | 178.33 | 4 541 | 31 852 | 2 313 |
| | C11_HBB2302327_23－08－17.fsa | 190 | 189.92 | 4 436 | 32 338 | 2 382 |
| 2023－8234 | C12_HBB2302328_23－08－17.fsa | 169 | 168.86 | 8 355 | 52 417 | 2 273 |
| 2023－8235 | D01_HBB2302329_23－08－17.fsa | 185 | 184.77 | 5 810 | 35 828 | 2 385 |
| | D01_HBB2302329_23－08－17.fsa | 190 | 190.07 | 5 810 | 35 743 | 2 417 |
| 2023－8236 | D02_HBB2302330_23－08－17.fsa | 169 | 169.09 | 5 272 | 34 111 | 2 261 |
| | D02_HBB2302330_23－08－17.fsa | 185 | 184.67 | 5 136 | 32 287 | 2 354 |
| 2023－8237 | D03_HBB2302331_23－08－17.fsa | 178 | 178.54 | 12 560 | 72 507 | 2 278 |
| 2023－8238 | D04_HBB2302332_23－08－17.fsa | 178 | 178.44 | 5 917 | 36 513 | 2 273 |
| | D04_HBB2302332_23－08－17.fsa | 182 | 181.7 | 6 031 | 36 032 | 2 292 |
| 2023－8239 | D05_HBB2302333_23－08－17.fsa | 175 | 174.97 | 6 188 | 36 495 | 2 239 |
| | D05_HBB2302333_23－08－17.fsa | 185 | 184.45 | 5 934 | 36 601 | 2 294 |
| 2023－8240 | D06_HBB2302334_23－08－17.fsa | 182 | 181.68 | 5 465 | 32 929 | 2 282 |
| | D06_HBB2302334_23－08－17.fsa | 190 | 189.91 | 5 340 | 31 742 | 2 330 |
| 2023－8241 | D07_HBB2302335_23－08－17.fsa | 185 | 184.63 | 9 377 | 57 339 | 2 318 |
| 2023－8242 | D08_HBB2302336_23－08－17.fsa | 185 | 184.44 | 5 326 | 31 638 | 2 278 |
| | D08_HBB2302336_23－08－17.fsa | 190 | 189.8 | 5 239 | 31 191 | 2 309 |
| 2023－8243 | D09_HBB2302337_23－08－17.fsa | 178 | 178.44 | 4 829 | 28 808 | 2 266 |
| | D09_HBB2302337_23－08－17.fsa | 190 | 190.09 | 1 996 | 12 050 | 2 334 |
| 2023－8244 | D10_HBB2302338_23－08－17.fsa | 178 | 178.26 | 5 144 | 30 961 | 2 259 |
| | D10_HBB2302338_23－08－17.fsa | 185 | 184.47 | 5 030 | 31 816 | 2 295 |
| 2023－8245 | D11_HBB2302339_23－08－17.fsa | 178 | 178.46 | 4 560 | 28 365 | 2 300 |
| | D11_HBB2302339_23－08－17.fsa | 185 | 184.71 | 4 611 | 28 835 | 2 337 |
| 2023－8246 | D12_HBB2302340_23－08－17.fsa | 185 | 184.61 | 4 152 | 24 575 | 2 365 |
| | D12_HBB2302340_23－08－17.fsa | 190 | 189.91 | 4 485 | 26 092 | 2 397 |
| 2023－8247 | E01_HBB2302341_23－08－17.fsa | 178 | 178.69 | 4 984 | 29 697 | 2 357 |
| | E01_HBB2302341_23－08－17.fsa | 185 | 184.99 | 4 514 | 28 605 | 2 395 |
| 2023－8248 | E02_HBB2302342_23－08－17.fsa | 178 | 178.67 | 4 468 | 29 544 | 2 328 |

（续）

| 资源序号 | 样本名<br>（sample file name） | 等位基因位点<br>（allele，bp） | 大小<br>（size，bp） | 高度<br>（height，RFU） | 面积<br>（area，RFU） | 数据取值点<br>（data point，RFU） |
|---|---|---|---|---|---|---|
| 2023 - 8249 | E03_HBB2302343_23 - 08 - 17. fsa | 178 | 178. 52 | 3 277 | 18 361 | 2 300 |
| | E03_HBB2302343_23 - 08 - 17. fsa | 185 | 184. 62 | 2 863 | 16 735 | 2 336 |
| 2023 - 8250 | E04_HBB2302344_23 - 08 - 17. fsa | 169 | 168. 83 | 3 538 | 21 479 | 2 242 |
| | E04_HBB2302344_23 - 08 - 17. fsa | 178 | 178. 35 | 3 177 | 18 415 | 2 298 |
| 2023 - 8251 | E06_HBB2302346_23 - 08 - 17. fsa | 185 | 184. 52 | 6 507 | 36 004 | 2 290 |
| 2023 - 8252 | E07_HBB2302347_23 - 08 - 17. fsa | 182 | 181. 6 | 2 597 | 15 642 | 2 271 |
| | E07_HBB2302347_23 - 08 - 17. fsa | 185 | 184. 7 | 2 224 | 13 080 | 2 289 |
| 2023 - 8253 | E08_HBB2302348_23 - 08 - 17. fsa | 178 | 178. 37 | 2 716 | 15 598 | 2 269 |
| | E08_HBB2302348_23 - 08 - 17. fsa | 185 | 184. 55 | 3 041 | 17 533 | 2 305 |
| 2023 - 8254 | E09_HBB2302349_23 - 08 - 17. fsa | 185 | 184. 69 | 2 643 | 17 555 | 2 308 |
| | E09_HBB2302349_23 - 08 - 17. fsa | 190 | 189. 97 | 2 569 | 15 794 | 2 339 |
| 2023 - 8255 | E10_HBB2302350_23 - 08 - 17. fsa | 169 | 168. 8 | 3 727 | 23 204 | 2 207 |
| | E10_HBB2302350_23 - 08 - 17. fsa | 178 | 178. 43 | 3 420 | 20 885 | 2 263 |
| 2023 - 8256 | E11_HBB2302351_23 - 08 - 17. fsa | 182 | 181. 66 | 8 205 | 55 562 | 2 312 |
| 2023 - 8257 | E12_HBB2302352_23 - 08 - 17. fsa | 182 | 181. 63 | 5 149 | 37 797 | 2 355 |
| | E12_HBB2302352_23 - 08 - 17. fsa | 185 | 184. 78 | 4 637 | 32 464 | 2 374 |
| 2023 - 8258 | F01_HBB2302353_23 - 08 - 17. fsa | 182 | 181. 76 | 7 831 | 49 861 | 2 377 |
| 2023 - 8259 | F02_HBB2302354_23 - 08 - 17. fsa | 182 | 181. 77 | 7 002 | 43 672 | 2 345 |
| 2023 - 8260 | F03_HBB2302355_23 - 08 - 17. fsa | 182 | 181. 6 | 7 841 | 49 331 | 2 327 |
| 2023 - 8261 | F04_HBB2302356_23 - 08 - 17. fsa | 169 | 168. 77 | 5 095 | 29 729 | 2 250 |
| | F04_HBB2302356_23 - 08 - 17. fsa | 178 | 178. 38 | 4 422 | 25 430 | 2 307 |
| 2023 - 8262 | F05_HBB2302357_23 - 08 - 17. fsa | 178 | 178. 54 | 10 690 | 59 865 | 2 277 |
| 2023 - 8263 | F06_HBB2302358_23 - 08 - 17. fsa | 185 | 184. 64 | 3 617 | 22 833 | 2 298 |
| | F06_HBB2302358_23 - 08 - 17. fsa | 190 | 189. 99 | 3 506 | 20 756 | 2 329 |
| 2023 - 8264 | F07_HBB2302359_23 - 08 - 17. fsa | 178 | 178. 36 | 3 252 | 20 058 | 2 262 |
| | F07_HBB2302359_23 - 08 - 17. fsa | 182 | 181. 62 | 3 187 | 19 802 | 2 281 |
| 2023 - 8265 | F08_HBB2302360_23 - 08 - 17. fsa | 178 | 178. 49 | 9 983 | 60 349 | 2 252 |
| 2023 - 8266 | F09_HBB2302361_23 - 08 - 17. fsa | 185 | 184. 61 | 4 432 | 26 361 | 2 303 |
| | F09_HBB2302361_23 - 08 - 17. fsa | 190 | 190. 09 | 4 132 | 24 483 | 2 335 |

（续）

| 资源序号 | 样本名<br>（sample file name） | 等位基因位点<br>（allele，bp） | 大小<br>（size，bp） | 高度<br>（height，RFU） | 面积<br>（area，RFU） | 数据取值点<br>（data point，RFU） |
|---|---|---|---|---|---|---|
| 2023 - 8267 | F10_HBB2302362_23 - 08 - 17. fsa | 185 | 184.45 | 4 023 | 26 167 | 2 301 |
| | F10_HBB2302362_23 - 08 - 17. fsa | 190 | 189.92 | 4 545 | 27 907 | 2 333 |
| 2023 - 8268 | F11_HBB2302363_23 - 08 - 17. fsa | 185 | 184.68 | 11 676 | 70 863 | 2 351 |
| 2023 - 8269 | F12_HBB2302364_23 - 08 - 17. fsa | 178 | 178.59 | 5 568 | 35 380 | 2 315 |
| | F12_HBB2302364_23 - 08 - 17. fsa | 185 | 184.75 | 6 343 | 38 153 | 2 352 |
| 2023 - 8270 | G01_HBB2302365_23 - 08 - 17. fsa | 182 | 181.85 | 4 944 | 31 247 | 2 384 |
| | G01_HBB2302365_23 - 08 - 17. fsa | 185 | 184.85 | 4 451 | 26 178 | 2 402 |
| 2023 - 8271 | G03_HBB2302367_23 - 08 - 17. fsa | 178 | 178.49 | 4 345 | 23 835 | 2 312 |
| | G03_HBB2302367_23 - 08 - 17. fsa | 185 | 184.71 | 4 679 | 26 056 | 2 349 |
| 2023 - 8272 | G04_HBB2302368_23 - 08 - 17. fsa | 178 | 178.51 | 3 736 | 21 513 | 2 293 |
| | G04_HBB2302368_23 - 08 - 17. fsa | 185 | 184.78 | 3 827 | 23 992 | 2 330 |
| 2023 - 8273 | G05_HBB2302369_23 - 08 - 17. fsa | 185 | 184.76 | 4 984 | 28 870 | 2 317 |
| | G05_HBB2302369_23 - 08 - 17. fsa | 190 | 190.19 | 5 260 | 31 031 | 2 349 |
| 2023 - 8274 | G06_HBB2302370_23 - 08 - 17. fsa | 185 | 184.76 | 6 405 | 41 072 | 2 318 |
| 2023 - 8275 | G07_HBB2302371_23 - 08 - 17. fsa | 175 | 175.11 | 3 307 | 22 043 | 2 246 |
| | G07_HBB2302371_23 - 08 - 17. fsa | 185 | 184.72 | 3 151 | 21 790 | 2 302 |
| 2023 - 8276 | G08_HBB2302372_23 - 08 - 17. fsa | 178 | 178.4 | 4 387 | 27 647 | 2 278 |
| | G08_HBB2302372_23 - 08 - 17. fsa | 190 | 189.97 | 4 330 | 28 398 | 2 346 |
| 2023 - 8277 | G09_HBB2302373_23 - 08 - 17. fsa | 185 | 184.68 | 4 598 | 28 454 | 2 301 |
| | G09_HBB2302373_23 - 08 - 17. fsa | 190 | 190.14 | 4 253 | 27 480 | 2 333 |
| 2023 - 8278 | G10_HBB2302374_23 - 08 - 17. fsa | 185 | 184.77 | 7 012 | 42 879 | 2 316 |
| 2023 - 8279 | G11_HBB2302375_23 - 08 - 17. fsa | 190 | 190.02 | 9 920 | 66 294 | 2 378 |
| 2023 - 8280 | G12_HBB2302376_23 - 08 - 17. fsa | 185 | 184.6 | 5 502 | 36 036 | 2 365 |
| | G12_HBB2302376_23 - 08 - 17. fsa | 190 | 190.07 | 5 382 | 33 883 | 2 398 |
| 2023 - 8281 | H01_HBB2302377_23 - 08 - 17. fsa | 185 | 184.92 | 6 012 | 36 478 | 2 421 |
| | H01_HBB2302377_23 - 08 - 17. fsa | 190 | 190.34 | 6 175 | 34 926 | 2 454 |
| 2023 - 8282 | H02_HBB2302378_23 - 08 - 17. fsa | 178 | 178.57 | 4 355 | 27 083 | 2 355 |
| | H02_HBB2302378_23 - 08 - 17. fsa | 185 | 184.85 | 4 553 | 27 192 | 2 393 |
| 2023 - 8283 | H03_HBB2302379_23 - 08 - 17. fsa | 178 | 178.53 | 3 481 | 21 188 | 2 329 |
| | H03_HBB2302379_23 - 08 - 17. fsa | 185 | 184.69 | 3 339 | 21 236 | 2 366 |

（续）

| 资源序号 | 样本名<br>（sample file name） | 等位基因位点<br>（allele，bp） | 大小<br>（size，bp） | 高度<br>（height，RFU） | 面积<br>（area，RFU） | 数据取值点<br>（data point，RFU） |
|---|---|---|---|---|---|---|
| 2023－8284 | H04_HBB2302380_23－08－17.fsa | 169 | 169.12 | 4 590 | 26 943 | 2 253 |
| | H04_HBB2302380_23－08－17.fsa | 185 | 184.94 | 3 891 | 24 727 | 2 347 |
| 2023－8285 | H05_HBB2302381_23－08－17.fsa | 185 | 184.78 | 10 309 | 60 879 | 2 334 |
| 2023－8286 | H06_HBB2302382_23－08－17.fsa | 185 | 184.77 | 3 018 | 18 170 | 2 328 |
| | H06_HBB2302382_23－08－17.fsa | 190 | 190.02 | 2 893 | 16 510 | 2 359 |
| 2023－8287 | H07_HBB2302383_23－08－17.fsa | 185 | 184.71 | 4 771 | 28 968 | 2 325 |
| | H07_HBB2302383_23－08－17.fsa | 190 | 190.15 | 4 613 | 26 984 | 2 357 |
| 2023－8288 | H08_HBB2302384_23－08－17.fsa | 178 | 178.34 | 4 147 | 25 324 | 2 292 |
| | H08_HBB2302384_23－08－17.fsa | 185 | 184.61 | 4 339 | 25 204 | 2 329 |
| 2023－8289 | H09_HBB2302385_23－08－17.fsa | 178 | 178.65 | 5 162 | 29 047 | 2 280 |
| | H09_HBB2302385_23－08－17.fsa | 185 | 184.77 | 5 430 | 30 752 | 2 316 |
| 2023－8290 | A01_HBB2302387_01－49－27.fsa | 185 | 184.93 | 12 951 | 65 572 | 2 399 |
| | A01_HBB2302387_01－49－27.fsa | 190 | 190.34 | 12 847 | 65 363 | 2 432 |
| 2023－8291 | A02_HBB2302388_01－49－27.fsa | 185 | 184.78 | 13 269 | 72 733 | 2 382 |
| | A02_HBB2302388_01－49－27.fsa | 190 | 190.25 | 13 431 | 67 325 | 2 415 |
| 2023－8292 | A03_HBB2302389_01－49－27.fsa | 185 | 184.8 | 31 293 | 166 735 | 2 348 |
| 2023－8293 | A04_HBB2302390_01－49－27.fsa | 190 | 190.13 | 29 603 | 164 494 | 2 373 |
| 2023－8294 | A05_HBB2302391_01－49－27.fsa | 185 | 184.61 | 25 009 | 138 650 | 2 328 |
| 2023－8295 | A06_HBB2302392_01－49－27.fsa | 178 | 178.41 | 25 203 | 145 757 | 2 286 |
| 2023－8296 | A07_HBB2302393_01－49－27.fsa | 185 | 184.7 | 32 210 | 190 179 | 2 315 |
| 2023－8297 | A08_HBB2302394_01－49－27.fsa | 190 | 190.08 | 15 070 | 91 703 | 2 377 |
| 2023－8298 | A09_HBB2302395_01－49－27.fsa | 190 | 190.08 | 20 175 | 113 164 | 2 369 |
| 2023－8299 | A10_HBB2302396_01－49－27.fsa | 190 | 190.13 | 29 063 | 184 329 | 2 384 |
| 2023－8300 | A11_HBB2302397_01－49－27.fsa | 185 | 184.85 | 25 739 | 155 995 | 2 385 |
| 2023－8301 | A12_HBB2302398_01－49－27.fsa | 185 | 184.91 | 25 427 | 142 379 | 2 410 |
| 2023－8302 | B01_HBB2302399_01－49－27.fsa | 185 | 184.93 | 11 828 | 62 568 | 2 367 |
| | B01_HBB2302399_01－49－27.fsa | 190 | 190.24 | 11 160 | 59 074 | 2 399 |
| 2023－8303 | B02_HBB2302400_01－49－27.fsa | 185 | 184.87 | 20 397 | 108 752 | 2 377 |
| | B02_HBB2302400_01－49－27.fsa | 190 | 190.19 | 21 741 | 106 839 | 2 409 |

（续）

| 资源序号 | 样本名<br>（sample file name） | 等位基因位点<br>（allele，bp） | 大小<br>（size，bp） | 高度<br>（height，RFU） | 面积<br>（area，RFU） | 数据取值点<br>（data point，RFU） |
|---|---|---|---|---|---|---|
| 2023 - 8304 | B03_HBB2302401_01 - 49 - 27. fsa | 185 | 184.79 | 16 641 | 86 659 | 2 339 |
| | B03_HBB2302401_01 - 49 - 27. fsa | 190 | 190.2 | 15 135 | 79 592 | 2 371 |
| 2023 - 8305 | B04_HBB2302402_01 - 49 - 27. fsa | 169 | 169.02 | 15 384 | 90 332 | 2 243 |
| | B04_HBB2302402_01 - 49 - 27. fsa | 178 | 178.52 | 14 442 | 80 568 | 2 299 |
| 2023 - 8306 | B05_HBB2302403_01 - 49 - 27. fsa | 185 | 184.77 | 9 560 | 54 646 | 2 327 |
| | B05_HBB2302403_01 - 49 - 27. fsa | 190 | 190.2 | 8 741 | 48 670 | 2 359 |
| 2023 - 8307 | B06_HBB2302404_01 - 49 - 27. fsa | 178 | 178.36 | 11 263 | 63 961 | 2 268 |
| | B06_HBB2302404_01 - 49 - 27. fsa | 190 | 189.97 | 12 895 | 73 490 | 2 336 |
| 2023 - 8308 | B07_HBB2302405_01 - 49 - 27. fsa | 178 | 178.54 | 10 206 | 63 621 | 2 277 |
| | B07_HBB2302405_01 - 49 - 27. fsa | 190 | 190.14 | 9 869 | 64 262 | 2 345 |
| 2023 - 8309 | B08_HBB2302406_01 - 49 - 27. fsa | 185 | 184.76 | 23 070 | 136 968 | 2 314 |
| 2023 - 8310 | B09_HBB2302407_01 - 49 - 27. fsa | 178 | 178.3 | 9 852 | 64 226 | 2 274 |
| | B09_HBB2302407_01 - 49 - 27. fsa | 190 | 189.92 | 9 716 | 64 198 | 2 342 |
| 2023 - 8311 | B11_HBB2302409_01 - 49 - 27. fsa | 178 | 178.36 | 11 541 | 70 969 | 2 326 |
| | B11_HBB2302409_01 - 49 - 27. fsa | 190 | 189.86 | 11 056 | 70 264 | 2 395 |
| 2023 - 8312 | B12_HBB2302410_01 - 49 - 27. fsa | 178 | 178.35 | 12 737 | 79 835 | 2 348 |
| | B12_HBB2302410_01 - 49 - 27. fsa | 190 | 189.92 | 12 199 | 78 157 | 2 418 |
| 2023 - 8313 | C01_HBB2302411_01 - 49 - 27. fsa | 178 | 178.64 | 12 952 | 75 526 | 2 345 |
| | C01_HBB2302411_01 - 49 - 27. fsa | 190 | 190.25 | 12 743 | 75 922 | 2 415 |
| 2023 - 8314 | C02_HBB2302412_01 - 49 - 27. fsa | 178 | 178.49 | 14 564 | 84 546 | 2 322 |
| | C02_HBB2302412_01 - 49 - 27. fsa | 190 | 190.26 | 14 602 | 86 383 | 2 392 |
| 2023 - 8315 | C03_HBB2302413_01 - 49 - 27. fsa | 175 | 175.25 | 14 178 | 85 994 | 2 287 |
| | C03_HBB2302413_01 - 49 - 27. fsa | 190 | 190.09 | 12 854 | 80 308 | 2 375 |
| 2023 - 8316 | C04_HBB2302414_01 - 49 - 27. fsa | 178 | 178.58 | 13 509 | 81 471 | 2 290 |
| | C04_HBB2302414_01 - 49 - 27. fsa | 190 | 190.08 | 14 038 | 79 999 | 2 358 |
| 2023 - 8317 | C05_HBB2302415_01 - 49 - 27. fsa | 185 | 184.54 | 12 836 | 70 915 | 2 305 |
| | C05_HBB2302415_01 - 49 - 27. fsa | 190 | 189.87 | 12 301 | 68 054 | 2 336 |
| 2023 - 8318 | C06_HBB2302416_01 - 49 - 27. fsa | 169 | 168.91 | 13 242 | 86 355 | 2 227 |
| | C06_HBB2302416_01 - 49 - 27. fsa | 185 | 184.76 | 12 008 | 79 159 | 2 320 |

（续）

| 资源序号 | 样本名<br>（sample file name） | 等位基因位点<br>（allele，bp） | 大小<br>（size，bp） | 高度<br>（height，RFU） | 面积<br>（area，RFU） | 数据取值点<br>（data point，RFU） |
|---|---|---|---|---|---|---|
| 2023－8319 | C07_HBB2302417_01－49－27. fsa | 185 | 184.71 | 13 073 | 80 259 | 2 299 |
| | C07_HBB2302417_01－49－27. fsa | 190 | 190.04 | 12 775 | 74 276 | 2 330 |
| 2023－8320 | C08_HBB2302418_01－49－27. fsa | 178 | 178.42 | 28 692 | 164 614 | 2 259 |
| 2023－8321 | C09_HBB2302419_01－49－27. fsa | 185 | 184.54 | 25 318 | 143 889 | 2 325 |
| 2023－8322 | C10_HBB2302420_01－49－27. fsa | 185 | 184.7 | 11 150 | 68 136 | 2 311 |
| | C10_HBB2302420_01－49－27. fsa | 190 | 189.98 | 10 793 | 65 136 | 2 342 |
| 2023－8323 | C11_HBB2302421_01－49－27. fsa | 185 | 184.62 | 22 276 | 138 936 | 2 356 |
| 2023－8324 | C12_HBB2302422_01－49－27. fsa | 169 | 168.83 | 9 415 | 54 200 | 2 280 |
| | C12_HBB2302422_01－49－27. fsa | 185 | 184.61 | 4 860 | 26 354 | 2 375 |
| 2023－8325 | D01_HBB2302423_01－49－27. fsa | 169 | 169.13 | 13 268 | 82 327 | 2 297 |
| | D01_HBB2302423_01－49－27. fsa | 178 | 178.57 | 12 065 | 74 585 | 2 354 |
| 2023－8326 | D02_HBB2302424_01－49－27. fsa | 185 | 184.71 | 32 589 | 238 551 | 2 360 |
| 2023－8327 | D03_HBB2302425_01－49－27. fsa | 178 | 178.4 | 18 870 | 109 662 | 2 284 |
| | D03_HBB2302425_01－49－27. fsa | 190 | 189.97 | 20 049 | 122 105 | 2 352 |
| 2023－8328 | D04_HBB2302426_01－49－27. fsa | 178 | 178.54 | 27 240 | 168 596 | 2 279 |
| 2023－8329 | D05_HBB2302427_01－49－27. fsa | 175 | 174.98 | 6 786 | 42 375 | 2 244 |
| | D05_HBB2302427_01－49－27. fsa | 185 | 184.63 | 11 387 | 72 483 | 2 300 |
| 2023－8330 | D06_HBB2302428_01－49－27. fsa | 190 | 190.09 | 27 762 | 179 174 | 2 337 |
| 2023－8331 | D08_HBB2302430_01－49－27. fsa | 178 | 178.39 | 10 498 | 66 668 | 2 248 |
| | D08_HBB2302430_01－49－27. fsa | 185 | 184.45 | 10 346 | 68 321 | 2 283 |
| 2023－8332 | D09_HBB2302431_01－49－27. fsa | 178 | 178.36 | 8 758 | 59 603 | 2 271 |
| | D09_HBB2302431_01－49－27. fsa | 190 | 189.97 | 8 253 | 56 585 | 2 339 |
| 2023－8333 | D10_HBB2302432_01－49－27. fsa | 185 | 184.61 | 31 416 | 186 658 | 2 301 |
| 2023－8334 | D11_HBB2302433_01－49－27. fsa | 178 | 178.32 | 8 608 | 49 259 | 2 305 |
| | D11_HBB2302433_01－49－27. fsa | 185 | 184.54 | 8 851 | 50 867 | 2 342 |
| 2023－8335 | D12_HBB2302434_01－49－27. fsa | 182 | 181.63 | 9 801 | 55 363 | 2 353 |
| | D12_HBB2302434_01－49－27. fsa | 185 | 184.61 | 8 830 | 46 785 | 2 371 |
| 2023－8336 | E01_HBB2302435_01－49－27. fsa | 185 | 184.84 | 18 465 | 116 541 | 2 405 |
| 2023－8337 | E02_HBB2302436_01－49－27. fsa | 178 | 178.53 | 8 167 | 57 188 | 2 334 |
| | E02_HBB2302436_01－49－27. fsa | 185 | 184.69 | 8 436 | 58 742 | 2 371 |

（续）

| 资源序号 | 样本名<br>（sample file name） | 等位基因位点<br>（allele，bp） | 大小<br>（size，bp） | 高度<br>（height，RFU） | 面积<br>（area，RFU） | 数据取值点<br>（data point，RFU） |
|---|---|---|---|---|---|---|
| 2023 - 8338 | E03_HBB2302437_01 - 49 - 27. fsa | 185 | 184.69 | 13 893 | 87 385 | 2 342 |
| | E03_HBB2302437_01 - 49 - 27. fsa | 190 | 190.08 | 13 249 | 79 514 | 2 374 |
| 2023 - 8339 | E04_HBB2302438_01 - 49 - 27. fsa | 178 | 178.45 | 24 470 | 166 051 | 2 303 |
| 2023 - 8340 | E05_HBB2302439_01 - 49 - 27. fsa | 178 | 178.41 | 17 674 | 116 094 | 2 289 |
| 2023 - 8341 | E06_HBB2302440_01 - 49 - 27. fsa | 178 | 178.42 | 9 337 | 58 764 | 2 261 |
| | E06_HBB2302440_01 - 49 - 27. fsa | 190 | 189.91 | 9 561 | 61 719 | 2 328 |
| 2023 - 8342 | E07_HBB2302441_01 - 49 - 27. fsa | 178 | 178.42 | 9 615 | 49 294 | 2 257 |
| | E07_HBB2302441_01 - 49 - 27. fsa | 185 | 184.6 | 12 998 | 68 773 | 2 293 |
| 2023 - 8343 | E08_HBB2302442_01 - 49 - 27. fsa | 178 | 178.37 | 22 765 | 145 058 | 2 274 |
| 2023 - 8344 | E09_HBB2302443_01 - 49 - 27. fsa | 185 | 184.62 | 5 876 | 39 596 | 2 314 |
| | E09_HBB2302443_01 - 49 - 27. fsa | 190 | 189.92 | 5 941 | 37 645 | 2 345 |
| 2023 - 8345 | E10_HBB2302444_01 - 49 - 27. fsa | 178 | 178.36 | 8 720 | 50 367 | 2 268 |
| | E10_HBB2302444_01 - 49 - 27. fsa | 185 | 184.68 | 8 714 | 54 312 | 2 305 |
| 2023 - 8346 | E11_HBB2302445_01 - 49 - 27. fsa | 175 | 175.08 | 12 732 | 76 168 | 2 280 |
| | E11_HBB2302445_01 - 49 - 27. fsa | 178 | 178.29 | 10 997 | 68 242 | 2 299 |
| 2023 - 8347 | E12_HBB2302446_01 - 49 - 27. fsa | 173 | 173.12 | 9 581 | 55 300 | 2 310 |
| | E12_HBB2302446_01 - 49 - 27. fsa | 182 | 181.72 | 9 439 | 54 757 | 2 362 |
| 2023 - 8348 | F01_HBB2302447_01 - 49 - 27. fsa | 173 | 173.18 | 11 720 | 63 452 | 2 329 |
| | F01_HBB2302447_01 - 49 - 27. fsa | 178 | 178.51 | 10 705 | 54 439 | 2 361 |
| 2023 - 8349 | F02_HBB2302448_01 - 49 - 27. fsa | 185 | 184.93 | 9 842 | 67 973 | 2 371 |
| | F02_HBB2302448_01 - 49 - 27. fsa | 190 | 190.24 | 10 069 | 65 164 | 2 403 |
| 2023 - 8350 | F03_HBB2302449_01 - 49 - 27. fsa | 182 | 181.92 | 16 403 | 129 327 | 2 333 |
| 2023 - 8351 | F05_HBB2302451_01 - 49 - 27. fsa | 185 | 184.7 | 9 655 | 69 518 | 2 320 |
| | F05_HBB2302451_01 - 49 - 27. fsa | 190 | 189.97 | 10 578 | 68 372 | 2 351 |
| 2023 - 8352 | F06_HBB2302452_01 - 49 - 27. fsa | 185 | 184.61 | 10 882 | 72 717 | 2 303 |
| | F06_HBB2302452_01 - 49 - 27. fsa | 190 | 190.09 | 10 540 | 71 154 | 2 335 |
| 2023 - 8353 | F07_HBB2302453_01 - 49 - 27. fsa | 169 | 168.94 | 5 519 | 34 433 | 2 211 |
| | F07_HBB2302453_01 - 49 - 27. fsa | 175 | 175.29 | 6 350 | 42 888 | 2 248 |
| 2023 - 8354 | F08_HBB2302454_01 - 49 - 27. fsa | 178 | 178.32 | 11 140 | 72 945 | 2 257 |
| | F08_HBB2302454_01 - 49 - 27. fsa | 182 | 181.6 | 10 094 | 64 480 | 2 276 |

（续）

| 资源序号 | 样本名<br>（sample file name） | 等位基因位点<br>（allele，bp） | 大小<br>（size，bp） | 高度<br>（height，RFU） | 面积<br>（area，RFU） | 数据取值点<br>（data point，RFU） |
|---|---|---|---|---|---|---|
| 2023 - 8355 | F09_HBB2302455_01 - 49 - 27. fsa | 178 | 178.29 | 10 423 | 57 901 | 2 273 |
|  | F09_HBB2302455_01 - 49 - 27. fsa | 185 | 184.62 | 8 880 | 52 986 | 2 310 |
| 2023 - 8356 | F10_HBB2302456_01 - 49 - 27. fsa | 178 | 178.3 | 11 749 | 67 401 | 2 271 |
|  | F10_HBB2302456_01 - 49 - 27. fsa | 185 | 184.62 | 11 600 | 69 500 | 2 308 |
| 2023 - 8357 | F11_HBB2302457_01 - 49 - 27. fsa | 178 | 178.36 | 29 457 | 169 066 | 2 320 |
| 2023 - 8358 | F12_HBB2302458_01 - 49 - 27. fsa | 178 | 178.61 | 9 955 | 49 065 | 2 322 |
|  | F12_HBB2302458_01 - 49 - 27. fsa | 185 | 184.77 | 10 100 | 49 274 | 2 359 |
| 2023 - 8359 | G01_HBB2302459_01 - 49 - 27. fsa | 185 | 184.85 | 22 329 | 126 215 | 2 405 |
| 2023 - 8360 | G02_HBB2302460_01 - 49 - 27. fsa | 185 | 184.77 | 7 693 | 51 032 | 2 386 |
|  | G02_HBB2302460_01 - 49 - 27. fsa | 190 | 190.07 | 5 526 | 37 791 | 2 418 |
| 2023 - 8361 | G03_HBB2302461_01 - 49 - 27. fsa | 190 | 190.09 | 22 195 | 144 579 | 2 387 |
| 2023 - 8362 | G04_HBB2302462_01 - 49 - 27. fsa | 185 | 184.61 | 19 787 | 134 199 | 2 335 |
| 2023 - 8363 | G05_HBB2302463_01 - 49 - 27. fsa | 185 | 184.7 | 21 109 | 145 666 | 2 324 |
| 2023 - 8364 | G06_HBB2302464_01 - 49 - 27. fsa | 178 | 178.41 | 7 783 | 50 958 | 2 288 |
|  | G06_HBB2302464_01 - 49 - 27. fsa | 185 | 184.53 | 7 571 | 53 158 | 2 324 |
| 2023 - 8365 | G07_HBB2302465_01 - 49 - 27. fsa | 182 | 181.55 | 6 894 | 45 846 | 2 290 |
|  | G07_HBB2302465_01 - 49 - 27. fsa | 190 | 189.92 | 3 995 | 27 379 | 2 339 |
| 2023 - 8366 | G08_HBB2302466_01 - 49 - 27. fsa | 185 | 184.53 | 22 871 | 148 897 | 2 320 |
| 2023 - 8367 | G09_HBB2302467_01 - 49 - 27. fsa | 185 | 184.62 | 9 113 | 55 181 | 2 307 |
|  | G09_HBB2302467_01 - 49 - 27. fsa | 190 | 189.92 | 8 800 | 55 265 | 2 338 |
| 2023 - 8368 | G10_HBB2302468_01 - 49 - 27. fsa | 175 | 175.36 | 8 519 | 55 373 | 2 267 |
|  | G10_HBB2302468_01 - 49 - 27. fsa | 190 | 190.08 | 8 229 | 52 609 | 2 354 |
| 2023 - 8369 | G11_HBB2302469_01 - 49 - 27. fsa | 185 | 184.62 | 10 666 | 59 330 | 2 353 |
|  | G11_HBB2302469_01 - 49 - 27. fsa | 190 | 189.97 | 10 096 | 56 218 | 2 385 |
| 2023 - 8370 | G12_HBB2302470_01 - 49 - 27. fsa | 169 | 169 | 8 319 | 46 120 | 2 279 |
|  | G12_HBB2302470_01 - 49 - 27. fsa | 185 | 184.78 | 7 641 | 42 287 | 2 374 |
| 2023 - 8371 | H02_HBB2302472_01 - 49 - 27. fsa | 175 | 175.38 | 9 012 | 57 017 | 2 343 |
|  | H02_HBB2302472_01 - 49 - 27. fsa | 178 | 178.68 | 8 326 | 51 440 | 2 363 |
| 2023 - 8372 | H03_HBB2302473_01 - 49 - 27. fsa | 178 | 178.54 | 8 739 | 51 079 | 2 335 |
|  | H03_HBB2302473_01 - 49 - 27. fsa | 190 | 190.19 | 8 812 | 52 135 | 2 405 |

（续）

| 资源序号 | 样本名<br>（sample file name） | 等位基因位点<br>（allele，bp） | 大小<br>（size, bp） | 高度<br>（height, RFU） | 面积<br>（area, RFU） | 数据取值点<br>（data point, RFU） |
|---|---|---|---|---|---|---|
| 2023 - 8373 | H04_HBB2302474_01 - 49 - 27. fsa | 185 | 184.71 | 7 754 | 53 563 | 2 353 |
| | H04_HBB2302474_01 - 49 - 27. fsa | 190 | 190.08 | 7 752 | 52 874 | 2 385 |
| 2023 - 8374 | H05_HBB2302475_01 - 49 - 27. fsa | 178 | 178.45 | 11 318 | 77 806 | 2 304 |
| | H05_HBB2302475_01 - 49 - 27. fsa | 190 | 190.08 | 12 036 | 79 567 | 2 373 |
| 2023 - 8375 | H06_HBB2302476_01 - 49 - 27. fsa | 185 | 184.68 | 10 311 | 62 890 | 2 335 |
| | H06_HBB2302476_01 - 49 - 27. fsa | 190 | 190.08 | 10 068 | 60 393 | 2 367 |
| 2023 - 8376 | H07_HBB2302477_01 - 49 - 27. fsa | 178 | 178.51 | 22 274 | 132 433 | 2 295 |
| 2023 - 8377 | H08_HBB2302478_01 - 49 - 27. fsa | 178 | 178.44 | 6 205 | 40 672 | 2 299 |
| | H08_HBB2302478_01 - 49 - 27. fsa | 190 | 190.08 | 5 829 | 39 048 | 2 368 |
| 2023 - 8378 | H09_HBB2302479_01 - 49 - 27. fsa | 185 | 184.84 | 10 693 | 52 287 | 2 323 |
| | H09_HBB2302479_01 - 49 - 27. fsa | 190 | 190.24 | 9 886 | 48 727 | 2 355 |
| 2023 - 8379 | H10_HBB2302480_01 - 49 - 27. fsa | 178 | 178.44 | 13 194 | 70 553 | 2 293 |

## 21 P21

| 资源序号 | 样本名<br>（sample file name） | 等位基因位点<br>（allele，bp） | 大小<br>（size, bp） | 高度<br>（height, RFU） | 面积<br>（area, RFU） | 数据取值点<br>（data point, RFU） |
|---|---|---|---|---|---|---|
| 2023 - 8200 | A01_HBB2302293_24 - 12 - 45. fsa | 155 | 155.06 | 11 344 | 67 374 | 2 216 |
| | A01_HBB2302293_24 - 12 - 45. fsa | 171 | 171.11 | 8 996 | 69 639 | 2 312 |
| 2023 - 8201 | A02_HBB2302294_24 - 12 - 45. fsa | 155 | 155.17 | 13 058 | 74 494 | 2 201 |
| | A02_HBB2302294_24 - 12 - 45. fsa | 171 | 170.95 | 12 384 | 70 011 | 2 296 |
| 2023 - 8202 | A03_HBB2302295_24 - 12 - 45. fsa | 155 | 155.08 | 13 719 | 74 708 | 2 167 |
| | A03_HBB2302295_24 - 12 - 45. fsa | 171 | 171.14 | 11 292 | 65 887 | 2 262 |
| 2023 - 8203 | A04_HBB2302296_24 - 12 - 45. fsa | 155 | 154.9 | 14 878 | 80 655 | 2 160 |
| | A04_HBB2302296_24 - 12 - 45. fsa | 171 | 171.14 | 10 694 | 59 784 | 2 256 |
| 2023 - 8204 | A05_HBB2302297_24 - 12 - 45. fsa | 168 | 168.16 | 11 460 | 65 532 | 2 228 |
| | A05_HBB2302297_24 - 12 - 45. fsa | 171 | 171.22 | 10 440 | 56 005 | 2 246 |

（续）

| 资源序号 | 样本名<br>（sample file name） | 等位基因位点<br>（allele，bp） | 大小<br>（size，bp） | 高度<br>（height，RFU） | 面积<br>（area，RFU） | 数据取值点<br>（data point，RFU） |
|---|---|---|---|---|---|---|
| 2023－8205 | A06_HBB2302298_24－12－45.fsa | 155 | 154.91 | 8 769 | 50 089 | 2 145 |
| | A06_HBB2302298_24－12－45.fsa | 171 | 171.08 | 7 139 | 43 783 | 2 240 |
| 2023－8206 | A07_HBB2302299_24－12－45.fsa | 155 | 154.8 | 12 603 | 73 788 | 2 137 |
| | A07_HBB2302299_24－12－45.fsa | 171 | 171.26 | 9 867 | 57 437 | 2 233 |
| 2023－8207 | A08_HBB2302300_24－12－45.fsa | 171 | 171.18 | 17 188 | 100 681 | 2 261 |
| 2023－8208 | A09_HBB2302301_24－12－45.fsa | 155 | 154.73 | 20 654 | 109 927 | 2 157 |
| | A09_HBB2302301_24－12－45.fsa | 175 | 174.95 | 1 440 | 6 435 | 2 276 |
| 2023－8209 | A10_HBB2302302_24－12－45.fsa | 155 | 154.73 | 11 941 | 70 231 | 2 170 |
| | A10_HBB2302302_24－12－45.fsa | 171 | 171.32 | 10 250 | 64 857 | 2 268 |
| 2023－8210 | A11_HBB2302303_24－12－45.fsa | 155 | 154.92 | 32 588 | 193 985 | 2 202 |
| | A11_HBB2302303_24－12－45.fsa | 180 | 179.9 | 2 238 | 13 255 | 2 353 |
| 2023－8211 | B01_HBB2302305_24－12－45.fsa | 155 | 155.07 | 26 650 | 157 334 | 2 187 |
| 2023－8212 | B02_HBB2302306_24－12－45.fsa | 155 | 154.9 | 32 565 | 188 689 | 2 195 |
| 2023－8213 | B03_HBB2302307_24－12－45.fsa | 155 | 154.9 | 17 776 | 96 841 | 2 159 |
| | B03_HBB2302307_24－12－45.fsa | 171 | 171.05 | 13 831 | 78 932 | 2 254 |
| 2023－8214 | B04_HBB2302308_24－12－45.fsa | 155 | 154.73 | 15 201 | 85 518 | 2 155 |
| | B04_HBB2302308_24－12－45.fsa | 171 | 171.22 | 11 955 | 68 066 | 2 252 |
| 2023－8215 | B05_HBB2302309_24－12－45.fsa | 168 | 168.4 | 10 004 | 58 049 | 2 227 |
| | B05_HBB2302309_24－12－45.fsa | 171 | 171.3 | 8 418 | 45 514 | 2 244 |
| 2023－8216 | B06_HBB2302310_24－12－45.fsa | 168 | 168.26 | 11 066 | 59 205 | 2 207 |
| | B06_HBB2302310_24－12－45.fsa | 171 | 171.17 | 8 577 | 45 004 | 2 224 |
| 2023－8217 | B07_HBB2302311_24－12－45.fsa | 155 | 154.74 | 25 257 | 129 375 | 2 135 |
| | B07_HBB2302311_24－12－45.fsa | 180 | 179.83 | 1 636 | 8 126 | 2 282 |
| 2023－8218 | B08_HBB2302312_24－12－45.fsa | 155 | 154.81 | 9 405 | 61 300 | 2 136 |
| | B08_HBB2302312_24－12－45.fsa | 168 | 168.4 | 7 532 | 52 399 | 2 215 |
| 2023－8219 | B09_HBB2302313_24－12－45.fsa | 155 | 154.63 | 11 536 | 65 537 | 2 132 |
| | B09_HBB2302313_24－12－45.fsa | 171 | 171.35 | 5 523 | 35 232 | 2 229 |
| 2023－8220 | B10_HBB2302314_24－12－45.fsa | 155 | 154.63 | 10 099 | 59 295 | 2 139 |
| | B10_HBB2302314_24－12－45.fsa | 168 | 168.23 | 9 296 | 57 600 | 2 218 |
| 2023－8221 | B11_HBB2302315_24－12－45.fsa | 155 | 154.83 | 23 426 | 158 327 | 2 182 |

（续）

| 资源序号 | 样本名<br>(sample file name) | 等位基因位点<br>(allele, bp) | 大小<br>(size, bp) | 高度<br>(height, RFU) | 面积<br>(area, RFU) | 数据取值点<br>(data point, RFU) |
|---|---|---|---|---|---|---|
| 2023 - 8222 | B12_HBB2302316_24 - 12 - 45. fsa | 155 | 154.82 | 23 545 | 146 055 | 2 203 |
| 2023 - 8223 | C01_HBB2302317_24 - 12 - 45. fsa | 155 | 154.99 | 12 860 | 73 107 | 2 201 |
| | C01_HBB2302317_24 - 12 - 45. fsa | 171 | 170.99 | 11 204 | 61 918 | 2 297 |
| 2023 - 8224 | C02_HBB2302318_24 - 12 - 45. fsa | 168 | 168.41 | 14 339 | 80 265 | 2 260 |
| | C02_HBB2302318_24 - 12 - 45. fsa | 171 | 170.93 | 12 774 | 63 713 | 2 275 |
| 2023 - 8226 | C03_HBB2302319_24 - 12 - 45. fsa | 155 | 154.9 | 28 706 | 153 884 | 2 164 |
| 2023 - 8227 | C04_HBB2302320_24 - 12 - 45. fsa | 155 | 154.73 | 13 576 | 85 723 | 2 148 |
| | C04_HBB2302320_24 - 12 - 45. fsa | 168 | 168.19 | 9 145 | 59 806 | 2 227 |
| 2023 - 8228 | C05_HBB2302321_24 - 12 - 45. fsa | 155 | 154.74 | 19 989 | 106 651 | 2 128 |
| 2023 - 8229 | C06_HBB2302322_24 - 12 - 45. fsa | 155 | 154.8 | 20 194 | 123 476 | 2 141 |
| 2023 - 8230 | C07_HBB2302323_24 - 12 - 45. fsa | 155 | 154.64 | 11 733 | 66 446 | 2 122 |
| | C07_HBB2302323_24 - 12 - 45. fsa | 171 | 171.2 | 8 548 | 47 970 | 2 218 |
| 2023 - 8231 | C09_HBB2302325_24 - 12 - 45. fsa | 155 | 154.55 | 14 097 | 80 339 | 2 146 |
| | C09_HBB2302325_24 - 12 - 45. fsa | 171 | 171.25 | 9 548 | 58 072 | 2 244 |
| 2023 - 8232 | C10_HBB2302326_24 - 12 - 45. fsa | 155 | 154.63 | 22 315 | 121 965 | 2 133 |
| 2023 - 8233 | C11_HBB2302327_24 - 12 - 45. fsa | 155 | 154.72 | 14 732 | 83 276 | 2 175 |
| | C11_HBB2302327_24 - 12 - 45. fsa | 171 | 171.46 | 12 470 | 77 876 | 2 274 |
| 2023 - 8234 | C12_HBB2302328_24 - 12 - 45. fsa | 155 | 154.82 | 20 815 | 119 356 | 2 192 |
| 2023 - 8235 | D01_HBB2302329_24 - 12 - 45. fsa | 155 | 155.07 | 16 945 | 96 706 | 2 209 |
| | D01_HBB2302329_24 - 12 - 45. fsa | 171 | 171.17 | 14 321 | 84 199 | 2 305 |
| 2023 - 8236 | D02_HBB2302330_24 - 12 - 45. fsa | 155 | 154.72 | 28 472 | 157 900 | 2 179 |
| 2023 - 8237 | D03_HBB2302331_24 - 12 - 45. fsa | 155 | 154.81 | 26 447 | 135 610 | 2 142 |
| 2023 - 8238 | D04_HBB2302332_24 - 12 - 45. fsa | 171 | 171.17 | 27 188 | 143 673 | 2 233 |
| 2023 - 8239 | D05_HBB2302333_24 - 12 - 45. fsa | 155 | 154.63 | 12 626 | 65 928 | 2 123 |
| | D05_HBB2302333_24 - 12 - 45. fsa | 171 | 171.24 | 9 250 | 54 191 | 2 219 |
| 2023 - 8240 | D06_HBB2302334_24 - 12 - 45. fsa | 168 | 167.92 | 15 493 | 84 030 | 2 205 |
| | D06_HBB2302334_24 - 12 - 45. fsa | 171 | 171.19 | 11 184 | 56 437 | 2 224 |
| 2023 - 8241 | D07_HBB2302335_24 - 12 - 45. fsa | 155 | 154.74 | 11 134 | 62 672 | 2 145 |
| | D07_HBB2302335_24 - 12 - 45. fsa | 168 | 168.04 | 9 351 | 51 376 | 2 223 |

（续）

| 资源序号 | 样本名<br>（sample file name） | 等位基因位点<br>（allele，bp） | 大小<br>（size，bp） | 高度<br>（height，RFU） | 面积<br>（area，RFU） | 数据取值点<br>（data point，RFU） |
|---|---|---|---|---|---|---|
| 2023 - 8242 | D08_HBB2302336_24 - 12 - 45. fsa | 168 | 168.12 | 10 561 | 60 370 | 2 186 |
| | D08_HBB2302336_24 - 12 - 45. fsa | 171 | 171.23 | 7 434 | 43 650 | 2 204 |
| 2023 - 8243 | D09_HBB2302337_24 - 12 - 45. fsa | 155 | 154.64 | 6 198 | 39 788 | 2 130 |
| | D09_HBB2302337_24 - 12 - 45. fsa | 171 | 171.34 | 8 896 | 58 245 | 2 227 |
| 2023 - 8244 | D10_HBB2302338_24 - 12 - 45. fsa | 168 | 168.07 | 12 161 | 63 658 | 2 202 |
| | D10_HBB2302338_24 - 12 - 45. fsa | 171 | 171.33 | 10 146 | 56 791 | 2 221 |
| | D10_HBB2302338_24 - 12 - 45. fsa | 175 | 174.93 | 11 589 | 23 695 | 2 242 |
| 2023 - 8245 | D11_HBB2302339_24 - 12 - 45. fsa | 155 | 154.66 | 10 196 | 59 003 | 2 162 |
| | D11_HBB2302339_24 - 12 - 45. fsa | 171 | 171.26 | 8 504 | 55 401 | 2 261 |
| 2023 - 8246 | D12_HBB2302340_24 - 12 - 45. fsa | 168 | 168.3 | 11 508 | 68 177 | 2 270 |
| | D12_HBB2302340_24 - 12 - 45. fsa | 171 | 171.28 | 11 184 | 65 925 | 2 288 |
| 2023 - 8247 | E01_HBB2302341_24 - 12 - 45. fsa | 155 | 154.99 | 27 354 | 157 157 | 2 219 |
| 2023 - 8248 | E02_HBB2302342_24 - 12 - 45. fsa | 155 | 154.83 | 9 613 | 55 605 | 2 189 |
| | E02_HBB2302342_24 - 12 - 45. fsa | 171 | 171.19 | 16 713 | 98 600 | 2 287 |
| 2023 - 8249 | E03_HBB2302343_24 - 12 - 45. fsa | 155 | 154.9 | 25 402 | 131 953 | 2 163 |
| 2023 - 8250 | E04_HBB2302344_24 - 12 - 45. fsa | 155 | 154.73 | 14 967 | 83 375 | 2 161 |
| | E04_HBB2302344_24 - 12 - 45. fsa | 168 | 168.17 | 10 281 | 56 290 | 2 240 |
| 2023 - 8251 | E06_HBB2302346_24 - 12 - 45. fsa | 168 | 168.13 | 7 959 | 50 360 | 2 198 |
| | E06_HBB2302346_24 - 12 - 45. fsa | 171 | 171.24 | 6 457 | 38 654 | 2 216 |
| 2023 - 8252 | E07_HBB2302347_24 - 12 - 45. fsa | 155 | 154.64 | 10 515 | 60 889 | 2 117 |
| | E07_HBB2302347_24 - 12 - 45. fsa | 171 | 171.37 | 6 619 | 40 077 | 2 214 |
| 2023 - 8253 | E08_HBB2302348_24 - 12 - 45. fsa | 155 | 154.56 | 19 287 | 103 877 | 2 132 |
| 2023 - 8254 | E09_HBB2302349_24 - 12 - 45. fsa | 155 | 154.56 | 9 628 | 54 377 | 2 135 |
| | E09_HBB2302349_24 - 12 - 45. fsa | 171 | 171.29 | 8 192 | 48 180 | 2 233 |
| 2023 - 8255 | E10_HBB2302350_24 - 12 - 45. fsa | 155 | 154.64 | 24 400 | 133 424 | 2 127 |
| 2023 - 8256 | E11_HBB2302351_24 - 12 - 45. fsa | 155 | 154.73 | 26 371 | 148 718 | 2 156 |
| 2023 - 8257 | E12_HBB2302352_24 - 12 - 45. fsa | 171 | 171.23 | 21 234 | 131 292 | 2 297 |
| 2023 - 8258 | F01_HBB2302353_24 - 12 - 45. fsa | 155 | 155.07 | 25 513 | 143 200 | 2 221 |
| 2023 - 8259 | F02_HBB2302354_24 - 12 - 45. fsa | 171 | 171.07 | 23 756 | 132 298 | 2 284 |
| 2023 - 8260 | F03_HBB2302355_24 - 12 - 45. fsa | 155 | 154.9 | 27 306 | 139 304 | 2 171 |

（续）

| 资源序号 | 样本名<br>（sample file name） | 等位基因位点<br>（allele，bp） | 大小<br>（size，bp） | 高度<br>（height，RFU） | 面积<br>（area，RFU） | 数据取值点<br>（data point，RFU） |
|---|---|---|---|---|---|---|
| 2023 - 8261 | F04_HBB2302356_24 - 12 - 45. fsa | 155 | 154.73 | 12 192 | 67 883 | 2 169 |
| | F04_HBB2302356_24 - 12 - 45. fsa | 168 | 168.31 | 8 487 | 45 639 | 2 249 |
| 2023 - 8262 | F05_HBB2302357_24 - 12 - 45. fsa | 171 | 171.12 | 23 577 | 119 212 | 2 237 |
| | F05_HBB2302357_24 - 12 - 45. fsa | 180 | 179.67 | 10 335 | 23 403 | 2 287 |
| 2023 - 8263 | F06_HBB2302358_24 - 12 - 45. fsa | 155 | 154.64 | 24 430 | 121 074 | 2 126 |
| | F06_HBB2302358_24 - 12 - 45. fsa | 175 | 174.99 | 1 709 | 9 186 | 2 244 |
| 2023 - 8264 | F07_HBB2302359_24 - 12 - 45. fsa | 155 | 154.74 | 19 171 | 98 310 | 2 126 |
| 2023 - 8265 | F08_HBB2302360_24 - 12 - 45. fsa | 155 | 154.75 | 22 724 | 121 449 | 2 117 |
| 2023 - 8266 | F09_HBB2302361_24 - 12 - 45. fsa | 155 | 154.64 | 13 543 | 70 640 | 2 131 |
| | F09_HBB2302361_24 - 12 - 45. fsa | 171 | 171.34 | 10 564 | 59 169 | 2 228 |
| 2023 - 8267 | F10_HBB2302362_24 - 12 - 45. fsa | 155 | 154.56 | 11 773 | 64 377 | 2 129 |
| | F10_HBB2302362_24 - 12 - 45. fsa | 168 | 168.04 | 11 674 | 67 338 | 2 208 |
| 2023 - 8268 | F11_HBB2302363_24 - 12 - 45. fsa | 155 | 154.72 | 15 093 | 84 687 | 2 176 |
| | F11_HBB2302363_24 - 12 - 45. fsa | 171 | 171.41 | 12 941 | 79 794 | 2 275 |
| 2023 - 8269 | F12_HBB2302364_24 - 12 - 45. fsa | 155 | 154.83 | 31 082 | 173 377 | 2 177 |
| 2023 - 8270 | G01_HBB2302365_24 - 12 - 45. fsa | 155 | 155.07 | 32 518 | 186 691 | 2 227 |
| 2023 - 8271 | G03_HBB2302367_24 - 12 - 45. fsa | 171 | 170.92 | 24 842 | 126 298 | 2 270 |
| 2023 - 8272 | G04_HBB2302368_24 - 12 - 45. fsa | 155 | 154.8 | 12 329 | 64 648 | 2 156 |
| | G04_HBB2302368_24 - 12 - 45. fsa | 171 | 171.23 | 10 670 | 55 187 | 2 252 |
| 2023 - 8273 | G05_HBB2302369_24 - 12 - 45. fsa | 155 | 154.8 | 13 435 | 69 143 | 2 145 |
| | G05_HBB2302369_24 - 12 - 45. fsa | 171 | 171.31 | 10 171 | 56 632 | 2 241 |
| 2023 - 8274 | G06_HBB2302370_24 - 12 - 45. fsa | 155 | 154.73 | 9 406 | 47 747 | 2 145 |
| | G06_HBB2302370_24 - 12 - 45. fsa | 171 | 171.25 | 6 844 | 36 947 | 2 242 |
| 2023 - 8275 | G07_HBB2302371_24 - 12 - 45. fsa | 155 | 154.63 | 16 845 | 90 597 | 2 129 |
| 2023 - 8276 | G08_HBB2302372_24 - 12 - 45. fsa | 155 | 154.74 | 25 709 | 127 972 | 2 141 |
| 2023 - 8277 | G09_HBB2302373_24 - 12 - 45. fsa | 155 | 154.74 | 20 161 | 102 685 | 2 129 |
| 2023 - 8278 | G10_HBB2302374_24 - 12 - 45. fsa | 168 | 168.19 | 8 715 | 46 609 | 2 222 |
| | G10_HBB2302374_24 - 12 - 45. fsa | 171 | 171.43 | 8 323 | 43 852 | 2 241 |
| 2023 - 8279 | G11_HBB2302375_24 - 12 - 45. fsa | 155 | 154.72 | 26 521 | 144 996 | 2 171 |

（续）

| 资源序号 | 样本名<br>（sample file name） | 等位基因位点<br>（allele，bp） | 大小<br>（size，bp） | 高度<br>（height，RFU） | 面积<br>（area，RFU） | 数据取值点<br>（data point，RFU） |
|---|---|---|---|---|---|---|
| 2023 - 8280 | G12_HBB2302376_24 - 12 - 45. fsa | 168 | 168.33 | 13 346 | 73 368 | 2 271 |
| | G12_HBB2302376_24 - 12 - 45. fsa | 171 | 171.32 | 13 293 | 73 727 | 2 289 |
| 2023 - 8281 | H01_HBB2302377_24 - 12 - 45. fsa | 155 | 155.15 | 16 824 | 88 021 | 2 245 |
| | H01_HBB2302377_24 - 12 - 45. fsa | 171 | 170.71 | 15 912 | 89 556 | 2 339 |
| 2023 - 8282 | H02_HBB2302378_24 - 12 - 45. fsa | 155 | 154.99 | 29 988 | 161 611 | 2 216 |
| 2023 - 8283 | H03_HBB2302379_24 - 12 - 45. fsa | 155 | 154.99 | 10 824 | 56 474 | 2 191 |
| | H03_HBB2302379_24 - 12 - 45. fsa | 171 | 171.03 | 9 593 | 49 803 | 2 287 |
| 2023 - 8284 | H04_HBB2302380_24 - 12 - 45. fsa | 155 | 155 | 8 747 | 48 345 | 2 173 |
| | H04_HBB2302380_24 - 12 - 45. fsa | 168 | 168.24 | 5 783 | 33 017 | 2 252 |
| 2023 - 8285 | H05_HBB2302381_24 - 12 - 45. fsa | 155 | 155.09 | 13 172 | 69 218 | 2 161 |
| | H05_HBB2302381_24 - 12 - 45. fsa | 171 | 171.18 | 9 507 | 49 527 | 2 256 |
| 2023 - 8286 | H06_HBB2302382_24 - 12 - 45. fsa | 155 | 154.9 | 12 607 | 67 032 | 2 155 |
| | H06_HBB2302382_24 - 12 - 45. fsa | 171 | 171.22 | 9 583 | 51 407 | 2 251 |
| 2023 - 8287 | H07_HBB2302383_24 - 12 - 45. fsa | 168 | 168.33 | 11 735 | 59 497 | 2 231 |
| | H07_HBB2302383_24 - 12 - 45. fsa | 171 | 171.22 | 10 448 | 50 590 | 2 248 |
| 2023 - 8288 | H08_HBB2302384_24 - 12 - 45. fsa | 171 | 171.35 | 21 285 | 109 320 | 2 253 |
| 2023 - 8289 | H09_HBB2302385_24 - 12 - 45. fsa | 155 | 154.91 | 14 064 | 68 291 | 2 144 |
| | H09_HBB2302385_24 - 12 - 45. fsa | 168 | 168.33 | 8 908 | 45 480 | 2 223 |
| 2023 - 8290 | A01_HBB2302387_08 - 49 - 11. fsa | 155 | 155.16 | 9 298 | 51 460 | 2 221 |
| | A01_HBB2302387_08 - 49 - 11. fsa | 171 | 170.75 | 8 003 | 45 389 | 2 315 |
| 2023 - 8291 | A02_HBB2302388_08 - 49 - 11. fsa | 155 | 155.07 | 11 919 | 70 952 | 2 205 |
| 2023 - 8292 | A03_HBB2302389_08 - 49 - 11. fsa | 155 | 154.9 | 19 719 | 103 894 | 2 173 |
| 2023 - 8293 | A04_HBB2302390_08 - 49 - 11. fsa | 171 | 170.97 | 15 195 | 91 115 | 2 262 |
| 2023 - 8294 | A05_HBB2302391_08 - 49 - 11. fsa | 155 | 154.73 | 10 314 | 59 593 | 2 154 |
| 2023 - 8295 | A06_HBB2302392_08 - 49 - 11. fsa | 155 | 154.8 | 14 066 | 81 838 | 2 150 |
| | A06_HBB2302392_08 - 49 - 11. fsa | 180 | 179.93 | 2 204 | 11 740 | 2 297 |
| 2023 - 8296 | A07_HBB2302393_08 - 49 - 11. fsa | 155 | 154.63 | 11 924 | 73 096 | 2 142 |
| 2023 - 8297 | A08_HBB2302394_08 - 49 - 11. fsa | 155 | 154.9 | 10 257 | 61 811 | 2 171 |
| 2023 - 8298 | A09_HBB2302395_08 - 49 - 11. fsa | 155 | 154.91 | 9 414 | 61 856 | 2 164 |
| 2023 - 8299 | A10_HBB2302396_08 - 49 - 11. fsa | 155 | 154.72 | 9 397 | 64 553 | 2 177 |

（续）

| 资源序号 | 样本名<br>（sample file name） | 等位基因位点<br>（allele，bp） | 大小<br>（size，bp） | 高度<br>（height，RFU） | 面积<br>（area，RFU） | 数据取值点<br>（data point，RFU） |
|---|---|---|---|---|---|---|
| 2023－8300 | A11_HBB2302397_08－49－11. fsa | 171 | 171.16 | 12 801 | 93 597 | 2 306 |
| 2023－8301 | A12_HBB2302398_08－49－11. fsa | 155 | 154.98 | 10 579 | 74 142 | 2 231 |
| 2023－8302 | B01_HBB2302399_08－49－11. fsa | 155 | 155.07 | 7 881 | 47 377 | 2 191 |
| | B01_HBB2302399_08－49－11. fsa | 171 | 171.08 | 6 386 | 42 841 | 2 286 |
| 2023－8303 | B02_HBB2302400_08－49－11. fsa | 155 | 155 | 8 965 | 49 622 | 2 199 |
| | B02_HBB2302400_08－49－11. fsa | 171 | 170.86 | 8 126 | 47 615 | 2 294 |
| 2023－8304 | B03_HBB2302401_08－49－11. fsa | 155 | 154.9 | 15 619 | 91 689 | 2 164 |
| 2023－8305 | B04_HBB2302402_08－49－11. fsa | 168 | 168.34 | 14 803 | 86 627 | 2 240 |
| 2023－8306 | B05_HBB2302403_08－49－11. fsa | 155 | 154.63 | 5 353 | 32 110 | 2 153 |
| | B05_HBB2302403_08－49－11. fsa | 171 | 171.31 | 4 895 | 29 451 | 2 250 |
| 2023－8307 | B06_HBB2302404_08－49－11. fsa | 155 | 154.64 | 6 619 | 39 006 | 2 132 |
| | B06_HBB2302404_08－49－11. fsa | 171 | 171.21 | 6 530 | 40 731 | 2 228 |
| 2023－8308 | B07_HBB2302405_08－49－11. fsa | 155 | 154.81 | 4 969 | 28 978 | 2 142 |
| | B07_HBB2302405_08－49－11. fsa | 171 | 171.3 | 4 493 | 28 587 | 2 238 |
| 2023－8309 | B08_HBB2302406_08－49－11. fsa | 155 | 154.74 | 13 272 | 78 963 | 2 142 |
| 2023－8310 | B09_HBB2302407_08－49－11. fsa | 155 | 154.63 | 4 912 | 31 311 | 2 139 |
| | B09_HBB2302407_08－49－11. fsa | 171 | 171.35 | 4 588 | 32 494 | 2 236 |
| 2023－8311 | B11_HBB2302409_08－49－11. fsa | 155 | 154.83 | 5 329 | 38 320 | 2 188 |
| | B11_HBB2302409_08－49－11. fsa | 171 | 171.2 | 4 872 | 37 255 | 2 286 |
| 2023－8312 | B12_HBB2302410_08－49－11. fsa | 155 | 154.82 | 6 844 | 46 823 | 2 208 |
| | B12_HBB2302410_08－49－11. fsa | 171 | 171.29 | 6 021 | 45 119 | 2 307 |
| 2023－8313 | C01_HBB2302411_08－49－11. fsa | 155 | 155 | 15 490 | 89 076 | 2 204 |
| 2023－8314 | C02_HBB2302412_08－49－11. fsa | 155 | 154.89 | 8 494 | 46 173 | 2 183 |
| | C02_HBB2302412_08－49－11. fsa | 171 | 170.99 | 7 371 | 44 237 | 2 278 |
| 2023－8315 | C03_HBB2302413_08－49－11. fsa | 155 | 154.9 | 6 033 | 37 932 | 2 170 |
| | C03_HBB2302413_08－49－11. fsa | 168 | 168.31 | 5 443 | 33 453 | 2 249 |
| 2023－8316 | C04_HBB2302414_08－49－11. fsa | 155 | 154.74 | 13 371 | 78 731 | 2 153 |
| | C04_HBB2302414_08－49－11. fsa | 180 | 179.95 | 1 019 | 5 327 | 2 301 |
| 2023－8317 | C05_HBB2302415_08－49－11. fsa | 155 | 154.81 | 5 501 | 32 039 | 2 134 |
| | C05_HBB2302415_08－49－11. fsa | 171 | 171.34 | 5 120 | 31 632 | 2 230 |

（续）

| 资源序号 | 样本名<br>（sample file name） | 等位基因位点<br>（allele，bp） | 大小<br>（size，bp） | 高度<br>（height，RFU） | 面积<br>（area，RFU） | 数据取值点<br>（data point，RFU） |
|---|---|---|---|---|---|---|
| 2023 - 8318 | C06_HBB2302416_08 - 49 - 11. fsa | 155 | 154. 74 | 5 865 | 34 316 | 2 147 |
| | C06_HBB2302416_08 - 49 - 11. fsa | 168 | 168. 22 | 5 269 | 31 687 | 2 226 |
| 2023 - 8319 | C07_HBB2302417_08 - 49 - 11. fsa | 168 | 168. 14 | 5 937 | 34 812 | 2 206 |
| | C07_HBB2302417_08 - 49 - 11. fsa | 171 | 171. 25 | 5 557 | 32 694 | 2 224 |
| 2023 - 8320 | C08_HBB2302418_08 - 49 - 11. fsa | 155 | 154. 81 | 9 616 | 59 311 | 2 125 |
| 2023 - 8321 | C09_HBB2302419_08 - 49 - 11. fsa | 155 | 154. 63 | 7 774 | 49 012 | 2 152 |
| | C09_HBB2302419_08 - 49 - 11. fsa | 171 | 171. 49 | 6 450 | 44 691 | 2 250 |
| 2023 - 8322 | C10_HBB2302420_08 - 49 - 11. fsa | 155 | 154. 74 | 5 923 | 38 519 | 2 140 |
| | C10_HBB2302420_08 - 49 - 11. fsa | 171 | 171. 29 | 5 465 | 37 670 | 2 237 |
| 2023 - 8323 | C11_HBB2302421_08 - 49 - 11. fsa | 171 | 171. 27 | 10 553 | 76 279 | 2 278 |
| 2023 - 8324 | C12_HBB2302422_08 - 49 - 11. fsa | 168 | 168. 3 | 9 013 | 68 576 | 2 279 |
| 2023 - 8325 | D01_HBB2302423_08 - 49 - 11. fsa | 155 | 154. 99 | 7 213 | 41 579 | 2 214 |
| | D01_HBB2302423_08 - 49 - 11. fsa | 168 | 168. 46 | 6 452 | 39 937 | 2 295 |
| 2023 - 8326 | D02_HBB2302424_08 - 49 - 11. fsa | 155 | 154. 72 | 14 002 | 87 529 | 2 183 |
| 2023 - 8327 | D03_HBB2302425_08 - 49 - 11. fsa | 155 | 154. 74 | 12 671 | 69 765 | 2 147 |
| 2023 - 8328 | D04_HBB2302426_08 - 49 - 11. fsa | 155 | 154. 74 | 5 917 | 33 637 | 2 143 |
| | D04_HBB2302426_08 - 49 - 11. fsa | 168 | 168. 24 | 7 685 | 48 576 | 2 222 |
| 2023 - 8329 | D05_HBB2302427_08 - 49 - 11. fsa | 155 | 154. 75 | 11 749 | 68 932 | 2 128 |
| 2023 - 8330 | D06_HBB2302428_08 - 49 - 11. fsa | 155 | 154. 74 | 5 397 | 33 351 | 2 135 |
| | D06_HBB2302428_08 - 49 - 11. fsa | 171 | 171. 15 | 5 428 | 34 171 | 2 231 |
| 2023 - 8331 | D08_HBB2302430_08 - 49 - 11. fsa | 155 | 154. 71 | 10 280 | 61 443 | 2 115 |
| 2023 - 8332 | D09_HBB2302431_08 - 49 - 11. fsa | 155 | 154. 64 | 11 066 | 66 011 | 2 136 |
| | D09_HBB2302431_08 - 49 - 11. fsa | 180 | 179. 9 | 984 | 4 793 | 2 283 |
| 2023 - 8333 | D10_HBB2302432_08 - 49 - 11. fsa | 155 | 154. 64 | 8 170 | 54 246 | 2 130 |
| 2023 - 8334 | D11_HBB2302433_08 - 49 - 11. fsa | 155 | 154. 66 | 10 766 | 72 761 | 2 167 |
| 2023 - 8335 | D12_HBB2302434_08 - 49 - 11. fsa | 155 | 154. 82 | 9 083 | 65 570 | 2 195 |
| 2023 - 8336 | E01_HBB2302435_08 - 49 - 11. fsa | 155 | 154. 99 | 5 841 | 38 280 | 2 227 |
| | E01_HBB2302435_08 - 49 - 11. fsa | 168 | 168. 46 | 5 611 | 39 032 | 2 308 |
| 2023 - 8337 | E02_HBB2302436_08 - 49 - 11. fsa | 168 | 168. 4 | 5 455 | 34 919 | 2 275 |
| | E02_HBB2302436_08 - 49 - 11. fsa | 171 | 171. 25 | 5 077 | 32 614 | 2 292 |

（续）

| 资源序号 | 样本名<br>（sample file name） | 等位基因位点<br>（allele，bp） | 大小<br>（size，bp） | 高度<br>（height，RFU） | 面积<br>（area，RFU） | 数据取值点<br>（data point，RFU） |
|---|---|---|---|---|---|---|
| 2023－8338 | E03_HBB2302437_08－49－11. fsa | 155 | 154.73 | 11 645 | 72 204 | 2 168 |
| 2023－8339 | E04_HBB2302438_08－49－11. fsa | 168 | 168.17 | 4 989 | 30 806 | 2 245 |
| | E04_HBB2302438_08－49－11. fsa | 171 | 171.22 | 4 649 | 27 976 | 2 263 |
| 2023－8340 | E05_HBB2302439_08－49－11. fsa | 168 | 168.04 | 5 746 | 37 019 | 2 230 |
| | E05_HBB2302439_08－49－11. fsa | 171 | 171.12 | 5 773 | 34 354 | 2 248 |
| 2023－8341 | E06_HBB2302440_08－49－11. fsa | 155 | 154.63 | 11 058 | 65 546 | 2 126 |
| 2023－8342 | E07_HBB2302441_08－49－11. fsa | 155 | 154.63 | 4 587 | 28 130 | 2 122 |
| | E07_HBB2302441_08－49－11. fsa | 168 | 168.13 | 5 094 | 33 645 | 2 200 |
| 2023－8343 | E08_HBB2302442_08－49－11. fsa | 155 | 154.74 | 8 857 | 53 972 | 2 141 |
| 2023－8344 | E09_HBB2302443_08－49－11. fsa | 155 | 154.63 | 4 814 | 31 349 | 2 142 |
| | E09_HBB2302443_08－49－11. fsa | 171 | 171.35 | 4 528 | 31 352 | 2 239 |
| 2023－8345 | E10_HBB2302444_08－49－11. fsa | 168 | 168.25 | 2 607 | 17 617 | 2 212 |
| | E10_HBB2302444_08－49－11. fsa | 171 | 171.34 | 4 048 | 27 040 | 2 230 |
| 2023－8346 | E11_HBB2302445_08－49－11. fsa | 155 | 154.73 | 4 313 | 30 910 | 2 163 |
| | E11_HBB2302445_08－49－11. fsa | 171 | 171.48 | 4 028 | 30 242 | 2 262 |
| 2023－8347 | E12_HBB2302446_08－49－11. fsa | 155 | 154.65 | 8 846 | 64 733 | 2 201 |
| 2023－8348 | F01_HBB2302447_08－49－11. fsa | 171 | 170.91 | 7 310 | 54 767 | 2 317 |
| 2023－8349 | F02_HBB2302448_08－49－11. fsa | 155 | 154.89 | 4 100 | 26 736 | 2 194 |
| | F02_HBB2302448_08－49－11. fsa | 171 | 171.08 | 3 670 | 24 884 | 2 290 |
| 2023－8350 | F03_HBB2302449_08－49－11. fsa | 155 | 154.89 | 11 960 | 75 234 | 2 176 |
| 2023－8351 | F05_HBB2302451_08－49－11. fsa | 155 | 154.91 | 4 929 | 31 273 | 2 148 |
| | F05_HBB2302451_08－49－11. fsa | 171 | 171.12 | 5 214 | 33 199 | 2 243 |
| 2023－8352 | F06_HBB2302452_08－49－11. fsa | 155 | 154.64 | 5 308 | 32 298 | 2 131 |
| | F06_HBB2302452_08－49－11. fsa | 168 | 168.11 | 5 061 | 32 113 | 2 209 |
| 2023－8353 | F07_HBB2302453_08－49－11. fsa | 155 | 154.62 | 9 876 | 58 660 | 2 131 |
| 2023－8354 | F08_HBB2302454_08－49－11. fsa | 155 | 154.64 | 5 193 | 31 385 | 2 123 |
| | F08_HBB2302454_08－49－11. fsa | 171 | 171.37 | 4 846 | 31 190 | 2 220 |
| 2023－8355 | F09_HBB2302455_08－49－11. fsa | 155 | 154.56 | 5 622 | 38 166 | 2 138 |
| | F09_HBB2302455_08－49－11. fsa | 171 | 171.11 | 4 316 | 30 563 | 2 235 |
| 2023－8356 | F10_HBB2302456_08－49－11. fsa | 155 | 154.56 | 11 773 | 76 384 | 2 136 |

（续）

| 资源序号 | 样本名<br>（sample file name） | 等位基因位点<br>（allele，bp） | 大小<br>（size，bp） | 高度<br>（height，RFU） | 面积<br>（area，RFU） | 数据取值点<br>（data point，RFU） |
|---|---|---|---|---|---|---|
| 2023－8357 | F11_HBB2302457_08－49－11.fsa | 171 | 171.4 | 11 169 | 76 884 | 2 281 |
| 2023－8358 | F12_HBB2302458_08－49－11.fsa | 155 | 154.72 | 5 833 | 45 334 | 2 183 |
| | F12_HBB2302458_08－49－11.fsa | 171 | 171.37 | 4 315 | 37 031 | 2 282 |
| 2023－8359 | G01_HBB2302459_08－49－11.fsa | 155 | 155.07 | 8 608 | 54 228 | 2 228 |
| | G01_HBB2302459_08－49－11.fsa | 168 | 168.56 | 6 939 | 48 273 | 2 308 |
| 2023－8360 | G02_HBB2302460_08－49－11.fsa | 168 | 168.54 | 6 791 | 46 818 | 2 289 |
| | G02_HBB2302460_08－49－11.fsa | 171 | 171.05 | 6 526 | 41 028 | 2 304 |
| 2023－8361 | G03_HBB2302461_08－49－11.fsa | 171 | 170.92 | 7 822 | 50 012 | 2 275 |
| 2023－8362 | G04_HBB2302462_08－49－11.fsa | 155 | 154.91 | 9 579 | 60 753 | 2 162 |
| 2023－8363 | G05_HBB2302463_08－49－11.fsa | 155 | 154.91 | 6 496 | 39 109 | 2 152 |
| | G05_HBB2302463_08－49－11.fsa | 168 | 168.18 | 6 251 | 41 757 | 2 230 |
| 2023－8364 | G06_HBB2302464_08－49－11.fsa | 155 | 154.74 | 6 606 | 43 632 | 2 152 |
| 2023－8365 | G07_HBB2302465_08－49－11.fsa | 155 | 154.74 | 3 129 | 19 944 | 2 136 |
| | G07_HBB2302465_08－49－11.fsa | 171 | 171.12 | 1 977 | 14 016 | 2 232 |
| 2023－8366 | G08_HBB2302466_08－49－11.fsa | 155 | 154.8 | 3 651 | 25 497 | 2 150 |
| | G08_HBB2302466_08－49－11.fsa | 168 | 168.2 | 3 628 | 25 755 | 2 228 |
| 2023－8367 | G09_HBB2302467_08－49－11.fsa | 155 | 154.8 | 4 434 | 27 991 | 2 137 |
| | G09_HBB2302467_08－49－11.fsa | 171 | 171.3 | 4 123 | 27 478 | 2 233 |
| 2023－8368 | G10_HBB2302468_08－49－11.fsa | 168 | 168.16 | 3 839 | 27 664 | 2 230 |
| | G10_HBB2302468_08－49－11.fsa | 171 | 171.21 | 3 589 | 24 757 | 2 248 |
| 2023－8369 | G11_HBB2302469_08－49－11.fsa | 155 | 154.72 | 4 377 | 30 848 | 2 178 |
| | G11_HBB2302469_08－49－11.fsa | 171 | 171.29 | 3 761 | 28 671 | 2 276 |
| 2023－8370 | G12_HBB2302470_08－49－11.fsa | 155 | 154.9 | 10 167 | 69 255 | 2 198 |
| 2023－8371 | H02_HBB2302472_08－49－11.fsa | 155 | 154.98 | 10 773 | 73 520 | 2 223 |
| 2023－8372 | H03_HBB2302473_08－49－11.fsa | 155 | 155 | 4 478 | 31 537 | 2 196 |
| | H03_HBB2302473_08－49－11.fsa | 171 | 171.02 | 3 486 | 27 597 | 2 292 |
| 2023－8373 | H04_HBB2302474_08－49－11.fsa | 155 | 154.9 | 5 801 | 36 806 | 2 178 |
| | H04_HBB2302474_08－49－11.fsa | 171 | 171.11 | 5 468 | 34 537 | 2 274 |
| 2023－8374 | H05_HBB2302475_08－49－11.fsa | 155 | 154.9 | 12 201 | 74 205 | 2 167 |

（续）

| 资源序号 | 样本名<br>（sample file name） | 等位基因位点<br>（allele，bp） | 大小<br>（size，<br>bp） | 高度<br>（height，<br>RFU） | 面积<br>（area，<br>RFU） | 数据取值点<br>（data point，<br>RFU） |
|---|---|---|---|---|---|---|
| 2023 - 8375 | H06_HBB2302476_08 - 49 - 11. fsa | 155 | 154.9 | 4 910 | 30 612 | 2 162 |
|  | H06_HBB2302476_08 - 49 - 11. fsa | 171 | 171.18 | 4 359 | 28 163 | 2 258 |
| 2023 - 8376 | H07_HBB2302477_08 - 49 - 11. fsa | 155 | 154.9 | 9 362 | 59 160 | 2 159 |
| 2023 - 8377 | H08_HBB2302478_08 - 49 - 11. fsa | 155 | 154.73 | 4 612 | 30 523 | 2 162 |
|  | H08_HBB2302478_08 - 49 - 11. fsa | 171 | 171.35 | 4 070 | 28 044 | 2 260 |
| 2023 - 8378 | H09_HBB2302479_08 - 49 - 11. fsa | 155 | 154.91 | 7 238 | 53 527 | 2 152 |
|  | H10_HBB2302480_08 - 49 - 11. fsa | 155 | 154.91 | 3 426 | 24 919 | 2 157 |
| 2023 - 8379 | H10_HBB2302480_08 - 49 - 11. fsa | 171 | 171.35 | 2 843 | 21 757 | 2 254 |

## 22 P22

| 资源序号 | 样本名<br>（sample file name） | 等位基因位点<br>（allele，bp） | 大小<br>（size，<br>bp） | 高度<br>（height，<br>RFU） | 面积<br>（area，<br>RFU） | 数据取值点<br>（data point，<br>RFU） |
|---|---|---|---|---|---|---|
| 2023 - 8200 | A01_HBB2302293_24 - 12 - 45. fsa | 175 | 175.06 | 32 615 | 208 719 | 2 336 |
| 2023 - 8201 | A02_HBB2302294_24 - 12 - 45. fsa | 175 | 174.93 | 32 627 | 156 187 | 2 320 |
|  | A02_HBB2302294_24 - 12 - 45. fsa | 237 | 237.49 | 6 794 | 27 275 | 2 693 |
| 2023 - 8202 | A03_HBB2302295_24 - 12 - 45. fsa | 175 | 175.02 | 32 662 | 153 773 | 2 285 |
|  | A03_HBB2302295_24 - 12 - 45. fsa | 194 | 193.98 | 26 429 | 109 079 | 2 398 |
| 2023 - 8203 | A04_HBB2302296_24 - 12 - 45. fsa | 175 | 174.84 | 32 690 | 150 082 | 2 278 |
|  | A04_HBB2302296_24 - 12 - 45. fsa | 194 | 193.81 | 23 115 | 96 019 | 2 391 |
| 2023 - 8204 | A05_HBB2302297_24 - 12 - 45. fsa | 212 | 212.35 | 13 210 | 56 038 | 2 487 |
|  | A05_HBB2302297_24 - 12 - 45. fsa | 233 | 232.99 | 7 903 | 32 970 | 2 607 |
| 2023 - 8205 | A06_HBB2302298_24 - 12 - 45. fsa | 175 | 174.83 | 32 666 | 160 444 | 2 262 |
|  | A06_HBB2302298_24 - 12 - 45. fsa | 212 | 212.4 | 13 541 | 57 929 | 2 481 |
| 2023 - 8206 | A07_HBB2302299_24 - 12 - 45. fsa | 212 | 212.25 | 16 284 | 67 652 | 2 473 |
|  | A07_HBB2302299_24 - 12 - 45. fsa | 235 | 235.11 | 7 285 | 30 941 | 2 605 |
| 2023 - 8207 | A08_HBB2302300_24 - 12 - 45. fsa | 175 | 174.9 | 29 906 | 125 629 | 2 283 |
|  | A08_HBB2302300_24 - 12 - 45. fsa | 239 | 239.35 | 3 941 | 17 277 | 2 661 |

（续）

| 资源序号 | 样本名<br>（sample file name） | 等位基因位点<br>（allele，bp） | 大小<br>（size，bp） | 高度<br>（height，RFU） | 面积<br>（area，RFU） | 数据取值点<br>（data point，RFU） |
|---|---|---|---|---|---|---|
| 2023－8208 | A09_HBB2302301_24－12－45. fsa | 210 | 210.28 | 16 048 | 65 111 | 2 483 |
| | A09_HBB2302301_24－12－45. fsa | 239 | 239.32 | 6 062 | 23 719 | 2 652 |
| 2023－8209 | A10_HBB2302302_24－12－45. fsa | 194 | 193.82 | 30 566 | 145 842 | 2 402 |
| | A10_HBB2302302_24－12－45. fsa | 233 | 233.12 | 8 067 | 35 787 | 2 632 |
| 2023－8210 | A11_HBB2302303_24－12－45. fsa | 192 | 191.69 | 32 547 | 168 162 | 2 424 |
| | A11_HBB2302303_24－12－45. fsa | 214 | 214.5 | 10 019 | 45 190 | 2 559 |
| 2023－8211 | B01_HBB2302305_24－12－45. fsa | 210 | 210.49 | 15 996 | 65 499 | 2 517 |
| | B01_HBB2302305_24－12－45. fsa | 218 | 218 | 12 707 | 48 635 | 2 561 |
| 2023－8212 | B02_HBB2302306_24－12－45. fsa | 194 | 193.92 | 32 359 | 166 280 | 2 429 |
| 2023－8213 | B03_HBB2302307_24－12－45. fsa | 212 | 212.32 | 31 746 | 155 935 | 2 496 |
| 2023－8214 | B04_HBB2302308_24－12－45. fsa | 194 | 193.75 | 32 453 | 155 403 | 2 385 |
| | B04_HBB2302308_24－12－45. fsa | 239 | 239.31 | 9 536 | 36 671 | 2 650 |
| 2023－8215 | B05_HBB2302309_24－12－45. fsa | 175 | 174.89 | 30 398 | 124 799 | 2 265 |
| | B05_HBB2302309_24－12－45. fsa | 212 | 212.26 | 10 649 | 43 582 | 2 483 |
| 2023－8216 | B06_HBB2302310_24－12－45. fsa | 190 | 189.63 | 32 471 | 164 516 | 2 332 |
| | B06_HBB2302310_24－12－45. fsa | 233 | 233.04 | 11 884 | 47 581 | 2 583 |
| 2023－8217 | B07_HBB2302311_24－12－45. fsa | 175 | 174.7 | 32 005 | 131 903 | 2 252 |
| | B07_HBB2302311_24－12－45. fsa | 194 | 193.68 | 21 953 | 92 802 | 2 363 |
| 2023－8218 | B08_HBB2302312_24－12－45. fsa | 210 | 210.16 | 13 681 | 53 949 | 2 459 |
| | B08_HBB2302312_24－12－45. fsa | 239 | 239.23 | 4 908 | 19 206 | 2 627 |
| 2023－8219 | B09_HBB2302313_24－12－45. fsa | 194 | 193.72 | 19 170 | 92 232 | 2 360 |
| | B09_HBB2302313_24－12－45. fsa | 233 | 232.87 | 5 193 | 22 877 | 2 586 |
| 2023－8220 | B10_HBB2302314_24－12－45. fsa | 194 | 193.75 | 19 340 | 84 438 | 2 368 |
| | B10_HBB2302314_24－12－45. fsa | 210 | 210.12 | 14 462 | 59 711 | 2 463 |
| 2023－8221 | B11_HBB2302315_24－12－45. fsa | 194 | 193.85 | 27 821 | 140 840 | 2 416 |
| | B11_HBB2302315_24－12－45. fsa | 212 | 212.31 | 13 387 | 59 899 | 2 525 |
| 2023－8222 | B12_HBB2302316_24－12－45. fsa | 194 | 193.75 | 30 609 | 140 920 | 2 438 |
| | B12_HBB2302316_24－12－45. fsa | 212 | 212.24 | 15 659 | 69 704 | 2 548 |
| 2023－8223 | C01_HBB2302317_24－12－45. fsa | 180 | 179.96 | 18 771 | 75 665 | 2 351 |
| | C01_HBB2302317_24－12－45. fsa | 214 | 214.54 | 10 487 | 40 613 | 2 557 |

（续）

| 资源序号 | 样本名<br>（sample file name） | 等位基因位点<br>（allele，bp） | 大小<br>（size，bp） | 高度<br>（height，RFU） | 面积<br>（area，RFU） | 数据取值点<br>（data point，RFU） |
|---|---|---|---|---|---|---|
| 2023 - 8224 | C02_HBB2302318_24 - 12 - 45. fsa | 210 | 210.35 | 21 279 | 84 039 | 2 508 |
| | C02_HBB2302318_24 - 12 - 45. fsa | 233 | 233.36 | 10 800 | 41 312 | 2 643 |
| 2023 - 8226 | C03_HBB2302319_24 - 12 - 45. fsa | 194 | 193.79 | 32 254 | 162 534 | 2 394 |
| 2023 - 8227 | C04_HBB2302320_24 - 12 - 45. fsa | 194 | 193.72 | 22 088 | 89 243 | 2 377 |
| | C04_HBB2302320_24 - 12 - 45. fsa | 210 | 210.1 | 11 739 | 47 561 | 2 472 |
| 2023 - 8228 | C05_HBB2302321_24 - 12 - 45. fsa | 180 | 179.56 | 32 684 | 144 628 | 2 273 |
| | C05_HBB2302321_24 - 12 - 45. fsa | 239 | 239.16 | 6 493 | 25 374 | 2 616 |
| 2023 - 8229 | C06_HBB2302322_24 - 12 - 45. fsa | 192 | 191.84 | 31 180 | 131 367 | 2 357 |
| | C06_HBB2302322_24 - 12 - 45. fsa | 194 | 193.89 | 18 963 | 70 537 | 2 369 |
| 2023 - 8230 | C07_HBB2302323_24 - 12 - 45. fsa | 194 | 193.68 | 30 075 | 121 805 | 2 349 |
| | C07_HBB2302323_24 - 12 - 45. fsa | 212 | 212.16 | 16 125 | 62 379 | 2 455 |
| 2023 - 8231 | C09_HBB2302325_24 - 12 - 45. fsa | 194 | 193.71 | 30 824 | 127 165 | 2 376 |
| | C09_HBB2302325_24 - 12 - 45. fsa | 212 | 212.22 | 16 429 | 68 349 | 2 483 |
| 2023 - 8232 | C10_HBB2302326_24 - 12 - 45. fsa | 194 | 193.72 | 29 807 | 125 788 | 2 361 |
| | C10_HBB2302326_24 - 12 - 45. fsa | 214 | 214.3 | 15 717 | 62 439 | 2 480 |
| 2023 - 8233 | C11_HBB2302327_24 - 12 - 45. fsa | 194 | 193.85 | 27 622 | 131 480 | 2 408 |
| | C11_HBB2302327_24 - 12 - 45. fsa | 212 | 212.18 | 15 103 | 62 955 | 2 516 |
| 2023 - 8234 | C12_HBB2302328_24 - 12 - 45. fsa | 175 | 174.82 | 28 893 | 121 392 | 2 312 |
| | C12_HBB2302328_24 - 12 - 45. fsa | 180 | 179.8 | 27 367 | 116 863 | 2 342 |
| 2023 - 8235 | D01_HBB2302329_24 - 12 - 45. fsa | 233 | 233.46 | 22 684 | 90 940 | 2 677 |
| 2023 - 8236 | D02_HBB2302330_24 - 12 - 45. fsa | 180 | 179.83 | 32 597 | 150 102 | 2 328 |
| | D02_HBB2302330_24 - 12 - 45. fsa | 212 | 212.23 | 13 175 | 53 629 | 2 520 |
| 2023 - 8237 | D03_HBB2302331_24 - 12 - 45. fsa | 180 | 179.83 | 32 646 | 138 379 | 2 288 |
| | D03_HBB2302331_24 - 12 - 45. fsa | 194 | 193.75 | 24 322 | 103 953 | 2 370 |
| 2023 - 8238 | D04_HBB2302332_24 - 12 - 45. fsa | 193 | 192.7 | 32 603 | 167 484 | 2 359 |
| 2023 - 8239 | D05_HBB2302333_24 - 12 - 45. fsa | 212 | 212.34 | 26 654 | 114 186 | 2 456 |
| 2023 - 8240 | D06_HBB2302334_24 - 12 - 45. fsa | 193 | 192.75 | 3 562 | 16 038 | 2 349 |
| | D06_HBB2302334_24 - 12 - 45. fsa | 237 | 236.96 | 17 827 | 68 071 | 2 603 |
| 2023 - 8241 | D07_HBB2302335_24 - 12 - 45. fsa | 190 | 189.76 | 28 738 | 114 012 | 2 350 |
| | D07_HBB2302335_24 - 12 - 45. fsa | 210 | 210.13 | 14 423 | 57 179 | 2 468 |

（续）

| 资源序号 | 样本名<br>（sample file name） | 等位基因位点<br>（allele，bp） | 大小<br>（size，bp） | 高度<br>（height，RFU） | 面积<br>（area，RFU） | 数据取值点<br>（data point，RFU） |
|---|---|---|---|---|---|---|
| 2023－8242 | D08_HBB2302336_24－12－45.fsa | 216 | 215.42 | 15 136 | 64 678 | 2 458 |
| | D08_HBB2302336_24－12－45.fsa | 233 | 232.79 | 8 652 | 35 580 | 2 557 |
| 2023－8243 | D09_HBB2302337_24－12－45.fsa | 175 | 174.77 | 31 746 | 136 164 | 2 247 |
| | D09_HBB2302337_24－12－45.fsa | 194 | 193.71 | 6 846 | 36 063 | 2 358 |
| 2023－8244 | D10_HBB2302338_24－12－45.fsa | 210 | 210.05 | 27 918 | 116 131 | 2 446 |
| 2023－8245 | D11_HBB2302339_24－12－45.fsa | 194 | 193.61 | 23 050 | 102 870 | 2 394 |
| | D11_HBB2302339_24－12－45.fsa | 233 | 232.94 | 6 000 | 25 905 | 2 624 |
| 2023－8246 | D12_HBB2302340_24－12－45.fsa | 194 | 193.75 | 20 081 | 86 244 | 2 424 |
| | D12_HBB2302340_24－12－45.fsa | 210 | 210.1 | 9 017 | 38 575 | 2 521 |
| 2023－8247 | E01_HBB2302341_24－12－45.fsa | 175 | 174.97 | 27 297 | 112 156 | 2 339 |
| | E01_HBB2302341_24－12－45.fsa | 180 | 179.95 | 24 983 | 101 391 | 2 369 |
| 2023－8248 | E02_HBB2302342_24－12－45.fsa | 194 | 193.68 | 32 492 | 174 781 | 2 422 |
| 2023－8249 | E03_HBB2302343_24－12－45.fsa | 180 | 179.8 | 32 592 | 138 048 | 2 310 |
| | E03_HBB2302343_24－12－45.fsa | 190 | 189.75 | 30 582 | 124 704 | 2 369 |
| 2023－8250 | E04_HBB2302344_24－12－45.fsa | 190 | 189.7 | 32 536 | 147 081 | 2 367 |
| | E04_HBB2302344_24－12－45.fsa | 210 | 210.23 | 17 437 | 70 908 | 2 487 |
| 2023－8251 | E06_HBB2302346_24－12－45.fsa | 175 | 174.7 | 32 630 | 168 776 | 2 236 |
| 2023－8252 | E07_HBB2302347_24－12－45.fsa | 193 | 192.65 | 6 667 | 28 639 | 2 338 |
| | E07_HBB2302347_24－12－45.fsa | 239 | 238.97 | 11 062 | 43 008 | 2 604 |
| 2023－8253 | E08_HBB2302348_24－12－45.fsa | 194 | 193.65 | 28 804 | 117 346 | 2 360 |
| | E08_HBB2302348_24－12－45.fsa | 212 | 212.26 | 14 552 | 59 696 | 2 467 |
| 2023－8254 | E09_HBB2302349_24－12－45.fsa | 175 | 174.54 | 32 686 | 189 719 | 2 252 |
| 2023－8255 | E10_HBB2302350_24－12－45.fsa | 180 | 179.74 | 27 000 | 109 968 | 2 273 |
| | E10_HBB2302350_24－12－45.fsa | 194 | 193.72 | 19 834 | 81 899 | 2 355 |
| 2023－8256 | E11_HBB2302351_24－12－45.fsa | 193 | 192.61 | 32 605 | 193 255 | 2 380 |
| 2023－8257 | E12_HBB2302352_24－12－45.fsa | 193 | 192.56 | 32 661 | 182 194 | 2 426 |
| 2023－8258 | F01_HBB2302353_24－12－45.fsa | 212 | 212.46 | 31 871 | 145 257 | 2 562 |
| 2023－8259 | F02_HBB2302354_24－12－45.fsa | 193 | 192.72 | 32 647 | 168 993 | 2 414 |
| 2023－8260 | F03_HBB2302355_24－12－45.fsa | 193 | 192.65 | 32 535 | 174 750 | 2 395 |

（续）

| 资源序号 | 样本名<br>（sample file name） | 等位基因位点<br>（allele，bp） | 大小<br>（size，bp） | 高度<br>（height，RFU） | 面积<br>（area，RFU） | 数据取值点<br>（data point，RFU） |
|---|---|---|---|---|---|---|
| 2023 - 8261 | F04_HBB2302356_24 - 12 - 45. fsa | 180 | 179.81 | 32 634 | 151 502 | 2 317 |
| | F04_HBB2302356_24 - 12 - 45. fsa | 222 | 221.88 | 10 715 | 39 875 | 2 564 |
| 2023 - 8262 | F05_HBB2302357_24 - 12 - 45. fsa | 180 | 179.84 | 32 692 | 133 876 | 2 288 |
| | F05_HBB2302357_24 - 12 - 45. fsa | 194 | 193.85 | 26 173 | 98 292 | 2 370 |
| 2023 - 8263 | F06_HBB2302358_24 - 12 - 45. fsa | 184 | 184.44 | 29 709 | 121 238 | 2 299 |
| | F06_HBB2302358_24 - 12 - 45. fsa | 194 | 193.68 | 23 568 | 93 215 | 2 353 |
| 2023 - 8264 | F07_HBB2302359_24 - 12 - 45. fsa | 194 | 193.65 | 32 385 | 163 983 | 2 353 |
| 2023 - 8265 | F08_HBB2302360_24 - 12 - 45. fsa | 194 | 193.61 | 32 390 | 178 637 | 2 343 |
| 2023 - 8266 | F09_HBB2302361_24 - 12 - 45. fsa | 212 | 212.12 | 16 195 | 62 592 | 2 465 |
| | F09_HBB2302361_24 - 12 - 45. fsa | 218 | 217.54 | 10 136 | 33 365 | 2 496 |
| 2023 - 8267 | F10_HBB2302362_24 - 12 - 45. fsa | 175 | 174.54 | 32 682 | 163 642 | 2 246 |
| 2023 - 8268 | F11_HBB2302363_24 - 12 - 45. fsa | 216 | 215.42 | 25 685 | 93 856 | 2 537 |
| | F11_HBB2302363_24 - 12 - 45. fsa | 220 | 219.67 | 17 196 | 59 675 | 2 562 |
| 2023 - 8269 | F12_HBB2302364_24 - 12 - 45. fsa | 184 | 184.53 | 3 120 | 14 461 | 2 355 |
| | F12_HBB2302364_24 - 12 - 45. fsa | 216 | 215.6 | 29 948 | 119 201 | 2 539 |
| 2023 - 8270 | G01_HBB2302365_24 - 12 - 45. fsa | 184 | 184.66 | 32 505 | 199 901 | 2 404 |
| 2023 - 8271 | G03_HBB2302367_24 - 12 - 45. fsa | 184 | 184.54 | 5 628 | 23 978 | 2 351 |
| | G03_HBB2302367_24 - 12 - 45. fsa | 233 | 233.3 | 19 992 | 74 478 | 2 637 |
| 2023 - 8272 | G04_HBB2302368_24 - 12 - 45. fsa | 175 | 174.96 | 32 651 | 167 032 | 2 274 |
| | G04_HBB2302368_24 - 12 - 45. fsa | 233 | 233.17 | 8 923 | 35 132 | 2 615 |
| 2023 - 8273 | G05_HBB2302369_24 - 12 - 45. fsa | 194 | 193.92 | 32 481 | 148 457 | 2 374 |
| | G05_HBB2302369_24 - 12 - 45. fsa | 233 | 233.11 | 10 364 | 37 610 | 2 601 |
| 2023 - 8274 | G06_HBB2302370_24 - 12 - 45. fsa | 233 | 232.94 | 8 505 | 34 120 | 2 601 |
| | G06_HBB2302370_24 - 12 - 45. fsa | 263 | 263.09 | 4 026 | 15 323 | 2 783 |
| 2023 - 8275 | G07_HBB2302371_24 - 12 - 45. fsa | 194 | 193.89 | 23 350 | 97 502 | 2 358 |
| | G07_HBB2302371_24 - 12 - 45. fsa | 210 | 210.17 | 13 280 | 50 652 | 2 452 |
| 2023 - 8276 | G08_HBB2302372_24 - 12 - 45. fsa | 175 | 174.66 | 32 649 | 194 841 | 2 258 |
| 2023 - 8277 | G09_HBB2302373_24 - 12 - 45. fsa | 216 | 215.45 | 21 715 | 81 246 | 2 482 |
| 2023 - 8278 | G10_HBB2302374_24 - 12 - 45. fsa | 194 | 193.89 | 23 157 | 95 829 | 2 373 |
| | G10_HBB2302374_24 - 12 - 45. fsa | 210 | 210.27 | 10 632 | 46 019 | 2 468 |

（续）

| 资源序号 | 样本名<br>(sample file name) | 等位基因位点<br>(allele，bp) | 大小<br>(size，bp) | 高度<br>(height，RFU) | 面积<br>(area，RFU) | 数据取值点<br>(data point，RFU) |
|---|---|---|---|---|---|---|
| 2023－8279 | G11_HBB2302375_24－12－45.fsa | 180 | 179.84 | 32 689 | 152 197 | 2 320 |
| | G11_HBB2302375_24－12－45.fsa | 212 | 212.36 | 13 222 | 54 487 | 2 513 |
| 2023－8280 | G12_HBB2302376_24－12－45.fsa | 210 | 210.28 | 27 205 | 110 281 | 2 522 |
| | G12_HBB2302376_24－12－45.fsa | 233 | 233.31 | 11 372 | 45 547 | 2 658 |
| 2023－8281 | H01_HBB2302377_24－12－45.fsa | 194 | 193.97 | 32 511 | 182 833 | 2 481 |
| 2023－8282 | H02_HBB2302378_24－12－45.fsa | 175 | 175.87 | 32 710 | 148 966 | 2 342 |
| | H02_HBB2302378_24－12－45.fsa | 190 | 190.01 | 30 833 | 120 150 | 2 428 |
| 2023－8283 | H03_HBB2302379_24－12－45.fsa | 175 | 175.04 | 32 635 | 137 671 | 2 311 |
| | H03_HBB2302379_24－12－45.fsa | 216 | 215.72 | 10 086 | 40 249 | 2 553 |
| 2023－8284 | H04_HBB2302380_24－12－45.fsa | 175 | 175.81 | 30 231 | 118 054 | 2 297 |
| | H04_HBB2302380_24－12－45.fsa | 222 | 221.97 | 7 490 | 29 005 | 2 569 |
| 2023－8285 | H05_HBB2302381_24－12－45.fsa | 194 | 193.95 | 31 861 | 116 920 | 2 391 |
| | H05_HBB2302381_24－12－45.fsa | 235 | 235.27 | 7 113 | 25 216 | 2 632 |
| 2023－8286 | H06_HBB2302382_24－12－45.fsa | 194 | 193.92 | 29 153 | 111 097 | 2 385 |
| | H06_HBB2302382_24－12－45.fsa | 212 | 212.36 | 14 715 | 55 358 | 2 492 |
| 2023－8287 | H07_HBB2302383_24－12－45.fsa | 210 | 210.27 | 19 580 | 72 852 | 2 477 |
| | H07_HBB2302383_24－12－45.fsa | 233 | 233.17 | 8 590 | 31 389 | 2 610 |
| 2023－8288 | H08_HBB2302384_24－12－45.fsa | 190 | 189.57 | 32 584 | 163 311 | 2 361 |
| 2023－8289 | H09_HBB2302385_24－12－45.fsa | 184 | 183.76 | 13 747 | 52 205 | 2 314 |
| | H09_HBB2302385_24－12－45.fsa | 212 | 212.21 | 18 401 | 69 398 | 2 480 |
| 2023－8290 | A01_HBB2302387_08－49－11.fsa | 193 | 192.96 | 2 168 | 9 855 | 2 450 |
| | A01_HBB2302387_08－49－11.fsa | 220 | 220.08 | 14 029 | 57 963 | 2 611 |
| 2023－8291 | A02_HBB2302388_08－49－11.fsa | 180 | 179.96 | 18 801 | 82 983 | 2 354 |
| | A02_HBB2302388_08－49－11.fsa | 194 | 193.95 | 13 306 | 56 189 | 2 439 |
| 2023－8292 | A03_HBB2302389_08－49－11.fsa | 194 | 193.81 | 32 533 | 151 154 | 2 404 |
| 2023－8293 | A04_HBB2302390_08－49－11.fsa | 220 | 219.71 | 13 070 | 56 462 | 2 549 |
| 2023－8294 | A05_HBB2302391_08－49－11.fsa | 193 | 192.73 | 20 159 | 83 788 | 2 378 |
| 2023－8295 | A06_HBB2302392_08－49－11.fsa | 175 | 175.01 | 32 715 | 149 571 | 2 268 |
| 2023－8296 | A07_HBB2302393_08－49－11.fsa | 239 | 239.32 | 7 654 | 37 030 | 2 636 |
| | A07_HBB2302393_08－49－11.fsa | 241 | 241.36 | 8 141 | 35 840 | 2 648 |

（续）

| 资源序号 | 样本名<br>（sample file name） | 等位基因位点<br>（allele，bp） | 大小<br>（size，bp） | 高度<br>（height，RFU） | 面积<br>（area，RFU） | 数据取值点<br>（data point，RFU） |
|---|---|---|---|---|---|---|
| 2023 – 8297 | A08_HBB2302394_08 – 49 – 11. fsa | 194 | 193.81 | 21 829 | 100 869 | 2 402 |
| 2023 – 8298 | A09_HBB2302395_08 – 49 – 11. fsa | 235 | 235.22 | 6 975 | 32 558 | 2 635 |
|  | A09_HBB2302395_08 – 49 – 11. fsa | 237 | 237.26 | 6 493 | 26 212 | 2 647 |
| 2023 – 8299 | A10_HBB2302396_08 – 49 – 11. fsa | 194 | 193.82 | 21 370 | 113 169 | 2 409 |
| 2023 – 8300 | A11_HBB2302397_08 – 49 – 11. fsa | 194 | 193.89 | 28 353 | 148 027 | 2 443 |
| 2023 – 8301 | A12_HBB2302398_08 – 49 – 11. fsa | 175 | 175.93 | 26 441 | 152 166 | 2 358 |
| 2023 – 8302 | B01_HBB2302399_08 – 49 – 11. fsa | 175 | 175.09 | 21 805 | 92 300 | 2 310 |
| 2023 – 8303 | B02_HBB2302400_08 – 49 – 11. fsa | 216 | 215.9 | 9 416 | 41 026 | 2 562 |
|  | B02_HBB2302400_08 – 49 – 11. fsa | 237 | 237.5 | 4 532 | 19 171 | 2 690 |
| 2023 – 8304 | B03_HBB2302401_08 – 49 – 11. fsa | 212 | 212.35 | 8 416 | 35 228 | 2 502 |
|  | B03_HBB2302401_08 – 49 – 11. fsa | 237 | 237.26 | 3 250 | 14 746 | 2 647 |
| 2023 – 8305 | B04_HBB2302402_08 – 49 – 11. fsa | 180 | 179.88 | 32 242 | 132 426 | 2 308 |
| 2023 – 8306 | B05_HBB2302403_08 – 49 – 11. fsa | 175 | 174.9 | 17 417 | 70 907 | 2 271 |
|  | B05_HBB2302403_08 – 49 – 11. fsa | 194 | 193.75 | 10 048 | 45 121 | 2 382 |
| 2023 – 8307 | B06_HBB2302404_08 – 49 – 11. fsa | 194 | 193.85 | 13 305 | 53 827 | 2 360 |
|  | B06_HBB2302404_08 – 49 – 11. fsa | 212 | 212.31 | 7 548 | 29 573 | 2 466 |
| 2023 – 8308 | B07_HBB2302405_08 – 49 – 11. fsa | 194 | 193.75 | 12 770 | 53 618 | 2 370 |
|  | B07_HBB2302405_08 – 49 – 11. fsa | 212 | 212.25 | 6 306 | 26 756 | 2 477 |
| 2023 – 8309 | B08_HBB2302406_08 – 49 – 11. fsa | 194 | 193.85 | 14 853 | 65 545 | 2 371 |
|  | B08_HBB2302406_08 – 49 – 11. fsa | 216 | 215.52 | 6 679 | 29 501 | 2 496 |
| 2023 – 8310 | B09_HBB2302407_08 – 49 – 11. fsa | 194 | 193.89 | 12 330 | 61 325 | 2 368 |
|  | B09_HBB2302407_08 – 49 – 11. fsa | 212 | 212.21 | 6 290 | 29 354 | 2 474 |
| 2023 – 8311 | B11_HBB2302409_08 – 49 – 11. fsa | 194 | 193.69 | 3 124 | 16 100 | 2 421 |
|  | B11_HBB2302409_08 – 49 – 11. fsa | 212 | 212.15 | 11 640 | 57 197 | 2 530 |
| 2023 – 8312 | B12_HBB2302410_08 – 49 – 11. fsa | 194 | 193.75 | 13 318 | 73 997 | 2 443 |
|  | B12_HBB2302410_08 – 49 – 11. fsa | 212 | 212.41 | 6 751 | 35 303 | 2 554 |
| 2023 – 8313 | C01_HBB2302411_08 – 49 – 11. fsa | 194 | 193.88 | 14 375 | 65 258 | 2 438 |
|  | C01_HBB2302411_08 – 49 – 11. fsa | 212 | 212.49 | 7 880 | 35 036 | 2 548 |
| 2023 – 8314 | C02_HBB2302412_08 – 49 – 11. fsa | 194 | 193.99 | 18 109 | 73 588 | 2 415 |
|  | C02_HBB2302412_08 – 49 – 11. fsa | 212 | 212.58 | 8 597 | 35 870 | 2 524 |

（续）

| 资源序号 | 样本名<br>（sample file name） | 等位基因位点<br>（allele，bp） | 大小<br>（size，bp） | 高度<br>（height，RFU） | 面积<br>（area，RFU） | 数据取值点<br>（data point，RFU） |
|---|---|---|---|---|---|---|
| 2023 - 8315 | C03_HBB2302413_08 - 49 - 11. fsa | 180 | 179.81 | 20 076 | 88 840 | 2 317 |
| | C03_HBB2302413_08 - 49 - 11. fsa | 212 | 212.27 | 6 718 | 30 648 | 2 508 |
| 2023 - 8316 | C04_HBB2302414_08 - 49 - 11. fsa | 194 | 193.89 | 15 181 | 63 070 | 2 383 |
| | C04_HBB2302414_08 - 49 - 11. fsa | 212 | 212.35 | 7 595 | 31 834 | 2 490 |
| 2023 - 8317 | C05_HBB2302415_08 - 49 - 11. fsa | 184 | 183.66 | 13 234 | 55 279 | 2 302 |
| | C05_HBB2302415_08 - 49 - 11. fsa | 194 | 193.71 | 10 596 | 43 435 | 2 361 |
| 2023 - 8318 | C06_HBB2302416_08 - 49 - 11. fsa | 190 | 189.76 | 13 587 | 58 058 | 2 352 |
| | C06_HBB2302416_08 - 49 - 11. fsa | 210 | 210.31 | 6 292 | 27 810 | 2 471 |
| 2023 - 8319 | C07_HBB2302417_08 - 49 - 11. fsa | 210 | 210.2 | 9 555 | 38 388 | 2 449 |
| | C07_HBB2302417_08 - 49 - 11. fsa | 235 | 235.06 | 4 154 | 16 686 | 2 592 |
| 2023 - 8320 | C08_HBB2302418_08 - 49 - 11. fsa | 180 | 179.87 | 16 593 | 74 423 | 2 270 |
| | C08_HBB2302418_08 - 49 - 11. fsa | 190 | 189.68 | 12 565 | 54 323 | 2 327 |
| 2023 - 8321 | C09_HBB2302419_08 - 49 - 11. fsa | 184 | 183.76 | 30 543 | 132 678 | 2 322 |
| 2023 - 8322 | C10_HBB2302420_08 - 49 - 11. fsa | 175 | 174.71 | 21 972 | 106 729 | 2 257 |
| | C10_HBB2302420_08 - 49 - 11. fsa | 194 | 193.68 | 9 622 | 45 415 | 2 368 |
| 2023 - 8323 | C11_HBB2302421_08 - 49 - 11. fsa | 184 | 183.54 | 22 331 | 110 712 | 2 351 |
| 2023 - 8324 | C12_HBB2302422_08 - 49 - 11. fsa | 190 | 189.63 | 8 079 | 43 937 | 2 408 |
| 2023 - 8325 | D01_HBB2302423_08 - 49 - 11. fsa | 216 | 215.73 | 7 748 | 34 952 | 2 578 |
| | D01_HBB2302423_08 - 49 - 11. fsa | 233 | 233.47 | 4 212 | 18 897 | 2 683 |
| 2023 - 8326 | D02_HBB2302424_08 - 49 - 11. fsa | 194 | 193.99 | 12 376 | 55 650 | 2 416 |
| | D02_HBB2302424_08 - 49 - 11. fsa | 216 | 215.66 | 3 409 | 15 958 | 2 543 |
| 2023 - 8327 | D03_HBB2302425_08 - 49 - 11. fsa | 194 | 193.85 | 18 376 | 77 224 | 2 376 |
| 2023 - 8328 | D04_HBB2302426_08 - 49 - 11. fsa | 180 | 179.74 | 18 415 | 74 025 | 2 289 |
| | D04_HBB2302426_08 - 49 - 11. fsa | 190 | 189.7 | 10 704 | 44 259 | 2 347 |
| 2023 - 8329 | D05_HBB2302427_08 - 49 - 11. fsa | 175 | 174.63 | 21 355 | 85 687 | 2 244 |
| | D05_HBB2302427_08 - 49 - 11. fsa | 194 | 193.78 | 8 419 | 35 595 | 2 355 |
| 2023 - 8330 | D06_HBB2302428_08 - 49 - 11. fsa | 212 | 212.17 | 7 980 | 35 011 | 2 468 |
| | D06_HBB2302428_08 - 49 - 11. fsa | 214 | 214.27 | 6 224 | 25 165 | 2 480 |
| 2023 - 8331 | D08_HBB2302430_08 - 49 - 11. fsa | 180 | 179.77 | 17 740 | 78 807 | 2 259 |
| | D08_HBB2302430_08 - 49 - 11. fsa | 239 | 239.11 | 3 292 | 14 120 | 2 600 |

（续）

| 资源序号 | 样本名<br>（sample file name） | 等位基因位点<br>（allele，bp） | 大小<br>（size，bp） | 高度<br>（height，RFU） | 面积<br>（area，RFU） | 数据取值点<br>（data point，RFU） |
|---|---|---|---|---|---|---|
| 2023 - 8332 | D09_HBB2302431_08 - 49 - 11. fsa | 175 | 174.77 | 15 241 | 67 759 | 2 253 |
| | D09_HBB2302431_08 - 49 - 11. fsa | 212 | 212.12 | 5 548 | 24 048 | 2 470 |
| 2023 - 8333 | D10_HBB2302432_08 - 49 - 11. fsa | 233 | 232.8 | 3 416 | 14 855 | 2 583 |
| | D10_HBB2302432_08 - 49 - 11. fsa | 239 | 239.01 | 1 693 | 7 387 | 2 619 |
| 2023 - 8334 | D11_HBB2302433_08 - 49 - 11. fsa | 190 | 189.58 | 10 632 | 52 861 | 2 375 |
| | D11_HBB2302433_08 - 49 - 11. fsa | 194 | 193.61 | 9 183 | 40 744 | 2 399 |
| 2023 - 8335 | D12_HBB2302434_08 - 49 - 11. fsa | 194 | 193.72 | 17 308 | 94 252 | 2 429 |
| 2023 - 8336 | E01_HBB2302435_08 - 49 - 11. fsa | 210 | 210.45 | 8 687 | 39 951 | 2 560 |
| | E01_HBB2302435_08 - 49 - 11. fsa | 239 | 239.84 | 3 300 | 14 534 | 2 734 |
| 2023 - 8337 | E02_HBB2302436_08 - 49 - 11. fsa | 212 | 212.35 | 12 299 | 55 678 | 2 537 |
| 2023 - 8338 | E03_HBB2302437_08 - 49 - 11. fsa | 175 | 174.9 | 18 957 | 79 510 | 2 287 |
| | E03_HBB2302437_08 - 49 - 11. fsa | 212 | 212.31 | 6 141 | 25 987 | 2 507 |
| 2023 - 8339 | E04_HBB2302438_08 - 49 - 11. fsa | 212 | 212.3 | 12 616 | 54 035 | 2 504 |
| 2023 - 8340 | E05_HBB2302439_08 - 49 - 11. fsa | 190 | 189.75 | 15 645 | 63 100 | 2 357 |
| | E05_HBB2302439_08 - 49 - 11. fsa | 194 | 193.85 | 12 604 | 50 292 | 2 381 |
| 2023 - 8341 | E06_HBB2302440_08 - 49 - 11. fsa | 213 | 213.4 | 9 140 | 33 054 | 2 465 |
| | E06_HBB2302440_08 - 49 - 11. fsa | 218 | 217.6 | 6 057 | 20 153 | 2 489 |
| 2023 - 8342 | E07_HBB2302441_08 - 49 - 11. fsa | 184 | 184.53 | 16 976 | 68 395 | 2 295 |
| | E07_HBB2302441_08 - 49 - 11. fsa | 233 | 232.93 | 2 689 | 10 694 | 2 573 |
| 2023 - 8343 | E08_HBB2302442_08 - 49 - 11. fsa | 212 | 212.08 | 8 086 | 64 346 | 2 475 |
| 2023 - 8344 | E09_HBB2302443_08 - 49 - 11. fsa | 233 | 232.93 | 7 118 | 30 264 | 2 597 |
| 2023 - 8345 | E10_HBB2302444_08 - 49 - 11. fsa | 190 | 189.63 | 11 963 | 60 131 | 2 337 |
| | E10_HBB2302444_08 - 49 - 11. fsa | 235 | 235.06 | 2 610 | 11 964 | 2 599 |
| 2023 - 8346 | E11_HBB2302445_08 - 49 - 11. fsa | 180 | 179.72 | 11 652 | 64 267 | 2 311 |
| | E11_HBB2302445_08 - 49 - 11. fsa | 194 | 193.65 | 7 837 | 41 390 | 2 394 |
| 2023 - 8347 | E12_HBB2302446_08 - 49 - 11. fsa | 180 | 179.73 | 11 941 | 66 161 | 2 352 |
| | E12_HBB2302446_08 - 49 - 11. fsa | 190 | 189.63 | 8 889 | 48 008 | 2 412 |
| 2023 - 8348 | F01_HBB2302447_08 - 49 - 11. fsa | 180 | 180.09 | 16 761 | 84 450 | 2 372 |
| 2023 - 8349 | F02_HBB2302448_08 - 49 - 11. fsa | 190 | 189.91 | 8 494 | 41 622 | 2 403 |
| | F02_HBB2302448_08 - 49 - 11. fsa | 212 | 212.36 | 3 791 | 18 247 | 2 536 |

（续）

| 资源序号 | 样本名<br>（sample file name） | 等位基因位点<br>（allele，bp） | 大小<br>（size，bp） | 高度<br>（height，RFU） | 面积<br>（area，RFU） | 数据取值点<br>（data point，RFU） |
|---|---|---|---|---|---|---|
| 2023－8350 | F03_HBB2302449_08－49－11.fsa | 180 | 179.89 | 16 684 | 77 185 | 2 324 |
| | F03_HBB2302449_08－49－11.fsa | 190 | 189.79 | 12 922 | 57 660 | 2 383 |
| 2023－8351 | F05_HBB2302451_08－49－11.fsa | 194 | 193.85 | 13 222 | 59 348 | 2 376 |
| | F05_HBB2302451_08－49－11.fsa | 216 | 215.69 | 6 163 | 25 921 | 2 502 |
| 2023－8352 | F06_HBB2302452_08－49－11.fsa | 175 | 174.82 | 19 300 | 83 492 | 2 248 |
| | F06_HBB2302452_08－49－11.fsa | 212 | 212.12 | 6 422 | 27 894 | 2 464 |
| 2023－8353 | F07_HBB2302453_08－49－11.fsa | 190 | 189.75 | 26 484 | 108 694 | 2 335 |
| 2023－8354 | F08_HBB2302454_08－49－11.fsa | 190 | 189.74 | 17 132 | 77 525 | 2 327 |
| | F08_HBB2302454_08－49－11.fsa | 239 | 239.15 | 3 319 | 13 773 | 2 611 |
| 2023－8355 | F09_HBB2302455_08－49－11.fsa | 194 | 193.68 | 22 466 | 98 958 | 2 367 |
| 2023－8356 | F10_HBB2302456_08－49－11.fsa | 213 | 213.32 | 9 657 | 45 058 | 2 478 |
| | F10_HBB2302456_08－49－11.fsa | 216 | 215.41 | 6 000 | 24 475 | 2 490 |
| 2023－8357 | F11_HBB2302457_08－49－11.fsa | 194 | 193.82 | 22 527 | 109 760 | 2 415 |
| 2023－8358 | F12_HBB2302458_08－49－11.fsa | 180 | 179.86 | 13 428 | 73 241 | 2 333 |
| | F12_HBB2302458_08－49－11.fsa | 192 | 191.77 | 8 736 | 45 268 | 2 405 |
| 2023－8359 | G01_HBB2302459_08－49－11.fsa | 210 | 210.57 | 11 101 | 50 078 | 2 558 |
| | G01_HBB2302459_08－49－11.fsa | 239 | 239.91 | 3 832 | 15 589 | 2 730 |
| 2023－8360 | G02_HBB2302460_08－49－11.fsa | 210 | 210.45 | 10 613 | 49 220 | 2 540 |
| | G02_HBB2302460_08－49－11.fsa | 239 | 239.67 | 3 701 | 17 041 | 2 713 |
| 2023－8361 | G03_HBB2302461_08－49－11.fsa | 237 | 237.36 | 6 155 | 31 449 | 2 666 |
| | G03_HBB2302461_08－49－11.fsa | 239 | 239.56 | 6 224 | 27 142 | 2 679 |
| 2023－8362 | G04_HBB2302462_08－49－11.fsa | 194 | 193.78 | 21 161 | 96 342 | 2 392 |
| 2023－8363 | G05_HBB2302463_08－49－11.fsa | 194 | 193.88 | 15 282 | 65 303 | 2 381 |
| | G05_HBB2302463_08－49－11.fsa | 210 | 210.34 | 8 214 | 34 429 | 2 476 |
| 2023－8364 | G06_HBB2302464_08－49－11.fsa | 194 | 193.88 | 11 924 | 60 196 | 2 382 |
| 2023－8365 | G07_HBB2302465_08－49－11.fsa | 180 | 179.67 | 10 511 | 52 308 | 2 282 |
| | G07_HBB2302465_08－49－11.fsa | 194 | 193.85 | 2 505 | 13 204 | 2 365 |

（续）

| 资源序号 | 样本名<br>（sample file name） | 等位基因位点<br>（allele，bp） | 大小<br>（size，bp） | 高度<br>（height，RFU） | 面积<br>（area，RFU） | 数据取值点<br>（data point，RFU） |
|---|---|---|---|---|---|---|
| 2023－8366 | G08_HBB2302466_08－49－11. fsa | 210 | 210. 12 | 7 778 | 33 486 | 2 474 |
| | G08_HBB2302466_08－49－11. fsa | 237 | 237. 04 | 2 752 | 11 401 | 2 630 |
| 2023－8367 | G09_HBB2302467_08－49－11. fsa | 194 | 193. 74 | 11 112 | 51 672 | 2 365 |
| | G09_HBB2302467_08－49－11. fsa | 235 | 235. 23 | 2 937 | 13 291 | 2 604 |
| 2023－8368 | G10_HBB2302468_08－49－11. fsa | 231 | 230. 87 | 4 289 | 21 952 | 2 596 |
| | G10_HBB2302468_08－49－11. fsa | 233 | 232. 93 | 4 967 | 20 864 | 2 608 |
| 2023－8369 | G11_HBB2302469_08－49－11. fsa | 194 | 193. 85 | 6 685 | 33 912 | 2 411 |
| | G11_HBB2302469_08－49－11. fsa | 216 | 215. 61 | 2 689 | 13 646 | 2 539 |
| 2023－8370 | G12_HBB2302470_08－49－11. fsa | 194 | 193. 95 | 9 643 | 50 355 | 2 433 |
| | G12_HBB2302470_08－49－11. fsa | 216 | 215. 67 | 4 442 | 22 169 | 2 562 |
| 2023－8371 | H02_HBB2302472_08－49－11. fsa | 194 | 193. 95 | 11 867 | 59 151 | 2 459 |
| | H02_HBB2302472_08－49－11. fsa | 233 | 233. 41 | 3 013 | 14 534 | 2 694 |
| 2023－8372 | H03_HBB2302473_08－49－11. fsa | 194 | 194. 01 | 8 952 | 46 889 | 2 430 |
| | H03_HBB2302473_08－49－11. fsa | 212 | 212. 54 | 4 649 | 22 499 | 2 539 |
| 2023－8373 | H04_HBB2302474_08－49－11. fsa | 194 | 193. 85 | 14 303 | 64 455 | 2 410 |
| | H04_HBB2302474_08－49－11. fsa | 233 | 233. 28 | 3 957 | 16 913 | 2 641 |
| 2023－8374 | H05_HBB2302475_08－49－11. fsa | 212 | 212. 49 | 15 869 | 65 997 | 2 506 |
| 2023－8375 | H06_HBB2302476_08－49－11. fsa | 194 | 193. 78 | 11 129 | 50 612 | 2 392 |
| | H06_HBB2302476_08－49－11. fsa | 214 | 214. 43 | 5 428 | 24 260 | 2 512 |
| 2023－8376 | H07_HBB2302477_08－49－11. fsa | 180 | 179. 87 | 15 094 | 63 406 | 2 306 |
| | H07_HBB2302477_08－49－11. fsa | 194 | 193. 92 | 10 753 | 45 624 | 2 389 |
| 2023－8377 | H08_HBB2302478_08－49－11. fsa | 194 | 193. 78 | 11 112 | 49 392 | 2 393 |
| | H08_HBB2302478_08－49－11. fsa | 212 | 212. 36 | 5 874 | 25 787 | 2 501 |
| 2023－8378 | H09_HBB2302479_08－49－11. fsa | 175 | 174. 94 | 9 742 | 52 781 | 2 270 |
| | H09_HBB2302479_08－49－11. fsa | 194 | 193. 91 | 6 260 | 30 588 | 2 382 |
| 2023－8379 | H10_HBB2302480_08－49－11. fsa | 190 | 189. 91 | 11 069 | 57 477 | 2 364 |

## 23 P23

| 资源序号 | 样本名<br>（sample file name） | 等位基因位点<br>（allele，bp） | 大小<br>（size，bp） | 高度<br>（height，RFU） | 面积<br>（area，RFU） | 数据取值点<br>（data point，RFU） |
|---|---|---|---|---|---|---|
| 2023 - 8200 | A01_HBB2302293_23 - 40 - 30. fsa | 256 | 255.68 | 5 458 | 28 478 | 2 821 |
|  | A01_HBB2302293_23 - 40 - 30. fsa | 274 | 274.05 | 19 734 | 109 032 | 2 941 |
| 2023 - 8201 | A02_HBB2302294_23 - 40 - 30. fsa | 269 | 268.73 | 19 360 | 101 292 | 2 887 |
|  | A02_HBB2302294_23 - 40 - 30. fsa | 274 | 274.29 | 18 408 | 96 765 | 2 923 |
| 2023 - 8202 | A03_HBB2302295_23 - 40 - 30. fsa | 269 | 268.59 | 30 653 | 147 445 | 2 844 |
| 2023 - 8203 | A04_HBB2302296_23 - 40 - 30. fsa | 268 | 267.55 | 20 247 | 165 154 | 2 830 |
| 2023 - 8204 | A05_HBB2302297_23 - 40 - 30. fsa | 260 | 259.39 | 12 505 | 66 846 | 2 764 |
|  | A05_HBB2302297_23 - 40 - 30. fsa | 268 | 267.49 | 12 691 | 71 933 | 2 815 |
| 2023 - 8205 | A06_HBB2302298_23 - 40 - 30. fsa | 256 | 255.58 | 12 384 | 69 010 | 2 733 |
|  | A06_HBB2302298_23 - 40 - 30. fsa | 269 | 268.77 | 11 124 | 63 944 | 2 816 |
| 2023 - 8206 | A07_HBB2302299_23 - 40 - 30. fsa | 256 | 255.57 | 12 977 | 70 755 | 2 726 |
|  | A07_HBB2302299_23 - 40 - 30. fsa | 269 | 268.59 | 12 321 | 69 532 | 2 808 |
| 2023 - 8207 | A08_HBB2302300_23 - 40 - 30. fsa | 269 | 268.6 | 19 240 | 110 687 | 2 841 |
| 2023 - 8208 | A09_HBB2302301_23 - 40 - 30. fsa | 256 | 255.55 | 5 776 | 31 797 | 2 750 |
|  | A09_HBB2302301_23 - 40 - 30. fsa | 268 | 267.44 | 13 487 | 71 955 | 2 825 |
| 2023 - 8209 | A10_HBB2302302_23 - 40 - 30. fsa | 256 | 255.67 | 16 356 | 96 894 | 2 767 |
|  | A10_HBB2302302_23 - 40 - 30. fsa | 268 | 267.6 | 9 838 | 57 956 | 2 843 |
| 2023 - 8210 | A11_HBB2302303_23 - 40 - 30. fsa | 256 | 255.72 | 14 727 | 90 006 | 2 806 |
|  | A11_HBB2302303_23 - 40 - 30. fsa | 268 | 267.6 | 14 618 | 89 663 | 2 883 |
| 2023 - 8211 | B01_HBB2302305_23 - 40 - 30. fsa | 256 | 255.61 | 5 237 | 30 445 | 2 785 |
|  | B01_HBB2302305_23 - 40 - 30. fsa | 268 | 267.59 | 12 805 | 75 985 | 2 862 |
| 2023 - 8212 | B02_HBB2302306_23 - 40 - 30. fsa | 256 | 255.59 | 10 050 | 53 188 | 2 796 |
|  | B02_HBB2302306_23 - 40 - 30. fsa | 268 | 267.54 | 21 510 | 112 374 | 2 873 |
| 2023 - 8213 | B03_HBB2302307_23 - 40 - 30. fsa | 256 | 255.54 | 8 189 | 40 980 | 2 751 |
|  | B03_HBB2302307_23 - 40 - 30. fsa | 260 | 259.49 | 21 630 | 108 885 | 2 776 |
| 2023 - 8214 | B04_HBB2302308_23 - 40 - 30. fsa | 256 | 255.4 | 8 019 | 40 548 | 2 748 |
|  | B04_HBB2302308_23 - 40 - 30. fsa | 269 | 268.55 | 23 796 | 122 516 | 2 831 |

（续）

| 资源序号 | 样本名<br>（sample file name） | 等位基因位点<br>（allele，bp） | 大小<br>（size，bp） | 高度<br>（height，RFU） | 面积<br>（area，RFU） | 数据取值点<br>（data point，RFU） |
|---|---|---|---|---|---|---|
| 2023－8215 | B05_HBB2302309_23－40－30. fsa | 260 | 259.25 | 7 816 | 44 467 | 2 762 |
| | B05_HBB2302309_23－40－30. fsa | 274 | 274.06 | 7 677 | 44 617 | 2 855 |
| 2023－8216 | B06_HBB2302310_23－40－30. fsa | 260 | 259.32 | 15 130 | 76 789 | 2 737 |
| | B06_HBB2302310_23－40－30. fsa | 269 | 268.62 | 15 026 | 78 984 | 2 795 |
| 2023－8217 | B07_HBB2302311_23－40－30. fsa | 256 | 255.45 | 6 294 | 32 968 | 2 722 |
| | B07_HBB2302311_23－40－30. fsa | 269 | 268.57 | 19 560 | 102 277 | 2 804 |
| 2023－8218 | B08_HBB2302312_23－40－30. fsa | 256 | 255.58 | 6 264 | 35 615 | 2 724 |
| | B08_HBB2302312_23－40－30. fsa | 268 | 267.53 | 9 242 | 52 007 | 2 799 |
| 2023－8219 | B09_HBB2302313_23－40－30. fsa | 256 | 255.45 | 16 810 | 92 828 | 2 719 |
| | B09_HBB2302313_23－40－30. fsa | 269 | 268.57 | 14 952 | 84 538 | 2 801 |
| 2023－8220 | B10_HBB2302314_23－40－30. fsa | 268 | 267.39 | 13 684 | 110 635 | 2 803 |
| 2023－8221 | B11_HBB2302315_23－40－30. fsa | 256 | 255.61 | 5 822 | 38 905 | 2 783 |
| | B11_HBB2302315_23－40－30. fsa | 260 | 259.35 | 10 385 | 70 161 | 2 807 |
| 2023－8222 | B12_HBB2302316_23－40－30. fsa | 256 | 255.56 | 8 784 | 55 959 | 2 808 |
| | B12_HBB2302316_23－40－30. fsa | 269 | 268.66 | 15 831 | 102 437 | 2 893 |
| 2023－8223 | C01_HBB2302317_23－40－30. fsa | 268 | 267.54 | 16 937 | 145 293 | 2 879 |
| 2023－8224 | C02_HBB2302318_23－40－30. fsa | 268 | 267.55 | 23 529 | 196 543 | 2 852 |
| 2023－8226 | C03_HBB2302319_23－40－30. fsa | 256 | 255.54 | 8 345 | 47 260 | 2 758 |
| | C03_HBB2302319_23－40－30. fsa | 269 | 268.65 | 17 294 | 104 644 | 2 841 |
| 2023－8227 | C04_HBB2302320_23－40－30. fsa | 256 | 255.41 | 14 093 | 79 688 | 2 738 |
| 2023－8228 | C05_HBB2302321_23－40－30. fsa | 256 | 255.48 | 7 599 | 38 546 | 2 713 |
| | C05_HBB2302321_23－40－30. fsa | 268 | 267.39 | 17 789 | 95 749 | 2 787 |
| 2023－8229 | C06_HBB2302322_23－40－30. fsa | 256 | 255.45 | 10 261 | 53 225 | 2 729 |
| | C06_HBB2302322_23－40－30. fsa | 268 | 267.44 | 9 489 | 50 732 | 2 804 |
| 2023－8230 | C07_HBB2302323_23－40－30. fsa | 256 | 255.5 | 8 253 | 43 377 | 2 706 |
| | C07_HBB2302323_23－40－30. fsa | 269 | 268.57 | 17 930 | 93 660 | 2 787 |
| 2023－8231 | C09_HBB2302325_23－40－30. fsa | 256 | 255.44 | 8 051 | 44 367 | 2 737 |
| | C09_HBB2302325_23－40－30. fsa | 260 | 259.28 | 19 390 | 103 442 | 2 761 |
| 2023－8232 | C10_HBB2302326_23－40－30. fsa | 256 | 255.45 | 11 894 | 69 035 | 2 721 |
| | C10_HBB2302326_23－40－30. fsa | 269 | 268.56 | 11 308 | 67 710 | 2 803 |

（续）

| 资源序号 | 样本名<br>（sample file name） | 等位基因位点<br>（allele，bp） | 大小<br>（size，bp） | 高度<br>（height，RFU） | 面积<br>（area，RFU） | 数据取值点<br>（data point，RFU） |
|---|---|---|---|---|---|---|
| 2023 - 8233 | C11_HBB2302327_23 - 40 - 30.fsa | 256 | 255.49 | 8 603 | 47 583 | 2 773 |
|  | C11_HBB2302327_23 - 40 - 30.fsa | 269 | 268.64 | 17 042 | 100 146 | 2 857 |
| 2023 - 8234 | C12_HBB2302328_23 - 40 - 30.fsa | 256 | 255.59 | 22 216 | 131 105 | 2 796 |
| 2023 - 8235 | D01_HBB2302329_23 - 40 - 30.fsa | 256 | 255.71 | 10 356 | 54 931 | 2 812 |
|  | D01_HBB2302329_23 - 40 - 30.fsa | 269 | 268.65 | 25 629 | 134 735 | 2 896 |
| 2023 - 8236 | D02_HBB2302330_23 - 40 - 30.fsa | 256 | 255.35 | 25 101 | 125 512 | 2 776 |
| 2023 - 8237 | D03_HBB2302331_23 - 40 - 30.fsa | 256 | 255.45 | 9 297 | 48 188 | 2 730 |
|  | D03_HBB2302331_23 - 40 - 30.fsa | 274 | 274.17 | 22 875 | 115 116 | 2 847 |
| 2023 - 8238 | D04_HBB2302332_23 - 40 - 30.fsa | 256 | 255.44 | 7 937 | 41 063 | 2 724 |
|  | D04_HBB2302332_23 - 40 - 30.fsa | 268 | 267.6 | 14 622 | 123 702 | 2 800 |
| 2023 - 8239 | D05_HBB2302333_23 - 40 - 30.fsa | 269 | 268.4 | 32 599 | 178 502 | 2 786 |
| 2023 - 8240 | D06_HBB2302334_23 - 40 - 30.fsa | 256 | 255.34 | 8 830 | 44 104 | 2 712 |
|  | D06_HBB2302334_23 - 40 - 30.fsa | 269 | 268.42 | 24 396 | 125 890 | 2 793 |
| 2023 - 8241 | D07_HBB2302335_23 - 40 - 30.fsa | 256 | 255.45 | 14 038 | 71 901 | 2 733 |
|  | D07_HBB2302335_23 - 40 - 30.fsa | 260 | 259.45 | 12 406 | 64 361 | 2 758 |
| 2023 - 8242 | D08_HBB2302336_23 - 40 - 30.fsa | 256 | 255.37 | 8 341 | 43 120 | 2 688 |
|  | D08_HBB2302336_23 - 40 - 30.fsa | 269 | 268.54 | 17 685 | 95 157 | 2 769 |
| 2023 - 8243 | D09_HBB2302337_23 - 40 - 30.fsa | 269 | 268.69 | 6 736 | 42 246 | 2 798 |
|  | D09_HBB2302337_23 - 40 - 30.fsa | 274 | 274.16 | 15 001 | 90 847 | 2 832 |
| 2023 - 8244 | D10_HBB2302338_23 - 40 - 30.fsa | 256 | 255.34 | 24 933 | 136 093 | 2 709 |
| 2023 - 8245 | D11_HBB2302339_23 - 40 - 30.fsa | 256 | 255.52 | 5 812 | 34 586 | 2 758 |
|  | D11_HBB2302339_23 - 40 - 30.fsa | 269 | 268.59 | 14 355 | 86 332 | 2 841 |
| 2023 - 8246 | D12_HBB2302340_23 - 40 - 30.fsa | 260 | 259.48 | 6 238 | 35 781 | 2 817 |
|  | D12_HBB2302340_23 - 40 - 30.fsa | 268 | 267.54 | 15 359 | 88 620 | 2 869 |
| 2023 - 8247 | E01_HBB2302341_23 - 40 - 30.fsa | 268 | 267.58 | 15 345 | 83 838 | 2 902 |
|  | E01_HBB2302341_23 - 40 - 30.fsa | 274 | 274.2 | 15 292 | 85 444 | 2 945 |
| 2023 - 8248 | E02_HBB2302342_23 - 40 - 30.fsa | 269 | 268.58 | 13 029 | 71 010 | 2 873 |
|  | E02_HBB2302342_23 - 40 - 30.fsa | 274 | 274.19 | 12 844 | 73 014 | 2 909 |
| 2023 - 8249 | E03_HBB2302343_23 - 40 - 30.fsa | 260 | 259.32 | 14 314 | 76 725 | 2 780 |
|  | E03_HBB2302343_23 - 40 - 30.fsa | 274 | 274.16 | 11 434 | 61 075 | 2 874 |

（续）

| 资源序号 | 样本名<br>（sample file name） | 等位基因位点<br>（allele，bp） | 大小<br>（size，bp） | 高度<br>（height，RFU） | 面积<br>（area，RFU） | 数据取值点<br>（data point，RFU） |
|---|---|---|---|---|---|---|
| 2023 - 8250 | E04_HBB2302344_23 - 40 - 30. fsa | 260 | 259.22 | 14 146 | 75 029 | 2 777 |
| | E04_HBB2302344_23 - 40 - 30. fsa | 268 | 267.49 | 14 736 | 79 942 | 2 829 |
| 2023 - 8251 | E06_HBB2302346_23 - 40 - 30. fsa | 260 | 259.38 | 11 358 | 59 907 | 2 727 |
| | E06_HBB2302346_23 - 40 - 30. fsa | 268 | 267.46 | 11 310 | 61 207 | 2 777 |
| 2023 - 8252 | E07_HBB2302347_23 - 40 - 30. fsa | 256 | 255.35 | 8 101 | 40 363 | 2 699 |
| | E07_HBB2302347_23 - 40 - 30. fsa | 268 | 267.34 | 14 900 | 78 312 | 2 773 |
| 2023 - 8253 | E08_HBB2302348_23 - 40 - 30. fsa | 256 | 255.48 | 9 427 | 49 498 | 2 720 |
| | E08_HBB2302348_23 - 40 - 30. fsa | 268 | 267.56 | 18 646 | 97 307 | 2 795 |
| 2023 - 8254 | E09_HBB2302349_23 - 40 - 30. fsa | 256 | 255.47 | 7 279 | 36 046 | 2 722 |
| | E09_HBB2302349_23 - 40 - 30. fsa | 269 | 268.63 | 19 960 | 102 780 | 2 804 |
| 2023 - 8255 | E10_HBB2302350_23 - 40 - 30. fsa | 269 | 268.53 | 14 166 | 75 884 | 2 795 |
| | E10_HBB2302350_23 - 40 - 30. fsa | 274 | 274.16 | 14 204 | 73 681 | 2 830 |
| 2023 - 8256 | E11_HBB2302351_23 - 40 - 30. fsa | 268 | 267.39 | 32 693 | 202 442 | 2 826 |
| 2023 - 8257 | E12_HBB2302352_23 - 40 - 30. fsa | 256 | 255.57 | 7 846 | 43 257 | 2 802 |
| | E12_HBB2302352_23 - 40 - 30. fsa | 269 | 268.55 | 20 777 | 116 209 | 2 886 |
| 2023 - 8258 | F01_HBB2302353_23 - 40 - 30. fsa | 268 | 267.61 | 30 399 | 174 366 | 2 888 |
| 2023 - 8259 | F02_HBB2302354_23 - 40 - 30. fsa | 268 | 267.54 | 28 900 | 155 456 | 2 868 |
| 2023 - 8260 | F03_HBB2302355_23 - 40 - 30. fsa | 274 | 274.16 | 29 930 | 169 639 | 2 884 |
| 2023 - 8261 | F04_HBB2302356_23 - 40 - 30. fsa | 256 | 255.38 | 14 096 | 74 226 | 2 763 |
| | F04_HBB2302356_23 - 40 - 30. fsa | 269 | 268.48 | 12 758 | 66 901 | 2 846 |
| 2023 - 8262 | F05_HBB2302357_23 - 40 - 30. fsa | 274 | 273.99 | 32 694 | 189 343 | 2 845 |
| 2023 - 8263 | F06_HBB2302358_23 - 40 - 30. fsa | 256 | 255.34 | 32 699 | 180 570 | 2 710 |
| 2023 - 8264 | F07_HBB2302359_23 - 40 - 30. fsa | 260 | 259.18 | 13 218 | 71 405 | 2 735 |
| | F07_HBB2302359_23 - 40 - 30. fsa | 274 | 274.13 | 12 864 | 70 795 | 2 828 |
| 2023 - 8265 | F08_HBB2302360_23 - 40 - 30. fsa | 256 | 255.5 | 13 429 | 64 612 | 2 700 |
| | F08_HBB2302360_23 - 40 - 30. fsa | 260 | 259.38 | 22 911 | 110 677 | 2 724 |
| 2023 - 8266 | F09_HBB2302361_23 - 40 - 30. fsa | 260 | 259.35 | 13 913 | 72 358 | 2 742 |
| | F09_HBB2302361_23 - 40 - 30. fsa | 268 | 267.57 | 13 581 | 77 932 | 2 793 |
| 2023 - 8267 | F10_HBB2302362_23 - 40 - 30. fsa | 260 | 259.29 | 15 028 | 78 986 | 2 741 |
| | F10_HBB2302362_23 - 40 - 30. fsa | 268 | 267.44 | 14 408 | 83 256 | 2 792 |

（续）

| 资源序号 | 样本名<br>（sample file name） | 等位基因位点<br>（allele，bp） | 大小<br>（size，bp） | 高度<br>（height，RFU） | 面积<br>（area，RFU） | 数据取值点<br>（data point，RFU） |
|---|---|---|---|---|---|---|
| 2023 - 8268 | F11_HBB2302363_23 - 40 - 30. fsa | 260 | 259.4 | 15 644 | 85 348 | 2 800 |
| | F11_HBB2302363_23 - 40 - 30. fsa | 268 | 267.53 | 15 155 | 88 136 | 2 852 |
| 2023 - 8269 | F12_HBB2302364_23 - 40 - 30. fsa | 248 | 247.66 | 13 420 | 74 281 | 2 727 |
| | F12_HBB2302364_23 - 40 - 30. fsa | 268 | 267.6 | 11 169 | 62 654 | 2 854 |
| 2023 - 8270 | G01_HBB2302365_23 - 40 - 30. fsa | 268 | 267.64 | 24 656 | 208 828 | 2 896 |
| 2023 - 8271 | G03_HBB2302367_23 - 40 - 30. fsa | 260 | 259.43 | 14 247 | 76 378 | 2 795 |
| | G03_HBB2302367_23 - 40 - 30. fsa | 269 | 268.52 | 13 476 | 72 371 | 2 853 |
| 2023 - 8272 | G04_HBB2302368_23 - 40 - 30. fsa | 260 | 259.36 | 15 702 | 77 685 | 2 772 |
| | G04_HBB2302368_23 - 40 - 30. fsa | 269 | 268.55 | 15 996 | 79 492 | 2 830 |
| 2023 - 8273 | G05_HBB2302369_23 - 40 - 30. fsa | 256 | 255.43 | 32 706 | 180 643 | 2 733 |
| 2023 - 8274 | G06_HBB2302370_23 - 40 - 30. fsa | 260 | 259.43 | 11 597 | 56 426 | 2 759 |
| | G06_HBB2302370_23 - 40 - 30. fsa | 268 | 267.56 | 12 299 | 65 022 | 2 810 |
| 2023 - 8275 | G07_HBB2302371_23 - 40 - 30. fsa | 268 | 267.61 | 24 552 | 124 357 | 2 792 |
| 2023 - 8276 | G08_HBB2302372_23 - 40 - 30. fsa | 256 | 255.43 | 9 913 | 50 745 | 2 730 |
| | G08_HBB2302372_23 - 40 - 30. fsa | 274 | 274.09 | 27 764 | 138 009 | 2 847 |
| 2023 - 8277 | G09_HBB2302373_23 - 40 - 30. fsa | 256 | 255.6 | 9 140 | 45 282 | 2 716 |
| | G09_HBB2302373_23 - 40 - 30. fsa | 269 | 268.56 | 23 578 | 116 710 | 2 797 |
| 2023 - 8278 | G10_HBB2302374_23 - 40 - 30. fsa | 256 | 255.58 | 13 222 | 69 519 | 2 733 |
| | G10_HBB2302374_23 - 40 - 30. fsa | 268 | 267.66 | 12 114 | 66 828 | 2 809 |
| 2023 - 8279 | G11_HBB2302375_23 - 40 - 30. fsa | 256 | 255.63 | 8 754 | 45 247 | 2 770 |
| | G11_HBB2302375_23 - 40 - 30. fsa | 260 | 259.53 | 22 966 | 121 045 | 2 795 |
| 2023 - 8280 | G12_HBB2302376_23 - 40 - 30. fsa | 268 | 267.64 | 22 218 | 184 758 | 2 871 |
| 2023 - 8281 | H01_HBB2302377_23 - 40 - 30. fsa | 256 | 255.78 | 12 187 | 62 324 | 2 854 |
| | H01_HBB2302377_23 - 40 - 30. fsa | 269 | 268.69 | 32 298 | 169 291 | 2 939 |
| 2023 - 8282 | H02_HBB2302378_23 - 40 - 30. fsa | 256 | 255.68 | 9 076 | 48 943 | 2 823 |
| | H02_HBB2302378_23 - 40 - 30. fsa | 260 | 259.51 | 23 395 | 125 946 | 2 848 |
| 2023 - 8283 | H03_HBB2302379_23 - 40 - 30. fsa | 248 | 247.66 | 6 225 | 36 267 | 2 741 |
| | H03_HBB2302379_23 - 40 - 30. fsa | 269 | 268.51 | 4 748 | 28 111 | 2 874 |
| 2023 - 8284 | H04_HBB2302380_23 - 40 - 30. fsa | 256 | 255.64 | 14 768 | 84 469 | 2 768 |

（续）

| 资源序号 | 样本名<br>（sample file name） | 等位基因位点<br>（allele，bp） | 大小<br>（size,<br>bp） | 高度<br>（height,<br>RFU） | 面积<br>（area,<br>RFU） | 数据取值点<br>（data point,<br>RFU） |
|---|---|---|---|---|---|---|
| 2023－8285 | H05_HBB2302381_23－40－30. fsa | 256 | 255.68 | 15 176 | 76 841 | 2 754 |
| | H05_HBB2302381_23－40－30. fsa | 269 | 268.59 | 13 324 | 68 908 | 2 836 |
| 2023－8286 | H06_HBB2302382_23－40－30. fsa | 260 | 259.36 | 20 641 | 101 942 | 2 771 |
| | H06_HBB2302382_23－40－30. fsa | 269 | 268.55 | 4 728 | 24 056 | 2 829 |
| 2023－8287 | H07_HBB2302383_23－40－30. fsa | 268 | 267.61 | 18 487 | 143 310 | 2 819 |
| 2023－8288 | H08_HBB2302384_23－40－30. fsa | 256 | 255.56 | 7 359 | 35 955 | 2 748 |
| | H08_HBB2302384_23－40－30. fsa | 268 | 267.61 | 17 798 | 88 181 | 2 824 |
| 2023－8289 | H09_HBB2302385_23－40－30. fsa | 268 | 267.65 | 15 689 | 127 431 | 2 809 |
| 2023－8290 | A01_HBB2302387_08－05－34. fsa | 256 | 255.86 | 4 292 | 23 364 | 2 853 |
| | A01_HBB2302387_08－05－34. fsa | 268 | 267.71 | 27 907 | 141 973 | 2 932 |
| 2023－8291 | A02_HBB2302388_08－05－34. fsa | 268 | 267.77 | 22 290 | 193 148 | 2 908 |
| 2023－8292 | A03_HBB2302389_08－05－34. fsa | 274 | 274.05 | 32 675 | 229 760 | 2 913 |
| 2023－8293 | A04_HBB2302390_08－05－34. fsa | 268 | 267.64 | 31 130 | 163 967 | 2 864 |
| 2023－8294 | A05_HBB2302391_08－05－34. fsa | 264 | 264.02 | 26 159 | 135 834 | 2 824 |
| 2023－8295 | A06_HBB2302392_08－05－34. fsa | 256 | 255.77 | 29 857 | 167 600 | 2 769 |
| 2023－8296 | A07_HBB2302393_08－05－34. fsa | 269 | 268.69 | 32 676 | 223 140 | 2 842 |
| 2023－8297 | A08_HBB2302394_08－05－34. fsa | 269 | 268.65 | 30 420 | 173 071 | 2 878 |
| 2023－8298 | A09_HBB2302395_08－05－34. fsa | 260 | 259.74 | 21 847 | 129 703 | 2 816 |
| 2023－8299 | A10_HBB2302396_08－05－34. fsa | 269 | 268.87 | 32 665 | 226 634 | 2 889 |
| 2023－8300 | A11_HBB2302397_08－05－34. fsa | 274 | 274.01 | 32 609 | 289 738 | 2 962 |
| 2023－8301 | A12_HBB2302398_08－05－34. fsa | 264 | 264.15 | 18 558 | 111 126 | 2 926 |
| 2023－8302 | B01_HBB2302399_08－05－34. fsa | 256 | 255.8 | 9 432 | 57 982 | 2 817 |
| | B01_HBB2302399_08－05－34. fsa | 269 | 268.74 | 16 511 | 102 022 | 2 902 |
| 2023－8303 | B02_HBB2302400_08－05－34. fsa | 256 | 255.8 | 32 581 | 202 870 | 2 822 |
| | B02_HBB2302400_08－05－34. fsa | 264 | 264.02 | 6 615 | 38 128 | 2 876 |
| 2023－8304 | B03_HBB2302401_08－05－34. fsa | 256 | 255.75 | 31 552 | 182 805 | 2 781 |
| 2023－8305 | B04_HBB2302402_08－05－34. fsa | 274 | 273.96 | 32 560 | 233 983 | 2 894 |
| 2023－8306 | B05_HBB2302403_08－05－34. fsa | 256 | 255.81 | 9 625 | 51 462 | 2 767 |
| | B05_HBB2302403_08－05－34. fsa | 269 | 268.65 | 22 417 | 118 293 | 2 849 |

（续）

| 资源序号 | 样本名<br>（sample file name） | 等位基因位点<br>（allele，bp） | 大小<br>（size，bp） | 高度<br>（height，RFU） | 面积<br>（area，RFU） | 数据取值点<br>（data point，RFU） |
|---|---|---|---|---|---|---|
| 2023 - 8307 | B06_HBB2302404_08 - 05 - 34. fsa | 256 | 255.68 | 14 748 | 79 100 | 2 746 |
| | B06_HBB2302404_08 - 05 - 34. fsa | 269 | 268.59 | 23 409 | 135 992 | 2 828 |
| 2023 - 8308 | B07_HBB2302405_08 - 05 - 34. fsa | 256 | 255.66 | 11 035 | 56 110 | 2 755 |
| | B07_HBB2302405_08 - 05 - 34. fsa | 260 | 259.59 | 26 189 | 132 279 | 2 780 |
| 2023 - 8309 | B08_HBB2302406_08 - 05 - 34. fsa | 256 | 255.81 | 9 054 | 51 813 | 2 760 |
| | B08_HBB2302406_08 - 05 - 34. fsa | 268 | 267.71 | 25 074 | 137 857 | 2 836 |
| 2023 - 8310 | B09_HBB2302407_08 - 05 - 34. fsa | 269 | 268.64 | 13 602 | 82 077 | 2 841 |
| | B09_HBB2302407_08 - 05 - 34. fsa | 274 | 274.11 | 17 695 | 109 326 | 2 876 |
| 2023 - 8311 | B11_HBB2302409_08 - 05 - 34. fsa | 256 | 255.8 | 16 073 | 96 505 | 2 817 |
| | B11_HBB2302409_08 - 05 - 34. fsa | 260 | 259.62 | 32 632 | 212 365 | 2 842 |
| 2023 - 8312 | B12_HBB2302410_08 - 05 - 34. fsa | 256 | 255.89 | 15 586 | 95 688 | 2 842 |
| | B12_HBB2302410_08 - 05 - 34. fsa | 269 | 268.83 | 31 196 | 195 321 | 2 928 |
| 2023 - 8313 | C01_HBB2302411_08 - 05 - 34. fsa | 256 | 255.78 | 7 815 | 41 952 | 2 829 |
| | C01_HBB2302411_08 - 05 - 34. fsa | 260 | 259.58 | 19 126 | 106 167 | 2 854 |
| 2023 - 8314 | C02_HBB2302412_08 - 05 - 34. fsa | 256 | 255.7 | 9 444 | 47 544 | 2 804 |
| | C02_HBB2302412_08 - 05 - 34. fsa | 269 | 268.75 | 22 171 | 113 909 | 2 889 |
| 2023 - 8315 | C03_HBB2302413_08 - 05 - 34. fsa | 260 | 259.63 | 12 246 | 67 699 | 2 809 |
| | C03_HBB2302413_08 - 05 - 34. fsa | 274 | 274.2 | 10 634 | 63 796 | 2 903 |
| 2023 - 8316 | C04_HBB2302414_08 - 05 - 34. fsa | 256 | 255.65 | 9 741 | 52 498 | 2 763 |
| | C04_HBB2302414_08 - 05 - 34. fsa | 269 | 268.64 | 19 775 | 107 000 | 2 846 |
| 2023 - 8317 | C05_HBB2302415_08 - 05 - 34. fsa | 256 | 255.69 | 12 140 | 61 857 | 2 742 |
| | C05_HBB2302415_08 - 05 - 34. fsa | 269 | 268.76 | 25 081 | 135 570 | 2 825 |
| 2023 - 8318 | C06_HBB2302416_08 - 05 - 34. fsa | 260 | 259.57 | 20 417 | 107 902 | 2 785 |
| | C06_HBB2302416_08 - 05 - 34. fsa | 268 | 267.71 | 21 185 | 121 140 | 2 837 |
| 2023 - 8319 | C07_HBB2302417_08 - 05 - 34. fsa | 268 | 267.72 | 24 030 | 196 911 | 2 817 |
| 2023 - 8320 | C08_HBB2302418_08 - 05 - 34. fsa | 260 | 259.49 | 11 668 | 61 609 | 2 764 |
| | C08_HBB2302418_08 - 05 - 34. fsa | 269 | 268.65 | 10 874 | 59 070 | 2 822 |
| 2023 - 8321 | C09_HBB2302419_08 - 05 - 34. fsa | 256 | 255.64 | 32 647 | 232 969 | 2 769 |
| 2023 - 8322 | C10_HBB2302420_08 - 05 - 34. fsa | 269 | 268.59 | 32 675 | 254 248 | 2 842 |
| 2023 - 8323 | C11_HBB2302421_08 - 05 - 34. fsa | 256 | 255.68 | 32 655 | 250 122 | 2 805 |

（续）

| 资源序号 | 样本名<br>（sample file name） | 等位基因位点<br>（allele，bp） | 大小<br>（size，bp） | 高度<br>（height，RFU） | 面积<br>（area，RFU） | 数据取值点<br>（data point，RFU） |
|---|---|---|---|---|---|---|
| 2023 - 8324 | C12_HBB2302422_08 - 05 - 34. fsa | 268 | 267.69 | 21 217 | 137 071 | 2 906 |
|  | C12_HBB2302422_08 - 05 - 34. fsa | 274 | 274.32 | 20 807 | 126 099 | 2 950 |
| 2023 - 8325 | D01_HBB2302423_08 - 05 - 34. fsa | 256 | 255.76 | 12 880 | 69 352 | 2 842 |
|  | D01_HBB2302423_08 - 05 - 34. fsa | 274 | 274.21 | 11 960 | 64 740 | 2 964 |
| 2023 - 8326 | D02_HBB2302424_08 - 05 - 34. fsa | 256 | 255.7 | 32 651 | 208 429 | 2 801 |
| 2023 - 8327 | D03_HBB2302425_08 - 05 - 34. fsa | 269 | 268.64 | 17 503 | 100 101 | 2 841 |
|  | D03_HBB2302425_08 - 05 - 34. fsa | 274 | 274.26 | 19 491 | 103 437 | 2 877 |
| 2023 - 8328 | D04_HBB2302426_08 - 05 - 34. fsa | 256 | 255.73 | 24 876 | 126 370 | 2 779 |
|  | D04_HBB2302426_08 - 05 - 34. fsa | 272 | 271.53 | 23 110 | 122 106 | 2 872 |
| 2023 - 8329 | D05_HBB2302427_08 - 05 - 34. fsa | 256 | 255.72 | 10 811 | 56 871 | 2 740 |
|  | D05_HBB2302427_08 - 05 - 34. fsa | 269 | 268.71 | 24 324 | 146 212 | 2 822 |
| 2023 - 8330 | D06_HBB2302428_08 - 05 - 34. fsa | 256 | 255.69 | 11 340 | 56 615 | 2 744 |
|  | D06_HBB2302428_08 - 05 - 34. fsa | 260 | 259.63 | 25 932 | 128 556 | 2 769 |
| 2023 - 8331 | D08_HBB2302430_08 - 05 - 34. fsa | 256 | 255.71 | 11 410 | 58 556 | 2 728 |
|  | D08_HBB2302430_08 - 05 - 34. fsa | 274 | 274.24 | 25 232 | 131 563 | 2 845 |
| 2023 - 8332 | D09_HBB2302431_08 - 05 - 34. fsa | 268 | 267.71 | 28 676 | 247 647 | 2 828 |
| 2023 - 8333 | D10_HBB2302432_08 - 05 - 34. fsa | 269 | 268.72 | 14 351 | 81 159 | 2 830 |
|  | D10_HBB2302432_08 - 05 - 34. fsa | 274 | 274.37 | 15 495 | 85 673 | 2 866 |
| 2023 - 8334 | D11_HBB2302433_08 - 05 - 34. fsa | 256 | 255.7 | 11 155 | 64 106 | 2 793 |
|  | D11_HBB2302433_08 - 05 - 34. fsa | 260 | 259.55 | 25 014 | 145 948 | 2 818 |
| 2023 - 8335 | D12_HBB2302434_08 - 05 - 34. fsa | 256 | 255.91 | 11 283 | 66 535 | 2 827 |
|  | D12_HBB2302434_08 - 05 - 34. fsa | 268 | 267.69 | 22 805 | 140 282 | 2 905 |
| 2023 - 8336 | E01_HBB2302435_08 - 05 - 34. fsa | 256 | 255.9 | 9 079 | 48 616 | 2 852 |
|  | E01_HBB2302435_08 - 05 - 34. fsa | 268 | 267.67 | 23 163 | 126 757 | 2 930 |
| 2023 - 8337 | E02_HBB2302436_08 - 05 - 34. fsa | 256 | 255.7 | 9 824 | 53 302 | 2 811 |
|  | E02_HBB2302436_08 - 05 - 34. fsa | 274 | 274.13 | 25 704 | 142 460 | 2 931 |
| 2023 - 8338 | E03_HBB2302437_08 - 05 - 34. fsa | 256 | 255.75 | 11 874 | 61 064 | 2 782 |
|  | E03_HBB2302437_08 - 05 - 34. fsa | 268 | 267.69 | 21 608 | 109 589 | 2 859 |
| 2023 - 8339 | E04_HBB2302438_08 - 05 - 34. fsa | 256 | 255.63 | 7 869 | 40 461 | 2 777 |
|  | E04_HBB2302438_08 - 05 - 34. fsa | 274 | 274.19 | 18 211 | 95 080 | 2 896 |

（续）

| 资源序号 | 样本名<br>（sample file name） | 等位基因位点<br>（allele，bp） | 大小<br>（size，bp） | 高度<br>（height，RFU） | 面积<br>（area，RFU） | 数据取值点<br>（data point，RFU） |
|---|---|---|---|---|---|---|
| 2023－8340 | E05_HBB2302439_08－05－34.fsa | 260 | 259.59 | 15 357 | 73 883 | 2 788 |
| | E05_HBB2302439_08－05－34.fsa | 274 | 274.18 | 14 492 | 74 308 | 2 881 |
| 2023－8341 | E06_HBB2302440_08－05－34.fsa | 256 | 255.7 | 9 968 | 50 697 | 2 737 |
| | E06_HBB2302440_08－05－34.fsa | 268 | 267.71 | 20 055 | 106 391 | 2 813 |
| 2023－8342 | E07_HBB2302441_08－05－34.fsa | 256 | 255.72 | 17 203 | 92 364 | 2 737 |
| 2023－8343 | E08_HBB2302442_08－05－34.fsa | 256 | 255.66 | 18 205 | 88 585 | 2 756 |
| | E08_HBB2302442_08－05－34.fsa | 268 | 267.58 | 17 317 | 84 647 | 2 832 |
| 2023－8344 | E09_HBB2302443_08－05－34.fsa | 256 | 255.79 | 31 334 | 161 147 | 2 761 |
| 2023－8345 | E10_HBB2302444_08－05－34.fsa | 260 | 259.56 | 10 609 | 57 140 | 2 779 |
| | E10_HBB2302444_08－05－34.fsa | 274 | 274.26 | 10 004 | 57 129 | 2 873 |
| 2023－8346 | E11_HBB2302445_08－05－34.fsa | 260 | 259.59 | 12 779 | 76 487 | 2 814 |
| | E11_HBB2302445_08－05－34.fsa | 274 | 274.22 | 12 433 | 77 542 | 2 909 |
| 2023－8347 | E12_HBB2302446_08－05－34.fsa | 256 | 255.88 | 16 814 | 101 143 | 2 835 |
| | E12_HBB2302446_08－05－34.fsa | 274 | 274.22 | 16 403 | 96 088 | 2 957 |
| 2023－8348 | F01_HBB2302447_08－05－34.fsa | 256 | 255.92 | 16 140 | 94 517 | 2 853 |
| | F01_HBB2302447_08－05－34.fsa | 260 | 259.71 | 14 268 | 82 934 | 2 878 |
| 2023－8349 | F02_HBB2302448_08－05－34.fsa | 260 | 259.51 | 19 824 | 105 571 | 2 837 |
| | F02_HBB2302448_08－05－34.fsa | 268 | 267.63 | 26 045 | 155 048 | 2 890 |
| 2023－8350 | F03_HBB2302449_08－05－34.fsa | 256 | 255.3 | 17 864 | 92 202 | 2 792 |
| | F03_HBB2302449_08－05－34.fsa | 274 | 273.83 | 16 954 | 88 851 | 2 911 |
| 2023－8351 | F05_HBB2302451_08－05－34.fsa | 260 | 259.56 | 13 295 | 62 970 | 2 791 |
| | F05_HBB2302451_08－05－34.fsa | 269 | 268.63 | 13 777 | 67 180 | 2 849 |
| 2023－8352 | F06_HBB2302452_08－05－34.fsa | 256 | 255.68 | 21 419 | 99 176 | 2 747 |
| 2023－8353 | F07_HBB2302453_08－05－34.fsa | 268 | 267.6 | 15 878 | 81 207 | 2 825 |
| | F07_HBB2302453_08－05－34.fsa | 274 | 274.18 | 15 847 | 79 341 | 2 867 |
| 2023－8354 | F08_HBB2302454_08－05－34.fsa | 260 | 259.62 | 15 833 | 80 612 | 2 766 |
| | F08_HBB2302454_08－05－34.fsa | 274 | 274.25 | 15 342 | 80 242 | 2 859 |
| 2023－8355 | F09_HBB2302455_08－05－34.fsa | 256 | 255.81 | 8 132 | 43 438 | 2 762 |
| | F09_HBB2302455_08－05－34.fsa | 260 | 259.57 | 16 395 | 90 223 | 2 786 |

（续）

| 资源序号 | 样本名<br>(sample file name) | 等位基因位点<br>(allele，bp) | 大小<br>(size，bp) | 高度<br>(height，RFU) | 面积<br>(area，RFU) | 数据取值点<br>(data point，RFU) |
|---|---|---|---|---|---|---|
| 2023－8356 | F10_HBB2302456_08－05－34. fsa | 256 | 255.77 | 14 285 | 76 537 | 2 758 |
| | F10_HBB2302456_08－05－34. fsa | 268 | 267.76 | 13 679 | 73 251 | 2 835 |
| 2023－8357 | F11_HBB2302457_08－05－34. fsa | 256 | 255.83 | 9 777 | 55 258 | 2 814 |
| | F11_HBB2302457_08－05－34. fsa | 269 | 268.82 | 19 008 | 112 774 | 2 899 |
| 2023－8358 | F12_HBB2302458_08－05－34. fsa | 256 | 255.93 | 10 411 | 63 366 | 2 817 |
| | F12_HBB2302458_08－05－34. fsa | 269 | 268.8 | 9 395 | 58 070 | 2 902 |
| 2023－8359 | G01_HBB2302459_08－05－34. fsa | 256 | 255.88 | 32 667 | 207 372 | 2 864 |
| 2023－8360 | G02_HBB2302460_08－05－34. fsa | 268 | 267.7 | 24 011 | 126 377 | 2 910 |
| 2023－8361 | G03_HBB2302461_08－05－34. fsa | 256 | 255.85 | 27 754 | 140 483 | 2 800 |
| 2023－8362 | G04_HBB2302462_08－05－34. fsa | 260 | 259.6 | 9 836 | 48 378 | 2 808 |
| | G04_HBB2302462_08－05－34. fsa | 269 | 268.71 | 12 711 | 65 733 | 2 867 |
| 2023－8363 | G05_HBB2302463_08－05－34. fsa | 260 | 259.67 | 6 913 | 32 449 | 2 796 |
| | G05_HBB2302463_08－05－34. fsa | 268 | 267.76 | 15 932 | 97 841 | 2 848 |
| 2023－8364 | G06_HBB2302464_08－05－34. fsa | 256 | 255.77 | 6 292 | 30 054 | 2 771 |
| | G06_HBB2302464_08－05－34. fsa | 260 | 259.66 | 8 225 | 40 333 | 2 796 |
| 2023－8365 | G07_HBB2302465_08－05－34. fsa | 260 | 259.56 | 6 724 | 35 098 | 2 780 |
| | G07_HBB2302465_08－05－34. fsa | 274 | 274.26 | 8 808 | 45 580 | 2 874 |
| 2023－8366 | G08_HBB2302466_08－05－34. fsa | 256 | 255.76 | 5 826 | 29 784 | 2 774 |
| | G08_HBB2302466_08－05－34. fsa | 268 | 267.58 | 15 369 | 74 085 | 2 850 |
| 2023－8367 | G09_HBB2302467_08－05－34. fsa | 256 | 255.79 | 4 604 | 22 918 | 2 762 |
| | G09_HBB2302467_08－05－34. fsa | 269 | 268.75 | 13 146 | 63 978 | 2 845 |
| 2023－8368 | G10_HBB2302468_08－05－34. fsa | 256 | 255.76 | 5 237 | 27 720 | 2 778 |
| | G10_HBB2302468_08－05－34. fsa | 269 | 268.79 | 12 577 | 65 009 | 2 862 |
| 2023－8369 | G11_HBB2302469_08－05－34. fsa | 248 | 248.01 | 10 138 | 55 542 | 2 762 |
| | G11_HBB2302469_08－05－34. fsa | 269 | 268.69 | 7 565 | 44 370 | 2 897 |
| 2023－8370 | G12_HBB2302470_08－05－34. fsa | 248 | 248.19 | 13 866 | 78 689 | 2 787 |
| | G12_HBB2302470_08－05－34. fsa | 269 | 268.77 | 10 948 | 60 781 | 2 923 |
| 2023－8371 | H02_HBB2302472_08－05－34. fsa | 260 | 259.81 | 23 287 | 127 665 | 2 877 |
| | H02_HBB2302472_08－05－34. fsa | 268 | 267.78 | 25 174 | 140 653 | 2 930 |

（续）

| 资源序号 | 样本名<br>（sample file name） | 等位基因位点<br>（allele，bp） | 大小<br>（size，bp） | 高度<br>（height，RFU） | 面积<br>（area，RFU） | 数据取值点<br>（data point，RFU） |
|---|---|---|---|---|---|---|
| 2023-8372 | H03_HBB2302473_08-05-34.fsa | 256 | 255.8 | 15 929 | 91 856 | 2 818 |
| | H03_HBB2302473_08-05-34.fsa | 260 | 259.76 | 14 365 | 82 550 | 2 844 |
| 2023-8373 | H04_HBB2302474_08-05-34.fsa | 256 | 255.84 | 13 643 | 64 754 | 2 802 |
| | H04_HBB2302474_08-05-34.fsa | 269 | 268.71 | 31 394 | 155 042 | 2 886 |
| 2023-8374 | H05_HBB2302475_08-05-34.fsa | 260 | 259.45 | 32 659 | 183 571 | 2 815 |
| 2023-8375 | H06_HBB2302476_08-05-34.fsa | 256 | 255.89 | 11 670 | 58 458 | 2 784 |
| | H06_HBB2302476_08-05-34.fsa | 269 | 268.72 | 30 120 | 140 625 | 2 867 |
| 2023-8376 | H07_HBB2302477_08-05-34.fsa | 260 | 259.73 | 16 784 | 83 312 | 2 812 |
| | H07_HBB2302477_08-05-34.fsa | 274 | 274.2 | 16 660 | 85 122 | 2 906 |
| 2023-8377 | H08_HBB2302478_08-05-34.fsa | 260 | 259.57 | 32 638 | 184 392 | 2 816 |
| 2023-8378 | H09_HBB2302479_08-05-34.fsa | 269 | 268.83 | 10 952 | 56 875 | 2 865 |
| | H09_HBB2302479_08-05-34.fsa | 274 | 274.37 | 10 617 | 56 326 | 2 901 |
| 2023-8379 | H10_HBB2302480_08-05-34.fsa | 260 | 259.7 | 8 989 | 48 134 | 2 813 |
| | H10_HBB2302480_08-05-34.fsa | 269 | 268.76 | 8 440 | 46 591 | 2 872 |

## 24 P24

| 资源序号 | 样本名<br>（sample file name） | 等位基因位点<br>（allele，bp） | 大小<br>（size，bp） | 高度<br>（height，RFU） | 面积<br>（area，RFU） | 数据取值点<br>（data point，RFU） |
|---|---|---|---|---|---|---|
| 2023-8200 | A01_HBB2302293_24-12-45.fsa | 223 | 223.69 | 18 626 | 119 681 | 2 629 |
| | A01_HBB2302293_24-12-45.fsa | 235 | 235.24 | 17 553 | 140 177 | 2 698 |
| 2023-8201 | A02_HBB2302294_24-12-45.fsa | 223 | 223.69 | 25 796 | 154 074 | 2 611 |
| | A02_HBB2302294_24-12-45.fsa | 235 | 235.14 | 21 904 | 169 245 | 2 679 |
| 2023-8202 | A03_HBB2302295_24-12-45.fsa | 223 | 223.48 | 25 702 | 157 243 | 2 570 |
| | A03_HBB2302295_24-12-45.fsa | 235 | 235.09 | 17 983 | 144 019 | 2 638 |
| 2023-8203 | A04_HBB2302296_24-12-45.fsa | 218 | 218.22 | 14 442 | 142 295 | 2 533 |
| | A04_HBB2302296_24-12-45.fsa | 235 | 235.04 | 15 872 | 129 028 | 2 631 |
| 2023-8204 | A05_HBB2302297_24-12-45.fsa | 233 | 233.16 | 21 227 | 185 246 | 2 608 |

（续）

| 资源序号 | 样本名<br>（sample file name） | 等位基因位点<br>（allele，bp） | 大小<br>（size，bp） | 高度<br>（height，RFU） | 面积<br>（area，RFU） | 数据取值点<br>（data point，RFU） |
|---|---|---|---|---|---|---|
| 2023－8205 | A06_HBB2302298_24－12－45.fsa | 235 | 234.83 | 19 228 | 161 457 | 2 611 |
| 2023－8206 | A07_HBB2302299_24－12－45.fsa | 235 | 234.94 | 32 418 | 258 782 | 2 604 |
| 2023－8207 | A08_HBB2302300_24－12－45.fsa | 223 | 223.49 | 16 726 | 109 502 | 2 568 |
| | A08_HBB2302300_24－12－45.fsa | 235 | 234.93 | 12 518 | 104 220 | 2 635 |
| 2023－8208 | A09_HBB2302301_24－12－45.fsa | 223 | 223.41 | 17 677 | 119 187 | 2 559 |
| | A09_HBB2302301_24－12－45.fsa | 240 | 239.66 | 14 711 | 101 955 | 2 654 |
| 2023－8209 | A10_HBB2302302_24－12－45.fsa | 235 | 234.82 | 25 485 | 234 765 | 2 642 |
| 2023－8210 | A11_HBB2302303_24－12－45.fsa | 233 | 233.37 | 26 408 | 259 999 | 2 671 |
| 2023－8211 | B01_HBB2302305_24－12－45.fsa | 223 | 223.78 | 22 431 | 147 197 | 2 595 |
| | B01_HBB2302305_24－12－45.fsa | 240 | 239.97 | 22 278 | 165 359 | 2 691 |
| 2023－8212 | B02_HBB2302306_24－12－45.fsa | 235 | 234.97 | 32 356 | 298 200 | 2 672 |
| 2023－8213 | B03_HBB2302307_24－12－45.fsa | 235 | 234.94 | 32 417 | 282 698 | 2 628 |
| 2023－8214 | B04_HBB2302308_24－12－45.fsa | 223 | 223.4 | 23 071 | 143 365 | 2 557 |
| | B04_HBB2302308_24－12－45.fsa | 235 | 234.88 | 18 697 | 146 497 | 2 624 |
| 2023－8215 | B05_HBB2302309_24－12－45.fsa | 223 | 223.38 | 15 057 | 94 949 | 2 547 |
| | B05_HBB2302309_24－12－45.fsa | 233 | 233.22 | 15 467 | 108 941 | 2 604 |
| 2023－8216 | B06_HBB2302310_24－12－45.fsa | 218 | 218 | 11 282 | 108 617 | 2 496 |
| | B06_HBB2302310_24－12－45.fsa | 240 | 239.4 | 20 819 | 143 268 | 2 620 |
| 2023－8217 | B07_HBB2302311_24－12－45.fsa | 223 | 223.29 | 20 092 | 153 471 | 2 533 |
| | B07_HBB2302311_24－12－45.fsa | 226 | 225.9 | 13 117 | 93 699 | 2 548 |
| 2023－8218 | B08_HBB2302312_24－12－45.fsa | 223 | 223.37 | 13 629 | 90 085 | 2 535 |
| | B08_HBB2302312_24－12－45.fsa | 240 | 239.57 | 11 601 | 87 618 | 2 629 |
| 2023－8219 | B09_HBB2302313_24－12－45.fsa | 233 | 233.04 | 18 859 | 165 026 | 2 587 |
| 2023－8220 | B10_HBB2302314_24－12－45.fsa | 223 | 223.29 | 17 642 | 120 652 | 2 539 |
| | B10_HBB2302314_24－12－45.fsa | 240 | 239.44 | 14 767 | 112 030 | 2 633 |
| 2023－8221 | B11_HBB2302315_24－12－45.fsa | 223 | 223.34 | 18 718 | 136 870 | 2 590 |
| | B11_HBB2302315_24－12－45.fsa | 235 | 234.8 | 12 314 | 115 987 | 2 658 |
| 2023－8222 | B12_HBB2302316_24－12－45.fsa | 223 | 223.53 | 21 246 | 157 893 | 2 615 |
| | B12_HBB2302316_24－12－45.fsa | 235 | 234.91 | 14 508 | 135 357 | 2 683 |

（续）

| 资源序号 | 样本名<br>（sample file name） | 等位基因位点<br>（allele，bp） | 大小<br>（size，bp） | 高度<br>（height，RFU） | 面积<br>（area，RFU） | 数据取值点<br>（data point，RFU） |
|---|---|---|---|---|---|---|
| 2023－8223 | C01_HBB2302317_24－12－45.fsa | 223 | 223.69 | 25 766 | 164 220 | 2 611 |
| | C01_HBB2302317_24－12－45.fsa | 235 | 235.15 | 17 432 | 144 778 | 2 679 |
| 2023－8224 | C02_HBB2302318_24－12－45.fsa | 223 | 223.7 | 26 834 | 159 150 | 2 586 |
| | C02_HBB2302318_24－12－45.fsa | 235 | 235.22 | 18 326 | 140 150 | 2 654 |
| 2023－8226 | C03_HBB2302319_24－12－45.fsa | 223 | 223.24 | 32 343 | 289 328 | 2 566 |
| 2023－8227 | C04_HBB2302320_24－12－45.fsa | 223 | 223.4 | 18 079 | 117 961 | 2 549 |
| | C04_HBB2302320_24－12－45.fsa | 240 | 239.48 | 15 341 | 111 028 | 2 643 |
| 2023－8228 | C05_HBB2302321_24－12－45.fsa | 223 | 223.19 | 19 258 | 125 278 | 2 524 |
| | C05_HBB2302321_24－12－45.fsa | 235 | 234.66 | 14 692 | 118 374 | 2 590 |
| 2023－8229 | C06_HBB2302322_24－12－45.fsa | 233 | 233.23 | 14 846 | 101 801 | 2 596 |
| | C06_HBB2302322_24－12－45.fsa | 240 | 239.58 | 12 587 | 85 611 | 2 633 |
| 2023－8230 | C07_HBB2302323_24－12－45.fsa | 223 | 223.18 | 20 492 | 130 021 | 2 518 |
| | C07_HBB2302323_24－12－45.fsa | 235 | 234.65 | 14 883 | 118 775 | 2 584 |
| 2023－8231 | C09_HBB2302325_24－12－45.fsa | 223 | 223.3 | 18 957 | 126 304 | 2 547 |
| | C09_HBB2302325_24－12－45.fsa | 235 | 234.65 | 14 220 | 124 008 | 2 613 |
| 2023－8232 | C10_HBB2302326_24－12－45.fsa | 223 | 223.3 | 18 064 | 121 039 | 2 532 |
| | C10_HBB2302326_24－12－45.fsa | 233 | 232.93 | 16 918 | 127 808 | 2 588 |
| 2023－8233 | C11_HBB2302327_24－12－45.fsa | 223 | 223.25 | 28 770 | 195 940 | 2 581 |
| | C11_HBB2302327_24－12－45.fsa | 235 | 234.74 | 20 264 | 169 764 | 2 649 |
| 2023－8234 | C12_HBB2302328_24－12－45.fsa | 223 | 223.45 | 22 495 | 183 438 | 2 602 |
| | C12_HBB2302328_24－12－45.fsa | 226 | 225.97 | 13 632 | 103 991 | 2 617 |
| 2023－8235 | D01_HBB2302329_24－12－45.fsa | 223 | 223.69 | 32 442 | 206 233 | 2 619 |
| | D01_HBB2302329_24－12－45.fsa | 235 | 235.14 | 24 944 | 198 306 | 2 687 |
| 2023－8236 | D02_HBB2302330_24－12－45.fsa | 226 | 225.88 | 20 228 | 180 789 | 2 600 |
| | D02_HBB2302330_24－12－45.fsa | 235 | 234.87 | 24 570 | 186 649 | 2 653 |
| 2023－8237 | D03_HBB2302331_24－12－45.fsa | 223 | 223.38 | 25 503 | 159 241 | 2 541 |
| | D03_HBB2302331_24－12－45.fsa | 235 | 234.94 | 15 848 | 131 344 | 2 608 |
| 2023－8238 | D04_HBB2302332_24－12－45.fsa | 235 | 234.77 | 32 409 | 297 026 | 2 602 |
| 2023－8239 | D05_HBB2302333_24－12－45.fsa | 226 | 225.81 | 13 547 | 116 861 | 2 533 |
| | D05_HBB2302333_24－12－45.fsa | 240 | 239.51 | 24 937 | 169 492 | 2 612 |

（续）

| 资源序号 | 样本名<br>（sample file name） | 等位基因位点<br>（allele，bp） | 大小<br>（size，bp） | 高度<br>（height，RFU） | 面积<br>（area，RFU） | 数据取值点<br>（data point，RFU） |
|---|---|---|---|---|---|---|
| 2023－8240 | D06_HBB2302334_24－12－45.fsa | 223 | 223.12 | 32 460 | 270 602 | 2 523 |
| 2023－8241 | D07_HBB2302335_24－12－45.fsa | 223 | 223.3 | 6 201 | 38 922 | 2 544 |
|  | D07_HBB2302335_24－12－45.fsa | 235 | 234.65 | 25 189 | 194 863 | 2 610 |
| 2023－8242 | D08_HBB2302336_24－12－45.fsa | 218 | 217.88 | 10 616 | 106 153 | 2 472 |
|  | D08_HBB2302336_24－12－45.fsa | 235 | 234.54 | 12 810 | 104 026 | 2 567 |
| 2023－8243 | D09_HBB2302337_24－12－45.fsa | 235 | 234.53 | 16 328 | 142 170 | 2 593 |
| 2023－8244 | D10_HBB2302338_24－12－45.fsa | 235 | 234.65 | 32 399 | 283 730 | 2 587 |
| 2023－8245 | D11_HBB2302339_24－12－45.fsa | 218 | 217.93 | 11 343 | 121 626 | 2 536 |
|  | D11_HBB2302339_24－12－45.fsa | 235 | 234.64 | 13 919 | 121 801 | 2 634 |
| 2023－8246 | D12_HBB2302340_24－12－45.fsa | 233 | 233.12 | 23 298 | 227 116 | 2 657 |
| 2023－8247 | E01_HBB2302341_24－12－45.fsa | 223 | 223.77 | 23 751 | 149 885 | 2 629 |
|  | E01_HBB2302341_24－12－45.fsa | 235 | 235.26 | 23 565 | 209 578 | 2 697 |
| 2023－8248 | E02_HBB2302342_24－12－45.fsa | 235 | 234.91 | 32 384 | 282 339 | 2 665 |
| 2023－8249 | E03_HBB2302343_24－12－45.fsa | 235 | 234.25 | 22 012 | 281 286 | 2 629 |
| 2023－8250 | E04_HBB2302344_24－12－45.fsa | 235 | 234.76 | 32 374 | 269 221 | 2 630 |
| 2023－8251 | E06_HBB2302346_24－12－45.fsa | 223 | 223.19 | 16 305 | 121 967 | 2 515 |
|  | E06_HBB2302346_24－12－45.fsa | 226 | 225.8 | 8 499 | 62 380 | 2 530 |
| 2023－8252 | E07_HBB2302347_24－12－45.fsa | 235 | 234.64 | 20 047 | 163 944 | 2 579 |
| 2023－8253 | E08_HBB2302348_24－12－45.fsa | 223 | 223.21 | 20 657 | 129 514 | 2 530 |
|  | E08_HBB2302348_24－12－45.fsa | 235 | 234.6 | 12 804 | 107 337 | 2 596 |
| 2023－8254 | E09_HBB2302349_24－12－45.fsa | 223 | 223.2 | 25 349 | 158 502 | 2 534 |
| 2023－8255 | E10_HBB2302350_24－12－45.fsa | 223 | 223.19 | 22 842 | 141 053 | 2 525 |
|  | E10_HBB2302350_24－12－45.fsa | 235 | 234.58 | 16 770 | 154 709 | 2 591 |
| 2023－8256 | E11_HBB2302351_24－12－45.fsa | 235 | 234.64 | 32 389 | 313 142 | 2 626 |
| 2023－8257 | E12_HBB2302352_24－12－45.fsa | 235 | 234.86 | 32 453 | 256 949 | 2 677 |
| 2023－8258 | F01_HBB2302353_24－12－45.fsa | 235 | 235.17 | 32 290 | 305 741 | 2 695 |
| 2023－8259 | F02_HBB2302354_24－12－45.fsa | 235 | 235.04 | 29 781 | 231 774 | 2 663 |
| 2023－8260 | F03_HBB2302355_24－12－45.fsa | 225 | 224.94 | 32 455 | 250 443 | 2 584 |
| 2023－8261 | F04_HBB2302356_24－12－45.fsa | 235 | 234.82 | 24 408 | 199 071 | 2 640 |
| 2023－8262 | F05_HBB2302357_24－12－45.fsa | 235 | 234.27 | 25 318 | 291 873 | 2 603 |

（续）

| 资源序号 | 样本名<br>（sample file name） | 等位基因位点<br>（allele，bp） | 大小<br>（size，bp） | 高度<br>（height，RFU） | 面积<br>（area，RFU） | 数据取值点<br>（data point，RFU） |
|---|---|---|---|---|---|---|
| 2023－8263 | F06_HBB2302358_24－12－45. fsa | 223 | 223.29 | 21 375 | 128 981 | 2 523 |
| | F06_HBB2302358_24－12－45. fsa | 235 | 234.72 | 14 710 | 113 918 | 2 589 |
| 2023－8264 | F07_HBB2302359_24－12－45. fsa | 226 | 225.8 | 11 430 | 101 544 | 2 538 |
| | F07_HBB2302359_24－12－45. fsa | 235 | 234.77 | 12 084 | 96 823 | 2 590 |
| 2023－8265 | F08_HBB2302360_24－12－45. fsa | 235 | 234.66 | 32 413 | 249 466 | 2 578 |
| 2023－8266 | F09_HBB2302361_24－12－45. fsa | 233 | 232.98 | 32 412 | 249 526 | 2 585 |
| 2023－8267 | F10_HBB2302362_24－12－45. fsa | 218 | 217.82 | 16 563 | 140 535 | 2 497 |
| | F10_HBB2302362_24－12－45. fsa | 223 | 223.2 | 19 498 | 107 304 | 2 528 |
| 2023－8268 | F11_HBB2302363_24－12－45. fsa | 233 | 233.05 | 28 957 | 246 729 | 2 641 |
| 2023－8269 | F12_HBB2302364_24－12－45. fsa | 235 | 234.92 | 18 473 | 133 264 | 2 653 |
| | F12_HBB2302364_24－12－45. fsa | 240 | 239.63 | 23 899 | 146 553 | 2 681 |
| 2023－8270 | G01_HBB2302365_24－12－45. fsa | 218 | 218.58 | 20 870 | 194 505 | 2 605 |
| | G01_HBB2302365_24－12－45. fsa | 235 | 235.39 | 22 758 | 175 810 | 2 704 |
| 2023－8271 | G03_HBB2302367_24－12－45. fsa | 218 | 218.29 | 13 947 | 130 628 | 2 549 |
| | G03_HBB2302367_24－12－45. fsa | 235 | 234.99 | 14 070 | 112 543 | 2 647 |
| 2023－8272 | G04_HBB2302368_24－12－45. fsa | 218 | 218.23 | 13 485 | 122 716 | 2 528 |
| | G04_HBB2302368_24－12－45. fsa | 235 | 234.88 | 14 187 | 108 349 | 2 625 |
| 2023－8273 | G05_HBB2302369_24－12－45. fsa | 223 | 223.3 | 32 444 | 258 050 | 2 544 |
| 2023－8274 | G06_HBB2302370_24－12－45. fsa | 223 | 223.3 | 19 933 | 117 808 | 2 545 |
| | G06_HBB2302370_24－12－45. fsa | 235 | 234.65 | 13 234 | 103 370 | 2 611 |
| 2023－8275 | G07_HBB2302371_24－12－45. fsa | 235 | 234.77 | 12 318 | 84 303 | 2 594 |
| | G07_HBB2302371_24－12－45. fsa | 240 | 239.41 | 17 751 | 108 185 | 2 621 |
| 2023－8276 | G08_HBB2302372_24－12－45. fsa | 218 | 217.93 | 17 146 | 155 664 | 2 510 |
| | G08_HBB2302372_24－12－45. fsa | 235 | 234.64 | 19 007 | 145 050 | 2 607 |
| 2023－8277 | G09_HBB2302373_24－12－45. fsa | 235 | 234.72 | 27 882 | 210 070 | 2 593 |
| 2023－8278 | G10_HBB2302374_24－12－45. fsa | 235 | 234.71 | 23 569 | 188 051 | 2 610 |
| 2023－8279 | G11_HBB2302375_24－12－45. fsa | 223 | 223.42 | 25 652 | 157 853 | 2 578 |
| | G11_HBB2302375_24－12－45. fsa | 235 | 234.92 | 19 863 | 160 902 | 2 646 |
| 2023－8280 | G12_HBB2302376_24－12－45. fsa | 223 | 223.53 | 32 462 | 253 217 | 2 600 |

（续）

| 资源序号 | 样本名<br>（sample file name） | 等位基因位点<br>（allele，bp） | 大小<br>（size，bp） | 高度<br>（height，RFU） | 面积<br>（area，RFU） | 数据取值点<br>（data point，RFU） |
|---|---|---|---|---|---|---|
| 2023 - 8281 | H01_HBB2302377_24 - 12 - 45. fsa | 223 | 224.14 | 28 395 | 176 571 | 2 660 |
| | H01_HBB2302377_24 - 12 - 45. fsa | 235 | 235.71 | 23 976 | 179 133 | 2 729 |
| 2023 - 8282 | H02_HBB2302378_24 - 12 - 45. fsa | 226 | 225.22 | 23 710 | 181 354 | 2 638 |
| | H02_HBB2302378_24 - 12 - 45. fsa | 235 | 235.25 | 24 697 | 180 109 | 2 698 |
| 2023 - 8283 | H03_HBB2302379_24 - 12 - 45. fsa | 235 | 235.14 | 12 569 | 92 254 | 2 668 |
| | H03_HBB2302379_24 - 12 - 45. fsa | 240 | 239.83 | 16 092 | 101 655 | 2 696 |
| 2023 - 8284 | H04_HBB2302380_24 - 12 - 45. fsa | 235 | 235.04 | 19 102 | 150 754 | 2 646 |
| 2023 - 8285 | H05_HBB2302381_24 - 12 - 45. fsa | 218 | 218.34 | 13 100 | 118 933 | 2 533 |
| | H05_HBB2302381_24 - 12 - 45. fsa | 233 | 233.4 | 21 267 | 138 406 | 2 621 |
| 2023 - 8286 | H06_HBB2302382_24 - 12 - 45. fsa | 223 | 223.58 | 16 795 | 103 947 | 2 557 |
| | H06_HBB2302382_24 - 12 - 45. fsa | 235 | 235.06 | 12 369 | 97 861 | 2 624 |
| 2023 - 8287 | H07_HBB2302383_24 - 12 - 45. fsa | 223 | 223.57 | 19 442 | 112 924 | 2 554 |
| | H07_HBB2302383_24 - 12 - 45. fsa | 235 | 235.05 | 14 935 | 116 444 | 2 621 |
| 2023 - 8288 | H08_HBB2302384_24 - 12 - 45. fsa | 235 | 234.88 | 32 457 | 239 291 | 2 625 |
| 2023 - 8289 | H09_HBB2302385_24 - 12 - 45. fsa | 223 | 223.47 | 21 954 | 185 681 | 2 545 |
| 2023 - 8290 | A01_HBB2302387_08 - 49 - 11. fsa | 223 | 223.79 | 14 246 | 91 048 | 2 633 |
| | A01_HBB2302387_08 - 49 - 11. fsa | 240 | 240.04 | 15 145 | 102 167 | 2 730 |
| 2023 - 8291 | A02_HBB2302388_08 - 49 - 11. fsa | 223 | 223.68 | 9 175 | 59 647 | 2 615 |
| | A02_HBB2302388_08 - 49 - 11. fsa | 235 | 235.13 | 8 402 | 68 815 | 2 683 |
| 2023 - 8292 | A03_HBB2302389_08 - 49 - 11. fsa | 226 | 226.05 | 23 327 | 186 805 | 2 592 |
| | A03_HBB2302389_08 - 49 - 11. fsa | 241 | 241.21 | 18 813 | 44 022 | 2 681 |
| 2023 - 8293 | A04_HBB2302390_08 - 49 - 11. fsa | 223 | 223.48 | 21 850 | 137 212 | 2 571 |
| 2023 - 8294 | A05_HBB2302391_08 - 49 - 11. fsa | 240 | 239.62 | 15 078 | 105 576 | 2 650 |
| 2023 - 8295 | A06_HBB2302392_08 - 49 - 11. fsa | 235 | 234.3 | 17 238 | 143 938 | 2 614 |
| 2023 - 8296 | A07_HBB2302393_08 - 49 - 11. fsa | 223 | 223.41 | 19 576 | 133 563 | 2 543 |
| 2023 - 8297 | A08_HBB2302394_08 - 49 - 11. fsa | 223 | 223.47 | 15 633 | 102 749 | 2 575 |
| 2023 - 8298 | A09_HBB2302395_08 - 49 - 11. fsa | 223 | 223.4 | 13 271 | 71 806 | 2 566 |
| 2023 - 8299 | A10_HBB2302396_08 - 49 - 11. fsa | 223 | 223.41 | 16 437 | 116 620 | 2 582 |
| 2023 - 8300 | A11_HBB2302397_08 - 49 - 11. fsa | 223 | 223.64 | 27 040 | 192 722 | 2 619 |
| 2023 - 8301 | A12_HBB2302398_08 - 49 - 11. fsa | 240 | 239.94 | 16 488 | 130 158 | 2 744 |

（续）

| 资源序号 | 样本名<br>（sample file name） | 等位基因位点<br>（allele，bp） | 大小<br>（size，bp） | 高度<br>（height，RFU） | 面积<br>（area，RFU） | 数据取值点<br>（data point，RFU） |
|---|---|---|---|---|---|---|
| 2023 – 8302 | B01_HBB2302399_08 – 49 – 11. fsa | 223 | 223.6 | 21 431 | 123 261 | 2 598 |
| 2023 – 8303 | B02_HBB2302400_08 – 49 – 11. fsa | 240 | 239.84 | 22 068 | 152 111 | 2 704 |
| 2023 – 8304 | B03_HBB2302401_08 – 49 – 11. fsa | 223 | 223.4 | 10 083 | 86 654 | 2 566 |
| | B03_HBB2302401_08 – 49 – 11. fsa | 226 | 225.97 | 6 639 | 47 002 | 2 581 |
| 2023 – 8305 | B04_HBB2302402_08 – 49 – 11. fsa | 235 | 234.25 | 12 107 | 144 650 | 2 626 |
| 2023 – 8306 | B05_HBB2302403_08 – 49 – 11. fsa | 223 | 223.29 | 8 676 | 52 685 | 2 553 |
| | B05_HBB2302403_08 – 49 – 11. fsa | 235 | 234.64 | 6 969 | 58 086 | 2 619 |
| 2023 – 8307 | B06_HBB2302404_08 – 49 – 11. fsa | 223 | 223.47 | 13 388 | 82 883 | 2 530 |
| | B06_HBB2302404_08 – 49 – 11. fsa | 235 | 234.9 | 9 483 | 75 842 | 2 596 |
| 2023 – 8308 | B07_HBB2302405_08 – 49 – 11. fsa | 223 | 223.37 | 7 728 | 50 558 | 2 541 |
| | B07_HBB2302405_08 – 49 – 11. fsa | 235 | 234.76 | 6 722 | 54 856 | 2 607 |
| 2023 – 8309 | B08_HBB2302406_08 – 49 – 11. fsa | 223 | 223.48 | 21 557 | 143 925 | 2 542 |
| 2023 – 8310 | B09_HBB2302407_08 – 49 – 11. fsa | 223 | 223.3 | 7 640 | 51 830 | 2 538 |
| | B09_HBB2302407_08 – 49 – 11. fsa | 235 | 234.65 | 6 883 | 59 950 | 2 604 |
| 2023 – 8311 | B11_HBB2302409_08 – 49 – 11. fsa | 223 | 223.35 | 10 190 | 73 678 | 2 596 |
| | B11_HBB2302409_08 – 49 – 11. fsa | 235 | 234.81 | 7 893 | 71 874 | 2 664 |
| 2023 – 8312 | B12_HBB2302410_08 – 49 – 11. fsa | 223 | 223.53 | 13 204 | 94 851 | 2 620 |
| | B12_HBB2302410_08 – 49 – 11. fsa | 235 | 234.91 | 10 921 | 99 664 | 2 688 |
| 2023 – 8313 | C01_HBB2302411_08 – 49 – 11. fsa | 223 | 223.69 | 12 930 | 80 926 | 2 614 |
| | C01_HBB2302411_08 – 49 – 11. fsa | 235 | 235.14 | 12 102 | 95 524 | 2 682 |
| 2023 – 8314 | C02_HBB2302412_08 – 49 – 11. fsa | 223 | 223.69 | 12 745 | 77 266 | 2 589 |
| | C02_HBB2302412_08 – 49 – 11. fsa | 235 | 235.05 | 10 788 | 81 680 | 2 656 |
| 2023 – 8315 | C03_HBB2302413_08 – 49 – 11. fsa | 223 | 223.41 | 17 988 | 118 077 | 2 573 |
| 2023 – 8316 | C04_HBB2302414_08 – 49 – 11. fsa | 223 | 223.4 | 10 333 | 66 440 | 2 554 |
| | C04_HBB2302414_08 – 49 – 11. fsa | 235 | 234.71 | 7 875 | 67 958 | 2 620 |
| 2023 – 8317 | C05_HBB2302415_08 – 49 – 11. fsa | 223 | 223.27 | 7 070 | 45 274 | 2 531 |
| | C05_HBB2302415_08 – 49 – 11. fsa | 240 | 239.36 | 8 837 | 63 698 | 2 624 |
| 2023 – 8318 | C06_HBB2302416_08 – 49 – 11. fsa | 235 | 234.83 | 14 725 | 122 822 | 2 613 |
| 2023 – 8319 | C07_HBB2302417_08 – 49 – 11. fsa | 223 | 223.29 | 9 207 | 55 938 | 2 524 |
| | C07_HBB2302417_08 – 49 – 11. fsa | 235 | 234.72 | 7 443 | 59 787 | 2 590 |

（续）

| 资源序号 | 样本名<br>（sample file name） | 等位基因位点<br>（allele，bp） | 大小<br>（size，bp） | 高度<br>（height，RFU） | 面积<br>（area，RFU） | 数据取值点<br>（data point，RFU） |
|---|---|---|---|---|---|---|
| 2023 - 8320 | C08_HBB2302418_08 - 49 - 11. fsa | 233 | 233.04 | 9 372 | 83 423 | 2 575 |
| | C08_HBB2302418_08 - 49 - 11. fsa | 235 | 234.78 | 6 173 | 29 771 | 2 585 |
| 2023 - 8321 | C09_HBB2302419_08 - 49 - 11. fsa | 233 | 233 | 12 665 | 113 075 | 2 609 |
| 2023 - 8322 | C10_HBB2302420_08 - 49 - 11. fsa | 223 | 223.39 | 21 194 | 146 564 | 2 539 |
| 2023 - 8323 | C11_HBB2302421_08 - 49 - 11. fsa | 233 | 233.19 | 11 676 | 106 414 | 2 643 |
| 2023 - 8324 | C12_HBB2302422_08 - 49 - 11. fsa | 223 | 223.43 | 9 593 | 69 021 | 2 609 |
| | C12_HBB2302422_08 - 49 - 11. fsa | 240 | 239.52 | 8 345 | 59 084 | 2 705 |
| 2023 - 8325 | D01_HBB2302423_08 - 49 - 11. fsa | 223 | 223.7 | 10 561 | 65 967 | 2 625 |
| | D01_HBB2302423_08 - 49 - 11. fsa | 233 | 233.64 | 13 088 | 93 359 | 2 684 |
| 2023 - 8326 | D02_HBB2302424_08 - 49 - 11. fsa | 223 | 223.52 | 11 411 | 69 970 | 2 589 |
| | D02_HBB2302424_08 - 49 - 11. fsa | 235 | 234.88 | 11 307 | 90 669 | 2 656 |
| 2023 - 8327 | D03_HBB2302425_08 - 49 - 11. fsa | 226 | 225.89 | 6 203 | 56 855 | 2 561 |
| | D03_HBB2302425_08 - 49 - 11. fsa | 240 | 239.45 | 10 010 | 71 543 | 2 640 |
| 2023 - 8328 | D04_HBB2302426_08 - 49 - 11. fsa | 235 | 234.79 | 15 978 | 137 220 | 2 607 |
| | D04_HBB2302426_08 - 49 - 11. fsa | 241 | 241.13 | 6 113 | 14 167 | 2 644 |
| 2023 - 8329 | D05_HBB2302427_08 - 49 - 11. fsa | 235 | 234.66 | 13 584 | 109 205 | 2 589 |
| 2023 - 8330 | D06_HBB2302428_08 - 49 - 11. fsa | 223 | 223.19 | 9 646 | 60 377 | 2 531 |
| | D06_HBB2302428_08 - 49 - 11. fsa | 235 | 234.66 | 8 480 | 66 951 | 2 597 |
| 2023 - 8331 | D08_HBB2302430_08 - 49 - 11. fsa | 223 | 223.26 | 8 024 | 50 186 | 2 509 |
| | D08_HBB2302430_08 - 49 - 11. fsa | 235 | 234.07 | 8 075 | 66 005 | 2 571 |
| 2023 - 8332 | D09_HBB2302431_08 - 49 - 11. fsa | 223 | 223.28 | 10 076 | 64 154 | 2 534 |
| | D09_HBB2302431_08 - 49 - 11. fsa | 235 | 234.71 | 8 590 | 69 094 | 2 600 |
| 2023 - 8333 | D10_HBB2302432_08 - 49 - 11. fsa | 223 | 223.1 | 13 787 | 94 499 | 2 527 |
| 2023 - 8334 | D11_HBB2302433_08 - 49 - 11. fsa | 226 | 225.62 | 6 489 | 65 108 | 2 586 |
| | D11_HBB2302433_08 - 49 - 11. fsa | 235 | 234.64 | 7 825 | 69 041 | 2 639 |
| 2023 - 8335 | D12_HBB2302434_08 - 49 - 11. fsa | 225 | 224.79 | 6 893 | 65 555 | 2 613 |
| | D12_HBB2302434_08 - 49 - 11. fsa | 235 | 234.85 | 7 180 | 65 191 | 2 673 |
| 2023 - 8336 | E01_HBB2302435_08 - 49 - 11. fsa | 226 | 226.4 | 6 972 | 62 079 | 2 654 |
| | E01_HBB2302435_08 - 49 - 11. fsa | 235 | 235.32 | 9 642 | 73 924 | 2 707 |
| 2023 - 8337 | E02_HBB2302436_08 - 49 - 11. fsa | 235 | 234.91 | 13 530 | 108 303 | 2 670 |

（续）

| 资源序号 | 样本名<br>（sample file name） | 等位基因位点<br>（allele，bp） | 大小<br>（size，bp） | 高度<br>（height，RFU） | 面积<br>（area，RFU） | 数据取值点<br>（data point，RFU） |
|---|---|---|---|---|---|---|
| 2023 - 8338 | E03_HBB2302437_08 - 49 - 11. fsa | 223 | 223. 49 | 19 070 | 101 468 | 2 572 |
| 2023 - 8339 | E04_HBB2302438_08 - 49 - 11. fsa | 223 | 223. 31 | 9 035 | 60 688 | 2 568 |
| | E04_HBB2302438_08 - 49 - 11. fsa | 235 | 234. 76 | 5 309 | 43 174 | 2 635 |
| 2023 - 8340 | E05_HBB2302439_08 - 49 - 11. fsa | 233 | 233. 23 | 11 496 | 97 622 | 2 608 |
| 2023 - 8341 | E06_HBB2302440_08 - 49 - 11. fsa | 223 | 223. 37 | 9 185 | 59 263 | 2 522 |
| | E06_HBB2302440_08 - 49 - 11. fsa | 235 | 234. 66 | 6 782 | 56 848 | 2 587 |
| 2023 - 8342 | E07_HBB2302441_08 - 49 - 11. fsa | 233 | 232. 93 | 7 404 | 68 374 | 2 573 |
| 2023 - 8343 | E08_HBB2302442_08 - 49 - 11. fsa | 235 | 234. 59 | 13 513 | 105 726 | 2 605 |
| 2023 - 8344 | E09_HBB2302443_08 - 49 - 11. fsa | 223 | 223. 3 | 8 618 | 54 531 | 2 541 |
| | E09_HBB2302443_08 - 49 - 11. fsa | 235 | 234. 65 | 7 400 | 61 341 | 2 607 |
| 2023 - 8345 | E10_HBB2302444_08 - 49 - 11. fsa | 218 | 218. 06 | 5 325 | 52 483 | 2 501 |
| | E10_HBB2302444_08 - 49 - 11. fsa | 235 | 234. 71 | 6 759 | 54 629 | 2 597 |
| 2023 - 8346 | E11_HBB2302445_08 - 49 - 11. fsa | 223 | 223. 3 | 5 178 | 36 412 | 2 567 |
| | E11_HBB2302445_08 - 49 - 11. fsa | 235 | 234. 75 | 5 737 | 63 906 | 2 634 |
| 2023 - 8347 | E12_HBB2302446_08 - 49 - 11. fsa | 218 | 217. 03 | 9 656 | 65 670 | 2 575 |
| | E12_HBB2302446_08 - 49 - 11. fsa | 240 | 239. 53 | 9 232 | 70 214 | 2 709 |
| 2023 - 8348 | F01_HBB2302447_08 - 49 - 11. fsa | 218 | 217. 37 | 6 496 | 35 842 | 2 593 |
| | F01_HBB2302447_08 - 49 - 11. fsa | 235 | 235. 21 | 4 375 | 41 243 | 2 698 |
| 2023 - 8349 | F02_HBB2302448_08 - 49 - 11. fsa | 223 | 223. 6 | 5 385 | 36 204 | 2 602 |
| | F02_HBB2302448_08 - 49 - 11. fsa | 235 | 234. 92 | 5 470 | 47 218 | 2 669 |
| 2023 - 8350 | F03_HBB2302449_08 - 49 - 11. fsa | 218 | 217. 14 | 8 445 | 52 065 | 2 543 |
| | F03_HBB2302449_08 - 49 - 11. fsa | 240 | 239. 69 | 13 526 | 92 265 | 2 675 |
| 2023 - 8352 | F06_HBB2302452_08 - 49 - 11. fsa | 223 | 223. 29 | 8 976 | 53 924 | 2 528 |
| | F06_HBB2302452_08 - 49 - 11. fsa | 240 | 239. 37 | 10 947 | 73 524 | 2 621 |
| 2023 - 8353 | F07_HBB2302453_08 - 49 - 11. fsa | 235 | 234. 08 | 4 221 | 49 306 | 2 591 |
| | F07_HBB2302453_08 - 49 - 11. fsa | 240 | 239. 41 | 7 798 | 47 619 | 2 622 |
| 2023 - 8354 | F08_HBB2302454_08 - 49 - 11. fsa | 223 | 223. 18 | 19 314 | 116 556 | 2 519 |
| 2023 - 8355 | F09_HBB2302455_08 - 49 - 11. fsa | 235 | 234. 72 | 14 168 | 117 020 | 2 603 |
| 2023 - 8356 | F10_HBB2302456_08 - 49 - 11. fsa | 235 | 234. 78 | 16 774 | 140 212 | 2 602 |
| 2023 - 8357 | F11_HBB2302457_08 - 49 - 11. fsa | 235 | 234. 25 | 11 811 | 151 379 | 2 653 |

（续）

| 资源序号 | 样本名<br>（sample file name） | 等位基因位点<br>（allele，bp） | 大小<br>（size，bp） | 高度<br>（height，RFU） | 面积<br>（area，RFU） | 数据取值点<br>（data point，RFU） |
|---|---|---|---|---|---|---|
| 2023 - 8358 | F12_HBB2302458_08 - 49 - 11. fsa | 223 | 223.41 | 8 706 | 48 610 | 2 592 |
| | F12_HBB2302458_08 - 49 - 11. fsa | 233 | 233.22 | 8 603 | 64 006 | 2 650 |
| 2023 - 8359 | G01_HBB2302459_08 - 49 - 11. fsa | 233 | 233.82 | 16 969 | 145 231 | 2 694 |
| 2023 - 8360 | G02_HBB2302460_08 - 49 - 11. fsa | 223 | 223.69 | 9 814 | 57 679 | 2 618 |
| | G02_HBB2302460_08 - 49 - 11. fsa | 235 | 235.15 | 11 270 | 84 550 | 2 686 |
| 2023 - 8361 | G03_HBB2302461_08 - 49 - 11. fsa | 223 | 223.59 | 15 091 | 99 663 | 2 585 |
| 2023 - 8362 | G04_HBB2302462_08 - 49 - 11. fsa | 235 | 234.88 | 13 620 | 84 744 | 2 631 |
| 2023 - 8363 | G05_HBB2302463_08 - 49 - 11. fsa | 235 | 234.95 | 20 470 | 146 886 | 2 618 |
| 2023 - 8364 | G06_HBB2302464_08 - 49 - 11. fsa | 235 | 234.83 | 11 413 | 89 313 | 2 619 |
| 2023 - 8365 | G07_HBB2302465_08 - 49 - 11. fsa | 235 | 234.78 | 2 123 | 22 956 | 2 601 |
| | G07_HBB2302465_08 - 49 - 11. fsa | 240 | 239.41 | 2 026 | 13 847 | 2 628 |
| 2023 - 8366 | G08_HBB2302466_08 - 49 - 11. fsa | 223 | 223.29 | 6 586 | 40 390 | 2 550 |
| | G08_HBB2302466_08 - 49 - 11. fsa | 235 | 234.64 | 6 152 | 50 898 | 2 616 |
| 2023 - 8367 | G09_HBB2302467_08 - 49 - 11. fsa | 223 | 223.29 | 8 258 | 53 272 | 2 535 |
| | G09_HBB2302467_08 - 49 - 11. fsa | 235 | 234.89 | 7 843 | 62 305 | 2 602 |
| 2023 - 8368 | G10_HBB2302468_08 - 49 - 11. fsa | 223 | 223.3 | 7 832 | 49 456 | 2 552 |
| | G10_HBB2302468_08 - 49 - 11. fsa | 235 | 234.82 | 6 576 | 54 271 | 2 619 |
| 2023 - 8369 | G11_HBB2302469_08 - 49 - 11. fsa | 223 | 223.43 | 8 706 | 56 891 | 2 585 |
| | G11_HBB2302469_08 - 49 - 11. fsa | 235 | 234.93 | 6 630 | 53 826 | 2 653 |
| 2023 - 8370 | G12_HBB2302470_08 - 49 - 11. fsa | 223 | 223.61 | 10 031 | 64 811 | 2 609 |
| | G12_HBB2302470_08 - 49 - 11. fsa | 240 | 239.7 | 10 846 | 74 298 | 2 705 |
| 2023 - 8371 | H02_HBB2302472_08 - 49 - 11. fsa | 235 | 235.25 | 15 075 | 118 853 | 2 705 |
| 2023 - 8372 | H03_HBB2302473_08 - 49 - 11. fsa | 233 | 233.41 | 8 182 | 75 281 | 2 662 |
| 2023 - 8373 | H04_HBB2302474_08 - 49 - 11. fsa | 223 | 223.58 | 11 191 | 68 554 | 2 584 |
| | H04_HBB2302474_08 - 49 - 11. fsa | 235 | 234.98 | 9 742 | 72 872 | 2 651 |
| 2023 - 8374 | H05_HBB2302475_08 - 49 - 11. fsa | 223 | 223.67 | 25 043 | 129 361 | 2 571 |
| 2023 - 8375 | H06_HBB2302476_08 - 49 - 11. fsa | 223 | 223.4 | 9 427 | 58 545 | 2 564 |
| | H06_HBB2302476_08 - 49 - 11. fsa | 235 | 234.88 | 8 239 | 64 227 | 2 631 |
| 2023 - 8376 | H07_HBB2302477_08 - 49 - 11. fsa | 235 | 234.38 | 10 585 | 131 002 | 2 624 |
| 2023 - 8377 | H08_HBB2302478_08 - 49 - 11. fsa | 223 | 223.4 | 18 733 | 115 557 | 2 565 |

（续）

| 资源序号 | 样本名<br>（sample file name） | 等位基因位点<br>（allele，bp） | 大小<br>（size，bp） | 高度<br>（height，RFU） | 面积<br>（area，RFU） | 数据取值点<br>（data point，RFU） |
|---|---|---|---|---|---|---|
| 2023－8378 | H09_HBB2302479_08－49－11.fsa | 223 | 223.66 | 12 769 | 69 870 | 2 554 |
| 2023－8379 | H10_HBB2302480_08－49－11.fsa | 235 | 234.93 | 9 418 | 59 175 | 2 627 |

### 25 P25

| 资源序号 | 样本名<br>（sample file name） | 等位基因位点<br>（allele，bp） | 大小<br>（size，bp） | 高度<br>（height，RFU） | 面积<br>（area，RFU） | 数据取值点<br>（data point，RFU） |
|---|---|---|---|---|---|---|
| 2023－8200 | A01_HBB2302293_23－40－30.fsa | 165 | 165.63 | 7 031 | 28 565 | 2 278 |
| | A01_HBB2302293_23－40－30.fsa | 173 | 173.39 | 6 981 | 27 483 | 2 325 |
| 2023－8201 | A02_HBB2302294_23－40－30.fsa | 165 | 165.5 | 10 045 | 38 117 | 2 263 |
| | A02_HBB2302294_23－40－30.fsa | 175 | 174.47 | 5 625 | 21 371 | 2 317 |
| 2023－8202 | A03_HBB2302295_23－40－30.fsa | 165 | 165.43 | 13 205 | 47 738 | 2 229 |
| 2023－8203 | A04_HBB2302296_23－40－30.fsa | 165 | 165.43 | 11 458 | 46 639 | 2 222 |
| 2023－8204 | A05_HBB2302297_23－40－30.fsa | 165 | 165.27 | 10 709 | 44 402 | 2 210 |
| 2023－8205 | A06_HBB2302298_23－40－30.fsa | 165 | 165.49 | 5 464 | 21 994 | 2 206 |
| | A06_HBB2302298_23－40－30.fsa | 179 | 179.32 | 5 026 | 21 095 | 2 287 |
| 2023－8206 | A07_HBB2302299_23－40－30.fsa | 173 | 173.18 | 9 379 | 39 500 | 2 244 |
| 2023－8207 | A08_HBB2302300_23－40－30.fsa | 165 | 165.42 | 8 272 | 33 379 | 2 227 |
| 2023－8208 | A09_HBB2302301_23－40－30.fsa | 165 | 165.46 | 4 684 | 19 305 | 2 219 |
| | A09_HBB2302301_23－40－30.fsa | 175 | 174.62 | 2 127 | 11 260 | 2 273 |
| 2023－8209 | A10_HBB2302302_23－40－30.fsa | 165 | 165.41 | 6 506 | 27 847 | 2 233 |
| | A10_HBB2302302_23－40－30.fsa | 171 | 171.48 | 6 695 | 29 133 | 2 269 |
| 2023－8210 | A11_HBB2302303_23－40－30.fsa | 165 | 165.33 | 12 669 | 57 000 | 2 264 |
| 2023－8211 | B01_HBB2302305_23－40－30.fsa | 165 | 165.54 | 4 783 | 20 149 | 2 248 |
| | B01_HBB2302305_23－40－30.fsa | 175 | 174.58 | 2 712 | 11 395 | 2 302 |
| 2023－8212 | B02_HBB2302306_23－40－30.fsa | 171 | 171.36 | 9 840 | 36 807 | 2 293 |
| | B02_HBB2302306_23－40－30.fsa | 192 | 191.69 | 4 121 | 15 473 | 2 415 |
| 2023－8213 | B03_HBB2302307_23－40－30.fsa | 165 | 165.44 | 15 740 | 62 805 | 2 221 |

（续）

| 资源序号 | 样本名<br>（sample file name） | 等位基因位点<br>（allele，bp） | 大小<br>（size，bp） | 高度<br>（height，RFU） | 面积<br>（area，RFU） | 数据取值点<br>（data point，RFU） |
|---|---|---|---|---|---|---|
| 2023 - 8214 | B04_HBB2302308_23 - 40 - 30. fsa | 165 | 165.27 | 14 300 | 58 172 | 2 218 |
| 2023 - 8215 | B05_HBB2302309_23 - 40 - 30. fsa | 165 | 165.31 | 2 227 | 9 100 | 2 211 |
|  | B05_HBB2302309_23 - 40 - 30. fsa | 173 | 173.18 | 2 113 | 8 696 | 2 257 |
| 2023 - 8216 | B06_HBB2302310_23 - 40 - 30. fsa | 173 | 173.27 | 7 526 | 28 757 | 2 235 |
|  | B06_HBB2302310_23 - 40 - 30. fsa | 190 | 189.75 | 3 784 | 14 625 | 2 331 |
| 2023 - 8217 | B07_HBB2302311_23 - 40 - 30. fsa | 165 | 165.33 | 5 464 | 22 024 | 2 197 |
|  | B07_HBB2302311_23 - 40 - 30. fsa | 179 | 179.04 | 4 597 | 18 056 | 2 277 |
| 2023 - 8218 | B08_HBB2302312_23 - 40 - 30. fsa | 165 | 165.51 | 2 236 | 9 127 | 2 198 |
|  | B08_HBB2302312_23 - 40 - 30. fsa | 173 | 173.4 | 2 380 | 9 370 | 2 244 |
| 2023 - 8219 | B09_HBB2302313_23 - 40 - 30. fsa | 165 | 165.33 | 14 310 | 61 408 | 2 194 |
| 2023 - 8220 | B10_HBB2302314_23 - 40 - 30. fsa | 165 | 165.32 | 2 984 | 12 907 | 2 201 |
|  | B10_HBB2302314_23 - 40 - 30. fsa | 173 | 173.35 | 3 009 | 12 552 | 2 248 |
| 2023 - 8221 | B11_HBB2302315_23 - 40 - 30. fsa | 165 | 165.38 | 5 762 | 25 776 | 2 244 |
| 2023 - 8222 | B12_HBB2302316_23 - 40 - 30. fsa | 165 | 165.48 | 11 754 | 52 931 | 2 266 |
| 2023 - 8223 | C01_HBB2302317_23 - 40 - 30. fsa | 165 | 165.53 | 4 922 | 19 756 | 2 262 |
|  | C01_HBB2302317_23 - 40 - 30. fsa | 173 | 173.55 | 4 787 | 20 015 | 2 310 |
| 2023 - 8224 | C02_HBB2302318_23 - 40 - 30. fsa | 165 | 165.38 | 8 546 | 31 950 | 2 241 |
|  | C02_HBB2302318_23 - 40 - 30. fsa | 175 | 174.45 | 4 780 | 17 650 | 2 295 |
| 2023 - 8226 | C03_HBB2302319_23 - 40 - 30. fsa | 165 | 165.43 | 9 006 | 35 876 | 2 226 |
| 2023 - 8227 | C04_HBB2302320_23 - 40 - 30. fsa | 173 | 173.13 | 1 155 | 4 514 | 2 256 |
|  | C04_HBB2302320_23 - 40 - 30. fsa | 179 | 178.92 | 730 | 2 719 | 2 290 |
| 2023 - 8228 | C05_HBB2302321_23 - 40 - 30. fsa | 165 | 165.34 | 4 881 | 18 187 | 2 190 |
|  | C05_HBB2302321_23 - 40 - 30. fsa | 175 | 174.3 | 2 528 | 9 837 | 2 242 |
| 2023 - 8229 | C06_HBB2302322_23 - 40 - 30. fsa | 165 | 165.3 | 4 523 | 18 078 | 2 203 |
| 2023 - 8230 | C07_HBB2302323_23 - 40 - 30. fsa | 165 | 165.37 | 5 054 | 19 318 | 2 184 |
|  | C07_HBB2302323_23 - 40 - 30. fsa | 173 | 173.32 | 4 711 | 18 991 | 2 230 |
| 2023 - 8231 | C09_HBB2302325_23 - 40 - 30. fsa | 165 | 165.31 | 8 972 | 35 355 | 2 209 |
| 2023 - 8232 | C10_HBB2302326_23 - 40 - 30. fsa | 165 | 165.34 | 2 553 | 11 143 | 2 195 |
| 2023 - 8233 | C11_HBB2302327_23 - 40 - 30. fsa | 165 | 165.39 | 7 697 | 33 428 | 2 237 |
| 2023 - 8234 | C12_HBB2302328_23 - 40 - 30. fsa | 173 | 173.39 | 9 152 | 38 502 | 2 302 |

（续）

| 资源序号 | 样本名<br>（sample file name） | 等位基因位点<br>（allele，bp） | 大小<br>（size，bp） | 高度<br>（height，RFU） | 面积<br>（area，RFU） | 数据取值点<br>（data point，RFU） |
|---|---|---|---|---|---|---|
| 2023－8235 | D01_HBB2302329_23－40－30.fsa | 165 | 165.5 | 8 573 | 33 789 | 2 271 |
| | D01_HBB2302329_23－40－30.fsa | 173 | 173.48 | 8 418 | 33 743 | 2 319 |
| 2023－8236 | D02_HBB2302330_23－40－30.fsa | 192 | 191.6 | 4 196 | 16 681 | 2 398 |
| 2023－8237 | D03_HBB2302331_23－40－30.fsa | 165 | 165.3 | 5 864 | 22 918 | 2 204 |
| | D03_HBB2302331_23－40－30.fsa | 190 | 189.58 | 2 949 | 11 185 | 2 346 |
| 2023－8238 | D04_HBB2302332_23－40－30.fsa | 165 | 165.5 | 7 027 | 27 226 | 2 200 |
| | D04_HBB2302332_23－40－30.fsa | 192 | 191.67 | 3 464 | 12 822 | 2 353 |
| 2023－8239 | D05_HBB2302333_23－40－30.fsa | 165 | 165.37 | 5 353 | 21 453 | 2 184 |
| | D05_HBB2302333_23－40－30.fsa | 175 | 174.53 | 2 757 | 10 482 | 2 237 |
| 2023－8240 | D06_HBB2302334_23－40－30.fsa | 165 | 165.37 | 5 648 | 20 990 | 2 190 |
| | D06_HBB2302334_23－40－30.fsa | 173 | 173.32 | 5 353 | 21 411 | 2 236 |
| 2023－8241 | D07_HBB2302335_23－40－30.fsa | 175 | 174.37 | 2 971 | 11 456 | 2 260 |
| | D07_HBB2302335_23－40－30.fsa | 194 | 193.51 | 2 444 | 9 075 | 2 372 |
| 2023－8242 | D08_HBB2302336_23－40－30.fsa | 173 | 173.18 | 5 018 | 20 013 | 2 215 |
| | D08_HBB2302336_23－40－30.fsa | 190 | 189.46 | 2 464 | 9 927 | 2 309 |
| 2023－8243 | D09_HBB2302337_23－40－30.fsa | 165 | 165.35 | 762 | 3 515 | 2 192 |
| | D09_HBB2302337_23－40－30.fsa | 190 | 189.58 | 773 | 3 029 | 2 333 |
| 2023－8244 | D10_HBB2302338_23－40－30.fsa | 165 | 165.35 | 4 790 | 19 103 | 2 186 |
| | D10_HBB2302338_23－40－30.fsa | 175 | 174.31 | 2 518 | 10 905 | 2 238 |
| 2023－8245 | D11_HBB2302339_23－40－30.fsa | 171 | 171.13 | 3 058 | 14 678 | 2 259 |
| | D11_HBB2302339_23－40－30.fsa | 173 | 173.16 | 2 577 | 10 909 | 2 271 |
| 2023－8246 | D12_HBB2302340_23－40－30.fsa | 165 | 165.33 | 8 578 | 37 526 | 2 251 |
| | D12_HBB2302340_23－40－30.fsa | 175 | 174.48 | 2 072 | 8 991 | 2 306 |
| 2023－8247 | E01_HBB2302341_23－40－30.fsa | 190 | 189.84 | 6 209 | 24 877 | 2 430 |
| 2023－8248 | E02_HBB2302342_23－40－30.fsa | 178 | 177.43 | 3 440 | 14 437 | 2 324 |
| | E02_HBB2302342_23－40－30.fsa | 190 | 189.64 | 2 432 | 9 798 | 2 397 |
| 2023－8249 | E03_HBB2302343_23－40－30.fsa | 193 | 192.74 | 2 397 | 19 481 | 2 386 |
| 2023－8250 | E04_HBB2302344_23－40－30.fsa | 175 | 174.45 | 2 465 | 9 374 | 2 276 |
| | E04_HBB2302344_23－40－30.fsa | 194 | 193.58 | 2 102 | 7 992 | 2 389 |

（续）

| 资源序号 | 样本名<br>（sample file name） | 等位基因位点<br>（allele，bp） | 大小<br>（size，bp） | 高度<br>（height，RFU） | 面积<br>（area，RFU） | 数据取值点<br>（data point，RFU） |
|---|---|---|---|---|---|---|
| 2023 - 8251 | E06_HBB2302346_23 - 40 - 30. fsa | 165 | 165.36 | 1 572 | 6 086 | 2 182 |
|  | E06_HBB2302346_23 - 40 - 30. fsa | 173 | 173.14 | 1 487 | 5 811 | 2 227 |
| 2023 - 8252 | E07_HBB2302347_23 - 40 - 30. fsa | 165 | 165.37 | 1 908 | 7 390 | 2 178 |
|  | E07_HBB2302347_23 - 40 - 30. fsa | 192 | 191.58 | 970 | 3 695 | 2 330 |
| 2023 - 8253 | E08_HBB2302348_23 - 40 - 30. fsa | 165 | 165.35 | 3 207 | 12 100 | 2 195 |
|  | E08_HBB2302348_23 - 40 - 30. fsa | 171 | 171.39 | 3 209 | 12 177 | 2 230 |
| 2023 - 8254 | E09_HBB2302349_23 - 40 - 30. fsa | 165 | 165.33 | 5 058 | 20 519 | 2 197 |
|  | E09_HBB2302349_23 - 40 - 30. fsa | 179 | 179.39 | 3 285 | 13 400 | 2 279 |
| 2023 - 8255 | E10_HBB2302350_23 - 40 - 30. fsa | 165 | 165.33 | 5 453 | 21 759 | 2 189 |
|  | E10_HBB2302350_23 - 40 - 30. fsa | 190 | 189.63 | 2 631 | 10 099 | 2 331 |
| 2023 - 8256 | E11_HBB2302351_23 - 40 - 30. fsa | 192 | 191.6 | 6 078 | 24 625 | 2 374 |
| 2023 - 8257 | E12_HBB2302352_23 - 40 - 30. fsa | 165 | 165.53 | 7 567 | 31 880 | 2 260 |
|  | E12_HBB2302352_23 - 40 - 30. fsa | 192 | 191.87 | 3 476 | 13 974 | 2 418 |
| 2023 - 8258 | F01_HBB2302353_23 - 40 - 30. fsa | 194 | 193.84 | 5 968 | 23 714 | 2 446 |
| 2023 - 8259 | F02_HBB2302354_23 - 40 - 30. fsa | 165 | 165.55 | 14 913 | 57 381 | 2 253 |
| 2023 - 8260 | F03_HBB2302355_23 - 40 - 30. fsa | 190 | 189.79 | 5 859 | 23 501 | 2 377 |
| 2023 - 8261 | F04_HBB2302356_23 - 40 - 30. fsa | 165 | 165.43 | 6 650 | 25 276 | 2 231 |
| 2023 - 8262 | F05_HBB2302357_23 - 40 - 30. fsa | 179 | 178.98 | 6 967 | 25 903 | 2 283 |
|  | F05_HBB2302357_23 - 40 - 30. fsa | 190 | 189.58 | 3 921 | 14 964 | 2 345 |
| 2023 - 8263 | F06_HBB2302358_23 - 40 - 30. fsa | 173 | 173.32 | 10 768 | 42 949 | 2 234 |
| 2023 - 8264 | F07_HBB2302359_23 - 40 - 30. fsa | 165 | 165.35 | 4 349 | 17 010 | 2 187 |
|  | F07_HBB2302359_23 - 40 - 30. fsa | 178 | 177.58 | 3 224 | 12 347 | 2 258 |
| 2023 - 8265 | F08_HBB2302360_23 - 40 - 30. fsa | 165 | 165.16 | 5 924 | 23 639 | 2 178 |
|  | F08_HBB2302360_23 - 40 - 30. fsa | 192 | 191.53 | 3 024 | 11 133 | 2 331 |
| 2023 - 8266 | F09_HBB2302361_23 - 40 - 30. fsa | 165 | 165.33 | 8 438 | 34 057 | 2 193 |
| 2023 - 8267 | F10_HBB2302362_23 - 40 - 30. fsa | 165 | 165.34 | 10 762 | 43 109 | 2 191 |
| 2023 - 8268 | F11_HBB2302363_23 - 40 - 30. fsa | 165 | 165.22 | 5 408 | 22 823 | 2 238 |
|  | F11_HBB2302363_23 - 40 - 30. fsa | 173 | 173.12 | 5 393 | 22 387 | 2 285 |
| 2023 - 8269 | F12_HBB2302364_23 - 40 - 30. fsa | 165 | 165.34 | 6 901 | 27 977 | 2 239 |
|  | F12_HBB2302364_23 - 40 - 30. fsa | 173 | 173.19 | 6 695 | 27 495 | 2 286 |

（续）

| 资源序号 | 样本名<br>（sample file name） | 等位基因位点<br>（allele，bp） | 大小<br>（size，bp） | 高度<br>（height，RFU） | 面积<br>（area，RFU） | 数据取值点<br>（data point，RFU） |
|---|---|---|---|---|---|---|
| 2023 - 8270 | G01_HBB2302365_23 - 40 - 30. fsa | 165 | 165. 54 | 8 315 | 32 927 | 2 283 |
| | G01_HBB2302365_23 - 40 - 30. fsa | 192 | 191. 88 | 3 647 | 14 563 | 2 441 |
| 2023 - 8271 | G03_HBB2302367_23 - 40 - 30. fsa | 165 | 165. 4 | 4 648 | 17 426 | 2 236 |
| | G03_HBB2302367_23 - 40 - 30. fsa | 173 | 173. 33 | 2 349 | 8 785 | 2 283 |
| 2023 - 8272 | G04_HBB2302368_23 - 40 - 30. fsa | 165 | 165. 44 | 5 132 | 18 674 | 2 218 |
| | G04_HBB2302368_23 - 40 - 30. fsa | 173 | 173. 25 | 5 216 | 20 230 | 2 264 |
| 2023 - 8273 | G05_HBB2302369_23 - 40 - 30. fsa | 165 | 165. 49 | 13 800 | 48 542 | 2 207 |
| 2023 - 8274 | G06_HBB2302370_23 - 40 - 30. fsa | 165 | 165. 45 | 3 414 | 13 388 | 2 208 |
| | G06_HBB2302370_23 - 40 - 30. fsa | 179 | 178. 91 | 2 925 | 11 423 | 2 287 |
| 2023 - 8275 | G07_HBB2302371_23 - 40 - 30. fsa | 179 | 179. 21 | 3 585 | 14 283 | 2 272 |
| | G07_HBB2302371_23 - 40 - 30. fsa | 192 | 191. 67 | 1 864 | 7 188 | 2 345 |
| 2023 - 8276 | G08_HBB2302372_23 - 40 - 30. fsa | 165 | 165. 49 | 7 876 | 29 975 | 2 204 |
| | G08_HBB2302372_23 - 40 - 30. fsa | 171 | 171. 3 | 8 396 | 31 634 | 2 238 |
| 2023 - 8277 | G09_HBB2302373_23 - 40 - 30. fsa | 165 | 165. 32 | 5 058 | 18 976 | 2 191 |
| | G09_HBB2302373_23 - 40 - 30. fsa | 192 | 191. 58 | 2 403 | 8 960 | 2 344 |
| 2023 - 8278 | G10_HBB2302374_23 - 40 - 30. fsa | 175 | 174. 31 | 2 797 | 10 923 | 2 258 |
| | G10_HBB2302374_23 - 40 - 30. fsa | 192 | 191. 5 | 2 384 | 9 550 | 2 359 |
| 2023 - 8279 | G11_HBB2302375_23 - 40 - 30. fsa | 165 | 165. 38 | 11 502 | 45 424 | 2 234 |
| 2023 - 8280 | G12_HBB2302376_23 - 40 - 30. fsa | 165 | 165. 5 | 16 750 | 65 565 | 2 253 |
| 2023 - 8281 | H01_HBB2302377_23 - 40 - 30. fsa | 165 | 165. 61 | 9 608 | 35 833 | 2 308 |
| | H01_HBB2302377_23 - 40 - 30. fsa | 173 | 173. 52 | 9 060 | 34 201 | 2 356 |
| 2023 - 8282 | H02_HBB2302378_23 - 40 - 30. fsa | 165 | 165. 49 | 8 360 | 32 934 | 2 279 |
| | H02_HBB2302378_23 - 40 - 30. fsa | 190 | 189. 8 | 3 931 | 15 675 | 2 426 |
| 2023 - 8283 | H03_HBB2302379_23 - 40 - 30. fsa | 165 | 165. 51 | 2 269 | 9 466 | 2 253 |
| | H03_HBB2302379_23 - 40 - 30. fsa | 171 | 171. 36 | 2 364 | 9 908 | 2 288 |
| 2023 - 8284 | H04_HBB2302380_23 - 40 - 30. fsa | 165 | 165. 58 | 7 080 | 29 937 | 2 234 |
| 2023 - 8285 | H05_HBB2302381_23 - 40 - 30. fsa | 173 | 173. 44 | 13 876 | 51 541 | 2 269 |
| 2023 - 8286 | H06_HBB2302382_23 - 40 - 30. fsa | 165 | 165. 44 | 10 270 | 38 131 | 2 217 |
| 2023 - 8287 | H07_HBB2302383_23 - 40 - 30. fsa | 165 | 165. 44 | 5 283 | 19 155 | 2 214 |
| | H07_HBB2302383_23 - 40 - 30. fsa | 175 | 174. 43 | 2 676 | 9 799 | 2 267 |

（续）

| 资源序号 | 样本名<br>（sample file name） | 等位基因位点<br>（allele，bp） | 大小<br>（size，bp） | 高度<br>（height，RFU） | 面积<br>（area，RFU） | 数据取值点<br>（data point，RFU） |
|---|---|---|---|---|---|---|
| 2023－8288 | H08_HBB2302384_23－40－30. fsa | 192 | 191.72 | 4 317 | 18 047 | 2 373 |
| 2023－8289 | H09_HBB2302385_23－40－30. fsa | 165 | 165.49 | 9 331 | 33 702 | 2 205 |
| 2023－8290 | A01_HBB2302387_08－05－34. fsa | 173 | 173.53 | 22 828 | 90 867 | 2 352 |
| 2023－8291 | A02_HBB2302388_08－05－34. fsa | 165 | 165.79 | 7 740 | 29 631 | 2 284 |
| | A02_HBB2302388_08－05－34. fsa | 173 | 173.69 | 7 762 | 29 089 | 2 332 |
| 2023－8292 | A03_HBB2302389_08－05－34. fsa | 192 | 191.8 | 10 119 | 38 196 | 2 414 |
| 2023－8293 | A04_HBB2302390_08－05－34. fsa | 173 | 173.53 | 15 502 | 59 947 | 2 297 |
| 2023－8294 | A05_HBB2302391_08－05－34. fsa | 173 | 173.39 | 16 758 | 66 851 | 2 283 |
| 2023－8295 | A06_HBB2302392_08－05－34. fsa | 165 | 165.55 | 18 486 | 74 651 | 2 236 |
| 2023－8296 | A07_HBB2302393_08－05－34. fsa | 165 | 165.75 | 16 479 | 70 921 | 2 227 |
| 2023－8297 | A08_HBB2302394_08－05－34. fsa | 165 | 165.54 | 10 241 | 41 980 | 2 257 |
| 2023－8298 | A09_HBB2302395_08－05－34. fsa | 179 | 179.34 | 3 677 | 15 141 | 2 336 |
| 2023－8299 | A10_HBB2302396_08－05－34. fsa | 165 | 165.67 | 17 412 | 73 711 | 2 265 |
| 2023－8300 | A11_HBB2302397_08－05－34. fsa | 165 | 165.74 | 21 573 | 90 742 | 2 294 |
| 2023－8301 | A12_HBB2302398_08－05－34. fsa | 173 | 173.61 | 11 810 | 53 050 | 2 366 |
| 2023－8302 | B01_HBB2302399_08－05－34. fsa | 165 | 165.63 | 11 029 | 44 874 | 2 274 |
| 2023－8303 | B02_HBB2302400_08－05－34. fsa | 165 | 165.61 | 12 993 | 52 450 | 2 278 |
| | B02_HBB2302400_08－05－34. fsa | 179 | 179.25 | 11 109 | 42 790 | 2 361 |
| 2023－8304 | B03_HBB2302401_08－05－34. fsa | 165 | 165.7 | 5 658 | 23 238 | 2 246 |
| | B03_HBB2302401_08－05－34. fsa | 173 | 173.57 | 5 537 | 22 672 | 2 293 |
| 2023－8305 | B04_HBB2302402_08－05－34. fsa | 165 | 165.54 | 12 927 | 51 308 | 2 241 |
| | B04_HBB2302402_08－05－34. fsa | 190 | 189.72 | 6 277 | 24 703 | 2 386 |
| 2023－8306 | B05_HBB2302403_08－05－34. fsa | 165 | 165.58 | 6 357 | 24 091 | 2 234 |
| | B05_HBB2302403_08－05－34. fsa | 179 | 179.2 | 5 390 | 20 943 | 2 315 |
| 2023－8307 | B06_HBB2302404_08－05－34. fsa | 165 | 165.58 | 8 851 | 34 858 | 2 217 |
| | B06_HBB2302404_08－05－34. fsa | 173 | 173.36 | 10 137 | 39 360 | 2 263 |
| 2023－8308 | B07_HBB2302405_08－05－34. fsa | 165 | 165.59 | 17 094 | 68 308 | 2 225 |
| 2023－8309 | B08_HBB2302406_08－05－34. fsa | 165 | 165.57 | 7 365 | 30 178 | 2 228 |
| | B08_HBB2302406_08－05－34. fsa | 173 | 173.32 | 7 137 | 30 466 | 2 274 |

（续）

| 资源序号 | 样本名<br>（sample file name） | 等位基因位点<br>（allele，bp） | 大小<br>（size，bp） | 高度<br>（height，RFU） | 面积<br>（area，RFU） | 数据取值点<br>（data point，RFU） |
|---|---|---|---|---|---|---|
| 2023 - 8310 | B09_HBB2302407_08 - 05 - 34. fsa | 165 | 165.57 | 7 572 | 32 595 | 2 227 |
| | B09_HBB2302407_08 - 05 - 34. fsa | 179 | 179.71 | 5 060 | 22 873 | 2 311 |
| 2023 - 8311 | B11_HBB2302409_08 - 05 - 34. fsa | 165 | 165.61 | 23 426 | 102 825 | 2 273 |
| 2023 - 8312 | B12_HBB2302410_08 - 05 - 34. fsa | 165 | 165.72 | 15 705 | 66 763 | 2 293 |
| | B12_HBB2302410_08 - 05 - 34. fsa | 179 | 179.86 | 10 687 | 47 197 | 2 380 |
| 2023 - 8313 | C01_HBB2302411_08 - 05 - 34. fsa | 165 | 165.79 | 5 966 | 23 759 | 2 284 |
| | C01_HBB2302411_08 - 05 - 34. fsa | 173 | 173.69 | 5 833 | 22 966 | 2 332 |
| 2023 - 8314 | C02_HBB2302412_08 - 05 - 34. fsa | 165 | 165.68 | 6 031 | 22 629 | 2 264 |
| | C02_HBB2302412_08 - 05 - 34. fsa | 173 | 173.66 | 5 960 | 22 894 | 2 312 |
| 2023 - 8315 | C03_HBB2302413_08 - 05 - 34. fsa | 179 | 179.75 | 3 521 | 13 796 | 2 332 |
| | C03_HBB2302413_08 - 05 - 34. fsa | 190 | 189.9 | 2 408 | 9 632 | 2 393 |
| 2023 - 8316 | C04_HBB2302414_08 - 05 - 34. fsa | 165 | 165.55 | 11 257 | 44 978 | 2 230 |
| 2023 - 8317 | C05_HBB2302415_08 - 05 - 34. fsa | 165 | 165.61 | 8 115 | 32 174 | 2 214 |
| | C05_HBB2302415_08 - 05 - 34. fsa | 173 | 173.42 | 8 371 | 32 884 | 2 260 |
| 2023 - 8318 | C06_HBB2302416_08 - 05 - 34. fsa | 175 | 174.49 | 6 017 | 22 938 | 2 283 |
| | C06_HBB2302416_08 - 05 - 34. fsa | 194 | 193.63 | 4 675 | 18 032 | 2 397 |
| 2023 - 8319 | C07_HBB2302417_08 - 05 - 34. fsa | 165 | 165.63 | 8 768 | 33 503 | 2 214 |
| | C07_HBB2302417_08 - 05 - 34. fsa | 175 | 174.66 | 4 844 | 18 696 | 2 267 |
| 2023 - 8320 | C08_HBB2302418_08 - 05 - 34. fsa | 192 | 191.92 | 4 463 | 19 539 | 2 368 |
| | C08_HBB2302418_08 - 05 - 34. fsa | 194 | 193.77 | 3 278 | 12 889 | 2 379 |
| 2023 - 8321 | C09_HBB2302419_08 - 05 - 34. fsa | 165 | 165.55 | 7 843 | 31 885 | 2 236 |
| | C09_HBB2302419_08 - 05 - 34. fsa | 175 | 174.62 | 4 140 | 16 898 | 2 290 |
| 2023 - 8322 | C10_HBB2302420_08 - 05 - 34. fsa | 165 | 165.57 | 25 195 | 104 653 | 2 228 |
| 2023 - 8323 | C11_HBB2302421_08 - 05 - 34. fsa | 175 | 174.59 | 7 259 | 31 351 | 2 319 |
| | C11_HBB2302421_08 - 05 - 34. fsa | 196 | 195.88 | 5 019 | 21 928 | 2 448 |
| 2023 - 8324 | C12_HBB2302422_08 - 05 - 34. fsa | 165 | 165.59 | 5 566 | 23 746 | 2 281 |
| | C12_HBB2302422_08 - 05 - 34. fsa | 190 | 189.78 | 5 196 | 21 341 | 2 429 |
| 2023 - 8325 | D01_HBB2302423_08 - 05 - 34. fsa | 165 | 165.59 | 14 389 | 55 185 | 2 296 |
| 2023 - 8326 | D02_HBB2302424_08 - 05 - 34. fsa | 165 | 165.67 | 8 824 | 34 727 | 2 262 |
| | D02_HBB2302424_08 - 05 - 34. fsa | 173 | 173.48 | 8 834 | 34 590 | 2 309 |

（续）

| 资源序号 | 样本名<br>（sample file name） | 等位基因位点<br>（allele，bp） | 大小<br>（size，bp） | 高度<br>（height，RFU） | 面积<br>（area，RFU） | 数据取值点<br>（data point，RFU） |
|---|---|---|---|---|---|---|
| 2023 - 8327 | D03_HBB2302425_08 - 05 - 34. fsa | 165 | 165.57 | 3 273 | 12 532 | 2 227 |
| | D03_HBB2302425_08 - 05 - 34. fsa | 194 | 193.8 | 3 992 | 15 589 | 2 395 |
| 2023 - 8328 | D04_HBB2302426_08 - 05 - 34. fsa | 190 | 190.05 | 5 730 | 22 492 | 2 368 |
| | D04_HBB2302426_08 - 05 - 34. fsa | 194 | 193.88 | 4 674 | 16 225 | 2 391 |
| 2023 - 8329 | D05_HBB2302427_08 - 05 - 34. fsa | 165 | 165.43 | 8 656 | 32 885 | 2 212 |
| 2023 - 8330 | D06_HBB2302428_08 - 05 - 34. fsa | 165 | 165.61 | 7 277 | 28 474 | 2 216 |
| | D06_HBB2302428_08 - 05 - 34. fsa | 179 | 179.16 | 6 172 | 23 636 | 2 296 |
| 2023 - 8331 | D08_HBB2302430_08 - 05 - 34. fsa | 165 | 165.48 | 7 892 | 31 995 | 2 202 |
| | D08_HBB2302430_08 - 05 - 34. fsa | 190 | 189.84 | 4 290 | 16 770 | 2 345 |
| 2023 - 8332 | D09_HBB2302431_08 - 05 - 34. fsa | 165 | 165.62 | 16 979 | 68 595 | 2 222 |
| 2023 - 8333 | D10_HBB2302432_08 - 05 - 34. fsa | 165 | 165.62 | 8 668 | 35 238 | 2 218 |
| 2023 - 8334 | E01_HBB2302435_08 - 05 - 34. fsa | 171 | 171.53 | 8 968 | 38 369 | 2 343 |
| | E01_HBB2302435_08 - 05 - 34. fsa | 175 | 174.65 | 4 793 | 18 322 | 2 362 |
| 2023 - 8335 | E02_HBB2302436_08 - 05 - 34. fsa | 179 | 179.22 | 7 262 | 31 196 | 2 351 |
| | E02_HBB2302436_08 - 05 - 34. fsa | 192 | 191.85 | 4 182 | 16 880 | 2 428 |
| 2023 - 8338 | E03_HBB2302437_08 - 05 - 34. fsa | 165 | 165.5 | 8 506 | 31 928 | 2 246 |
| 2023 - 8339 | E04_HBB2302438_08 - 05 - 34. fsa | 165 | 165.54 | 7 357 | 29 073 | 2 242 |
| | E04_HBB2302438_08 - 05 - 34. fsa | 190 | 189.72 | 3 425 | 13 314 | 2 387 |
| 2023 - 8340 | E05_HBB2302439_08 - 05 - 34. fsa | 165 | 165.57 | 6 412 | 24 800 | 2 232 |
| | E05_HBB2302439_08 - 05 - 34. fsa | 194 | 193.64 | 2 905 | 11 192 | 2 399 |
| 2023 - 8341 | E06_HBB2302440_08 - 05 - 34. fsa | 165 | 165.43 | 6 098 | 23 169 | 2 210 |
| | E06_HBB2302440_08 - 05 - 34. fsa | 173 | 173.23 | 6 001 | 23 626 | 2 256 |
| 2023 - 8342 | E07_HBB2302441_08 - 05 - 34. fsa | 165 | 165.46 | 5 229 | 20 853 | 2 209 |
| 2023 - 8343 | E08_HBB2302442_08 - 05 - 34. fsa | 173 | 173.55 | 8 039 | 31 358 | 2 272 |
| | E08_HBB2302442_08 - 05 - 34. fsa | 179 | 179.27 | 6 610 | 26 467 | 2 306 |
| 2023 - 8344 | E09_HBB2302443_08 - 05 - 34. fsa | 165 | 165.6 | 6 492 | 25 872 | 2 229 |
| | E09_HBB2302443_08 - 05 - 34. fsa | 173 | 173.55 | 5 595 | 23 069 | 2 276 |
| 2023 - 8345 | E10_HBB2302444_08 - 05 - 34. fsa | 173 | 173.55 | 4 540 | 18 513 | 2 270 |
| | E10_HBB2302444_08 - 05 - 34. fsa | 194 | 193.84 | 2 053 | 8 296 | 2 391 |

（续）

| 资源序号 | 样本名<br>（sample file name） | 等位基因位点<br>（allele，bp） | 大小<br>（size，<br>bp） | 高度<br>（height，<br>RFU） | 面积<br>（area，<br>RFU） | 数据取值点<br>（data point，<br>RFU） |
|---|---|---|---|---|---|---|
| 2023－8346 | E11_HBB2302445_08－05－34.fsa | 165 | 165.49 | 5 536 | 22 734 | 2 250 |
| | E11_HBB2302445_08－05－34.fsa | 171 | 171.48 | 5 209 | 22 025 | 2 286 |
| 2023－8347 | E12_HBB2302446_08－05－34.fsa | 175 | 174.56 | 5 950 | 25 805 | 2 341 |
| | E12_HBB2302446_08－05－34.fsa | 194 | 193.81 | 4 575 | 18 614 | 2 459 |
| 2023－8348 | F01_HBB2302447_08－05－34.fsa | 165 | 165.6 | 4 603 | 18 022 | 2 309 |
| | F01_HBB2302447_08－05－34.fsa | 175 | 174.65 | 2 481 | 10 369 | 2 364 |
| 2023－8349 | F02_HBB2302448_08－05－34.fsa | 165 | 165.66 | 18 199 | 70 990 | 2 270 |
| 2023－8350 | F03_HBB2302449_08－05－34.fsa | 165 | 165.7 | 8 117 | 32 060 | 2 254 |
| | F03_HBB2302449_08－05－34.fsa | 194 | 193.92 | 3 674 | 14 637 | 2 424 |
| 2023－8351 | F05_HBB2302451_08－05－34.fsa | 171 | 171.47 | 6 472 | 25 614 | 2 269 |
| | F05_HBB2302451_08－05－34.fsa | 173 | 173.49 | 5 036 | 20 238 | 2 281 |
| 2023－8352 | F06_HBB2302452_08－05－34.fsa | 171 | 171.37 | 5 119 | 21 278 | 2 253 |
| | F06_HBB2302452_08－05－34.fsa | 179 | 179.34 | 5 500 | 21 429 | 2 300 |
| 2023－8353 | F07_HBB2302453_08－05－34.fsa | 165 | 165.62 | 5 855 | 23 281 | 2 219 |
| | F07_HBB2302453_08－05－34.fsa | 192 | 191.97 | 2 184 | 8 046 | 2 375 |
| 2023－8354 | F08_HBB2302454_08－05－34.fsa | 165 | 165.61 | 6 901 | 26 621 | 2 213 |
| | F08_HBB2302454_08－05－34.fsa | 194 | 193.64 | 3 037 | 12 282 | 2 379 |
| 2023－8355 | F09_HBB2302455_08－05－34.fsa | 165 | 165.6 | 5 082 | 20 431 | 2 230 |
| | F09_HBB2302455_08－05－34.fsa | 179 | 179.27 | 3 722 | 14 764 | 2 311 |
| 2023－8356 | F10_HBB2302456_08－05－34.fsa | 165 | 165.57 | 3 990 | 15 948 | 2 226 |
| | F10_HBB2302456_08－05－34.fsa | 173 | 173.49 | 3 751 | 15 080 | 2 273 |
| 2023－8357 | F11_HBB2302457_08－05－34.fsa | 165 | 165.61 | 5 986 | 23 444 | 2 270 |
| | F11_HBB2302457_08－05－34.fsa | 171 | 171.53 | 4 865 | 18 932 | 2 306 |
| 2023－8358 | F12_HBB2302458_08－05－34.fsa | 165 | 165.61 | 5 512 | 22 430 | 2 271 |
| 2023－8359 | G01_HBB2302459_08－05－34.fsa | 165 | 165.79 | 9 747 | 36 868 | 2 319 |
| | G01_HBB2302459_08－05－34.fsa | 175 | 174.83 | 5 471 | 21 420 | 2 374 |
| 2023－8360 | G02_HBB2302460_08－05－34.fsa | 165 | 165.64 | 7 251 | 29 041 | 2 288 |
| | G02_HBB2302460_08－05－34.fsa | 175 | 174.72 | 3 589 | 14 597 | 2 343 |

（续）

| 资源序号 | 样本名<br>（sample file name） | 等位基因位点<br>（allele，bp） | 大小<br>（size，bp） | 高度<br>（height，RFU） | 面积<br>（area，RFU） | 数据取值点<br>（data point，RFU） |
|---|---|---|---|---|---|---|
| 2023 - 8361 | G03_HBB2302461_08 - 05 - 34. fsa | 165 | 165.67 | 12 379 | 48 285 | 2 260 |
| 2023 - 8362 | G04_HBB2302462_08 - 05 - 34. fsa | 165 | 165.54 | 6 542 | 26 779 | 2 246 |
| 2023 - 8363 | G05_HBB2302463_08 - 05 - 34. fsa | 165 | 165.55 | 7 089 | 26 005 | 2 238 |
| | G05_HBB2302463_08 - 05 - 34. fsa | 175 | 174.61 | 3 813 | 13 900 | 2 292 |
| 2023 - 8364 | G06_HBB2302464_08 - 05 - 34. fsa | 165 | 165.55 | 7 721 | 29 838 | 2 237 |
| 2023 - 8365 | G07_HBB2302465_08 - 05 - 34. fsa | 165 | 165.6 | 1 713 | 6 806 | 2 224 |
| | G07_HBB2302465_08 - 05 - 34. fsa | 192 | 191.84 | 2 408 | 9 770 | 2 380 |
| 2023 - 8366 | G08_HBB2302466_08 - 05 - 34. fsa | 165 | 165.56 | 5 056 | 19 020 | 2 239 |
| | G08_HBB2302466_08 - 05 - 34. fsa | 175 | 174.62 | 2 482 | 9 467 | 2 293 |
| 2023 - 8367 | G09_HBB2302467_08 - 05 - 34. fsa | 165 | 165.55 | 4 142 | 15 353 | 2 229 |
| | G09_HBB2302467_08 - 05 - 34. fsa | 171 | 171.59 | 4 054 | 15 134 | 2 265 |
| 2023 - 8368 | G10_HBB2302468_08 - 05 - 34. fsa | 165 | 165.54 | 4 851 | 18 442 | 2 242 |
| | G10_HBB2302468_08 - 05 - 34. fsa | 175 | 174.57 | 2 508 | 9 479 | 2 296 |
| 2023 - 8369 | G11_HBB2302469_08 - 05 - 34. fsa | 165 | 165.81 | 5 865 | 24 740 | 2 269 |
| 2023 - 8370 | G12_HBB2302470_08 - 05 - 34. fsa | 165 | 165.74 | 12 310 | 48 572 | 2 289 |
| 2023 - 8371 | H02_HBB2302472_08 - 05 - 34. fsa | 165 | 165.74 | 18 649 | 69 239 | 2 302 |
| 2023 - 8372 | H03_HBB2302473_08 - 05 - 34. fsa | 165 | 165.63 | 3 852 | 14 711 | 2 275 |
| | H03_HBB2302473_08 - 05 - 34. fsa | 179 | 179.32 | 3 310 | 13 350 | 2 358 |
| 2023 - 8373 | H04_HBB2302474_08 - 05 - 34. fsa | 165 | 165.64 | 8 649 | 31 012 | 2 262 |
| | H04_HBB2302474_08 - 05 - 34. fsa | 171 | 171.6 | 8 819 | 31 972 | 2 298 |
| 2023 - 8374 | H05_HBB2302475_08 - 05 - 34. fsa | 165 | 165.69 | 15 843 | 61 580 | 2 254 |
| 2023 - 8375 | H06_HBB2302476_08 - 05 - 34. fsa | 165 | 165.7 | 8 962 | 34 308 | 2 248 |
| | H06_HBB2302476_08 - 05 - 34. fsa | 171 | 171.56 | 9 905 | 35 319 | 2 283 |
| 2023 - 8376 | H07_HBB2302477_08 - 05 - 34. fsa | 165 | 165.68 | 7 242 | 27 275 | 2 250 |
| | H07_HBB2302477_08 - 05 - 34. fsa | 190 | 189.94 | 3 784 | 14 254 | 2 396 |
| 2023 - 8377 | H08_HBB2302478_08 - 05 - 34. fsa | 165 | 165.49 | 15 653 | 59 929 | 2 253 |
| 2023 - 8378 | H09_HBB2302479_08 - 05 - 34. fsa | 165 | 165.53 | 5 560 | 21 937 | 2 245 |
| 2023 - 8379 | H10_HBB2302480_08 - 05 - 34. fsa | 190 | 189.78 | 1 387 | 5 330 | 2 395 |
| | H10_HBB2302480_08 - 05 - 34. fsa | 194 | 193.74 | 952 | 3 420 | 2 419 |

## 26 P26

| 资源序号 | 样本名<br>（sample file name） | 等位基因位点<br>（allele，bp） | 大小<br>（size，bp） | 高度<br>（height，RFU） | 面积<br>（area，RFU） | 数据取值点<br>（data point，RFU） |
|---|---|---|---|---|---|---|
| 2023－8200 | A01_HBB2302293_24－44－56.fsa | 233 | 233.42 | 32 578 | 254 217 | 2 686 |
| 2023－8201 | A02_HBB2302294_24－44－56.fsa | 235 | 234.64 | 32 569 | 217 442 | 2 675 |
| 2023－8202 | A03_HBB2302295_24－44－56.fsa | 235 | 234.94 | 29 931 | 133 111 | 2 638 |
| 2023－8203 | A04_HBB2302296_24－44－56.fsa | 235 | 234.94 | 23 800 | 115 947 | 2 631 |
| 2023－8204 | A05_HBB2302297_24－44－56.fsa | 233 | 233.33 | 32 562 | 233 935 | 2 609 |
| 2023－8205 | A06_HBB2302298_24－44－56.fsa | 235 | 234.83 | 27 911 | 154 454 | 2 611 |
| 2023－8206 | A07_HBB2302299_24－44－56.fsa | 235 | 234.83 | 23 572 | 115 768 | 2 603 |
| 2023－8207 | A08_HBB2302300_24－44－56.fsa | 235 | 234.94 | 20 895 | 107 052 | 2 636 |
| 2023－8208 | A09_HBB2302301_24－44－56.fsa | 233 | 233.57 | 32 510 | 201 946 | 2 619 |
| 2023－8209 | A10_HBB2302302_24－44－56.fsa | 233 | 233.29 | 32 491 | 249 479 | 2 634 |
| 2023－8210 | A11_HBB2302303_24－44－56.fsa | 235 | 234.68 | 32 570 | 186 067 | 2 680 |
| 2023－8211 | B01_HBB2302305_24－44－56.fsa | 233 | 233.24 | 32 544 | 272 728 | 2 650 |
| 2023－8212 | B02_HBB2302306_24－44－56.fsa | 235 | 234.98 | 32 494 | 168 239 | 2 671 |
| 2023－8213 | B03_HBB2302307_24－44－56.fsa | 233 | 233.41 | 32 586 | 224 630 | 2 620 |
| 2023－8214 | B04_HBB2302308_24－44－56.fsa | 233 | 233.33 | 32 627 | 231 660 | 2 617 |
| 2023－8215 | B05_HBB2302309_24－44－56.fsa | 233 | 233.39 | 32 545 | 225 614 | 2 607 |
| 2023－8216 | B06_HBB2302310_24－44－56.fsa | 233 | 233.52 | 32 350 | 272 383 | 2 584 |
| 2023－8217 | B07_HBB2302311_24－44－56.fsa | 233 | 233.4 | 32 646 | 214 305 | 2 592 |
| 2023－8218 | B08_HBB2302312_24－44－56.fsa | 235 | 234.76 | 26 204 | 139 340 | 2 601 |
| 2023－8219 | B09_HBB2302313_24－44－56.fsa | 235 | 234.71 | 31 561 | 291 714 | 2 597 |
| 2023－8220 | B10_HBB2302314_24－44－56.fsa | 235 | 234.84 | 26 325 | 125 106 | 2 606 |
| 2023－8221 | B11_HBB2302315_24－44－56.fsa | 233 | 233.24 | 32 539 | 261 981 | 2 648 |
| 2023－8222 | B12_HBB2302316_24－44－56.fsa | 233 | 233.02 | 32 508 | 328 355 | 2 671 |
| 2023－8223 | C01_HBB2302317_24－44－56.fsa | 233 | 233.47 | 32 515 | 238 190 | 2 668 |
| 2023－8224 | C02_HBB2302318_24－44－56.fsa | 233 | 233.46 | 32 540 | 253 674 | 2 643 |
| 2023－8226 | C03_HBB2302319_24－44－56.fsa | 235 | 234.76 | 32 543 | 191 272 | 2 634 |
| 2023－8227 | C04_HBB2302320_24－44－56.fsa | 235 | 234.54 | 32 605 | 203 706 | 2 614 |

（续）

| 资源序号 | 样本名<br>（sample file name） | 等位基因位点<br>（allele，bp） | 大小<br>（size，bp） | 高度<br>（height，RFU） | 面积<br>（area，RFU） | 数据取值点<br>（data point，RFU） |
|---|---|---|---|---|---|---|
| 2023-8228 | C05_HBB2302321_24-44-56.fsa | 233 | 233.33 | 32 557 | 223 838 | 2 583 |
| 2023-8229 | C06_HBB2302322_24-44-56.fsa | 235 | 234.77 | 30 095 | 260 073 | 2 607 |
| 2023-8230 | C07_HBB2302323_24-44-56.fsa | 233 | 233.63 | 32 515 | 307 602 | 2 577 |
| 2023-8231 | C09_HBB2302325_24-44-56.fsa | 233 | 233.27 | 32 638 | 240 800 | 2 605 |
| 2023-8232 | C10_HBB2302326_24-44-56.fsa | 235 | 234.6 | 32 688 | 220 605 | 2 597 |
| 2023-8233 | C11_HBB2302327_24-44-56.fsa | 233 | 233.24 | 32 534 | 268 362 | 2 639 |
| 2023-8234 | C12_HBB2302328_24-44-56.fsa | 235 | 234.85 | 32 543 | 179 551 | 2 670 |
| 2023-8235 | D01_HBB2302329_24-44-56.fsa | 233 | 233.2 | 32 509 | 298 135 | 2 677 |
| 2023-8236 | D02_HBB2302330_24-44-56.fsa | 233 | 233.36 | 32 506 | 239 156 | 2 644 |
| 2023-8237 | D03_HBB2302331_24-44-56.fsa | 235 | 234.61 | 32 391 | 225 121 | 2 607 |
| 2023-8238 | D04_HBB2302332_24-44-56.fsa | 233 | 233.51 | 32 418 | 335 287 | 2 595 |
| 2023-8239 | D05_HBB2302333_24-44-56.fsa | 233 | 233.63 | 32 617 | 296 047 | 2 578 |
| 2023-8240 | D06_HBB2302334_24-44-56.fsa | 233 | 233.68 | 32 500 | 272 285 | 2 585 |
| 2023-8241 | D07_HBB2302335_24-44-56.fsa | 235 | 234.77 | 32 517 | 255 587 | 2 611 |
| 2023-8242 | D08_HBB2302336_24-44-56.fsa | 235 | 234.78 | 28 118 | 243 451 | 2 568 |
| 2023-8243 | D09_HBB2302337_24-44-56.fsa | 233 | 233.49 | 29 807 | 213 710 | 2 587 |
| | D09_HBB2302337_24-44-56.fsa | 256 | 255.64 | 6 859 | 29 623 | 2 718 |
| 2023-8244 | D10_HBB2302338_24-44-56.fsa | 235 | 234.71 | 32 507 | 287 044 | 2 587 |
| 2023-8245 | D11_HBB2302339_24-44-56.fsa | 235 | 234.64 | 29 001 | 167 336 | 2 633 |
| 2023-8246 | D12_HBB2302340_24-44-56.fsa | 233 | 233.27 | 32 445 | 295 554 | 2 656 |
| 2023-8247 | E01_HBB2302341_24-44-56.fsa | 235 | 234.98 | 26 968 | 124 089 | 2 700 |
| | E01_HBB2302341_24-44-56.fsa | 242 | 242.34 | 6 095 | 28 651 | 2 744 |
| 2023-8248 | E02_HBB2302342_24-44-56.fsa | 235 | 234.81 | 23 046 | 107 774 | 2 665 |
| 2023-8249 | E03_HBB2302343_24-44-56.fsa | 235 | 234.75 | 25 173 | 209 141 | 2 633 |
| 2023-8250 | E04_HBB2302344_24-44-56.fsa | 233 | 233.56 | 32 515 | 285 725 | 2 623 |
| 2023-8251 | E06_HBB2302346_24-44-56.fsa | 233 | 233.74 | 28 044 | 236 928 | 2 576 |
| 2023-8252 | E07_HBB2302347_24-44-56.fsa | 233 | 233.63 | 28 059 | 132 296 | 2 572 |
| | E07_HBB2302347_24-44-56.fsa | 248 | 248.11 | 18 308 | 76 462 | 2 656 |
| 2023-8253 | E08_HBB2302348_24-44-56.fsa | 233 | 233.39 | 32 575 | 206 319 | 2 590 |
| 2023-8254 | E09_HBB2302349_24-44-56.fsa | 233 | 233.39 | 32 636 | 214 668 | 2 593 |

（续）

| 资源序号 | 样本名<br>（sample file name） | 等位基因位点<br>（allele，bp） | 大小<br>（size，bp） | 高度<br>（height，RFU） | 面积<br>（area，RFU） | 数据取值点<br>（data point，RFU） |
|---|---|---|---|---|---|---|
| 2023－8255 | E10_HBB2302350_24－44－56.fsa | 235 | 234.7 | 31 587 | 155 196 | 2 591 |
| 2023－8256 | E11_HBB2302351_24－44－56.fsa | 235 | 234.42 | 32 560 | 241 797 | 2 625 |
| 2023－8257 | E12_HBB2302352_24－44－56.fsa | 235 | 234.86 | 32 563 | 173 329 | 2 676 |
| 2023－8258 | F01_HBB2302353_24－44－56.fsa | 235 | 234.65 | 32 598 | 219 331 | 2 688 |
| 2023－8259 | F02_HBB2302354_24－44－56.fsa | 233 | 233.59 | 32 557 | 225 212 | 2 656 |
| 2023－8260 | F03_HBB2302355_24－44－56.fsa | 235 | 234.59 | 32 601 | 216 275 | 2 640 |
| 2023－8261 | F04_HBB2302356_24－44－56.fsa | 235 | 234.81 | 24 924 | 229 287 | 2 640 |
| 2023－8262 | F05_HBB2302357_24－44－56.fsa | 235 | 234.76 | 26 492 | 114 684 | 2 607 |
| 2023－8263 | F06_HBB2302358_24－44－56.fsa | 233 | 233.45 | 32 641 | 235 210 | 2 581 |
| 2023－8264 | F07_HBB2302359_24－44－56.fsa | 233 | 233.33 | 32 601 | 222 013 | 2 581 |
| 2023－8265 | F08_HBB2302360_24－44－56.fsa | 233 | 233.28 | 32 549 | 230 491 | 2 570 |
| 2023－8266 | F09_HBB2302361_24－44－56.fsa | 233 | 233.5 | 32 587 | 164 903 | 2 589 |
| | F09_HBB2302361_24－44－56.fsa | 256 | 255.78 | 31 557 | 132 333 | 2 721 |
| 2023－8267 | F10_HBB2302362_24－44－56.fsa | 233 | 233.56 | 32 582 | 315 024 | 2 588 |
| 2023－8268 | F11_HBB2302363_24－44－56.fsa | 235 | 234.75 | 32 538 | 159 248 | 2 650 |
| | F11_HBB2302363_24－44－56.fsa | 256 | 255.8 | 32 694 | 145 566 | 2 778 |
| 2023－8269 | F12_HBB2302364_24－44－56.fsa | 233 | 233.41 | 27 474 | 197 870 | 2 644 |
| | F12_HBB2302364_24－44－56.fsa | 256 | 255.92 | 32 343 | 145 380 | 2 781 |
| 2023－8270 | G01_HBB2302365_24－44－56.fsa | 235 | 234.83 | 32 512 | 178 390 | 2 696 |
| 2023－8271 | G03_HBB2302367_24－44－56.fsa | 235 | 234.99 | 29 508 | 136 305 | 2 647 |
| 2023－8272 | G04_HBB2302368_24－44－56.fsa | 235 | 234.89 | 31 789 | 151 795 | 2 625 |
| 2023－8273 | G05_HBB2302369_24－44－56.fsa | 233 | 233.39 | 32 522 | 238 091 | 2 603 |
| 2023－8274 | G06_HBB2302370_24－44－56.fsa | 235 | 234.84 | 27 338 | 131 063 | 2 612 |
| 2023－8275 | G07_HBB2302371_24－44－56.fsa | 233 | 233.4 | 32 556 | 219 394 | 2 586 |
| 2023－8276 | G08_HBB2302372_24－44－56.fsa | 235 | 234.84 | 32 574 | 156 117 | 2 608 |
| | G08_HBB2302372_24－44－56.fsa | 256 | 255.75 | 32 661 | 137 789 | 2 733 |
| 2023－8277 | G09_HBB2302373_24－44－56.fsa | 235 | 234.77 | 29 506 | 145 783 | 2 594 |
| 2023－8278 | G10_HBB2302374_24－44－56.fsa | 233 | 233.29 | 32 644 | 241 936 | 2 602 |
| 2023－8279 | G11_HBB2302375_24－44－56.fsa | 235 | 235.04 | 28 066 | 149 932 | 2 646 |
| 2023－8280 | G12_HBB2302376_24－44－56.fsa | 233 | 233.14 | 32 652 | 282 995 | 2 658 |

（续）

| 资源序号 | 样本名<br>（sample file name） | 等位基因位点<br>（allele，bp） | 大小<br>（size，bp） | 高度<br>（height，RFU） | 面积<br>（area，RFU） | 数据取值点<br>（data point，RFU） |
|---|---|---|---|---|---|---|
| 2023 - 8281 | H01_HBB2302377_24 - 44 - 56. fsa | 233 | 232.93 | 32 488 | 359 004 | 2 716 |
| 2023 - 8282 | H02_HBB2302378_24 - 44 - 56. fsa | 235 | 235. 1 | 32 590 | 165 889 | 2 698 |
| 2023 - 8283 | H03_HBB2302379_24 - 44 - 56. fsa | 235 | 234.93 | 25 463 | 129 261 | 2 666 |
| 2023 - 8284 | H04_HBB2302380_24 - 44 - 56. fsa | 235 | 234.99 | 22 400 | 104 849 | 2 645 |
| 2023 - 8285 | H05_HBB2302381_24 - 44 - 56. fsa | 235 | 234.88 | 32 618 | 150 284 | 2 631 |
| 2023 - 8286 | H06_HBB2302382_24 - 44 - 56. fsa | 235 | 234.89 | 32 582 | 162 905 | 2 624 |
| 2023 - 8287 | H07_HBB2302383_24 - 44 - 56. fsa | 233 | 233.29 | 32 408 | 242 910 | 2 611 |
| 2023 - 8288 | H08_HBB2302384_24 - 44 - 56. fsa | 235 | 234.89 | 23 231 | 109 632 | 2 625 |
| 2023 - 8289 | H09_HBB2302385_24 - 44 - 56. fsa | 235 | 234.82 | 29 452 | 133 163 | 2 611 |
| 2023 - 8290 | A01_HBB2302387_09 - 21 - 29. fsa | 235 | 235.04 | 10 166 | 49 400 | 2 691 |
| 2023 - 8291 | A02_HBB2302388_09 - 21 - 29. fsa | 233 | 233.74 | 21 764 | 182 663 | 2 666 |
| 2023 - 8292 | A03_HBB2302389_09 - 21 - 29. fsa | 235 | 234.88 | 32 721 | 128 931 | 2 632 |
| 2023 - 8293 | A04_HBB2302390_09 - 21 - 29. fsa | 235 | 234.89 | 10 794 | 47 062 | 2 625 |
| 2023 - 8294 | A05_HBB2302391_09 - 21 - 29. fsa | 233 | 233.74 | 32 637 | 167 303 | 2 604 |
| 2023 - 8295 | A06_HBB2302392_09 - 21 - 29. fsa | 233 | 233.57 | 32 647 | 208 477 | 2 596 |
| 2023 - 8296 | A07_HBB2302393_09 - 21 - 29. fsa | 233 | 233.45 | 32 677 | 215 545 | 2 589 |
| 2023 - 8297 | A08_HBB2302394_09 - 21 - 29. fsa | 233 | 233.86 | 25 828 | 140 354 | 2 623 |
| 2023 - 8298 | A09_HBB2302395_09 - 21 - 29. fsa | 233 | 233.68 | 20 992 | 123 081 | 2 615 |
| 2023 - 8299 | A10_HBB2302396_09 - 21 - 29. fsa | 233 | 233.55 | 19 291 | 109 804 | 2 630 |
| 2023 - 8300 | A11_HBB2302397_09 - 21 - 29. fsa | 233 | 233.62 | 26 971 | 173 477 | 2 669 |
| 2023 - 8301 | A12_HBB2302398_09 - 21 - 29. fsa | 235 | 234.91 | 15 346 | 82 614 | 2 704 |
| 2023 - 8302 | B01_HBB2302399_09 - 21 - 29. fsa | 233 | 233. 7 | 13 159 | 77 677 | 2 649 |
| 2023 - 8303 | B02_HBB2302400_09 - 21 - 29. fsa | 233 | 233.74 | 7 405 | 35 935 | 2 659 |
| | B02_HBB2302400_09 - 21 - 29. fsa | 256 | 255.92 | 6 209 | 26 447 | 2 794 |
| 2023 - 8304 | B03_HBB2302401_09 - 21 - 29. fsa | 233 | 233.93 | 5 047 | 25 668 | 2 615 |
| 2023 - 8305 | B04_HBB2302402_09 - 21 - 29. fsa | 233 | 233.79 | 19 004 | 148 047 | 2 612 |
| 2023 - 8306 | B05_HBB2302403_09 - 21 - 29. fsa | 233 | 233.67 | 10 086 | 48 014 | 2 601 |
| 2023 - 8307 | B06_HBB2302404_09 - 21 - 29. fsa | 233 | 233.62 | 4 571 | 23 142 | 2 578 |
| | B06_HBB2302404_09 - 21 - 29. fsa | 256 | 255.8 | 4 212 | 18 855 | 2 709 |
| 2023 - 8308 | B07_HBB2302405_09 - 21 - 29. fsa | 233 | 233.87 | 9 195 | 45 668 | 2 587 |

（续）

| 资源序号 | 样本名<br>（sample file name） | 等位基因位点<br>（allele，bp） | 大小<br>（size，bp） | 高度<br>（height，RFU） | 面积<br>（area，RFU） | 数据取值点<br>（data point，RFU） |
|---|---|---|---|---|---|---|
| 2023-8309 | B08_HBB2302406_09-21-29.fsa | 233 | 233.67 | 7 649 | 65 225 | 2 588 |
| 2023-8310 | B09_HBB2302407_09-21-29.fsa | 233 | 233.68 | 9 086 | 46 453 | 2 584 |
| 2023-8311 | B11_HBB2302409_09-21-29.fsa | 233 | 233.56 | 19 152 | 109 417 | 2 646 |
| 2023-8312 | B12_HBB2302410_09-21-29.fsa | 233 | 233.51 | 11 009 | 71 056 | 2 670 |
| 2023-8313 | C01_HBB2302411_09-21-29.fsa | 233 | 233.8 | 9 999 | 54 971 | 2 665 |
| 2023-8314 | C02_HBB2302412_09-21-29.fsa | 233 | 233.8 | 32 653 | 156 640 | 2 640 |
| 2023-8315 | C03_HBB2302413_09-21-29.fsa | 233 | 233.73 | 1 952 | 13 923 | 2 621 |
| 2023-8316 | C04_HBB2302414_09-21-29.fsa | 233 | 233.73 | 3 988 | 18 471 | 2 602 |
| | C04_HBB2302414_09-21-29.fsa | 256 | 255.77 | 3 534 | 15 103 | 2 733 |
| 2023-8317 | C05_HBB2302415_09-21-29.fsa | 233 | 233.79 | 13 071 | 57 044 | 2 577 |
| 2023-8318 | C06_HBB2302416_09-21-29.fsa | 233 | 233.81 | 7 126 | 57 878 | 2 593 |
| 2023-8319 | C07_HBB2302417_09-21-29.fsa | 233 | 233.72 | 14 417 | 63 466 | 2 571 |
| 2023-8320 | C08_HBB2302418_09-21-29.fsa | 233 | 233.55 | 6 043 | 48 213 | 2 567 |
| 2023-8321 | C09_HBB2302419_09-21-29.fsa | 233 | 233.73 | 13 936 | 65 366 | 2 600 |
| 2023-8322 | C10_HBB2302420_09-21-29.fsa | 233 | 233.68 | 3 856 | 33 505 | 2 586 |
| 2023-8323 | C11_HBB2302421_09-21-29.fsa | 233 | 233.68 | 9 437 | 82 231 | 2 637 |
| 2023-8324 | C12_HBB2302422_09-21-29.fsa | 235 | 234.79 | 8 233 | 38 814 | 2 665 |
| 2023-8325 | D01_HBB2302423_09-21-29.fsa | 233 | 233.63 | 10 670 | 60 591 | 2 674 |
| | D01_HBB2302423_09-21-29.fsa | 248 | 248.17 | 7 627 | 32 447 | 2 761 |
| 2023-8326 | D02_HBB2302424_09-21-29.fsa | 233 | 233.76 | 6 414 | 54 977 | 2 640 |
| 2023-8327 | D03_HBB2302425_09-21-29.fsa | 235 | 234.78 | 4 473 | 35 797 | 2 601 |
| 2023-8328 | D04_HBB2302426_09-21-29.fsa | 235 | 234.72 | 9 471 | 42 083 | 2 596 |
| 2023-8329 | D05_HBB2302427_09-21-29.fsa | 233 | 233.74 | 12 504 | 65 273 | 2 571 |
| 2023-8330 | D06_HBB2302428_09-21-29.fsa | 233 | 233.61 | 13 148 | 58 604 | 2 577 |
| 2023-8331 | D08_HBB2302430_09-21-29.fsa | 233 | 233.78 | 10 365 | 73 716 | 2 556 |
| 2023-8332 | D09_HBB2302431_09-21-29.fsa | 233 | 233.68 | 2 900 | 15 147 | 2 582 |
| 2023-8333 | D10_HBB2302432_09-21-29.fsa | 233 | 233.6 | 11 907 | 56 311 | 2 575 |
| 2023-8334 | D11_HBB2302433_09-21-29.fsa | 235 | 234.75 | 7 067 | 65 396 | 2 629 |
| 2023-8335 | D12_HBB2302434_09-21-29.fsa | 235 | 234.86 | 5 345 | 32 704 | 2 663 |
| 2023-8336 | E01_HBB2302435_09-21-29.fsa | 233 | 233.58 | 8 031 | 52 364 | 2 682 |

（续）

| 资源序号 | 样本名<br>（sample file name） | 等位基因位点<br>（allele，bp） | 大小<br>（size，bp） | 高度<br>（height，RFU） | 面积<br>（area，RFU） | 数据取值点<br>（data point，RFU） |
|---|---|---|---|---|---|---|
| 2023 - 8337 | E02_HBB2302436_09 - 21 - 29. fsa | 235 | 234.74 | 6 825 | 31 248 | 2 659 |
| 2023 - 8338 | E03_HBB2302437_09 - 21 - 29. fsa | 233 | 233.82 | 3 845 | 18 782 | 2 620 |
|  | E03_HBB2302437_09 - 21 - 29. fsa | 248 | 248.16 | 2 090 | 8 740 | 2 705 |
| 2023 - 8339 | E04_HBB2302438_09 - 21 - 29. fsa | 233 | 233.68 | 8 399 | 69 988 | 2 618 |
| 2023 - 8340 | E05_HBB2302439_09 - 21 - 29. fsa | 233 | 233.74 | 4 959 | 38 456 | 2 601 |
| 2023 - 8341 | E06_HBB2302440_09 - 21 - 29. fsa | 233 | 233.76 | 11 147 | 49 201 | 2 568 |
| 2023 - 8342 | E07_HBB2302441_09 - 21 - 29. fsa | 233 | 233.72 | 5 008 | 38 658 | 2 567 |
| 2023 - 8343 | E08_HBB2302442_09 - 21 - 29. fsa | 233 | 233.59 | 11 784 | 53 867 | 2 586 |
| 2023 - 8344 | E09_HBB2302443_09 - 21 - 29. fsa | 233 | 233.68 | 6 657 | 32 010 | 2 589 |
| 2023 - 8345 | E10_HBB2302444_09 - 21 - 29. fsa | 233 | 233.61 | 7 994 | 70 010 | 2 579 |
| 2023 - 8346 | E11_HBB2302445_09 - 21 - 29. fsa | 233 | 233.67 | 6 711 | 62 512 | 2 616 |
| 2023 - 8347 | E12_HBB2302446_09 - 21 - 29. fsa | 233 | 233.62 | 27 634 | 178 632 | 2 665 |
| 2023 - 8348 | F01_HBB2302447_09 - 21 - 29. fsa | 235 | 234.88 | 12 936 | 68 981 | 2 689 |
| 2023 - 8349 | F02_HBB2302448_09 - 21 - 29. fsa | 233 | 233.68 | 13 687 | 80 013 | 2 649 |
| 2023 - 8350 | F03_HBB2302449_09 - 21 - 29. fsa | 233 | 233.7 | 16 816 | 81 781 | 2 629 |
| 2023 - 8351 | F05_HBB2302451_09 - 21 - 29. fsa | 233 | 233.75 | 10 748 | 47 043 | 2 595 |
| 2023 - 8352 | F06_HBB2302452_09 - 21 - 29. fsa | 235 | 234.66 | 18 158 | 145 001 | 2 582 |
| 2023 - 8353 | F07_HBB2302453_09 - 21 - 29. fsa | 233 | 233.68 | 8 221 | 55 702 | 2 577 |
| 2023 - 8354 | F08_HBB2302454_09 - 21 - 29. fsa | 233 | 233.72 | 4 670 | 32 579 | 2 567 |
| 2023 - 8355 | F09_HBB2302455_09 - 21 - 29. fsa | 233 | 233.81 | 5 547 | 39 247 | 2 585 |
| 2023 - 8356 | F10_HBB2302456_09 - 21 - 29. fsa | 233 | 233.74 | 10 640 | 55 957 | 2 583 |
| 2023 - 8357 | F11_HBB2302457_09 - 21 - 29. fsa | 233 | 233.67 | 14 467 | 80 677 | 2 640 |
| 2023 - 8358 | F12_HBB2302458_09 - 21 - 29. fsa | 235 | 234.75 | 7 907 | 39 756 | 2 649 |
|  | F12_HBB2302458_09 - 21 - 29. fsa | 256 | 255.79 | 6 693 | 30 598 | 2 777 |
| 2023 - 8359 | G01_HBB2302459_09 - 21 - 29. fsa | 235 | 235.23 | 6 985 | 33 411 | 2 698 |
| 2023 - 8360 | G02_HBB2302460_09 - 21 - 29. fsa | 233 | 233.88 | 13 921 | 74 290 | 2 670 |
| 2023 - 8361 | G03_HBB2302461_09 - 21 - 29. fsa | 233 | 233.87 | 13 235 | 71 666 | 2 635 |
| 2023 - 8362 | G04_HBB2302462_09 - 21 - 29. fsa | 235 | 234.88 | 18 684 | 78 188 | 2 620 |
| 2023 - 8363 | G05_HBB2302463_09 - 21 - 29. fsa | 235 | 234.96 | 6 672 | 54 206 | 2 606 |
| 2023 - 8364 | G06_HBB2302464_09 - 21 - 29. fsa | 235 | 234.77 | 8 793 | 74 991 | 2 606 |

（续）

| 资源序号 | 样本名<br>（sample file name） | 等位基因位点<br>（allele，bp） | 大小<br>（size，bp） | 高度<br>（height，RFU） | 面积<br>（area，RFU） | 数据取值点<br>（data point，RFU） |
|---|---|---|---|---|---|---|
| 2023 - 8365 | G07_HBB2302465_09 - 21 - 29. fsa | 233 | 233.69 | 16 861 | 89 495 | 2 582 |
| 2023 - 8366 | G08_HBB2302466_09 - 21 - 29. fsa | 233 | 233.87 | 7 450 | 37 195 | 2 598 |
| 2023 - 8367 | G09_HBB2302467_09 - 21 - 29. fsa | 235 | 234.89 | 25 638 | 211 350 | 2 589 |
| 2023 - 8368 | G10_HBB2302468_09 - 21 - 29. fsa | 233 | 233.63 | 11 350 | 57 672 | 2 599 |
| 2023 - 8369 | G11_HBB2302469_09 - 21 - 29. fsa | 233 | 233.69 | 22 999 | 135 860 | 2 635 |
| 2023 - 8370 | G12_HBB2302470_09 - 21 - 29. fsa | 233 | 233.58 | 10 116 | 74 976 | 2 657 |
| 2023 - 8371 | H02_HBB2302472_09 - 21 - 29. fsa | 233 | 233.7 | 16 891 | 146 683 | 2 685 |
| 2023 - 8372 | H03_HBB2302473_09 - 21 - 29. fsa | 235 | 234.93 | 7 460 | 40 516 | 2 662 |
| 2023 - 8373 | H04_HBB2302474_09 - 21 - 29. fsa | 235 | 234.82 | 7 189 | 34 190 | 2 642 |
| 2023 - 8374 | H05_HBB2302475_09 - 21 - 29. fsa | 233 | 233.5 | 4 820 | 27 113 | 2 619 |
| 2023 - 8375 | H06_HBB2302476_09 - 21 - 29. fsa | 235 | 234.82 | 7 354 | 35 859 | 2 619 |
| 2023 - 8376 | H07_HBB2302477_09 - 21 - 29. fsa | 235 | 234.88 | 20 871 | 92 476 | 2 616 |
| 2023 - 8377 | H08_HBB2302478_09 - 21 - 29. fsa | 233 | 233.68 | 10 806 | 61 828 | 2 615 |
| 2023 - 8378 | H09_HBB2302479_09 - 21 - 29. fsa | 233 | 233.74 | 22 296 | 151 630 | 2 601 |
| 2023 - 8379 | H10_HBB2302480_09 - 21 - 29. fsa | 235 | 234.88 | 5 866 | 31 792 | 2 615 |

## 27 P27

| 资源序号 | 样本名<br>（sample file name） | 等位基因位点<br>（allele，bp） | 大小<br>（size，bp） | 高度<br>（height，RFU） | 面积<br>（area，RFU） | 数据取值点<br>（data point，RFU） |
|---|---|---|---|---|---|---|
| 2023 - 8200 | A01_HBB2302293_24 - 12 - 45. fsa | 264 | 264.87 | 1 877 | 8 648 | 2 884 |
| | A01_HBB2302293_24 - 12 - 45. fsa | 279 | 279.7 | 959 | 4 910 | 2 981 |
| 2023 - 8201 | A02_HBB2302294_24 - 12 - 45. fsa | 330 | 330.79 | 15 618 | 76 074 | 3 279 |
| 2023 - 8202 | A03_HBB2302295_24 - 12 - 45. fsa | 272 | 272.37 | 12 656 | 52 308 | 2 868 |
| | A03_HBB2302295_24 - 12 - 45. fsa | 330 | 330.63 | 8 004 | 37 096 | 3 227 |
| 2023 - 8203 | A04_HBB2302296_24 - 12 - 45. fsa | 264 | 264.67 | 2 553 | 11 075 | 2 812 |
| | A04_HBB2302296_24 - 12 - 45. fsa | 330 | 330.63 | 12 063 | 59 643 | 3 220 |

（续）

| 资源序号 | 样本名<br>（sample file name） | 等位基因位点<br>（allele，bp） | 大小<br>（size，bp） | 高度<br>（height，RFU） | 面积<br>（area，RFU） | 数据取值点<br>（data point，RFU） |
|---|---|---|---|---|---|---|
| 2023－8204 | A05_HBB2302297_24－12－45.fsa | 272 | 272.26 | 9 688 | 44 338 | 2 847 |
| | A05_HBB2302297_24－12－45.fsa | 295 | 294.93 | 2 212 | 10 865 | 2 990 |
| 2023－8205 | A06_HBB2302298_24－12－45.fsa | 295 | 294.92 | 3 772 | 17 560 | 2 983 |
| | A06_HBB2302298_24－12－45.fsa | 330 | 330.71 | 11 954 | 62 520 | 3 196 |
| 2023－8206 | A07_HBB2302299_24－12－45.fsa | 264 | 264.33 | 11 972 | 39 247 | 2 782 |
| | A07_HBB2302299_24－12－45.fsa | 295 | 294.93 | 9 028 | 43 812 | 2 975 |
| 2023－8207 | A08_HBB2302300_24－12－45.fsa | 264 | 264.55 | 6 084 | 20 087 | 2 816 |
| | A08_HBB2302300_24－12－45.fsa | 272 | 272.28 | 7 870 | 39 034 | 2 865 |
| 2023－8208 | A09_HBB2302301_24－12－45.fsa | 272 | 272.28 | 8 339 | 42 654 | 2 856 |
| | A09_HBB2302301_24－12－45.fsa | 295 | 294.8 | 2 866 | 13 681 | 2 999 |
| 2023－8209 | A10_HBB2302302_24－12－45.fsa | 264 | 264.46 | 1 965 | 10 422 | 2 824 |
| | A10_HBB2302302_24－12－45.fsa | 330 | 330.49 | 8 838 | 52 383 | 3 234 |
| 2023－8210 | A11_HBB2302303_24－12－45.fsa | 266 | 266.51 | 12 096 | 30 841 | 2 878 |
| | A11_HBB2302303_24－12－45.fsa | 328 | 328.53 | 8 453 | 50 046 | 3 270 |
| 2023－8211 | B01_HBB2302305_24－12－45.fsa | 272 | 272.48 | 8 609 | 47 864 | 2 896 |
| | B01_HBB2302305_24－12－45.fsa | 295 | 295.05 | 2 836 | 13 455 | 3 042 |
| 2023－8212 | B02_HBB2302306_24－12－45.fsa | 272 | 272.48 | 6 954 | 29 120 | 2 907 |
| | B02_HBB2302306_24－12－45.fsa | 330 | 330.75 | 4 523 | 22 307 | 3 271 |
| 2023－8213 | B03_HBB2302307_24－12－45.fsa | 272 | 272.26 | 7 438 | 34 401 | 2 858 |
| | B03_HBB2302307_24－12－45.fsa | 330 | 330.55 | 4 704 | 25 236 | 3 216 |
| 2023－8214 | B04_HBB2302308_24－12－45.fsa | 272 | 272.35 | 8 614 | 37 790 | 2 854 |
| | B04_HBB2302308_24－12－45.fsa | 330 | 330.6 | 5 836 | 27 898 | 3 211 |
| 2023－8215 | B05_HBB2302309_24－12－45.fsa | 264 | 264.36 | 1 661 | 8 171 | 2 792 |
| | B05_HBB2302309_24－12－45.fsa | 308 | 308.76 | 326 | 1 479 | 3 068 |
| 2023－8216 | B06_HBB2302310_24－12－45.fsa | 272 | 272.15 | 17 999 | 82 230 | 2 820 |
| 2023－8217 | B07_HBB2302311_24－12－45.fsa | 272 | 272.25 | 8 286 | 36 611 | 2 827 |
| | B07_HBB2302311_24－12－45.fsa | 330 | 330.5 | 5 030 | 26 216 | 3 181 |
| 2023－8218 | B08_HBB2302312_24－12－45.fsa | 272 | 272.24 | 5 287 | 24 104 | 2 829 |
| | B08_HBB2302312_24－12－45.fsa | 328 | 328.44 | 3 431 | 17 934 | 3 171 |

（续）

| 资源序号 | 样本名<br>(sample file name) | 等位基因位点<br>(allele，bp) | 大小<br>(size，bp) | 高度<br>(height，RFU) | 面积<br>(area，RFU) | 数据取值点<br>(data point，RFU) |
|---|---|---|---|---|---|---|
| 2023－8219 | B09_HBB2302313_24－12－45.fsa | 272 | 272.15 | 8 213 | 41 389 | 2 824 |
| | B09_HBB2302313_24－12－45.fsa | 330 | 330.56 | 5 624 | 31 637 | 3 178 |
| 2023－8220 | B10_HBB2302314_24－12－45.fsa | 272 | 272.24 | 5 271 | 25 023 | 2 834 |
| | B10_HBB2302314_24－12－45.fsa | 328 | 328.54 | 3 963 | 20 926 | 3 177 |
| 2023－8221 | B11_HBB2302315_24－12－45.fsa | 297 | 297.36 | 4 859 | 25 405 | 3 053 |
| | B11_HBB2302315_24－12－45.fsa | 330 | 330.46 | 4 410 | 25 935 | 3 255 |
| 2023－8222 | B12_HBB2302316_24－12－45.fsa | 330 | 330.51 | 15 349 | 90 060 | 3 286 |
| 2023－8223 | C01_HBB2302317_24－12－45.fsa | 272 | 272.58 | 6 411 | 29 365 | 2 914 |
| | C01_HBB2302317_24－12－45.fsa | 295 | 295.08 | 2 981 | 13 886 | 3 060 |
| 2023－8224 | C02_HBB2302318_24－12－45.fsa | 272 | 272.46 | 12 457 | 51 982 | 2 886 |
| | C02_HBB2302318_24－12－45.fsa | 295 | 295.02 | 5 534 | 24 410 | 3 031 |
| 2023－8226 | C03_HBB2302319_24－12－45.fsa | 272 | 272.27 | 8 173 | 36 907 | 2 865 |
| | C03_HBB2302319_24－12－45.fsa | 276 | 276.21 | 7 768 | 24 261 | 2 890 |
| | C03_HBB2302319_24－12－45.fsa | 295 | 294.96 | 3 589 | 17 860 | 3 009 |
| 2023－8227 | C04_HBB2302320_24－12－45.fsa | 272 | 272.16 | 6 794 | 28 445 | 2 844 |
| | C04_HBB2302320_24－12－45.fsa | 328 | 328.53 | 4 063 | 19 574 | 3 188 |
| 2023－8228 | C05_HBB2302321_24－12－45.fsa | 272 | 272.23 | 10 398 | 48 036 | 2 817 |
| | C05_HBB2302321_24－12－45.fsa | 295 | 294.87 | 4 134 | 18 290 | 2 958 |
| 2023－8229 | C06_HBB2302322_24－12－45.fsa | 297 | 296.81 | 3 145 | 14 438 | 2 987 |
| | C06_HBB2302322_24－12－45.fsa | 328 | 328.44 | 6 767 | 34 247 | 3 175 |
| 2023－8230 | C07_HBB2302323_24－12－45.fsa | 330 | 330.45 | 14 216 | 66 556 | 3 161 |
| 2023－8231 | C09_HBB2302325_24－12－45.fsa | 272 | 272.17 | 9 366 | 42 894 | 2 842 |
| | C09_HBB2302325_24－12－45.fsa | 330 | 330.36 | 6 473 | 32 584 | 3 197 |
| 2023－8232 | C10_HBB2302326_24－12－45.fsa | 272 | 272.15 | 11 650 | 54 057 | 2 826 |
| 2023－8233 | C11_HBB2302327_24－12－45.fsa | 272 | 272.15 | 10 685 | 50 224 | 2 881 |
| | C11_HBB2302327_24－12－45.fsa | 330 | 330.44 | 7 591 | 39 954 | 3 243 |
| 2023－8234 | C12_HBB2302328_24－12－45.fsa | 272 | 272.26 | 12 539 | 60 390 | 2 905 |
| | C12_HBB2302328_24－12－45.fsa | 297 | 296.77 | 2 900 | 14 360 | 3 064 |
| 2023－8235 | D01_HBB2302329_24－12－45.fsa | 264 | 264.8 | 2 301 | 8 460 | 2 872 |
| | D01_HBB2302329_24－12－45.fsa | 272 | 272.49 | 5 896 | 25 492 | 2 922 |

（续）

| 资源序号 | 样本名<br>（sample file name） | 等位基因位点<br>（allele，bp） | 大小<br>（size，bp） | 高度<br>（height，RFU） | 面积<br>（area，RFU） | 数据取值点<br>（data point，RFU） |
|---|---|---|---|---|---|---|
| 2023－8236 | D02_HBB2302330_24－12－45.fsa | 272 | 272.22 | 14 707 | 62 946 | 2 885 |
| 2023－8237 | D03_HBB2302331_24－12－45.fsa | 264 | 264.52 | 2 488 | 11 213 | 2 787 |
| | D03_HBB2302331_24－12－45.fsa | 295 | 294.75 | 17 013 | 79 417 | 2 977 |
| 2023－8238 | D04_HBB2302332_24－12－45.fsa | 272 | 272.31 | 6 341 | 27 486 | 2 830 |
| | D04_HBB2302332_24－12－45.fsa | 328 | 328.45 | 4 505 | 21 501 | 3 171 |
| 2023－8239 | D05_HBB2302333_24－12－45.fsa | 272 | 272.12 | 7 057 | 31 472 | 2 810 |
| | D05_HBB2302333_24－12－45.fsa | 297 | 297.42 | 5 767 | 26 788 | 2 967 |
| 2023－8240 | D06_HBB2302334_24－12－45.fsa | 279 | 279.06 | 1 975 | 8 970 | 2 859 |
| | D06_HBB2302334_24－12－45.fsa | 330 | 330.26 | 1 461 | 7 309 | 3 167 |
| 2023－8241 | D07_HBB2302335_24－12－45.fsa | 266 | 266.22 | 2 102 | 7 986 | 2 801 |
| | D07_HBB2302335_24－12－45.fsa | 272 | 272.15 | 12 450 | 51 980 | 2 838 |
| 2023－8242 | D08_HBB2302336_24－12－45.fsa | 272 | 272.11 | 9 339 | 42 966 | 2 792 |
| 2023－8243 | D09_HBB2302337_24－12－45.fsa | 264 | 264.35 | 1 406 | 5 740 | 2 772 |
| | D09_HBB2302337_24－12－45.fsa | 330 | 330.34 | 7 013 | 34 870 | 3 173 |
| 2023－8244 | D10_HBB2302338_24－12－45.fsa | 266 | 266.29 | 2 025 | 7 860 | 2 777 |
| 2023－8245 | D11_HBB2302339_24－12－45.fsa | 330 | 330.54 | 9 449 | 50 899 | 3 226 |
| 2023－8246 | D12_HBB2302340_24－12－45.fsa | 272 | 272.27 | 10 728 | 51 192 | 2 902 |
| | D12_HBB2302340_24－12－45.fsa | 295 | 294.77 | 4 330 | 22 086 | 3 048 |
| 2023－8247 | E01_HBB2302341_24－12－45.fsa | 330 | 330.96 | 8 540 | 41 399 | 3 296 |
| 2023－8248 | E02_HBB2302342_24－12－45.fsa | 295 | 293.63 | 1 645 | 7 633 | 3 035 |
| 2023－8249 | E03_HBB2302343_24－12－45.fsa | 276 | 276.05 | 6 294 | 18 097 | 2 887 |
| | E03_HBB2302343_24－12－45.fsa | 295 | 294.8 | 6 436 | 28 564 | 3 006 |
| 2023－8250 | E04_HBB2302344_24－12－45.fsa | 266 | 266.37 | 2 393 | 10 371 | 2 823 |
| | E04_HBB2302344_24－12－45.fsa | 295 | 294.93 | 8 247 | 37 838 | 3 003 |
| 2023－8251 | E06_HBB2302346_24－12－45.fsa | 264 | 264.28 | 1 253 | 5 356 | 2 758 |
| | E06_HBB2302346_24－12－45.fsa | 272 | 272.21 | 900 | 4 194 | 2 807 |
| 2023－8252 | E07_HBB2302347_24－12－45.fsa | 272 | 272.03 | 7 258 | 32 361 | 2 804 |
| 2023－8253 | E08_HBB2302348_24－12－45.fsa | 264 | 264.18 | 2 330 | 10 272 | 2 774 |
| | E08_HBB2302348_24－12－45.fsa | 330 | 330.34 | 8 450 | 40 297 | 3 176 |

（续）

| 资源序号 | 样本名<br>（sample file name） | 等位基因位点<br>（allele，bp） | 大小<br>（size，bp） | 高度<br>（height，RFU） | 面积<br>（area，RFU） | 数据取值点<br>（data point，RFU） |
|---|---|---|---|---|---|---|
| 2023－8254 | E09_HBB2302349_24－12－45.fsa | 272 | 272.13 | 5 518 | 24 973 | 2 828 |
| | E09_HBB2302349_24－12－45.fsa | 330 | 330.52 | 3 469 | 16 787 | 3 181 |
| 2023－8255 | E10_HBB2302350_24－12－45.fsa | 264 | 264.17 | 3 669 | 14 712 | 2 769 |
| | E10_HBB2302350_24－12－45.fsa | 295 | 294.86 | 10 482 | 51 191 | 2 960 |
| 2023－8256 | E11_HBB2302351_24－12－45.fsa | 272 | 272.11 | 13 769 | 64 268 | 2 857 |
| 2023－8257 | E12_HBB2302352_24－12－45.fsa | 272 | 272.36 | 9 116 | 42 076 | 2 913 |
| | E12_HBB2302352_24－12－45.fsa | 328 | 328.53 | 5 871 | 29 347 | 3 267 |
| 2023－8258 | F01_HBB2302353_24－12－45.fsa | 328 | 328.88 | 16 708 | 80 553 | 3 280 |
| 2023－8259 | F02_HBB2302354_24－12－45.fsa | 297 | 296.91 | 7 281 | 32 212 | 3 054 |
| 2023－8260 | F03_HBB2302355_24－12－45.fsa | 311 | 309.62 | 1 317 | 5 822 | 3 108 |
| 2023－8261 | F04_HBB2302356_24－12－45.fsa | 264 | 264.49 | 1 949 | 7 823 | 2 822 |
| 2023－8262 | F05_HBB2302357_24－12－45.fsa | 264 | 264.52 | 2 637 | 11 100 | 2 786 |
| | F05_HBB2302357_24－12－45.fsa | 295 | 294.91 | 13 882 | 64 987 | 2 977 |
| 2023－8263 | F06_HBB2302358_24－12－45.fsa | 295 | 294.7 | 4 160 | 19 124 | 2 956 |
| | F06_HBB2302358_24－12－45.fsa | 330 | 330.48 | 7 769 | 36 781 | 3 168 |
| 2023－8264 | F07_HBB2302359_24－12－45.fsa | 295 | 294.87 | 4 401 | 19 562 | 2 958 |
| | F07_HBB2302359_24－12－45.fsa | 330 | 330.51 | 7 221 | 36 494 | 3 170 |
| 2023－8265 | F08_HBB2302360_24－12－45.fsa | 330 | 330.45 | 10 163 | 47 329 | 3 155 |
| 2023－8266 | F09_HBB2302361_24－12－45.fsa | 264 | 264.13 | 12 543 | 39 590 | 2 772 |
| | F09_HBB2302361_24－12－45.fsa | 272 | 272.14 | 12 209 | 53 306 | 2 822 |
| 2023－8267 | F10_HBB2302362_24－12－45.fsa | 272 | 272.16 | 15 358 | 66 874 | 2 822 |
| | F10_HBB2302362_24－12－45.fsa | 279 | 279.05 | 10 342 | 20 480 | 2 865 |
| 2023－8268 | F11_HBB2302363_24－12－45.fsa | 264 | 264.09 | 10 171 | 24 175 | 2 832 |
| | F11_HBB2302363_24－12－45.fsa | 295 | 294.85 | 9 072 | 42 486 | 3 029 |
| 2023－8269 | F12_HBB2302364_24－12－45.fsa | 264 | 264.33 | 5 512 | 19 782 | 2 835 |
| | F12_HBB2302364_24－12－45.fsa | 295 | 294.89 | 7 483 | 34 969 | 3 032 |
| 2023－8270 | G01_HBB2302365_24－12－45.fsa | 272 | 272.65 | 11 376 | 49 071 | 2 938 |
| | G01_HBB2302365_24－12－45.fsa | 328 | 328.91 | 7 348 | 35 184 | 3 290 |
| 2023－8271 | G03_HBB2302367_24－12－45.fsa | 272 | 272.38 | 8 711 | 37 856 | 2 879 |
| | G03_HBB2302367_24－12－45.fsa | 330 | 330.7 | 5 626 | 27 233 | 3 240 |

（续）

| 资源序号 | 样本名<br>（sample file name） | 等位基因位点<br>（allele，bp） | 大小<br>（size，<br>bp） | 高度<br>（height，<br>RFU） | 面积<br>（area，<br>RFU） | 数据取值点<br>（data point，<br>RFU） |
|---|---|---|---|---|---|---|
| 2023 - 8272 | G04_HBB2302368_24 - 12 - 45. fsa | 272 | 272.28 | 8 605 | 36 674 | 2 855 |
| | G04_HBB2302368_24 - 12 - 45. fsa | 330 | 330.6 | 5 073 | 23 490 | 3 213 |
| 2023 - 8273 | G05_HBB2302369_24 - 12 - 45. fsa | 279 | 279.16 | 6 225 | 16 173 | 2 883 |
| | G05_HBB2302369_24 - 12 - 45. fsa | 330 | 330.72 | 12 886 | 56 301 | 3 195 |
| 2023 - 8274 | G06_HBB2302370_24 - 12 - 45. fsa | 264 | 264.36 | 1 729 | 7 436 | 2 791 |
| | G06_HBB2302370_24 - 12 - 45. fsa | 295 | 294.76 | 7 958 | 34 236 | 2 982 |
| 2023 - 8275 | G07_HBB2302371_24 - 12 - 45. fsa | 328 | 328.44 | 5 644 | 28 629 | 3 164 |
| | G07_HBB2302371_24 - 12 - 45. fsa | 330 | 330.5 | 5 393 | 27 453 | 3 176 |
| 2023 - 8276 | G08_HBB2302372_24 - 12 - 45. fsa | 330 | 330.58 | 14 059 | 62 780 | 3 191 |
| 2023 - 8277 | G09_HBB2302373_24 - 12 - 45. fsa | 272 | 272.23 | 6 628 | 28 140 | 2 821 |
| | G09_HBB2302373_24 - 12 - 45. fsa | 330 | 330.47 | 4 033 | 18 850 | 3 174 |
| 2023 - 8278 | G10_HBB2302374_24 - 12 - 45. fsa | 295 | 294.92 | 4 042 | 17 859 | 2 982 |
| | G10_HBB2302374_24 - 12 - 45. fsa | 330 | 330.44 | 6 853 | 33 328 | 3 195 |
| 2023 - 8279 | G11_HBB2302375_24 - 12 - 45. fsa | 264 | 264.56 | 10 838 | 34 184 | 2 829 |
| | G11_HBB2302375_24 - 12 - 45. fsa | 330 | 330.57 | 8 247 | 40 066 | 3 240 |
| 2023 - 8280 | G12_HBB2302376_24 - 12 - 45. fsa | 272 | 272.34 | 9 163 | 42 605 | 2 903 |
| | G12_HBB2302376_24 - 12 - 45. fsa | 295 | 294.93 | 2 228 | 9 744 | 3 050 |
| 2023 - 8281 | H01_HBB2302377_24 - 12 - 45. fsa | 272 | 272.87 | 11 942 | 50 928 | 2 966 |
| | H01_HBB2302377_24 - 12 - 45. fsa | 330 | 331.07 | 7 792 | 36 168 | 3 336 |
| 2023 - 8282 | H02_HBB2302378_24 - 12 - 45. fsa | 295 | 295.12 | 4 690 | 20 568 | 3 082 |
| | H02_HBB2302378_24 - 12 - 45. fsa | 328 | 328.73 | 8 777 | 41 641 | 3 290 |
| 2023 - 8283 | H03_HBB2302379_24 - 12 - 45. fsa | 272 | 272.39 | 8 225 | 37 054 | 2 901 |
| | H03_HBB2302379_24 - 12 - 45. fsa | 295 | 295.04 | 2 504 | 11 297 | 3 047 |
| 2023 - 8284 | H04_HBB2302380_24 - 12 - 45. fsa | 328 | 328.67 | 9 463 | 44 244 | 3 227 |
| 2023 - 8285 | H05_HBB2302381_24 - 12 - 45. fsa | 264 | 264.7 | 9 649 | 26 896 | 2 812 |
| 2023 - 8286 | H06_HBB2302382_24 - 12 - 45. fsa | 272 | 272.26 | 7 416 | 30 540 | 2 853 |
| | H06_HBB2302382_24 - 12 - 45. fsa | 330 | 330.78 | 4 555 | 20 789 | 3 211 |
| 2023 - 8287 | H07_HBB2302383_24 - 12 - 45. fsa | 272 | 272.35 | 9 389 | 39 998 | 2 850 |
| | H07_HBB2302383_24 - 12 - 45. fsa | 295 | 294.95 | 1 819 | 7 687 | 2 993 |

（续）

| 资源序号 | 样本名<br>(sample file name) | 等位基因位点<br>(allele，bp) | 大小<br>(size，bp) | 高度<br>(height，RFU) | 面积<br>(area，RFU) | 数据取值点<br>(data point，RFU) |
|---|---|---|---|---|---|---|
| 2023－8288 | H08_HBB2302384_24－12－45.fsa | 272 | 272.28 | 11 233 | 44 926 | 2 855 |
| | H08_HBB2302384_24－12－45.fsa | 295 | 294.8 | 1 789 | 7 172 | 2 998 |
| 2023－8289 | H09_HBB2302385_24－12－45.fsa | 272 | 272.41 | 15 129 | 62 800 | 2 841 |
| 2023－8290 | A01_HBB2302387_08－49－11.fsa | 272 | 272.61 | 13 111 | 59 584 | 2 938 |
| 2023－8291 | A02_HBB2302388_08－49－11.fsa | 272 | 272.58 | 11 908 | 54 985 | 2 918 |
| 2023－8292 | A03_HBB2302389_08－49－11.fsa | 264 | 264.66 | 2 079 | 8 120 | 2 826 |
| 2023－8293 | A04_HBB2302390_08－49－11.fsa | 264 | 264.66 | 1 351 | 6 129 | 2 820 |
| 2023－8294 | A05_HBB2302391_08－49－11.fsa | 272 | 272.34 | 9 935 | 47 570 | 2 852 |
| 2023－8295 | A06_HBB2302392_08－49－11.fsa | 276 | 276.22 | 1 326 | 6 038 | 2 871 |
| | A06_HBB2302392_08－49－11.fsa | 311 | 310.85 | 1 326 | 7 141 | 3 086 |
| 2023－8296 | A07_HBB2302393_08－49－11.fsa | 272 | 272.23 | 10 145 | 48 708 | 2 839 |
| 2023－8297 | A08_HBB2302394_08－49－11.fsa | 276 | 276.22 | 1 141 | 5 164 | 2 897 |
| | A08_HBB2302394_08－49－11.fsa | 295 | 294.96 | 5 267 | 25 879 | 3 016 |
| 2023－8298 | A09_HBB2302395_08－49－11.fsa | 272 | 272.29 | 7 755 | 36 211 | 2 863 |
| 2023－8299 | A10_HBB2302396_08－49－11.fsa | 272 | 272.3 | 9 596 | 48 487 | 2 881 |
| 2023－8300 | A11_HBB2302397_08－49－11.fsa | 279 | 279.33 | 1 347 | 6 735 | 2 968 |
| 2023－8301 | A12_HBB2302398_08－49－11.fsa | 272 | 272.48 | 12 075 | 60 776 | 2 953 |
| 2023－8302 | B01_HBB2302399_08－49－11.fsa | 272 | 272.56 | 7 507 | 36 359 | 2 900 |
| | B01_HBB2302399_08－49－11.fsa | 295 | 295.04 | 2 821 | 14 414 | 3 045 |
| 2023－8303 | B02_HBB2302400_08－49－11.fsa | 272 | 272.46 | 9 801 | 48 760 | 2 910 |
| | B02_HBB2302400_08－49－11.fsa | 295 | 294.89 | 3 208 | 14 662 | 3 055 |
| 2023－8304 | B03_HBB2302401_08－49－11.fsa | 272 | 272.28 | 9 182 | 42 835 | 2 863 |
| 2023－8305 | B04_HBB2302402_08－49－11.fsa | 295 | 294.78 | 3 158 | 14 991 | 3 002 |
| | B04_HBB2302402_08－49－11.fsa | 330 | 330.38 | 6 586 | 33 468 | 3 216 |
| 2023－8306 | B05_HBB2302403_08－49－11.fsa | 272 | 272.24 | 5 591 | 25 829 | 2 848 |
| | B05_HBB2302403_08－49－11.fsa | 330 | 330.54 | 3 463 | 17 315 | 3 203 |
| 2023－8307 | B06_HBB2302404_08－49－11.fsa | 330 | 330.51 | 10 156 | 50 789 | 3 176 |
| 2023－8309 | B08_HBB2302406_08－49－11.fsa | 272 | 272.22 | 5 914 | 27 839 | 2 836 |
| | B08_HBB2302406_08－49－11.fsa | 297 | 297.29 | 4 520 | 23 989 | 2 993 |
| 2023－8310 | B09_HBB2302407_08－49－11.fsa | 330 | 330.37 | 8 068 | 45 340 | 3 186 |

（续）

| 资源序号 | 样本名<br>（sample file name） | 等位基因位点<br>（allele，bp） | 大小<br>（size，bp） | 高度<br>（height，RFU） | 面积<br>（area，RFU） | 数据取值点<br>（data point，RFU） |
|---|---|---|---|---|---|---|
| 2023－8311 | B11_HBB2302409_08－49－11. fsa | 330 | 330. 42 | 10 398 | 60 885 | 3 261 |
| 2023－8312 | B12_HBB2302410_08－49－11. fsa | 330 | 330. 56 | 10 557 | 62 320 | 3 291 |
| 2023－8313 | C01_HBB2302411_08－49－11. fsa | 330 | 330. 62 | 11 505 | 57 890 | 3 280 |
| 2023－8314 | C02_HBB2302412_08－49－11. fsa | 330 | 330. 65 | 14 126 | 65 695 | 3 249 |
| 2023－8315 | C03_HBB2302413_08－49－11. fsa | 264 | 264. 38 | 1 049 | 4 885 | 2 821 |
|  | C03_HBB2302413_08－49－11. fsa | 330 | 330. 63 | 8 179 | 43 211 | 3 230 |
| 2023－8316 | C04_HBB2302414_08－49－11. fsa | 330 | 330. 58 | 10 327 | 50 177 | 3 205 |
| 2023－8317 | C05_HBB2302415_08－49－11. fsa | 272 | 272. 06 | 5 656 | 25 596 | 2 823 |
|  | C05_HBB2302415_08－49－11. fsa | 330 | 330. 48 | 3 734 | 17 994 | 3 176 |
| 2023－8318 | C06_HBB2302416_08－49－11. fsa | 295 | 294. 89 | 6 962 | 33 759 | 2 983 |
| 2023－8319 | C07_HBB2302417_08－49－11. fsa | 272 | 272. 11 | 8 066 | 35 677 | 2 816 |
|  | C07_HBB2302417_08－49－11. fsa | 295 | 294. 84 | 1 886 | 8 864 | 2 957 |
| 2023－8320 | C08_HBB2302418_08－49－11. fsa | 295 | 294. 85 | 9 323 | 43 083 | 2 951 |
| 2023－8321 | C09_HBB2302419_08－49－11. fsa | 272 | 272. 16 | 11 546 | 54 164 | 2 848 |
| 2023－8322 | C10_HBB2302420_08－49－11. fsa | 272 | 272. 25 | 9 418 | 43 499 | 2 833 |
|  | C10_HBB2302420_08－49－11. fsa | 295 | 294. 9 | 2 052 | 9 915 | 2 975 |
| 2023－8323 | C11_HBB2302421_08－49－11. fsa | 272 | 272. 23 | 8 750 | 42 967 | 2 885 |
|  | C11_HBB2302421_08－49－11. fsa | 295 | 294. 86 | 1 923 | 9 949 | 3 030 |
| 2023－8324 | C12_HBB2302422_08－49－11. fsa | 330 | 330. 7 | 7 821 | 42 627 | 3 278 |
| 2023－8325 | D01_HBB2302423_08－49－11. fsa | 330 | 330. 78 | 11 258 | 58 107 | 3 294 |
| 2023－8326 | D02_HBB2302424_08－49－11. fsa | 272 | 272. 22 | 9 181 | 42 136 | 2 888 |
| 2023－8327 | D03_HBB2302425_08－49－11. fsa | 295 | 294. 73 | 10 441 | 48 806 | 2 982 |
| 2023－8328 | D04_HBB2302426_08－49－11. fsa | 295 | 294. 73 | 6 378 | 30 182 | 2 976 |
|  | D04_HBB2302426_08－49－11. fsa | 330 | 330. 69 | 4 633 | 22 974 | 3 189 |
| 2023－8329 | D05_HBB2302427_08－49－11. fsa | 328 | 328. 36 | 4 857 | 24 925 | 3 154 |
|  | D05_HBB2302427_08－49－11. fsa | 330 | 330. 44 | 3 269 | 16 384 | 3 166 |
| 2023－8330 | D06_HBB2302428_08－49－11. fsa | 272 | 272. 23 | 11 139 | 48 625 | 2 824 |
| 2023－8331 | D08_HBB2302430_08－49－11. fsa | 272 | 272. 1 | 4 044 | 17 585 | 2 799 |
|  | D08_HBB2302430_08－49－11. fsa | 295 | 294. 81 | 6 062 | 29 567 | 2 939 |

（续）

| 资源序号 | 样本名<br>（sample file name） | 等位基因位点<br>（allele，bp） | 大小<br>（size，bp） | 高度<br>（height，RFU） | 面积<br>（area，RFU） | 数据取值点<br>（data point，RFU） |
|---|---|---|---|---|---|---|
| 2023 - 8332 | D09_HBB2302431_08 - 49 - 11. fsa | 295 | 294.72 | 2 609 | 12 501 | 2 968 |
| | D09_HBB2302431_08 - 49 - 11. fsa | 330 | 330.47 | 6 946 | 34 636 | 3 180 |
| 2023 - 8333 | D10_HBB2302432_08 - 49 - 11. fsa | 272 | 272.06 | 6 786 | 32 125 | 2 820 |
| | D10_HBB2302432_08 - 49 - 11. fsa | 295 | 294.7 | 1 450 | 7 662 | 2 961 |
| 2023 - 8334 | D11_HBB2302433_08 - 49 - 11. fsa | 330 | 330.54 | 10 336 | 57 959 | 3 231 |
| 2023 - 8335 | D12_HBB2302434_08 - 49 - 11. fsa | 272 | 272.34 | 9 156 | 43 603 | 2 908 |
| 2023 - 8336 | E01_HBB2302435_08 - 49 - 11. fsa | 272 | 272.61 | 10 077 | 46 018 | 2 942 |
| 2023 - 8337 | E02_HBB2302436_08 - 49 - 11. fsa | 264 | 264.53 | 1 912 | 8 722 | 2 853 |
| | E02_HBB2302436_08 - 49 - 11. fsa | 297 | 297.36 | 8 414 | 42 135 | 3 064 |
| 2023 - 8338 | E03_HBB2302437_08 - 49 - 11. fsa | 272 | 272.28 | 6 744 | 31 085 | 2 869 |
| | E03_HBB2302437_08 - 49 - 11. fsa | 295 | 294.96 | 2 411 | 10 951 | 3 013 |
| 2023 - 8339 | E04_HBB2302438_08 - 49 - 11. fsa | 295 | 294.93 | 3 191 | 14 574 | 3 008 |
| | E04_HBB2302438_08 - 49 - 11. fsa | 330 | 330.42 | 6 381 | 31 537 | 3 222 |
| 2023 - 8340 | E05_HBB2302439_08 - 49 - 11. fsa | 295 | 294.9 | 9 443 | 42 098 | 2 987 |
| 2023 - 8341 | E06_HBB2302440_08 - 49 - 11. fsa | 272 | 272.14 | 10 487 | 45 806 | 2 813 |
| 2023 - 8342 | E07_HBB2302441_08 - 49 - 11. fsa | 295 | 294.68 | 2 749 | 12 626 | 2 949 |
| | E07_HBB2302441_08 - 49 - 11. fsa | 330 | 330.4 | 3 780 | 18 839 | 3 160 |
| 2023 - 8343 | E08_HBB2302442_08 - 49 - 11. fsa | 295 | 294.72 | 7 008 | 32 924 | 2 974 |
| 2023 - 8344 | E09_HBB2302443_08 - 49 - 11. fsa | 272 | 272.14 | 8 067 | 36 688 | 2 835 |
| | E09_HBB2302443_08 - 49 - 11. fsa | 295 | 294.88 | 1 476 | 6 946 | 2 977 |
| 2023 - 8345 | E10_HBB2302444_08 - 49 - 11. fsa | 272 | 272.16 | 7 717 | 37 534 | 2 824 |
| | E10_HBB2302444_08 - 49 - 11. fsa | 295 | 294.89 | 1 289 | 6 205 | 2 966 |
| 2023 - 8346 | E11_HBB2302445_08 - 49 - 11. fsa | 295 | 294.82 | 1 903 | 10 241 | 3 008 |
| | E11_HBB2302445_08 - 49 - 11. fsa | 330 | 330.36 | 5 920 | 33 004 | 3 224 |
| 2023 - 8347 | E12_HBB2302446_08 - 49 - 11. fsa | 330 | 330.52 | 8 190 | 44 399 | 3 283 |
| 2023 - 8348 | F01_HBB2302447_08 - 49 - 11. fsa | 279 | 279.6 | 549 | 2 267 | 2 977 |
| | F01_HBB2302447_08 - 49 - 11. fsa | 330 | 330.89 | 5 355 | 27 319 | 3 295 |
| 2023 - 8349 | F02_HBB2302448_08 - 49 - 11. fsa | 272 | 272.41 | 4 235 | 19 678 | 2 903 |
| | F02_HBB2302448_08 - 49 - 11. fsa | 330 | 330.59 | 2 815 | 14 050 | 3 266 |

（续）

| 资源序号 | 样本名<br>（sample file name） | 等位基因位点<br>（allele，bp） | 大小<br>（size，<br>bp） | 高度<br>（height，<br>RFU） | 面积<br>（area，<br>RFU） | 数据取值点<br>（data point，<br>RFU） |
|---|---|---|---|---|---|---|
| 2023 - 8350 | F03_HBB2302449_08 - 49 - 11. fsa | 328 | 328. 59 | 5 493 | 31 519 | 3 226 |
| | F03_HBB2302449_08 - 49 - 11. fsa | 330 | 330. 62 | 5 319 | 29 208 | 3 238 |
| 2023 - 8351 | F05_HBB2302451_08 - 49 - 11. fsa | 272 | 272. 22 | 9 782 | 40 942 | 2 841 |
| 2023 - 8352 | F06_HBB2302452_08 - 49 - 11. fsa | 295 | 294. 7 | 2 624 | 12 352 | 2 961 |
| | F06_HBB2302452_08 - 49 - 11. fsa | 330 | 330. 48 | 7 549 | 35 924 | 3 173 |
| 2023 - 8353 | F07_HBB2302453_08 - 49 - 11. fsa | 295 | 294. 86 | 6 555 | 31 307 | 2 963 |
| | F07_HBB2302453_08 - 49 - 11. fsa | 297 | 296. 79 | 3 613 | 16 108 | 2 975 |
| 2023 - 8354 | F08_HBB2302454_08 - 49 - 11. fsa | 272 | 272. 12 | 12 320 | 54 818 | 2 811 |
| 2023 - 8355 | F09_HBB2302455_08 - 49 - 11. fsa | 272 | 272. 23 | 6 860 | 30 001 | 2 831 |
| | F09_HBB2302455_08 - 49 - 11. fsa | 330 | 330. 52 | 5 139 | 24 634 | 3 184 |
| 2023 - 8356 | F10_HBB2302456_08 - 49 - 11. fsa | 272 | 272. 16 | 10 053 | 44 888 | 2 830 |
| 2023 - 8357 | F11_HBB2302457_08 - 49 - 11. fsa | 295 | 294. 71 | 2 699 | 13 008 | 3 034 |
| | F11_HBB2302457_08 - 49 - 11. fsa | 330 | 330. 56 | 8 152 | 41 817 | 3 252 |
| 2023 - 8358 | F12_HBB2302458_08 - 49 - 11. fsa | 272 | 272. 25 | 5 679 | 27 139 | 2 893 |
| | F12_HBB2302458_08 - 49 - 11. fsa | 295 | 294. 89 | 2 412 | 11 499 | 3 039 |
| 2023 - 8359 | G01_HBB2302459_08 - 49 - 11. fsa | 295 | 295. 09 | 11 105 | 51 265 | 3 083 |
| 2023 - 8360 | G02_HBB2302460_08 - 49 - 11. fsa | 272 | 272. 42 | 11 654 | 52 207 | 2 920 |
| 2023 - 8361 | G03_HBB2302461_08 - 49 - 11. fsa | 272 | 272. 38 | 10 633 | 49 429 | 2 884 |
| 2023 - 8362 | G04_HBB2302462_08 - 49 - 11. fsa | 272 | 272. 28 | 11 253 | 49 153 | 2 861 |
| 2023 - 8363 | G05_HBB2302463_08 - 49 - 11. fsa | 272 | 272. 43 | 11 387 | 47 464 | 2 847 |
| 2023 - 8364 | G06_HBB2302464_08 - 49 - 11. fsa | 272 | 272. 26 | 3 836 | 17 450 | 2 848 |
| | G06_HBB2302464_08 - 49 - 11. fsa | 330 | 330. 57 | 2 551 | 12 938 | 3 204 |
| 2023 - 8365 | G07_HBB2302465_08 - 49 - 11. fsa | 272 | 272. 15 | 1 648 | 7 926 | 2 829 |
| | G07_HBB2302465_08 - 49 - 11. fsa | 295 | 294. 75 | 2 464 | 12 186 | 2 971 |
| 2023 - 8366 | G08_HBB2302466_08 - 49 - 11. fsa | 272 | 272. 18 | 3 977 | 17 660 | 2 845 |
| | G08_HBB2302466_08 - 49 - 11. fsa | 295 | 294. 92 | 1 803 | 7 884 | 2 988 |
| 2023 - 8367 | G09_HBB2302467_08 - 49 - 11. fsa | 272 | 272. 32 | 5 178 | 22 555 | 2 830 |
| | G09_HBB2302467_08 - 49 - 11. fsa | 330 | 330. 68 | 3 490 | 16 886 | 3 184 |
| 2023 - 8368 | G10_HBB2302468_08 - 49 - 11. fsa | 272 | 272. 27 | 6 642 | 29 535 | 2 848 |
| | G10_HBB2302468_08 - 49 - 11. fsa | 295 | 294. 94 | 1 475 | 6 702 | 2 991 |

（续）

| 资源序号 | 样本名<br>（sample file name） | 等位基因位点<br>（allele，bp） | 大小<br>（size，bp） | 高度<br>（height，RFU） | 面积<br>（area，RFU） | 数据取值点<br>（data point，RFU） |
|---|---|---|---|---|---|---|
| 2023－8369 | G11_HBB2302469_08－49－11. fsa | 272 | 272.31 | 10 199 | 47 746 | 2 886 |
| 2023－8370 | G12_HBB2302470_08－49－11. fsa | 264 | 264.65 | 1 790 | 6 978 | 2 862 |
| | G12_HBB2302470_08－49－11. fsa | 272 | 272.34 | 7 561 | 34 074 | 2 912 |
| 2023－8371 | H02_HBB2302472_08－49－11. fsa | 295 | 295.12 | 7 556 | 34 957 | 3 089 |
| 2023－8372 | H03_HBB2302473_08－49－11. fsa | 264 | 264.75 | 616 | 2 796 | 2 856 |
| | H03_HBB2302473_08－49－11. fsa | 297 | 297.53 | 4 475 | 21 848 | 3 068 |
| 2023－8373 | H04_HBB2302474_08－49－11. fsa | 272 | 272.38 | 6 771 | 29 473 | 2 883 |
| | H04_HBB2302474_08－49－11. fsa | 330 | 330.7 | 4 726 | 22 274 | 3 244 |
| 2023－8374 | H05_HBB2302475_08－49－11. fsa | 295 | 294.98 | 2 941 | 12 315 | 3 012 |
| | H05_HBB2302475_08－49－11. fsa | 330 | 330.63 | 8 645 | 38 834 | 3 227 |
| 2023－8375 | H06_HBB2302476_08－49－11. fsa | 272 | 272.28 | 5 988 | 25 474 | 2 861 |
| | H06_HBB2302476_08－49－11. fsa | 330 | 330.6 | 3 950 | 18 554 | 3 219 |
| 2023－8376 | H07_HBB2302477_08－49－11. fsa | 295 | 294.96 | 9 549 | 42 808 | 3 001 |
| 2023－8377 | H08_HBB2302478_08－49－11. fsa | 272 | 272.36 | 5 262 | 23 734 | 2 863 |
| | H08_HBB2302478_08－49－11. fsa | 330 | 330.59 | 3 640 | 17 079 | 3 221 |
| 2023－8378 | H09_HBB2302479_08－49－11. fsa | 330 | 330.74 | 7 533 | 35 367 | 3 207 |
| 2023－8379 | H10_HBB2302480_08－49－11. fsa | 295 | 294.96 | 2 406 | 11 326 | 3 001 |
| | H10_HBB2302480_08－49－11. fsa | 330 | 330.63 | 3 621 | 18 286 | 3 216 |

**28 P28**

| 资源序号 | 样本名<br>（sample file name） | 等位基因位点<br>（allele，bp） | 大小<br>（size，bp） | 高度<br>（height，RFU） | 面积<br>（area，RFU） | 数据取值点<br>（data point，RFU） |
|---|---|---|---|---|---|---|
| 2023－8200 | A01_HBB2302293_24－44－56. fsa | 175 | 176.39 | 3 908 | 18 024 | 2 342 |
| | A01_HBB2302293_24－44－56. fsa | 197 | 197.15 | 3 166 | 13 587 | 2 470 |
| 2023－8201 | A02_HBB2302294_24－44－56. fsa | 175 | 175.98 | 5 322 | 21 847 | 2 326 |
| | A02_HBB2302294_24－44－56. fsa | 197 | 197.02 | 4 343 | 16 831 | 2 453 |

（续）

| 资源序号 | 样本名<br>（sample file name） | 等位基因位点<br>（allele，bp） | 大小<br>（size,<br>bp） | 高度<br>（height,<br>RFU） | 面积<br>（area,<br>RFU） | 数据取值点<br>（data point,<br>RFU） |
|---|---|---|---|---|---|---|
| 2023 - 8202 | A03_HBB2302295_24 - 44 - 56. fsa | 175 | 175.92 | 3 564 | 14 424 | 2 292 |
| | A03_HBB2302295_24 - 44 - 56. fsa | 197 | 196.98 | 2 871 | 11 494 | 2 417 |
| 2023 - 8203 | A04_HBB2302296_24 - 44 - 56. fsa | 175 | 176.2 | 5 721 | 23 485 | 2 285 |
| 2023 - 8204 | A05_HBB2302297_24 - 44 - 56. fsa | 191 | 190.87 | 3 718 | 15 352 | 2 362 |
| | A05_HBB2302297_24 - 44 - 56. fsa | 197 | 196.96 | 3 393 | 13 948 | 2 398 |
| 2023 - 8205 | A06_HBB2302298_24 - 44 - 56. fsa | 175 | 175.92 | 3 477 | 14 555 | 2 268 |
| | A06_HBB2302298_24 - 44 - 56. fsa | 197 | 197.13 | 2 628 | 11 290 | 2 393 |
| 2023 - 8206 | A07_HBB2302299_24 - 44 - 56. fsa | 175 | 175.92 | 5 404 | 21 424 | 2 260 |
| | A07_HBB2302299_24 - 44 - 56. fsa | 197 | 196.96 | 4 046 | 17 643 | 2 384 |
| 2023 - 8207 | A08_HBB2302300_24 - 44 - 56. fsa | 175 | 175.92 | 3 134 | 13 157 | 2 290 |
| | A08_HBB2302300_24 - 44 - 56. fsa | 197 | 196.98 | 2 470 | 10 719 | 2 415 |
| 2023 - 8208 | A09_HBB2302301_24 - 44 - 56. fsa | 175 | 175.81 | 3 400 | 15 092 | 2 281 |
| | A09_HBB2302301_24 - 44 - 56. fsa | 191 | 191.05 | 2 669 | 12 348 | 2 371 |
| 2023 - 8209 | A10_HBB2302302_24 - 44 - 56. fsa | 175 | 175.86 | 8 734 | 39 279 | 2 296 |
| 2023 - 8210 | A11_HBB2302303_24 - 44 - 56. fsa | 191 | 190.95 | 11 231 | 52 186 | 2 420 |
| 2023 - 8211 | B01_HBB2302305_24 - 44 - 56. fsa | 191 | 191.07 | 3 734 | 15 409 | 2 401 |
| | B01_HBB2302305_24 - 44 - 56. fsa | 197 | 197.03 | 3 002 | 12 921 | 2 437 |
| 2023 - 8212 | B02_HBB2302306_24 - 44 - 56. fsa | 175 | 176.04 | 11 680 | 47 691 | 2 321 |
| 2023 - 8213 | B03_HBB2302307_24 - 44 - 56. fsa | 175 | 175.98 | 7 791 | 33 231 | 2 284 |
| 2023 - 8214 | B04_HBB2302308_24 - 44 - 56. fsa | 175 | 175.98 | 3 869 | 16 072 | 2 281 |
| | B04_HBB2302308_24 - 44 - 56. fsa | 197 | 196.99 | 2 972 | 12 718 | 2 406 |
| 2023 - 8215 | B05_HBB2302309_24 - 44 - 56. fsa | 191 | 190.82 | 3 245 | 13 345 | 2 361 |
| | B05_HBB2302309_24 - 44 - 56. fsa | 197 | 196.94 | 2 838 | 12 112 | 2 397 |
| 2023 - 8216 | B06_HBB2302310_24 - 44 - 56. fsa | 175 | 175.79 | 3 033 | 12 384 | 2 251 |
| | B06_HBB2302310_24 - 44 - 56. fsa | 191 | 190.9 | 2 719 | 11 068 | 2 339 |
| 2023 - 8217 | B07_HBB2302311_24 - 44 - 56. fsa | 175 | 175.97 | 11 607 | 48 912 | 2 259 |
| 2023 - 8218 | B08_HBB2302312_24 - 44 - 56. fsa | 175 | 175.91 | 6 687 | 28 069 | 2 259 |
| 2023 - 8219 | B09_HBB2302313_24 - 44 - 56. fsa | 175 | 173.85 | 7 352 | 20 414 | 2 245 |
| | B09_HBB2302313_24 - 44 - 56. fsa | 175 | 175.73 | 4 095 | 18 923 | 2 256 |
| 2023 - 8220 | B10_HBB2302314_24 - 44 - 56. fsa | 175 | 175.74 | 6 964 | 30 362 | 2 263 |

（续）

| 资源序号 | 样本名<br>（sample file name） | 等位基因位点<br>（allele, bp） | 大小<br>（size, bp） | 高度<br>（height, RFU） | 面积<br>（area, RFU） | 数据取值点<br>（data point, RFU） |
|---|---|---|---|---|---|---|
| 2023 - 8221 | B11_HBB2302315_24 - 44 - 56. fsa | 175 | 175. 7 | 6 255 | 28 070 | 2 307 |
| 2023 - 8222 | B12_HBB2302316_24 - 44 - 56. fsa | 175 | 175. 76 | 8 688 | 38 868 | 2 329 |
| 2023 - 8223 | C01_HBB2302317_24 - 44 - 56. fsa | 175 | 176. 04 | 2 717 | 11 724 | 2 326 |
| | C01_HBB2302317_24 - 44 - 56. fsa | 191 | 191. 12 | 2 472 | 10 560 | 2 417 |
| 2023 - 8224 | C02_HBB2302318_24 - 44 - 56. fsa | 191 | 191. 01 | 3 671 | 14 145 | 2 394 |
| | C02_HBB2302318_24 - 44 - 56. fsa | 197 | 197. 01 | 3 799 | 13 891 | 2 430 |
| 2023 - 8226 | C03_HBB2302319_24 - 44 - 56. fsa | 175 | 175. 75 | 8 624 | 37 130 | 2 288 |
| 2023 - 8227 | C04_HBB2302320_24 - 44 - 56. fsa | 175 | 175. 93 | 6 718 | 26 726 | 2 272 |
| | C04_HBB2302320_24 - 44 - 56. fsa | 197 | 196. 96 | 1 093 | 4 429 | 2 396 |
| 2023 - 8228 | C05_HBB2302321_24 - 44 - 56. fsa | 175 | 175. 85 | 3 808 | 14 952 | 2 251 |
| | C05_HBB2302321_24 - 44 - 56. fsa | 191 | 190. 94 | 3 336 | 13 367 | 2 339 |
| 2023 - 8229 | C06_HBB2302322_24 - 44 - 56. fsa | 175 | 175. 73 | 2 938 | 12 079 | 2 265 |
| | C06_HBB2302322_24 - 44 - 56. fsa | 191 | 190. 77 | 2 522 | 10 966 | 2 353 |
| 2023 - 8230 | C07_HBB2302323_24 - 44 - 56. fsa | 175 | 175. 91 | 3 686 | 15 592 | 2 245 |
| | C07_HBB2302323_24 - 44 - 56. fsa | 197 | 197. 08 | 3 051 | 13 243 | 2 368 |
| 2023 - 8231 | C09_HBB2302325_24 - 44 - 56. fsa | 175 | 175. 68 | 9 037 | 38 268 | 2 270 |
| 2023 - 8232 | C10_HBB2302326_24 - 44 - 56. fsa | 175 | 175. 8 | 3 691 | 16 294 | 2 256 |
| | C10_HBB2302326_24 - 44 - 56. fsa | 191 | 190. 82 | 3 158 | 14 034 | 2 344 |
| 2023 - 8233 | C11_HBB2302327_24 - 44 - 56. fsa | 175 | 175. 81 | 6 098 | 28 546 | 2 300 |
| 2023 - 8234 | C12_HBB2302328_24 - 44 - 56. fsa | 175 | 175. 88 | 3 259 | 14 144 | 2 318 |
| | C12_HBB2302328_24 - 44 - 56. fsa | 197 | 197. 05 | 2 507 | 11 552 | 2 446 |
| 2023 - 8235 | D01_HBB2302329_24 - 44 - 56. fsa | 175 | 175. 98 | 3 555 | 14 845 | 2 336 |
| | D01_HBB2302329_24 - 44 - 56. fsa | 191 | 191. 07 | 3 210 | 13 567 | 2 427 |
| 2023 - 8236 | D02_HBB2302330_24 - 44 - 56. fsa | 197 | 196. 98 | 7 121 | 29 213 | 2 431 |
| 2023 - 8237 | D03_HBB2302331_24 - 44 - 56. fsa | 175 | 175. 73 | 9 982 | 38 283 | 2 266 |
| 2023 - 8238 | D04_HBB2302332_24 - 44 - 56. fsa | 191 | 190. 99 | 12 337 | 50 415 | 2 350 |
| | D04_HBB2302332_24 - 44 - 56. fsa | 197 | 196. 94 | 12 232 | 47 133 | 2 385 |
| 2023 - 8239 | D05_HBB2302333_24 - 44 - 56. fsa | 175 | 175. 91 | 4 628 | 18 552 | 2 246 |
| | D05_HBB2302333_24 - 44 - 56. fsa | 197 | 196. 91 | 3 721 | 15 302 | 2 368 |

（续）

| 资源序号 | 样本名<br>（sample file name） | 等位基因位点<br>（allele，bp） | 大小<br>（size，<br>bp） | 高度<br>（height，<br>RFU） | 面积<br>（area，<br>RFU） | 数据取值点<br>（data point，<br>RFU） |
|---|---|---|---|---|---|---|
| 2023 - 8240 | D06_HBB2302334_24 - 44 - 56. fsa | 175 | 175. 67 | 4 183 | 16 462 | 2 251 |
| | D06_HBB2302334_24 - 44 - 56. fsa | 191 | 190. 85 | 3 709 | 14 642 | 2 339 |
| 2023 - 8241 | D07_HBB2302335_24 - 44 - 56. fsa | 175 | 175. 56 | 3 515 | 14 708 | 2 268 |
| | D07_HBB2302335_24 - 44 - 56. fsa | 191 | 190. 77 | 3 178 | 12 970 | 2 357 |
| 2023 - 8242 | D08_HBB2302336_24 - 44 - 56. fsa | 175 | 175. 79 | 3 566 | 14 311 | 2 230 |
| | D08_HBB2302336_24 - 44 - 56. fsa | 191 | 190. 84 | 3 084 | 12 559 | 2 317 |
| 2023 - 8243 | D09_HBB2302337_24 - 44 - 56. fsa | 197 | 196. 77 | 4 590 | 19 239 | 2 376 |
| 2023 - 8244 | D10_HBB2302338_24 - 44 - 56. fsa | 175 | 175. 68 | 3 875 | 16 943 | 2 246 |
| | D10_HBB2302338_24 - 44 - 56. fsa | 191 | 190. 77 | 3 461 | 15 006 | 2 334 |
| 2023 - 8245 | D11_HBB2302339_24 - 44 - 56. fsa | 175 | 175. 7 | 6 033 | 27 475 | 2 286 |
| 2023 - 8246 | D12_HBB2302340_24 - 44 - 56. fsa | 191 | 190. 99 | 2 669 | 11 528 | 2 405 |
| | D12_HBB2302340_24 - 44 - 56. fsa | 197 | 197. 17 | 2 474 | 10 403 | 2 442 |
| 2023 - 8247 | E01_HBB2302341_24 - 44 - 56. fsa | 175 | 175. 92 | 5 235 | 21 853 | 2 348 |
| 2023 - 8248 | E02_HBB2302342_24 - 44 - 56. fsa | 175 | 175. 93 | 2 952 | 12 975 | 2 316 |
| | E02_HBB2302342_24 - 44 - 56. fsa | 197 | 197 | 2 348 | 10 135 | 2 442 |
| 2023 - 8249 | E03_HBB2302343_24 - 44 - 56. fsa | 175 | 175. 75 | 7 002 | 29 983 | 2 287 |
| 2023 - 8250 | E04_HBB2302344_24 - 44 - 56. fsa | 175 | 175. 81 | 4 618 | 18 702 | 2 285 |
| | E04_HBB2302344_24 - 44 - 56. fsa | 191 | 190. 88 | 3 913 | 15 533 | 2 374 |
| 2023 - 8251 | E06_HBB2302346_24 - 44 - 56. fsa | 197 | 196. 91 | 5 109 | 21 723 | 2 366 |
| 2023 - 8252 | E07_HBB2302347_24 - 44 - 56. fsa | 175 | 175. 73 | 2 753 | 11 244 | 2 239 |
| | E07_HBB2302347_24 - 44 - 56. fsa | 191 | 190. 89 | 2 455 | 10 081 | 2 327 |
| 2023 - 8253 | E08_HBB2302348_24 - 44 - 56. fsa | 175 | 175. 62 | 3 907 | 16 589 | 2 256 |
| | E08_HBB2302348_24 - 44 - 56. fsa | 197 | 196. 91 | 3 133 | 13 068 | 2 380 |
| 2023 - 8254 | E09_HBB2302349_24 - 44 - 56. fsa | 175 | 175. 73 | 5 417 | 22 691 | 2 259 |
| 2023 - 8255 | E10_HBB2302350_24 - 44 - 56. fsa | 175 | 175. 79 | 6 930 | 28 460 | 2 250 |
| 2023 - 8256 | E11_HBB2302351_24 - 44 - 56. fsa | 175 | 175. 51 | 8 374 | 36 467 | 2 280 |
| 2023 - 8257 | E12_HBB2302352_24 - 44 - 56. fsa | 191 | 190. 95 | 3 110 | 13 455 | 2 415 |
| | E12_HBB2302352_24 - 44 - 56. fsa | 197 | 196. 88 | 2 898 | 12 338 | 2 451 |
| 2023 - 8258 | F01_HBB2302353_24 - 44 - 56. fsa | 175 | 176. 08 | 6 082 | 24 894 | 2 342 |
| 2023 - 8259 | F02_HBB2302354_24 - 44 - 56. fsa | 175 | 175. 92 | 6 260 | 24 767 | 2 315 |

（续）

| 资源序号 | 样本名<br>（sample file name） | 等位基因位点<br>（allele，bp） | 大小<br>（size，bp） | 高度<br>（height，RFU） | 面积<br>（area，RFU） | 数据取值点<br>（data point，RFU） |
|---|---|---|---|---|---|---|
| 2023－8260 | F03_HBB2302355_24－44－56. fsa | 175 | 175.86 | 8 315 | 33 320 | 2 295 |
| 2023－8261 | F04_HBB2302356_24－44－56. fsa | 175 | 175.92 | 7 293 | 31 035 | 2 294 |
| 2023－8262 | F05_HBB2302357_24－44－56. fsa | 175 | 175.91 | 3 604 | 14 372 | 2 265 |
| | F05_HBB2302357_24－44－56. fsa | 197 | 196.96 | 2 825 | 11 577 | 2 389 |
| 2023－8263 | F06_HBB2302358_24－44－56. fsa | 175 | 175.85 | 8 896 | 35 266 | 2 249 |
| 2023－8264 | F07_HBB2302359_24－44－56. fsa | 175 | 175.61 | 6 475 | 26 466 | 2 248 |
| 2023－8265 | F08_HBB2302360_24－44－56. fsa | 175 | 175.73 | 5 253 | 20 387 | 2 239 |
| | F08_HBB2302360_24－44－56. fsa | 197 | 196.91 | 4 215 | 16 856 | 2 362 |
| 2023－8266 | F09_HBB2302361_24－44－56. fsa | 197 | 196.77 | 6 857 | 28 133 | 2 378 |
| 2023－8267 | F10_HBB2302362_24－44－56. fsa | 175 | 175.73 | 3 922 | 16 498 | 2 253 |
| | F10_HBB2302362_24－44－56. fsa | 197 | 196.75 | 3 633 | 14 995 | 2 376 |
| 2023－8268 | F11_HBB2302363_24－44－56. fsa | 175 | 175.82 | 4 424 | 19 051 | 2 301 |
| | F11_HBB2302363_24－44－56. fsa | 197 | 196.85 | 3 473 | 15 501 | 2 427 |
| 2023－8269 | F12_HBB2302364_24－44－56. fsa | 175 | 175.93 | 4 219 | 18 704 | 2 303 |
| | F12_HBB2302364_24－44－56. fsa | 197 | 196.86 | 3 413 | 14 525 | 2 429 |
| 2023－8270 | G01_HBB2302365_24－44－56. fsa | 175 | 176.01 | 4 617 | 19 754 | 2 349 |
| | G01_HBB2302365_24－44－56. fsa | 197 | 197 | 3 673 | 15 082 | 2 475 |
| 2023－8271 | G03_HBB2302367_24－44－56. fsa | 175 | 175.86 | 7 500 | 30 770 | 2 299 |
| 2023－8272 | G04_HBB2302368_24－44－56. fsa | 175 | 175.8 | 7 526 | 31 563 | 2 280 |
| 2023－8273 | G05_HBB2302369_24－44－56. fsa | 175 | 175.91 | 4 854 | 18 357 | 2 269 |
| | G05_HBB2302369_24－44－56. fsa | 197 | 196.96 | 3 482 | 13 265 | 2 393 |
| 2023－8274 | G06_HBB2302370_24－44－56. fsa | 175 | 175.74 | 5 911 | 22 920 | 2 269 |
| 2023－8275 | G07_HBB2302371_24－44－56. fsa | 197 | 196.94 | 5 086 | 20 339 | 2 376 |
| 2023－8276 | G08_HBB2302372_24－44－56. fsa | 175 | 175.74 | 4 696 | 18 190 | 2 265 |
| | G08_HBB2302372_24－44－56. fsa | 197 | 196.93 | 3 483 | 13 964 | 2 389 |
| 2023－8277 | G09_HBB2302373_24－44－56. fsa | 197 | 196.94 | 5 159 | 20 289 | 2 376 |
| 2023－8278 | G10_HBB2302374_24－44－56. fsa | 175 | 175.68 | 3 279 | 13 651 | 2 267 |
| | G10_HBB2302374_24－44－56. fsa | 191 | 190.82 | 2 768 | 11 227 | 2 356 |
| 2023－8279 | G11_HBB2302375_24－44－56. fsa | 175 | 175.98 | 3 566 | 15 112 | 2 297 |
| | G11_HBB2302375_24－44－56. fsa | 197 | 197.01 | 2 839 | 12 166 | 2 423 |

（续）

| 资源序号 | 样本名<br>（sample file name） | 等位基因位点<br>（allele，bp） | 大小<br>（size，bp） | 高度<br>（height，RFU） | 面积<br>（area，RFU） | 数据取值点<br>（data point，RFU） |
|---|---|---|---|---|---|---|
| 2023 - 8280 | G12_HBB2302376_24 - 44 - 56. fsa | 175 | 175.81 | 3 803 | 15 809 | 2 317 |
| | G12_HBB2302376_24 - 44 - 56. fsa | 197 | 196.86 | 2 906 | 12 732 | 2 444 |
| 2023 - 8281 | H01_HBB2302377_24 - 44 - 56. fsa | 197 | 197.08 | 9 919 | 39 218 | 2 503 |
| 2023 - 8282 | H02_HBB2302378_24 - 44 - 56. fsa | 175 | 175.87 | 3 318 | 13 930 | 2 344 |
| | H02_HBB2302378_24 - 44 - 56. fsa | 182 | 181.98 | 3 295 | 13 073 | 2 381 |
| 2023 - 8283 | H03_HBB2302379_24 - 44 - 56. fsa | 175 | 176.03 | 3 482 | 14 704 | 2 317 |
| | H03_HBB2302379_24 - 44 - 56. fsa | 197 | 197.01 | 2 927 | 12 023 | 2 443 |
| 2023 - 8284 | H04_HBB2302380_24 - 44 - 56. fsa | 175 | 175.86 | 2 722 | 11 685 | 2 297 |
| | H04_HBB2302380_24 - 44 - 56. fsa | 182 | 181.92 | 2 607 | 10 892 | 2 333 |
| 2023 - 8285 | H05_HBB2302381_24 - 44 - 56. fsa | 175 | 175.91 | 3 705 | 14 909 | 2 286 |
| | H05_HBB2302381_24 - 44 - 56. fsa | 197 | 196.97 | 2 938 | 11 861 | 2 411 |
| 2023 - 8286 | H06_HBB2302382_24 - 44 - 56. fsa | 175 | 175.8 | 7 515 | 30 087 | 2 279 |
| 2023 - 8287 | H07_HBB2302383_24 - 44 - 56. fsa | 191 | 190.87 | 3 264 | 12 309 | 2 365 |
| | H07_HBB2302383_24 - 44 - 56. fsa | 197 | 196.96 | 2 849 | 10 971 | 2 401 |
| 2023 - 8288 | H08_HBB2302384_24 - 44 - 56. fsa | 175 | 175.8 | 4 542 | 17 511 | 2 280 |
| 2023 - 8289 | H09_HBB2302385_24 - 44 - 56. fsa | 175 | 175.86 | 3 354 | 13 770 | 2 267 |
| | H09_HBB2302385_24 - 44 - 56. fsa | 197 | 196.98 | 2 893 | 11 445 | 2 392 |
| 2023 - 8290 | A01_HBB2302387_09 - 21 - 29. fsa | 197 | 197.21 | 19 825 | 84 508 | 2 467 |
| 2023 - 8291 | A02_HBB2302388_09 - 21 - 29. fsa | 175 | 175.8 | 24 529 | 103 025 | 2 322 |
| | A02_HBB2302388_09 - 21 - 29. fsa | 197 | 197.02 | 15 891 | 67 986 | 2 450 |
| 2023 - 8292 | A03_HBB2302389_09 - 21 - 29. fsa | 175 | 175.67 | 32 609 | 164 779 | 2 286 |
| 2023 - 8293 | A04_HBB2302390_09 - 21 - 29. fsa | 175 | 175.8 | 4 929 | 22 837 | 2 280 |
| | A04_HBB2302390_09 - 21 - 29. fsa | 197 | 196.96 | 32 640 | 159 738 | 2 405 |
| 2023 - 8294 | A05_HBB2302391_09 - 21 - 29. fsa | 175 | 175.67 | 4 884 | 22 450 | 2 267 |
| | A05_HBB2302391_09 - 21 - 29. fsa | 197 | 196.77 | 32 077 | 141 888 | 2 391 |
| 2023 - 8295 | A06_HBB2302392_09 - 21 - 29. fsa | 175 | 175.9 | 30 355 | 132 287 | 2 262 |
| | A06_HBB2302392_09 - 21 - 29. fsa | 197 | 196.93 | 10 697 | 49 505 | 2 385 |
| 2023 - 8296 | A07_HBB2302393_09 - 21 - 29. fsa | 175 | 175.64 | 32 635 | 179 218 | 2 253 |
| 2023 - 8297 | A08_HBB2302394_09 - 21 - 29. fsa | 175 | 175.8 | 28 593 | 125 351 | 2 284 |
| | A08_HBB2302394_09 - 21 - 29. fsa | 197 | 196.96 | 2 910 | 12 706 | 2 409 |

（续）

| 资源序号 | 样本名<br>（sample file name） | 等位基因位点<br>（allele，bp） | 大小<br>（size，bp） | 高度<br>（height，RFU） | 面积<br>（area，RFU） | 数据取值点<br>（data point，RFU） |
|---|---|---|---|---|---|---|
| 2023 - 8298 | A09_HBB2302395_09 - 21 - 29. fsa | 175 | 175.87 | 14 495 | 61 970 | 2 277 |
| | A09_HBB2302395_09 - 21 - 29. fsa | 191 | 190.92 | 20 471 | 88 075 | 2 366 |
| 2023 - 8299 | A10_HBB2302396_09 - 21 - 29. fsa | 175 | 175.86 | 32 635 | 165 017 | 2 291 |
| | A10_HBB2302396_09 - 21 - 29. fsa | 197 | 196.82 | 2 766 | 12 698 | 2 416 |
| 2023 - 8300 | A11_HBB2302397_09 - 21 - 29. fsa | 191 | 190.99 | 9 453 | 44 638 | 2 416 |
| | A11_HBB2302397_09 - 21 - 29. fsa | 197 | 196.89 | 29 211 | 131 152 | 2 452 |
| 2023 - 8301 | A12_HBB2302398_09 - 21 - 29. fsa | 197 | 196.89 | 26 297 | 119 081 | 2 478 |
| 2023 - 8302 | B01_HBB2302399_09 - 21 - 29. fsa | 197 | 196.99 | 32 595 | 164 057 | 2 434 |
| 2023 - 8303 | B02_HBB2302400_09 - 21 - 29. fsa | 175 | 175.86 | 32 645 | 149 407 | 2 316 |
| | B02_HBB2302400_09 - 21 - 29. fsa | 197 | 197.01 | 25 577 | 101 061 | 2 443 |
| 2023 - 8304 | B03_HBB2302401_09 - 21 - 29. fsa | 175 | 175.93 | 17 300 | 73 365 | 2 277 |
| | B03_HBB2302401_09 - 21 - 29. fsa | 191 | 191.13 | 30 535 | 126 762 | 2 366 |
| 2023 - 8305 | B04_HBB2302402_09 - 21 - 29. fsa | 175 | 175.68 | 32 616 | 152 519 | 2 274 |
| | B04_HBB2302402_09 - 21 - 29. fsa | 197 | 196.94 | 5 464 | 24 052 | 2 399 |
| 2023 - 8306 | B05_HBB2302403_09 - 21 - 29. fsa | 175 | 175.73 | 4 341 | 18 843 | 2 266 |
| | B05_HBB2302403_09 - 21 - 29. fsa | 197 | 196.75 | 32 554 | 158 133 | 2 389 |
| 2023 - 8307 | B06_HBB2302404_09 - 21 - 29. fsa | 175 | 175.5 | 32 559 | 182 470 | 2 243 |
| 2023 - 8308 | B07_HBB2302405_09 - 21 - 29. fsa | 175 | 175.5 | 32 638 | 185 318 | 2 251 |
| 2023 - 8309 | B08_HBB2302406_09 - 21 - 29. fsa | 175 | 175.79 | 31 345 | 135 971 | 2 253 |
| | B08_HBB2302406_09 - 21 - 29. fsa | 197 | 196.94 | 21 726 | 93 821 | 2 377 |
| 2023 - 8310 | B09_HBB2302407_09 - 21 - 29. fsa | 175 | 175.68 | 32 663 | 184 404 | 2 249 |
| 2023 - 8311 | B11_HBB2302409_09 - 21 - 29. fsa | 175 | 175.76 | 32 617 | 177 875 | 2 303 |
| | B11_HBB2302409_09 - 21 - 29. fsa | 197 | 196.86 | 9 800 | 46 307 | 2 430 |
| 2023 - 8312 | B12_HBB2302410_09 - 21 - 29. fsa | 175 | 175.76 | 32 612 | 168 680 | 2 325 |
| | B12_HBB2302410_09 - 21 - 29. fsa | 191 | 190.79 | 9 541 | 46 404 | 2 416 |
| 2023 - 8313 | C01_HBB2302411_09 - 21 - 29. fsa | 175 | 175.87 | 32 655 | 155 321 | 2 321 |
| 2023 - 8314 | C02_HBB2302412_09 - 21 - 29. fsa | 175 | 175.86 | 32 624 | 165 768 | 2 299 |
| | C02_HBB2302412_09 - 21 - 29. fsa | 197 | 196.99 | 4 892 | 20 748 | 2 425 |
| 2023 - 8315 | C03_HBB2302413_09 - 21 - 29. fsa | 175 | 175.81 | 16 088 | 71 450 | 2 282 |
| | C03_HBB2302413_09 - 21 - 29. fsa | 191 | 191.05 | 24 358 | 105 572 | 2 372 |

（续）

| 资源序号 | 样本名<br>（sample file name） | 等位基因位点<br>（allele，bp） | 大小<br>（size，bp） | 高度<br>（height，RFU） | 面积<br>（area，RFU） | 数据取值点<br>（data point，RFU） |
|---|---|---|---|---|---|---|
| 2023 - 8316 | C04_HBB2302414_09 - 21 - 29. fsa | 175 | 175.74 | 32 438 | 140 720 | 2 265 |
| | C04_HBB2302414_09 - 21 - 29. fsa | 197 | 196.96 | 24 931 | 103 609 | 2 390 |
| 2023 - 8317 | C05_HBB2302415_09 - 21 - 29. fsa | 175 | 175.73 | 9 067 | 37 647 | 2 243 |
| | C05_HBB2302415_09 - 21 - 29. fsa | 197 | 196.91 | 32 601 | 163 211 | 2 366 |
| 2023 - 8318 | C06_HBB2302416_09 - 21 - 29. fsa | 175 | 175.93 | 32 052 | 131 876 | 2 258 |
| | C06_HBB2302416_09 - 21 - 29. fsa | 191 | 191.08 | 25 633 | 106 197 | 2 346 |
| 2023 - 8319 | C07_HBB2302417_09 - 21 - 29. fsa | 191 | 190.89 | 27 617 | 112 320 | 2 326 |
| | C07_HBB2302417_09 - 21 - 29. fsa | 197 | 196.91 | 27 657 | 108 665 | 2 361 |
| 2023 - 8320 | C08_HBB2302418_09 - 21 - 29. fsa | 175 | 175.79 | 32 587 | 139 568 | 2 235 |
| | C08_HBB2302418_09 - 21 - 29. fsa | 197 | 196.93 | 25 525 | 107 090 | 2 358 |
| 2023 - 8321 | C09_HBB2302419_09 - 21 - 29. fsa | 175 | 175.73 | 29 116 | 119 738 | 2 264 |
| | C09_HBB2302419_09 - 21 - 29. fsa | 197 | 196.75 | 29 904 | 128 328 | 2 387 |
| 2023 - 8322 | C10_HBB2302420_09 - 21 - 29. fsa | 175 | 175.61 | 29 727 | 124 967 | 2 251 |
| | C10_HBB2302420_09 - 21 - 29. fsa | 197 | 196.74 | 21 596 | 91 706 | 2 374 |
| 2023 - 8323 | C11_HBB2302421_09 - 21 - 29. fsa | 175 | 175.64 | 28 466 | 125 103 | 2 295 |
| | C11_HBB2302421_09 - 21 - 29. fsa | 197 | 196.81 | 16 267 | 71 859 | 2 421 |
| 2023 - 8324 | C12_HBB2302422_09 - 21 - 29. fsa | 175 | 175.81 | 20 414 | 91 347 | 2 314 |
| | C12_HBB2302422_09 - 21 - 29. fsa | 197 | 196.86 | 3 900 | 17 375 | 2 441 |
| 2023 - 8325 | D01_HBB2302423_09 - 21 - 29. fsa | 191 | 190.9 | 23 612 | 99 230 | 2 421 |
| | D01_HBB2302423_09 - 21 - 29. fsa | 197 | 197.02 | 23 060 | 90 666 | 2 458 |
| 2023 - 8326 | D02_HBB2302424_09 - 21 - 29. fsa | 175 | 175.93 | 23 498 | 96 773 | 2 300 |
| | D02_HBB2302424_09 - 21 - 29. fsa | 191 | 191.19 | 20 587 | 87 272 | 2 390 |
| 2023 - 8327 | D03_HBB2302425_09 - 21 - 29. fsa | 175 | 175.62 | 32 545 | 145 361 | 2 259 |
| | D03_HBB2302425_09 - 21 - 29. fsa | 197 | 196.91 | 26 991 | 108 549 | 2 383 |
| 2023 - 8328 | D04_HBB2302426_09 - 21 - 29. fsa | 175 | 175.44 | 32 600 | 189 683 | 2 254 |
| 2023 - 8329 | D05_HBB2302427_09 - 21 - 29. fsa | 175 | 175.79 | 12 572 | 50 207 | 2 239 |
| | D05_HBB2302427_09 - 21 - 29. fsa | 197 | 196.89 | 32 583 | 168 794 | 2 361 |
| 2023 - 8330 | D07_HBB2302429_09 - 21 - 29. fsa | 175 | 175.63 | 32 616 | 176 707 | 2 263 |
| 2023 - 8331 | D08_HBB2302430_09 - 21 - 29. fsa | 175 | 175.67 | 32 550 | 166 074 | 2 224 |
| | D08_HBB2302430_09 - 21 - 29. fsa | 197 | 196.74 | 8 544 | 37 955 | 2 346 |

（续）

| 资源序号 | 样本名<br>（sample file name） | 等位基因位点<br>（allele, bp） | 大小<br>（size, bp） | 高度<br>（height, RFU） | 面积<br>（area, RFU） | 数据取值点<br>（data point, RFU） |
|---|---|---|---|---|---|---|
| 2023 - 8332 | D09_HBB2302431_09 - 21 - 29. fsa | 175 | 175. 67 | 31 038 | 132 882 | 2 248 |
| | D09_HBB2302431_09 - 21 - 29. fsa | 197 | 196. 89 | 17 950 | 78 078 | 2 371 |
| 2023 - 8333 | D10_HBB2302432_09 - 21 - 29. fsa | 175 | 175. 67 | 31 975 | 134 949 | 2 241 |
| | D10_HBB2302432_09 - 21 - 29. fsa | 197 | 196. 75 | 21 114 | 89 574 | 2 364 |
| 2023 - 8334 | D11_HBB2302433_09 - 21 - 29. fsa | 175 | 175. 69 | 29 755 | 127 431 | 2 282 |
| | D11_HBB2302433_09 - 21 - 29. fsa | 197 | 196. 82 | 18 547 | 84 383 | 2 408 |
| 2023 - 8335 | D12_HBB2302434_09 - 21 - 29. fsa | 175 | 175. 71 | 21 997 | 97 574 | 2 311 |
| | D12_HBB2302434_09 - 21 - 29. fsa | 191 | 190. 86 | 6 255 | 27 577 | 2 402 |
| 2023 - 8336 | E01_HBB2302435_09 - 21 - 29. fsa | 175 | 176. 09 | 20 559 | 83 534 | 2 341 |
| | E01_HBB2302435_09 - 21 - 29. fsa | 191 | 191. 07 | 14 504 | 62 656 | 2 431 |
| 2023 - 8337 | E02_HBB2302436_09 - 21 - 29. fsa | 175 | 175. 75 | 21 846 | 96 373 | 2 310 |
| | E02_HBB2302436_09 - 21 - 29. fsa | 197 | 196. 99 | 16 165 | 71 149 | 2 437 |
| 2023 - 8338 | E03_HBB2302437_09 - 21 - 29. fsa | 191 | 191. 14 | 26 908 | 104 419 | 2 371 |
| | E03_HBB2302437_09 - 21 - 29. fsa | 197 | 197. 27 | 32 429 | 135 978 | 2 407 |
| 2023 - 8339 | E04_HBB2302438_09 - 21 - 29. fsa | 175 | 175. 52 | 32 628 | 185 967 | 2 279 |
| 2023 - 8340 | E05_HBB2302439_09 - 21 - 29. fsa | 175 | 175. 45 | 32 613 | 184 268 | 2 264 |
| 2023 - 8341 | E06_HBB2302440_09 - 21 - 29. fsa | 191 | 190. 84 | 25 442 | 100 752 | 2 323 |
| | E06_HBB2302440_09 - 21 - 29. fsa | 197 | 196. 89 | 21 657 | 90 565 | 2 358 |
| 2023 - 8342 | E07_HBB2302441_09 - 21 - 29. fsa | 175 | 175. 73 | 32 573 | 147 188 | 2 234 |
| | E07_HBB2302441_09 - 21 - 29. fsa | 197 | 196. 74 | 17 793 | 75 604 | 2 356 |
| 2023 - 8343 | E08_HBB2302442_09 - 21 - 29. fsa | 175 | 175. 68 | 32 596 | 140 865 | 2 252 |
| | E08_HBB2302442_09 - 21 - 29. fsa | 191 | 190. 86 | 29 062 | 117 910 | 2 340 |
| 2023 - 8344 | E09_HBB2302443_09 - 21 - 29. fsa | 191 | 190. 72 | 19 585 | 78 493 | 2 342 |
| | E09_HBB2302443_09 - 21 - 29. fsa | 197 | 196. 74 | 29 305 | 124 670 | 2 377 |
| 2023 - 8345 | E10_HBB2302444_09 - 21 - 29. fsa | 175 | 175. 67 | 28 422 | 118 274 | 2 245 |
| | E10_HBB2302444_09 - 21 - 29. fsa | 197 | 196. 75 | 21 041 | 90 783 | 2 368 |
| 2023 - 8346 | E11_HBB2302445_09 - 21 - 29. fsa | 175 | 175. 57 | 32 581 | 191 640 | 2 276 |
| | E11_HBB2302445_09 - 21 - 29. fsa | 197 | 196. 81 | 7 816 | 35 866 | 2 402 |
| 2023 - 8347 | E12_HBB2302446_09 - 21 - 29. fsa | 175 | 175. 59 | 32 667 | 172 467 | 2 319 |

（续）

| 资源序号 | 样本名<br>（sample file name） | 等位基因位点<br>（allele，bp） | 大小<br>（size，bp） | 高度<br>（height，RFU） | 面积<br>（area，RFU） | 数据取值点<br>（data point，RFU） |
|---|---|---|---|---|---|---|
| 2023 - 8348 | F01_HBB2302447_09 - 21 - 29. fsa | 175 | 176.15 | 13 103 | 56 312 | 2 342 |
| | F01_HBB2302447_09 - 21 - 29. fsa | 197 | 197.18 | 19 267 | 84 117 | 2 468 |
| 2023 - 8349 | F02_HBB2302448_09 - 21 - 29. fsa | 175 | 175.81 | 32 656 | 155 930 | 2 307 |
| | F02_HBB2302448_09 - 21 - 29. fsa | 197 | 197.01 | 2 284 | 10 410 | 2 434 |
| 2023 - 8350 | F03_HBB2302449_09 - 21 - 29. fsa | 175 | 175.75 | 32 630 | 176 519 | 2 289 |
| 2023 - 8351 | F05_HBB2302451_09 - 21 - 29. fsa | 175 | 175.79 | 30 346 | 117 344 | 2 260 |
| | F05_HBB2302451_09 - 21 - 29. fsa | 197 | 196.91 | 28 413 | 113 541 | 2 383 |
| 2023 - 8352 | F06_HBB2302452_09 - 21 - 29. fsa | 175 | 175.73 | 27 914 | 107 479 | 2 243 |
| | F06_HBB2302452_09 - 21 - 29. fsa | 197 | 196.91 | 27 054 | 108 040 | 2 366 |
| 2023 - 8353 | F07_HBB2302453_09 - 21 - 29. fsa | 175 | 175.57 | 32 629 | 170 588 | 2 242 |
| 2023 - 8354 | F08_HBB2302454_09 - 21 - 29. fsa | 175 | 175.73 | 31 970 | 124 136 | 2 234 |
| | F08_HBB2302454_09 - 21 - 29. fsa | 197 | 196.91 | 23 655 | 98 529 | 2 357 |
| 2023 - 8355 | F09_HBB2302455_09 - 21 - 29. fsa | 175 | 175.75 | 17 863 | 73 299 | 2 250 |
| | F09_HBB2302455_09 - 21 - 29. fsa | 197 | 197.23 | 31 247 | 137 000 | 2 374 |
| 2023 - 8356 | F10_HBB2302456_09 - 21 - 29. fsa | 191 | 190.95 | 18 713 | 79 795 | 2 336 |
| | F10_HBB2302456_09 - 21 - 29. fsa | 197 | 196.93 | 28 950 | 120 279 | 2 371 |
| 2023 - 8357 | F11_HBB2302457_09 - 21 - 29. fsa | 175 | 175.41 | 32 623 | 198 681 | 2 296 |
| 2023 - 8358 | F12_HBB2302458_09 - 21 - 29. fsa | 175 | 175.93 | 28 422 | 125 331 | 2 300 |
| | F12_HBB2302458_09 - 21 - 29. fsa | 191 | 190.9 | 10 601 | 43 436 | 2 390 |
| 2023 - 8359 | G01_HBB2302459_09 - 21 - 29. fsa | 175 | 176.15 | 26 569 | 105 925 | 2 349 |
| | G01_HBB2302459_09 - 21 - 29. fsa | 191 | 191.19 | 18 799 | 76 946 | 2 439 |
| 2023 - 8360 | G02_HBB2302460_09 - 21 - 29. fsa | 175 | 176.17 | 23 713 | 93 729 | 2 327 |
| | G02_HBB2302460_09 - 21 - 29. fsa | 191 | 191.2 | 20 946 | 84 464 | 2 417 |
| 2023 - 8361 | G03_HBB2302461_09 - 21 - 29. fsa | 175 | 175.82 | 32 643 | 167 255 | 2 294 |
| | G03_HBB2302461_09 - 21 - 29. fsa | 197 | 197.3 | 5 732 | 24 413 | 2 421 |
| 2023 - 8362 | G04_HBB2302462_09 - 21 - 29. fsa | 175 | 175.69 | 32 621 | 185 539 | 2 275 |
| 2023 - 8363 | G05_HBB2302463_09 - 21 - 29. fsa | 175 | 175.79 | 32 539 | 125 913 | 2 264 |
| | G05_HBB2302463_09 - 21 - 29. fsa | 191 | 190.9 | 31 070 | 116 216 | 2 352 |

（续）

| 资源序号 | 样本名<br>（sample file name） | 等位基因位点<br>（allele，bp） | 大小<br>（size，<br>bp） | 高度<br>（height，<br>RFU） | 面积<br>（area，<br>RFU） | 数据取值点<br>（data point，<br>RFU） |
|---|---|---|---|---|---|---|
| 2023－8364 | G06_HBB2302464_09－21－29.fsa | 175 | 175.56 | 32 613 | 152 827 | 2 263 |
| 2023－8365 | G07_HBB2302465_09－21－29.fsa | 175 | 175.85 | 27 475 | 113 473 | 2 248 |
| | G07_HBB2302465_09－21－29.fsa | 197 | 196.93 | 10 193 | 41 524 | 2 371 |
| 2023－8366 | G08_HBB2302466_09－21－29.fsa | 175 | 175.87 | 23 549 | 96 280 | 2 262 |
| | G08_HBB2302466_09－21－29.fsa | 191 | 191.04 | 20 800 | 78 248 | 2 350 |
| 2023－8367 | G09_HBB2302467_09－21－29.fsa | 197 | 196.93 | 32 613 | 151 667 | 2 371 |
| 2023－8368 | G10_HBB2302468_09－21－29.fsa | 191 | 190.78 | 18 818 | 73 394 | 2 351 |
| | G10_HBB2302468_09－21－29.fsa | 197 | 196.93 | 20 766 | 80 362 | 2 387 |
| 2023－8369 | G11_HBB2302469_09－21－29.fsa | 175 | 175.81 | 14 563 | 64 587 | 2 294 |
| | G11_HBB2302469_09－21－29.fsa | 197 | 196.81 | 32 257 | 141 838 | 2 419 |
| 2023－8370 | G12_HBB2302470_09－21－29.fsa | 175 | 175.8 | 24 049 | 100 670 | 2 314 |
| | G12_HBB2302470_09－21－29.fsa | 197 | 196.86 | 19 697 | 79 292 | 2 441 |
| 2023－8371 | H02_HBB2302472_09－21－29.fsa | 191 | 190.95 | 12 091 | 48 859 | 2 431 |
| | H02_HBB2302472_09－21－29.fsa | 197 | 197.04 | 21 097 | 84 689 | 2 468 |
| 2023－8372 | H03_HBB2302473_09－21－29.fsa | 191 | 190.98 | 17 779 | 71 179 | 2 403 |
| | H03_HBB2302473_09－21－29.fsa | 197 | 196.99 | 20 880 | 86 096 | 2 439 |
| 2023－8373 | H04_HBB2302474_09－21－29.fsa | 197 | 196.83 | 32 624 | 162 060 | 2 420 |
| 2023－8374 | H05_HBB2302475_09－21－29.fsa | 175 | 175.91 | 31 379 | 123 090 | 2 282 |
| | H05_HBB2302475_09－21－29.fsa | 197 | 196.97 | 27 075 | 110 014 | 2 407 |
| 2023－8375 | H06_HBB2302476_09－21－29.fsa | 197 | 196.79 | 32 621 | 156 901 | 2 399 |
| 2023－8376 | H07_HBB2302477_09－21－29.fsa | 175 | 175.86 | 25 475 | 98 689 | 2 272 |
| | H07_HBB2302477_09－21－29.fsa | 197 | 196.94 | 20 779 | 83 085 | 2 396 |
| 2023－8377 | H08_HBB2302478_09－21－29.fsa | 175 | 175.63 | 32 593 | 167 194 | 2 276 |
| 2023－8378 | H09_HBB2302479_09－21－29.fsa | 175 | 175.84 | 14 978 | 59 847 | 2 265 |
| | H09_HBB2302479_09－21－29.fsa | 197 | 196.94 | 27 250 | 108 867 | 2 389 |
| 2023－8379 | H10_HBB2302480_09－21－29.fsa | 175 | 175.8 | 21 169 | 84 984 | 2 270 |
| | H10_HBB2302480_09－21－29.fsa | 197 | 196.96 | 12 158 | 53 068 | 2 395 |

## 29 P29

| 资源序号 | 样本名<br>（sample file name） | 等位基因位点<br>（allele，bp） | 大小<br>（size，bp） | 高度<br>（height，RFU） | 面积<br>（area，RFU） | 数据取值点<br>（data point，RFU） |
|---|---|---|---|---|---|---|
| 2023 - 8200 | A01_HBB2302293_24 - 44 - 56. fsa | 262 | 262. 83 | 142 | 677 | 2 870 |
|  | A01_HBB2302293_24 - 44 - 56. fsa | 277 | 277 | 113 | 597 | 2 963 |
| 2023 - 8201 | A02_HBB2302294_24 - 44 - 56. fsa | 277 | 276. 9 | 10 880 | 51 670 | 2 941 |
| 2023 - 8202 | A03_HBB2302295_24 - 44 - 56. fsa | 277 | 276. 82 | 10 294 | 50 159 | 2 898 |
| 2023 - 8203 | A04_HBB2302296_24 - 44 - 56. fsa | 277 | 276. 92 | 3 119 | 17 090 | 2 891 |
|  | A04_HBB2302296_24 - 44 - 56. fsa | 280 | 280. 38 | 2 850 | 14 961 | 2 913 |
| 2023 - 8204 | A05_HBB2302297_24 - 44 - 56. fsa | 277 | 276. 86 | 8 514 | 43 174 | 2 876 |
| 2023 - 8205 | A06_HBB2302298_24 - 44 - 56. fsa | 277 | 276. 86 | 7 125 | 37 227 | 2 869 |
| 2023 - 8206 | A07_HBB2302299_24 - 44 - 56. fsa | 277 | 276. 68 | 939 | 3 745 | 2 860 |
| 2023 - 8207 | A08_HBB2302300_24 - 44 - 56. fsa | 277 | 276. 75 | 3 656 | 35 820 | 2 895 |
| 2023 - 8208 | A09_HBB2302301_24 - 44 - 56. fsa | 277 | 276. 78 | 2 697 | 14 660 | 2 885 |
|  | A09_HBB2302301_24 - 44 - 56. fsa | 280 | 280. 42 | 2 312 | 13 040 | 2 908 |
| 2023 - 8209 | A10_HBB2302302_24 - 44 - 56. fsa | 277 | 276. 84 | 8 224 | 48 183 | 2 904 |
| 2023 - 8210 | A11_HBB2302303_24 - 44 - 56. fsa | 285 | 285. 07 | 7 612 | 45 766 | 2 999 |
| 2023 - 8211 | B01_HBB2302305_24 - 44 - 56. fsa | 277 | 277. 67 | 3 789 | 25 517 | 2 928 |
|  | B01_HBB2302305_24 - 44 - 56. fsa | 280 | 280. 31 | 4 042 | 24 753 | 2 945 |
| 2023 - 8212 | B02_HBB2302306_24 - 44 - 56. fsa | 262 | 262. 41 | 8 337 | 18 197 | 2 841 |
|  | B02_HBB2302306_24 - 44 - 56. fsa | 285 | 285. 16 | 5 677 | 29 351 | 2 988 |
| 2023 - 8213 | B03_HBB2302307_24 - 44 - 56. fsa | 277 | 276. 84 | 12 306 | 65 541 | 2 888 |
| 2023 - 8214 | B04_HBB2302308_24 - 44 - 56. fsa | 277 | 276. 93 | 4 140 | 37 606 | 2 885 |
| 2023 - 8215 | B05_HBB2302309_24 - 44 - 56. fsa | 277 | 276. 95 | 3 737 | 35 176 | 2 873 |
| 2023 - 8216 | B06_HBB2302310_24 - 44 - 56. fsa | 277 | 276. 97 | 7 235 | 34 976 | 2 848 |
|  | B06_HBB2302310_24 - 44 - 56. fsa | 295 | 294. 89 | 6 099 | 32 382 | 2 960 |
| 2023 - 8217 | B07_HBB2302311_24 - 44 - 56. fsa | 277 | 276. 87 | 3 753 | 35 881 | 2 857 |
| 2023 - 8218 | B08_HBB2302312_24 - 44 - 56. fsa | 277 | 276. 85 | 2 969 | 17 194 | 2 858 |
|  | B08_HBB2302312_24 - 44 - 56. fsa | 280 | 280. 36 | 2 834 | 16 218 | 2 880 |

（续）

| 资源序号 | 样本名<br>（sample file name） | 等位基因位点<br>（allele，bp） | 大小<br>（size，bp） | 高度<br>（height，RFU） | 面积<br>（area，RFU） | 数据取值点<br>（data point，RFU） |
|---|---|---|---|---|---|---|
| 2023－8219 | B09_HBB2302313_24－44－56. fsa | 262 | 262.39 | 2 575 | 8 213 | 2 763 |
| | B09_HBB2302313_24－44－56. fsa | 280 | 280.5 | 2 150 | 13 415 | 2 876 |
| 2023－8220 | B10_HBB2302314_24－44－56. fsa | 277 | 276.78 | 3 278 | 18 266 | 2 863 |
| | B10_HBB2302314_24－44－56. fsa | 280 | 280.44 | 2 599 | 15 068 | 2 886 |
| 2023－8221 | B11_HBB2302315_24－44－56. fsa | 277 | 276.75 | 2 739 | 16 705 | 2 920 |
| | B11_HBB2302315_24－44－56. fsa | 280 | 280.32 | 2 697 | 16 833 | 2 943 |
| 2023－8222 | B12_HBB2302316_24－44－56. fsa | 277 | 276.83 | 8 064 | 47 499 | 2 947 |
| 2023－8223 | C01_HBB2302317_24－44－56. fsa | 280 | 280.44 | 5 897 | 32 676 | 2 964 |
| 2023－8224 | C02_HBB2302318_24－44－56. fsa | 277 | 277.76 | 5 236 | 28 206 | 2 919 |
| | C02_HBB2302318_24－44－56. fsa | 280 | 280.41 | 5 315 | 28 827 | 2 936 |
| 2023－8226 | C03_HBB2302319_24－44－56. fsa | 277 | 276.85 | 8 212 | 46 539 | 2 894 |
| 2023－8227 | C04_HBB2302320_24－44－56. fsa | 277 | 276.95 | 2 756 | 14 114 | 2 874 |
| | C04_HBB2302320_24－44－56. fsa | 280 | 280.45 | 4 800 | 23 495 | 2 896 |
| 2023－8228 | C05_HBB2302321_24－44－56. fsa | 277 | 276.88 | 3 264 | 15 556 | 2 847 |
| | C05_HBB2302321_24－44－56. fsa | 280 | 280.57 | 2 826 | 13 606 | 2 870 |
| 2023－8229 | C06_HBB2302322_24－44－56. fsa | 280 | 280.38 | 3 641 | 20 514 | 2 886 |
| 2023－8230 | C07_HBB2302323_24－44－56. fsa | 277 | 277.93 | 2 809 | 16 694 | 2 845 |
| | C07_HBB2302323_24－44－56. fsa | 280 | 280.51 | 2 870 | 16 432 | 2 861 |
| 2023－8231 | C09_HBB2302325_24－44－56. fsa | 277 | 276.87 | 6 479 | 34 329 | 2 871 |
| | C09_HBB2302325_24－44－56. fsa | 280 | 280.38 | 6 481 | 31 736 | 2 893 |
| 2023－8232 | C10_HBB2302326_24－44－56. fsa | 277 | 276.88 | 4 694 | 28 432 | 2 855 |
| 2023－8233 | C11_HBB2302327_24－44－56. fsa | 277 | 276.85 | 3 153 | 17 777 | 2 910 |
| | C11_HBB2302327_24－44－56. fsa | 280 | 280.45 | 2 893 | 17 273 | 2 933 |
| 2023－8234 | C12_HBB2302328_24－44－56. fsa | 277 | 276.99 | 2 083 | 21 686 | 2 935 |
| 2023－8235 | D01_HBB2302329_24－44－56. fsa | 277 | 277.73 | 3 297 | 20 124 | 2 958 |
| | D01_HBB2302329_24－44－56. fsa | 280 | 280.34 | 3 448 | 19 937 | 2 975 |
| 2023－8236 | D02_HBB2302330_24－44－56. fsa | 277 | 276.9 | 2 751 | 26 487 | 2 915 |
| 2023－8237 | D03_HBB2302331_24－44－56. fsa | 280 | 280.44 | 13 665 | 70 906 | 2 888 |
| 2023－8238 | D04_HBB2302332_24－44－56. fsa | 285 | 285.34 | 10 188 | 50 254 | 2 912 |

（续）

| 资源序号 | 样本名<br>（sample file name） | 等位基因位点<br>（allele，bp） | 大小<br>（size，bp） | 高度<br>（height，RFU） | 面积<br>（area，RFU） | 数据取值点<br>（data point，RFU） |
|---|---|---|---|---|---|---|
| 2023 - 8239 | D05_HBB2302333_24 - 44 - 56. fsa | 280 | 280.35 | 3 467 | 16 833 | 2 861 |
| | D05_HBB2302333_24 - 44 - 56. fsa | 285 | 285.34 | 2 144 | 10 389 | 2 892 |
| 2023 - 8240 | D06_HBB2302334_24 - 44 - 56. fsa | 295 | 294.85 | 10 725 | 52 516 | 2 958 |
| 2023 - 8241 | D07_HBB2302335_24 - 44 - 56. fsa | 280 | 280.54 | 5 211 | 24 613 | 2 891 |
| 2023 - 8242 | D08_HBB2302336_24 - 44 - 56. fsa | 280 | 280.54 | 9 817 | 51 641 | 2 844 |
| 2023 - 8243 | D09_HBB2302337_24 - 44 - 56. fsa | 277 | 276.88 | 1 143 | 6 351 | 2 850 |
| | D09_HBB2302337_24 - 44 - 56. fsa | 280 | 280.41 | 2 680 | 14 695 | 2 872 |
| 2023 - 8244 | D10_HBB2302338_24 - 44 - 56. fsa | 280 | 280.53 | 6 072 | 32 849 | 2 865 |
| 2023 - 8245 | D11_HBB2302339_24 - 44 - 56. fsa | 277 | 276.77 | 4 855 | 27 706 | 2 894 |
| 2023 - 8246 | D12_HBB2302340_24 - 44 - 56. fsa | 280 | 280.38 | 2 888 | 16 094 | 2 953 |
| | D12_HBB2302340_24 - 44 - 56. fsa | 285 | 285.17 | 2 359 | 12 553 | 2 984 |
| 2023 - 8247 | E01_HBB2302341_24 - 44 - 56. fsa | 277 | 277.8 | 4 330 | 23 902 | 2 971 |
| 2023 - 8248 | E02_HBB2302342_24 - 44 - 56. fsa | 280 | 280.41 | 6 437 | 36 302 | 2 951 |
| 2023 - 8249 | E03_HBB2302343_24 - 44 - 56. fsa | 280 | 280.42 | 2 532 | 13 576 | 2 915 |
| | E03_HBB2302343_24 - 44 - 56. fsa | 285 | 285.31 | 2 018 | 10 713 | 2 946 |
| 2023 - 8250 | E04_HBB2302344_24 - 44 - 56. fsa | 280 | 280.34 | 11 334 | 56 859 | 2 911 |
| 2023 - 8251 | E06_HBB2302346_24 - 44 - 56. fsa | 277 | 276.99 | 4 590 | 23 997 | 2 837 |
| 2023 - 8252 | E07_HBB2302347_24 - 44 - 56. fsa | 285 | 285.18 | 5 504 | 30 103 | 2 885 |
| 2023 - 8253 | E08_HBB2302348_24 - 44 - 56. fsa | 277 | 276.88 | 7 182 | 36 995 | 2 854 |
| 2023 - 8254 | E09_HBB2302349_24 - 44 - 56. fsa | 277 | 276.79 | 6 520 | 31 419 | 2 857 |
| 2023 - 8255 | E10_HBB2302350_24 - 44 - 56. fsa | 285 | 285.4 | 6 190 | 33 402 | 2 900 |
| 2023 - 8256 | E11_HBB2302351_24 - 44 - 56. fsa | 285 | 285.21 | 8 910 | 49 089 | 2 940 |
| 2023 - 8257 | E12_HBB2302352_24 - 44 - 56. fsa | 285 | 285.28 | 6 754 | 36 362 | 2 996 |
| 2023 - 8258 | F01_HBB2302353_24 - 44 - 56. fsa | 285 | 285.02 | 6 672 | 36 392 | 3 005 |
| 2023 - 8259 | F02_HBB2302354_24 - 44 - 56. fsa | 285 | 285.28 | 66 | 259 | 2 981 |
| 2023 - 8260 | F03_HBB2302355_24 - 44 - 56. fsa | 285 | 285.14 | 11 274 | 60 938 | 2 955 |
| 2023 - 8261 | F04_HBB2302356_24 - 44 - 56. fsa | 280 | 280.31 | 3 913 | 18 818 | 2 922 |
| | F04_HBB2302356_24 - 44 - 56. fsa | 285 | 285.19 | 3 887 | 19 192 | 2 953 |
| 2023 - 8262 | F05_HBB2302357_24 - 44 - 56. fsa | 285 | 285.33 | 98 | 524 | 2 917 |
| 2023 - 8263 | F06_HBB2302358_24 - 44 - 56. fsa | 277 | 276.89 | 11 156 | 53 535 | 2 844 |

（续）

| 资源序号 | 样本名<br>（sample file name） | 等位基因位点<br>（allele，bp） | 大小<br>（size，bp） | 高度<br>（height，RFU） | 面积<br>（area，RFU） | 数据取值点<br>（data point，RFU） |
|---|---|---|---|---|---|---|
| 2023 - 8264 | F07_HBB2302359_24 - 44 - 56. fsa | 277 | 276.89 | 3 122 | 15 813 | 2 845 |
| | F07_HBB2302359_24 - 44 - 56. fsa | 285 | 285.4 | 2 995 | 15 538 | 2 898 |
| 2023 - 8265 | F08_HBB2302360_24 - 44 - 56. fsa | 262 | 262.12 | 2 888 | 7 286 | 2 742 |
| | F08_HBB2302360_24 - 44 - 56. fsa | 277 | 276.8 | 8 999 | 42 899 | 2 833 |
| 2023 - 8266 | F09_HBB2302361_24 - 44 - 56. fsa | 272 | 272.14 | 2 473 | 11 724 | 2 823 |
| | F09_HBB2302361_24 - 44 - 56. fsa | 277 | 276.79 | 2 302 | 11 509 | 2 852 |
| 2023 - 8267 | F10_HBB2302362_24 - 44 - 56. fsa | 277 | 277.75 | 2 514 | 17 150 | 2 857 |
| | F10_HBB2302362_24 - 44 - 56. fsa | 280 | 280.48 | 2 151 | 12 895 | 2 874 |
| 2023 - 8268 | F11_HBB2302363_24 - 44 - 56. fsa | 272 | 272.08 | 7 860 | 38 499 | 2 882 |
| 2023 - 8269 | F12_HBB2302364_24 - 44 - 56. fsa | 277 | 276.75 | 3 745 | 35 391 | 2 915 |
| 2023 - 8270 | G01_HBB2302365_24 - 44 - 56. fsa | 277 | 276.9 | 7 316 | 33 543 | 2 960 |
| | G01_HBB2302365_24 - 44 - 56. fsa | 285 | 285.07 | 5 830 | 31 358 | 3 013 |
| 2023 - 8271 | G03_HBB2302367_24 - 44 - 56. fsa | 280 | 280.35 | 10 496 | 55 769 | 2 930 |
| 2023 - 8272 | G04_HBB2302368_24 - 44 - 56. fsa | 277 | 276.85 | 8 566 | 42 159 | 2 884 |
| 2023 - 8273 | G05_HBB2302369_24 - 44 - 56. fsa | 277 | 276.95 | 8 153 | 37 039 | 2 869 |
| 2023 - 8274 | G06_HBB2302370_24 - 44 - 56. fsa | 280 | 280.44 | 4 518 | 21 688 | 2 892 |
| 2023 - 8275 | G07_HBB2302371_24 - 44 - 56. fsa | 280 | 280.54 | 2 838 | 13 334 | 2 874 |
| | G07_HBB2302371_24 - 44 - 56. fsa | 285 | 285.33 | 2 580 | 12 002 | 2 904 |
| 2023 - 8276 | G08_HBB2302372_24 - 44 - 56. fsa | 277 | 276.94 | 5 275 | 25 768 | 2 866 |
| | G08_HBB2302372_24 - 44 - 56. fsa | 285 | 285.22 | 4 747 | 23 328 | 2 918 |
| 2023 - 8277 | G09_HBB2302373_24 - 44 - 56. fsa | 280 | 280.32 | 3 323 | 16 208 | 2 872 |
| 2023 - 8278 | G10_HBB2302374_24 - 44 - 56. fsa | 277 | 277.82 | 2 907 | 16 933 | 2 875 |
| | G10_HBB2302374_24 - 44 - 56. fsa | 280 | 280.52 | 2 887 | 15 660 | 2 892 |
| 2023 - 8279 | G11_HBB2302375_24 - 44 - 56. fsa | 280 | 280.41 | 4 988 | 24 774 | 2 930 |
| 2023 - 8280 | G12_HBB2302376_24 - 44 - 56. fsa | 277 | 277.74 | 2 385 | 17 541 | 2 939 |
| | G12_HBB2302376_24 - 44 - 56. fsa | 280 | 280.35 | 2 305 | 13 896 | 2 956 |
| 2023 - 8281 | H01_HBB2302377_24 - 44 - 56. fsa | 285 | 284.97 | 17 921 | 84 323 | 3 051 |
| 2023 - 8282 | H02_HBB2302378_24 - 44 - 56. fsa | 277 | 277.79 | 7 400 | 44 378 | 2 970 |
| | H02_HBB2302378_24 - 44 - 56. fsa | 280 | 280.38 | 7 552 | 43 464 | 2 987 |

（续）

| 资源序号 | 样本名<br>（sample file name） | 等位基因位点<br>（allele，bp） | 大小<br>（size，bp） | 高度<br>（height，RFU） | 面积<br>（area，RFU） | 数据取值点<br>（data point，RFU） |
|---|---|---|---|---|---|---|
| 2023－8283 | H03_HBB2302379_24－44－56. fsa | 277 | 276.82 | 6 882 | 50 826 | 2 929 |
|  | H03_HBB2302379_24－44－56. fsa | 285 | 285.17 | 1 856 | 9 666 | 2 983 |
| 2023－8284 | H04_HBB2302380_24－44－56. fsa | 277 | 277.85 | 2 477 | 14 432 | 2 912 |
|  | H04_HBB2302380_24－44－56. fsa | 285 | 285.19 | 2 394 | 13 486 | 2 959 |
| 2023－8285 | H05_HBB2302381_24－44－56. fsa | 277 | 276.93 | 5 496 | 25 937 | 2 891 |
| 2023－8286 | H06_HBB2302382_24－44－56. fsa | 280 | 280.31 | 4 023 | 17 829 | 2 905 |
|  | H06_HBB2302382_24－44－56. fsa | 285 | 285.2 | 3 942 | 17 642 | 2 936 |
| 2023－8287 | H07_HBB2302383_24－44－56. fsa | 277 | 277.79 | 3 646 | 21 429 | 2 885 |
|  | H07_HBB2302383_24－44－56. fsa | 280 | 280.31 | 3 359 | 19 060 | 2 901 |
| 2023－8288 | H08_HBB2302384_24－44－56. fsa | 280 | 280.33 | 2 341 | 10 870 | 2 906 |
|  | H08_HBB2302384_24－44－56. fsa | 285 | 285.21 | 2 276 | 10 496 | 2 937 |
| 2023－8289 | H09_HBB2302385_24－44－56. fsa | 277 | 276.86 | 3 316 | 14 950 | 2 869 |
|  | H09_HBB2302385_24－44－56. fsa | 280 | 280.35 | 2 899 | 12 925 | 2 891 |
| 2023－8290 | A01_HBB2302387_09－21－29. fsa | 272 | 272.05 | 21 282 | 106 083 | 2 925 |
| 2023－8291 | A02_HBB2302388_09－21－29. fsa | 277 | 276.82 | 21 957 | 104 367 | 2 936 |
|  | A02_HBB2302388_09－21－29. fsa | 285 | 285.17 | 12 739 | 62 302 | 2 990 |
| 2023－8292 | A03_HBB2302389_09－21－29. fsa | 280 | 280.31 | 32 515 | 164 582 | 2 913 |
| 2023－8293 | A04_HBB2302390_09－21－29. fsa | 280 | 280.31 | 1 696 | 9 328 | 2 906 |
| 2023－8294 | A05_HBB2302391_09－21－29. fsa | 272 | 272.18 | 31 949 | 169 101 | 2 838 |
| 2023－8295 | A06_HBB2302392_09－21－29. fsa | 277 | 277.82 | 22 200 | 129 431 | 2 866 |
| 2023－8296 | A07_HBB2302393_09－21－29. fsa | 272 | 272.14 | 26 462 | 138 686 | 2 824 |
| 2023－8297 | A08_HBB2302394_09－21－29. fsa | 277 | 276.78 | 17 184 | 111 265 | 2 887 |
| 2023－8298 | A09_HBB2302395_09－21－29. fsa | 277 | 277.81 | 27 881 | 153 054 | 2 886 |
| 2023－8299 | A10_HBB2302396_09－21－29. fsa | 277 | 276.69 | 13 313 | 47 348 | 2 896 |
|  | A10_HBB2302396_09－21－29. fsa | 285 | 285.2 | 31 009 | 180 916 | 2 950 |
| 2023－8300 | A11_HBB2302397_09－21－29. fsa | 262 | 262.38 | 14 645 | 44 965 | 2 847 |
|  | A11_HBB2302397_09－21－29. fsa | 277 | 276.74 | 32 602 | 240 504 | 2 940 |
| 2023－8301 | A12_HBB2302398_09－21－29. fsa | 272 | 272.17 | 32 658 | 215 302 | 2 940 |
| 2023－8302 | B01_HBB2302399_09－21－29. fsa | 277 | 276.73 | 20 780 | 123 083 | 2 918 |
| 2023－8303 | B02_HBB2302400_09－21－29. fsa | 277 | 277.67 | 32 546 | 188 545 | 2 934 |

（续）

| 资源序号 | 样本名<br>（sample file name） | 等位基因位点<br>（allele，bp） | 大小<br>（size，bp） | 高度<br>（height，RFU） | 面积<br>（area，RFU） | 数据取值点<br>（data point，RFU） |
|---|---|---|---|---|---|---|
| 2023 - 8304 | B03_HBB2302401_09 - 21 - 29. fsa | 277 | 276.84 | 25 314 | 141 062 | 2 879 |
| 2023 - 8305 | B04_HBB2302402_09 - 21 - 29. fsa | 285 | 285.39 | 25 517 | 131 410 | 2 929 |
| 2023 - 8306 | B05_HBB2302403_09 - 21 - 29. fsa | 277 | 277.77 | 10 197 | 61 820 | 2 869 |
| | B05_HBB2302403_09 - 21 - 29. fsa | 285 | 285.29 | 10 123 | 56 775 | 2 916 |
| 2023 - 8307 | B06_HBB2302404_09 - 21 - 29. fsa | 277 | 276.87 | 32 556 | 187 350 | 2 840 |
| 2023 - 8308 | B07_HBB2302405_09 - 21 - 29. fsa | 277 | 276.88 | 32 597 | 179 057 | 2 848 |
| 2023 - 8309 | B08_HBB2302406_09 - 21 - 29. fsa | 277 | 276.88 | 16 027 | 85 222 | 2 850 |
| | B08_HBB2302406_09 - 21 - 29. fsa | 280 | 280.57 | 15 923 | 84 929 | 2 873 |
| 2023 - 8310 | B09_HBB2302407_09 - 21 - 29. fsa | 277 | 276.89 | 29 178 | 161 211 | 2 846 |
| 2023 - 8311 | B11_HBB2302409_09 - 21 - 29. fsa | 277 | 276.92 | 26 101 | 172 479 | 2 916 |
| 2023 - 8312 | B12_HBB2302410_09 - 21 - 29. fsa | 277 | 276.75 | 32 599 | 226 103 | 2 942 |
| 2023 - 8313 | C01_HBB2302411_09 - 21 - 29. fsa | 277 | 276.9 | 32 604 | 171 628 | 2 935 |
| 2023 - 8314 | C02_HBB2302412_09 - 21 - 29. fsa | 277 | 276.84 | 32 395 | 163 942 | 2 907 |
| 2023 - 8315 | C03_HBB2302413_09 - 21 - 29. fsa | 277 | 276.85 | 25 932 | 149 956 | 2 886 |
| 2023 - 8316 | C04_HBB2302414_09 - 21 - 29. fsa | 277 | 276.87 | 29 253 | 151 543 | 2 865 |
| 2023 - 8317 | C05_HBB2302415_09 - 21 - 29. fsa | 277 | 277.86 | 12 681 | 74 103 | 2 843 |
| | C05_HBB2302415_09 - 21 - 29. fsa | 285 | 285.29 | 12 313 | 66 310 | 2 889 |
| 2023 - 8318 | C06_HBB2302416_09 - 21 - 29. fsa | 277 | 277.83 | 14 629 | 85 421 | 2 861 |
| | C06_HBB2302416_09 - 21 - 29. fsa | 280 | 280.57 | 13 854 | 76 752 | 2 878 |
| 2023 - 8319 | C07_HBB2302417_09 - 21 - 29. fsa | 277 | 277.8 | 12 627 | 73 506 | 2 836 |
| | C07_HBB2302417_09 - 21 - 29. fsa | 280 | 280.56 | 12 728 | 70 440 | 2 853 |
| 2023 - 8320 | C08_HBB2302418_09 - 21 - 29. fsa | 285 | 285.24 | 31 328 | 168 683 | 2 879 |
| 2023 - 8321 | C09_HBB2302419_09 - 21 - 29. fsa | 285 | 285.28 | 28 338 | 149 666 | 2 915 |
| 2023 - 8322 | C10_HBB2302420_09 - 21 - 29. fsa | 277 | 277.86 | 24 477 | 151 116 | 2 854 |
| | C10_HBB2302420_09 - 21 - 29. fsa | 290 | 290.22 | 17 432 | 103 937 | 2 931 |
| 2023 - 8323 | C11_HBB2302421_09 - 21 - 29. fsa | 285 | 285.1 | 26 491 | 148 727 | 2 957 |
| 2023 - 8324 | C12_HBB2302422_09 - 21 - 29. fsa | 277 | 278.46 | 21 455 | 122 975 | 2 939 |
| | C12_HBB2302422_09 - 21 - 29. fsa | 280 | 280.32 | 19 644 | 104 223 | 2 951 |
| 2023 - 8325 | D01_HBB2302423_09 - 21 - 29. fsa | 285 | 285.01 | 27 878 | 136 888 | 2 998 |
| 2023 - 8326 | D02_HBB2302424_09 - 21 - 29. fsa | 277 | 276.91 | 31 120 | 152 299 | 2 908 |

（续）

| 资源序号 | 样本名<br>（sample file name） | 等位基因位点<br>（allele，bp） | 大小<br>（size，bp） | 高度<br>（height，RFU） | 面积<br>（area，RFU） | 数据取值点<br>（data point，RFU） |
|---|---|---|---|---|---|---|
| 2023－8327 | D03_HBB2302425_09－21－29. fsa | 280 | 280.46 | 26 974 | 149 037 | 2 880 |
| 2023－8328 | D04_HBB2302426_09－21－29. fsa | 285 | 285.23 | 19 874 | 95 619 | 2 904 |
| 2023－8329 | D05_HBB2302427_09－21－29. fsa | 277 | 276.97 | 8 752 | 59 377 | 2 831 |
| | D05_HBB2302427_09－21－29. fsa | 290 | 290.11 | 10 264 | 54 440 | 2 912 |
| 2023－8330 | D06_HBB2302428_09－21－29. fsa | 277 | 276.81 | 15 399 | 76 505 | 2 837 |
| | D06_HBB2302428_09－21－29. fsa | 280 | 280.38 | 15 031 | 74 583 | 2 859 |
| 2023－8331 | D08_HBB2302430_09－21－29. fsa | 277 | 277.07 | 24 073 | 136 700 | 2 815 |
| 2023－8332 | D09_HBB2302431_09－21－29. fsa | 277 | 276.79 | 24 088 | 122 357 | 2 843 |
| 2023－8333 | D10_HBB2302432_09－21－29. fsa | 277 | 276.89 | 32 374 | 197 732 | 2 836 |
| | D10_HBB2302432_09－21－29. fsa | 285 | 283.35 | 6 618 | 15 061 | 2 876 |
| 2023－8334 | D11_HBB2302433_09－21－29. fsa | 280 | 280.49 | 17 512 | 93 061 | 2 912 |
| | D11_HBB2302433_09－21－29. fsa | 285 | 285.21 | 17 286 | 93 466 | 2 942 |
| 2023－8335 | D12_HBB2302434_09－21－29. fsa | 280 | 280.31 | 15 656 | 86 097 | 2 949 |
| | D12_HBB2302434_09－21－29. fsa | 285 | 285.12 | 16 345 | 85 367 | 2 980 |
| 2023－8336 | E01_HBB2302435_09－21－29. fsa | 277 | 276.81 | 14 421 | 69 792 | 2 953 |
| | E01_HBB2302435_09－21－29. fsa | 280 | 280.21 | 13 811 | 69 169 | 2 975 |
| 2023－8337 | E02_HBB2302436_09－21－29. fsa | 277 | 276.85 | 10 571 | 54 830 | 2 921 |
| | E02_HBB2302436_09－21－29. fsa | 285 | 285.3 | 9 694 | 51 620 | 2 975 |
| 2023－8338 | E03_HBB2302437_09－21－29. fsa | 277 | 277 | 30 627 | 170 205 | 2 886 |
| 2023－8339 | E04_HBB2302438_09－21－29. fsa | 277 | 276.95 | 15 731 | 79 048 | 2 883 |
| | E04_HBB2302438_09－21－29. fsa | 280 | 280.45 | 16 206 | 79 050 | 2 905 |
| 2023－8340 | E05_HBB2302439_09－21－29. fsa | 295 | 294.87 | 27 353 | 132 564 | 2 975 |
| 2023－8341 | E06_HBB2302440_09－21－29. fsa | 277 | 277.48 | 26 623 | 138 420 | 2 833 |
| 2023－8342 | E07_HBB2302441_09－21－29. fsa | 277 | 276.81 | 19 264 | 106 796 | 2 826 |
| 2023－8343 | E08_HBB2302442_09－21－29. fsa | 280 | 280.1 | 888 | 4 438 | 2 870 |
| 2023－8344 | E09_HBB2302443_09－21－29. fsa | 277 | 276.88 | 18 932 | 90 845 | 2 851 |
| | E09_HBB2302443_09－21－29. fsa | 280 | 280.41 | 18 346 | 90 334 | 2 873 |
| 2023－8345 | E10_HBB2302444_09－21－29. fsa | 285 | 285.35 | 24 906 | 127 209 | 2 893 |
| 2023－8346 | E11_HBB2302445_09－21－29. fsa | 285 | 285.17 | 32 560 | 212 099 | 2 934 |

（续）

| 资源序号 | 样本名<br>（sample file name） | 等位基因位点<br>（allele，bp） | 大小<br>（size，bp） | 高度<br>（height，RFU） | 面积<br>（area，RFU） | 数据取值点<br>（data point，RFU） |
|---|---|---|---|---|---|---|
| 2023－8347 | E12_HBB2302446_09－21－29.fsa | 280 | 280.46 | 26 577 | 143 824 | 2 960 |
| | E12_HBB2302446_09－21－29.fsa | 285 | 285.23 | 24 660 | 136 325 | 2 991 |
| 2023－8348 | F01_HBB2302447_09－21－29.fsa | 280 | 280.15 | 12 108 | 65 679 | 2 973 |
| 2023－8349 | F02_HBB2302448_09－21－29.fsa | 277 | 276.92 | 9 396 | 46 518 | 2 918 |
| | F02_HBB2302448_09－21－29.fsa | 280 | 280.51 | 9 162 | 48 403 | 2 941 |
| 2023－8350 | F03_HBB2302449_09－21－29.fsa | 280 | 281.03 | 31 639 | 156 925 | 2 918 |
| 2023－8351 | F05_HBB2302451_09－21－29.fsa | 277 | 276.62 | 19 579 | 99 370 | 2 856 |
| | F05_HBB2302451_09－21－29.fsa | 285 | 285.27 | 12 486 | 60 094 | 2 910 |
| 2023－8352 | F06_HBB2302452_09－21－29.fsa | 277 | 276.56 | 22 381 | 141 603 | 2 835 |
| | F06_HBB2302452_09－21－29.fsa | 280 | 280.28 | 18 660 | 92 055 | 2 858 |
| 2023－8353 | F07_HBB2302453_09－21－29.fsa | 280 | 280.5 | 32 539 | 204 729 | 2 861 |
| 2023－8354 | F08_HBB2302454_09－21－29.fsa | 277 | 276.99 | 23 063 | 202 437 | 2 827 |
| 2023－8355 | F09_HBB2302455_09－21－29.fsa | 277 | 276.94 | 27 881 | 185 509 | 2 847 |
| 2023－8356 | F10_HBB2302456_09－21－29.fsa | 277 | 277.83 | 31 637 | 184 677 | 2 851 |
| 2023－8357 | F11_HBB2302457_09－21－29.fsa | 277 | 277 | 23 052 | 130 067 | 2 909 |
| | F11_HBB2302457_09－21－29.fsa | 285 | 285.14 | 19 983 | 104 661 | 2 961 |
| 2023－8358 | F12_HBB2302458_09－21－29.fsa | 277 | 277.77 | 23 688 | 158 923 | 2 918 |
| 2023－8359 | G01_HBB2302459_09－21－29.fsa | 277 | 276.89 | 18 240 | 90 454 | 2 960 |
| | G01_HBB2302459_09－21－29.fsa | 280 | 280.28 | 18 400 | 89 124 | 2 982 |
| 2023－8360 | G02_HBB2302460_09－21－29.fsa | 277 | 277.73 | 13 114 | 80 565 | 2 946 |
| | G02_HBB2302460_09－21－29.fsa | 280 | 280.36 | 13 305 | 78 600 | 2 963 |
| 2023－8361 | G03_HBB2302461_09－21－29.fsa | 277 | 277.86 | 25 985 | 131 544 | 2 908 |
| 2023－8362 | G04_HBB2302462_09－21－29.fsa | 285 | 285.27 | 28 547 | 141 487 | 2 931 |
| 2023－8363 | G05_HBB2302463_09－21－29.fsa | 280 | 280.38 | 17 124 | 76 402 | 2 884 |
| | G05_HBB2302463_09－21－29.fsa | 285 | 285.17 | 17 113 | 75 200 | 2 914 |
| 2023－8364 | G06_HBB2302464_09－21－29.fsa | 277 | 276.97 | 15 817 | 75 520 | 2 863 |
| | G06_HBB2302464_09－21－29.fsa | 285 | 285.29 | 15 639 | 73 832 | 2 915 |
| 2023－8365 | G07_HBB2302465_09－21－29.fsa | 285 | 285.26 | 16 569 | 83 916 | 2 897 |
| 2023－8366 | G08_HBB2302466_09－21－29.fsa | 277 | 276.95 | 20 905 | 97 857 | 2 861 |
| | G08_HBB2302466_09－21－29.fsa | 280 | 280.47 | 20 992 | 95 492 | 2 883 |

（续）

| 资源序号 | 样本名<br>（sample file name） | 等位基因位点<br>（allele，bp） | 大小<br>（size，<br>bp） | 高度<br>（height，<br>RFU） | 面积<br>（area，<br>RFU） | 数据取值点<br>（data point，<br>RFU） |
|---|---|---|---|---|---|---|
| 2023－8367 | G09_HBB2302467_09－21－29.fsa | 277 | 276.88 | 16 313 | 79 036 | 2 844 |
| 2023－8368 | G10_HBB2302468_09－21－29.fsa | 277 | 277.83 | 16 713 | 88 796 | 2 869 |
| | G10_HBB2302468_09－21－29.fsa | 280 | 280.54 | 16 327 | 86 559 | 2 886 |
| 2023－8369 | G11_HBB2302469_09－21－29.fsa | 277 | 277.79 | 32 662 | 213 141 | 2 909 |
| 2023－8370 | G12_HBB2302470_09－21－29.fsa | 285 | 284.91 | 32 581 | 232 163 | 2 981 |
| 2023－8371 | H02_HBB2302472_09－21－29.fsa | 280 | 280.32 | 13 068 | 61 436 | 2 981 |
| | H02_HBB2302472_09－21－29.fsa | 285 | 285.05 | 12 673 | 59 048 | 3 012 |
| 2023－8372 | H03_HBB2302473_09－21－29.fsa | 277 | 276.84 | 30 883 | 177 746 | 2 924 |
| 2023－8373 | H04_HBB2302474_09－21－29.fsa | 277 | 277.61 | 1 367 | 9 143 | 2 908 |
| 2023－8374 | H05_HBB2302475_09－21－29.fsa | 277 | 276.78 | 23 860 | 109 570 | 2 885 |
| | H05_HBB2302475_09－21－29.fsa | 285 | 285.15 | 23 002 | 105 815 | 2 938 |
| 2023－8375 | H06_HBB2302476_09－21－29.fsa | 277 | 277.82 | 4 422 | 26 864 | 2 883 |
| | H06_HBB2302476_09－21－29.fsa | 290 | 290.03 | 2 795 | 13 585 | 2 960 |
| 2023－8376 | H07_HBB2302477_09－21－29.fsa | 262 | 262.28 | 12 951 | 30 315 | 2 782 |
| | H07_HBB2302477_09－21－29.fsa | 285 | 285.21 | 28 992 | 142 037 | 2 926 |
| 2023－8377 | H08_HBB2302478_09－21－29.fsa | 280 | 280.25 | 32 403 | 170 505 | 2 902 |
| 2023－8378 | H09_HBB2302479_09－21－29.fsa | 277 | 276.85 | 16 116 | 74 283 | 2 865 |
| | H09_HBB2302479_09－21－29.fsa | 285 | 285.26 | 15 015 | 70 841 | 2 918 |
| 2023－8379 | H10_HBB2302480_09－21－29.fsa | 277 | 277.71 | 17 978 | 106 672 | 2 879 |
| | H10_HBB2302480_09－21－29.fsa | 280 | 280.24 | 19 401 | 105 254 | 2 895 |

## 30 P30

| 资源序号 | 样本名<br>（sample file name） | 等位基因位点<br>（allele，bp） | 大小<br>（size，<br>bp） | 高度<br>（height，<br>RFU） | 面积<br>（area，<br>RFU） | 数据取值点<br>（data point，<br>RFU） |
|---|---|---|---|---|---|---|
| 2023－8200 | A01_HBB2302293_24－12－45.fsa | 126 | 126.4 | 28 447 | 108 669 | 2 055 |
| | A01_HBB2302293_24－12－45.fsa | 145 | 144.62 | 3 698 | 14 517 | 2 158 |
| 2023－8201 | A02_HBB2302294_24－12－45.fsa | 126 | 126.25 | 32 606 | 132 971 | 2 041 |

（续）

| 资源序号 | 样本名<br>（sample file name） | 等位基因位点<br>（allele，bp） | 大小<br>（size，bp） | 高度<br>（height，RFU） | 面积<br>（area，RFU） | 数据取值点<br>（data point，RFU） |
|---|---|---|---|---|---|---|
| 2023－8202 | A03_HBB2302295_24－12－45.fsa | 126 | 126.37 | 31 984 | 127 144 | 2 010 |
| | A03_HBB2302295_24－12－45.fsa | 145 | 144.65 | 8 114 | 30 835 | 2 110 |
| 2023－8203 | A04_HBB2302296_24－12－45.fsa | 126 | 126.3 | 32 325 | 136 871 | 2 004 |
| 2023－8204 | A05_HBB2302297_24－12－45.fsa | 126 | 126.27 | 27 800 | 107 574 | 1 994 |
| | A05_HBB2302297_24－12－45.fsa | 145 | 144.65 | 5 021 | 19 351 | 2 094 |
| 2023－8205 | A06_HBB2302298_24－12－45.fsa | 126 | 126.1 | 32 621 | 157 130 | 1 989 |
| 2023－8206 | A07_HBB2302299_24－12－45.fsa | 126 | 126.29 | 32 237 | 138 315 | 1 982 |
| 2023－8207 | A08_HBB2302300_24－12－45.fsa | 126 | 126.2 | 29 698 | 114 748 | 2 008 |
| 2023－8208 | A09_HBB2302301_24－12－45.fsa | 145 | 144.45 | 24 294 | 98 484 | 2 101 |
| 2023－8209 | A10_HBB2302302_24－12－45.fsa | 126 | 126.23 | 28 448 | 120 022 | 2 014 |
| | A10_HBB2302302_24－12－45.fsa | 145 | 144.45 | 6 829 | 30 155 | 2 114 |
| 2023－8210 | A11_HBB2302303_24－12－45.fsa | 126 | 126.06 | 32 652 | 159 102 | 2 042 |
| | A11_HBB2302303_24－12－45.fsa | 145 | 144.66 | 5 301 | 23 144 | 2 145 |
| 2023－8211 | B01_HBB2302305_24－12－45.fsa | 126 | 126.4 | 25 433 | 100 916 | 2 028 |
| | B01_HBB2302305_24－12－45.fsa | 145 | 144.54 | 6 152 | 25 299 | 2 129 |
| 2023－8212 | B02_HBB2302306_24－12－45.fsa | 126 | 126.26 | 14 829 | 55 130 | 2 036 |
| | B02_HBB2302306_24－12－45.fsa | 134 | 133.91 | 13 371 | 48 317 | 2 080 |
| 2023－8213 | B03_HBB2302307_24－12－45.fsa | 126 | 126.32 | 31 270 | 126 105 | 2 003 |
| | B03_HBB2302307_24－12－45.fsa | 145 | 144.65 | 5 896 | 22 403 | 2 103 |
| 2023－8214 | B04_HBB2302308_24－12－45.fsa | 126 | 126.27 | 27 495 | 108 109 | 2 000 |
| | B04_HBB2302308_24－12－45.fsa | 145 | 144.65 | 5 666 | 21 367 | 2 100 |
| 2023－8215 | B05_HBB2302309_24－12－45.fsa | 126 | 126.24 | 19 830 | 79 106 | 1 993 |
| | B05_HBB2302309_24－12－45.fsa | 145 | 144.64 | 5 329 | 20 803 | 2 093 |
| 2023－8216 | B06_HBB2302310_24－12－45.fsa | 126 | 126.17 | 27 810 | 109 479 | 1 975 |
| | B06_HBB2302310_24－12－45.fsa | 136 | 135.9 | 23 710 | 90 869 | 2 029 |
| 2023－8217 | B07_HBB2302311_24－12－45.fsa | 126 | 126.17 | 32 175 | 134 243 | 1 981 |
| 2023－8218 | B08_HBB2302312_24－12－45.fsa | 126 | 126.05 | 18 553 | 75 695 | 1 981 |
| | B08_HBB2302312_24－12－45.fsa | 145 | 144.55 | 5 808 | 22 498 | 2 081 |
| 2023－8219 | B09_HBB2302313_24－12－45.fsa | 145 | 144.45 | 26 785 | 116 223 | 2 077 |

（续）

| 资源序号 | 样本名<br>（sample file name） | 等位基因位点<br>（allele，bp） | 大小<br>（size，bp） | 高度<br>（height，RFU） | 面积<br>（area，RFU） | 数据取值点<br>（data point，RFU） |
|---|---|---|---|---|---|---|
| 2023 - 8220 | B10_HBB2302314_24 - 12 - 45.fsa | 126 | 126.24 | 22 640 | 91 387 | 1 985 |
| | B10_HBB2302314_24 - 12 - 45.fsa | 145 | 144.64 | 6 779 | 28 816 | 2 085 |
| 2023 - 8221 | B11_HBB2302315_24 - 12 - 45.fsa | 126 | 125.97 | 32 594 | 158 104 | 2 023 |
| 2023 - 8222 | B12_HBB2302316_24 - 12 - 45.fsa | 126 | 125.94 | 32 613 | 176 450 | 2 042 |
| 2023 - 8223 | C01_HBB2302317_24 - 12 - 45.fsa | 126 | 126.26 | 19 797 | 75 834 | 2 041 |
| | C01_HBB2302317_24 - 12 - 45.fsa | 145 | 144.55 | 5 152 | 20 507 | 2 143 |
| 2023 - 8224 | C02_HBB2302318_24 - 12 - 45.fsa | 126 | 126.28 | 32 632 | 134 686 | 2 022 |
| 2023 - 8226 | C03_HBB2302319_24 - 12 - 45.fsa | 126 | 126.18 | 22 095 | 85 901 | 2 007 |
| | C03_HBB2302319_24 - 12 - 45.fsa | 145 | 144.65 | 6 120 | 24 534 | 2 108 |
| 2023 - 8227 | C04_HBB2302320_24 - 12 - 45.fsa | 126 | 126.29 | 29 434 | 111 237 | 1 993 |
| | C04_HBB2302320_24 - 12 - 45.fsa | 145 | 144.65 | 3 055 | 11 507 | 2 093 |
| 2023 - 8228 | C05_HBB2302321_24 - 12 - 45.fsa | 145 | 144.56 | 27 125 | 103 684 | 2 073 |
| 2023 - 8229 | C06_HBB2302322_24 - 12 - 45.fsa | 126 | 126.24 | 21 203 | 82 192 | 1 986 |
| | C06_HBB2302322_24 - 12 - 45.fsa | 136 | 136.1 | 5 222 | 19 624 | 2 041 |
| 2023 - 8230 | C07_HBB2302323_24 - 12 - 45.fsa | 126 | 126.07 | 28 763 | 111 812 | 1 969 |
| | C07_HBB2302323_24 - 12 - 45.fsa | 145 | 144.55 | 7 708 | 29 081 | 2 068 |
| 2023 - 8231 | C09_HBB2302325_24 - 12 - 45.fsa | 126 | 126.22 | 32 361 | 138 633 | 1 992 |
| | C09_HBB2302325_24 - 12 - 45.fsa | 145 | 144.65 | 9 382 | 39 138 | 2 092 |
| 2023 - 8232 | C10_HBB2302326_24 - 12 - 45.fsa | 126 | 126.24 | 26 863 | 105 580 | 1 979 |
| | C10_HBB2302326_24 - 12 - 45.fsa | 145 | 144.44 | 8 547 | 35 765 | 2 078 |
| 2023 - 8233 | C11_HBB2302327_24 - 12 - 45.fsa | 126 | 126.29 | 31 525 | 135 229 | 2 018 |
| | C11_HBB2302327_24 - 12 - 45.fsa | 145 | 144.54 | 9 989 | 40 633 | 2 119 |
| 2023 - 8234 | C12_HBB2302328_24 - 12 - 45.fsa | 126 | 126.19 | 32 641 | 162 229 | 2 033 |
| 2023 - 8235 | D01_HBB2302329_24 - 12 - 45.fsa | 126 | 126.13 | 29 367 | 120 637 | 2 048 |
| 2023 - 8236 | D02_HBB2302330_24 - 12 - 45.fsa | 126 | 126.29 | 32 656 | 139 133 | 2 022 |
| 2023 - 8237 | D03_HBB2302331_24 - 12 - 45.fsa | 126 | 126.05 | 29 175 | 113 276 | 1 987 |
| | D03_HBB2302331_24 - 12 - 45.fsa | 145 | 144.55 | 7 429 | 27 955 | 2 087 |
| 2023 - 8238 | D04_HBB2302332_24 - 12 - 45.fsa | 126 | 126.18 | 32 604 | 142 574 | 1 983 |
| 2023 - 8239 | D05_HBB2302333_24 - 12 - 45.fsa | 126 | 126.14 | 31 326 | 118 993 | 1 970 |
| | D05_HBB2302333_24 - 12 - 45.fsa | 145 | 144.55 | 5 578 | 21 665 | 2 069 |

（续）

| 资源序号 | 样本名<br>（sample file name） | 等位基因位点<br>（allele，bp） | 大小<br>（size，bp） | 高度<br>（height，RFU） | 面积<br>（area，RFU） | 数据取值点<br>（data point，RFU） |
|---|---|---|---|---|---|---|
| 2023 - 8240 | D06_HBB2302334_24 - 12 - 45.fsa | 126 | 126.07 | 20 086 | 76 321 | 1 974 |
| | D06_HBB2302334_24 - 12 - 45.fsa | 136 | 136.06 | 16 643 | 62 372 | 2 029 |
| 2023 - 8241 | D07_HBB2302335_24 - 12 - 45.fsa | 126 | 125.98 | 27 153 | 111 463 | 1 990 |
| 2023 - 8242 | D08_HBB2302336_24 - 12 - 45.fsa | 126 | 126.04 | 30 349 | 116 646 | 1 956 |
| 2023 - 8243 | D09_HBB2302337_24 - 12 - 45.fsa | 126 | 126.12 | 22 509 | 91 104 | 1 977 |
| | D09_HBB2302337_24 - 12 - 45.fsa | 145 | 144.55 | 5 903 | 24 048 | 2 076 |
| 2023 - 8244 | D10_HBB2302338_24 - 12 - 45.fsa | 126 | 126.14 | 19 871 | 78 473 | 1 971 |
| | D10_HBB2302338_24 - 12 - 45.fsa | 134 | 133.71 | 17 000 | 67 756 | 2 013 |
| 2023 - 8245 | D11_HBB2302339_24 - 12 - 45.fsa | 145 | 144.66 | 28 118 | 117 237 | 2 107 |
| 2023 - 8246 | D12_HBB2302340_24 - 12 - 45.fsa | 126 | 126.2 | 32 643 | 156 482 | 2 030 |
| 2023 - 8247 | E01_HBB2302341_24 - 12 - 45.fsa | 126 | 126.26 | 27 469 | 105 255 | 2 059 |
| 2023 - 8248 | E02_HBB2302342_24 - 12 - 45.fsa | 126 | 126.14 | 17 170 | 65 730 | 2 031 |
| | E02_HBB2302342_24 - 12 - 45.fsa | 136 | 135.98 | 14 169 | 55 004 | 2 087 |
| 2023 - 8249 | E03_HBB2302343_24 - 12 - 45.fsa | 126 | 126.13 | 23 282 | 92 373 | 2 006 |
| | E03_HBB2302343_24 - 12 - 45.fsa | 136 | 136.11 | 17 778 | 66 953 | 2 062 |
| 2023 - 8250 | E04_HBB2302344_24 - 12 - 45.fsa | 126 | 126.15 | 32 636 | 141 051 | 2 005 |
| 2023 - 8251 | E06_HBB2302346_24 - 12 - 45.fsa | 126 | 126.09 | 31 081 | 115 857 | 1 967 |
| 2023 - 8252 | E07_HBB2302347_24 - 12 - 45.fsa | 126 | 126.09 | 30 267 | 115 062 | 1 964 |
| 2023 - 8253 | E08_HBB2302348_24 - 12 - 45.fsa | 145 | 144.56 | 31 367 | 122 349 | 2 078 |
| 2023 - 8254 | E09_HBB2302349_24 - 12 - 45.fsa | 126 | 126 | 23 955 | 98 664 | 1 981 |
| | E09_HBB2302349_24 - 12 - 45.fsa | 145 | 144.56 | 4 242 | 18 106 | 2 081 |
| 2023 - 8255 | E10_HBB2302350_24 - 12 - 45.fsa | 126 | 126.12 | 7 145 | 29 682 | 1 974 |
| | E10_HBB2302350_24 - 12 - 45.fsa | 145 | 144.55 | 24 995 | 95 183 | 2 073 |
| 2023 - 8256 | E11_HBB2302351_24 - 12 - 45.fsa | 126 | 125.95 | 32 599 | 165 490 | 1 999 |
| 2023 - 8257 | E12_HBB2302352_24 - 12 - 45.fsa | 126 | 126.24 | 32 620 | 161 639 | 2 038 |
| 2023 - 8258 | F01_HBB2302353_24 - 12 - 45.fsa | 126 | 126.2 | 32 635 | 154 400 | 2 061 |
| 2023 - 8259 | F02_HBB2302354_24 - 12 - 45.fsa | 145 | 144.54 | 27 214 | 101 838 | 2 131 |
| 2023 - 8260 | F03_HBB2302355_24 - 12 - 45.fsa | 136 | 135.96 | 32 494 | 141 549 | 2 069 |
| 2023 - 8261 | F04_HBB2302356_24 - 12 - 45.fsa | 134 | 133.8 | 20 252 | 78 636 | 2 056 |
| | F04_HBB2302356_24 - 12 - 45.fsa | 136 | 135.95 | 17 365 | 63 753 | 2 068 |

（续）

| 资源序号 | 样本名<br>（sample file name） | 等位基因位点<br>（allele，bp） | 大小<br>（size，bp） | 高度<br>（height，RFU） | 面积<br>（area，RFU） | 数据取值点<br>（data point，RFU） |
|---|---|---|---|---|---|---|
| 2023－8262 | F05_HBB2302357_24－12－45. fsa | 126 | 126.16 | 31 548 | 118 590 | 1 987 |
|  | F05_HBB2302357_24－12－45. fsa | 145 | 144.56 | 7 508 | 27 940 | 2 086 |
| 2023－8263 | F06_HBB2302358_24－12－45. fsa | 126 | 126.12 | 31 570 | 120 398 | 1 973 |
|  | F06_HBB2302358_24－12－45. fsa | 145 | 144.55 | 8 246 | 31 587 | 2 072 |
| 2023－8264 | F07_HBB2302359_24－12－45. fsa | 126 | 126.12 | 20 755 | 77 214 | 1 972 |
|  | F07_HBB2302359_24－12－45. fsa | 136 | 136.07 | 17 114 | 65 356 | 2 027 |
| 2023－8265 | F08_HBB2302360_24－12－45. fsa | 126 | 126.1 | 32 582 | 142 369 | 1 964 |
| 2023－8266 | F09_HBB2302361_24－12－45. fsa | 126 | 126 | 27 896 | 111 824 | 1 977 |
|  | F09_HBB2302361_24－12－45. fsa | 145 | 144.55 | 7 643 | 31 041 | 2 077 |
| 2023－8267 | F10_HBB2302362_24－12－45. fsa | 126 | 126 | 29 694 | 118 798 | 1 975 |
|  | F10_HBB2302362_24－12－45. fsa | 145 | 144.56 | 6 747 | 26 694 | 2 075 |
| 2023－8268 | F11_HBB2302363_24－12－45. fsa | 145 | 144.35 | 32 483 | 165 658 | 2 119 |
| 2023－8269 | F12_HBB2302364_24－12－45. fsa | 126 | 126.09 | 32 605 | 150 908 | 2 019 |
| 2023－8270 | G01_HBB2302365_24－12－45. fsa | 126 | 126.27 | 32 637 | 148 142 | 2 067 |
| 2023－8271 | G03_HBB2302367_24－12－45. fsa | 145 | 144.66 | 30 434 | 109 360 | 2 118 |
| 2023－8272 | G04_HBB2302368_24－12－45. fsa | 126 | 126.15 | 32 631 | 127 613 | 2 000 |
|  | G04_HBB2302368_24－12－45. fsa | 145 | 144.44 | 6 705 | 26 426 | 2 100 |
| 2023－8273 | G05_HBB2302369_24－12－45. fsa | 126 | 126.22 | 31 336 | 116 899 | 1 990 |
|  | G05_HBB2302369_24－12－45. fsa | 145 | 144.64 | 5 806 | 21 006 | 2 090 |
| 2023－8274 | G06_HBB2302370_24－12－45. fsa | 126 | 126.22 | 23 196 | 87 280 | 1 990 |
|  | G06_HBB2302370_24－12－45. fsa | 145 | 144.65 | 4 932 | 18 558 | 2 090 |
| 2023－8275 | G07_HBB2302371_24－12－45. fsa | 145 | 144.64 | 26 396 | 102 662 | 2 075 |
| 2023－8276 | G08_HBB2302372_24－12－45. fsa | 126 | 126.16 | 32 640 | 142 693 | 1 987 |
| 2023－8277 | G09_HBB2302373_24－12－45. fsa | 126 | 126.19 | 24 503 | 92 711 | 1 975 |
|  | G09_HBB2302373_24－12－45. fsa | 145 | 144.56 | 4 947 | 18 938 | 2 074 |
| 2023－8278 | G10_HBB2302374_24－12－45. fsa | 126 | 126.29 | 32 340 | 137 146 | 1 988 |
| 2023－8279 | G11_HBB2302375_24－12－45. fsa | 145 | 144.54 | 31 925 | 129 466 | 2 115 |
| 2023－8280 | G12_HBB2302376_24－12－45. fsa | 126 | 126.08 | 32 594 | 172 712 | 2 030 |
| 2023－8281 | H01_HBB2302377_24－12－45. fsa | 126 | 126.28 | 31 327 | 125 052 | 2 082 |
|  | H01_HBB2302377_24－12－45. fsa | 145 | 144.63 | 6 824 | 25 385 | 2 186 |

（续）

| 资源序号 | 样本名<br>（sample file name） | 等位基因位点<br>（allele，bp） | 大小<br>（size，<br>bp） | 高度<br>（height，<br>RFU） | 面积<br>（area，<br>RFU） | 数据取值点<br>（data point，<br>RFU） |
|---|---|---|---|---|---|---|
| 2023－8282 | H02_HBB2302378_24－12－45.fsa | 126 | 126.17 | 32 675 | 137 645 | 2 055 |
| 2023－8283 | H03_HBB2302379_24－12－45.fsa | 126 | 126.38 | 30 155 | 113 561 | 2 032 |
| 2023－8284 | H04_HBB2302380_24－12－45.fsa | 126 | 126.23 | 10 933 | 40 409 | 2 015 |
|  | H04_HBB2302380_24－12－45.fsa | 134 | 133.82 | 10 799 | 42 285 | 2 058 |
| 2023－8285 | H05_HBB2302381_24－12－45.fsa | 145 | 144.56 | 26 786 | 98 812 | 2 104 |
| 2023－8286 | H06_HBB2302382_24－12－45.fsa | 126 | 126.34 | 28 006 | 106 112 | 1 999 |
|  | H06_HBB2302382_24－12－45.fsa | 145 | 144.65 | 5 676 | 20 764 | 2 099 |
| 2023－8287 | H07_HBB2302383_24－12－45.fsa | 126 | 126.08 | 32 646 | 142 571 | 1 996 |
| 2023－8288 | H08_HBB2302384_24－12－45.fsa | 126 | 126.15 | 31 309 | 125 538 | 1 999 |
| 2023－8289 | H09_HBB2302385_24－12－45.fsa | 126 | 126.1 | 31 841 | 123 737 | 1 988 |
|  | H09_HBB2302385_24－12－45.fsa | 145 | 144.56 | 7 681 | 27 852 | 2 088 |
| 2023－8290 | A01_HBB2302387_08－49－11.fsa | 126 | 126.17 | 25 455 | 96 744 | 2 059 |
| 2023－8291 | A02_HBB2302388_08－49－11.fsa | 126 | 126.24 | 20 329 | 80 033 | 2 045 |
|  | A02_HBB2302388_08－49－11.fsa | 145 | 144.54 | 2 338 | 8 699 | 2 147 |
| 2023－8292 | A03_HBB2302389_08－49－11.fsa | 126 | 126.25 | 30 140 | 110 280 | 2 016 |
| 2023－8293 | A04_HBB2302390_08－49－11.fsa | 126 | 126.18 | 20 608 | 80 249 | 2 010 |
| 2023－8294 | A05_HBB2302391_08－49－11.fsa | 126 | 126.27 | 21 088 | 82 427 | 1 999 |
| 2023－8295 | A06_HBB2302392_08－49－11.fsa | 145 | 144.64 | 22 885 | 89 586 | 2 095 |
| 2023－8296 | A07_HBB2302393_08－49－11.fsa | 145 | 144.44 | 20 588 | 81 419 | 2 087 |
| 2023－8297 | A08_HBB2302394_08－49－11.fsa | 145 | 144.65 | 18 663 | 73 948 | 2 115 |
| 2023－8298 | A09_HBB2302395_08－49－11.fsa | 126 | 126.14 | 22 269 | 88 528 | 2 008 |
| 2023－8299 | A10_HBB2302396_08－49－11.fsa | 126 | 126.24 | 18 749 | 76 305 | 2 020 |
|  | A10_HBB2302396_08－49－11.fsa | 145 | 144.54 | 3 929 | 16 284 | 2 121 |
| 2023－8300 | A11_HBB2302397_08－49－11.fsa | 126 | 126.13 | 31 840 | 142 238 | 2 048 |
| 2023－8301 | A12_HBB2302398_08－49－11.fsa | 126 | 126.26 | 23 002 | 94 893 | 2 069 |
| 2023－8302 | B01_HBB2302399_08－49－11.fsa | 126 | 126.33 | 15 634 | 61 594 | 2 032 |
|  | B01_HBB2302399_08－49－11.fsa | 145 | 144.73 | 4 409 | 18 056 | 2 134 |
| 2023－8303 | B02_HBB2302400_08－49－11.fsa | 126 | 126.2 | 24 393 | 92 842 | 2 040 |
| 2023－8304 | B03_HBB2302401_08－49－11.fsa | 126 | 126.32 | 14 811 | 58 301 | 2 008 |
|  | B03_HBB2302401_08－49－11.fsa | 145 | 144.65 | 3 805 | 14 980 | 2 108 |

（续）

| 资源序号 | 样本名<br>（sample file name） | 等位基因位点<br>（allele，bp） | 大小<br>（size，bp） | 高度<br>（height，RFU） | 面积<br>（area，RFU） | 数据取值点<br>（data point，RFU） |
|---|---|---|---|---|---|---|
| 2023 - 8305 | B04_HBB2302402_08 - 49 - 11. fsa | 126 | 126.08 | 17 167 | 65 296 | 2 005 |
| | B04_HBB2302402_08 - 49 - 11. fsa | 145 | 144.56 | 3 591 | 14 590 | 2 105 |
| 2023 - 8306 | B05_HBB2302403_08 - 49 - 11. fsa | 126 | 126.22 | 16 767 | 64 412 | 1 999 |
| | B05_HBB2302403_08 - 49 - 11. fsa | 145 | 144.44 | 3 611 | 14 719 | 2 098 |
| 2023 - 8307 | B06_HBB2302404_08 - 49 - 11. fsa | 126 | 126.19 | 16 691 | 65 882 | 1 979 |
| | B06_HBB2302404_08 - 49 - 11. fsa | 145 | 144.55 | 4 185 | 16 801 | 2 078 |
| 2023 - 8308 | B07_HBB2302405_08 - 49 - 11. fsa | 126 | 125.98 | 15 704 | 62 681 | 1 987 |
| | B07_HBB2302405_08 - 49 - 11. fsa | 145 | 144.55 | 3 610 | 14 161 | 2 087 |
| 2023 - 8309 | B08_HBB2302406_08 - 49 - 11. fsa | 126 | 126.23 | 19 785 | 79 556 | 1 988 |
| | B08_HBB2302406_08 - 49 - 11. fsa | 145 | 144.56 | 4 504 | 17 986 | 2 087 |
| 2023 - 8310 | B09_HBB2302407_08 - 49 - 11. fsa | 126 | 126.24 | 17 761 | 72 080 | 1 985 |
| | B09_HBB2302407_08 - 49 - 11. fsa | 145 | 144.44 | 2 839 | 12 317 | 2 084 |
| 2023 - 8311 | B11_HBB2302409_08 - 49 - 11. fsa | 126 | 125.97 | 24 293 | 105 693 | 2 029 |
| 2023 - 8312 | B12_HBB2302410_08 - 49 - 11. fsa | 126 | 126.12 | 21 487 | 90 589 | 2 048 |
| | B12_HBB2302410_08 - 49 - 11. fsa | 145 | 144.55 | 4 782 | 20 761 | 2 151 |
| 2023 - 8313 | C01_HBB2302411_08 - 49 - 11. fsa | 126 | 126.2 | 18 368 | 73 987 | 2 045 |
| | C01_HBB2302411_08 - 49 - 11. fsa | 145 | 144.65 | 3 709 | 14 517 | 2 147 |
| 2023 - 8314 | C02_HBB2302412_08 - 49 - 11. fsa | 126 | 126.29 | 19 844 | 77 480 | 2 025 |
| | C02_HBB2302412_08 - 49 - 11. fsa | 145 | 144.73 | 4 564 | 18 253 | 2 127 |
| 2023 - 8315 | C03_HBB2302413_08 - 49 - 11. fsa | 126 | 126.18 | 11 118 | 44 300 | 2 013 |
| | C03_HBB2302413_08 - 49 - 11. fsa | 136 | 135.95 | 9 141 | 36 310 | 2 068 |
| 2023 - 8316 | C04_HBB2302414_08 - 49 - 11. fsa | 126 | 126.1 | 18 221 | 67 164 | 1 998 |
| | C04_HBB2302414_08 - 49 - 11. fsa | 145 | 144.56 | 4 803 | 18 774 | 2 098 |
| 2023 - 8317 | C05_HBB2302415_08 - 49 - 11. fsa | 126 | 126.12 | 15 628 | 57 567 | 1 980 |
| | C05_HBB2302415_08 - 49 - 11. fsa | 145 | 144.55 | 3 690 | 14 625 | 2 079 |
| 2023 - 8318 | C06_HBB2302416_08 - 49 - 11. fsa | 126 | 126.17 | 15 069 | 59 184 | 1 993 |
| | C06_HBB2302416_08 - 49 - 11. fsa | 145 | 144.56 | 3 252 | 13 354 | 2 092 |
| 2023 - 8319 | C07_HBB2302417_08 - 49 - 11. fsa | 126 | 126.14 | 21 694 | 82 847 | 1 975 |
| 2023 - 8320 | C08_HBB2302418_08 - 49 - 11. fsa | 126 | 126.27 | 19 167 | 78 189 | 1 972 |
| | C08_HBB2302418_08 - 49 - 11. fsa | 145 | 144.55 | 2 716 | 10 410 | 2 070 |

（续）

| 资源序号 | 样本名<br>（sample file name） | 等位基因位点<br>（allele，bp） | 大小<br>（size，bp） | 高度<br>（height，RFU） | 面积<br>（area，RFU） | 数据取值点<br>（data point，RFU） |
|---|---|---|---|---|---|---|
| 2023－8321 | C09_HBB2302419_08－49－11. fsa | 126 | 126.09 | 19 517 | 77 403 | 1 997 |
| | C09_HBB2302419_08－49－11. fsa | 145 | 144.44 | 4 577 | 17 869 | 2 097 |
| 2023－8322 | C10_HBB2302420_08－49－11. fsa | 126 | 126 | 19 531 | 82 165 | 1 985 |
| | C10_HBB2302420_08－49－11. fsa | 145 | 144.56 | 4 053 | 16 192 | 2 085 |
| 2023－8323 | C11_HBB2302421_08－49－11. fsa | 126 | 126.04 | 22 055 | 89 800 | 2 022 |
| 2023－8324 | C12_HBB2302422_08－49－11. fsa | 126 | 126.19 | 11 373 | 46 869 | 2 039 |
| | C12_HBB2302422_08－49－11. fsa | 136 | 135.99 | 9 217 | 39 824 | 2 095 |
| 2023－8325 | D01_HBB2302423_08－49－11. fsa | 126 | 126.24 | 22 152 | 86 023 | 2 054 |
| 2023－8326 | D02_HBB2302424_08－49－11. fsa | 126 | 126.29 | 18 373 | 70 259 | 2 026 |
| | D02_HBB2302424_08－49－11. fsa | 145 | 144.54 | 2 465 | 9 767 | 2 127 |
| 2023－8327 | D03_HBB2302425_08－49－11. fsa | 126 | 126.16 | 21 129 | 86 337 | 1 993 |
| 2023－8328 | D04_HBB2302426_08－49－11. fsa | 126 | 126.17 | 13 896 | 51 385 | 1 989 |
| | D04_HBB2302426_08－49－11. fsa | 145 | 144.56 | 9 032 | 34 590 | 2 088 |
| 2023－8329 | D05_HBB2302427_08－49－11. fsa | 126 | 126.08 | 20 357 | 75 367 | 1 975 |
| | D05_HBB2302427_08－49－11. fsa | 145 | 144.67 | 2 653 | 10 784 | 2 074 |
| 2023－8330 | D06_HBB2302428_08－49－11. fsa | 145 | 144.56 | 20 728 | 79 078 | 2 080 |
| 2023－8331 | D08_HBB2302430_08－49－11. fsa | 145 | 144.54 | 17 425 | 69 082 | 2 061 |
| 2023－8332 | D09_HBB2302431_08－49－11. fsa | 126 | 126.12 | 18 087 | 75 637 | 1 983 |
| 2023－8333 | D10_HBB2302432_08－49－11. fsa | 136 | 135.89 | 12 501 | 50 830 | 2 031 |
| | D10_HBB2302432_08－49－11. fsa | 145 | 144.55 | 2 767 | 10 733 | 2 076 |
| 2023－8334 | D11_HBB2302433_08－49－11. fsa | 126 | 126.18 | 20 512 | 81 975 | 2 011 |
| 2023－8335 | D12_HBB2302434_08－49－11. fsa | 126 | 126.19 | 18 195 | 72 997 | 2 036 |
| | D12_HBB2302434_08－49－11. fsa | 145 | 144.55 | 5 148 | 20 814 | 2 138 |
| 2023－8336 | E01_HBB2302435_08－49－11. fsa | 126 | 126.29 | 16 489 | 64 488 | 2 067 |
| | E01_HBB2302435_08－49－11. fsa | 145 | 144.55 | 2 972 | 11 921 | 2 169 |
| 2023－8337 | E02_HBB2302436_08－49－11. fsa | 126 | 126.15 | 17 521 | 68 232 | 2 036 |
| 2023－8338 | E03_HBB2302437_08－49－11. fsa | 126 | 126.18 | 15 572 | 57 973 | 2 012 |
| | E03_HBB2302437_08－49－11. fsa | 145 | 144.65 | 3 470 | 14 442 | 2 113 |
| 2023－8339 | E04_HBB2302438_08－49－11. fsa | 126 | 126.15 | 9 194 | 37 460 | 2 010 |
| | E04_HBB2302438_08－49－11. fsa | 136 | 136.12 | 7 683 | 31 108 | 2 066 |

（续）

| 资源序号 | 样本名<br>（sample file name） | 等位基因位点<br>（allele，bp） | 大小<br>（size，bp） | 高度<br>（height，RFU） | 面积<br>（area，RFU） | 数据取值点<br>（data point，RFU） |
|---|---|---|---|---|---|---|
| 2023－8340 | E05_HBB2302439_08－49－11. fsa | 126 | 126.05 | 22 619 | 89 079 | 1 997 |
| 2023－8341 | E06_HBB2302440_08－49－11. fsa | 126 | 126.09 | 17 122 | 66 375 | 1 973 |
| | E06_HBB2302440_08－49－11. fsa | 145 | 144.55 | 4 592 | 17 445 | 2 072 |
| 2023－8342 | E07_HBB2302441_08－49－11. fsa | 126 | 126.09 | 18 993 | 71 878 | 1 969 |
| 2023－8343 | E08_HBB2302442_08－49－11. fsa | 126 | 126.1 | 16 820 | 64 219 | 1 987 |
| | E08_HBB2302442_08－49－11. fsa | 145 | 144.56 | 3 551 | 14 531 | 2 086 |
| 2023－8344 | E09_HBB2302443_08－49－11. fsa | 126 | 126.24 | 17 764 | 70 649 | 1 988 |
| 2023－8345 | E10_HBB2302444_08－49－11. fsa | 126 | 126 | 15 112 | 63 875 | 1 979 |
| | E10_HBB2302444_08－49－11. fsa | 145 | 144.55 | 2 778 | 11 523 | 2 079 |
| 2023－8346 | E11_HBB2302445_08－49－11. fsa | 136 | 135.93 | 13 456 | 56 479 | 2 062 |
| | E11_HBB2302445_08－49－11. fsa | 145 | 144.65 | 3 114 | 13 608 | 2 108 |
| 2023－8347 | E12_HBB2302446_08－49－11. fsa | 126 | 126.06 | 16 551 | 70 414 | 2 042 |
| | E12_HBB2302446_08－49－11. fsa | 145 | 144.55 | 3 868 | 17 165 | 2 145 |
| 2023－8348 | F01_HBB2302447_08－49－11. fsa | 134 | 133.89 | 10 042 | 41 438 | 2 107 |
| | F01_HBB2302447_08－49－11. fsa | 145 | 144.54 | 3 355 | 13 996 | 2 165 |
| 2023－8349 | F02_HBB2302448_08－49－11. fsa | 126 | 126.2 | 11 429 | 46 948 | 2 035 |
| 2023－8350 | F03_HBB2302449_08－49－11. fsa | 126 | 126.24 | 17 099 | 68 824 | 2 018 |
| | F03_HBB2302449_08－49－11. fsa | 145 | 144.54 | 3 374 | 13 533 | 2 119 |
| 2023－8351 | F05_HBB2302451_08－49－11. fsa | 126 | 126.23 | 17 045 | 65 023 | 1 993 |
| | F05_HBB2302451_08－49－11. fsa | 145 | 144.56 | 2 190 | 8 613 | 2 092 |
| 2023－8352 | F06_HBB2302452_08－49－11. fsa | 126 | 126.14 | 16 991 | 64 185 | 1 978 |
| | F06_HBB2302452_08－49－11. fsa | 145 | 144.55 | 3 579 | 13 637 | 2 077 |
| 2023－8353 | F07_HBB2302453_08－49－11. fsa | 126 | 126.2 | 16 053 | 63 482 | 1 977 |
| | F07_HBB2302453_08－49－11. fsa | 145 | 144.64 | 4 548 | 18 486 | 2 077 |
| 2023－8354 | F08_HBB2302454_08－49－11. fsa | 126 | 126.09 | 17 953 | 67 108 | 1 970 |
| | F08_HBB2302454_08－49－11. fsa | 145 | 144.55 | 3 952 | 14 950 | 2 069 |
| 2023－8355 | F09_HBB2302455_08－49－11. fsa | 126 | 126.17 | 16 857 | 68 014 | 1 985 |
| | F09_HBB2302455_08－49－11. fsa | 145 | 144.56 | 4 436 | 16 886 | 2 084 |
| 2023－8356 | F10_HBB2302456_08－49－11. fsa | 126 | 126 | 18 637 | 75 986 | 1 982 |
| | F10_HBB2302456_08－49－11. fsa | 145 | 144.56 | 4 450 | 17 452 | 2 082 |

（续）

| 资源序号 | 样本名<br>（sample file name） | 等位基因位点<br>（allele，bp） | 大小<br>（size，bp） | 高度<br>（height，RFU） | 面积<br>（area，RFU） | 数据取值点<br>（data point，RFU） |
|---|---|---|---|---|---|---|
| 2023 - 8357 | F11_HBB2302457_08 - 49 - 11. fsa | 126 | 126.11 | 26 929 | 107 729 | 2 024 |
| 2023 - 8358 | F12_HBB2302458_08 - 49 - 11. fsa | 126 | 126.15 | 24 269 | 97 350 | 2 025 |
| 2023 - 8359 | G01_HBB2302459_08 - 49 - 11. fsa | 126 | 126.2 | 24 637 | 93 157 | 2 068 |
| 2023 - 8360 | G02_HBB2302460_08 - 49 - 11. fsa | 126 | 126.26 | 23 776 | 87 806 | 2 049 |
| 2023 - 8361 | G03_HBB2302461_08 - 49 - 11. fsa | 126 | 126.23 | 16 370 | 63 222 | 2 022 |
| 2023 - 8362 | G04_HBB2302462_08 - 49 - 11. fsa | 145 | 144.56 | 14 756 | 56 262 | 2 106 |
| 2023 - 8363 | G05_HBB2302463_08 - 49 - 11. fsa | 126 | 126.23 | 18 493 | 71 238 | 1 997 |
| | G05_HBB2302463_08 - 49 - 11. fsa | 145 | 144.56 | 3 772 | 14 091 | 2 096 |
| 2023 - 8364 | G06_HBB2302464_08 - 49 - 11. fsa | 126 | 126.1 | 8 412 | 33 276 | 1 997 |
| | G06_HBB2302464_08 - 49 - 11. fsa | 145 | 144.56 | 1 582 | 6 307 | 2 097 |
| 2023 - 8365 | G07_HBB2302465_08 - 49 - 11. fsa | 126 | 125.98 | 6 140 | 26 328 | 1 981 |
| | G07_HBB2302465_08 - 49 - 11. fsa | 136 | 135.89 | 5 079 | 20 354 | 2 036 |
| 2023 - 8366 | G08_HBB2302466_08 - 49 - 11. fsa | 126 | 126.29 | 14 757 | 57 911 | 1 995 |
| | G08_HBB2302466_08 - 49 - 11. fsa | 145 | 144.64 | 2 552 | 10 351 | 2 095 |
| 2023 - 8367 | G09_HBB2302467_08 - 49 - 11. fsa | 126 | 126.24 | 14 506 | 58 102 | 1 982 |
| | G09_HBB2302467_08 - 49 - 11. fsa | 145 | 144.64 | 2 725 | 10 820 | 2 082 |
| 2023 - 8368 | G10_HBB2302468_08 - 49 - 11. fsa | 126 | 126.09 | 16 063 | 63 954 | 1 995 |
| 2023 - 8369 | G11_HBB2302469_08 - 49 - 11. fsa | 126 | 126.17 | 16 485 | 67 272 | 2 020 |
| | G11_HBB2302469_08 - 49 - 11. fsa | 145 | 144.54 | 3 530 | 14 367 | 2 122 |
| 2023 - 8370 | G12_HBB2302470_08 - 49 - 11. fsa | 126 | 126.06 | 19 636 | 77 108 | 2 038 |
| | G12_HBB2302470_08 - 49 - 11. fsa | 145 | 144.54 | 3 676 | 15 004 | 2 141 |
| 2023 - 8371 | H02_HBB2302472_08 - 49 - 11. fsa | 126 | 126.33 | 18 080 | 69 888 | 2 062 |
| 2023 - 8372 | H03_HBB2302473_08 - 49 - 11. fsa | 126 | 126.2 | 11 726 | 44 663 | 2 037 |
| | H03_HBB2302473_08 - 49 - 11. fsa | 145 | 144.65 | 3 593 | 14 213 | 2 139 |
| 2023 - 8373 | H04_HBB2302474_08 - 49 - 11. fsa | 126 | 126.23 | 14 517 | 54 738 | 2 021 |
| | H04_HBB2302474_08 - 49 - 11. fsa | 145 | 144.64 | 3 555 | 13 557 | 2 122 |
| 2023 - 8374 | H05_HBB2302475_08 - 49 - 11. fsa | 126 | 126.3 | 22 098 | 85 848 | 2 011 |
| 2023 - 8375 | H06_HBB2302476_08 - 49 - 11. fsa | 126 | 126.32 | 14 617 | 56 652 | 2 006 |
| | H06_HBB2302476_08 - 49 - 11. fsa | 145 | 144.65 | 3 451 | 12 910 | 2 106 |

（续）

| 资源序号 | 样本名<br>（sample file name） | 等位基因位点<br>（allele，bp） | 大小<br>（size，<br>bp） | 高度<br>（height，<br>RFU） | 面积<br>（area，<br>RFU） | 数据取值点<br>（data point，<br>RFU） |
|---|---|---|---|---|---|---|
| 2023 - 8376 | H07_HBB2302477_08 - 49 - 11. fsa | 126 | 126.32 | 15 319 | 59 510 | 2 003 |
| | H07_HBB2302477_08 - 49 - 11. fsa | 145 | 144.65 | 4 859 | 18 104 | 2 103 |
| 2023 - 8377 | H08_HBB2302478_08 - 49 - 11. fsa | 126 | 126.15 | 18 217 | 71 937 | 2 006 |
| 2023 - 8378 | H09_HBB2302479_08 - 49 - 11. fsa | 126 | 126.08 | 12 812 | 48 099 | 1 996 |
| | H09_HBB2302479_08 - 49 - 11. fsa | 145 | 144.56 | 2 992 | 11 258 | 2 096 |
| 2023 - 8379 | H10_HBB2302480_08 - 49 - 11. fsa | 126 | 126.12 | 7 062 | 29 490 | 2 001 |
| | H10_HBB2302480_08 - 49 - 11. fsa | 136 | 135.93 | 6 452 | 25 432 | 2 056 |

## 31 P31

| 资源序号 | 样本名<br>（sample file name） | 等位基因位点<br>（allele，bp） | 大小<br>（size，<br>bp） | 高度<br>（height，<br>RFU） | 面积<br>（area，<br>RFU） | 数据取值点<br>（data point，<br>RFU） |
|---|---|---|---|---|---|---|
| 2023 - 8200 | A01_HBB2302293_24 - 12 - 45. fsa | 264 | 264.87 | 20 012 | 106 967 | 2 884 |
| | A01_HBB2302293_24 - 12 - 45. fsa | 279 | 279.54 | 10 425 | 54 397 | 2 980 |
| 2023 - 8201 | A02_HBB2302294_24 - 12 - 45. fsa | 264 | 264.49 | 32 580 | 194 264 | 2 862 |
| 2023 - 8202 | A03_HBB2302295_24 - 12 - 45. fsa | 264 | 264.5 | 27 528 | 118 120 | 2 818 |
| | A03_HBB2302295_24 - 12 - 45. fsa | 276 | 276.29 | 18 481 | 78 547 | 2 893 |
| 2023 - 8203 | A04_HBB2302296_24 - 12 - 45. fsa | 264 | 264.51 | 27 510 | 131 643 | 2 811 |
| | A04_HBB2302296_24 - 12 - 45. fsa | 266 | 266.56 | 23 423 | 107 523 | 2 824 |
| 2023 - 8204 | A05_HBB2302297_24 - 12 - 45. fsa | 264 | 264.32 | 25 139 | 121 381 | 2 797 |
| | A05_HBB2302297_24 - 12 - 45. fsa | 266 | 266.38 | 21 203 | 99 677 | 2 810 |
| 2023 - 8205 | A06_HBB2302298_24 - 12 - 45. fsa | 264 | 264.46 | 32 064 | 161 337 | 2 791 |
| 2023 - 8206 | A07_HBB2302299_24 - 12 - 45. fsa | 264 | 264.33 | 32 614 | 193 050 | 2 782 |
| 2023 - 8207 | A08_HBB2302300_24 - 12 - 45. fsa | 264 | 264.55 | 32 085 | 163 914 | 2 816 |
| 2023 - 8208 | A09_HBB2302301_24 - 12 - 45. fsa | 272 | 271.64 | 15 743 | 79 247 | 2 852 |
| | A09_HBB2302301_24 - 12 - 45. fsa | 276 | 276.22 | 14 979 | 70 915 | 2 881 |
| 2023 - 8209 | A10_HBB2302302_24 - 12 - 45. fsa | 264 | 264.46 | 25 969 | 149 761 | 2 824 |
| | A10_HBB2302302_24 - 12 - 45. fsa | 279 | 279.19 | 14 681 | 85 698 | 2 918 |

（续）

| 资源序号 | 样本名<br>（sample file name） | 等位基因位点<br>（allele，bp） | 大小<br>（size，bp） | 高度<br>（height，RFU） | 面积<br>（area，RFU） | 数据取值点<br>（data point，RFU） |
|---|---|---|---|---|---|---|
| 2023-8210 | A11_HBB2302303_24-12-45.fsa | 266 | 266.51 | 32 649 | 192 062 | 2 878 |
| | A11_HBB2302303_24-12-45.fsa | 293 | 293.56 | 15 500 | 78 080 | 3 054 |
| 2023-8211 | B01_HBB2302305_24-12-45.fsa | 272 | 271.86 | 22 492 | 104 277 | 2 892 |
| | B01_HBB2302305_24-12-45.fsa | 279 | 279.44 | 16 882 | 77 252 | 2 941 |
| 2023-8212 | B02_HBB2302306_24-12-45.fsa | 276 | 276.35 | 27 306 | 115 601 | 2 932 |
| | B02_HBB2302306_24-12-45.fsa | 309 | 309.83 | 7 620 | 33 322 | 3 145 |
| 2023-8213 | B03_HBB2302307_24-12-45.fsa | 264 | 264.38 | 26 339 | 128 922 | 2 808 |
| | B03_HBB2302307_24-12-45.fsa | 276 | 276.21 | 17 884 | 86 674 | 2 883 |
| 2023-8214 | B04_HBB2302308_24-12-45.fsa | 264 | 264.43 | 27 556 | 128 174 | 2 804 |
| | B04_HBB2302308_24-12-45.fsa | 279 | 279.15 | 14 959 | 74 767 | 2 897 |
| 2023-8215 | B05_HBB2302309_24-12-45.fsa | 264 | 264.36 | 21 409 | 102 525 | 2 792 |
| | B05_HBB2302309_24-12-45.fsa | 308 | 308.59 | 4 281 | 20 367 | 3 067 |
| 2023-8216 | B06_HBB2302310_24-12-45.fsa | 264 | 264.29 | 21 840 | 103 489 | 2 771 |
| | B06_HBB2302310_24-12-45.fsa | 279 | 279.2 | 12 671 | 62 662 | 2 864 |
| 2023-8217 | B07_HBB2302311_24-12-45.fsa | 264 | 264.41 | 25 695 | 118 821 | 2 778 |
| | B07_HBB2302311_24-12-45.fsa | 276 | 276.08 | 17 742 | 80 880 | 2 851 |
| 2023-8218 | B08_HBB2302312_24-12-45.fsa | 266 | 266.32 | 19 008 | 87 400 | 2 792 |
| | B08_HBB2302312_24-12-45.fsa | 276 | 276.07 | 13 140 | 62 617 | 2 853 |
| 2023-8219 | B09_HBB2302313_24-12-45.fsa | 264 | 264.29 | 22 563 | 115 923 | 2 775 |
| | B09_HBB2302313_24-12-45.fsa | 266 | 266.22 | 13 585 | 67 099 | 2 787 |
| 2023-8220 | B10_HBB2302314_24-12-45.fsa | 266 | 266.17 | 23 862 | 110 805 | 2 796 |
| | B10_HBB2302314_24-12-45.fsa | 276 | 276.07 | 17 233 | 81 108 | 2 858 |
| 2023-8221 | B11_HBB2302315_24-12-45.fsa | 279 | 279.17 | 15 418 | 73 328 | 2 936 |
| | B11_HBB2302315_24-12-45.fsa | 285 | 284.93 | 11 017 | 52 451 | 2 973 |
| 2023-8222 | B12_HBB2302316_24-12-45.fsa | 264 | 264.51 | 24 731 | 131 989 | 2 868 |
| | B12_HBB2302316_24-12-45.fsa | 279 | 279.28 | 13 560 | 75 943 | 2 964 |
| 2023-8223 | C01_HBB2302317_24-12-45.fsa | 262 | 262.69 | 22 519 | 98 609 | 2 850 |
| | C01_HBB2302317_24-12-45.fsa | 266 | 266.71 | 20 147 | 92 070 | 2 876 |
| 2023-8224 | C02_HBB2302318_24-12-45.fsa | 264 | 264.67 | 29 222 | 128 597 | 2 836 |
| | C02_HBB2302318_24-12-45.fsa | 266 | 266.54 | 27 617 | 114 839 | 2 848 |

（续）

| 资源序号 | 样本名<br>（sample file name） | 等位基因位点<br>（allele，bp） | 大小<br>（size，bp） | 高度<br>（height，RFU） | 面积<br>（area，RFU） | 数据取值点<br>（data point，RFU） |
|---|---|---|---|---|---|---|
| 2023－8226 | C03_HBB2302319_24－12－45. fsa | 276 | 276.05 | 32 441 | 178 547 | 2 889 |
| 2023－8227 | C04_HBB2302320_24－12－45. fsa | 266 | 266.26 | 22 220 | 97 754 | 2 807 |
| | C04_HBB2302320_24－12－45. fsa | 276 | 275.98 | 15 575 | 68 642 | 2 868 |
| 2023－8228 | C05_HBB2302321_24－12－45. fsa | 272 | 271.42 | 15 749 | 74 768 | 2 812 |
| | C05_HBB2302321_24－12－45. fsa | 276 | 276.08 | 14 612 | 62 515 | 2 841 |
| 2023－8229 | C06_HBB2302322_24－12－45. fsa | 266 | 266.32 | 23 152 | 100 802 | 2 796 |
| | C06_HBB2302322_24－12－45. fsa | 293 | 293.62 | 8 397 | 37 579 | 2 967 |
| 2023－8230 | C07_HBB2302323_24－12－45. fsa | 264 | 264.22 | 22 326 | 104 094 | 2 761 |
| | C07_HBB2302323_24－12－45. fsa | 279 | 279.06 | 12 465 | 60 238 | 2 853 |
| 2023－8231 | C09_HBB2302325_24－12－45. fsa | 264 | 264.2 | 28 605 | 138 792 | 2 792 |
| | C09_HBB2302325_24－12－45. fsa | 279 | 279.01 | 15 779 | 75 228 | 2 885 |
| 2023－8232 | C10_HBB2302326_24－12－45. fsa | 264 | 264.29 | 23 419 | 109 523 | 2 777 |
| | C10_HBB2302326_24－12－45. fsa | 276 | 276 | 15 590 | 72 621 | 2 850 |
| 2023－8233 | C11_HBB2302327_24－12－45. fsa | 264 | 264.31 | 28 428 | 143 430 | 2 831 |
| | C11_HBB2302327_24－12－45. fsa | 279 | 279.2 | 15 742 | 84 867 | 2 926 |
| 2023－8234 | C12_HBB2302328_24－12－45. fsa | 266 | 266.39 | 22 519 | 106 794 | 2 867 |
| | C12_HBB2302328_24－12－45. fsa | 276 | 276.12 | 15 535 | 73 817 | 2 930 |
| 2023－8235 | D01_HBB2302329_24－12－45. fsa | 264 | 264.8 | 29 223 | 137 865 | 2 872 |
| | D01_HBB2302329_24－12－45. fsa | 266 | 266.65 | 26 635 | 113 940 | 2 884 |
| 2023－8236 | D02_HBB2302330_24－12－45. fsa | 276 | 276.12 | 26 407 | 112 770 | 2 910 |
| | D02_HBB2302330_24－12－45. fsa | 297 | 297.35 | 9 801 | 43 805 | 3 046 |
| 2023－8237 | D03_HBB2302331_24－12－45. fsa | 264 | 264.36 | 27 897 | 121 905 | 2 786 |
| | D03_HBB2302331_24－12－45. fsa | 293 | 293.48 | 10 219 | 44 298 | 2 969 |
| 2023－8238 | D04_HBB2302332_24－12－45. fsa | 305 | 305.53 | 13 169 | 55 780 | 3 036 |
| | D04_HBB2302332_24－12－45. fsa | 309 | 309.57 | 8 755 | 34 899 | 3 060 |
| 2023－8239 | D05_HBB2302333_24－12－45. fsa | 264 | 264.38 | 30 298 | 138 612 | 2 762 |
| | D05_HBB2302333_24－12－45. fsa | 285 | 284.86 | 8 385 | 41 531 | 2 889 |
| 2023－8240 | D06_HBB2302334_24－12－45. fsa | 279 | 279.06 | 18 775 | 92 627 | 2 859 |
| | D06_HBB2302334_24－12－45. fsa | 309 | 309.41 | 6 918 | 35 624 | 3 045 |

（续）

| 资源序号 | 样本名<br>（sample file name） | 等位基因位点<br>（allele，bp） | 大小<br>（size，bp） | 高度<br>（height，RFU） | 面积<br>（area，RFU） | 数据取值点<br>（data point，RFU） |
|---|---|---|---|---|---|---|
| 2023－8241 | D07_HBB2302335_24－12－45.fsa | 266 | 266.22 | 23 242 | 100 522 | 2 801 |
| | D07_HBB2302335_24－12－45.fsa | 276 | 276 | 16 431 | 72 731 | 2 862 |
| 2023－8242 | D08_HBB2302336_24－12－45.fsa | 266 | 266.1 | 20 347 | 101 083 | 2 755 |
| | D08_HBB2302336_24－12－45.fsa | 279 | 279.09 | 12 121 | 60 996 | 2 835 |
| 2023－8243 | D09_HBB2302337_24－12－45.fsa | 264 | 264.35 | 14 128 | 65 887 | 2 772 |
| | D09_HBB2302337_24－12－45.fsa | 276 | 275.93 | 9 954 | 47 548 | 2 844 |
| 2023－8244 | D10_HBB2302338_24－12－45.fsa | 266 | 266.29 | 29 217 | 136 654 | 2 777 |
| | D10_HBB2302338_24－12－45.fsa | 305 | 305.33 | 7 466 | 33 604 | 3 019 |
| 2023－8245 | D11_HBB2302339_24－12－45.fsa | 264 | 264.35 | 19 350 | 100 268 | 2 816 |
| | D11_HBB2302339_24－12－45.fsa | 279 | 279.13 | 10 755 | 60 222 | 2 910 |
| 2023－8246 | D12_HBB2302340_24－12－45.fsa | 264 | 264.39 | 29 814 | 144 689 | 2 851 |
| | D12_HBB2302340_24－12－45.fsa | 266 | 266.4 | 24 219 | 113 760 | 2 864 |
| 2023－8247 | E01_HBB2302341_24－12－45.fsa | 279 | 279.51 | 15 289 | 78 301 | 2 976 |
| | E01_HBB2302341_24－12－45.fsa | 293 | 293.84 | 9 219 | 52 382 | 3 069 |
| 2023－8248 | E02_HBB2302342_24－12－45.fsa | 276 | 276.21 | 10 074 | 55 733 | 2 923 |
| | E02_HBB2302342_24－12－45.fsa | 293 | 293.63 | 10 351 | 50 841 | 3 035 |
| 2023－8249 | E03_HBB2302343_24－12－45.fsa | 276 | 276.05 | 32 497 | 148 369 | 2 887 |
| 2023－8250 | E04_HBB2302344_24－12－45.fsa | 266 | 266.22 | 23 564 | 103 790 | 2 822 |
| | E04_HBB2302344_24－12－45.fsa | 276 | 276.06 | 17 037 | 73 586 | 2 884 |
| 2023－8251 | E06_HBB2302346_24－12－45.fsa | 264 | 264.28 | 16 942 | 73 203 | 2 758 |
| | E06_HBB2302346_24－12－45.fsa | 279 | 279 | 9 203 | 42 020 | 2 849 |
| 2023－8252 | E07_HBB2302347_24－12－45.fsa | 283 | 282.87 | 9 483 | 43 353 | 2 871 |
| | E07_HBB2302347_24－12－45.fsa | 305 | 305.42 | 4 623 | 21 055 | 3 009 |
| 2023－8253 | E08_HBB2302348_24－12－45.fsa | 264 | 264.18 | 23 843 | 105 036 | 2 774 |
| | E08_HBB2302348_24－12－45.fsa | 279 | 278.97 | 12 458 | 60 349 | 2 866 |
| 2023－8254 | E09_HBB2302349_24－12－45.fsa | 264 | 264.12 | 18 210 | 84 369 | 2 778 |
| | E09_HBB2302349_24－12－45.fsa | 276 | 275.98 | 11 821 | 55 677 | 2 852 |
| 2023－8255 | E10_HBB2302350_24－12－45.fsa | 264 | 264.17 | 31 347 | 143 950 | 2 769 |
| | E10_HBB2302350_24－12－45.fsa | 293 | 293.41 | 9 528 | 42 062 | 2 951 |
| 2023－8256 | E11_HBB2302351_24－12－45.fsa | 309 | 309.29 | 17 117 | 78 007 | 3 090 |

（续）

| 资源序号 | 样本名<br>（sample file name） | 等位基因位点<br>（allele，bp） | 大小<br>（size，bp） | 高度<br>（height，RFU） | 面积<br>（area，RFU） | 数据取值点<br>（data point，RFU） |
|---|---|---|---|---|---|---|
| 2023 - 8257 | E12_HBB2302352_24 - 12 - 45. fsa | 305 | 305. 37 | 11 139 | 50 275 | 3 126 |
|  | E12_HBB2302352_24 - 12 - 45. fsa | 309 | 309. 62 | 7 212 | 31 209 | 3 152 |
| 2023 - 8258 | F01_HBB2302353_24 - 12 - 45. fsa | 264 | 264. 69 | 32 656 | 173 460 | 2 878 |
| 2023 - 8259 | F02_HBB2302354_24 - 12 - 45. fsa | 305 | 305. 57 | 15 196 | 64 495 | 3 108 |
| 2023 - 8260 | F03_HBB2302355_24 - 12 - 45. fsa | 309 | 309. 62 | 14 463 | 63 795 | 3 108 |
| 2023 - 8261 | F04_HBB2302356_24 - 12 - 45. fsa | 264 | 264. 33 | 22 887 | 100 044 | 2 821 |
|  | F04_HBB2302356_24 - 12 - 45. fsa | 290 | 289. 64 | 9 228 | 38 687 | 2 982 |
| 2023 - 8262 | F05_HBB2302357_24 - 12 - 45. fsa | 264 | 264. 52 | 26 266 | 115 512 | 2 786 |
|  | F05_HBB2302357_24 - 12 - 45. fsa | 293 | 293. 48 | 11 027 | 46 112 | 2 968 |
| 2023 - 8263 | F06_HBB2302358_24 - 12 - 45. fsa | 264 | 264. 17 | 23 345 | 105 118 | 2 766 |
|  | F06_HBB2302358_24 - 12 - 45. fsa | 279 | 278. 97 | 13 119 | 62 827 | 2 858 |
| 2023 - 8264 | F07_HBB2302359_24 - 12 - 45. fsa | 279 | 279. 13 | 26 831 | 118 357 | 2 860 |
| 2023 - 8265 | F08_HBB2302360_24 - 12 - 45. fsa | 264 | 264. 22 | 24 923 | 112 599 | 2 755 |
|  | F08_HBB2302360_24 - 12 - 45. fsa | 279 | 279. 06 | 11 752 | 55 668 | 2 847 |
| 2023 - 8266 | F09_HBB2302361_24 - 12 - 45. fsa | 264 | 264. 13 | 32 565 | 177 831 | 2 772 |
| 2023 - 8267 | F10_HBB2302362_24 - 12 - 45. fsa | 279 | 279. 05 | 32 454 | 156 828 | 2 865 |
| 2023 - 8268 | F11_HBB2302363_24 - 12 - 45. fsa | 264 | 264 | 32 616 | 211 872 | 2 832 |
| 2023 - 8269 | F12_HBB2302364_24 - 12 - 45. fsa | 264 | 264. 33 | 32 662 | 219 454 | 2 835 |
| 2023 - 8270 | G01_HBB2302365_24 - 12 - 45. fsa | 276 | 276. 5 | 26 549 | 115 897 | 2 963 |
|  | G01_HBB2302365_24 - 12 - 45. fsa | 309 | 309. 92 | 7 794 | 33 363 | 3 176 |
| 2023 - 8271 | G03_HBB2302367_24 - 12 - 45. fsa | 264 | 264. 57 | 22 367 | 101 858 | 2 829 |
|  | G03_HBB2302367_24 - 12 - 45. fsa | 279 | 279. 41 | 13 088 | 58 502 | 2 924 |
| 2023 - 8272 | G04_HBB2302368_24 - 12 - 45. fsa | 264 | 264. 39 | 32 612 | 163 265 | 2 805 |
| 2023 - 8273 | G05_HBB2302369_24 - 12 - 45. fsa | 279 | 279. 16 | 32 228 | 140 073 | 2 883 |
| 2023 - 8274 | G06_HBB2302370_24 - 12 - 45. fsa | 264 | 264. 36 | 17 721 | 82 757 | 2 791 |
|  | G06_HBB2302370_24 - 12 - 45. fsa | 279 | 279. 01 | 9 931 | 47 495 | 2 883 |
| 2023 - 8275 | G07_HBB2302371_24 - 12 - 45. fsa | 276 | 276. 07 | 13 091 | 58 620 | 2 846 |
|  | G07_HBB2302371_24 - 12 - 45. fsa | 281 | 281. 18 | 9 180 | 40 500 | 2 878 |
| 2023 - 8276 | G08_HBB2302372_24 - 12 - 45. fsa | 266 | 266. 17 | 27 687 | 120 227 | 2 798 |
|  | G08_HBB2302372_24 - 12 - 45. fsa | 276 | 276. 07 | 19 169 | 83 553 | 2 860 |

（续）

| 资源序号 | 样本名<br>（sample file name） | 等位基因位点<br>（allele，bp） | 大小<br>（size，<br>bp） | 高度<br>（height，<br>RFU） | 面积<br>（area，<br>RFU） | 数据取值点<br>（data point，<br>RFU） |
|---|---|---|---|---|---|---|
| 2023 - 8277 | G09_HBB2302373_24 - 12 - 45. fsa | 266 | 266. 32 | 25 378 | 104 830 | 2 784 |
| | G09_HBB2302373_24 - 12 - 45. fsa | 297 | 297. 29 | 7 319 | 31 560 | 2 978 |
| 2023 - 8278 | G10_HBB2302374_24 - 12 - 45. fsa | 266 | 266. 28 | 19 890 | 85 242 | 2 802 |
| | G10_HBB2302374_24 - 12 - 45. fsa | 276 | 275. 99 | 12 766 | 57 912 | 2 863 |
| 2023 - 8279 | G11_HBB2302375_24 - 12 - 45. fsa | 264 | 264. 25 | 32 604 | 201 613 | 2 827 |
| 2023 - 8280 | G12_HBB2302376_24 - 12 - 45. fsa | 264 | 264. 65 | 30 210 | 140 361 | 2 853 |
| | G12_HBB2302376_24 - 12 - 45. fsa | 266 | 266. 49 | 26 471 | 113 621 | 2 865 |
| 2023 - 8281 | H01_HBB2302377_24 - 12 - 45. fsa | 264 | 265. 16 | 25 268 | 120 207 | 2 915 |
| | H01_HBB2302377_24 - 12 - 45. fsa | 279 | 279. 81 | 13 928 | 70 771 | 3 012 |
| 2023 - 8282 | H02_HBB2302378_24 - 12 - 45. fsa | 276 | 276. 5 | 19 484 | 113 562 | 2 960 |
| | H02_HBB2302378_24 - 12 - 45. fsa | 279 | 279. 56 | 15 967 | 81 291 | 2 980 |
| 2023 - 8283 | H03_HBB2302379_24 - 12 - 45. fsa | 264 | 264. 63 | 22 090 | 98 372 | 2 851 |
| | H03_HBB2302379_24 - 12 - 45. fsa | 266 | 266. 65 | 18 077 | 80 454 | 2 864 |
| 2023 - 8284 | H04_HBB2302380_24 - 12 - 45. fsa | 276 | 276. 22 | 11 321 | 49 637 | 2 902 |
| | H04_HBB2302380_24 - 12 - 45. fsa | 290 | 289. 84 | 6 857 | 29 753 | 2 989 |
| 2023 - 8285 | H05_HBB2302381_24 - 12 - 45. fsa | 264 | 264. 55 | 32 657 | 167 788 | 2 811 |
| 2023 - 8286 | H06_HBB2302382_24 - 12 - 45. fsa | 264 | 264. 53 | 21 378 | 91 202 | 2 804 |
| | H06_HBB2302382_24 - 12 - 45. fsa | 276 | 276. 2 | 14 228 | 60 691 | 2 878 |
| 2023 - 8287 | H07_HBB2302383_24 - 12 - 45. fsa | 264 | 264. 59 | 23 837 | 105 882 | 2 801 |
| | H07_HBB2302383_24 - 12 - 45. fsa | 266 | 266. 49 | 21 297 | 87 970 | 2 813 |
| 2023 - 8288 | H08_HBB2302384_24 - 12 - 45. fsa | 276 | 276. 06 | 32 486 | 148 121 | 2 879 |
| 2023 - 8289 | H09_HBB2302385_24 - 12 - 45. fsa | 264 | 264. 47 | 24 752 | 100 000 | 2 791 |
| | H09_HBB2302385_24 - 12 - 45. fsa | 276 | 276. 22 | 16 738 | 66 979 | 2 865 |
| 2023 - 8290 | A01_HBB2302387_08 - 49 - 11. fsa | 264 | 264. 98 | 16 556 | 73 580 | 2 888 |
| 2023 - 8291 | A02_HBB2302388_08 - 49 - 11. fsa | 276 | 276. 43 | 13 531 | 61 463 | 2 943 |
| 2023 - 8292 | A03_HBB2302389_08 - 49 - 11. fsa | 264 | 264. 66 | 22 121 | 95 575 | 2 826 |
| 2023 - 8293 | A04_HBB2302390_08 - 49 - 11. fsa | 264 | 264. 5 | 15 592 | 69 394 | 2 819 |
| 2023 - 8294 | A05_HBB2302391_08 - 49 - 11. fsa | 264 | 264. 43 | 16 180 | 74 969 | 2 802 |
| 2023 - 8295 | A06_HBB2302392_08 - 49 - 11. fsa | 276 | 276. 22 | 14 119 | 71 257 | 2 871 |
| 2023 - 8298 | A09_HBB2302395_08 - 49 - 11. fsa | 301 | 301. 32 | 4 683 | 21 262 | 3 047 |

（续）

| 资源序号 | 样本名<br>（sample file name） | 等位基因位点<br>（allele，bp） | 大小<br>（size，bp） | 高度<br>（height，RFU） | 面积<br>（area，RFU） | 数据取值点<br>（data point，RFU） |
|---|---|---|---|---|---|---|
| 2023－8299 | A10_HBB2302396_08－49－11. fsa | 276 | 276. 06 | 11 288 | 60 804 | 2 905 |
| 2023－8300 | A11_HBB2302397_08－49－11. fsa | 279 | 279. 33 | 16 981 | 88 425 | 2 968 |
| 2023－8301 | A12_HBB2302398_08－49－11. fsa | 264 | 264. 74 | 16 809 | 81 918 | 2 902 |
| 2023－8302 | B01_HBB2302399_08－49－11. fsa | 276 | 276. 44 | 5 298 | 32 319 | 2 925 |
| | B01_HBB2302399_08－49－11. fsa | 279 | 279. 39 | 4 577 | 23 320 | 2 944 |
| 2023－8303 | B02_HBB2302400_08－49－11. fsa | 266 | 266. 58 | 8 922 | 39 080 | 2 872 |
| | B02_HBB2302400_08－49－11. fsa | 272 | 271. 69 | 7 543 | 33 169 | 2 905 |
| 2023－8304 | B03_HBB2302401_08－49－11. fsa | 264 | 264. 54 | 9 496 | 45 139 | 2 814 |
| | B03_HBB2302401_08－49－11. fsa | 276 | 276. 22 | 6 141 | 30 082 | 2 888 |
| 2023－8305 | B04_HBB2302402_08－49－11. fsa | 264 | 264. 26 | 9 576 | 43 892 | 2 809 |
| | B04_HBB2302402_08－49－11. fsa | 293 | 293. 36 | 3 216 | 14 720 | 2 993 |
| 2023－8306 | B05_HBB2302403_08－49－11. fsa | 264 | 264. 41 | 7 885 | 38 451 | 2 799 |
| | B05_HBB2302403_08－49－11. fsa | 279 | 279. 11 | 4 767 | 23 265 | 2 891 |
| 2023－8307 | B06_HBB2302404_08－49－11. fsa | 279 | 279. 21 | 6 626 | 32 641 | 2 866 |
| | B06_HBB2302404_08－49－11. fsa | 304 | 303. 52 | 2 861 | 14 153 | 3 017 |
| 2023－8308 | B07_HBB2302405_08－49－11. fsa | 264 | 264. 25 | 7 620 | 38 825 | 2 785 |
| | B07_HBB2302405_08－49－11. fsa | 279 | 279. 1 | 4 541 | 23 260 | 2 878 |
| 2023－8309 | B08_HBB2302406_08－49－11. fsa | 266 | 266. 31 | 10 286 | 48 481 | 2 799 |
| | B08_HBB2302406_08－49－11. fsa | 298 | 298. 56 | 3 270 | 15 866 | 3 001 |
| 2023－8310 | B09_HBB2302407_08－49－11. fsa | 264 | 264. 29 | 7 911 | 45 175 | 2 783 |
| | B09_HBB2302407_08－49－11. fsa | 279 | 279. 04 | 4 593 | 25 862 | 2 875 |
| 2023－8311 | B11_HBB2302409_08－49－11. fsa | 264 | 264. 32 | 9 785 | 48 047 | 2 847 |
| | B11_HBB2302409_08－49－11. fsa | 276 | 275. 97 | 5 562 | 29 018 | 2 922 |
| 2023－8312 | B12_HBB2302410_08－49－11. fsa | 264 | 264. 51 | 10 111 | 58 549 | 2 873 |
| | B12_HBB2302410_08－49－11. fsa | 279 | 279. 28 | 5 999 | 35 662 | 2 969 |
| 2023－8313 | C01_HBB2302411_08－49－11. fsa | 279 | 279. 46 | 6 892 | 33 003 | 2 961 |
| | C01_HBB2302411_08－49－11. fsa | 304 | 303. 58 | 2 630 | 14 094 | 3 116 |
| 2023－8314 | C02_HBB2302412_08－49－11. fsa | 279 | 279. 24 | 7 673 | 37 064 | 2 932 |
| | C02_HBB2302412_08－49－11. fsa | 300 | 299. 53 | 3 745 | 18 576 | 3 062 |

（续）

| 资源序号 | 样本名<br>（sample file name） | 等位基因位点<br>（allele，bp） | 大小<br>（size，bp） | 高度<br>（height，RFU） | 面积<br>（area，RFU） | 数据取值点<br>（data point，RFU） |
|---|---|---|---|---|---|---|
| 2023－8316 | C04_HBB2302414_08－49－11. fsa | 264 | 264.35 | 9 925 | 46 037 | 2 800 |
| | C04_HBB2302414_08－49－11. fsa | 279 | 279.16 | 5 761 | 28 362 | 2 893 |
| 2023－8317 | C05_HBB2302415_08－49－11. fsa | 264 | 264.17 | 7 824 | 36 353 | 2 774 |
| | C05_HBB2302415_08－49－11. fsa | 279 | 278.97 | 4 634 | 23 538 | 2 866 |
| 2023－8318 | C06_HBB2302416_08－49－11. fsa | 266 | 266.31 | 6 859 | 32 476 | 2 804 |
| | C06_HBB2302416_08－49－11. fsa | 276 | 276.06 | 4 969 | 23 354 | 2 865 |
| 2023－8319 | C07_HBB2302417_08－49－11. fsa | 264 | 264.21 | 9 294 | 41 439 | 2 767 |
| | C07_HBB2302417_08－49－11. fsa | 266 | 266.14 | 8 104 | 35 204 | 2 779 |
| 2023－8320 | C08_HBB2302418_08－49－11. fsa | 276 | 276.17 | 6 987 | 31 586 | 2 835 |
| | C08_HBB2302418_08－49－11. fsa | 292 | 291.63 | 3 977 | 17 483 | 2 931 |
| 2023－8321 | C09_HBB2302419_08－49－11. fsa | 264 | 264.19 | 9 401 | 44 891 | 2 798 |
| | C09_HBB2302419_08－49－11. fsa | 283 | 282.98 | 4 298 | 20 821 | 2 916 |
| 2023－8322 | C10_HBB2302420_08－49－11. fsa | 264 | 264.26 | 10 786 | 51 490 | 2 783 |
| | C10_HBB2302420_08－49－11. fsa | 276 | 276.08 | 7 609 | 35 104 | 2 857 |
| 2023－8323 | C11_HBB2302421_08－49－11. fsa | 283 | 283 | 11 571 | 54 766 | 2 954 |
| 2023－8324 | C12_HBB2302422_08－49－11. fsa | 276 | 276.21 | 6 415 | 31 667 | 2 937 |
| | C12_HBB2302422_08－49－11. fsa | 292 | 291.67 | 3 704 | 17 480 | 3 037 |
| 2023－8325 | D01_HBB2302423_08－49－11. fsa | 264 | 264.75 | 8 573 | 41 938 | 2 878 |
| | D01_HBB2302423_08－49－11. fsa | 279 | 279.47 | 4 963 | 25 630 | 2 974 |
| 2023－8326 | D02_HBB2302424_08－49－11. fsa | 266 | 266.43 | 8 653 | 38 630 | 2 851 |
| | D02_HBB2302424_08－49－11. fsa | 276 | 276.12 | 6 187 | 27 272 | 2 913 |
| 2023－8327 | D03_HBB2302425_08－49－11. fsa | 276 | 276.06 | 12 892 | 59 488 | 2 865 |
| 2023－8328 | D04_HBB2302426_08－49－11. fsa | 266 | 266.31 | 10 592 | 45 820 | 2 798 |
| | D04_HBB2302426_08－49－11. fsa | 293 | 293.45 | 4 019 | 17 247 | 2 968 |
| 2023－8329 | D05_HBB2302427_08－49－11. fsa | 264 | 264.28 | 3 409 | 15 899 | 2 766 |
| | D05_HBB2302427_08－49－11. fsa | 279 | 279.17 | 3 336 | 14 868 | 2 858 |
| 2023－8330 | D06_HBB2302428_08－49－11. fsa | 264 | 264.34 | 10 761 | 46 917 | 2 775 |
| | D06_HBB2302428_08－49－11. fsa | 276 | 276.08 | 7 203 | 31 720 | 2 848 |
| 2023－8331 | D08_HBB2302430_08－49－11. fsa | 276 | 276 | 6 299 | 27 981 | 2 823 |
| | D08_HBB2302430_08－49－11. fsa | 293 | 293.51 | 3 432 | 15 569 | 2 931 |

（续）

| 资源序号 | 样本名<br>（sample file name） | 等位基因位点<br>（allele，bp） | 大小<br>（size，bp） | 高度<br>（height，RFU） | 面积<br>（area，RFU） | 数据取值点<br>（data point，RFU） |
|---|---|---|---|---|---|---|
| 2023 - 8332 | D09_HBB2302431_08 - 49 - 11. fsa | 264 | 264.29 | 16 155 | 72 871 | 2 778 |
| 2023 - 8333 | D10_HBB2302432_08 - 49 - 11. fsa | 276 | 275.91 | 5 241 | 24 698 | 2 844 |
| | D10_HBB2302432_08 - 49 - 11. fsa | 293 | 293.42 | 3 062 | 14 024 | 2 953 |
| 2023 - 8334 | D11_HBB2302433_08 - 49 - 11. fsa | 276 | 275.98 | 6 459 | 34 247 | 2 895 |
| | D11_HBB2302433_08 - 49 - 11. fsa | 298 | 298.43 | 2 818 | 14 613 | 3 038 |
| 2023 - 8335 | D12_HBB2302434_08 - 49 - 11. fsa | 276 | 276.21 | 7 745 | 37 412 | 2 933 |
| | D12_HBB2302434_08 - 49 - 11. fsa | 309 | 309.63 | 2 484 | 11 906 | 3 146 |
| 2023 - 8336 | E01_HBB2302435_08 - 49 - 11. fsa | 266 | 266.77 | 7 993 | 35 978 | 2 904 |
| | E01_HBB2302435_08 - 49 - 11. fsa | 276 | 276.59 | 5 834 | 26 948 | 2 968 |
| 2023 - 8337 | E02_HBB2302436_08 - 49 - 11. fsa | 264 | 264.53 | 12 074 | 56 051 | 2 853 |
| 2023 - 8338 | E03_HBB2302437_08 - 49 - 11. fsa | 264 | 264.55 | 14 449 | 65 054 | 2 820 |
| 2023 - 8339 | E04_HBB2302438_08 - 49 - 11. fsa | 264 | 264.32 | 7 554 | 33 745 | 2 815 |
| | E04_HBB2302438_08 - 49 - 11. fsa | 276 | 276.07 | 5 155 | 23 359 | 2 889 |
| 2023 - 8340 | E05_HBB2302439_08 - 49 - 11. fsa | 276 | 276.08 | 14 057 | 60 860 | 2 869 |
| 2023 - 8341 | E06_HBB2302440_08 - 49 - 11. fsa | 266 | 266.17 | 8 263 | 38 168 | 2 776 |
| | E06_HBB2302440_08 - 49 - 11. fsa | 279 | 279.07 | 5 097 | 24 054 | 2 856 |
| 2023 - 8342 | E07_HBB2302441_08 - 49 - 11. fsa | 264 | 264.22 | 14 163 | 61 711 | 2 760 |
| 2023 - 8343 | E08_HBB2302442_08 - 49 - 11. fsa | 264 | 264.29 | 8 133 | 37 707 | 2 784 |
| | E08_HBB2302442_08 - 49 - 11. fsa | 266 | 266.22 | 7 149 | 31 886 | 2 796 |
| 2023 - 8344 | E09_HBB2302443_08 - 49 - 11. fsa | 264 | 264.28 | 7 973 | 38 385 | 2 786 |
| | E09_HBB2302443_08 - 49 - 11. fsa | 266 | 266.21 | 7 063 | 31 881 | 2 798 |
| 2023 - 8345 | E10_HBB2302444_08 - 49 - 11. fsa | 264 | 264.3 | 7 636 | 34 944 | 2 775 |
| | E10_HBB2302444_08 - 49 - 11. fsa | 276 | 276 | 4 952 | 23 757 | 2 848 |
| 2023 - 8346 | E11_HBB2302445_08 - 49 - 11. fsa | 276 | 276.09 | 6 242 | 30 376 | 2 889 |
| | E11_HBB2302445_08 - 49 - 11. fsa | 293 | 293.56 | 3 323 | 15 859 | 3 000 |
| 2023 - 8347 | E12_HBB2302446_08 - 49 - 11. fsa | 264 | 264.51 | 8 033 | 41 529 | 2 866 |
| | E12_HBB2302446_08 - 49 - 11. fsa | 279 | 279.12 | 4 933 | 26 721 | 2 961 |
| 2023 - 8348 | F01_HBB2302447_08 - 49 - 11. fsa | 279 | 279.45 | 6 957 | 32 337 | 2 976 |
| 2023 - 8349 | F02_HBB2302448_08 - 49 - 11. fsa | 264 | 264.48 | 5 021 | 23 560 | 2 852 |
| | F02_HBB2302448_08 - 49 - 11. fsa | 276 | 276.29 | 3 492 | 16 351 | 2 928 |

（续）

| 资源序号 | 样本名<br>（sample file name） | 等位基因位点<br>（allele，bp） | 大小<br>（size，bp） | 高度<br>（height，RFU） | 面积<br>（area，RFU） | 数据取值点<br>（data point，RFU） |
|---|---|---|---|---|---|---|
| 2023－8350 | F03_HBB2302449_08－49－11. fsa | 264 | 264.61 | 8 270 | 42 396 | 2 829 |
| | F03_HBB2302449_08－49－11. fsa | 279 | 279.34 | 4 784 | 25 433 | 2 923 |
| 2023－8351 | F05_HBB2302451_08－49－11. fsa | 276 | 276.06 | 6 291 | 31 708 | 2 865 |
| | F05_HBB2302451_08－49－11. fsa | 298 | 298.56 | 2 657 | 12 315 | 3 006 |
| 2023－8352 | F06_HBB2302452_08－49－11. fsa | 264 | 264.17 | 8 316 | 38 991 | 2 771 |
| | F06_HBB2302452_08－49－11. fsa | 279 | 278.97 | 4 792 | 24 776 | 2 863 |
| 2023－8353 | F07_HBB2302453_08－49－11. fsa | 264 | 264.33 | 9 147 | 41 922 | 2 773 |
| | F07_HBB2302453_08－49－11. fsa | 266 | 266.26 | 8 053 | 35 191 | 2 785 |
| 2023－8354 | F08_HBB2302454_08－49－11. fsa | 264 | 264.22 | 10 843 | 45 940 | 2 762 |
| | F08_HBB2302454_08－49－11. fsa | 307 | 307.29 | 2 447 | 10 687 | 3 027 |
| 2023－8355 | F09_HBB2302455_08－49－11. fsa | 276 | 276.06 | 5 510 | 32 575 | 2 855 |
| | F09_HBB2302455_08－49－11. fsa | 279 | 279.1 | 5 359 | 25 122 | 2 874 |
| 2023－8356 | F10_HBB2302456_08－49－11. fsa | 264 | 264.36 | 10 269 | 47 401 | 2 781 |
| | F10_HBB2302456_08－49－11. fsa | 266 | 266.27 | 8 674 | 37 934 | 2 793 |
| 2023－8357 | F11_HBB2302457_08－49－11. fsa | 276 | 276.04 | 10 105 | 46 103 | 2 914 |
| | F11_HBB2302457_08－49－11. fsa | 309 | 309.39 | 2 585 | 12 150 | 3 125 |
| 2023－8358 | F12_HBB2302458_08－49－11. fsa | 279 | 279.23 | 5 615 | 26 278 | 2 938 |
| | F12_HBB2302458_08－49－11. fsa | 286 | 285.75 | 4 362 | 19 957 | 2 980 |
| 2023－8359 | G01_HBB2302459_08－49－11. fsa | 266 | 266.82 | 9 789 | 46 593 | 2 899 |
| | G01_HBB2302459_08－49－11. fsa | 279 | 279.58 | 5 950 | 28 442 | 2 982 |
| 2023－8360 | G02_HBB2302460_08－49－11. fsa | 266 | 266.56 | 9 058 | 39 833 | 2 882 |
| | G02_HBB2302460_08－49－11. fsa | 276 | 276.43 | 6 247 | 28 235 | 2 946 |
| 2023－8361 | G03_HBB2302461_08－49－11. fsa | 276 | 276.29 | 9 533 | 43 564 | 2 909 |
| 2023－8362 | G04_HBB2302462_08－49－11. fsa | 276 | 276.22 | 10 875 | 47 961 | 2 886 |
| 2023－8363 | G05_HBB2302463_08－49－11. fsa | 266 | 266.55 | 10 139 | 44 157 | 2 810 |
| | G05_HBB2302463_08－49－11. fsa | 276 | 276.23 | 7 788 | 32 608 | 2 871 |
| 2023－8364 | G06_HBB2302464_08－49－11. fsa | 276 | 276.06 | 6 570 | 30 130 | 2 872 |

（续）

| 资源序号 | 样本名<br>（sample file name） | 等位基因位点<br>（allele，bp） | 大小<br>（size，bp） | 高度<br>（height，RFU） | 面积<br>（area，RFU） | 数据取值点<br>（data point，RFU） |
|---|---|---|---|---|---|---|
| 2023－8365 | G07_HBB2302465_08－49－11. fsa | 276 | 275.97 | 2 388 | 10 943 | 2 853 |
| | G07_HBB2302465_08－49－11. fsa | 293 | 293.47 | 2 010 | 9 206 | 2 963 |
| 2023－8366 | G08_HBB2302466_08－49－11. fsa | 266 | 266.29 | 8 061 | 34 044 | 2 808 |
| | G08_HBB2302466_08－49－11. fsa | 276 | 276 | 5 523 | 25 173 | 2 869 |
| 2023－8367 | G09_HBB2302467_08－49－11. fsa | 264 | 264.36 | 8 048 | 36 188 | 2 780 |
| | G09_HBB2302467_08－49－11. fsa | 276 | 276.14 | 5 686 | 24 345 | 2 854 |
| 2023－8368 | G10_HBB2302468_08－49－11. fsa | 264 | 264.33 | 6 658 | 32 619 | 2 798 |
| | G10_HBB2302468_08－49－11. fsa | 279 | 279.25 | 3 845 | 18 432 | 2 892 |
| 2023－8369 | G11_HBB2302469_08－49－11. fsa | 264 | 264.52 | 19 383 | 87 610 | 2 836 |
| 2023－8370 | G12_HBB2302470_08－49－11. fsa | 264 | 264.49 | 22 167 | 100 023 | 2 861 |
| 2023－8371 | H02_HBB2302472_08－49－11. fsa | 266 | 266.72 | 7 183 | 31 676 | 2 903 |
| | H02_HBB2302472_08－49－11. fsa | 276 | 276.5 | 4 341 | 20 026 | 2 967 |
| 2023－8372 | H03_HBB2302473_08－49－11. fsa | 264 | 264.75 | 6 249 | 28 599 | 2 856 |
| | H03_HBB2302473_08－49－11. fsa | 276 | 276.36 | 4 262 | 19 234 | 2 931 |
| 2023－8373 | H04_HBB2302474_08－49－11. fsa | 264 | 264.57 | 8 873 | 36 786 | 2 833 |
| | H04_HBB2302474_08－49－11. fsa | 276 | 276.29 | 6 135 | 26 352 | 2 908 |
| 2023－8374 | H05_HBB2302475_08－49－11. fsa | 264 | 264.66 | 11 588 | 48 781 | 2 819 |
| | H05_HBB2302475_08－49－11. fsa | 276 | 276.29 | 8 167 | 33 242 | 2 893 |
| 2023－8375 | H06_HBB2302476_08－49－11. fsa | 276 | 276.22 | 6 675 | 28 837 | 2 886 |
| | H06_HBB2302476_08－49－11. fsa | 297 | 297.48 | 3 136 | 13 485 | 3 021 |
| 2023－8376 | H07_HBB2302477_08－49－11. fsa | 276 | 276.22 | 6 828 | 29 384 | 2 882 |
| | H07_HBB2302477_08－49－11. fsa | 293 | 293.7 | 3 588 | 16 036 | 2 993 |
| 2023－8377 | H08_HBB2302478_08－49－11. fsa | 264 | 264.5 | 8 842 | 38 132 | 2 813 |
| | H08_HBB2302478_08－49－11. fsa | 276 | 276.13 | 5 994 | 25 892 | 2 887 |
| 2023－8378 | H09_HBB2302479_08－49－11. fsa | 264 | 264.54 | 6 558 | 30 700 | 2 800 |
| | H09_HBB2302479_08－49－11. fsa | 281 | 281.26 | 3 819 | 17 699 | 2 906 |
| 2023－8379 | H10_HBB2302480_08－49－11. fsa | 266 | 266.44 | 5 846 | 25 520 | 2 820 |
| | H10_HBB2302480_08－49－11. fsa | 276 | 276.22 | 4 011 | 18 185 | 2 882 |

# 32 P33

| 资源序号 | 样本名<br>(sample file name) | 等位基因位点<br>(allele，bp) | 大小<br>(size，<br>bp) | 高度<br>(height，<br>RFU) | 面积<br>(area，<br>RFU) | 数据取值点<br>(data point，<br>RFU) |
|---|---|---|---|---|---|---|
| 2023－8200 | A01_HBB2302293_23－40－30.fsa | 206 | 205.98 | 32 517 | 186 895 | 2 522 |
| | A01_HBB2302293_23－40－30.fsa | 208 | 207.86 | 25 586 | 107 292 | 2 533 |
| 2023－8201 | A02_HBB2302294_23－40－30.fsa | 208 | 207.74 | 31 326 | 136 899 | 2 516 |
| | A02_HBB2302294_23－40－30.fsa | 247 | 246.83 | 32 530 | 172 743 | 2 747 |
| 2023－8202 | A03_HBB2302295_23－40－30.fsa | 208 | 207.82 | 26 455 | 107 754 | 2 479 |
| | A03_HBB2302295_23－40－30.fsa | 247 | 246.8 | 32 550 | 148 593 | 2 707 |
| 2023－8203 | A04_HBB2302296_23－40－30.fsa | 208 | 207.81 | 21 193 | 94 912 | 2 472 |
| | A04_HBB2302296_23－40－30.fsa | 247 | 246.79 | 28 599 | 137 765 | 2 700 |
| 2023－8204 | A05_HBB2302297_23－40－30.fsa | 208 | 207.69 | 18 202 | 79 352 | 2 459 |
| | A05_HBB2302297_23－40－30.fsa | 216 | 215.86 | 16 856 | 72 824 | 2 506 |
| 2023－8205 | A06_HBB2302298_23－40－30.fsa | 216 | 215.92 | 21 058 | 99 594 | 2 500 |
| | A06_HBB2302298_23－40－30.fsa | 247 | 246.93 | 30 486 | 152 521 | 2 680 |
| 2023－8206 | A07_HBB2302299_23－40－30.fsa | 200 | 199.66 | 31 448 | 149 086 | 2 399 |
| | A07_HBB2302299_23－40－30.fsa | 216 | 216.06 | 22 791 | 103 454 | 2 493 |
| 2023－8207 | A08_HBB2302300_23－40－30.fsa | 216 | 215.99 | 17 483 | 79 839 | 2 524 |
| | A08_HBB2302300_23－40－30.fsa | 247 | 246.79 | 25 822 | 127 413 | 2 704 |
| 2023－8208 | A09_HBB2302301_23－40－30.fsa | 206 | 205.92 | 24 225 | 110 574 | 2 458 |
| | A09_HBB2302301_23－40－30.fsa | 216 | 215.8 | 16 292 | 75 979 | 2 515 |
| 2023－8209 | A10_HBB2302302_23－40－30.fsa | 208 | 207.81 | 31 543 | 164 890 | 2 484 |
| | A10_HBB2302302_23－40－30.fsa | 216 | 215.93 | 29 541 | 144 080 | 2 531 |
| 2023－8210 | A11_HBB2302303_23－40－30.fsa | 208 | 207.72 | 32 523 | 198 717 | 2 518 |
| | A11_HBB2302303_23－40－30.fsa | 216 | 216.08 | 16 460 | 81 570 | 2 567 |
| 2023－8211 | B01_HBB2302305_23－40－30.fsa | 206 | 206.04 | 21 605 | 119 104 | 2 490 |
| | B01_HBB2302305_23－40－30.fsa | 208 | 207.76 | 13 899 | 60 108 | 2 500 |
| 2023－8212 | B02_HBB2302306_23－40－30.fsa | 208 | 207.74 | 30 392 | 123 912 | 2 510 |
| | B02_HBB2302306_23－40－30.fsa | 251 | 250.47 | 9 102 | 38 450 | 2 763 |

（续）

| 资源序号 | 样本名<br>（sample file name） | 等位基因位点<br>（allele，bp） | 大小<br>（size,<br>bp） | 高度<br>（height,<br>RFU） | 面积<br>（area,<br>RFU） | 数据取值点<br>（data point,<br>RFU） |
|---|---|---|---|---|---|---|
| 2023 - 8213 | B03_HBB2302307_23 - 40 - 30. fsa | 216 | 215.99 | 18 473 | 81 783 | 2 517 |
| | B03_HBB2302307_23 - 40 - 30. fsa | 247 | 246.79 | 27 641 | 129 831 | 2 697 |
| 2023 - 8214 | B04_HBB2302308_23 - 40 - 30. fsa | 208 | 207.67 | 31 078 | 133 779 | 2 467 |
| | B04_HBB2302308_23 - 40 - 30. fsa | 216 | 215.81 | 27 555 | 116 299 | 2 514 |
| 2023 - 8215 | B05_HBB2302309_23 - 40 - 30. fsa | 206 | 205.95 | 12 208 | 58 730 | 2 448 |
| | B05_HBB2302309_23 - 40 - 30. fsa | 216 | 215.88 | 8 688 | 39 890 | 2 505 |
| 2023 - 8216 | B06_HBB2302310_23 - 40 - 30. fsa | 208 | 207.57 | 32 496 | 213 468 | 2 434 |
| 2023 - 8217 | B07_HBB2302311_23 - 40 - 30. fsa | 208 | 207.57 | 32 630 | 201 080 | 2 443 |
| 2023 - 8218 | B08_HBB2302312_23 - 40 - 30. fsa | 206 | 205.97 | 11 420 | 53 860 | 2 434 |
| | B08_HBB2302312_23 - 40 - 30. fsa | 216 | 215.93 | 9 682 | 43 899 | 2 491 |
| 2023 - 8219 | B09_HBB2302313_23 - 40 - 30. fsa | 216 | 215.97 | 16 647 | 82 457 | 2 488 |
| | B09_HBB2302313_23 - 40 - 30. fsa | 247 | 246.58 | 32 632 | 197 233 | 2 665 |
| 2023 - 8220 | B10_HBB2302314_23 - 40 - 30. fsa | 206 | 205.97 | 26 417 | 146 068 | 2 439 |
| | B10_HBB2302314_23 - 40 - 30. fsa | 208 | 207.72 | 20 573 | 88 109 | 2 449 |
| 2023 - 8221 | B11_HBB2302315_23 - 40 - 30. fsa | 200 | 199.67 | 18 626 | 88 665 | 2 450 |
| | B11_HBB2302315_23 - 40 - 30. fsa | 216 | 215.95 | 13 891 | 64 804 | 2 545 |
| 2023 - 8222 | B12_HBB2302316_23 - 40 - 30. fsa | 208 | 207.69 | 26 688 | 128 655 | 2 520 |
| | B12_HBB2302316_23 - 40 - 30. fsa | 216 | 215.84 | 22 921 | 114 381 | 2 568 |
| 2023 - 8223 | C01_HBB2302317_23 - 40 - 30. fsa | 208 | 207.88 | 19 600 | 91 142 | 2 516 |
| | C01_HBB2302317_23 - 40 - 30. fsa | 216 | 215.89 | 17 868 | 83 079 | 2 563 |
| 2023 - 8224 | C02_HBB2302318_23 - 40 - 30. fsa | 206 | 206.07 | 32 635 | 159 846 | 2 482 |
| | C02_HBB2302318_23 - 40 - 30. fsa | 216 | 216.06 | 26 162 | 115 968 | 2 540 |
| 2023 - 8226 | C03_HBB2302319_23 - 40 - 30. fsa | 208 | 207.64 | 32 519 | 189 020 | 2 475 |
| 2023 - 8227 | C04_HBB2302320_23 - 40 - 30. fsa | 206 | 205.95 | 14 032 | 61 533 | 2 448 |
| | C04_HBB2302320_23 - 40 - 30. fsa | 216 | 215.87 | 6 851 | 26 776 | 2 505 |
| 2023 - 8228 | C05_HBB2302321_23 - 40 - 30. fsa | 206 | 205.99 | 31 239 | 126 879 | 2 425 |
| | C05_HBB2302321_23 - 40 - 30. fsa | 216 | 215.98 | 20 867 | 88 747 | 2 482 |
| 2023 - 8229 | C06_HBB2302322_23 - 40 - 30. fsa | 206 | 205.97 | 19 080 | 96 423 | 2 440 |
| | C06_HBB2302322_23 - 40 - 30. fsa | 208 | 207.72 | 18 095 | 72 109 | 2 450 |

（续）

| 资源序号 | 样本名<br>（sample file name） | 等位基因位点<br>（allele，bp） | 大小<br>（size，bp） | 高度<br>（height，RFU） | 面积<br>（area，RFU） | 数据取值点<br>（data point，RFU） |
|---|---|---|---|---|---|---|
| 2023－8230 | C07_HBB2302323_23－40－30.fsa | 208 | 207.77 | 23 364 | 98 546 | 2 429 |
| | C07_HBB2302323_23－40－30.fsa | 216 | 215.85 | 21 967 | 91 407 | 2 475 |
| 2023－8231 | C09_HBB2302325_23－40－30.fsa | 200 | 199.66 | 26 815 | 117 768 | 2 410 |
| | C09_HBB2302325_23－40－30.fsa | 208 | 207.84 | 23 268 | 106 148 | 2 457 |
| 2023－8232 | C10_HBB2302326_23－40－30.fsa | 208 | 207.72 | 32 565 | 172 377 | 2 442 |
| 2023－8233 | C11_HBB2302327_23－40－30.fsa | 208 | 207.76 | 30 031 | 143 443 | 2 489 |
| | C11_HBB2302327_23－40－30.fsa | 216 | 215.82 | 26 235 | 129 338 | 2 536 |
| 2023－8234 | C12_HBB2302328_23－40－30.fsa | 206 | 205.98 | 32 478 | 207 254 | 2 498 |
| | C12_HBB2302328_23－40－30.fsa | 208 | 207.85 | 23 444 | 105 977 | 2 509 |
| 2023－8235 | D01_HBB2302329_23－40－30.fsa | 208 | 207.89 | 29 432 | 129 033 | 2 525 |
| | D01_HBB2302329_23－40－30.fsa | 216 | 216.08 | 27 644 | 122 586 | 2 573 |
| 2023－8236 | D02_HBB2302330_23－40－30.fsa | 206 | 205.87 | 32 682 | 196 640 | 2 482 |
| 2023－8237 | D03_HBB2302331_23－40－30.fsa | 229 | 228.23 | 30 216 | 128 129 | 2 569 |
| | D03_HBB2302331_23－40－30.fsa | 251 | 250.32 | 15 454 | 67 822 | 2 698 |
| 2023－8238 | D04_HBB2302332_23－40－30.fsa | 216 | 215.8 | 31 400 | 142 543 | 2 492 |
| | D04_HBB2302332_23－40－30.fsa | 251 | 250.32 | 9 195 | 40 922 | 2 692 |
| 2023－8239 | D05_HBB2302333_23－40－30.fsa | 216 | 215.85 | 32 492 | 165 074 | 2 475 |
| | D05_HBB2302333_23－40－30.fsa | 231 | 231.37 | 19 374 | 82 709 | 2 564 |
| 2023－8240 | D06_HBB2302334_23－40－30.fsa | 206 | 205.99 | 32 516 | 171 930 | 2 425 |
| | D06_HBB2302334_23－40－30.fsa | 208 | 207.74 | 28 115 | 111 687 | 2 435 |
| 2023－8241 | D07_HBB2302335_23－40－30.fsa | 206 | 205.97 | 31 296 | 154 954 | 2 444 |
| | D07_HBB2302335_23－40－30.fsa | 208 | 207.72 | 22 676 | 89 275 | 2 454 |
| 2023－8242 | D08_HBB2302336_23－40－30.fsa | 200 | 199.48 | 31 727 | 140 827 | 2 367 |
| | D08_HBB2302336_23－40－30.fsa | 234 | 234.2 | 14 626 | 65 191 | 2 564 |
| 2023－8243 | D09_HBB2302337_23－40－30.fsa | 208 | 207.74 | 11 816 | 51 430 | 2 438 |
| | D09_HBB2302337_23－40－30.fsa | 216 | 215.8 | 8 953 | 41 218 | 2 484 |
| 2023－8244 | D10_HBB2302338_23－40－30.fsa | 200 | 199.49 | 27 997 | 128 662 | 2 385 |
| | D10_HBB2302338_23－40－30.fsa | 206 | 205.81 | 28 485 | 127 954 | 2 421 |
| 2023－8245 | D11_HBB2302339_23－40－30.fsa | 200 | 199.66 | 27 308 | 137 206 | 2 428 |
| | D11_HBB2302339_23－40－30.fsa | 208 | 207.79 | 22 359 | 106 610 | 2 475 |

（续）

| 资源序号 | 样本名<br>（sample file name） | 等位基因位点<br>（allele，bp） | 大小<br>（size，bp） | 高度<br>（height，RFU） | 面积<br>（area，RFU） | 数据取值点<br>（data point，RFU） |
|---|---|---|---|---|---|---|
| 2023 - 8246 | D12_HBB2302340_23 - 40 - 30. fsa | 206 | 206 | 30 621 | 145 183 | 2 495 |
| | D12_HBB2302340_23 - 40 - 30. fsa | 216 | 215.89 | 21 027 | 95 443 | 2 553 |
| 2023 - 8247 | E01_HBB2302341_23 - 40 - 30. fsa | 247 | 246.84 | 32 070 | 172 777 | 2 769 |
| 2023 - 8248 | E02_HBB2302342_23 - 40 - 30. fsa | 216 | 215.95 | 26 309 | 117 323 | 2 552 |
| | E02_HBB2302342_23 - 40 - 30. fsa | 229 | 228.18 | 15 445 | 71 083 | 2 624 |
| 2023 - 8249 | E03_HBB2302343_23 - 40 - 30. fsa | 208 | 207.82 | 20 817 | 86 472 | 2 474 |
| | E03_HBB2302343_23 - 40 - 30. fsa | 229 | 228.29 | 12 654 | 52 685 | 2 593 |
| 2023 - 8250 | E04_HBB2302344_23 - 40 - 30. fsa | 206 | 205.9 | 32 543 | 147 575 | 2 461 |
| | E04_HBB2302344_23 - 40 - 30. fsa | 229 | 228.1 | 13 108 | 56 811 | 2 590 |
| 2023 - 8251 | E06_HBB2302346_23 - 40 - 30. fsa | 206 | 205.85 | 12 424 | 49 630 | 2 416 |
| | E06_HBB2302346_23 - 40 - 30. fsa | 216 | 215.91 | 9 830 | 41 104 | 2 473 |
| 2023 - 8252 | E07_HBB2302347_23 - 40 - 30. fsa | 200 | 199.49 | 18 459 | 79 560 | 2 376 |
| | E07_HBB2302347_23 - 40 - 30. fsa | 208 | 207.77 | 15 697 | 68 121 | 2 423 |
| 2023 - 8253 | E08_HBB2302348_23 - 40 - 30. fsa | 208 | 207.72 | 17 450 | 75 575 | 2 441 |
| | E08_HBB2302348_23 - 40 - 30. fsa | 216 | 215.92 | 17 692 | 73 911 | 2 488 |
| 2023 - 8254 | E09_HBB2302349_23 - 40 - 30. fsa | 208 | 207.56 | 32 619 | 196 871 | 2 443 |
| 2023 - 8255 | E10_HBB2302350_23 - 40 - 30. fsa | 216 | 215.78 | 29 917 | 131 241 | 2 482 |
| | E10_HBB2302350_23 - 40 - 30. fsa | 251 | 250.32 | 8 758 | 39 124 | 2 682 |
| 2023 - 8256 | E11_HBB2302351_23 - 40 - 30. fsa | 251 | 250.32 | 31 765 | 157 609 | 2 718 |
| 2023 - 8257 | E12_HBB2302352_23 - 40 - 30. fsa | 200 | 199.83 | 32 616 | 200 383 | 2 466 |
| | E12_HBB2302352_23 - 40 - 30. fsa | 251 | 250.46 | 11 048 | 51 187 | 2 769 |
| 2023 - 8258 | F01_HBB2302353_23 - 40 - 30. fsa | 208 | 207.65 | 32 677 | 200 432 | 2 527 |
| 2023 - 8259 | F02_HBB2302354_23 - 40 - 30. fsa | 216 | 215.95 | 32 487 | 171 382 | 2 553 |
| 2023 - 8260 | F03_HBB2302355_23 - 40 - 30. fsa | 251 | 250.47 | 20 806 | 93 215 | 2 733 |
| 2023 - 8261 | F04_HBB2302356_23 - 40 - 30. fsa | 208 | 207.79 | 32 623 | 164 615 | 2 481 |
| 2023 - 8262 | F05_HBB2302357_23 - 40 - 30. fsa | 216 | 215.92 | 32 445 | 146 697 | 2 497 |
| | F05_HBB2302357_23 - 40 - 30. fsa | 251 | 250.32 | 13 220 | 54 729 | 2 697 |
| 2023 - 8263 | F06_HBB2302358_23 - 40 - 30. fsa | 208 | 207.57 | 32 581 | 205 665 | 2 432 |
| 2023 - 8264 | F07_HBB2302359_23 - 40 - 30. fsa | 208 | 207.72 | 22 049 | 93 397 | 2 433 |
| | F07_HBB2302359_23 - 40 - 30. fsa | 214 | 213.83 | 20 615 | 85 590 | 2 468 |

（续）

| 资源序号 | 样本名<br>（sample file name） | 等位基因位点<br>（allele，bp） | 大小<br>（size，bp） | 高度<br>（height，RFU） | 面积<br>（area，RFU） | 数据取值点<br>（data point，RFU） |
|---|---|---|---|---|---|---|
| 2023 - 8265 | F08_HBB2302360_23 - 40 - 30. fsa | 208 | 207. 62 | 26 833 | 113 433 | 2 423 |
| | F08_HBB2302360_23 - 40 - 30. fsa | 247 | 246. 55 | 32 576 | 162 390 | 2 646 |
| 2023 - 8266 | F09_HBB2302361_23 - 40 - 30. fsa | 208 | 207. 73 | 21 554 | 99 726 | 2 440 |
| | F09_HBB2302361_23 - 40 - 30. fsa | 216 | 215. 78 | 21 242 | 89 816 | 2 486 |
| 2023 - 8267 | F10_HBB2302362_23 - 40 - 30. fsa | 206 | 205. 97 | 32 557 | 169 257 | 2 428 |
| | F10_HBB2302362_23 - 40 - 30. fsa | 216 | 215. 92 | 28 560 | 123 678 | 2 485 |
| 2023 - 8268 | F11_HBB2302363_23 - 40 - 30. fsa | 200 | 199. 66 | 32 619 | 166 179 | 2 443 |
| | F11_HBB2302363_23 - 40 - 30. fsa | 208 | 207. 74 | 29 644 | 136 473 | 2 490 |
| 2023 - 8269 | F12_HBB2302364_23 - 40 - 30. fsa | 208 | 207. 59 | 32 635 | 187 494 | 2 491 |
| 2023 - 8270 | G01_HBB2302365_23 - 40 - 30. fsa | 208 | 207. 83 | 32 636 | 161 047 | 2 535 |
| | G01_HBB2302365_23 - 40 - 30. fsa | 251 | 250. 78 | 10 969 | 48 550 | 2 787 |
| 2023 - 8271 | G03_HBB2302367_23 - 40 - 30. fsa | 200 | 199. 66 | 25 169 | 109 601 | 2 439 |
| | G03_HBB2302367_23 - 40 - 30. fsa | 216 | 216. 01 | 18 554 | 76 247 | 2 534 |
| 2023 - 8272 | G04_HBB2302368_23 - 40 - 30. fsa | 200 | 199. 66 | 28 125 | 119 190 | 2 420 |
| | G04_HBB2302368_23 - 40 - 30. fsa | 247 | 246. 78 | 26 414 | 123 466 | 2 694 |
| 2023 - 8273 | G05_HBB2302369_23 - 40 - 30. fsa | 206 | 205. 79 | 32 501 | 209 155 | 2 443 |
| | G05_HBB2302369_23 - 40 - 30. fsa | 208 | 207. 72 | 32 501 | 134 760 | 2 454 |
| 2023 - 8274 | G06_HBB2302370_23 - 40 - 30. fsa | 206 | 205. 97 | 27 501 | 119 110 | 2 445 |
| | G06_HBB2302370_23 - 40 - 30. fsa | 216 | 215. 92 | 17 495 | 74 737 | 2 502 |
| 2023 - 8275 | G07_HBB2302371_23 - 40 - 30. fsa | 206 | 205. 99 | 28 593 | 139 079 | 2 428 |
| | G07_HBB2302371_23 - 40 - 30. fsa | 208 | 207. 74 | 20 419 | 81 221 | 2 438 |
| 2023 - 8276 | G08_HBB2302372_23 - 40 - 30. fsa | 200 | 199. 49 | 32 673 | 160 412 | 2 404 |
| | G08_HBB2302372_23 - 40 - 30. fsa | 216 | 215. 92 | 28 570 | 118 774 | 2 498 |
| 2023 - 8277 | G09_HBB2302373_23 - 40 - 30. fsa | 208 | 207. 75 | 32 608 | 155 345 | 2 437 |
| | G09_HBB2302373_23 - 40 - 30. fsa | 247 | 246. 41 | 12 082 | 51 394 | 2 660 |
| 2023 - 8278 | G10_HBB2302374_23 - 40 - 30. fsa | 206 | 205. 79 | 32 645 | 214 431 | 2 442 |
| 2023 - 8279 | G11_HBB2302375_23 - 40 - 30. fsa | 208 | 207. 6 | 32 630 | 215 005 | 2 484 |
| 2023 - 8280 | G12_HBB2302376_23 - 40 - 30. fsa | 206 | 206 | 32 571 | 188 188 | 2 496 |
| | G12_HBB2302376_23 - 40 - 30. fsa | 216 | 216. 07 | 25 717 | 112 228 | 2 555 |

（续）

| 资源序号 | 样本名<br>（sample file name） | 等位基因位点<br>（allele，bp） | 大小<br>（size，bp） | 高度<br>（height，RFU） | 面积<br>（area，RFU） | 数据取值点<br>（data point，RFU） |
|---|---|---|---|---|---|---|
| 2023 - 8281 | H01_HBB2302377_23 - 40 - 30. fsa | 208 | 207.84 | 32 538 | 155 369 | 2 564 |
| | H01_HBB2302377_23 - 40 - 30. fsa | 216 | 216.14 | 32 163 | 143 844 | 2 613 |
| 2023 - 8282 | H02_HBB2302378_23 - 40 - 30. fsa | 206 | 206.14 | 32 667 | 157 267 | 2 524 |
| | H02_HBB2302378_23 - 40 - 30. fsa | 216 | 215.97 | 22 180 | 100 804 | 2 582 |
| 2023 - 8283 | H03_HBB2302379_23 - 40 - 30. fsa | 208 | 207.74 | 15 201 | 72 015 | 2 505 |
| 2023 - 8284 | H04_HBB2302380_23 - 40 - 30. fsa | 208 | 207.79 | 13 416 | 65 852 | 2 484 |
| | H04_HBB2302380_23 - 40 - 30. fsa | 216 | 216.06 | 12 367 | 58 522 | 2 532 |
| 2023 - 8285 | H05_HBB2302381_23 - 40 - 30. fsa | 200 | 199.67 | 27 216 | 108 524 | 2 425 |
| | H05_HBB2302381_23 - 40 - 30. fsa | 247 | 246.79 | 24 423 | 110 427 | 2 699 |
| 2023 - 8286 | H06_HBB2302382_23 - 40 - 30. fsa | 208 | 207.84 | 21 208 | 86 450 | 2 466 |
| | H06_HBB2302382_23 - 40 - 30. fsa | 216 | 215.99 | 19 189 | 77 504 | 2 513 |
| 2023 - 8287 | H07_HBB2302383_23 - 40 - 30. fsa | 206 | 205.95 | 32 604 | 147 721 | 2 452 |
| | H07_HBB2302383_23 - 40 - 30. fsa | 216 | 215.87 | 20 839 | 87 689 | 2 509 |
| 2023 - 8288 | H08_HBB2302384_23 - 40 - 30. fsa | 206 | 205.75 | 32 615 | 209 832 | 2 455 |
| 2023 - 8289 | H09_HBB2302385_23 - 40 - 30. fsa | 216 | 215.87 | 32 387 | 166 890 | 2 499 |
| 2023 - 8290 | A01_HBB2302387_08 - 05 - 34. fsa | 208 | 208.01 | 26 145 | 117 220 | 2 563 |
| 2023 - 8291 | A02_HBB2302388_08 - 05 - 34. fsa | 216 | 216.18 | 10 238 | 44 513 | 2 589 |
| | A02_HBB2302388_08 - 05 - 34. fsa | 247 | 247.35 | 15 813 | 69 041 | 2 775 |
| 2023 - 8292 | A03_HBB2302389_08 - 05 - 34. fsa | 192 | 191.8 | 215 | 820 | 2 414 |
| 2023 - 8293 | A04_HBB2302390_08 - 05 - 34. fsa | 208 | 207.96 | 13 127 | 60 006 | 2 503 |
| 2023 - 8294 | A05_HBB2302391_08 - 05 - 34. fsa | 208 | 207.84 | 19 330 | 89 273 | 2 488 |
| 2023 - 8295 | A06_HBB2302392_08 - 05 - 34. fsa | 216 | 216.23 | 11 164 | 52 298 | 2 535 |
| 2023 - 8296 | A07_HBB2302393_08 - 05 - 34. fsa | 208 | 207.88 | 12 317 | 59 189 | 2 477 |
| 2023 - 8297 | A08_HBB2302394_08 - 05 - 34. fsa | 216 | 216.25 | 11 489 | 54 930 | 2 558 |
| 2023 - 8298 | A09_HBB2302395_08 - 05 - 34. fsa | 247 | 247.47 | 14 445 | 69 325 | 2 738 |
| 2023 - 8299 | A10_HBB2302396_08 - 05 - 34. fsa | 216 | 216.24 | 10 029 | 52 030 | 2 567 |
| 2023 - 8300 | A11_HBB2302397_08 - 05 - 34. fsa | 216 | 216.3 | 15 802 | 80 857 | 2 601 |
| 2023 - 8301 | A12_HBB2302398_08 - 05 - 34. fsa | 208 | 207.96 | 8 939 | 42 723 | 2 578 |
| 2023 - 8302 | B01_HBB2302399_08 - 05 - 34. fsa | 208 | 208.07 | 7 711 | 37 275 | 2 530 |
| | B01_HBB2302399_08 - 05 - 34. fsa | 216 | 216.25 | 7 285 | 33 040 | 2 578 |

（续）

| 资源序号 | 样本名<br>（sample file name） | 等位基因位点<br>（allele，bp） | 大小<br>（size，bp） | 高度<br>（height，RFU） | 面积<br>（area，RFU） | 数据取值点<br>（data point，RFU） |
|---|---|---|---|---|---|---|
| 2023－8303 | B02_HBB2302400_08－05－34. fsa | 208 | 207.89 | 27 170 | 117 287 | 2 534 |
| | B02_HBB2302400_08－05－34. fsa | 216 | 216.24 | 24 471 | 103 850 | 2 583 |
| 2023－8304 | B03_HBB2302401_08－05－34. fsa | 208 | 207.99 | 6 836 | 32 146 | 2 498 |
| | B03_HBB2302401_08－05－34. fsa | 247 | 247.3 | 8 557 | 41 738 | 2 728 |
| 2023－8305 | B04_HBB2302402_08－05－34. fsa | 216 | 216.1 | 7 363 | 33 804 | 2 541 |
| | B04_HBB2302402_08－05－34. fsa | 251 | 250.78 | 2 200 | 9 868 | 2 745 |
| 2023－8306 | B05_HBB2302403_08－05－34. fsa | 216 | 216.04 | 6 262 | 27 257 | 2 532 |
| | B05_HBB2302403_08－05－34. fsa | 247 | 247.11 | 8 860 | 40 105 | 2 713 |
| 2023－8307 | B06_HBB2302404_08－05－34. fsa | 208 | 207.9 | 11 661 | 53 453 | 2 466 |
| 2023－8308 | B07_HBB2302405_08－05－34. fsa | 208 | 207.88 | 7 493 | 34 476 | 2 474 |
| | B07_HBB2302405_08－05－34. fsa | 216 | 216.23 | 6 725 | 31 427 | 2 522 |
| 2023－8309 | B08_HBB2302406_08－05－34. fsa | 206 | 206.13 | 8 334 | 38 369 | 2 468 |
| | B08_HBB2302406_08－05－34. fsa | 216 | 216.05 | 5 675 | 26 172 | 2 525 |
| 2023－8310 | B09_HBB2302407_08－05－34. fsa | 208 | 207.87 | 22 398 | 108 963 | 2 477 |
| 2023－8311 | B11_HBB2302409_08－05－34. fsa | 208 | 207.89 | 8 277 | 41 711 | 2 529 |
| | B11_HBB2302409_08－05－34. fsa | 216 | 216.07 | 7 664 | 37 607 | 2 577 |
| 2023－8312 | B12_HBB2302410_08－05－34. fsa | 208 | 207.83 | 23 948 | 119 666 | 2 551 |
| 2023－8313 | C01_HBB2302411_08－05－34. fsa | 208 | 207.86 | 23 151 | 108 861 | 2 540 |
| 2023－8314 | C02_HBB2302412_08－05－34. fsa | 208 | 207.91 | 32 623 | 144 617 | 2 518 |
| 2023－8315 | C03_HBB2302413_08－05－34. fsa | 206 | 206.07 | 16 538 | 83 389 | 2 489 |
| 2023－8316 | C04_HBB2302414_08－05－34. fsa | 208 | 207.84 | 7 254 | 30 112 | 2 481 |
| | C04_HBB2302414_08－05－34. fsa | 216 | 215.98 | 6 600 | 27 689 | 2 528 |
| 2023－8317 | C05_HBB2302415_08－05－34. fsa | 208 | 207.75 | 8 284 | 35 295 | 2 462 |
| | C05_HBB2302415_08－05－34. fsa | 216 | 215.98 | 7 317 | 31 084 | 2 509 |
| 2023－8318 | C06_HBB2302416_08－05－34. fsa | 206 | 205.97 | 16 052 | 72 732 | 2 469 |
| | C06_HBB2302416_08－05－34. fsa | 216 | 216.1 | 10 512 | 47 267 | 2 527 |
| 2023－8319 | C07_HBB2302417_08－05－34. fsa | 206 | 206.17 | 12 120 | 52 672 | 2 452 |
| | C07_HBB2302417_08－05－34. fsa | 247 | 247.09 | 10 779 | 51 052 | 2 688 |
| 2023－8320 | C08_HBB2302418_08－05－34. fsa | 206 | 206.17 | 11 554 | 49 446 | 2 451 |
| | C08_HBB2302418_08－05－34. fsa | 216 | 216.16 | 8 108 | 34 114 | 2 508 |

（续）

| 资源序号 | 样本名<br>（sample file name） | 等位基因位点<br>（allele，bp） | 大小<br>（size，bp） | 高度<br>（height，RFU） | 面积<br>（area，RFU） | 数据取值点<br>（data point，RFU） |
|---|---|---|---|---|---|---|
| 2023 - 8321 | C09_HBB2302419_08 - 05 - 34. fsa | 206 | 206.1 | 8 324 | 38 110 | 2 477 |
| | C09_HBB2302419_08 - 05 - 34. fsa | 245 | 244.75 | 2 079 | 9 478 | 2 702 |
| 2023 - 8322 | C10_HBB2302420_08 - 05 - 34. fsa | 208 | 207.88 | 15 461 | 68 420 | 2 478 |
| | C10_HBB2302420_08 - 05 - 34. fsa | 216 | 216.06 | 13 699 | 65 565 | 2 525 |
| 2023 - 8323 | C11_HBB2302421_08 - 05 - 34. fsa | 247 | 247.33 | 19 497 | 97 595 | 2 752 |
| 2023 - 8324 | C12_HBB2302422_08 - 05 - 34. fsa | 200 | 199.68 | 9 633 | 47 381 | 2 490 |
| | C12_HBB2302422_08 - 05 - 34. fsa | 214 | 214.16 | 4 529 | 21 746 | 2 575 |
| 2023 - 8325 | D01_HBB2302423_08 - 05 - 34. fsa | 208 | 207.86 | 29 517 | 131 087 | 2 553 |
| 2023 - 8326 | D02_HBB2302424_08 - 05 - 34. fsa | 208 | 207.94 | 23 757 | 105 491 | 2 516 |
| 2023 - 8327 | D03_HBB2302425_08 - 05 - 34. fsa | 206 | 206.13 | 14 187 | 61 407 | 2 467 |
| | D03_HBB2302425_08 - 05 - 34. fsa | 214 | 214.14 | 10 212 | 46 093 | 2 513 |
| 2023 - 8328 | D04_HBB2302426_08 - 05 - 34. fsa | 206 | 205.51 | 8 025 | 38 147 | 2 463 |
| | D04_HBB2302426_08 - 05 - 34. fsa | 208 | 207.09 | 5 206 | 22 630 | 2 473 |
| 2023 - 8329 | D05_HBB2302427_08 - 05 - 34. fsa | 208 | 207.75 | 5 461 | 22 489 | 2 460 |
| | D05_HBB2302427_08 - 05 - 34. fsa | 216 | 215.97 | 7 252 | 29 277 | 2 507 |
| 2023 - 8330 | D06_HBB2302428_08 - 05 - 34. fsa | 208 | 207.75 | 9 830 | 44 062 | 2 464 |
| | D06_HBB2302428_08 - 05 - 34. fsa | 216 | 215.98 | 8 528 | 39 185 | 2 511 |
| 2023 - 8331 | D08_HBB2302430_08 - 05 - 34. fsa | 208 | 207.96 | 13 384 | 60 860 | 2 450 |
| 2023 - 8332 | D09_HBB2302431_08 - 05 - 34. fsa | 208 | 207.91 | 13 595 | 62 147 | 2 471 |
| 2023 - 8333 | D10_HBB2302432_08 - 05 - 34. fsa | 206 | 206.15 | 16 689 | 74 188 | 2 457 |
| | D10_HBB2302432_08 - 05 - 34. fsa | 216 | 216.11 | 10 231 | 46 795 | 2 514 |
| 2023 - 8334 | D11_HBB2302433_08 - 05 - 34. fsa | 208 | 207.92 | 10 301 | 48 471 | 2 507 |
| | D11_HBB2302433_08 - 05 - 34. fsa | 216 | 216.14 | 9 444 | 45 763 | 2 555 |
| 2023 - 8335 | D12_HBB2302434_08 - 05 - 34. fsa | 251 | 251.06 | 11 279 | 51 671 | 2 795 |
| 2023 - 8336 | E01_HBB2302435_08 - 05 - 34. fsa | 206 | 206.19 | 22 948 | 120 223 | 2 553 |
| | E01_HBB2302435_08 - 05 - 34. fsa | 208 | 208.07 | 15 155 | 64 935 | 2 564 |
| 2023 - 8337 | E02_HBB2302436_08 - 05 - 34. fsa | 208 | 207.88 | 11 911 | 52 476 | 2 524 |
| | E02_HBB2302436_08 - 05 - 34. fsa | 251 | 250.77 | 3 259 | 14 814 | 2 779 |
| 2023 - 8338 | E03_HBB2302437_08 - 05 - 34. fsa | 208 | 207.82 | 6 960 | 28 937 | 2 498 |
| | E03_HBB2302437_08 - 05 - 34. fsa | 216 | 216.11 | 5 883 | 24 061 | 2 546 |

（续）

| 资源序号 | 样本名<br>（sample file name） | 等位基因位点<br>（allele，bp） | 大小<br>（size，bp） | 高度<br>（height，RFU） | 面积<br>（area，RFU） | 数据取值点<br>（data point，RFU） |
|---|---|---|---|---|---|---|
| 2023－8339 | E04_HBB2302438_08－05－34.fsa | 208 | 207.81 | 11 984 | 53 688 | 2 494 |
| | E04_HBB2302438_08－05－34.fsa | 251 | 250.78 | 3 484 | 15 842 | 2 746 |
| 2023－8340 | E05_HBB2302439_08－05－34.fsa | 214 | 213.96 | 12 911 | 60 419 | 2 517 |
| | E05_HBB2302439_08－05－34.fsa | 216 | 216.04 | 10 930 | 44 916 | 2 529 |
| 2023－8341 | E06_HBB2302440_08－05－34.fsa | 208 | 207.78 | 18 289 | 76 566 | 2 458 |
| 2023－8342 | E07_HBB2302441_08－05－34.fsa | 216 | 215.97 | 2 421 | 9 695 | 2 504 |
| | E07_HBB2302441_08－05－34.fsa | 247 | 246.92 | 2 398 | 11 658 | 2 683 |
| 2023－8343 | E08_HBB2302442_08－05－34.fsa | 208 | 207.87 | 7 251 | 31 774 | 2 475 |
| | E08_HBB2302442_08－05－34.fsa | 216 | 216.04 | 6 773 | 28 223 | 2 522 |
| 2023－8344 | E09_HBB2302443_08－05－34.fsa | 208 | 207.88 | 12 343 | 54 117 | 2 479 |
| | E09_HBB2302443_08－05－34.fsa | 216 | 216.23 | 11 188 | 51 305 | 2 527 |
| 2023－8345 | E10_HBB2302444_08－05－34.fsa | 206 | 206.13 | 12 209 | 54 702 | 2 463 |
| | E10_HBB2302444_08－05－34.fsa | 216 | 216.22 | 7 551 | 36 452 | 2 521 |
| 2023－8346 | E11_HBB2302445_08－05－34.fsa | 206 | 206.05 | 24 540 | 117 256 | 2 493 |
| | E11_HBB2302445_08－05－34.fsa | 251 | 250.93 | 5 008 | 24 710 | 2 758 |
| 2023－8347 | E12_HBB2302446_08－05－34.fsa | 206 | 206.13 | 23 091 | 133 223 | 2 533 |
| | E12_HBB2302446_08－05－34.fsa | 208 | 207.99 | 16 397 | 70 079 | 2 544 |
| 2023－8348 | F01_HBB2302447_08－05－34.fsa | 208 | 207.92 | 5 722 | 23 166 | 2 565 |
| | F01_HBB2302447_08－05－34.fsa | 216 | 216.14 | 5 181 | 21 982 | 2 613 |
| 2023－8349 | F02_HBB2302448_08－05－34.fsa | 208 | 207.89 | 10 166 | 42 432 | 2 525 |
| | F02_HBB2302448_08－05－34.fsa | 216 | 216.07 | 8 915 | 39 625 | 2 573 |
| 2023－8350 | F03_HBB2302449_08－05－34.fsa | 206 | 206.14 | 24 612 | 125 275 | 2 497 |
| | F03_HBB2302449_08－05－34.fsa | 208 | 207.84 | 18 385 | 74 900 | 2 507 |
| 2023－8351 | F05_HBB2302451_08－05－34.fsa | 206 | 206.11 | 20 018 | 82 035 | 2 474 |
| | F05_HBB2302451_08－05－34.fsa | 216 | 216.17 | 6 184 | 26 206 | 2 532 |
| 2023－8352 | F06_HBB2302452_08－05－34.fsa | 208 | 207.9 | 10 919 | 48 615 | 2 467 |
| | F06_HBB2302452_08－05－34.fsa | 247 | 247.11 | 13 756 | 63 123 | 2 694 |
| 2023－8353 | F07_HBB2302453_08－05－34.fsa | 216 | 216.23 | 10 347 | 45 557 | 2 516 |
| 2023－8354 | F08_HBB2302454_08－05－34.fsa | 208 | 207.75 | 17 230 | 77 611 | 2 461 |

（续）

| 资源序号 | 样本名<br>（sample file name） | 等位基因位点<br>（allele，bp） | 大小<br>（size，<br>bp） | 高度<br>（height，<br>RFU） | 面积<br>（area，<br>RFU） | 数据取值点<br>（data point，<br>RFU） |
|---|---|---|---|---|---|---|
| 2023 - 8355 | F09_HBB2302455_08 - 05 - 34. fsa | 208 | 207. 87 | 7 188 | 32 155 | 2 480 |
| | F09_HBB2302455_08 - 05 - 34. fsa | 216 | 216. 22 | 7 496 | 30 815 | 2 528 |
| 2023 - 8356 | F10_HBB2302456_08 - 05 - 34. fsa | 208 | 208. 06 | 11 070 | 51 377 | 2 477 |
| | F10_HBB2302456_08 - 05 - 34. fsa | 247 | 246. 95 | 3 051 | 14 685 | 2 703 |
| 2023 - 8357 | F11_HBB2302457_08 - 05 - 34. fsa | 208 | 207. 88 | 23 568 | 107 886 | 2 526 |
| 2023 - 8358 | F12_HBB2302458_08 - 05 - 34. fsa | 208 | 208. 04 | 6 452 | 28 683 | 2 528 |
| | F12_HBB2302458_08 - 05 - 34. fsa | 216 | 216. 37 | 5 648 | 24 553 | 2 577 |
| 2023 - 8359 | G01_HBB2302459_08 - 05 - 34. fsa | 206 | 206. 36 | 19 124 | 94 654 | 2 566 |
| | G01_HBB2302459_08 - 05 - 34. fsa | 208 | 208. 07 | 12 880 | 50 796 | 2 576 |
| 2023 - 8360 | G02_HBB2302460_08 - 05 - 34. fsa | 206 | 206. 18 | 22 214 | 95 118 | 2 534 |
| | G02_HBB2302460_08 - 05 - 34. fsa | 216 | 216. 24 | 13 893 | 59 508 | 2 593 |
| 2023 - 8361 | G03_HBB2302461_08 - 05 - 34. fsa | 216 | 216. 18 | 13 633 | 57 739 | 2 562 |
| 2023 - 8362 | G04_HBB2302462_08 - 05 - 34. fsa | 208 | 207. 97 | 29 822 | 123 858 | 2 499 |
| 2023 - 8363 | G05_HBB2302463_08 - 05 - 34. fsa | 206 | 206. 13 | 14 635 | 66 646 | 2 479 |
| | G05_HBB2302463_08 - 05 - 34. fsa | 208 | 207. 88 | 10 983 | 41 153 | 2 489 |
| 2023 - 8364 | G06_HBB2302464_08 - 05 - 34. fsa | 208 | 207. 85 | 17 277 | 76 502 | 2 488 |
| 2023 - 8365 | G07_HBB2302465_08 - 05 - 34. fsa | 206 | 206. 13 | 5 138 | 22 115 | 2 464 |
| | G07_HBB2302465_08 - 05 - 34. fsa | 216 | 216. 22 | 4 057 | 16 839 | 2 522 |
| 2023 - 8366 | G08_HBB2302466_08 - 05 - 34. fsa | 206 | 206. 09 | 12 424 | 54 461 | 2 480 |
| | G08_HBB2302466_08 - 05 - 34. fsa | 216 | 216. 12 | 8 784 | 37 479 | 2 538 |
| 2023 - 8367 | G09_HBB2302467_08 - 05 - 34. fsa | 206 | 206. 13 | 13 952 | 61 956 | 2 470 |
| | G09_HBB2302467_08 - 05 - 34. fsa | 216 | 216. 04 | 10 608 | 44 829 | 2 527 |
| 2023 - 8368 | G10_HBB2302468_08 - 05 - 34. fsa | 206 | 206. 09 | 16 991 | 74 436 | 2 484 |
| | G10_HBB2302468_08 - 05 - 34. fsa | 216 | 216. 11 | 10 762 | 46 862 | 2 542 |
| 2023 - 8369 | G11_HBB2302469_08 - 05 - 34. fsa | 208 | 208. 06 | 10 701 | 49 734 | 2 525 |
| | G11_HBB2302469_08 - 05 - 34. fsa | 216 | 216. 25 | 8 765 | 39 464 | 2 573 |
| 2023 - 8370 | G12_HBB2302470_08 - 05 - 34. fsa | 208 | 208. 02 | 16 742 | 73 052 | 2 547 |
| | G12_HBB2302470_08 - 05 - 34. fsa | 216 | 216. 32 | 15 550 | 67 351 | 2 596 |
| 2023 - 8371 | H02_HBB2302472_08 - 05 - 34. fsa | 206 | 206. 29 | 13 019 | 60 908 | 2 550 |
| | H02_HBB2302472_08 - 05 - 34. fsa | 208 | 207. 99 | 8 705 | 35 723 | 2 560 |

（续）

| 资源序号 | 样本名<br>（sample file name） | 等位基因位点<br>（allele，bp） | 大小<br>（size，bp） | 高度<br>（height，RFU） | 面积<br>（area，RFU） | 数据取值点<br>（data point，RFU） |
|---|---|---|---|---|---|---|
| 2023－8372 | H03_HBB2302473_08－05－34. fsa | 208 | 208.07 | 5 476 | 23 002 | 2 531 |
| | H03_HBB2302473_08－05－34. fsa | 216 | 216.25 | 5 179 | 21 145 | 2 579 |
| 2023－8373 | H04_HBB2302474_08－05－34. fsa | 206 | 206.22 | 16 578 | 70 755 | 2 506 |
| | H04_HBB2302474_08－05－34. fsa | 216 | 216.19 | 12 314 | 51 246 | 2 564 |
| 2023－8374 | H05_HBB2302475_08－05－34. fsa | 208 | 207.96 | 14 361 | 61 632 | 2 507 |
| | H05_HBB2302475_08－05－34. fsa | 216 | 216.06 | 13 309 | 55 668 | 2 554 |
| 2023－8375 | H06_HBB2302476_08－05－34. fsa | 206 | 206.09 | 15 961 | 69 205 | 2 489 |
| | H06_HBB2302476_08－05－34. fsa | 216 | 216.12 | 11 394 | 49 598 | 2 547 |
| 2023－8376 | H07_HBB2302477_08－05－34. fsa | 208 | 208 | 16 868 | 72 029 | 2 503 |
| | H07_HBB2302477_08－05－34. fsa | 251 | 250.93 | 4 845 | 20 921 | 2 755 |
| 2023－8377 | H08_HBB2302478_08－05－34. fsa | 208 | 207.97 | 7 931 | 34 817 | 2 507 |
| | H08_HBB2302478_08－05－34. fsa | 216 | 216.06 | 7 271 | 31 825 | 2 554 |
| 2023－8378 | H09_HBB2302479_08－05－34. fsa | 208 | 208.03 | 5 078 | 21 331 | 2 498 |
| | H09_HBB2302479_08－05－34. fsa | 247 | 247.47 | 7 650 | 32 962 | 2 728 |
| 2023－8379 | H10_HBB2302480_08－05－34. fsa | 229 | 228.72 | 6 129 | 28 053 | 2 624 |
| | H10_HBB2302480_08－05－34. fsa | 251 | 250.92 | 3 134 | 13 341 | 2 756 |

## 33 P35

| 资源序号 | 样本名<br>（sample file name） | 等位基因位点<br>（allele，bp） | 大小<br>（size，bp） | 高度<br>（height，RFU） | 面积<br>（area，RFU） | 数据取值点<br>（data point，RFU） |
|---|---|---|---|---|---|---|
| 2023－8200 | A01_HBB2302293_24－12－45. fsa | 175 | 175.22 | 10 311 | 22 446 | 2 337 |
| | A01_HBB2302293_24－12－45. fsa | 193 | 193.36 | 32 556 | 212 850 | 2 448 |
| 2023－8201 | A02_HBB2302294_24－12－45. fsa | 175 | 175.09 | 19 035 | 101 916 | 2 321 |
| | A02_HBB2302294_24－12－45. fsa | 180 | 179.89 | 22 438 | 104 121 | 2 350 |
| 2023－8202 | A03_HBB2302295_24－12－45. fsa | 180 | 179.89 | 24 611 | 123 416 | 2 314 |
| | A03_HBB2302295_24－12－45. fsa | 183 | 182.92 | 22 768 | 108 434 | 2 332 |

（续）

| 资源序号 | 样本名<br>（sample file name） | 等位基因位点<br>（allele，bp） | 大小<br>（size，bp） | 高度<br>（height，RFU） | 面积<br>（area，RFU） | 数据取值点<br>（data point，RFU） |
|---|---|---|---|---|---|---|
| 2023 - 8203 | A04_HBB2302296_24 - 12 - 45. fsa | 180 | 179. 88 | 23 510 | 120 233 | 2 308 |
| | A04_HBB2302296_24 - 12 - 45. fsa | 193 | 193. 31 | 25 910 | 143 445 | 2 388 |
| 2023 - 8204 | A05_HBB2302297_24 - 12 - 45. fsa | 193 | 193. 24 | 32 606 | 209 631 | 2 376 |
| 2023 - 8205 | A06_HBB2302298_24 - 12 - 45. fsa | 180 | 179. 77 | 18 786 | 95 561 | 2 291 |
| | A06_HBB2302298_24 - 12 - 45. fsa | 183 | 182. 83 | 18 010 | 87 580 | 2 309 |
| 2023 - 8206 | A07_HBB2302299_24 - 12 - 45. fsa | 175 | 175 | 22 075 | 112 080 | 2 255 |
| | A07_HBB2302299_24 - 12 - 45. fsa | 183 | 182. 8 | 20 423 | 110 285 | 2 301 |
| 2023 - 8207 | A08_HBB2302300_24 - 12 - 45. fsa | 180 | 179. 97 | 14 235 | 79 050 | 2 313 |
| | A08_HBB2302300_24 - 12 - 45. fsa | 193 | 193. 28 | 17 421 | 92 346 | 2 392 |
| 2023 - 8208 | A09_HBB2302301_24 - 12 - 45. fsa | 175 | 174. 95 | 21 273 | 113 948 | 2 276 |
| | A09_HBB2302301_24 - 12 - 45. fsa | 183 | 182. 92 | 19 969 | 106 041 | 2 323 |
| 2023 - 8209 | A10_HBB2302302_24 - 12 - 45. fsa | 183 | 182. 92 | 21 848 | 123 935 | 2 337 |
| | A10_HBB2302302_24 - 12 - 45. fsa | 193 | 193. 32 | 25 529 | 149 978 | 2 399 |
| 2023 - 8210 | A11_HBB2302303_24 - 12 - 45. fsa | 180 | 179. 74 | 30 304 | 172 948 | 2 352 |
| | A11_HBB2302303_24 - 12 - 45. fsa | 183 | 182. 89 | 26 974 | 149 417 | 2 371 |
| 2023 - 8211 | B01_HBB2302305_24 - 12 - 45. fsa | 175 | 175. 09 | 25 063 | 138 423 | 2 306 |
| | B01_HBB2302305_24 - 12 - 45. fsa | 193 | 193. 39 | 23 168 | 125 126 | 2 416 |
| 2023 - 8212 | B02_HBB2302306_24 - 12 - 45. fsa | 193 | 193. 26 | 32 442 | 234 774 | 2 425 |
| 2023 - 8213 | B03_HBB2302307_24 - 12 - 45. fsa | 193 | 193. 08 | 32 533 | 271 358 | 2 384 |
| 2023 - 8214 | B04_HBB2302308_24 - 12 - 45. fsa | 180 | 179. 87 | 24 103 | 117 575 | 2 303 |
| | B04_HBB2302308_24 - 12 - 45. fsa | 193 | 193. 24 | 28 185 | 151 250 | 2 382 |
| 2023 - 8215 | B05_HBB2302309_24 - 12 - 45. fsa | 193 | 193. 24 | 32 576 | 195 488 | 2 373 |
| 2023 - 8216 | B06_HBB2302310_24 - 12 - 45. fsa | 183 | 182. 98 | 23 207 | 111 965 | 2 293 |
| | B06_HBB2302310_24 - 12 - 45. fsa | 188 | 187. 76 | 22 030 | 106 712 | 2 321 |
| 2023 - 8217 | B07_HBB2302311_24 - 12 - 45. fsa | 180 | 179. 66 | 22 007 | 113 791 | 2 281 |
| | B07_HBB2302311_24 - 12 - 45. fsa | 183 | 182. 73 | 21 196 | 102 400 | 2 299 |
| 2023 - 8218 | B08_HBB2302312_24 - 12 - 45. fsa | 175 | 175. 06 | 17 501 | 91 516 | 2 254 |
| | B08_HBB2302312_24 - 12 - 45. fsa | 183 | 182. 89 | 14 726 | 80 986 | 2 300 |
| 2023 - 8219 | B09_HBB2302313_24 - 12 - 45. fsa | 183 | 182. 98 | 14 284 | 74 984 | 2 297 |
| | B09_HBB2302313_24 - 12 - 45. fsa | 188 | 187. 76 | 17 032 | 90 809 | 2 325 |

（续）

| 资源序号 | 样本名<br>（sample file name） | 等位基因位点<br>（allele，bp） | 大小<br>（size，bp） | 高度<br>（height，RFU） | 面积<br>（area，RFU） | 数据取值点<br>（data point，RFU） |
|---|---|---|---|---|---|---|
| 2023－8220 | B10_HBB2302314_24－12－45.fsa | 175 | 174.9 | 20 756 | 111 210 | 2 257 |
| | B10_HBB2302314_24－12－45.fsa | 183 | 182.9 | 12 383 | 62 788 | 2 304 |
| 2023－8221 | B11_HBB2302315_24－12－45.fsa | 193 | 193.19 | 32 350 | 269 746 | 2 412 |
| 2023－8222 | B12_HBB2302316_24－12－45.fsa | 180 | 179.9 | 24 803 | 145 577 | 2 354 |
| | B12_HBB2302316_24－12－45.fsa | 193 | 193.26 | 28 294 | 169 968 | 2 435 |
| 2023－8226 | C03_HBB2302319_24－12－45.fsa | 180 | 179.98 | 19 434 | 106 101 | 2 312 |
| | C03_HBB2302319_24－12－45.fsa | 193 | 193.28 | 22 728 | 133 730 | 2 391 |
| 2023－8227 | C04_HBB2302320_24－12－45.fsa | 175 | 174.84 | 19 970 | 102 254 | 2 266 |
| | C04_HBB2302320_24－12－45.fsa | 183 | 182.84 | 19 404 | 98 994 | 2 313 |
| 2023－8228 | C05_HBB2302321_24－12－45.fsa | 175 | 174.75 | 17 311 | 82 944 | 2 245 |
| | C05_HBB2302321_24－12－45.fsa | 183 | 182.65 | 15 754 | 80 195 | 2 291 |
| 2023－8229 | C06_HBB2302322_24－12－45.fsa | 183 | 182.98 | 29 144 | 145 737 | 2 305 |
| 2023－8230 | C07_HBB2302323_24－12－45.fsa | 180 | 179.8 | 18 762 | 94 163 | 2 268 |
| | C07_HBB2302323_24－12－45.fsa | 193 | 193.16 | 21 893 | 113 330 | 2 346 |
| 2023－8231 | C09_HBB2302325_24－12－45.fsa | 175 | 174.83 | 21 810 | 121 231 | 2 265 |
| | C09_HBB2302325_24－12－45.fsa | 193 | 193.2 | 25 470 | 146 068 | 2 373 |
| 2023－8232 | C10_HBB2302326_24－12－45.fsa | 180 | 179.91 | 22 460 | 125 313 | 2 280 |
| | C10_HBB2302326_24－12－45.fsa | 183 | 182.82 | 19 285 | 98 712 | 2 297 |
| 2023－8233 | C11_HBB2302327_24－12－45.fsa | 193 | 193.19 | 32 528 | 263 371 | 2 404 |
| 2023－8234 | C12_HBB2302328_24－12－45.fsa | 183 | 182.79 | 32 552 | 230 448 | 2 360 |
| 2023－8235 | D01_HBB2302329_24－12－45.fsa | 180 | 179.96 | 25 056 | 127 326 | 2 358 |
| | D01_HBB2302329_24－12－45.fsa | 193 | 193.29 | 27 373 | 141 834 | 2 439 |
| 2023－8236 | D02_HBB2302330_24－12－45.fsa | 175 | 174.97 | 27 304 | 132 140 | 2 299 |
| | D02_HBB2302330_24－12－45.fsa | 183 | 182.84 | 23 921 | 123 248 | 2 346 |
| 2023－8237 | D03_HBB2302331_24－12－45.fsa | 183 | 182.89 | 19 995 | 101 415 | 2 306 |
| | D03_HBB2302331_24－12－45.fsa | 193 | 193.24 | 23 498 | 119 770 | 2 367 |
| 2023－8238 | D04_HBB2302332_24－12－45.fsa | 175 | 174.94 | 23 560 | 107 049 | 2 255 |
| | D04_HBB2302332_24－12－45.fsa | 180 | 179.91 | 22 669 | 103 921 | 2 284 |
| 2023－8239 | D05_HBB2302333_24－12－45.fsa | 183 | 182.8 | 20 368 | 100 063 | 2 286 |
| | D05_HBB2302333_24－12－45.fsa | 188 | 189 | 20 200 | 94 742 | 2 322 |

（续）

| 资源序号 | 样本名<br>（sample file name） | 等位基因位点<br>（allele, bp） | 大小<br>（size,<br>bp） | 高度<br>（height,<br>RFU） | 面积<br>（area,<br>RFU） | 数据取值点<br>（data point,<br>RFU） |
|---|---|---|---|---|---|---|
| 2023－8240 | D06_HBB2302334_24－12－45.fsa | 175 | 174.81 | 24 829 | 120 834 | 2 245 |
| | D06_HBB2302334_24－12－45.fsa | 183 | 182.74 | 24 919 | 122 561 | 2 291 |
| 2023－8241 | D07_HBB2302335_24－12－45.fsa | 175 | 174.89 | 20 190 | 99 947 | 2 263 |
| | D07_HBB2302335_24－12－45.fsa | 183 | 182.92 | 18 789 | 99 283 | 2 310 |
| 2023－8242 | D08_HBB2302336_24－12－45.fsa | 183 | 182.79 | 20 401 | 108 823 | 2 271 |
| | D08_HBB2302336_24－12－45.fsa | 193 | 193.12 | 24 505 | 129 664 | 2 331 |
| 2023－8243 | D09_HBB2302337_24－12－45.fsa | 175 | 174.94 | 12 031 | 71 317 | 2 248 |
| | D09_HBB2302337_24－12－45.fsa | 193 | 193.2 | 17 413 | 97 841 | 2 355 |
| 2023－8244 | D10_HBB2302338_24－12－45.fsa | 175 | 174.76 | 32 564 | 215 267 | 2 241 |
| 2023－8245 | D11_HBB2302339_24－12－45.fsa | 175 | 174.79 | 18 800 | 112 105 | 2 282 |
| | D11_HBB2302339_24－12－45.fsa | 193 | 193.11 | 20 970 | 121 289 | 2 391 |
| 2023－8246 | D12_HBB2302340_24－12－45.fsa | 175 | 174.93 | 24 439 | 126 953 | 2 310 |
| | D12_HBB2302340_24－12－45.fsa | 180 | 179.89 | 21 948 | 116 687 | 2 340 |
| 2023－8247 | E01_HBB2302341_24－12－45.fsa | 183 | 182.94 | 19 469 | 100 257 | 2 387 |
| | E01_HBB2302341_24－12－45.fsa | 193 | 193.22 | 21 518 | 110 684 | 2 449 |
| 2023－8248 | E02_HBB2302342_24－12－45.fsa | 175 | 174.86 | 21 024 | 114 911 | 2 309 |
| | E02_HBB2302342_24－12－45.fsa | 188 | 187.69 | 19 465 | 105 801 | 2 386 |
| 2023－8249 | E03_HBB2302343_24－12－45.fsa | 183 | 183.01 | 22 626 | 117 030 | 2 329 |
| | E03_HBB2302343_24－12－45.fsa | 193 | 193.28 | 25 230 | 129 046 | 2 390 |
| 2023－8250 | E04_HBB2302344_24－12－45.fsa | 175 | 174.96 | 22 889 | 120 769 | 2 280 |
| | E04_HBB2302344_24－12－45.fsa | 183 | 182.93 | 21 051 | 110 417 | 2 327 |
| 2023－8251 | E06_HBB2302346_24－12－45.fsa | 180 | 179.7 | 13 083 | 68 036 | 2 265 |
| | E06_HBB2302346_24－12－45.fsa | 193 | 193.13 | 14 714 | 80 117 | 2 343 |
| 2023－8252 | E07_HBB2302347_24－12－45.fsa | 175 | 174.81 | 17 120 | 88 150 | 2 234 |
| | E07_HBB2302347_24－12－45.fsa | 183 | 182.89 | 15 041 | 80 441 | 2 281 |
| 2023－8253 | E08_HBB2302348_24－12－45.fsa | 180 | 179.74 | 18 796 | 93 478 | 2 279 |
| | E08_HBB2302348_24－12－45.fsa | 193 | 193.13 | 20 282 | 110 009 | 2 357 |
| 2023－8254 | E09_HBB2302349_24－12－45.fsa | 188 | 187.7 | 15 861 | 76 926 | 2 329 |
| | E09_HBB2302349_24－12－45.fsa | 193 | 193.17 | 20 807 | 102 552 | 2 361 |

（续）

| 资源序号 | 样本名<br>（sample file name） | 等位基因位点<br>（allele，bp） | 大小<br>（size，bp） | 高度<br>（height，RFU） | 面积<br>（area，RFU） | 数据取值点<br>（data point，RFU） |
|---|---|---|---|---|---|---|
| 2023－8255 | E10_HBB2302350_24－12－45.fsa | 180 | 179.91 | 16 552 | 104 711 | 2 274 |
| | E10_HBB2302350_24－12－45.fsa | 183 | 182.81 | 20 171 | 98 767 | 2 291 |
| 2023－8256 | E11_HBB2302351_24－12－45.fsa | 188 | 187.73 | 9 551 | 56 980 | 2 351 |
| | E11_HBB2302351_24－12－45.fsa | 193 | 192.78 | 13 268 | 40 016 | 2 381 |
| 2023－8257 | E12_HBB2302352_24－12－45.fsa | 175 | 174.7 | 25 895 | 130 442 | 2 318 |
| | E12_HBB2302352_24－12－45.fsa | 180 | 179.66 | 25 552 | 121 379 | 2 348 |
| 2023－8258 | F01_HBB2302353_24－12－45.fsa | 188 | 188.9 | 32 581 | 220 436 | 2 423 |
| 2023－8259 | F02_HBB2302354_24－12－45.fsa | 175 | 174.92 | 32 576 | 204 501 | 2 307 |
| 2023－8260 | F03_HBB2302355_24－12－45.fsa | 183 | 182.76 | 32 497 | 229 660 | 2 336 |
| 2023－8261 | F04_HBB2302356_24－12－45.fsa | 183 | 182.84 | 17 671 | 90 176 | 2 335 |
| | F04_HBB2302356_24－12－45.fsa | 193 | 193.28 | 21 411 | 107 966 | 2 397 |
| 2023－8262 | F05_HBB2302357_24－12－45.fsa | 180 | 179.84 | 16 920 | 97 605 | 2 288 |
| | F05_HBB2302357_24－12－45.fsa | 183 | 182.91 | 22 323 | 100 308 | 2 306 |
| 2023－8263 | F06_HBB2302358_24－12－45.fsa | 175 | 174.82 | 18 885 | 101 375 | 2 243 |
| | F06_HBB2302358_24－12－45.fsa | 193 | 193.17 | 22 480 | 115 412 | 2 350 |
| 2023－8264 | F07_HBB2302359_24－12－45.fsa | 183 | 182.83 | 32 545 | 183 992 | 2 290 |
| | F07_HBB2302359_24－12－45.fsa | 193 | 193.82 | 8 115 | 15 615 | 2 354 |
| 2023－8265 | F08_HBB2302360_24－12－45.fsa | 183 | 182.74 | 23 342 | 107 707 | 2 280 |
| | F08_HBB2302360_24－12－45.fsa | 188 | 187.74 | 21 629 | 103 603 | 2 309 |
| 2023－8266 | F09_HBB2302361_24－12－45.fsa | 180 | 179.9 | 19 974 | 107 564 | 2 278 |
| | F09_HBB2302361_24－12－45.fsa | 193 | 193.2 | 24 808 | 127 338 | 2 356 |
| 2023－8267 | F10_HBB2302362_24－12－45.fsa | 180 | 179.67 | 20 672 | 102 978 | 2 276 |
| | F10_HBB2302362_24－12－45.fsa | 193 | 193.17 | 24 004 | 125 850 | 2 355 |
| 2023－8268 | F11_HBB2302363_24－12－45.fsa | 175 | 174.93 | 28 465 | 156 718 | 2 296 |
| | F11_HBB2302363_24－12－45.fsa | 193 | 193.22 | 31 494 | 178 439 | 2 406 |
| 2023－8269 | F12_HBB2302364_24－12－45.fsa | 180 | 179.86 | 31 096 | 168 613 | 2 327 |
| | F12_HBB2302364_24－12－45.fsa | 188 | 187.69 | 29 701 | 159 104 | 2 374 |
| 2023－8270 | G01_HBB2302365_24－12－45.fsa | 185 | 184.82 | 15 150 | 48 459 | 2 405 |
| | G01_HBB2302365_24－12－45.fsa | 188 | 187.8 | 32 521 | 235 506 | 2 423 |

（续）

| 资源序号 | 样本名<br>（sample file name） | 等位基因位点<br>（allele，bp） | 大小<br>（size，bp） | 高度<br>（height，RFU） | 面积<br>（area，RFU） | 数据取值点<br>（data point，RFU） |
|---|---|---|---|---|---|---|
| 2023 - 8271 | G03_HBB2302367_24 - 12 - 45. fsa | 175 | 174.96 | 19 327 | 107 746 | 2 294 |
| | G03_HBB2302367_24 - 12 - 45. fsa | 193 | 193.28 | 24 084 | 127 716 | 2 403 |
| 2023 - 8272 | G04_HBB2302368_24 - 12 - 45. fsa | 175 | 174.96 | 21 096 | 105 961 | 2 274 |
| | G04_HBB2302368_24 - 12 - 45. fsa | 180 | 180.03 | 19 674 | 94 144 | 2 304 |
| 2023 - 8273 | G05_HBB2302369_24 - 12 - 45. fsa | 175 | 175.07 | 22 051 | 104 083 | 2 263 |
| | G05_HBB2302369_24 - 12 - 45. fsa | 193 | 193.41 | 26 606 | 128 379 | 2 371 |
| 2023 - 8274 | G06_HBB2302370_24 - 12 - 45. fsa | 175 | 174.83 | 13 119 | 67 700 | 2 263 |
| | G06_HBB2302370_24 - 12 - 45. fsa | 193 | 193.2 | 18 905 | 95 388 | 2 371 |
| 2023 - 8275 | G07_HBB2302371_24 - 12 - 45. fsa | 188 | 187.76 | 14 675 | 68 743 | 2 322 |
| | G07_HBB2302371_24 - 12 - 45. fsa | 193 | 193.21 | 18 563 | 88 985 | 2 354 |
| 2023 - 8276 | G08_HBB2302372_24 - 12 - 45. fsa | 180 | 179.77 | 23 127 | 109 985 | 2 288 |
| | G08_HBB2302372_24 - 12 - 45. fsa | 193 | 193.2 | 26 811 | 132 753 | 2 367 |
| 2023 - 8277 | G09_HBB2302373_24 - 12 - 45. fsa | 175 | 174.87 | 16 466 | 85 699 | 2 247 |
| | G09_HBB2302373_24 - 12 - 45. fsa | 193 | 193.16 | 20 199 | 101 665 | 2 354 |
| 2023 - 8278 | G10_HBB2302374_24 - 12 - 45. fsa | 175 | 174.84 | 18 959 | 94 967 | 2 261 |
| | G10_HBB2302374_24 - 12 - 45. fsa | 183 | 182.84 | 18 027 | 88 139 | 2 308 |
| 2023 - 8279 | G11_HBB2302375_24 - 12 - 45. fsa | 175 | 174.98 | 25 126 | 136 375 | 2 291 |
| | G11_HBB2302375_24 - 12 - 45. fsa | 193 | 193.36 | 27 146 | 147 773 | 2 401 |
| 2023 - 8280 | G12_HBB2302376_24 - 12 - 45. fsa | 175 | 174.98 | 31 486 | 162 658 | 2 311 |
| | G12_HBB2302376_24 - 12 - 45. fsa | 180 | 179.8 | 31 031 | 152 610 | 2 340 |
| 2023 - 8281 | H01_HBB2302377_24 - 12 - 45. fsa | 180 | 179.91 | 25 454 | 120 964 | 2 395 |
| | H01_HBB2302377_24 - 12 - 45. fsa | 183 | 183.02 | 25 732 | 116 905 | 2 414 |
| 2023 - 8282 | H02_HBB2302378_24 - 12 - 45. fsa | 183 | 182.79 | 32 478 | 235 237 | 2 384 |
| 2023 - 8283 | H03_HBB2302379_24 - 12 - 45. fsa | 175 | 175.04 | 12 823 | 68 691 | 2 311 |
| | H03_HBB2302379_24 - 12 - 45. fsa | 180 | 179.87 | 18 183 | 86 154 | 2 340 |
| 2023 - 8284 | H04_HBB2302380_24 - 12 - 45. fsa | 183 | 182.86 | 27 847 | 138 355 | 2 339 |
| 2023 - 8285 | H05_HBB2302381_24 - 12 - 45. fsa | 175 | 175.07 | 20 086 | 92 088 | 2 279 |
| | H05_HBB2302381_24 - 12 - 45. fsa | 183 | 183.01 | 18 497 | 86 838 | 2 326 |
| 2023 - 8286 | H06_HBB2302382_24 - 12 - 45. fsa | 180 | 179.87 | 16 168 | 75 514 | 2 302 |
| | H06_HBB2302382_24 - 12 - 45. fsa | 193 | 193.24 | 26 459 | 132 866 | 2 381 |

（续）

| 资源序号 | 样本名<br>（sample file name） | 等位基因位点<br>（allele，bp） | 大小<br>（size，bp） | 高度<br>（height，RFU） | 面积<br>（area，RFU） | 数据取值点<br>（data point，RFU） |
|---|---|---|---|---|---|---|
| 2023 - 8287 | H07_HBB2302383_24 - 12 - 45. fsa | 175 | 174.95 | 21 127 | 91 890 | 2 270 |
| | H07_HBB2302383_24 - 12 - 45. fsa | 180 | 179.87 | 20 210 | 88 818 | 2 299 |
| 2023 - 8288 | H08_HBB2302384_24 - 12 - 45. fsa | 183 | 182.83 | 23 667 | 110 535 | 2 321 |
| | H08_HBB2302384_24 - 12 - 45. fsa | 186 | 185.86 | 20 189 | 95 987 | 2 339 |
| 2023 - 8289 | H09_HBB2302385_24 - 12 - 45. fsa | 183 | 182.91 | 22 406 | 113 425 | 2 309 |
| | H09_HBB2302385_24 - 12 - 45. fsa | 193 | 193.24 | 29 076 | 137 128 | 2 370 |
| 2023 - 8290 | A01_HBB2302387_08 - 49 - 11. fsa | 175 | 175.04 | 11 338 | 55 186 | 2 341 |
| | A01_HBB2302387_08 - 49 - 11. fsa | 183 | 182.95 | 12 497 | 59 964 | 2 389 |
| 2023 - 8291 | A02_HBB2302388_08 - 49 - 11. fsa | 183 | 183.09 | 10 980 | 56 486 | 2 373 |
| | A02_HBB2302388_08 - 49 - 11. fsa | 188 | 187.87 | 10 886 | 53 460 | 2 402 |
| 2023 - 8292 | A03_HBB2302389_08 - 49 - 11. fsa | 188 | 187.78 | 31 310 | 146 361 | 2 368 |
| 2023 - 8293 | A04_HBB2302390_08 - 49 - 11. fsa | 175 | 175.02 | 20 804 | 108 443 | 2 286 |
| 2023 - 8294 | A05_HBB2302391_08 - 49 - 11. fsa | 183 | 182.74 | 20 969 | 115 263 | 2 319 |
| 2023 - 8295 | A06_HBB2302392_08 - 49 - 11. fsa | 180 | 179.93 | 25 780 | 133 596 | 2 297 |
| 2023 - 8296 | A07_HBB2302393_08 - 49 - 11. fsa | 183 | 183.08 | 20 559 | 116 165 | 2 308 |
| 2023 - 8297 | A08_HBB2302394_08 - 49 - 11. fsa | 183 | 182.92 | 21 885 | 113 621 | 2 337 |
| 2023 - 8298 | A09_HBB2302395_08 - 49 - 11. fsa | 188 | 187.89 | 20 992 | 117 762 | 2 359 |
| 2023 - 8299 | A10_HBB2302396_08 - 49 - 11. fsa | 188 | 187.79 | 24 756 | 140 432 | 2 373 |
| 2023 - 8300 | A11_HBB2302397_08 - 49 - 11. fsa | 193 | 193.22 | 29 686 | 202 271 | 2 439 |
| 2023 - 8301 | A12_HBB2302398_08 - 49 - 11. fsa | 183 | 182.95 | 25 955 | 143 283 | 2 401 |
| 2023 - 8302 | B01_HBB2302399_08 - 49 - 11. fsa | 183 | 183.1 | 9 616 | 51 027 | 2 358 |
| | B01_HBB2302399_08 - 49 - 11. fsa | 189 | 189.08 | 9 001 | 47 109 | 2 394 |
| 2023 - 8303 | B02_HBB2302400_08 - 49 - 11. fsa | 183 | 183.04 | 10 095 | 51 959 | 2 367 |
| | B02_HBB2302400_08 - 49 - 11. fsa | 193 | 193.35 | 12 022 | 59 674 | 2 429 |
| 2023 - 8304 | B03_HBB2302401_08 - 49 - 11. fsa | 183 | 182.83 | 8 534 | 47 686 | 2 329 |
| | B03_HBB2302401_08 - 49 - 11. fsa | 193 | 193.27 | 9 791 | 53 584 | 2 391 |
| 2023 - 8305 | B04_HBB2302402_08 - 49 - 11. fsa | 183 | 182.93 | 11 022 | 52 303 | 2 326 |
| | B04_HBB2302402_08 - 49 - 11. fsa | 188 | 187.84 | 11 150 | 52 815 | 2 355 |
| 2023 - 8306 | B05_HBB2302403_08 - 49 - 11. fsa | 180 | 179.84 | 10 874 | 55 001 | 2 300 |
| | B05_HBB2302403_08 - 49 - 11. fsa | 183 | 182.9 | 10 319 | 47 912 | 2 318 |

（续）

| 资源序号 | 样本名<br>（sample file name） | 等位基因位点<br>（allele，bp） | 大小<br>（size，bp） | 高度<br>（height，RFU） | 面积<br>（area，RFU） | 数据取值点<br>（data point，RFU） |
|---|---|---|---|---|---|---|
| 2023 - 8307 | B06_HBB2302404_08 - 49 - 11. fsa | 193 | 193. 34 | 22 789 | 117 088 | 2 357 |
| 2023 - 8308 | B07_HBB2302405_08 - 49 - 11. fsa | 180 | 179. 83 | 9 193 | 46 048 | 2 288 |
| | B07_HBB2302405_08 - 49 - 11. fsa | 193 | 193. 24 | 10 876 | 57 544 | 2 367 |
| 2023 - 8309 | B08_HBB2302406_08 - 49 - 11. fsa | 183 | 182. 92 | 5 967 | 29 703 | 2 307 |
| | B08_HBB2302406_08 - 49 - 11. fsa | 193 | 193. 34 | 13 679 | 71 783 | 2 368 |
| 2023 - 8310 | B09_HBB2302407_08 - 49 - 11. fsa | 193 | 193. 21 | 22 023 | 129 018 | 2 364 |
| 2023 - 8311 | B11_HBB2302409_08 - 49 - 11. fsa | 175 | 174. 87 | 11 826 | 62 277 | 2 308 |
| | B11_HBB2302409_08 - 49 - 11. fsa | 180 | 179. 7 | 12 385 | 67 052 | 2 337 |
| 2023 - 8312 | B12_HBB2302410_08 - 49 - 11. fsa | 193 | 193. 26 | 28 767 | 167 148 | 2 440 |
| 2023 - 8313 | C01_HBB2302411_08 - 49 - 11. fsa | 183 | 182. 95 | 10 176 | 50 971 | 2 372 |
| | C01_HBB2302411_08 - 49 - 11. fsa | 193 | 193. 39 | 11 298 | 58 881 | 2 435 |
| 2023 - 8314 | C02_HBB2302412_08 - 49 - 11. fsa | 183 | 182. 93 | 11 585 | 59 782 | 2 349 |
| | C02_HBB2302412_08 - 49 - 11. fsa | 193 | 193. 32 | 13 487 | 67 521 | 2 411 |
| 2023 - 8315 | C03_HBB2302413_08 - 49 - 11. fsa | 183 | 182. 84 | 9 505 | 51 734 | 2 335 |
| | C03_HBB2302413_08 - 49 - 11. fsa | 193 | 193. 28 | 11 631 | 62 748 | 2 397 |
| 2023 - 8316 | C04_HBB2302414_08 - 49 - 11. fsa | 180 | 179. 78 | 10 288 | 54 464 | 2 300 |
| | C04_HBB2302414_08 - 49 - 11. fsa | 193 | 193. 21 | 11 167 | 61 093 | 2 379 |
| 2023 - 8317 | C05_HBB2302415_08 - 49 - 11. fsa | 180 | 179. 9 | 9 089 | 45 055 | 2 280 |
| | C05_HBB2302415_08 - 49 - 11. fsa | 189 | 188. 94 | 8 810 | 41 803 | 2 333 |
| 2023 - 8318 | C06_HBB2302416_08 - 49 - 11. fsa | 175 | 174. 89 | 10 102 | 49 825 | 2 265 |
| | C06_HBB2302416_08 - 49 - 11. fsa | 183 | 182. 92 | 9 315 | 48 972 | 2 312 |
| 2023 - 8319 | C07_HBB2302417_08 - 49 - 11. fsa | 175 | 174. 88 | 11 296 | 51 546 | 2 245 |
| | C07_HBB2302417_08 - 49 - 11. fsa | 180 | 179. 88 | 10 428 | 49 399 | 2 274 |
| 2023 - 8320 | C08_HBB2302418_08 - 49 - 11. fsa | 183 | 182. 8 | 15 111 | 76 144 | 2 287 |
| | C08_HBB2302418_08 - 49 - 11. fsa | 193 | 193. 3 | 8 615 | 44 840 | 2 348 |
| 2023 - 8321 | C09_HBB2302419_08 - 49 - 11. fsa | 175 | 175. 07 | 13 052 | 66 203 | 2 271 |
| | C09_HBB2302419_08 - 49 - 11. fsa | 180 | 179. 85 | 13 028 | 66 677 | 2 299 |
| 2023 - 8322 | C10_HBB2302420_08 - 49 - 11. fsa | 180 | 179. 67 | 14 069 | 72 186 | 2 286 |
| | C10_HBB2302420_08 - 49 - 11. fsa | 183 | 182. 74 | 13 517 | 66 736 | 2 304 |

（续）

| 资源序号 | 样本名<br>（sample file name） | 等位基因位点<br>（allele，bp） | 大小<br>（size，<br>bp） | 高度<br>（height，<br>RFU） | 面积<br>（area，<br>RFU） | 数据取值点<br>（data point，<br>RFU） |
|---|---|---|---|---|---|---|
| 2023－8323 | C11_HBB2302421_08－49－11. fsa | 175 | 174.8 | 12 046 | 64 423 | 2 299 |
| | C11_HBB2302421_08－49－11. fsa | 183 | 182.86 | 11 415 | 67 688 | 2 347 |
| 2023－8324 | C12_HBB2302422_08－49－11. fsa | 180 | 179.89 | 17 851 | 102 795 | 2 349 |
| | C12_HBB2302422_08－49－11. fsa | 188 | 187.82 | 3 767 | 20 799 | 2 397 |
| 2023－8325 | D01_HBB2302423_08－49－11. fsa | 175 | 175.09 | 9 965 | 51 365 | 2 335 |
| | D01_HBB2302423_08－49－11. fsa | 183 | 183.03 | 9 723 | 49 679 | 2 383 |
| 2023－8326 | D02_HBB2302424_08－49－11. fsa | 183 | 182.93 | 8 504 | 41 659 | 2 350 |
| | D02_HBB2302424_08－49－11. fsa | 193 | 193.32 | 7 536 | 39 210 | 2 412 |
| 2023－8327 | D03_HBB2302425_08－49－11. fsa | 180 | 179.67 | 11 299 | 61 185 | 2 293 |
| | D03_HBB2302425_08－49－11. fsa | 183 | 182.75 | 10 674 | 53 675 | 2 311 |
| 2023－8328 | D04_HBB2302426_08－49－11. fsa | 183 | 182.83 | 25 757 | 128 818 | 2 307 |
| 2023－8329 | D05_HBB2302427_08－49－11. fsa | 175 | 174.81 | 13 032 | 64 736 | 2 245 |
| | D05_HBB2302427_08－49－11. fsa | 193 | 193.09 | 7 017 | 37 127 | 2 351 |
| 2023－8330 | D06_HBB2302428_08－49－11. fsa | 183 | 182.65 | 10 009 | 50 437 | 2 298 |
| | D06_HBB2302428_08－49－11. fsa | 193 | 193.12 | 12 242 | 61 753 | 2 359 |
| 2023－8331 | D08_HBB2302430_08－49－11. fsa | 183 | 182.87 | 21 312 | 108 892 | 2 277 |
| 2023－8332 | D09_HBB2302431_08－49－11. fsa | 180 | 179.9 | 11 068 | 59 426 | 2 283 |
| | D09_HBB2302431_08－49－11. fsa | 183 | 182.8 | 11 023 | 53 966 | 2 300 |
| 2023－8333 | D10_HBB2302432_08－49－11. fsa | 175 | 174.94 | 8 954 | 47 931 | 2 248 |
| | D10_HBB2302432_08－49－11. fsa | 183 | 182.8 | 9 461 | 51 050 | 2 294 |
| 2023－8334 | D11_HBB2302433_08－49－11. fsa | 183 | 182.69 | 23 084 | 124 307 | 2 334 |
| 2023－8335 | D12_HBB2302434_08－49－11. fsa | 183 | 182.79 | 22 108 | 129 000 | 2 363 |
| 2023－8336 | E01_HBB2302435_08－49－11. fsa | 175 | 175.09 | 18 782 | 100 129 | 2 348 |
| 2023－8337 | E02_HBB2302436_08－49－11. fsa | 175 | 175.09 | 8 595 | 45 566 | 2 315 |
| | E02_HBB2302436_08－49－11. fsa | 183 | 182.93 | 8 366 | 42 539 | 2 362 |
| 2023－8338 | E03_HBB2302437_08－49－11. fsa | 180 | 179.8 | 9 658 | 49 196 | 2 316 |
| | E03_HBB2302437_08－49－11. fsa | 183 | 182.84 | 9 189 | 43 826 | 2 334 |
| 2023－8339 | E04_HBB2302438_08－49－11. fsa | 183 | 182.93 | 7 788 | 40 694 | 2 332 |
| | E04_HBB2302438_08－49－11. fsa | 193 | 193.25 | 9 401 | 48 388 | 2 393 |

（续）

| 资源序号 | 样本名<br>（sample file name） | 等位基因位点<br>（allele，bp） | 大小<br>（size，bp） | 高度<br>（height，RFU） | 面积<br>（area，RFU） | 数据取值点<br>（data point，RFU） |
|---|---|---|---|---|---|---|
| 2023－8340 | E05_HBB2302439_08－49－11.fsa | 186 | 185.99 | 12 092 | 70 701 | 2 335 |
| | E05_HBB2302439_08－49－11.fsa | 188 | 187.7 | 12 239 | 51 218 | 2 345 |
| 2023－8341 | E06_HBB2302440_08－49－11.fsa | 193 | 193.3 | 20 936 | 108 289 | 2 350 |
| 2023－8342 | E07_HBB2302441_08－49－11.fsa | 180 | 179.87 | 10 123 | 51 491 | 2 268 |
| | E07_HBB2302441_08－49－11.fsa | 188 | 187.8 | 7 983 | 38 901 | 2 314 |
| 2023－8343 | E08_HBB2302442_08－49－11.fsa | 180 | 179.67 | 9 677 | 48 899 | 2 287 |
| | E08_HBB2302442_08－49－11.fsa | 193 | 193.17 | 11 484 | 60 459 | 2 366 |
| 2023－8344 | E09_HBB2302443_08－49－11.fsa | 180 | 179.91 | 8 978 | 45 897 | 2 289 |
| | E09_HBB2302443_08－49－11.fsa | 193 | 193.38 | 10 476 | 58 346 | 2 368 |
| 2023－8345 | E10_HBB2302444_08－49－11.fsa | 175 | 174.94 | 10 867 | 55 637 | 2 251 |
| | E10_HBB2302444_08－49－11.fsa | 183 | 182.8 | 10 346 | 57 742 | 2 297 |
| 2023－8346 | E11_HBB2302445_08－49－11.fsa | 175 | 174.85 | 8 559 | 52 601 | 2 282 |
| | E11_HBB2302445_08－49－11.fsa | 193 | 193.14 | 10 799 | 63 534 | 2 391 |
| 2023－8347 | E12_HBB2302446_08－49－11.fsa | 183 | 182.87 | 20 218 | 112 959 | 2 371 |
| 2023－8348 | F01_HBB2302447_08－49－11.fsa | 183 | 183.09 | 6 011 | 32 218 | 2 390 |
| | F01_HBB2302447_08－49－11.fsa | 193 | 193.38 | 6 782 | 37 706 | 2 452 |
| 2023－8349 | F02_HBB2302448_08－49－11.fsa | 180 | 179.93 | 6 030 | 33 394 | 2 343 |
| | F02_HBB2302448_08－49－11.fsa | 183 | 182.93 | 5 696 | 29 764 | 2 361 |
| 2023－8350 | F03_HBB2302449_08－49－11.fsa | 183 | 182.92 | 20 310 | 106 817 | 2 342 |
| 2023－8351 | F05_HBB2302451_08－49－11.fsa | 180 | 179.84 | 10 093 | 47 926 | 2 294 |
| | F05_HBB2302451_08－49－11.fsa | 193 | 193.34 | 11 191 | 57 698 | 2 373 |
| 2023－8352 | F06_HBB2302452_08－49－11.fsa | 175 | 174.99 | 9 828 | 53 932 | 2 249 |
| | F06_HBB2302452_08－49－11.fsa | 193 | 193.17 | 11 275 | 60 393 | 2 355 |
| 2023－8353 | F07_HBB2302453_08－49－11.fsa | 180 | 179.81 | 14 451 | 72 190 | 2 277 |
| | F07_HBB2302453_08－49－11.fsa | 188 | 187.87 | 8 484 | 41 840 | 2 324 |
| 2023－8354 | F08_HBB2302454_08－49－11.fsa | 180 | 179.8 | 12 589 | 62 392 | 2 269 |
| | F08_HBB2302454_08－49－11.fsa | 183 | 182.89 | 11 584 | 55 911 | 2 287 |
| 2023－8355 | F09_HBB2302455_08－49－11.fsa | 183 | 182.73 | 10 118 | 51 295 | 2 303 |
| | F09_HBB2302455_08－49－11.fsa | 193 | 193.16 | 13 590 | 73 905 | 2 364 |

（续）

| 资源序号 | 样本名<br>（sample file name） | 等位基因位点<br>（allele，bp） | 大小<br>（size，bp） | 高度<br>（height，RFU） | 面积<br>（area，RFU） | 数据取值点<br>（data point，RFU） |
|---|---|---|---|---|---|---|
| 2023－8356 | F10_HBB2302456_08－49－11.fsa | 188 | 187.7 | 10 747 | 51 651 | 2 330 |
| | F10_HBB2302456_08－49－11.fsa | 193 | 193.17 | 13 194 | 64 550 | 2 362 |
| 2023－8357 | F11_HBB2302457_08－49－11.fsa | 175 | 174.92 | 10 742 | 60 795 | 2 302 |
| | F11_HBB2302457_08－49－11.fsa | 193 | 193.32 | 15 298 | 86 418 | 2 412 |
| 2023－8358 | F12_HBB2302458_08－49－11.fsa | 180 | 179.86 | 11 314 | 57 694 | 2 333 |
| | F12_HBB2302458_08－49－11.fsa | 186 | 185.99 | 10 231 | 52 608 | 2 370 |
| 2023－8359 | G01_HBB2302459_08－49－11.fsa | 175 | 175.08 | 13 086 | 65 315 | 2 347 |
| | G01_HBB2302459_08－49－11.fsa | 183 | 183.08 | 12 080 | 63 274 | 2 395 |
| 2023－8360 | G02_HBB2302460_08－49－11.fsa | 175 | 175.04 | 11 877 | 58 725 | 2 328 |
| | G02_HBB2302460_08－49－11.fsa | 183 | 183.02 | 11 688 | 56 451 | 2 376 |
| 2023－8361 | G03_HBB2302461_08－49－11.fsa | 183 | 182.86 | 17 237 | 91 528 | 2 346 |
| 2023－8362 | G04_HBB2302462_08－49－11.fsa | 180 | 179.79 | 17 420 | 92 569 | 2 309 |
| 2023－8363 | G05_HBB2302463_08－49－11.fsa | 175 | 174.82 | 14 259 | 65 797 | 2 269 |
| | G05_HBB2302463_08－49－11.fsa | 180 | 179.76 | 9 704 | 43 105 | 2 298 |
| 2023－8364 | G06_HBB2302464_08－49－11.fsa | 175 | 174.83 | 8 005 | 39 888 | 2 270 |
| | G06_HBB2302464_08－49－11.fsa | 180 | 179.77 | 5 223 | 25 553 | 2 299 |
| 2023－8365 | G07_HBB2302465_08－49－11.fsa | 183 | 182.74 | 7 746 | 39 263 | 2 300 |
| | G07_HBB2302465_08－49－11.fsa | 188 | 187.7 | 3 376 | 16 253 | 2 329 |
| 2023－8366 | G08_HBB2302466_08－49－11.fsa | 175 | 175.01 | 9 719 | 46 139 | 2 268 |
| | G08_HBB2302466_08－49－11.fsa | 183 | 182.98 | 9 067 | 44 893 | 2 315 |
| 2023－8367 | G09_HBB2302467_08－49－11.fsa | 180 | 179.82 | 8 549 | 41 417 | 2 283 |
| | G09_HBB2302467_08－49－11.fsa | 188 | 187.81 | 8 128 | 39 425 | 2 330 |
| 2023－8368 | G10_HBB2302468_08－49－11.fsa | 180 | 179.69 | 7 755 | 40 852 | 2 298 |
| | G10_HBB2302468_08－49－11.fsa | 193 | 193.07 | 9 255 | 51 598 | 2 377 |
| 2023－8369 | G11_HBB2302469_08－49－11.fsa | 180 | 180.01 | 8 907 | 48 212 | 2 328 |
| | G11_HBB2302469_08－49－11.fsa | 193 | 193.36 | 11 415 | 62 122 | 2 408 |
| 2023－8370 | G12_HBB2302470_08－49－11.fsa | 180 | 179.96 | 11 469 | 59 084 | 2 348 |
| | G12_HBB2302470_08－49－11.fsa | 188 | 187.88 | 10 650 | 54 802 | 2 396 |
| 2023－8371 | H02_HBB2302472_08－49－11.fsa | 180 | 179.99 | 7 463 | 38 056 | 2 374 |
| | H02_HBB2302472_08－49－11.fsa | 186 | 186.08 | 9 854 | 48 548 | 2 411 |

（续）

| 资源序号 | 样本名<br>（sample file name） | 等位基因位点<br>（allele，bp） | 大小<br>（size，bp） | 高度<br>（height，RFU） | 面积<br>（area，RFU） | 数据取值点<br>（data point，RFU） |
|---|---|---|---|---|---|---|
| 2023 - 8372 | H03_HBB2302473_08 - 49 - 11. fsa | 180 | 179.86 | 7 174 | 38 659 | 2 345 |
| | H03_HBB2302473_08 - 49 - 11. fsa | 188 | 187.86 | 7 126 | 37 607 | 2 393 |
| 2023 - 8373 | H04_HBB2302474_08 - 49 - 11. fsa | 180 | 179.99 | 9 431 | 46 926 | 2 327 |
| | H04_HBB2302474_08 - 49 - 11. fsa | 188 | 187.85 | 9 686 | 45 384 | 2 374 |
| 2023 - 8374 | H05_HBB2302475_08 - 49 - 11. fsa | 180 | 179.97 | 12 199 | 51 860 | 2 315 |
| | H05_HBB2302475_08 - 49 - 11. fsa | 186 | 186.04 | 11 534 | 52 220 | 2 351 |
| 2023 - 8375 | H06_HBB2302476_08 - 49 - 11. fsa | 180 | 179.79 | 9 177 | 45 778 | 2 309 |
| | H06_HBB2302476_08 - 49 - 11. fsa | 188 | 187.72 | 8 735 | 44 276 | 2 356 |
| 2023 - 8376 | H07_HBB2302477_08 - 49 - 11. fsa | 183 | 182.92 | 10 266 | 49 003 | 2 324 |
| | H07_HBB2302477_08 - 49 - 11. fsa | 186 | 185.97 | 9 012 | 43 078 | 2 342 |
| 2023 - 8377 | H08_HBB2302478_08 - 49 - 11. fsa | 180 | 179.79 | 9 315 | 44 473 | 2 310 |
| | H08_HBB2302478_08 - 49 - 11. fsa | 186 | 186.03 | 8 591 | 40 691 | 2 347 |
| 2023 - 8378 | H09_HBB2302479_08 - 49 - 11. fsa | 180 | 179.86 | 8 123 | 40 158 | 2 299 |
| | H09_HBB2302479_08 - 49 - 11. fsa | 188 | 187.82 | 7 689 | 37 615 | 2 346 |
| 2023 - 8379 | H10_HBB2302480_08 - 49 - 11. fsa | 183 | 183.01 | 12 167 | 64 914 | 2 323 |

## 34 P36

| 资源序号 | 样本名<br>（sample file name） | 等位基因位点<br>（allele，bp） | 大小<br>（size，bp） | 高度<br>（height，RFU） | 面积<br>（area，RFU） | 数据取值点<br>（data point，RFU） |
|---|---|---|---|---|---|---|
| 2023 - 8200 | A01_HBB2302293_24 - 12 - 45. fsa | 204 | 204.26 | 10 809 | 52 135 | 2 514 |
| 2023 - 8201 | A02_HBB2302294_24 - 12 - 45. fsa | 207 | 207.54 | 9 255 | 40 741 | 2 516 |
| | A02_HBB2302294_24 - 12 - 45. fsa | 216 | 215.89 | 7 292 | 32 647 | 2 565 |
| 2023 - 8202 | A03_HBB2302295_24 - 12 - 45. fsa | 204 | 204.17 | 7 714 | 33 091 | 2 458 |
| | A03_HBB2302295_24 - 12 - 45. fsa | 216 | 215.92 | 7 223 | 30 282 | 2 526 |
| 2023 - 8203 | A04_HBB2302296_24 - 12 - 45. fsa | 216 | 215.81 | 18 382 | 83 597 | 2 519 |
| 2023 - 8204 | A05_HBB2302297_24 - 12 - 45. fsa | 204 | 204.18 | 10 678 | 48 282 | 2 440 |
| | A05_HBB2302297_24 - 12 - 45. fsa | 207 | 207.49 | 10 279 | 46 531 | 2 459 |

（续）

| 资源序号 | 样本名<br>（sample file name） | 等位基因位点<br>（allele，bp） | 大小<br>（size，bp） | 高度<br>（height，RFU） | 面积<br>（area，RFU） | 数据取值点<br>（data point，RFU） |
|---|---|---|---|---|---|---|
| 2023－8205 | A06_HBB2302298_24－12－45.fsa | 204 | 204.2 | 7 770 | 36 483 | 2 434 |
| | A06_HBB2302298_24－12－45.fsa | 216 | 215.87 | 6 769 | 31 456 | 2 501 |
| 2023－8206 | A07_HBB2302299_24－12－45.fsa | 204 | 204.21 | 7 029 | 35 138 | 2 427 |
| | A07_HBB2302299_24－12－45.fsa | 207 | 207.36 | 7 836 | 35 126 | 2 445 |
| 2023－8207 | A08_HBB2302300_24－12－45.fsa | 204 | 204.17 | 7 409 | 34 148 | 2 456 |
| | A08_HBB2302300_24－12－45.fsa | 216 | 215.93 | 6 190 | 29 123 | 2 524 |
| 2023－8208 | A09_HBB2302301_24－12－45.fsa | 204 | 204.19 | 9 949 | 44 160 | 2 448 |
| | A09_HBB2302301_24－12－45.fsa | 207 | 207.5 | 10 940 | 48 648 | 2 467 |
| 2023－8209 | A10_HBB2302302_24－12－45.fsa | 204 | 204.16 | 18 294 | 89 935 | 2 463 |
| 2023－8210 | A11_HBB2302303_24－12－45.fsa | 204 | 204.28 | 8 887 | 43 643 | 2 499 |
| | A11_HBB2302303_24－12－45.fsa | 207 | 207.52 | 11 774 | 56 515 | 2 518 |
| 2023－8211 | B01_HBB2302305_24－12－45.fsa | 204 | 204.31 | 7 978 | 35 459 | 2 481 |
| | B01_HBB2302305_24－12－45.fsa | 207 | 207.57 | 8 133 | 37 411 | 2 500 |
| 2023－8212 | B02_HBB2302306_24－12－45.fsa | 204 | 204.29 | 13 212 | 55 988 | 2 491 |
| 2023－8213 | B03_HBB2302307_24－12－45.fsa | 204 | 204.35 | 12 730 | 58 011 | 2 450 |
| 2023－8214 | B04_HBB2302308_24－12－45.fsa | 204 | 204.19 | 21 262 | 90 500 | 2 446 |
| 2023－8215 | B05_HBB2302309_24－12－45.fsa | 220 | 220.09 | 10 311 | 45 238 | 2 528 |
| 2023－8216 | B06_HBB2302310_24－12－45.fsa | 204 | 204.21 | 5 971 | 25 739 | 2 417 |
| | B06_HBB2302310_24－12－45.fsa | 207 | 207.36 | 6 704 | 30 006 | 2 435 |
| 2023－8217 | B07_HBB2302311_24－12－45.fsa | 204 | 204.05 | 12 768 | 58 427 | 2 423 |
| 2023－8218 | B08_HBB2302312_24－12－45.fsa | 204 | 204.21 | 6 242 | 27 676 | 2 425 |
| | B08_HBB2302312_24－12－45.fsa | 207 | 207.36 | 6 345 | 28 210 | 2 443 |
| 2023－8219 | B09_HBB2302313_24－12－45.fsa | 204 | 204.21 | 9 162 | 43 062 | 2 421 |
| | B09_HBB2302313_24－12－45.fsa | 216 | 215.91 | 8 131 | 39 310 | 2 488 |
| 2023－8220 | B10_HBB2302314_24－12－45.fsa | 204 | 204.2 | 4 481 | 20 786 | 2 429 |
| | B10_HBB2302314_24－12－45.fsa | 207 | 207.34 | 5 849 | 26 286 | 2 447 |
| 2023－8221 | B11_HBB2302315_24－12－45.fsa | 204 | 204.12 | 11 536 | 57 545 | 2 477 |
| 2023－8222 | B12_HBB2302316_24－12－45.fsa | 204 | 204.26 | 16 982 | 84 735 | 2 501 |
| 2023－8223 | C01_HBB2302317_24－12－45.fsa | 204 | 204.29 | 3 700 | 16 749 | 2 497 |
| | C01_HBB2302317_24－12－45.fsa | 207 | 207.54 | 4 354 | 19 099 | 2 516 |

（续）

| 资源序号 | 样本名<br>（sample file name） | 等位基因位点<br>（allele，bp） | 大小<br>（size，bp） | 高度<br>（height，RFU） | 面积<br>（area，RFU） | 数据取值点<br>（data point，RFU） |
|---|---|---|---|---|---|---|
| 2023－8224 | C02_HBB2302318_24－12－45.fsa | 204 | 204.32 | 10 635 | 43 838 | 2 473 |
| | C02_HBB2302318_24－12－45.fsa | 207 | 207.6 | 13 026 | 54 214 | 2 492 |
| 2023－8226 | C03_HBB2302319_24－12－45.fsa | 204 | 204.33 | 5 114 | 23 888 | 2 456 |
| | C03_HBB2302319_24－12－45.fsa | 216 | 215.88 | 5 462 | 25 308 | 2 523 |
| 2023－8227 | C04_HBB2302320_24－12－45.fsa | 204 | 204.19 | 4 419 | 20 209 | 2 438 |
| | C04_HBB2302320_24－12－45.fsa | 207 | 207.32 | 4 519 | 20 994 | 2 456 |
| 2023－8228 | C05_HBB2302321_24－12－45.fsa | 204 | 204.07 | 4 810 | 21 978 | 2 415 |
| | C05_HBB2302321_24－12－45.fsa | 207 | 207.24 | 6 083 | 27 436 | 2 433 |
| 2023－8229 | C06_HBB2302322_24－12－45.fsa | 204 | 204.22 | 5 257 | 23 963 | 2 429 |
| | C06_HBB2302322_24－12－45.fsa | 207 | 207.54 | 6 194 | 27 414 | 2 448 |
| 2023－8230 | C07_HBB2302323_24－12－45.fsa | 204 | 204.06 | 12 015 | 52 291 | 2 409 |
| 2023－8231 | C09_HBB2302325_24－12－45.fsa | 204 | 204.2 | 14 179 | 63 315 | 2 437 |
| 2023－8232 | C10_HBB2302326_24－12－45.fsa | 204 | 204.2 | 7 150 | 31 780 | 2 422 |
| 2023－8233 | C11_HBB2302327_24－12－45.fsa | 204 | 204.13 | 14 865 | 69 626 | 2 469 |
| 2023－8234 | C12_HBB2302328_24－12－45.fsa | 204 | 204.28 | 9 172 | 41 700 | 2 489 |
| 2023－8235 | D01_HBB2302329_24－12－45.fsa | 204 | 204.29 | 4 122 | 18 475 | 2 505 |
| | D01_HBB2302329_24－12－45.fsa | 216 | 216.06 | 4 531 | 20 015 | 2 574 |
| 2023－8236 | D02_HBB2302330_24－12－45.fsa | 216 | 215.82 | 5 027 | 24 522 | 2 541 |
| 2023－8237 | D03_HBB2302331_24－12－45.fsa | 204 | 204.21 | 8 737 | 37 142 | 2 431 |
| 2023－8238 | D04_HBB2302332_24－12－45.fsa | 204 | 204.21 | 5 910 | 27 505 | 2 426 |
| 2023－8239 | D05_HBB2302333_24－12－45.fsa | 204 | 204.24 | 3 890 | 17 244 | 2 410 |
| | D05_HBB2302333_24－12－45.fsa | 207 | 207.42 | 4 052 | 17 548 | 2 428 |
| 2023－8240 | D06_HBB2302334_24－12－45.fsa | 204 | 204.23 | 8 272 | 36 198 | 2 415 |
| 2023－8241 | D07_HBB2302335_24－12－45.fsa | 207 | 207.34 | 6 070 | 26 273 | 2 452 |
| | D07_HBB2302335_24－12－45.fsa | 216 | 215.86 | 5 024 | 21 943 | 2 501 |
| 2023－8242 | D08_HBB2302336_24－12－45.fsa | 204 | 204.09 | 4 828 | 21 254 | 2 394 |
| | D08_HBB2302336_24－12－45.fsa | 216 | 215.77 | 4 891 | 24 364 | 2 460 |
| 2023－8243 | D09_HBB2302337_24－12－45.fsa | 204 | 204.22 | 11 260 | 51 114 | 2 419 |
| 2023－8244 | D10_HBB2302338_24－12－45.fsa | 207 | 207.23 | 7 296 | 33 756 | 2 430 |

（续）

| 资源序号 | 样本名<br>（sample file name） | 等位基因位点<br>（allele，bp） | 大小<br>（size，bp） | 高度<br>（height，RFU） | 面积<br>（area，RFU） | 数据取值点<br>（data point，RFU） |
|---|---|---|---|---|---|---|
| 2023－8245 | D11_HBB2302339_24－12－45.fsa | 204 | 204.16 | 4 693 | 23 415 | 2 456 |
| | D11_HBB2302339_24－12－45.fsa | 207 | 207.27 | 5 320 | 26 950 | 2 474 |
| 2023－8246 | D12_HBB2302340_24－12－45.fsa | 204 | 204.12 | 7 850 | 35 858 | 2 486 |
| | D12_HBB2302340_24－12－45.fsa | 216 | 215.88 | 6 736 | 30 845 | 2 555 |
| 2023－8247 | E01_HBB2302341_24－12－45.fsa | 204 | 204.13 | 6 938 | 31 801 | 2 514 |
| 2023－8248 | E02_HBB2302342_24－12－45.fsa | 204 | 204.13 | 10 450 | 47 309 | 2 484 |
| 2023－8249 | E03_HBB2302343_24－12－45.fsa | 216 | 215.93 | 5 800 | 25 162 | 2 522 |
| 2023－8250 | E04_HBB2302344_24－12－45.fsa | 207 | 207.46 | 6 172 | 27 196 | 2 471 |
| | E04_HBB2302344_24－12－45.fsa | 216 | 215.92 | 4 781 | 22 112 | 2 520 |
| 2023－8251 | E06_HBB2302346_24－12－45.fsa | 204 | 204.24 | 10 137 | 43 215 | 2 407 |
| 2023－8252 | E07_HBB2302347_24－12－45.fsa | 204 | 204.06 | 11 263 | 47 268 | 2 404 |
| 2023－8253 | E08_HBB2302348_24－12－45.fsa | 204 | 204.21 | 10 548 | 44 570 | 2 421 |
| 2023－8254 | E09_HBB2302349_24－12－45.fsa | 204 | 204.04 | 11 547 | 55 668 | 2 424 |
| | E09_HBB2302349_24－12－45.fsa | 207 | 207.36 | 3 701 | 18 232 | 2 443 |
| 2023－8255 | E10_HBB2302350_24－12－45.fsa | 220 | 219.9 | 7 944 | 33 460 | 2 506 |
| 2023－8256 | E11_HBB2302351_24－12－45.fsa | 223 | 223.07 | 14 575 | 65 709 | 2 558 |
| 2023－8257 | E12_HBB2302352_24－12－45.fsa | 204 | 204.1 | 13 186 | 59 767 | 2 495 |
| 2023－8258 | F01_HBB2302353_24－12－45.fsa | 207 | 207.63 | 12 597 | 55 389 | 2 534 |
| 2023－8259 | F02_HBB2302354_24－12－45.fsa | 223 | 223.17 | 10 279 | 43 248 | 2 593 |
| 2023－8260 | F03_HBB2302355_24－12－45.fsa | 207 | 207.44 | 14 294 | 60 943 | 2 482 |
| 2023－8261 | F04_HBB2302356_24－12－45.fsa | 207 | 207.45 | 10 359 | 43 593 | 2 480 |
| | F04_HBB2302356_24－12－45.fsa | 216 | 215.88 | 8 447 | 37 085 | 2 529 |
| 2023－8262 | F05_HBB2302357_24－12－45.fsa | 216 | 215.75 | 12 884 | 54 220 | 2 496 |
| 2023－8263 | F06_HBB2302358_24－12－45.fsa | 204 | 204.23 | 19 839 | 83 772 | 2 414 |
| 2023－8264 | F07_HBB2302359_24－12－45.fsa | 207 | 207.37 | 12 318 | 53 821 | 2 432 |
| 2023－8265 | F08_HBB2302360_24－12－45.fsa | 207 | 207.42 | 6 198 | 26 746 | 2 422 |
| | F08_HBB2302360_24－12－45.fsa | 216 | 215.85 | 5 096 | 21 411 | 2 470 |
| 2023－8266 | F09_HBB2302361_24－12－45.fsa | 207 | 207.39 | 4 313 | 18 817 | 2 438 |
| | F09_HBB2302361_24－12－45.fsa | 216 | 215.79 | 3 943 | 16 664 | 2 486 |

（续）

| 资源序号 | 样本名<br>（sample file name） | 等位基因位点<br>（allele，bp） | 大小<br>（size，bp） | 高度<br>（height，RFU） | 面积<br>（area，RFU） | 数据取值点<br>（data point，RFU） |
|---|---|---|---|---|---|---|
| 2023 - 8267 | F10_HBB2302362_24 - 12 - 45. fsa | 204 | 204.04 | 9 131 | 41 187 | 2 418 |
| | F10_HBB2302362_24 - 12 - 45. fsa | 207 | 207.36 | 7 809 | 34 873 | 2 437 |
| 2023 - 8268 | F11_HBB2302363_24 - 12 - 45. fsa | 204 | 204.13 | 8 485 | 38 924 | 2 471 |
| | F11_HBB2302363_24 - 12 - 45. fsa | 216 | 215.76 | 7 853 | 35 102 | 2 539 |
| 2023 - 8269 | F12_HBB2302364_24 - 12 - 45. fsa | 204 | 204.13 | 7 691 | 35 074 | 2 472 |
| | F12_HBB2302364_24 - 12 - 45. fsa | 207 | 207.39 | 7 162 | 31 171 | 2 491 |
| 2023 - 8270 | G01_HBB2302365_24 - 12 - 45. fsa | 220 | 220.11 | 10 390 | 44 800 | 2 614 |
| | G01_HBB2302365_24 - 12 - 45. fsa | 223 | 223.35 | 4 203 | 17 987 | 2 633 |
| 2023 - 8271 | G03_HBB2302367_24 - 12 - 45. fsa | 204 | 204.16 | 14 180 | 61 034 | 2 467 |
| 2023 - 8272 | G04_HBB2302368_24 - 12 - 45. fsa | 204 | 204.19 | 5 190 | 21 374 | 2 447 |
| | G04_HBB2302368_24 - 12 - 45. fsa | 207 | 207.49 | 5 529 | 23 072 | 2 466 |
| 2023 - 8273 | G05_HBB2302369_24 - 12 - 45. fsa | 204 | 204.2 | 11 116 | 46 168 | 2 434 |
| 2023 - 8274 | G06_HBB2302370_24 - 12 - 45. fsa | 207 | 207.34 | 14 891 | 60 349 | 2 453 |
| 2023 - 8275 | G07_HBB2302371_24 - 12 - 45. fsa | 204 | 204.22 | 9 102 | 36 814 | 2 418 |
| | G07_HBB2302371_24 - 12 - 45. fsa | 216 | 215.92 | 7 612 | 31 257 | 2 485 |
| 2023 - 8276 | G08_HBB2302372_24 - 12 - 45. fsa | 204 | 204.2 | 13 421 | 54 732 | 2 431 |
| 2023 - 8277 | G09_HBB2302373_24 - 12 - 45. fsa | 204 | 204.23 | 7 876 | 33 530 | 2 418 |
| | G09_HBB2302373_24 - 12 - 45. fsa | 207 | 207.39 | 8 205 | 33 521 | 2 436 |
| 2023 - 8278 | G10_HBB2302374_24 - 12 - 45. fsa | 204 | 204.19 | 9 156 | 41 216 | 2 433 |
| | G10_HBB2302374_24 - 12 - 45. fsa | 207 | 207.49 | 9 310 | 39 029 | 2 452 |
| 2023 - 8279 | G11_HBB2302375_24 - 12 - 45. fsa | 204 | 204.3 | 15 300 | 68 496 | 2 466 |
| 2023 - 8280 | G12_HBB2302376_24 - 12 - 45. fsa | 204 | 204.29 | 6 315 | 27 156 | 2 487 |
| | G12_HBB2302376_24 - 12 - 45. fsa | 207 | 207.55 | 5 985 | 27 028 | 2 506 |
| 2023 - 8281 | H01_HBB2302377_24 - 12 - 45. fsa | 204 | 204.28 | 21 237 | 89 402 | 2 543 |
| 2023 - 8282 | H02_HBB2302378_24 - 12 - 45. fsa | 204 | 204.26 | 7 878 | 32 971 | 2 514 |
| | H02_HBB2302378_24 - 12 - 45. fsa | 216 | 215.79 | 7 119 | 29 442 | 2 582 |
| 2023 - 8283 | H03_HBB2302379_24 - 12 - 45. fsa | 207 | 207.54 | 12 949 | 54 029 | 2 505 |
| 2023 - 8284 | H04_HBB2302380_24 - 12 - 45. fsa | 204 | 204.32 | 10 321 | 45 041 | 2 466 |
| | H04_HBB2302380_24 - 12 - 45. fsa | 216 | 216 | 8 480 | 36 874 | 2 534 |

（续）

| 资源序号 | 样本名<br>（sample file name） | 等位基因位点<br>（allele，bp） | 大小<br>（size，bp） | 高度<br>（height，RFU） | 面积<br>（area，RFU） | 数据取值点<br>（data point，RFU） |
|---|---|---|---|---|---|---|
| 2023 - 8285 | H05_HBB2302381_24 - 12 - 45. fsa | 204 | 204. 35 | 7 643 | 31 954 | 2 452 |
| | H05_HBB2302381_24 - 12 - 45. fsa | 207 | 207. 64 | 7 451 | 31 014 | 2 471 |
| 2023 - 8286 | H06_HBB2302382_24 - 12 - 45. fsa | 204 | 204. 19 | 15 782 | 64 644 | 2 445 |
| 2023 - 8287 | H07_HBB2302383_24 - 12 - 45. fsa | 204 | 204. 36 | 6 126 | 26 504 | 2 443 |
| | H07_HBB2302383_24 - 12 - 45. fsa | 207 | 207. 49 | 6 241 | 24 313 | 2 461 |
| 2023 - 8288 | H08_HBB2302384_24 - 12 - 45. fsa | 204 | 204. 19 | 9 501 | 38 951 | 2 447 |
| | H08_HBB2302384_24 - 12 - 45. fsa | 216 | 215. 81 | 7 893 | 33 075 | 2 514 |
| 2023 - 8289 | H09_HBB2302385_24 - 12 - 45. fsa | 204 | 204. 2 | 25 821 | 105 036 | 2 434 |
| 2023 - 8290 | A01_HBB2302387_08 - 49 - 11. fsa | 204 | 204. 28 | 10 736 | 64 592 | 2 518 |
| | A01_HBB2302387_08 - 49 - 11. fsa | 216 | 216. 02 | 9 707 | 57 856 | 2 587 |
| 2023 - 8291 | A02_HBB2302388_08 - 49 - 11. fsa | 204 | 204. 12 | 18 552 | 119 186 | 2 500 |
| 2023 - 8292 | A03_HBB2302389_08 - 49 - 11. fsa | 204 | 204. 17 | 22 712 | 137 569 | 2 465 |
| 2023 - 8293 | A04_HBB2302390_08 - 49 - 11. fsa | 204 | 204. 17 | 16 548 | 105 381 | 2 459 |
| 2023 - 8294 | A05_HBB2302391_08 - 49 - 11. fsa | 216 | 215. 87 | 15 504 | 97 865 | 2 512 |
| 2023 - 8295 | A06_HBB2302392_08 - 49 - 11. fsa | 204 | 204. 2 | 18 382 | 114 665 | 2 440 |
| 2023 - 8296 | A07_HBB2302393_08 - 49 - 11. fsa | 204 | 204. 19 | 17 822 | 112 076 | 2 432 |
| 2023 - 8297 | A08_HBB2302394_08 - 49 - 11. fsa | 204 | 204. 17 | 16 502 | 102 755 | 2 463 |
| 2023 - 8298 | A09_HBB2302395_08 - 49 - 11. fsa | 204 | 204. 19 | 16 592 | 107 019 | 2 455 |
| 2023 - 8299 | A10_HBB2302396_08 - 49 - 11. fsa | 204 | 204. 16 | 19 015 | 125 808 | 2 470 |
| 2023 - 8300 | A11_HBB2302397_08 - 49 - 11. fsa | 204 | 204. 28 | 24 869 | 169 018 | 2 505 |
| 2023 - 8301 | A12_HBB2302398_08 - 49 - 11. fsa | 216 | 215. 91 | 17 286 | 124 734 | 2 600 |
| 2023 - 8302 | B01_HBB2302399_08 - 49 - 11. fsa | 204 | 204. 3 | 8 217 | 53 356 | 2 485 |
| | B01_HBB2302399_08 - 49 - 11. fsa | 207 | 207. 57 | 8 513 | 52 810 | 2 504 |
| 2023 - 8303 | B02_HBB2302400_08 - 49 - 11. fsa | 204 | 204. 29 | 11 595 | 64 013 | 2 494 |
| | B02_HBB2302400_08 - 49 - 11. fsa | 220 | 220. 14 | 8 197 | 45 712 | 2 587 |
| 2023 - 8304 | B03_HBB2302401_08 - 49 - 11. fsa | 204 | 204. 19 | 8 406 | 52 183 | 2 455 |
| | B03_HBB2302401_08 - 49 - 11. fsa | 207 | 207. 49 | 8 732 | 51 062 | 2 474 |
| 2023 - 8305 | B04_HBB2302402_08 - 49 - 11. fsa | 204 | 204. 35 | 10 573 | 62 499 | 2 452 |
| | B04_HBB2302402_08 - 49 - 11. fsa | 216 | 215. 93 | 9 231 | 51 114 | 2 519 |
| 2023 - 8306 | B05_HBB2302403_08 - 49 - 11. fsa | 204 | 204. 2 | 17 218 | 93 627 | 2 443 |

（续）

| 资源序号 | 样本名<br>（sample file name） | 等位基因位点<br>（allele，bp） | 大小<br>（size，bp） | 高度<br>（height，RFU） | 面积<br>（area，RFU） | 数据取值点<br>（data point，RFU） |
|---|---|---|---|---|---|---|
| 2023－8307 | B06_HBB2302404_08－49－11.fsa | 204 | 204.23 | 9 176 | 49 015 | 2 420 |
| | B06_HBB2302404_08－49－11.fsa | 207 | 207.4 | 9 106 | 50 856 | 2 438 |
| 2023－8308 | B07_HBB2302405_08－49－11.fsa | 204 | 204.04 | 18 109 | 98 896 | 2 430 |
| 2023－8309 | B08_HBB2302406_08－49－11.fsa | 204 | 204.2 | 11 195 | 61 234 | 2 431 |
| | B08_HBB2302406_08－49－11.fsa | 220 | 220.02 | 8 207 | 41 322 | 2 522 |
| 2023－8310 | B09_HBB2302407_08－49－11.fsa | 204 | 204.2 | 18 304 | 104 384 | 2 428 |
| 2023－8311 | B11_HBB2302409_08－49－11.fsa | 204 | 204.12 | 20 064 | 130 153 | 2 483 |
| 2023－8312 | B12_HBB2302410_08－49－11.fsa | 204 | 204.26 | 8 714 | 61 738 | 2 506 |
| | B12_HBB2302410_08－49－11.fsa | 207 | 207.49 | 9 272 | 63 135 | 2 525 |
| 2023－8313 | C01_HBB2302411_08－49－11.fsa | 204 | 204.29 | 9 944 | 57 126 | 2 500 |
| | C01_HBB2302411_08－49－11.fsa | 207 | 207.54 | 10 613 | 58 307 | 2 519 |
| 2023－8314 | C02_HBB2302412_08－49－11.fsa | 204 | 204.32 | 11 814 | 59 713 | 2 476 |
| | C02_HBB2302412_08－49－11.fsa | 207 | 207.6 | 12 710 | 62 841 | 2 495 |
| 2023－8315 | C03_HBB2302413_08－49－11.fsa | 207 | 207.44 | 20 789 | 112 137 | 2 480 |
| 2023－8316 | C04_HBB2302414_08－49－11.fsa | 204 | 204.19 | 19 021 | 103 499 | 2 443 |
| 2023－8317 | C05_HBB2302415_08－49－11.fsa | 204 | 204.05 | 16 087 | 85 279 | 2 421 |
| 2023－8318 | C06_HBB2302416_08－49－11.fsa | 207 | 207.52 | 9 953 | 52 439 | 2 455 |
| | C06_HBB2302416_08－49－11.fsa | 216 | 215.87 | 8 063 | 41 012 | 2 503 |
| 2023－8319 | C07_HBB2302417_08－49－11.fsa | 204 | 204.23 | 10 279 | 49 170 | 2 415 |
| | C07_HBB2302417_08－49－11.fsa | 207 | 207.39 | 10 062 | 48 180 | 2 433 |
| 2023－8320 | C08_HBB2302418_08－49－11.fsa | 216 | 215.91 | 10 507 | 54 396 | 2 477 |
| | C08_HBB2302418_08－49－11.fsa | 220 | 219.95 | 8 656 | 46 163 | 2 500 |
| 2023－8321 | C09_HBB2302419_08－49－11.fsa | 204 | 204.19 | 23 197 | 124 536 | 2 442 |
| 2023－8322 | C10_HBB2302420_08－49－11.fsa | 204 | 204.22 | 13 374 | 76 438 | 2 429 |
| | C10_HBB2302420_08－49－11.fsa | 216 | 215.75 | 8 354 | 48 264 | 2 495 |
| 2023－8323 | C11_HBB2302421_08－49－11.fsa | 204 | 204.32 | 9 528 | 60 281 | 2 474 |
| | C11_HBB2302421_08－49－11.fsa | 207 | 207.42 | 9 636 | 58 700 | 2 492 |
| 2023－8324 | C12_HBB2302422_08－49－11.fsa | 207 | 207.34 | 12 180 | 80 783 | 2 514 |
| | C12_HBB2302422_08－49－11.fsa | 220 | 219.88 | 4 066 | 30 885 | 2 588 |

（续）

| 资源序号 | 样本名<br>（sample file name） | 等位基因位点<br>（allele，bp） | 大小<br>（size，bp） | 高度<br>（height，RFU） | 面积<br>（area，RFU） | 数据取值点<br>（data point，RFU） |
|---|---|---|---|---|---|---|
| 2023－8325 | D01_HBB2302423_08－49－11.fsa | 204 | 204.29 | 10 578 | 58 740 | 2 511 |
| | D01_HBB2302423_08－49－11.fsa | 220 | 220.14 | 8 001 | 41 468 | 2 604 |
| 2023－8326 | D02_HBB2302424_08－49－11.fsa | 204 | 204.32 | 10 643 | 53 088 | 2 477 |
| | D02_HBB2302424_08－49－11.fsa | 216 | 216.01 | 9 431 | 48 312 | 2 545 |
| 2023－8327 | D03_HBB2302425_08－49－11.fsa | 207 | 207.34 | 5 924 | 31 210 | 2 454 |
| | D03_HBB2302425_08－49－11.fsa | 216 | 215.87 | 8 852 | 43 491 | 2 503 |
| 2023－8328 | D04_HBB2302426_08－49－11.fsa | 216 | 215.93 | 19 323 | 92 947 | 2 498 |
| 2023－8329 | D05_HBB2302427_08－49－11.fsa | 204 | 204.24 | 19 966 | 97 324 | 2 415 |
| 2023－8330 | D06_HBB2302428_08－49－11.fsa | 204 | 204.07 | 21 535 | 100 713 | 2 422 |
| 2023－8331 | D08_HBB2302430_08－49－11.fsa | 204 | 204.08 | 18 799 | 94 495 | 2 400 |
| 2023－8332 | D09_HBB2302431_08－49－11.fsa | 204 | 204.05 | 9 284 | 49 636 | 2 424 |
| | D09_HBB2302431_08－49－11.fsa | 207 | 207.21 | 10 348 | 52 392 | 2 442 |
| 2023－8333 | D10_HBB2302432_08－49－11.fsa | 204 | 204.05 | 15 171 | 86 232 | 2 418 |
| 2023－8334 | D11_HBB2302433_08－49－11.fsa | 204 | 204.16 | 9 560 | 61 216 | 2 461 |
| | D11_HBB2302433_08－49－11.fsa | 216 | 215.7 | 8 465 | 53 536 | 2 528 |
| 2023－8335 | D12_HBB2302434_08－49－11.fsa | 207 | 207.34 | 8 543 | 59 879 | 2 510 |
| | D12_HBB2302434_08－49－11.fsa | 213 | 212.79 | 7 606 | 53 101 | 2 542 |
| 2023－8336 | E01_HBB2302435_08－49－11.fsa | 204 | 204.29 | 8 843 | 49 974 | 2 524 |
| | E01_HBB2302435_08－49－11.fsa | 207 | 207.72 | 8 864 | 51 003 | 2 544 |
| 2023－8337 | E02_HBB2302436_08－49－11.fsa | 204 | 204.13 | 10 437 | 52 420 | 2 489 |
| | E02_HBB2302436_08－49－11.fsa | 216 | 215.94 | 8 822 | 44 344 | 2 558 |
| 2023－8338 | E03_HBB2302437_08－49－11.fsa | 204 | 204.17 | 9 362 | 45 585 | 2 460 |
| | E03_HBB2302437_08－49－11.fsa | 207 | 207.47 | 8 958 | 40 771 | 2 479 |
| 2023－8339 | E04_HBB2302438_08－49－11.fsa | 204 | 204.17 | 20 575 | 95 967 | 2 457 |
| 2023－8340 | E05_HBB2302439_08－49－11.fsa | 207 | 207.37 | 25 026 | 108 697 | 2 459 |
| 2023－8341 | E06_HBB2302440_08－49－11.fsa | 204 | 204.24 | 10 041 | 45 402 | 2 413 |
| | E06_HBB2302440_08－49－11.fsa | 207 | 207.42 | 10 213 | 47 063 | 2 431 |
| 2023－8342 | E07_HBB2302441_08－49－11.fsa | 204 | 204.24 | 11 171 | 50 019 | 2 409 |
| | E07_HBB2302441_08－49－11.fsa | 220 | 220.05 | 6 082 | 28 168 | 2 499 |

（续）

| 资源序号 | 样本名<br>（sample file name） | 等位基因位点<br>（allele，bp） | 大小<br>（size，bp） | 高度<br>（height，RFU） | 面积<br>（area，RFU） | 数据取值点<br>（data point，RFU） |
|---|---|---|---|---|---|---|
| 2023 - 8343 | E08_HBB2302442_08 - 49 - 11. fsa | 207 | 207.36 | 21 320 | 103 798 | 2 448 |
| 2023 - 8344 | E09_HBB2302443_08 - 49 - 11. fsa | 204 | 204.2 | 10 037 | 54 726 | 2 431 |
|  | E09_HBB2302443_08 - 49 - 11. fsa | 216 | 215.86 | 8 611 | 45 333 | 2 498 |
| 2023 - 8345 | E10_HBB2302444_08 - 49 - 11. fsa | 207 | 207.39 | 9 766 | 58 479 | 2 440 |
|  | E10_HBB2302444_08 - 49 - 11. fsa | 216 | 215.79 | 8 179 | 48 007 | 2 488 |
| 2023 - 8346 | E11_HBB2302445_08 - 49 - 11. fsa | 204 | 204.17 | 16 527 | 106 768 | 2 456 |
| 2023 - 8347 | E12_HBB2302446_08 - 49 - 11. fsa | 216 | 215.67 | 9 674 | 69 158 | 2 567 |
| 2023 - 8348 | F01_HBB2302447_08 - 49 - 11. fsa | 204 | 204.32 | 7 173 | 39 931 | 2 517 |
|  | F01_HBB2302447_08 - 49 - 11. fsa | 216 | 215.84 | 5 488 | 32 368 | 2 584 |
| 2023 - 8349 | F02_HBB2302448_08 - 49 - 11. fsa | 204 | 204.13 | 12 847 | 66 275 | 2 488 |
| 2023 - 8350 | F03_HBB2302449_08 - 49 - 11. fsa | 216 | 215.76 | 17 802 | 83 405 | 2 535 |
| 2023 - 8351 | F05_HBB2302451_08 - 49 - 11. fsa | 204 | 204.2 | 21 978 | 97 098 | 2 436 |
| 2023 - 8352 | F06_HBB2302452_08 - 49 - 11. fsa | 204 | 204.23 | 10 594 | 46 499 | 2 419 |
|  | F06_HBB2302452_08 - 49 - 11. fsa | 207 | 207.39 | 11 488 | 49 145 | 2 437 |
| 2023 - 8353 | F07_HBB2302453_08 - 49 - 11. fsa | 204 | 204.21 | 10 186 | 48 086 | 2 419 |
|  | F07_HBB2302453_08 - 49 - 11. fsa | 207 | 207.37 | 11 534 | 54 107 | 2 437 |
| 2023 - 8354 | F08_HBB2302454_08 - 49 - 11. fsa | 204 | 204.06 | 23 624 | 110 706 | 2 410 |
| 2023 - 8355 | F09_HBB2302455_08 - 49 - 11. fsa | 204 | 204.05 | 21 038 | 110 716 | 2 427 |
| 2023 - 8356 | F10_HBB2302456_08 - 49 - 11. fsa | 204 | 204.22 | 9 967 | 55 641 | 2 426 |
|  | F10_HBB2302456_08 - 49 - 11. fsa | 207 | 207.37 | 9 973 | 53 569 | 2 444 |
| 2023 - 8357 | F11_HBB2302457_08 - 49 - 11. fsa | 204 | 204.31 | 21 276 | 127 879 | 2 477 |
| 2023 - 8358 | F12_HBB2302458_08 - 49 - 11. fsa | 204 | 204.13 | 8 071 | 55 782 | 2 479 |
|  | F12_HBB2302458_08 - 49 - 11. fsa | 216 | 215.76 | 6 222 | 44 658 | 2 547 |
| 2023 - 8359 | G01_HBB2302459_08 - 49 - 11. fsa | 204 | 204.17 | 24 205 | 133 816 | 2 521 |
| 2023 - 8360 | G02_HBB2302460_08 - 49 - 11. fsa | 204 | 204.29 | 11 032 | 53 674 | 2 504 |
|  | G02_HBB2302460_08 - 49 - 11. fsa | 207 | 207.54 | 11 076 | 53 479 | 2 523 |
| 2023 - 8361 | G03_HBB2302461_08 - 49 - 11. fsa | 204 | 204.16 | 20 259 | 92 866 | 2 472 |

（续）

| 资源序号 | 样本名<br>（sample file name） | 等位基因位点<br>（allele，bp） | 大小<br>（size，bp） | 高度<br>（height，RFU） | 面积<br>（area，RFU） | 数据取值点<br>（data point，RFU） |
|---|---|---|---|---|---|---|
| 2023－8362 | G04_HBB2302462_08－49－11.fsa | 204 | 204.19 | 22 161 | 95 382 | 2 453 |
| 2023－8363 | G05_HBB2302463_08－49－11.fsa | 204 | 204.22 | 11 656 | 49 942 | 2 441 |
| | G05_HBB2302463_08－49－11.fsa | 207 | 207.55 | 12 108 | 53 780 | 2 460 |
| 2023－8364 | G06_HBB2302464_08－49－11.fsa | 204 | 204.2 | 14 861 | 69 580 | 2 442 |
| 2023－8365 | G07_HBB2302465_08－49－11.fsa | 204 | 204.22 | 4 892 | 22 589 | 2 425 |
| | G07_HBB2302465_08－49－11.fsa | 216 | 215.93 | 3 456 | 17 865 | 2 492 |
| 2023－8366 | G08_HBB2302466_08－49－11.fsa | 204 | 204.2 | 7 908 | 41 363 | 2 440 |
| | G08_HBB2302466_08－49－11.fsa | 207 | 207.33 | 7 831 | 39 180 | 2 458 |
| 2023－8367 | G09_HBB2302467_08－49－11.fsa | 204 | 204.05 | 15 475 | 82 161 | 2 425 |
| 2023－8368 | G10_HBB2302468_08－49－11.fsa | 204 | 204.02 | 6 891 | 39 668 | 2 441 |
| | G10_HBB2302468_08－49－11.fsa | 207 | 207.34 | 7 303 | 40 087 | 2 460 |
| 2023－8369 | G11_HBB2302469_08－49－11.fsa | 204 | 204.31 | 15 716 | 98 744 | 2 473 |
| 2023－8370 | G12_HBB2302470_08－49－11.fsa | 207 | 207.52 | 8 673 | 57 169 | 2 514 |
| | G12_HBB2302470_08－49－11.fsa | 220 | 220.07 | 5 816 | 38 737 | 2 588 |
| 2023－8371 | H02_HBB2302472_08－49－11.fsa | 207 | 207.49 | 9 974 | 51 169 | 2 540 |
| | H02_HBB2302472_08－49－11.fsa | 216 | 215.79 | 8 543 | 44 058 | 2 589 |
| 2023－8372 | H03_HBB2302473_08－49－11.fsa | 204 | 204.31 | 14 257 | 70 459 | 2 491 |
| 2023－8373 | H04_HBB2302474_08－49－11.fsa | 204 | 204.16 | 22 718 | 100 364 | 2 471 |
| 2023－8374 | H05_HBB2302475_08－49－11.fsa | 204 | 204.35 | 13 619 | 58 983 | 2 459 |
| | H05_HBB2302475_08－49－11.fsa | 216 | 215.76 | 11 816 | 52 009 | 2 525 |
| 2023－8375 | H06_HBB2302476_08－49－11.fsa | 204 | 204.19 | 19 193 | 89 470 | 2 453 |
| 2023－8376 | H07_HBB2302477_08－49－11.fsa | 204 | 204.19 | 9 184 | 43 820 | 2 449 |
| | H07_HBB2302477_08－49－11.fsa | 216 | 215.82 | 9 552 | 44 331 | 2 516 |
| 2023－8377 | H08_HBB2302478_08－49－11.fsa | 204 | 204.19 | 7 597 | 38 470 | 2 454 |
| | H08_HBB2302478_08－49－11.fsa | 207 | 207.5 | 7 727 | 38 435 | 2 473 |
| 2023－8378 | H09_HBB2302479_08－49－11.fsa | 204 | 204.2 | 12 996 | 73 914 | 2 442 |
| 2023－8379 | H10_HBB2302480_08－49－11.fsa | 204 | 204.17 | 5 665 | 36 304 | 2 448 |
| | H10_HBB2302480_08－49－11.fsa | 216 | 215.93 | 4 913 | 29 503 | 2 516 |

## 35 P37

| 资源序号 | 样本名<br>（sample file name） | 等位基因位点<br>（allele，bp） | 大小<br>（size，bp） | 高度<br>（height，RFU） | 面积<br>（area，RFU） | 数据取值点<br>（data point，RFU） |
|---|---|---|---|---|---|---|
| 2023 - 8200 | A01_HBB2302293_24 - 44 - 56. fsa | 196 | 197. 47 | 23 346 | 136 231 | 2 472 |
| 2023 - 8201 | A02_HBB2302294_24 - 44 - 56. fsa | 196 | 197. 36 | 22 963 | 125 739 | 2 455 |
| | A02_HBB2302294_24 - 44 - 56. fsa | 215 | 215. 05 | 12 032 | 66 067 | 2 559 |
| 2023 - 8202 | A03_HBB2302295_24 - 44 - 56. fsa | 196 | 197. 31 | 17 037 | 98 480 | 2 419 |
| | A03_HBB2302295_24 - 44 - 56. fsa | 215 | 215. 08 | 10 279 | 55 804 | 2 522 |
| 2023 - 8203 | A04_HBB2302296_24 - 44 - 56. fsa | 207 | 206. 78 | 13 497 | 79 826 | 2 467 |
| | A04_HBB2302296_24 - 44 - 56. fsa | 215 | 215. 08 | 13 127 | 79 298 | 2 515 |
| 2023 - 8204 | A05_HBB2302297_24 - 44 - 56. fsa | 196 | 197. 47 | 21 417 | 149 037 | 2 401 |
| 2023 - 8205 | A06_HBB2302298_24 - 44 - 56. fsa | 215 | 215 | 27 557 | 174 420 | 2 496 |
| 2023 - 8206 | A07_HBB2302299_24 - 44 - 56. fsa | 196 | 196. 62 | 10 163 | 61 193 | 2 382 |
| | A07_HBB2302299_24 - 44 - 56. fsa | 215 | 215 | 16 662 | 102 522 | 2 488 |
| 2023 - 8207 | A08_HBB2302300_24 - 44 - 56. fsa | 196 | 197. 48 | 15 220 | 97 518 | 2 418 |
| | A08_HBB2302300_24 - 44 - 56. fsa | 215 | 215. 08 | 7 501 | 48 360 | 2 520 |
| 2023 - 8208 | A09_HBB2302301_24 - 44 - 56. fsa | 200 | 199. 83 | 18 870 | 124 643 | 2 423 |
| 2023 - 8209 | A10_HBB2302302_24 - 44 - 56. fsa | 215 | 215. 02 | 25 590 | 172 408 | 2 527 |
| 2023 - 8210 | A11_HBB2302303_24 - 44 - 56. fsa | 196 | 197. 37 | 32 609 | 256 319 | 2 459 |
| 2023 - 8211 | B01_HBB2302305_24 - 44 - 56. fsa | 200 | 199. 83 | 12 232 | 70 158 | 2 454 |
| | B01_HBB2302305_24 - 44 - 56. fsa | 215 | 214. 92 | 21 985 | 133 785 | 2 542 |
| 2023 - 8212 | B02_HBB2302306_24 - 44 - 56. fsa | 200 | 199. 83 | 31 312 | 162 685 | 2 464 |
| 2023 - 8213 | B03_HBB2302307_24 - 44 - 56. fsa | 186 | 185. 64 | 22 535 | 129 928 | 2 341 |
| | B03_HBB2302307_24 - 44 - 56. fsa | 200 | 199. 83 | 6 299 | 39 361 | 2 425 |
| 2023 - 8214 | B04_HBB2302308_24 - 44 - 56. fsa | 196 | 197. 33 | 21 869 | 123 034 | 2 408 |
| | B04_HBB2302308_24 - 44 - 56. fsa | 215 | 214. 94 | 10 719 | 60 433 | 2 510 |
| 2023 - 8215 | B05_HBB2302309_24 - 44 - 56. fsa | 196 | 197. 28 | 22 770 | 146 024 | 2 399 |
| | B05_HBB2302309_24 - 44 - 56. fsa | 200 | 199. 66 | 8 332 | 48 185 | 2 413 |
| 2023 - 8216 | B06_HBB2302310_24 - 44 - 56. fsa | 215 | 215. 11 | 32 601 | 214 024 | 2 478 |
| 2023 - 8217 | B07_HBB2302311_24 - 44 - 56. fsa | 196 | 196. 61 | 14 010 | 88 258 | 2 380 |
| | B07_HBB2302311_24 - 44 - 56. fsa | 200 | 199. 66 | 7 922 | 52 037 | 2 398 |

（续）

| 资源序号 | 样本名<br>(sample file name) | 等位基因位点<br>(allele, bp) | 大小<br>(size, bp) | 高度<br>(height, RFU) | 面积<br>(area, RFU) | 数据取值点<br>(data point, RFU) |
|---|---|---|---|---|---|---|
| 2023－8218 | B08_HBB2302312_24－44－56.fsa | 200 | 199.66 | 27 128 | 127 328 | 2 399 |
| 2023－8219 | B09_HBB2302313_24－44－56.fsa | 196 | 197.26 | 23 541 | 163 621 | 2 382 |
| 2023－8220 | B10_HBB2302314_24－44－56.fsa | 200 | 199.66 | 26 177 | 150 450 | 2 403 |
| 2023－8221 | B11_HBB2302315_24－44－56.fsa | 186 | 185.53 | 26 854 | 133 550 | 2 366 |
| | B11_HBB2302315_24－44－56.fsa | 200 | 199.67 | 11 770 | 62 197 | 2 451 |
| 2023－8222 | B12_HBB2302316_24－44－56.fsa | 196 | 196.38 | 28 850 | 175 430 | 2 454 |
| | B12_HBB2302316_24－44－56.fsa | 200 | 199.67 | 19 353 | 115 088 | 2 474 |
| 2023－8223 | C01_HBB2302317_24－44－56.fsa | 196 | 197.37 | 18 924 | 120 544 | 2 455 |
| | C01_HBB2302317_24－44－56.fsa | 200 | 199.84 | 9 261 | 57 231 | 2 470 |
| 2023－8224 | C02_HBB2302318_24－44－56.fsa | 196 | 197.34 | 32 457 | 182 150 | 2 432 |
| | C02_HBB2302318_24－44－56.fsa | 200 | 199.83 | 12 563 | 75 865 | 2 447 |
| 2023－8226 | C03_HBB2302319_24－44－56.fsa | 196 | 197.31 | 23 744 | 138 116 | 2 416 |
| | C03_HBB2302319_24－44－56.fsa | 215 | 215.07 | 13 425 | 80 485 | 2 519 |
| 2023－8227 | C04_HBB2302320_24－44－56.fsa | 200 | 199.83 | 29 680 | 132 696 | 2 413 |
| 2023－8228 | C05_HBB2302321_24－44－56.fsa | 200 | 199.66 | 32 650 | 191 690 | 2 390 |
| 2023－8229 | C06_HBB2302322_24－44－56.fsa | 184 | 183.77 | 15 312 | 72 160 | 2 312 |
| | C06_HBB2302322_24－44－56.fsa | 196 | 197.44 | 19 224 | 93 281 | 2 392 |
| 2023－8230 | C07_HBB2302323_24－44－56.fsa | 196 | 197.6 | 28 413 | 181 836 | 2 371 |
| | C07_HBB2302323_24－44－56.fsa | 200 | 199.83 | 8 303 | 51 026 | 2 384 |
| 2023－8231 | C09_HBB2302325_24－44－56.fsa | 186 | 185.55 | 32 140 | 171 403 | 2 328 |
| | C09_HBB2302325_24－44－56.fsa | 200 | 199.66 | 9 240 | 54 707 | 2 411 |
| 2023－8232 | C10_HBB2302326_24－44－56.fsa | 196 | 197.45 | 24 493 | 131 887 | 2 383 |
| | C10_HBB2302326_24－44－56.fsa | 207 | 206.84 | 13 605 | 72 404 | 2 437 |
| 2023－8233 | C11_HBB2302327_24－44－56.fsa | 196 | 197.48 | 26 166 | 184 785 | 2 429 |
| | C11_HBB2302327_24－44－56.fsa | 200 | 199.66 | 9 951 | 72 915 | 2 442 |
| 2023－8234 | C12_HBB2302328_24－44－56.fsa | 200 | 199.67 | 12 876 | 87 096 | 2 462 |
| | C12_HBB2302328_24－44－56.fsa | 207 | 206.83 | 16 383 | 112 170 | 2 504 |
| 2023－8235 | D01_HBB2302329_24－44－56.fsa | 196 | 197.36 | 28 889 | 182 505 | 2 465 |
| | D01_HBB2302329_24－44－56.fsa | 200 | 199.83 | 10 262 | 65 606 | 2 480 |

（续）

| 资源序号 | 样本名<br>（sample file name） | 等位基因位点<br>（allele，bp） | 大小<br>（size，bp） | 高度<br>（height，RFU） | 面积<br>（area，RFU） | 数据取值点<br>（data point，RFU） |
|---|---|---|---|---|---|---|
| 2023 - 8236 | D02_HBB2302330_24 - 44 - 56. fsa | 186 | 185.55 | 28 371 | 167 923 | 2 363 |
| | D02_HBB2302330_24 - 44 - 56. fsa | 200 | 199.66 | 7 600 | 47 893 | 2 447 |
| 2023 - 8237 | D03_HBB2302331_24 - 44 - 56. fsa | 196 | 196.58 | 20 051 | 118 975 | 2 388 |
| | D03_HBB2302331_24 - 44 - 56. fsa | 215 | 215.06 | 19 889 | 123 389 | 2 494 |
| 2023 - 8238 | D04_HBB2302332_24 - 44 - 56. fsa | 207 | 206.69 | 32 584 | 252 119 | 2 441 |
| 2023 - 8239 | D05_HBB2302333_24 - 44 - 56. fsa | 196 | 197.42 | 32 586 | 230 165 | 2 371 |
| 2023 - 8240 | D06_HBB2302334_24 - 44 - 56. fsa | 196 | 197.41 | 24 709 | 147 888 | 2 377 |
| | D06_HBB2302334_24 - 44 - 56. fsa | 207 | 206.87 | 14 238 | 82 181 | 2 431 |
| 2023 - 8241 | D07_HBB2302335_24 - 44 - 56. fsa | 200 | 199.66 | 11 391 | 67 872 | 2 409 |
| | D07_HBB2302335_24 - 44 - 56. fsa | 215 | 215.05 | 19 916 | 117 115 | 2 497 |
| 2023 - 8242 | D08_HBB2302336_24 - 44 - 56. fsa | 196 | 196.55 | 26 066 | 158 971 | 2 350 |
| 2023 - 8243 | D09_HBB2302337_24 - 44 - 56. fsa | 196 | 196.43 | 25 423 | 117 481 | 2 374 |
| | D09_HBB2302337_24 - 44 - 56. fsa | 215 | 214.91 | 6 732 | 31 713 | 2 480 |
| 2023 - 8244 | D10_HBB2302338_24 - 44 - 56. fsa | 200 | 199.66 | 14 085 | 86 827 | 2 386 |
| | D10_HBB2302338_24 - 44 - 56. fsa | 207 | 206.68 | 20 627 | 130 731 | 2 426 |
| 2023 - 8245 | D11_HBB2302339_24 - 44 - 56. fsa | 196 | 196.49 | 15 101 | 90 825 | 2 410 |
| | D11_HBB2302339_24 - 44 - 56. fsa | 215 | 215.01 | 18 952 | 122 258 | 2 518 |
| 2023 - 8246 | D12_HBB2302340_24 - 44 - 56. fsa | 200 | 200 | 32 596 | 213 643 | 2 459 |
| 2023 - 8247 | E01_HBB2302341_24 - 44 - 56. fsa | 196 | 197.2 | 32 609 | 210 352 | 2 477 |
| 2023 - 8248 | E02_HBB2302342_24 - 44 - 56. fsa | 215 | 215.05 | 22 424 | 148 945 | 2 548 |
| 2023 - 8249 | E03_HBB2302343_24 - 44 - 56. fsa | 196 | 196.47 | 9 880 | 60 730 | 2 410 |
| | E03_HBB2302343_24 - 44 - 56. fsa | 215 | 215.06 | 11 694 | 72 461 | 2 518 |
| 2023 - 8250 | E04_HBB2302344_24 - 44 - 56. fsa | 196 | 197.47 | 17 412 | 107 319 | 2 413 |
| | E04_HBB2302344_24 - 44 - 56. fsa | 215 | 215.06 | 15 486 | 91 949 | 2 515 |
| 2023 - 8251 | E06_HBB2302346_24 - 44 - 56. fsa | 196 | 197.42 | 22 592 | 105 402 | 2 369 |
| | E06_HBB2302346_24 - 44 - 56. fsa | 207 | 206.74 | 12 226 | 57 909 | 2 422 |
| 2023 - 8252 | E07_HBB2302347_24 - 44 - 56. fsa | 207 | 206.89 | 23 143 | 124 603 | 2 419 |
| 2023 - 8253 | E08_HBB2302348_24 - 44 - 56. fsa | 207 | 206.84 | 18 463 | 108 172 | 2 437 |
| | E08_HBB2302348_24 - 44 - 56. fsa | 215 | 215.05 | 17 549 | 100 361 | 2 484 |
| 2023 - 8254 | E09_HBB2302349_24 - 44 - 56. fsa | 207 | 206.66 | 19 322 | 120 923 | 2 439 |

（续）

| 资源序号 | 样本名<br>（sample file name） | 等位基因位点<br>（allele，bp） | 大小<br>（size，bp） | 高度<br>（height，RFU） | 面积<br>（area，RFU） | 数据取值点<br>（data point，RFU） |
|---|---|---|---|---|---|---|
| 2023 - 8255 | E10_HBB2302350_24 - 44 - 56. fsa | 196 | 196.6 | 21 166 | 134 275 | 2 372 |
| | E10_HBB2302350_24 - 44 - 56. fsa | 200 | 199.66 | 12 650 | 80 198 | 2 390 |
| 2023 - 8256 | E11_HBB2302351_24 - 44 - 56. fsa | 186 | 186.48 | 2 704 | 12 391 | 2 345 |
| | E11_HBB2302351_24 - 44 - 56. fsa | 198 | 198.31 | 1 863 | 10 863 | 2 415 |
| 2023 - 8257 | E12_HBB2302352_24 - 44 - 56. fsa | 207 | 206.66 | 32 656 | 234 832 | 2 509 |
| 2023 - 8258 | F01_HBB2302353_24 - 44 - 56. fsa | 196 | 197.19 | 32 621 | 204 737 | 2 469 |
| 2023 - 8259 | F02_HBB2302354_24 - 44 - 56. fsa | 184 | 183.95 | 30 510 | 168 471 | 2 363 |
| 2023 - 8260 | F03_HBB2302355_24 - 44 - 56. fsa | 196 | 196.66 | 28 442 | 181 679 | 2 419 |
| 2023 - 8261 | F04_HBB2302356_24 - 44 - 56. fsa | 196 | 197.48 | 18 747 | 112 416 | 2 422 |
| | F04_HBB2302356_24 - 44 - 56. fsa | 215 | 215.02 | 9 764 | 57 126 | 2 524 |
| 2023 - 8262 | F05_HBB2302357_24 - 44 - 56. fsa | 196 | 197.47 | 26 161 | 175 551 | 2 392 |
| 2023 - 8263 | F06_HBB2302358_24 - 44 - 56. fsa | 196 | 196.58 | 18 622 | 110 526 | 2 370 |
| | F06_HBB2302358_24 - 44 - 56. fsa | 207 | 206.71 | 20 989 | 126 571 | 2 428 |
| 2023 - 8264 | F07_HBB2302359_24 - 44 - 56. fsa | 196 | 196.56 | 18 688 | 113 046 | 2 370 |
| | F07_HBB2302359_24 - 44 - 56. fsa | 200 | 199.66 | 12 456 | 74 638 | 2 388 |
| 2023 - 8265 | F08_HBB2302360_24 - 44 - 56. fsa | 200 | 199.66 | 9 940 | 58 799 | 2 378 |
| | F08_HBB2302360_24 - 44 - 56. fsa | 215 | 214.98 | 22 331 | 134 865 | 2 465 |
| 2023 - 8266 | F09_HBB2302361_24 - 44 - 56. fsa | 196 | 197.28 | 32 602 | 216 004 | 2 381 |
| 2023 - 8267 | F10_HBB2302362_24 - 44 - 56. fsa | 196 | 197.27 | 32 549 | 219 232 | 2 379 |
| 2023 - 8268 | F11_HBB2302363_24 - 44 - 56. fsa | 196 | 197.34 | 32 499 | 218 316 | 2 430 |
| 2023 - 8269 | F12_HBB2302364_24 - 44 - 56. fsa | 207 | 206.71 | 21 388 | 127 109 | 2 487 |
| | F12_HBB2302364_24 - 44 - 56. fsa | 215 | 215.09 | 19 290 | 121 029 | 2 536 |
| 2023 - 8270 | G01_HBB2302365_24 - 44 - 56. fsa | 215 | 214.86 | 32 594 | 249 072 | 2 579 |
| 2023 - 8271 | G03_HBB2302367_24 - 44 - 56. fsa | 196 | 196.66 | 17 004 | 104 242 | 2 423 |
| | G03_HBB2302367_24 - 44 - 56. fsa | 200 | 199.83 | 9 736 | 59 344 | 2 442 |
| 2023 - 8272 | G04_HBB2302368_24 - 44 - 56. fsa | 196 | 197.47 | 29 213 | 194 782 | 2 408 |
| 2023 - 8273 | G05_HBB2302369_24 - 44 - 56. fsa | 196 | 197.47 | 32 577 | 187 099 | 2 396 |
| 2023 - 8274 | G06_HBB2302370_24 - 44 - 56. fsa | 196 | 197.44 | 25 277 | 145 714 | 2 396 |
| 2023 - 8275 | G07_HBB2302371_24 - 44 - 56. fsa | 186 | 185.71 | 30 979 | 172 975 | 2 310 |

（续）

| 资源序号 | 样本名<br>（sample file name） | 等位基因位点<br>（allele，bp） | 大小<br>（size，bp） | 高度<br>（height，RFU） | 面积<br>（area，RFU） | 数据取值点<br>（data point，RFU） |
|---|---|---|---|---|---|---|
| 2023 - 8276 | G08_HBB2302372_24 - 44 - 56. fsa | 196 | 196.59 | 15 545 | 90 420 | 2 387 |
| | G08_HBB2302372_24 - 44 - 56. fsa | 215 | 215.18 | 23 921 | 141 382 | 2 494 |
| 2023 - 8277 | G09_HBB2302373_24 - 44 - 56. fsa | 186 | 185.71 | 23 865 | 134 579 | 2 310 |
| | G09_HBB2302373_24 - 44 - 56. fsa | 200 | 199.66 | 5 782 | 37 866 | 2 392 |
| 2023 - 8278 | G10_HBB2302374_24 - 44 - 56. fsa | 200 | 199.66 | 10 269 | 61 286 | 2 408 |
| | G10_HBB2302374_24 - 44 - 56. fsa | 215 | 215 | 17 986 | 109 365 | 2 496 |
| 2023 - 8279 | G11_HBB2302375_24 - 44 - 56. fsa | 196 | 196.68 | 20 532 | 127 256 | 2 421 |
| | G11_HBB2302375_24 - 44 - 56. fsa | 200 | 199.83 | 11 049 | 70 736 | 2 440 |
| 2023 - 8280 | G12_HBB2302376_24 - 44 - 56. fsa | 196 | 197.36 | 25 335 | 150 590 | 2 447 |
| 2023 - 8281 | H01_HBB2302377_24 - 44 - 56. fsa | 184 | 184.09 | 32 554 | 236 409 | 2 423 |
| | H01_HBB2302377_24 - 44 - 56. fsa | 200 | 199.84 | 8 210 | 47 635 | 2 520 |
| 2023 - 8282 | H02_HBB2302378_24 - 44 - 56. fsa | 196 | 196.69 | 21 344 | 127 765 | 2 470 |
| | H02_HBB2302378_24 - 44 - 56. fsa | 200 | 199.83 | 13 192 | 77 478 | 2 489 |
| 2023 - 8283 | H03_HBB2302379_24 - 44 - 56. fsa | 207 | 206.71 | 14 628 | 84 589 | 2 500 |
| | H03_HBB2302379_24 - 44 - 56. fsa | 215 | 215.1 | 14 582 | 84 978 | 2 549 |
| 2023 - 8284 | H04_HBB2302380_24 - 44 - 56. fsa | 196 | 197.49 | 18 031 | 114 673 | 2 426 |
| 2023 - 8285 | H05_HBB2302381_24 - 44 - 56. fsa | 196 | 197.31 | 26 945 | 188 637 | 2 413 |
| 2023 - 8286 | H06_HBB2302382_24 - 44 - 56. fsa | 196 | 197.3 | 32 676 | 207 107 | 2 406 |
| 2023 - 8287 | H07_HBB2302383_24 - 44 - 56. fsa | 196 | 197.3 | 29 372 | 167 496 | 2 403 |
| 2023 - 8288 | H08_HBB2302384_24 - 44 - 56. fsa | 207 | 206.8 | 7 483 | 42 974 | 2 462 |
| | H08_HBB2302384_24 - 44 - 56. fsa | 215 | 215.13 | 16 510 | 100 184 | 2 510 |
| 2023 - 8289 | H09_HBB2302385_24 - 44 - 56. fsa | 196 | 197.31 | 32 645 | 190 399 | 2 394 |
| 2023 - 8290 | A01_HBB2302387_09 - 21 - 29. fsa | 186 | 185.67 | 25 351 | 122 328 | 2 397 |
| | A01_HBB2302387_09 - 21 - 29. fsa | 207 | 206.67 | 15 262 | 76 437 | 2 523 |
| 2023 - 8291 | A02_HBB2302388_09 - 21 - 29. fsa | 196 | 197.19 | 32 605 | 173 770 | 2 451 |
| 2023 - 8292 | A03_HBB2302389_09 - 21 - 29. fsa | 196 | 196.45 | 32 629 | 184 269 | 2 409 |
| 2023 - 8293 | A04_HBB2302390_09 - 21 - 29. fsa | 207 | 206.8 | 27 532 | 158 339 | 2 462 |
| 2023 - 8294 | A05_HBB2302391_09 - 21 - 29. fsa | 186 | 185.72 | 27 441 | 154 150 | 2 326 |
| 2023 - 8295 | A06_HBB2302392_09 - 21 - 29. fsa | 186 | 185.65 | 30 050 | 169 431 | 2 319 |
| 2023 - 8296 | A07_HBB2302393_09 - 21 - 29. fsa | 196 | 197.46 | 28 197 | 162 684 | 2 381 |

（续）

| 资源序号 | 样本名<br>（sample file name） | 等位基因位点<br>（allele，bp） | 大小<br>（size，bp） | 高度<br>（height，RFU） | 面积<br>（area，RFU） | 数据取值点<br>（data point，RFU） |
|---|---|---|---|---|---|---|
| 2023－8297 | A08_HBB2302394_09－21－29. fsa | 186 | 185.63 | 23 359 | 137 409 | 2 342 |
| 2023－8298 | A09_HBB2302395_09－21－29. fsa | 200 | 199.83 | 23 012 | 124 082 | 2 419 |
| 2023－8299 | A10_HBB2302396_09－21－29. fsa | 196 | 197.33 | 32 514 | 207 580 | 2 419 |
| 2023－8300 | A11_HBB2302397_09－21－29. fsa | 196 | 197.38 | 32 645 | 239 701 | 2 455 |
| 2023－8301 | A12_HBB2302398_09－21－29. fsa | 186 | 185.42 | 32 652 | 215 499 | 2 408 |
| 2023－8302 | B01_HBB2302399_09－21－29. fsa | 186 | 185.62 | 15 674 | 79 785 | 2 366 |
|  | B01_HBB2302399_09－21－29. fsa | 196 | 197.33 | 16 472 | 80 498 | 2 436 |
| 2023－8303 | B02_HBB2302400_09－21－29. fsa | 207 | 206.54 | 32 589 | 231 620 | 2 499 |
| 2023－8304 | B03_HBB2302401_09－21－29. fsa | 200 | 200 | 32 439 | 162 108 | 2 418 |
|  | B03_HBB2302401_09－21－29. fsa | 207 | 206.96 | 10 178 | 55 639 | 2 458 |
| 2023－8305 | B04_HBB2302402_09－21－29. fsa | 196 | 197.28 | 19 268 | 141 091 | 2 401 |
| 2023－8306 | B05_HBB2302403_09－21－29. fsa | 186 | 185.47 | 10 386 | 63 071 | 2 323 |
|  | B05_HBB2302403_09－21－29. fsa | 196 | 197.44 | 10 127 | 60 344 | 2 393 |
| 2023－8307 | B06_HBB2302404_09－21－29. fsa | 207 | 206.71 | 16 895 | 87 140 | 2 424 |
|  | B06_HBB2302404_09－21－29. fsa | 215 | 214.97 | 16 662 | 88 140 | 2 471 |
| 2023－8308 | B07_HBB2302405_09－21－29. fsa | 196 | 196.55 | 19 540 | 111 710 | 2 373 |
|  | B07_HBB2302405_09－21－29. fsa | 200 | 199.83 | 13 796 | 77 872 | 2 392 |
| 2023－8309 | B08_HBB2302406_09－21－29. fsa | 196 | 196.6 | 19 934 | 113 617 | 2 375 |
|  | B08_HBB2302406_09－21－29. fsa | 200 | 199.66 | 13 993 | 78 158 | 2 393 |
| 2023－8310 | B09_HBB2302407_09－21－29. fsa | 200 | 199.83 | 7 435 | 46 471 | 2 390 |
|  | B09_HBB2302407_09－21－29. fsa | 207 | 206.86 | 20 048 | 117 853 | 2 430 |
| 2023－8311 | B11_HBB2302409_09－21－29. fsa | 186 | 185.59 | 8 018 | 44 685 | 2 362 |
|  | B11_HBB2302409_09－21－29. fsa | 196 | 196.53 | 12 382 | 108 426 | 2 428 |
| 2023－8312 | B12_HBB2302410_09－21－29. fsa | 200 | 199.67 | 18 581 | 105 475 | 2 470 |
|  | B12_HBB2302410_09－21－29. fsa | 207 | 206.66 | 32 480 | 186 291 | 2 511 |
| 2023－8313 | C01_HBB2302411_09－21－29. fsa | 207 | 206.86 | 32 224 | 157 604 | 2 506 |
| 2023－8314 | C02_HBB2302412_09－21－29. fsa | 196 | 197.33 | 32 447 | 188 054 | 2 427 |
| 2023－8315 | C03_HBB2302413_09－21－29. fsa | 207 | 206.77 | 17 607 | 98 902 | 2 464 |
|  | C03_HBB2302413_09－21－29. fsa | 215 | 215.24 | 17 730 | 97 221 | 2 513 |

（续）

| 资源序号 | 样本名<br>（sample file name） | 等位基因位点<br>（allele，bp） | 大小<br>（size，bp） | 高度<br>（height，RFU） | 面积<br>（area，RFU） | 数据取值点<br>（data point，RFU） |
|---|---|---|---|---|---|---|
| 2023 - 8316 | C04_HBB2302414_09 - 21 - 29. fsa | 196 | 196.45 | 21 652 | 118 735 | 2 387 |
| | C04_HBB2302414_09 - 21 - 29. fsa | 200 | 199.66 | 14 668 | 78 094 | 2 406 |
| 2023 - 8317 | C05_HBB2302415_09 - 21 - 29. fsa | 196 | 197.42 | 23 930 | 129 089 | 2 369 |
| 2023 - 8318 | C06_HBB2302416_09 - 21 - 29. fsa | 200 | 200 | 32 618 | 184 831 | 2 398 |
| 2023 - 8319 | C07_HBB2302417_09 - 21 - 29. fsa | 196 | 197.42 | 20 291 | 108 735 | 2 364 |
| | C07_HBB2302417_09 - 21 - 29. fsa | 200 | 199.66 | 8 115 | 51 809 | 2 377 |
| 2023 - 8320 | C08_HBB2302418_09 - 21 - 29. fsa | 194 | 194.36 | 17 320 | 87 942 | 2 343 |
| | C08_HBB2302418_09 - 21 - 29. fsa | 215 | 215.01 | 20 655 | 111 454 | 2 461 |
| 2023 - 8321 | C09_HBB2302419_09 - 21 - 29. fsa | 186 | 185.65 | 19 802 | 102 946 | 2 322 |
| | C09_HBB2302419_09 - 21 - 29. fsa | 196 | 197.44 | 18 155 | 97 265 | 2 391 |
| 2023 - 8322 | C10_HBB2302420_09 - 21 - 29. fsa | 196 | 197.25 | 32 514 | 231 171 | 2 377 |
| | C10_HBB2302420_09 - 21 - 29. fsa | 200 | 199.66 | 9 783 | 53 071 | 2 391 |
| 2023 - 8323 | C11_HBB2302421_09 - 21 - 29. fsa | 186 | 185.72 | 25 711 | 133 382 | 2 355 |
| | C11_HBB2302421_09 - 21 - 29. fsa | 215 | 214.96 | 12 036 | 64 072 | 2 527 |
| 2023 - 8324 | C12_HBB2302422_09 - 21 - 29. fsa | 196 | 196.53 | 29 117 | 142 427 | 2 439 |
| | C12_HBB2302422_09 - 21 - 29. fsa | 215 | 215.03 | 19 572 | 102 663 | 2 548 |
| 2023 - 8325 | D01_HBB2302423_09 - 21 - 29. fsa | 196 | 197.36 | 32 414 | 178 450 | 2 460 |
| | D01_HBB2302423_09 - 21 - 29. fsa | 200 | 199.83 | 10 453 | 59 617 | 2 475 |
| 2023 - 8326 | D02_HBB2302424_09 - 21 - 29. fsa | 200 | 199.83 | 32 609 | 200 199 | 2 441 |
| 2023 - 8327 | D03_HBB2302425_09 - 21 - 29. fsa | 196 | 196.57 | 32 530 | 194 831 | 2 381 |
| 2023 - 8328 | D04_HBB2302426_09 - 21 - 29. fsa | 196 | 196.56 | 14 809 | 75 699 | 2 377 |
| | D04_HBB2302426_09 - 21 - 29. fsa | 215 | 214.92 | 15 375 | 84 560 | 2 482 |
| 2023 - 8329 | D05_HBB2302427_09 - 21 - 29. fsa | 196 | 197.58 | 20 755 | 106 580 | 2 365 |
| | D05_HBB2302427_09 - 21 - 29. fsa | 215 | 215.2 | 6 032 | 30 284 | 2 465 |
| 2023 - 8330 | D06_HBB2302428_09 - 21 - 29. fsa | 196 | 197.42 | 28 521 | 157 129 | 2 370 |
| | D06_HBB2302428_09 - 21 - 29. fsa | 200 | 199.66 | 8 602 | 47 621 | 2 383 |
| 2023 - 8331 | D08_HBB2302430_09 - 21 - 29. fsa | 196 | 196.56 | 18 042 | 119 211 | 2 345 |
| | D08_HBB2302430_09 - 21 - 29. fsa | 200 | 199.66 | 12 018 | 68 733 | 2 363 |
| 2023 - 8332 | D09_HBB2302431_09 - 21 - 29. fsa | 196 | 196.55 | 14 716 | 78 771 | 2 369 |
| | D09_HBB2302431_09 - 21 - 29. fsa | 215 | 215.1 | 18 776 | 100 169 | 2 475 |

（续）

| 资源序号 | 样本名<br>（sample file name） | 等位基因位点<br>（allele，bp） | 大小<br>（size，bp） | 高度<br>（height，RFU） | 面积<br>（area，RFU） | 数据取值点<br>（data point，RFU） |
|---|---|---|---|---|---|---|
| 2023 - 8333 | D10_HBB2302432_09 - 21 - 29. fsa | 196 | 197. 27 | 32 556 | 185 478 | 2 367 |
| 2023 - 8334 | D11_HBB2302433_09 - 21 - 29. fsa | 186 | 185. 6 | 25 206 | 126 013 | 2 341 |
|  | D11_HBB2302433_09 - 21 - 29. fsa | 215 | 214. 88 | 13 046 | 70 845 | 2 513 |
| 2023 - 8335 | D12_HBB2302434_09 - 21 - 29. fsa | 196 | 196. 68 | 19 887 | 120 325 | 2 437 |
|  | D12_HBB2302434_09 - 21 - 29. fsa | 215 | 214. 99 | 21 428 | 107 612 | 2 545 |
| 2023 - 8336 | E01_HBB2302435_09 - 21 - 29. fsa | 196 | 196. 7 | 26 219 | 125 501 | 2 465 |
|  | E01_HBB2302435_09 - 21 - 29. fsa | 200 | 199. 83 | 16 165 | 74 064 | 2 484 |
| 2023 - 8337 | E02_HBB2302436_09 - 21 - 29. fsa | 207 | 206. 7 | 18 356 | 94 525 | 2 494 |
|  | E02_HBB2302436_09 - 21 - 29. fsa | 215 | 214. 91 | 16 767 | 88 650 | 2 542 |
| 2023 - 8338 | E03_HBB2302437_09 - 21 - 29. fsa | 200 | 199. 83 | 32 616 | 211 107 | 2 422 |
| 2023 - 8339 | E04_HBB2302438_09 - 21 - 29. fsa | 196 | 196. 61 | 17 624 | 92 184 | 2 403 |
|  | E04_HBB2302438_09 - 21 - 29. fsa | 215 | 215. 12 | 17 773 | 96 287 | 2 510 |
| 2023 - 8340 | E05_HBB2302439_09 - 21 - 29. fsa | 196 | 197. 42 | 29 002 | 187 539 | 2 392 |
| 2023 - 8341 | E06_HBB2302440_09 - 21 - 29. fsa | 200 | 199. 83 | 13 703 | 70 395 | 2 375 |
|  | E06_HBB2302440_09 - 21 - 29. fsa | 215 | 215. 22 | 15 918 | 84 126 | 2 462 |
| 2023 - 8342 | E07_HBB2302441_09 - 21 - 29. fsa | 196 | 197. 42 | 16 840 | 80 368 | 2 360 |
|  | E07_HBB2302441_09 - 21 - 29. fsa | 207 | 206. 73 | 12 505 | 60 496 | 2 413 |
| 2023 - 8343 | E08_HBB2302442_09 - 21 - 29. fsa | 186 | 185. 68 | 25 737 | 132 272 | 2 310 |
|  | E08_HBB2302442_09 - 21 - 29. fsa | 200 | 199. 65 | 9 916 | 53 171 | 2 391 |
| 2023 - 8344 | E09_HBB2302443_09 - 21 - 29. fsa | 196 | 197. 42 | 32 566 | 181 637 | 2 381 |
| 2023 - 8345 | E10_HBB2302444_09 - 21 - 29. fsa | 196 | 196. 58 | 15 153 | 79 616 | 2 367 |
|  | E10_HBB2302444_09 - 21 - 29. fsa | 215 | 214. 96 | 21 425 | 105 275 | 2 472 |
| 2023 - 8346 | E11_HBB2302445_09 - 21 - 29. fsa | 196 | 196. 47 | 17 224 | 103 035 | 2 400 |
|  | E11_HBB2302445_09 - 21 - 29. fsa | 215 | 214. 94 | 26 283 | 138 129 | 2 507 |
| 2023 - 8347 | E12_HBB2302446_09 - 21 - 29. fsa | 196 | 196. 38 | 32 664 | 216 409 | 2 445 |
| 2023 - 8348 | F01_HBB2302447_09 - 21 - 29. fsa | 200 | 199. 83 | 18 553 | 83 251 | 2 484 |
|  | F01_HBB2302447_09 - 21 - 29. fsa | 207 | 206. 74 | 5 196 | 24 961 | 2 524 |
| 2023 - 8349 | F02_HBB2302448_09 - 21 - 29. fsa | 186 | 185. 68 | 25 861 | 121 631 | 2 366 |
|  | F02_HBB2302448_09 - 21 - 29. fsa | 196 | 196. 68 | 6 441 | 34 026 | 2 432 |
| 2023 - 8350 | F03_HBB2302449_09 - 21 - 29. fsa | 196 | 196. 64 | 32 670 | 204 915 | 2 413 |

（续）

| 资源序号 | 样本名<br>（sample file name） | 等位基因位点<br>（allele，bp） | 大小<br>（size，bp） | 高度<br>（height，RFU） | 面积<br>（area，RFU） | 数据取值点<br>（data point，RFU） |
|---|---|---|---|---|---|---|
| 2023 - 8350 | F04_HBB2302450_09 - 21 - 29. fsa | 196 | 196.47 | 32 679 | 187 071 | 2 411 |
| 2023 - 8351 | F05_HBB2302451_09 - 21 - 29. fsa | 207 | 206.67 | 32 546 | 195 166 | 2 439 |
| 2023 - 8352 | F06_HBB2302452_09 - 21 - 29. fsa | 196 | 197.42 | 28 087 | 137 892 | 2 369 |
| | F06_HBB2302452_09 - 21 - 29. fsa | 215 | 214.97 | 15 464 | 76 946 | 2 469 |
| 2023 - 8353 | F07_HBB2302453_09 - 21 - 29. fsa | 184 | 183.85 | 21 235 | 109 084 | 2 290 |
| | F07_HBB2302453_09 - 21 - 29. fsa | 196 | 196.74 | 17 776 | 100 172 | 2 365 |
| 2023 - 8354 | F08_HBB2302454_09 - 21 - 29. fsa | 200 | 199.66 | 15 200 | 79 339 | 2 373 |
| | F08_HBB2302454_09 - 21 - 29. fsa | 207 | 206.73 | 27 268 | 138 291 | 2 413 |
| 2023 - 8355 | F09_HBB2302455_09 - 21 - 29. fsa | 186 | 185.79 | 7 960 | 39 168 | 2 308 |
| | F09_HBB2302455_09 - 21 - 29. fsa | 200 | 200 | 32 599 | 169 294 | 2 390 |
| 2023 - 8356 | F10_HBB2302456_09 - 21 - 29. fsa | 196 | 197.44 | 32 586 | 167 492 | 2 374 |
| | F10_HBB2302456_09 - 21 - 29. fsa | 200 | 199.66 | 11 661 | 77 472 | 2 387 |
| 2023 - 8357 | F11_HBB2302457_09 - 21 - 29. fsa | 215 | 214.79 | 32 645 | 226 876 | 2 529 |
| 2023 - 8358 | F12_HBB2302458_09 - 21 - 29. fsa | 186 | 185.76 | 16 080 | 73 631 | 2 359 |
| | F12_HBB2302458_09 - 21 - 29. fsa | 196 | 197.36 | 24 781 | 111 901 | 2 429 |
| 2023 - 8359 | G01_HBB2302459_09 - 21 - 29. fsa | 186 | 185.68 | 6 767 | 33 430 | 2 406 |
| | G01_HBB2302459_09 - 21 - 29. fsa | 200 | 199.83 | 32 572 | 175 760 | 2 491 |
| 2023 - 8360 | G02_HBB2302460_09 - 21 - 29. fsa | 200 | 200 | 32 607 | 179 744 | 2 470 |
| 2023 - 8361 | G03_HBB2302461_09 - 21 - 29. fsa | 200 | 200 | 32 669 | 180 875 | 2 437 |
| 2023 - 8362 | G04_HBB2302462_09 - 21 - 29. fsa | 196 | 197.28 | 32 600 | 198 391 | 2 402 |
| 2023 - 8363 | G05_HBB2302463_09 - 21 - 29. fsa | 196 | 197.42 | 32 488 | 181 449 | 2 390 |
| 2023 - 8364 | G06_HBB2302464_09 - 21 - 29. fsa | 196 | 197.44 | 28 411 | 142 446 | 2 391 |
| 2023 - 8365 | G07_HBB2302465_09 - 21 - 29. fsa | 196 | 196.59 | 16 176 | 75 810 | 2 369 |
| | G07_HBB2302465_09 - 21 - 29. fsa | 207 | 206.87 | 8 484 | 42 408 | 2 428 |
| 2023 - 8366 | G08_HBB2302466_09 - 21 - 29. fsa | 200 | 200 | 32 551 | 177 179 | 2 402 |
| 2023 - 8367 | G09_HBB2302467_09 - 21 - 29. fsa | 196 | 197.44 | 32 578 | 156 628 | 2 374 |
| 2023 - 8368 | G10_HBB2302468_09 - 21 - 29. fsa | 196 | 197.27 | 32 468 | 192 307 | 2 389 |
| | G10_HBB2302468_09 - 21 - 29. fsa | 200 | 199.66 | 8 939 | 47 370 | 2 403 |
| 2023 - 8369 | G11_HBB2302469_09 - 21 - 29. fsa | 196 | 197.31 | 32 538 | 169 895 | 2 422 |

（续）

| 资源序号 | 样本名<br>（sample file name） | 等位基因位点<br>（allele，bp） | 大小<br>（size，bp） | 高度<br>（height，RFU） | 面积<br>（area，RFU） | 数据取值点<br>（data point，RFU） |
|---|---|---|---|---|---|---|
| 2023 - 8370 | G12_HBB2302470_09 - 21 - 29. fsa | 200 | 199.67 | 16 957 | 80 936 | 2 458 |
| | G12_HBB2302470_09 - 21 - 29. fsa | 207 | 206.54 | 32 539 | 194 384 | 2 498 |
| 2023 - 8371 | H02_HBB2302472_09 - 21 - 29. fsa | 200 | 199.84 | 8 724 | 42 239 | 2 485 |
| | H02_HBB2302472_09 - 21 - 29. fsa | 215 | 215.01 | 27 723 | 126 608 | 2 574 |
| 2023 - 8372 | H03_HBB2302473_09 - 21 - 29. fsa | 200 | 199.83 | 21 271 | 94 802 | 2 456 |
| | H03_HBB2302473_09 - 21 - 29. fsa | 207 | 206.71 | 30 951 | 148 460 | 2 496 |
| 2023 - 8373 | H04_HBB2302474_09 - 21 - 29. fsa | 196 | 197.33 | 29 724 | 147 298 | 2 423 |
| 2023 - 8374 | H05_HBB2302475_09 - 21 - 29. fsa | 196 | 196.47 | 21 811 | 100 878 | 2 404 |
| | H05_HBB2302475_09 - 21 - 29. fsa | 215 | 214.94 | 31 319 | 147 761 | 2 511 |
| 2023 - 8375 | H06_HBB2302476_09 - 21 - 29. fsa | 196 | 197.46 | 32 527 | 166 996 | 2 403 |
| | H06_HBB2302476_09 - 21 - 29. fsa | 200 | 199.66 | 10 191 | 52 521 | 2 416 |
| 2023 - 8376 | H07_HBB2302477_09 - 21 - 29. fsa | 196 | 196.61 | 20 844 | 104 670 | 2 394 |
| | H07_HBB2302477_09 - 21 - 29. fsa | 215 | 215.12 | 17 552 | 88 487 | 2 501 |
| 2023 - 8377 | H08_HBB2302478_09 - 21 - 29. fsa | 196 | 197.47 | 25 315 | 126 716 | 2 405 |
| | H08_HBB2302478_09 - 21 - 29. fsa | 215 | 215.12 | 14 244 | 71 059 | 2 507 |
| 2023 - 8378 | H09_HBB2302479_09 - 21 - 29. fsa | 186 | 185.55 | 24 383 | 101 753 | 2 322 |
| | H09_HBB2302479_09 - 21 - 29. fsa | 196 | 196.43 | 13 909 | 63 039 | 2 386 |
| 2023 - 8379 | H10_HBB2302480_09 - 21 - 29. fsa | 200 | 199.66 | 9 440 | 43 171 | 2 411 |
| | H10_HBB2302480_09 - 21 - 29. fsa | 215 | 214.95 | 32 656 | 154 624 | 2 499 |

## 36 P38

| 资源序号 | 样本名<br>（sample file name） | 等位基因位点<br>（allele，bp） | 大小<br>（size，bp） | 高度<br>（height，RFU） | 面积<br>（area，RFU） | 数据取值点<br>（data point，RFU） |
|---|---|---|---|---|---|---|
| 2023 - 8200 | A01_HBB2302293_24 - 44 - 56. fsa | 262 | 262.52 | 16 713 | 79 971 | 2 868 |
| | A01_HBB2302293_24 - 44 - 56. fsa | 277 | 276.7 | 12 698 | 63 080 | 2 961 |
| 2023 - 8201 | A02_HBB2302294_24 - 44 - 56. fsa | 262 | 262.54 | 20 302 | 90 910 | 2 848 |
| | A02_HBB2302294_24 - 44 - 56. fsa | 277 | 276.9 | 14 365 | 69 272 | 2 941 |

（续）

| 资源序号 | 样本名<br>（sample file name） | 等位基因位点<br>（allele，bp） | 大小<br>（size，<br>bp） | 高度<br>（height，<br>RFU） | 面积<br>（area，<br>RFU） | 数据取值点<br>（data point，<br>RFU） |
|---|---|---|---|---|---|---|
| 2023－8202 | A03_HBB2302295_24－44－56. fsa | 262 | 262.4 | 32 444 | 146 701 | 2 806 |
| 2023－8203 | A04_HBB2302296_24－44－56. fsa | 262 | 262.45 | 11 345 | 55 869 | 2 799 |
|  | A04_HBB2302296_24－44－56. fsa | 277 | 276.77 | 7 809 | 38 477 | 2 890 |
| 2023－8204 | A05_HBB2302297_24－44－56. fsa | 262 | 262.41 | 17 864 | 87 045 | 2 785 |
|  | A05_HBB2302297_24－44－56. fsa | 277 | 276.7 | 12 749 | 63 318 | 2 875 |
| 2023－8205 | A06_HBB2302298_24－44－56. fsa | 262 | 262.25 | 32 676 | 182 972 | 2 777 |
| 2023－8206 | A07_HBB2302299_24－44－56. fsa | 277 | 276.68 | 31 565 | 164 696 | 2 860 |
| 2023－8207 | A08_HBB2302300_24－44－56. fsa | 262 | 262.28 | 16 735 | 89 043 | 2 803 |
|  | A08_HBB2302300_24－44－56. fsa | 277 | 276.75 | 11 509 | 59 845 | 2 895 |
| 2023－8208 | A09_HBB2302301_24－44－56. fsa | 277 | 276.78 | 19 820 | 100 462 | 2 885 |
| 2023－8209 | A10_HBB2302302_24－44－56. fsa | 262 | 262.42 | 19 941 | 111 060 | 2 812 |
|  | A10_HBB2302302_24－44－56. fsa | 277 | 276.69 | 13 329 | 73 986 | 2 903 |
| 2023－8210 | A11_HBB2302303_24－44－56. fsa | 248 | 248.01 | 431 | 2 740 | 2 760 |
|  | A11_HBB2302303_24－44－56. fsa | 262 | 262.54 | 343 | 2 300 | 2 853 |
| 2023－8211 | B01_HBB2302305_24－44－56. fsa | 277 | 276.74 | 26 831 | 131 421 | 2 922 |
| 2023－8212 | B02_HBB2302306_24－44－56. fsa | 262 | 262.41 | 32 691 | 196 905 | 2 841 |
| 2023－8213 | B03_HBB2302307_24－44－56. fsa | 262 | 262.32 | 32 708 | 174 366 | 2 796 |
| 2023－8214 | B04_HBB2302308_24－44－56. fsa | 262 | 262.37 | 21 071 | 99 600 | 2 793 |
|  | B04_HBB2302308_24－44－56. fsa | 277 | 276.62 | 16 130 | 79 760 | 2 883 |
| 2023－8215 | B05_HBB2302309_24－44－56. fsa | 277 | 276.8 | 26 881 | 133 174 | 2 872 |
| 2023－8216 | B06_HBB2302310_24－44－56. fsa | 262 | 262.38 | 30 493 | 141 116 | 2 757 |
| 2023－8217 | B07_HBB2302311_24－44－56. fsa | 262 | 262.17 | 32 711 | 206 198 | 2 765 |
| 2023－8218 | B08_HBB2302312_24－44－56. fsa | 277 | 276.69 | 20 432 | 103 947 | 2 857 |
| 2023－8219 | B09_HBB2302313_24－44－56. fsa | 262 | 262.39 | 32 742 | 184 023 | 2 763 |
| 2023－8220 | B10_HBB2302314_24－44－56. fsa | 277 | 276.63 | 27 155 | 139 023 | 2 862 |
| 2023－8221 | B11_HBB2302315_24－44－56. fsa | 262 | 262.3 | 13 731 | 71 840 | 2 827 |
|  | B11_HBB2302315_24－44－56. fsa | 277 | 276.75 | 10 648 | 57 667 | 2 920 |
| 2023－8222 | B12_HBB2302316_24－44－56. fsa | 262 | 262.51 | 20 388 | 105 831 | 2 854 |
|  | B12_HBB2302316_24－44－56. fsa | 277 | 276.83 | 13 745 | 72 106 | 2 947 |

（续）

| 资源序号 | 样本名<br>（sample file name） | 等位基因位点<br>（allele，bp） | 大小<br>（size，bp） | 高度<br>（height，RFU） | 面积<br>（area，RFU） | 数据取值点<br>（data point，RFU） |
|---|---|---|---|---|---|---|
| 2023－8223 | C01_HBB2302317_24－44－56. fsa | 262 | 262.54 | 10 507 | 50 215 | 2 848 |
| | C01_HBB2302317_24－44－56. fsa | 277 | 276.9 | 7 531 | 37 768 | 2 941 |
| 2023－8224 | C02_HBB2302318_24－44－56. fsa | 262 | 262.49 | 14 510 | 63 565 | 2 821 |
| | C02_HBB2302318_24－44－56. fsa | 277 | 276.67 | 14 667 | 69 326 | 2 912 |
| 2023－8226 | C03_HBB2302319_24－44－56. fsa | 262 | 262.33 | 15 967 | 78 843 | 2 802 |
| | C03_HBB2302319_24－44－56. fsa | 277 | 276.69 | 11 856 | 58 482 | 2 893 |
| 2023－8227 | C04_HBB2302320_24－44－56. fsa | 262 | 262.29 | 6 262 | 29 228 | 2 782 |
| | C04_HBB2302320_24－44－56. fsa | 277 | 276.63 | 11 817 | 55 191 | 2 872 |
| 2023－8228 | C05_HBB2302321_24－44－56. fsa | 277 | 276.56 | 23 560 | 111 489 | 2 845 |
| 2023－8229 | C06_HBB2302322_24－44－56. fsa | 262 | 262.33 | 433 | 2 736 | 2 773 |
| | C06_HBB2302322_24－44－56. fsa | 277 | 276.71 | 196 | 1 074 | 2 863 |
| 2023－8230 | C07_HBB2302323_24－44－56. fsa | 262 | 262.28 | 28 927 | 134 501 | 2 748 |
| 2023－8231 | C09_HBB2302325_24－44－56. fsa | 262 | 262.17 | 26 789 | 127 749 | 2 779 |
| 2023－8232 | C10_HBB2302326_24－44－56. fsa | 277 | 276.72 | 19 992 | 98 746 | 2 854 |
| 2023－8233 | C11_HBB2302327_24－44－56. fsa | 262 | 262.26 | 13 376 | 68 037 | 2 817 |
| | C11_HBB2302327_24－44－56. fsa | 277 | 276.69 | 9 695 | 52 661 | 2 909 |
| 2023－8234 | C12_HBB2302328_24－44－56. fsa | 262 | 262.43 | 31 848 | 163 649 | 2 841 |
| 2023－8235 | D01_HBB2302329_24－44－56. fsa | 262 | 262.49 | 15 887 | 75 901 | 2 859 |
| | D01_HBB2302329_24－44－56. fsa | 277 | 276.8 | 12 145 | 60 462 | 2 952 |
| 2023－8236 | D02_HBB2302330_24－44－56. fsa | 262 | 262.37 | 24 326 | 115 030 | 2 822 |
| 2023－8237 | D03_HBB2302331_24－44－56. fsa | 262 | 262.29 | 32 660 | 151 612 | 2 774 |
| 2023－8238 | D04_HBB2302332_24－44－56. fsa | 262 | 262.34 | 2 841 | 13 666 | 2 768 |
| 2023－8239 | D05_HBB2302333_24－44－56. fsa | 277 | 276.64 | 26 941 | 120 877 | 2 838 |
| 2023－8240 | D06_HBB2302334_24－44－56. fsa | 262 | 262.12 | 27 337 | 126 510 | 2 755 |
| 2023－8241 | D07_HBB2302335_24－44－56. fsa | 262 | 262.33 | 569 | 3 021 | 2 777 |
| | D07_HBB2302335_24－44－56. fsa | 277 | 276.71 | 732 | 3 730 | 2 867 |
| 2023－8242 | D08_HBB2302336_24－44－56. fsa | 262 | 262.2 | 25 034 | 113 884 | 2 731 |
| 2023－8243 | D09_HBB2302337_24－44－56. fsa | 262 | 262.24 | 21 338 | 100 216 | 2 759 |
| 2023－8244 | D10_HBB2302338_24－44－56. fsa | 262 | 262.29 | 29 907 | 144 361 | 2 752 |
| 2023－8245 | D11_HBB2302339_24－44－56. fsa | 262 | 262.14 | 19 080 | 98 001 | 2 801 |

（续）

| 资源序号 | 样本名<br>（sample file name） | 等位基因位点<br>（allele，bp） | 大小<br>（size，bp） | 高度<br>（height，RFU） | 面积<br>（area，RFU） | 数据取值点<br>（data point，RFU） |
|---|---|---|---|---|---|---|
| 2023 - 8246 | D12_HBB2302340_24 - 44 - 56. fsa | 277 | 276.82 | 26 107 | 135 837 | 2 930 |
| 2023 - 8247 | E01_HBB2302341_24 - 44 - 56. fsa | 277 | 276.88 | 19 288 | 93 280 | 2 965 |
| 2023 - 8248 | E02_HBB2302342_24 - 44 - 56. fsa | 262 | 262.33 | 23 448 | 116 515 | 2 835 |
| 2023 - 8249 | E03_HBB2302343_24 - 44 - 56. fsa | 262 | 262.37 | 16 760 | 81 797 | 2 801 |
| 2023 - 8250 | E04_HBB2302344_24 - 44 - 56. fsa | 262 | 262.24 | 17 572 | 80 601 | 2 797 |
| | E04_HBB2302344_24 - 44 - 56. fsa | 277 | 276.69 | 11 578 | 54 819 | 2 888 |
| 2023 - 8251 | E06_HBB2302346_24 - 44 - 56. fsa | 277 | 276.66 | 17 336 | 80 416 | 2 835 |
| 2023 - 8252 | E07_HBB2302347_24 - 44 - 56. fsa | 262 | 262.12 | 16 845 | 80 114 | 2 742 |
| 2023 - 8253 | E08_HBB2302348_24 - 44 - 56. fsa | 262 | 262.25 | 14 794 | 70 003 | 2 763 |
| | E08_HBB2302348_24 - 44 - 56. fsa | 277 | 276.56 | 9 579 | 45 603 | 2 852 |
| 2023 - 8254 | E09_HBB2302349_24 - 44 - 56. fsa | 262 | 262.21 | 18 670 | 85 133 | 2 766 |
| 2023 - 8255 | E10_HBB2302350_24 - 44 - 56. fsa | 277 | 276.73 | 18 379 | 85 909 | 2 846 |
| 2023 - 8256 | E11_HBB2302351_24 - 44 - 56. fsa | 262 | 262.19 | 30 263 | 145 703 | 2 794 |
| 2023 - 8257 | E12_HBB2302352_24 - 44 - 56. fsa | 262 | 262.51 | 26 281 | 130 238 | 2 848 |
| 2023 - 8258 | F01_HBB2302353_24 - 44 - 56. fsa | 278 | 278.07 | 107 | 784 | 2 960 |
| | F01_HBB2302353_24 - 44 - 56. fsa | 284 | 283.94 | 72 | 575 | 2 998 |
| 2023 - 8259 | F02_HBB2302354_24 - 44 - 56. fsa | 262 | 262.62 | 313 | 2 224 | 2 835 |
| | F02_HBB2302354_24 - 44 - 56. fsa | 277 | 276.75 | 515 | 2 664 | 2 926 |
| 2023 - 8260 | F03_HBB2302355_24 - 44 - 56. fsa | 260 | 259.75 | 190 | 1 564 | 2 793 |
| | F03_HBB2302355_24 - 44 - 56. fsa | 277 | 276.68 | 414 | 2 044 | 2 901 |
| 2023 - 8261 | F04_HBB2302356_24 - 44 - 56. fsa | 262 | 262.33 | 24 027 | 108 979 | 2 808 |
| 2023 - 8262 | F05_HBB2302357_24 - 44 - 56. fsa | 262 | 262.33 | 27 099 | 122 917 | 2 773 |
| 2023 - 8263 | F06_HBB2302358_24 - 44 - 56. fsa | 262 | 262.41 | 31 699 | 145 552 | 2 754 |
| 2023 - 8264 | F07_HBB2302359_24 - 44 - 56. fsa | 262 | 262.25 | 21 596 | 101 281 | 2 754 |
| 2023 - 8265 | F08_HBB2302360_24 - 44 - 56. fsa | 262 | 262.12 | 32 683 | 164 402 | 2 742 |
| 2023 - 8266 | F09_HBB2302361_24 - 44 - 56. fsa | 262 | 263.01 | 218 | 2 209 | 2 766 |
| | F09_HBB2302361_24 - 44 - 56. fsa | 277 | 276.47 | 287 | 1 841 | 2 850 |
| 2023 - 8267 | F10_HBB2302362_24 - 44 - 56. fsa | 277 | 276.63 | 24 907 | 115 203 | 2 850 |
| 2023 - 8268 | F11_HBB2302363_24 - 44 - 56. fsa | 262 | 262.38 | 29 570 | 143 094 | 2 820 |

（续）

| 资源序号 | 样本名<br>（sample file name） | 等位基因位点<br>（allele，bp） | 大小<br>（size，bp） | 高度<br>（height，RFU） | 面积<br>（area，RFU） | 数据取值点<br>（data point，RFU） |
|---|---|---|---|---|---|---|
| 2023 - 8269 | F12_HBB2302364_24 - 44 - 56. fsa | 262 | 262.46 | 14 760 | 69 590 | 2 823 |
|  | F12_HBB2302364_24 - 44 - 56. fsa | 277 | 276.75 | 9 208 | 43 248 | 2 915 |
| 2023 - 8270 | G01_HBB2302365_24 - 44 - 56. fsa | 277 | 276.9 | 32 498 | 159 921 | 2 960 |
| 2023 - 8271 | G03_HBB2302367_24 - 44 - 56. fsa | 262 | 262.53 | 13 025 | 61 360 | 2 816 |
|  | G03_HBB2302367_24 - 44 - 56. fsa | 277 | 276.76 | 8 694 | 40 088 | 2 907 |
| 2023 - 8272 | G04_HBB2302368_24 - 44 - 56. fsa | 262 | 262.33 | 32 699 | 161 889 | 2 792 |
| 2023 - 8273 | G05_HBB2302369_24 - 44 - 56. fsa | 262 | 262.46 | 32 257 | 148 135 | 2 778 |
| 2023 - 8274 | G06_HBB2302370_24 - 44 - 56. fsa | 262 | 262.29 | 24 303 | 105 756 | 2 778 |
| 2023 - 8275 | G07_HBB2302371_24 - 44 - 56. fsa | 262 | 262.33 | 11 520 | 52 470 | 2 760 |
|  | G07_HBB2302371_24 - 44 - 56. fsa | 277 | 276.71 | 8 341 | 38 417 | 2 850 |
| 2023 - 8276 | G08_HBB2302372_24 - 44 - 56. fsa | 262 | 262.29 | 32 688 | 156 116 | 2 774 |
| 2023 - 8277 | G09_HBB2302373_24 - 44 - 56. fsa | 262 | 262.21 | 12 122 | 56 657 | 2 759 |
|  | G09_HBB2302373_24 - 44 - 56. fsa | 277 | 276.63 | 8 535 | 40 171 | 2 849 |
| 2023 - 8278 | G10_HBB2302374_24 - 44 - 56. fsa | 262 | 262.42 | 18 202 | 84 278 | 2 778 |
| 2023 - 8279 | G11_HBB2302375_24 - 44 - 56. fsa | 262 | 262.5 | 17 078 | 79 713 | 2 815 |
|  | G11_HBB2302375_24 - 44 - 56. fsa | 277 | 276.83 | 11 836 | 56 116 | 2 907 |
| 2023 - 8280 | G12_HBB2302376_24 - 44 - 56. fsa | 277 | 276.81 | 30 948 | 149 786 | 2 933 |
| 2023 - 8281 | H01_HBB2302377_24 - 44 - 56. fsa | 277 | 276.85 | 32 687 | 174 000 | 2 997 |
| 2023 - 8282 | H02_HBB2302378_24 - 44 - 56. fsa | 262 | 262.7 | 30 447 | 146 343 | 2 871 |
| 2023 - 8283 | H03_HBB2302379_24 - 44 - 56. fsa | 262 | 262.58 | 13 558 | 62 926 | 2 837 |
|  | H03_HBB2302379_24 - 44 - 56. fsa | 277 | 276.82 | 9 417 | 44 645 | 2 929 |
| 2023 - 8284 | H04_HBB2302380_24 - 44 - 56. fsa | 262 | 262.53 | 1 635 | 8 020 | 2 814 |
| 2023 - 8285 | H05_HBB2302381_24 - 44 - 56. fsa | 262 | 262.46 | 14 319 | 63 150 | 2 799 |
|  | H05_HBB2302381_24 - 44 - 56. fsa | 277 | 276.78 | 9 884 | 43 550 | 2 890 |
| 2023 - 8286 | H06_HBB2302382_24 - 44 - 56. fsa | 277 | 276.69 | 26 037 | 110 178 | 2 882 |
| 2023 - 8287 | H07_HBB2302383_24 - 44 - 56. fsa | 262 | 262.49 | 13 994 | 63 884 | 2 788 |
|  | H07_HBB2302383_24 - 44 - 56. fsa | 277 | 276.69 | 9 619 | 41 920 | 2 878 |
| 2023 - 8288 | H08_HBB2302384_24 - 44 - 56. fsa | 262 | 262.5 | 19 165 | 88 810 | 2 793 |
| 2023 - 8289 | H09_HBB2302385_24 - 44 - 56. fsa | 277 | 276.7 | 18 650 | 84 325 | 2 868 |
| 2023 - 8290 | A01_HBB2302387_09 - 21 - 29. fsa | 277 | 276.79 | 32 488 | 186 663 | 2 956 |

（续）

| 资源序号 | 样本名<br>（sample file name） | 等位基因位点<br>（allele，bp） | 大小<br>（size，bp） | 高度<br>（height，RFU） | 面积<br>（area，RFU） | 数据取值点<br>（data point，RFU） |
|---|---|---|---|---|---|---|
| 2023 - 8291 | A02_HBB2302388_09 - 21 - 29. fsa | 262 | 262.42 | 32 103 | 182 293 | 2 843 |
| | A02_HBB2302388_09 - 21 - 29. fsa | 277 | 276.51 | 32 111 | 269 504 | 2 934 |
| 2023 - 8292 | A03_HBB2302389_09 - 21 - 29. fsa | 277 | 276.69 | 9 273 | 44 449 | 2 890 |
| 2023 - 8293 | A04_HBB2302390_09 - 21 - 29. fsa | 277 | 276.69 | 23 603 | 118 729 | 2 883 |
| 2023 - 8294 | A05_HBB2302391_09 - 21 - 29. fsa | 230 | 230.12 | 3 687 | 20 390 | 2 583 |
| | A05_HBB2302391_09 - 21 - 29. fsa | 277 | 276.64 | 32 312 | 204 800 | 2 866 |
| 2023 - 8295 | A06_HBB2302392_09 - 21 - 29. fsa | 262 | 262.33 | 8 269 | 42 965 | 2 769 |
| | A06_HBB2302392_09 - 21 - 29. fsa | 277 | 276.71 | 32 518 | 193 500 | 2 859 |
| 2023 - 8296 | A07_HBB2302393_09 - 21 - 29. fsa | 262 | 262.2 | 18 379 | 101 700 | 2 762 |
| | A07_HBB2302393_09 - 21 - 29. fsa | 277 | 276.62 | 31 557 | 172 239 | 2 852 |
| 2023 - 8297 | A08_HBB2302394_09 - 21 - 29. fsa | 277 | 276.62 | 32 515 | 214 020 | 2 886 |
| 2023 - 8298 | A09_HBB2302395_09 - 21 - 29. fsa | 262 | 262.25 | 31 405 | 158 420 | 2 788 |
| | A09_HBB2302395_09 - 21 - 29. fsa | 275 | 274.8 | 6 720 | 34 233 | 2 867 |
| 2023 - 8299 | A10_HBB2302396_09 - 21 - 29. fsa | 277 | 276.54 | 32 493 | 257 931 | 2 895 |
| 2023 - 8300 | A11_HBB2302397_09 - 21 - 29. fsa | 262 | 262.23 | 32 556 | 267 913 | 2 846 |
| | A11_HBB2302397_09 - 21 - 29. fsa | 277 | 276.74 | 8 594 | 41 514 | 2 940 |
| 2023 - 8301 | A12_HBB2302398_09 - 21 - 29. fsa | 262 | 262.55 | 7 360 | 45 765 | 2 877 |
| 2023 - 8302 | B01_HBB2302399_09 - 21 - 29. fsa | 277 | 276.58 | 32 572 | 218 455 | 2 917 |
| 2023 - 8303 | B02_HBB2302400_09 - 21 - 29. fsa | 262 | 262.45 | 19 525 | 93 007 | 2 836 |
| | B02_HBB2302400_09 - 21 - 29. fsa | 277 | 276.74 | 8 959 | 47 878 | 2 928 |
| 2023 - 8304 | B03_HBB2302401_09 - 21 - 29. fsa | 262 | 262.23 | 25 274 | 129 404 | 2 787 |
| 2023 - 8305 | B04_HBB2302402_09 - 21 - 29. fsa | 262 | 262.3 | 14 565 | 69 239 | 2 784 |
| | B04_HBB2302402_09 - 21 - 29. fsa | 277 | 276.48 | 32 451 | 211 229 | 2 873 |
| 2023 - 8306 | B05_HBB2302403_09 - 21 - 29. fsa | 262 | 262.38 | 27 860 | 136 451 | 2 773 |
| | B05_HBB2302403_09 - 21 - 29. fsa | 277 | 276.64 | 21 156 | 105 868 | 2 862 |
| 2023 - 8307 | B06_HBB2302404_09 - 21 - 29. fsa | 262 | 262.24 | 6 523 | 35 011 | 2 749 |
| | B06_HBB2302404_09 - 21 - 29. fsa | 277 | 276.87 | 1 348 | 7 660 | 2 840 |
| 2023 - 8308 | B07_HBB2302405_09 - 21 - 29. fsa | 262 | 262.24 | 17 212 | 91 777 | 2 757 |
| 2023 - 8309 | B08_HBB2302406_09 - 21 - 29. fsa | 277 | 276.72 | 7 817 | 43 023 | 2 849 |
| 2023 - 8310 | B09_HBB2302407_09 - 21 - 29. fsa | 262 | 262.42 | 31 310 | 175 205 | 2 756 |

（续）

| 资源序号 | 样本名<br>（sample file name） | 等位基因位点<br>（allele，bp） | 大小<br>（size，bp） | 高度<br>（height，RFU） | 面积<br>（area，RFU） | 数据取值点<br>（data point，RFU） |
|---|---|---|---|---|---|---|
| 2023 - 8311 | B11_HBB2302409_09 - 21 - 29.fsa | 262 | 262.23 | 27 119 | 149 392 | 2 822 |
| | B11_HBB2302409_09 - 21 - 29.fsa | 277 | 276.61 | 15 604 | 88 083 | 2 914 |
| 2023 - 8312 | B12_HBB2302410_09 - 21 - 29.fsa | 262 | 262.23 | 32 631 | 217 605 | 2 848 |
| | B12_HBB2302410_09 - 21 - 29.fsa | 277 | 276.75 | 5 006 | 19 870 | 2 942 |
| 2023 - 8313 | C01_HBB2302411_09 - 21 - 29.fsa | 262 | 262.3 | 32 619 | 209 105 | 2 841 |
| 2023 - 8314 | C02_HBB2302412_09 - 21 - 29.fsa | 262 | 262.42 | 32 614 | 174 249 | 2 815 |
| 2023 - 8315 | C03_HBB2302413_09 - 21 - 29.fsa | 262 | 262.4 | 9 055 | 50 717 | 2 795 |
| 2023 - 8316 | C04_HBB2302414_09 - 21 - 29.fsa | 262 | 262.17 | 32 675 | 195 975 | 2 773 |
| 2023 - 8317 | C05_HBB2302415_09 - 21 - 29.fsa | 262 | 262.16 | 7 052 | 33 092 | 2 746 |
| | C05_HBB2302415_09 - 21 - 29.fsa | 277 | 276.56 | 30 858 | 146 292 | 2 835 |
| 2023 - 8318 | C06_HBB2302416_09 - 21 - 29.fsa | 262 | 262.08 | 32 597 | 203 389 | 2 763 |
| | C06_HBB2302416_09 - 21 - 29.fsa | 277 | 276.71 | 11 049 | 57 258 | 2 854 |
| 2023 - 8319 | C07_HBB2302417_09 - 21 - 29.fsa | 262 | 262.21 | 11 377 | 56 910 | 2 740 |
| | C07_HBB2302417_09 - 21 - 29.fsa | 277 | 276.66 | 8 833 | 44 751 | 2 829 |
| 2023 - 8320 | C08_HBB2302418_09 - 21 - 29.fsa | 262 | 262.03 | 32 642 | 204 364 | 2 736 |
| 2023 - 8321 | C09_HBB2302419_09 - 21 - 29.fsa | 262 | 262.21 | 7 356 | 36 802 | 2 771 |
| | C09_HBB2302419_09 - 21 - 29.fsa | 277 | 276.63 | 32 607 | 194 716 | 2 861 |
| 2023 - 8322 | C10_HBB2302420_09 - 21 - 29.fsa | 277 | 276.73 | 19 471 | 100 110 | 2 847 |
| 2023 - 8323 | C11_HBB2302421_09 - 21 - 29.fsa | 277 | 276.62 | 32 656 | 181 561 | 2 903 |
| 2023 - 8324 | C12_HBB2302422_09 - 21 - 29.fsa | 262 | 262.31 | 11 260 | 64 617 | 2 835 |
| 2023 - 8325 | D01_HBB2302423_09 - 21 - 29.fsa | 277 | 276.81 | 3 571 | 20 005 | 2 945 |
| 2023 - 8326 | D02_HBB2302424_09 - 21 - 29.fsa | 262 | 262.28 | 20 656 | 98 412 | 2 815 |
| 2023 - 8327 | D03_HBB2302425_09 - 21 - 29.fsa | 277 | 276.62 | 2 537 | 12 506 | 2 856 |
| 2023 - 8328 | D04_HBB2302426_09 - 21 - 29.fsa | 262 | 262.08 | 32 669 | 186 903 | 2 760 |
| 2023 - 8329 | D05_HBB2302427_09 - 21 - 29.fsa | 262 | 262.2 | 26 173 | 123 498 | 2 740 |
| | D05_HBB2302427_09 - 21 - 29.fsa | 277 | 276.65 | 17 674 | 88 868 | 2 829 |
| 2023 - 8330 | D06_HBB2302428_09 - 21 - 29.fsa | 277 | 276.65 | 30 487 | 152 984 | 2 836 |
| 2023 - 8331 | D08_HBB2302430_09 - 21 - 29.fsa | 277 | 276.58 | 24 819 | 128 558 | 2 812 |
| 2023 - 8332 | D09_HBB2302431_09 - 21 - 29.fsa | 262 | 262.11 | 4 004 | 25 318 | 2 752 |

（续）

| 资源序号 | 样本名<br>（sample file name） | 等位基因位点<br>（allele，bp） | 大小<br>（size，bp） | 高度<br>（height，RFU） | 面积<br>（area，RFU） | 数据取值点<br>（data point，RFU） |
|---|---|---|---|---|---|---|
| 2023 - 8333 | D10_HBB2302432_09 - 21 - 29. fsa | 262 | 262.16 | 24 608 | 126 415 | 2 745 |
| | D10_HBB2302432_09 - 21 - 29. fsa | 277 | 276.89 | 2 796 | 13 425 | 2 836 |
| 2023 - 8334 | D11_HBB2302433_09 - 21 - 29. fsa | 262 | 262.19 | 32 648 | 198 543 | 2 796 |
| 2023 - 8335 | D12_HBB2302434_09 - 21 - 29. fsa | 262 | 262.3 | 27 755 | 147 473 | 2 833 |
| 2023 - 8336 | E01_HBB2302435_09 - 21 - 29. fsa | 262 | 262.57 | 13 958 | 71 659 | 2 861 |
| | E01_HBB2302435_09 - 21 - 29. fsa | 277 | 276.81 | 2 305 | 11 901 | 2 953 |
| 2023 - 8337 | E02_HBB2302436_09 - 21 - 29. fsa | 262 | 262.26 | 8 573 | 46 313 | 2 828 |
| 2023 - 8338 | E03_HBB2302437_09 - 21 - 29. fsa | 262 | 262.39 | 9 565 | 46 731 | 2 794 |
| | E03_HBB2302437_09 - 21 - 29. fsa | 277 | 276.68 | 5 334 | 26 762 | 2 884 |
| 2023 - 8339 | E04_HBB2302438_09 - 21 - 29. fsa | 262 | 262.13 | 32 646 | 224 287 | 2 790 |
| 2023 - 8340 | E05_HBB2302439_09 - 21 - 29. fsa | 262 | 262.08 | 32 665 | 173 691 | 2 771 |
| 2023 - 8341 | E06_HBB2302440_09 - 21 - 29. fsa | 262 | 262.05 | 32 568 | 178 228 | 2 737 |
| 2023 - 8342 | E07_HBB2302441_09 - 21 - 29. fsa | 262 | 262.2 | 13 216 | 62 307 | 2 736 |
| | E07_HBB2302441_09 - 21 - 29. fsa | 277 | 276.65 | 6 450 | 30 493 | 2 825 |
| 2023 - 8343 | E08_HBB2302442_09 - 21 - 29. fsa | 262 | 262 | 22 233 | 130 722 | 2 757 |
| 2023 - 8344 | E09_HBB2302443_09 - 21 - 29. fsa | 262 | 262.24 | 15 759 | 73 443 | 2 760 |
| | E09_HBB2302443_09 - 21 - 29. fsa | 277 | 276.56 | 3 780 | 20 044 | 2 849 |
| 2023 - 8345 | E10_HBB2302444_09 - 21 - 29. fsa | 262 | 262.13 | 32 689 | 203 528 | 2 749 |
| 2023 - 8346 | E11_HBB2302445_09 - 21 - 29. fsa | 262 | 262.22 | 32 609 | 203 993 | 2 789 |
| 2023 - 8347 | E12_HBB2302446_09 - 21 - 29. fsa | 230 | 230.09 | 2 998 | 16 146 | 2 644 |
| | E12_HBB2302446_09 - 21 - 29. fsa | 262 | 262.4 | 13 556 | 71 400 | 2 843 |
| 2023 - 8348 | F01_HBB2302447_09 - 21 - 29. fsa | 262 | 262.45 | 5 993 | 32 281 | 2 859 |
| 2023 - 8349 | F02_HBB2302448_09 - 21 - 29. fsa | 262 | 262.38 | 21 466 | 106 157 | 2 825 |
| 2023 - 8350 | F03_HBB2302449_09 - 21 - 29. fsa | 277 | 277.18 | 10 367 | 52 192 | 2 894 |
| 2023 - 8351 | F05_HBB2302451_09 - 21 - 29. fsa | 277 | 276.46 | 32 543 | 199 867 | 2 855 |
| 2023 - 8352 | F06_HBB2302452_09 - 21 - 29. fsa | 277 | 276.24 | 32 244 | 328 194 | 2 833 |
| 2023 - 8353 | F07_HBB2302453_09 - 21 - 29. fsa | 277 | 276.63 | 32 409 | 168 252 | 2 837 |
| 2023 - 8354 | F08_HBB2302454_09 - 21 - 29. fsa | 277 | 276.66 | 19 767 | 89 410 | 2 825 |
| 2023 - 8355 | F09_HBB2302455_09 - 21 - 29. fsa | 262 | 262.1 | 12 310 | 60 493 | 2 755 |
| | F09_HBB2302455_09 - 21 - 29. fsa | 277 | 276.62 | 32 406 | 172 658 | 2 845 |

（续）

| 资源序号 | 样本名<br>（sample file name） | 等位基因位点<br>（allele，bp） | 大小<br>（size，bp） | 高度<br>（height，RFU） | 面积<br>（area，RFU） | 数据取值点<br>（data point，RFU） |
|---|---|---|---|---|---|---|
| 2023－8356 | F10_HBB2302456_09－21－29.fsa | 262 | 262.23 | 31 650 | 155 214 | 2 754 |
| | F10_HBB2302456_09－21－29.fsa | 277 | 276.54 | 16 444 | 82 591 | 2 843 |
| 2023－8357 | F11_HBB2302457_09－21－29.fsa | 262 | 262.1 | 32 508 | 195 841 | 2 814 |
| | F11_HBB2302457_09－21－29.fsa | 277 | 276.69 | 27 830 | 134 942 | 2 907 |
| 2023－8358 | F12_HBB2302458_09－21－29.fsa | 262 | 262.34 | 20 233 | 101 754 | 2 819 |
| | F12_HBB2302458_09－21－29.fsa | 277 | 276.68 | 8 930 | 42 946 | 2 911 |
| 2023－8359 | G01_HBB2302459_09－21－29.fsa | 262 | 262.69 | 26 415 | 123 399 | 2 868 |
| | G01_HBB2302459_09－21－29.fsa | 277 | 276.89 | 4 641 | 22 702 | 2 960 |
| 2023－8360 | G02_HBB2302460_09－21－29.fsa | 262 | 262.4 | 28 522 | 131 241 | 2 847 |
| 2023－8361 | G03_HBB2302461_09－21－29.fsa | 262 | 262.45 | 15 775 | 78 192 | 2 810 |
| 2023－8362 | G04_HBB2302462_09－21－29.fsa | 262 | 262.25 | 31 177 | 141 043 | 2 786 |
| | G04_HBB2302462_09－21－29.fsa | 277 | 276.7 | 15 091 | 67 955 | 2 877 |
| 2023－8363 | G05_HBB2302463_09－21－29.fsa | 262 | 262.17 | 32 665 | 210 097 | 2 770 |
| 2023－8364 | G06_HBB2302464_09－21－29.fsa | 262 | 262.06 | 32 569 | 277 357 | 2 770 |
| | G06_HBB2302464_09－21－29.fsa | 277 | 276.65 | 6 206 | 29 580 | 2 861 |
| 2023－8365 | G07_HBB2302465_09－21－29.fsa | 262 | 262.19 | 32 352 | 197 048 | 2 753 |
| | G07_HBB2302465_09－21－29.fsa | 277 | 276.45 | 32 390 | 189 411 | 2 842 |
| 2023－8366 | G08_HBB2302466_09－21－29.fsa | 277 | 276.63 | 25 743 | 120 276 | 2 859 |
| 2023－8367 | G09_HBB2302467_09－21－29.fsa | 262 | 262.4 | 32 037 | 153 648 | 2 754 |
| | G09_HBB2302467_09－21－29.fsa | 277 | 276.72 | 28 040 | 128 292 | 2 843 |
| 2023－8368 | G10_HBB2302468_09－21－29.fsa | 262 | 262.33 | 23 735 | 109 107 | 2 772 |
| | G10_HBB2302468_09－21－29.fsa | 277 | 276.71 | 16 857 | 78 003 | 2 862 |
| 2023－8369 | G11_HBB2302469_09－21－29.fsa | 262 | 262.26 | 32 463 | 172 877 | 2 810 |
| | G11_HBB2302469_09－21－29.fsa | 277 | 276.69 | 32 435 | 197 897 | 2 902 |
| 2023－8370 | G12_HBB2302470_09－21－29.fsa | 277 | 276.59 | 32 549 | 228 654 | 2 927 |
| 2023－8371 | H02_HBB2302472_09－21－29.fsa | 262 | 262.27 | 32 527 | 264 446 | 2 863 |
| | H02_HBB2302472_09－21－29.fsa | 277 | 276.8 | 8 572 | 40 920 | 2 958 |
| 2023－8372 | H03_HBB2302473_09－21－29.fsa | 262 | 262.5 | 22 495 | 105 646 | 2 832 |
| | H03_HBB2302473_09－21－29.fsa | 277 | 276.84 | 3 425 | 16 169 | 2 924 |

（续）

| 资源序号 | 样本名<br>（sample file name） | 等位基因位点<br>（allele，bp） | 大小<br>（size，bp） | 高度<br>（height，RFU） | 面积<br>（area，RFU） | 数据取值点<br>（data point，RFU） |
|---|---|---|---|---|---|---|
| 2023－8373 | H04_HBB2302474_09－21－29.fsa | 262 | 262.41 | 26 265 | 118 220 | 2 811 |
| | H04_HBB2302474_09－21－29.fsa | 277 | 276.67 | 19 611 | 90 229 | 2 902 |
| 2023－8374 | H05_HBB2302475_09－21－29.fsa | 262 | 262.37 | 19 354 | 86 549 | 2 794 |
| 2023－8375 | H06_HBB2302476_09－21－29.fsa | 262 | 262.42 | 24 980 | 109 264 | 2 786 |
| | H06_HBB2302476_09－21－29.fsa | 277 | 276.71 | 17 122 | 79 240 | 2 876 |
| 2023－8376 | H07_HBB2302477_09－21－29.fsa | 262 | 262.12 | 32 585 | 215 590 | 2 781 |
| 2023－8377 | H08_HBB2302478_09－21－29.fsa | 262 | 262.37 | 22 402 | 106 700 | 2 789 |
| | H08_HBB2302478_09－21－29.fsa | 277 | 276.62 | 16 821 | 78 316 | 2 879 |
| 2023－8378 | H09_HBB2302479_09－21－29.fsa | 262 | 262.41 | 32 563 | 155 018 | 2 774 |
| | H09_HBB2302479_09－21－29.fsa | 277 | 276.69 | 16 828 | 79 655 | 2 864 |
| 2023－8379 | H10_HBB2302480_09－21－29.fsa | 262 | 262.36 | 7 611 | 38 040 | 2 782 |

## 37  P39

| 资源序号 | 样本名<br>（sample file name） | 等位基因位点<br>（allele，bp） | 大小<br>（size，bp） | 高度<br>（height，RFU） | 面积<br>（area，RFU） | 数据取值点<br>（data point，RFU） |
|---|---|---|---|---|---|---|
| 2023－8200 | A01_HBB2302293_24－12－45.fsa | 312 | 312.28 | 9 848 | 64 411 | 3 189 |
| | A01_HBB2302293_24－12－45.fsa | 319 | 319.51 | 9 643 | 62 580 | 3 233 |
| 2023－8201 | A02_HBB2302294_24－12－45.fsa | 309 | 308.88 | 15 104 | 94 401 | 3 147 |
| | A02_HBB2302294_24－12－45.fsa | 312 | 312.18 | 13 607 | 84 092 | 3 167 |
| 2023－8202 | A03_HBB2302295_24－12－45.fsa | 312 | 312.12 | 25 173 | 153 304 | 3 117 |
| 2023－8203 | A04_HBB2302296_24－12－45.fsa | 305 | 305.96 | 9 628 | 62 857 | 3 073 |
| | A04_HBB2302296_24－12－45.fsa | 312 | 312.12 | 7 049 | 46 055 | 3 110 |
| 2023－8204 | A05_HBB2302297_24－12－45.fsa | 304 | 304 | 6 648 | 46 078 | 3 046 |
| | A05_HBB2302297_24－12－45.fsa | 319 | 319.26 | 5 005 | 34 307 | 3 137 |
| 2023－8205 | A06_HBB2302298_24－12－45.fsa | 312 | 312.14 | 20 701 | 143 752 | 3 087 |
| 2023－8206 | A07_HBB2302299_24－12－45.fsa | 305 | 306.03 | 15 702 | 113 479 | 3 043 |
| 2023－8207 | A08_HBB2302300_24－12－45.fsa | 312 | 312.12 | 17 992 | 129 792 | 3 114 |

（续）

| 资源序号 | 样本名<br>（sample file name） | 等位基因位点<br>（allele，bp） | 大小<br>（size，bp） | 高度<br>（height，RFU） | 面积<br>（area，RFU） | 数据取值点<br>（data point，RFU） |
|---|---|---|---|---|---|---|
| 2023－8208 | A09_HBB2302301_24－12－45.fsa | 304 | 303.99 | 8 431 | 62 400 | 3 056 |
| | A09_HBB2302301_24－12－45.fsa | 309 | 309 | 7 858 | 54 783 | 3 086 |
| 2023－8209 | A10_HBB2302302_24－12－45.fsa | 305 | 305.93 | 5 745 | 42 132 | 3 087 |
| | A10_HBB2302302_24－12－45.fsa | 312 | 312.05 | 4 185 | 30 950 | 3 124 |
| 2023－8210 | A11_HBB2302303_24－12－45.fsa | 309 | 308.96 | 4 191 | 33 116 | 3 151 |
| | A11_HBB2302303_24－12－45.fsa | 312 | 312.07 | 9 547 | 74 613 | 3 170 |
| 2023－8211 | B01_HBB2302305_24－12－45.fsa | 304 | 303.97 | 6 215 | 41 545 | 3 098 |
| | B01_HBB2302305_24－12－45.fsa | 309 | 309.1 | 5 688 | 38 196 | 3 129 |
| 2023－8212 | B02_HBB2302306_24－12－45.fsa | 309 | 309.01 | 9 681 | 64 057 | 3 140 |
| 2023－8213 | B03_HBB2302307_24－12－45.fsa | 312 | 311.96 | 14 358 | 97 086 | 3 106 |
| 2023－8214 | B04_HBB2302308_24－12－45.fsa | 312 | 312.19 | 19 906 | 126 303 | 3 102 |
| 2023－8215 | B05_HBB2302309_24－12－45.fsa | 312 | 312.15 | 6 205 | 41 468 | 3 088 |
| | B05_HBB2302309_24－12－45.fsa | 319 | 319.28 | 5 912 | 39 452 | 3 130 |
| 2023－8216 | B06_HBB2302310_24－12－45.fsa | 312 | 312.1 | 17 279 | 109 516 | 3 066 |
| 2023－8217 | B07_HBB2302311_24－12－45.fsa | 309 | 308.89 | 10 121 | 66 134 | 3 054 |
| | B07_HBB2302311_24－12－45.fsa | 312 | 312.09 | 8 811 | 59 608 | 3 073 |
| 2023－8218 | B08_HBB2302312_24－12－45.fsa | 304 | 304.02 | 6 390 | 40 334 | 3 027 |
| | B08_HBB2302312_24－12－45.fsa | 309 | 308.89 | 6 028 | 39 833 | 3 056 |
| 2023－8219 | B09_HBB2302313_24－12－45.fsa | 309 | 308.94 | 8 134 | 64 916 | 3 051 |
| | B09_HBB2302313_24－12－45.fsa | 324 | 324.4 | 2 919 | 25 475 | 3 142 |
| 2023－8220 | B10_HBB2302314_24－12－45.fsa | 304 | 304.02 | 7 479 | 48 868 | 3 032 |
| | B10_HBB2302314_24－12－45.fsa | 309 | 309.06 | 6 701 | 46 948 | 3 062 |
| 2023－8221 | B11_HBB2302315_24－12－45.fsa | 312 | 312.09 | 6 885 | 55 672 | 3 144 |
| | B11_HBB2302315_24－12－45.fsa | 324 | 324.31 | 4 642 | 37 892 | 3 218 |
| 2023－8222 | B12_HBB2302316_24－12－45.fsa | 312 | 312.12 | 21 930 | 164 311 | 3 174 |
| 2023－8223 | C01_HBB2302317_24－12－45.fsa | 304 | 304.07 | 5 462 | 34 498 | 3 117 |
| | C01_HBB2302317_24－12－45.fsa | 312 | 312.08 | 4 357 | 28 973 | 3 166 |
| 2023－8224 | C02_HBB2302318_24－12－45.fsa | 304 | 303.97 | 10 224 | 61 221 | 3 087 |
| | C02_HBB2302318_24－12－45.fsa | 312 | 312.1 | 8 512 | 53 083 | 3 136 |

（续）

| 资源序号 | 样本名<br>（sample file name） | 等位基因位点<br>（allele，bp） | 大小<br>（size，bp） | 高度<br>（height，RFU） | 面积<br>（area，RFU） | 数据取值点<br>（data point，RFU） |
|---|---|---|---|---|---|---|
| 2023 - 8226 | C03_HBB2302319_24 - 12 - 45. fsa | 309 | 308.96 | 8 196 | 53 457 | 3 095 |
| | C03_HBB2302319_24 - 12 - 45. fsa | 312 | 312.12 | 7 166 | 46 682 | 3 114 |
| 2023 - 8227 | C04_HBB2302320_24 - 12 - 45. fsa | 304 | 304.02 | 5 543 | 33 264 | 3 043 |
| | C04_HBB2302320_24 - 12 - 45. fsa | 312 | 312.09 | 3 427 | 20 925 | 3 091 |
| 2023 - 8228 | C05_HBB2302321_24 - 12 - 45. fsa | 304 | 304.04 | 10 233 | 62 125 | 3 014 |
| | C05_HBB2302321_24 - 12 - 45. fsa | 309 | 308.94 | 9 328 | 57 372 | 3 043 |
| 2023 - 8229 | C06_HBB2302322_24 - 12 - 45. fsa | 304 | 304.02 | 7 107 | 42 547 | 3 031 |
| | C06_HBB2302322_24 - 12 - 45. fsa | 312 | 312.09 | 2 956 | 18 530 | 3 079 |
| 2023 - 8230 | C07_HBB2302323_24 - 12 - 45. fsa | 312 | 312.06 | 19 055 | 120 180 | 3 054 |
| 2023 - 8231 | C09_HBB2302325_24 - 12 - 45. fsa | 312 | 312.03 | 8 577 | 57 460 | 3 089 |
| | C09_HBB2302325_24 - 12 - 45. fsa | 324 | 324.21 | 4 715 | 35 832 | 3 161 |
| 2023 - 8232 | C10_HBB2302326_24 - 12 - 45. fsa | 309 | 308.85 | 19 493 | 126 634 | 3 053 |
| 2023 - 8233 | C11_HBB2302327_24 - 12 - 45. fsa | 309 | 309.03 | 12 998 | 89 485 | 3 114 |
| | C11_HBB2302327_24 - 12 - 45. fsa | 312 | 312.16 | 11 153 | 75 440 | 3 133 |
| 2023 - 8234 | C12_HBB2302328_24 - 12 - 45. fsa | 309 | 308.85 | 14 925 | 106 764 | 3 139 |
| | C12_HBB2302328_24 - 12 - 45. fsa | 324 | 324.35 | 4 585 | 34 894 | 3 233 |
| 2023 - 8235 | D01_HBB2302329_24 - 12 - 45. fsa | 304 | 303.94 | 2 991 | 19 456 | 3 125 |
| | D01_HBB2302329_24 - 12 - 45. fsa | 312 | 312.18 | 2 503 | 16 243 | 3 175 |
| 2023 - 8236 | D02_HBB2302330_24 - 12 - 45. fsa | 305 | 304.96 | 9 529 | 58 931 | 3 093 |
| | D02_HBB2302330_24 - 12 - 45. fsa | 324 | 324.31 | 3 313 | 21 881 | 3 209 |
| 2023 - 8237 | D03_HBB2302331_24 - 12 - 45. fsa | 312 | 312.15 | 9 789 | 65 580 | 3 082 |
| 2023 - 8238 | D04_HBB2302332_24 - 12 - 45. fsa | 312 | 312.27 | 6 967 | 43 028 | 3 076 |
| 2023 - 8239 | D05_HBB2302333_24 - 12 - 45. fsa | 304 | 304.06 | 7 870 | 48 865 | 3 007 |
| | D05_HBB2302333_24 - 12 - 45. fsa | 312 | 312.06 | 5 823 | 38 028 | 3 054 |
| 2023 - 8240 | D06_HBB2302334_24 - 12 - 45. fsa | 309 | 308.9 | 6 687 | 39 729 | 3 042 |
| | D06_HBB2302334_24 - 12 - 45. fsa | 312 | 311.94 | 5 983 | 37 770 | 3 060 |
| 2023 - 8241 | D07_HBB2302335_24 - 12 - 45. fsa | 312 | 312.04 | 15 681 | 96 201 | 3 084 |
| 2023 - 8242 | D08_HBB2302336_24 - 12 - 45. fsa | 304 | 303.92 | 4 140 | 27 253 | 2 987 |
| | D08_HBB2302336_24 - 12 - 45. fsa | 312 | 312.13 | 3 608 | 24 029 | 3 035 |
| 2023 - 8243 | D09_HBB2302337_24 - 12 - 45. fsa | 312 | 312.11 | 8 365 | 57 240 | 3 066 |

（续）

| 资源序号 | 样本名<br>（sample file name） | 等位基因位点<br>（allele，bp） | 大小<br>（size，bp） | 高度<br>（height，RFU） | 面积<br>（area，RFU） | 数据取值点<br>（data point，RFU） |
|---|---|---|---|---|---|---|
| 2023－8244 | D10_HBB2302338_24－12－45.fsa | 312 | 312.05 | 9 218 | 65 799 | 3 059 |
| 2023－8245 | D11_HBB2302339_24－12－45.fsa | 305 | 305.96 | 6 741 | 47 434 | 3 079 |
| | D11_HBB2302339_24－12－45.fsa | 309 | 308.95 | 5 803 | 39 680 | 3 097 |
| 2023－8246 | D12_HBB2302340_24－12－45.fsa | 304 | 303.93 | 7 212 | 47 843 | 3 106 |
| | D12_HBB2302340_24－12－45.fsa | 312 | 312.13 | 7 712 | 50 160 | 3 156 |
| 2023－8247 | E01_HBB2302341_24－12－45.fsa | 312 | 312.19 | 8 927 | 56 616 | 3 183 |
| 2023－8248 | E02_HBB2302342_24－12－45.fsa | 312 | 312.15 | 8 305 | 55 340 | 3 150 |
| 2023－8249 | E03_HBB2302343_24－12－45.fsa | 309 | 309 | 5 508 | 34 378 | 3 093 |
| | E03_HBB2302343_24－12－45.fsa | 312 | 312.18 | 5 612 | 35 810 | 3 112 |
| 2023－8250 | E04_HBB2302344_24－12－45.fsa | 312 | 312.19 | 9 819 | 61 803 | 3 108 |
| 2023－8251 | E06_HBB2302346_24－12－45.fsa | 309 | 308.95 | 7 727 | 47 773 | 3 032 |
| | E06_HBB2302346_24－12－45.fsa | 343 | 343.45 | 2 946 | 19 671 | 3 233 |
| 2023－8252 | E07_HBB2302347_24－12－45.fsa | 304 | 304.07 | 6 486 | 39 933 | 3 001 |
| | E07_HBB2302347_24－12－45.fsa | 312 | 312.24 | 2 588 | 16 954 | 3 049 |
| 2023－8253 | E08_HBB2302348_24－12－45.fsa | 309 | 308.9 | 8 920 | 53 897 | 3 050 |
| | E08_HBB2302348_24－12－45.fsa | 312 | 312.11 | 7 397 | 44 135 | 3 069 |
| 2023－8254 | E09_HBB2302349_24－12－45.fsa | 309 | 308.99 | 7 530 | 46 419 | 3 055 |
| | E09_HBB2302349_24－12－45.fsa | 312 | 312.22 | 6 554 | 41 466 | 3 074 |
| 2023－8255 | E10_HBB2302350_24－12－45.fsa | 312 | 312.22 | 10 070 | 70 774 | 3 064 |
| 2023－8256 | E11_HBB2302351_24－12－45.fsa | 309 | 308.62 | 317 | 1 581 | 3 086 |
| 2023－8257 | E12_HBB2302352_24－12－45.fsa | 304 | 303.9 | 15 405 | 106 274 | 3 117 |
| 2023－8258 | F01_HBB2302353_24－12－45.fsa | 329 | 329.05 | 819 | 4 225 | 3 281 |
| 2023－8259 | F02_HBB2302354_24－12－45.fsa | 305 | 304.91 | 269 | 1 954 | 3 104 |
| 2023－8260 | F03_HBB2302355_24－12－45.fsa | 309 | 309.12 | 295 | 2 041 | 3 105 |
| 2023－8261 | F04_HBB2302356_24－12－45.fsa | 312 | 312.12 | 21 016 | 126 522 | 3 121 |
| 2023－8262 | F05_HBB2302357_24－12－45.fsa | 309 | 308.88 | 12 869 | 80 785 | 3 062 |
| 2023－8263 | F06_HBB2302358_24－12－45.fsa | 309 | 308.94 | 10 273 | 63 033 | 3 042 |
| | F06_HBB2302358_24－12－45.fsa | 312 | 312 | 9 065 | 54 714 | 3 060 |
| 2023－8264 | F07_HBB2302359_24－12－45.fsa | 299 | 298.72 | 13 529 | 81 935 | 2 982 |
| 2023－8265 | F08_HBB2302360_24－12－45.fsa | 312 | 312.06 | 11 529 | 70 980 | 3 048 |

（续）

| 资源序号 | 样本名<br>（sample file name） | 等位基因位点<br>（allele，bp） | 大小<br>（size，bp） | 高度<br>（height，RFU） | 面积<br>（area，RFU） | 数据取值点<br>（data point，RFU） |
|---|---|---|---|---|---|---|
| 2023 - 8266 | F09_HBB2302361_24 - 12 - 45. fsa | 309 | 308.94 | 7 986 | 47 501 | 3 049 |
| | F09_HBB2302361_24 - 12 - 45. fsa | 319 | 319.31 | 6 523 | 39 750 | 3 110 |
| 2023 - 8267 | F10_HBB2302362_24 - 12 - 45. fsa | 309 | 308.85 | 11 994 | 71 332 | 3 049 |
| | F10_HBB2302362_24 - 12 - 45. fsa | 312 | 312.04 | 11 399 | 70 526 | 3 068 |
| 2023 - 8268 | F11_HBB2302363_24 - 12 - 45. fsa | 304 | 303.95 | 10 644 | 66 907 | 3 086 |
| | F11_HBB2302363_24 - 12 - 45. fsa | 309 | 308.9 | 9 470 | 60 794 | 3 116 |
| 2023 - 8269 | F12_HBB2302364_24 - 12 - 45. fsa | 304 | 303.95 | 7 349 | 47 305 | 3 089 |
| | F12_HBB2302364_24 - 12 - 45. fsa | 312 | 312.2 | 5 409 | 34 855 | 3 139 |
| 2023 - 8270 | G01_HBB2302365_24 - 12 - 45. fsa | 324 | 324.4 | 6 615 | 46 962 | 3 263 |
| 2023 - 8271 | G03_HBB2302367_24 - 12 - 45. fsa | 309 | 308.95 | 11 296 | 70 120 | 3 110 |
| | G03_HBB2302367_24 - 12 - 45. fsa | 312 | 312.27 | 9 053 | 55 438 | 3 130 |
| 2023 - 8272 | G04_HBB2302368_24 - 12 - 45. fsa | 309 | 308.83 | 17 183 | 103 187 | 3 084 |
| 2023 - 8273 | G05_HBB2302369_24 - 12 - 45. fsa | 312 | 312.15 | 20 952 | 118 275 | 3 086 |
| 2023 - 8274 | G06_HBB2302370_24 - 12 - 45. fsa | 309 | 308.84 | 9 841 | 57 533 | 3 068 |
| | G06_HBB2302370_24 - 12 - 45. fsa | 312 | 312.03 | 8 499 | 49 492 | 3 087 |
| 2023 - 8275 | G07_HBB2302371_24 - 12 - 45. fsa | 304 | 303.85 | 8 062 | 50 801 | 3 019 |
| | G07_HBB2302371_24 - 12 - 45. fsa | 309 | 308.89 | 8 061 | 48 947 | 3 049 |
| 2023 - 8276 | G08_HBB2302372_24 - 12 - 45. fsa | 312 | 312.26 | 11 454 | 72 722 | 3 083 |
| 2023 - 8277 | G09_HBB2302373_24 - 12 - 45. fsa | 309 | 308.93 | 9 979 | 61 150 | 3 048 |
| | G09_HBB2302373_24 - 12 - 45. fsa | 312 | 311.98 | 8 240 | 52 386 | 3 066 |
| 2023 - 8278 | G10_HBB2302374_24 - 12 - 45. fsa | 304 | 304 | 7 448 | 46 571 | 3 038 |
| | G10_HBB2302374_24 - 12 - 45. fsa | 312 | 312.2 | 6 480 | 39 630 | 3 087 |
| 2023 - 8279 | G11_HBB2302375_24 - 12 - 45. fsa | 305 | 305.93 | 9 356 | 69 589 | 3 092 |
| 2023 - 8280 | G12_HBB2302376_24 - 12 - 45. fsa | 309 | 308.88 | 10 923 | 66 182 | 3 137 |
| | G12_HBB2302376_24 - 12 - 45. fsa | 312 | 312.18 | 9 795 | 57 758 | 3 157 |
| 2023 - 8281 | H01_HBB2302377_24 - 12 - 45. fsa | 309 | 309.1 | 11 613 | 71 623 | 3 202 |
| | H01_HBB2302377_24 - 12 - 45. fsa | 312 | 312.2 | 10 671 | 65 676 | 3 221 |
| 2023 - 8282 | H02_HBB2302378_24 - 12 - 45. fsa | 309 | 308.91 | 11 525 | 75 657 | 3 169 |
| 2023 - 8283 | H03_HBB2302379_24 - 12 - 45. fsa | 304 | 304.09 | 6 462 | 39 505 | 3 104 |
| | H03_HBB2302379_24 - 12 - 45. fsa | 312 | 312.31 | 5 093 | 32 652 | 3 154 |

（续）

| 资源序号 | 样本名<br>（sample file name） | 等位基因位点<br>（allele，bp） | 大小<br>（size，bp） | 高度<br>（height，RFU） | 面积<br>（area，RFU） | 数据取值点<br>（data point，RFU） |
|---|---|---|---|---|---|---|
| 2023 - 8284 | H04_HBB2302380_24 - 12 - 45. fsa | 309 | 309.03 | 7 178 | 43 724 | 3 109 |
| | H04_HBB2302380_24 - 12 - 45. fsa | 312 | 312.16 | 6 518 | 38 617 | 3 128 |
| 2023 - 8285 | H05_HBB2302381_24 - 12 - 45. fsa | 305 | 306.13 | 11 973 | 70 427 | 3 073 |
| | H05_HBB2302381_24 - 12 - 45. fsa | 309 | 308.96 | 10 445 | 60 323 | 3 090 |
| 2023 - 8286 | H06_HBB2302382_24 - 12 - 45. fsa | 312 | 312.13 | 18 986 | 108 381 | 3 101 |
| 2023 - 8287 | H07_HBB2302383_24 - 12 - 45. fsa | 304 | 303.99 | 7 108 | 41 696 | 3 049 |
| | H07_HBB2302383_24 - 12 - 45. fsa | 312 | 312.19 | 5 599 | 33 989 | 3 098 |
| 2023 - 8288 | H08_HBB2302384_24 - 12 - 45. fsa | 310 | 310.17 | 5 956 | 41 563 | 3 092 |
| | H08_HBB2302384_24 - 12 - 45. fsa | 312 | 312.18 | 5 510 | 49 424 | 3 104 |
| 2023 - 8289 | H09_HBB2302385_24 - 12 - 45. fsa | 312 | 312.25 | 19 057 | 110 328 | 3 088 |
| 2023 - 8290 | A01_HBB2302387_08 - 49 - 11. fsa | 305 | 305.04 | 9 923 | 70 955 | 3 149 |
| | A01_HBB2302387_08 - 49 - 11. fsa | 312 | 312.22 | 10 162 | 71 991 | 3 193 |
| 2023 - 8291 | A02_HBB2302388_08 - 49 - 11. fsa | 309 | 308.96 | 17 767 | 131 024 | 3 151 |
| 2023 - 8292 | A03_HBB2302389_08 - 49 - 11. fsa | 299 | 298.74 | 21 878 | 161 907 | 3 043 |
| 2023 - 8293 | A04_HBB2302390_08 - 49 - 11. fsa | 312 | 312.12 | 20 942 | 162 258 | 3 118 |
| 2023 - 8294 | A05_HBB2302391_08 - 49 - 11. fsa | 305 | 305.02 | 14 213 | 113 864 | 3 057 |
| 2023 - 8295 | A06_HBB2302392_08 - 49 - 11. fsa | 312 | 312.02 | 8 109 | 72 423 | 3 093 |
| 2023 - 8296 | A07_HBB2302393_08 - 49 - 11. fsa | 309 | 308.93 | 18 574 | 148 497 | 3 067 |
| 2023 - 8297 | A08_HBB2302394_08 - 49 - 11. fsa | 309 | 308.96 | 14 828 | 117 518 | 3 102 |
| 2023 - 8298 | A09_HBB2302395_08 - 49 - 11. fsa | 312 | 312.12 | 15 358 | 109 100 | 3 112 |
| 2023 - 8299 | A10_HBB2302396_08 - 49 - 11. fsa | 309 | 308.9 | 17 435 | 135 248 | 3 112 |
| 2023 - 8300 | A11_HBB2302397_08 - 49 - 11. fsa | 324 | 324.34 | 19 549 | 164 045 | 3 251 |
| 2023 - 8301 | A12_HBB2302398_08 - 49 - 11. fsa | 305 | 304.85 | 19 740 | 147 089 | 3 165 |
| 2023 - 8302 | B01_HBB2302399_08 - 49 - 11. fsa | 309 | 309.02 | 11 587 | 87 178 | 3 132 |
| | B01_HBB2302399_08 - 49 - 11. fsa | 312 | 312.15 | 9 130 | 68 583 | 3 151 |
| 2023 - 8303 | B02_HBB2302400_08 - 49 - 11. fsa | 301 | 301.16 | 10 938 | 80 644 | 3 095 |
| | B02_HBB2302400_08 - 49 - 11. fsa | 312 | 312.25 | 7 469 | 57 245 | 3 162 |
| 2023 - 8304 | B03_HBB2302401_08 - 49 - 11. fsa | 309 | 308.83 | 9 767 | 81 581 | 3 092 |
| | B03_HBB2302401_08 - 49 - 11. fsa | 312 | 312.18 | 8 595 | 69 483 | 3 112 |
| 2023 - 8305 | B04_HBB2302402_08 - 49 - 11. fsa | 312 | 311.96 | 12 502 | 103 168 | 3 107 |

（续）

| 资源序号 | 样本名<br>（sample file name） | 等位基因位点<br>（allele，bp） | 大小<br>（size，bp） | 高度<br>（height，RFU） | 面积<br>（area，RFU） | 数据取值点<br>（data point，RFU） |
|---|---|---|---|---|---|---|
| 2023 - 8306 | B05_HBB2302403_08 - 49 - 11. fsa | 309 | 309.01 | 8 226 | 62 102 | 3 076 |
|  | B05_HBB2302403_08 - 49 - 11. fsa | 312 | 312.2 | 6 877 | 52 221 | 3 095 |
| 2023 - 8307 | B06_HBB2302404_08 - 49 - 11. fsa | 312 | 312.1 | 10 718 | 85 535 | 3 068 |
| 2023 - 8308 | B07_HBB2302405_08 - 49 - 11. fsa | 312 | 312.09 | 13 559 | 102 834 | 3 081 |
| 2023 - 8309 | B08_HBB2302406_08 - 49 - 11. fsa | 312 | 312.09 | 10 999 | 87 321 | 3 082 |
|  | B08_HBB2302406_08 - 49 - 11. fsa | 324 | 324.33 | 4 945 | 43 402 | 3 154 |
| 2023 - 8310 | B09_HBB2302407_08 - 49 - 11. fsa | 312 | 312.21 | 15 997 | 128 303 | 3 079 |
| 2023 - 8311 | B11_HBB2302409_08 - 49 - 11. fsa | 312 | 311.98 | 17 511 | 141 066 | 3 150 |
| 2023 - 8312 | B12_HBB2302410_08 - 49 - 11. fsa | 312 | 312.18 | 22 787 | 178 047 | 3 179 |
| 2023 - 8313 | C01_HBB2302411_08 - 49 - 11. fsa | 312 | 312.25 | 23 936 | 170 056 | 3 169 |
| 2023 - 8314 | C02_HBB2302412_08 - 49 - 11. fsa | 312 | 312.05 | 23 866 | 170 530 | 3 138 |
| 2023 - 8315 | C03_HBB2302413_08 - 49 - 11. fsa | 299 | 298.58 | 4 284 | 39 123 | 3 038 |
| 2023 - 8316 | C04_HBB2302414_08 - 49 - 11. fsa | 312 | 312.26 | 19 003 | 136 192 | 3 097 |
| 2023 - 8317 | C05_HBB2302415_08 - 49 - 11. fsa | 309 | 308.94 | 9 099 | 61 426 | 3 050 |
|  | C05_HBB2302415_08 - 49 - 11. fsa | 312 | 312.16 | 8 331 | 57 059 | 3 069 |
| 2023 - 8318 | C06_HBB2302416_08 - 49 - 11. fsa | 304 | 304.02 | 7 964 | 57 506 | 3 039 |
|  | C06_HBB2302416_08 - 49 - 11. fsa | 310 | 310.07 | 6 796 | 48 612 | 3 075 |
| 2023 - 8319 | C07_HBB2302417_08 - 49 - 11. fsa | 304 | 303.89 | 7 431 | 51 019 | 3 012 |
|  | C07_HBB2302417_08 - 49 - 11. fsa | 312 | 312.06 | 6 187 | 44 557 | 3 060 |
| 2023 - 8320 | C08_HBB2302418_08 - 49 - 11. fsa | 301 | 301.35 | 8 031 | 61 285 | 2 991 |
|  | C08_HBB2302418_08 - 49 - 11. fsa | 305 | 305.08 | 7 171 | 50 505 | 3 013 |
| 2023 - 8321 | C09_HBB2302419_08 - 49 - 11. fsa | 304 | 304.02 | 9 688 | 68 615 | 3 047 |
|  | C09_HBB2302419_08 - 49 - 11. fsa | 319 | 319.19 | 7 031 | 50 834 | 3 137 |
| 2023 - 8322 | C10_HBB2302420_08 - 49 - 11. fsa | 309 | 309.01 | 10 797 | 74 694 | 3 061 |
|  | C10_HBB2302420_08 - 49 - 11. fsa | 312 | 312.04 | 9 781 | 68 019 | 3 079 |
| 2023 - 8323 | C11_HBB2302421_08 - 49 - 11. fsa | 309 | 308.9 | 8 814 | 63 358 | 3 117 |
|  | C11_HBB2302421_08 - 49 - 11. fsa | 319 | 319.19 | 7 247 | 53 714 | 3 179 |
| 2023 - 8324 | C12_HBB2302422_08 - 49 - 11. fsa | 309 | 308.97 | 16 699 | 117 057 | 3 146 |
| 2023 - 8325 | D01_HBB2302423_08 - 49 - 11. fsa | 304 | 303.94 | 9 942 | 71 739 | 3 132 |
|  | D01_HBB2302423_08 - 49 - 11. fsa | 309 | 308.88 | 9 050 | 65 439 | 3 162 |

（续）

| 资源序号 | 样本名<br>（sample file name） | 等位基因位点<br>（allele，bp） | 大小<br>（size，bp） | 高度<br>（height，RFU） | 面积<br>（area，RFU） | 数据取值点<br>（data point，RFU） |
|---|---|---|---|---|---|---|
| 2023 - 8326 | D02_HBB2302424_08 - 49 - 11. fsa | 304 | 303.97 | 9 382 | 65 691 | 3 090 |
| | D02_HBB2302424_08 - 49 - 11. fsa | 309 | 308.95 | 8 110 | 59 060 | 3 120 |
| 2023 - 8327 | D03_HBB2302425_08 - 49 - 11. fsa | 299 | 298.56 | 3 443 | 24 033 | 3 006 |
| | D03_HBB2302425_08 - 49 - 11. fsa | 312 | 312.15 | 11 233 | 78 962 | 3 087 |
| 2023 - 8328 | D04_HBB2302426_08 - 49 - 11. fsa | 304 | 303.89 | 3 053 | 20 654 | 3 032 |
| | D04_HBB2302426_08 - 49 - 11. fsa | 310 | 310.17 | 9 728 | 69 258 | 3 069 |
| 2023 - 8329 | D05_HBB2302427_08 - 49 - 11. fsa | 309 | 308.9 | 7 706 | 54 105 | 3 040 |
| | D05_HBB2302427_08 - 49 - 11. fsa | 321 | 321.14 | 5 161 | 36 901 | 3 112 |
| 2023 - 8330 | D06_HBB2302428_08 - 49 - 11. fsa | 312 | 312.16 | 17 568 | 121 033 | 3 069 |
| 2023 - 8331 | D08_HBB2302430_08 - 49 - 11. fsa | 309 | 309.05 | 9 765 | 76 848 | 3 024 |
| 2023 - 8332 | D09_HBB2302431_08 - 49 - 11. fsa | 312 | 312.16 | 17 968 | 127 506 | 3 073 |
| 2023 - 8333 | D10_HBB2302432_08 - 49 - 11. fsa | 304 | 303.87 | 5 136 | 34 449 | 3 017 |
| | D10_HBB2302432_08 - 49 - 11. fsa | 312 | 312.16 | 4 126 | 29 489 | 3 066 |
| 2023 - 8334 | D11_HBB2302433_08 - 49 - 11. fsa | 301 | 301.16 | 8 654 | 65 978 | 3 055 |
| | D11_HBB2302433_08 - 49 - 11. fsa | 312 | 312.12 | 6 581 | 51 548 | 3 121 |
| 2023 - 8335 | D12_HBB2302434_08 - 49 - 11. fsa | 309 | 308.15 | 7 056 | 61 893 | 3 137 |
| | D12_HBB2302434_08 - 49 - 11. fsa | 312 | 312.25 | 7 042 | 61 975 | 3 162 |
| 2023 - 8336 | E01_HBB2302435_08 - 49 - 11. fsa | 304 | 304.07 | 7 232 | 47 753 | 3 146 |
| | E01_HBB2302435_08 - 49 - 11. fsa | 312 | 312.23 | 6 007 | 41 426 | 3 196 |
| 2023 - 8337 | E02_HBB2302436_08 - 49 - 11. fsa | 304 | 304.09 | 7 378 | 53 684 | 3 106 |
| | E02_HBB2302436_08 - 49 - 11. fsa | 319 | 318.6 | 4 113 | 31 704 | 3 194 |
| 2023 - 8338 | E03_HBB2302437_08 - 49 - 11. fsa | 304 | 303.97 | 8 544 | 58 636 | 3 069 |
| | E03_HBB2302437_08 - 49 - 11. fsa | 309 | 308.96 | 8 027 | 55 447 | 3 099 |
| 2023 - 8339 | E04_HBB2302438_08 - 49 - 11. fsa | 309 | 308.09 | 5 879 | 51 727 | 3 089 |
| | E04_HBB2302438_08 - 49 - 11. fsa | 312 | 312.08 | 5 418 | 51 261 | 3 113 |
| 2023 - 8340 | E05_HBB2302439_08 - 49 - 11. fsa | 305 | 305 | 8 850 | 60 636 | 3 049 |
| | E05_HBB2302439_08 - 49 - 11. fsa | 312 | 312.04 | 6 368 | 45 520 | 3 091 |
| 2023 - 8341 | E06_HBB2302440_08 - 49 - 11. fsa | 309 | 308.9 | 17 164 | 115 016 | 3 039 |
| 2023 - 8342 | E07_HBB2302441_08 - 49 - 11. fsa | 309 | 308.77 | 7 910 | 55 684 | 3 034 |
| | E07_HBB2302441_08 - 49 - 11. fsa | 312 | 312 | 8 455 | 59 334 | 3 053 |

（续）

| 资源序号 | 样本名<br>（sample file name） | 等位基因位点<br>（allele，bp） | 大小<br>（size，bp） | 高度<br>（height，RFU） | 面积<br>（area，RFU） | 数据取值点<br>（data point，RFU） |
|---|---|---|---|---|---|---|
| 2023 - 8343 | E08_HBB2302442_08 - 49 - 11. fsa | 309 | 308.89 | 9 213 | 62 573 | 3 060 |
| | E08_HBB2302442_08 - 49 - 11. fsa | 312 | 312.1 | 6 827 | 46 328 | 3 079 |
| 2023 - 8344 | E09_HBB2302443_08 - 49 - 11. fsa | 304 | 304.04 | 8 205 | 57 119 | 3 033 |
| | E09_HBB2302443_08 - 49 - 11. fsa | 309 | 308.94 | 7 159 | 52 087 | 3 062 |
| 2023 - 8345 | E10_HBB2302444_08 - 49 - 11. fsa | 305 | 306.03 | 9 853 | 70 304 | 3 034 |
| | E10_HBB2302444_08 - 49 - 11. fsa | 310 | 310.24 | 7 064 | 56 457 | 3 059 |
| 2023 - 8346 | E11_HBB2302445_08 - 49 - 11. fsa | 310 | 310.19 | 9 705 | 75 485 | 3 103 |
| 2023 - 8347 | E12_HBB2302446_08 - 49 - 11. fsa | 299 | 298.62 | 3 054 | 23 514 | 3 088 |
| | E12_HBB2302446_08 - 49 - 11. fsa | 305 | 304.88 | 10 710 | 79 493 | 3 127 |
| 2023 - 8348 | F01_HBB2302447_08 - 49 - 11. fsa | 309 | 309.05 | 6 313 | 43 867 | 3 164 |
| | F01_HBB2302447_08 - 49 - 11. fsa | 312 | 312.2 | 5 273 | 34 854 | 3 183 |
| 2023 - 8349 | F02_HBB2302448_08 - 49 - 11. fsa | 312 | 312.15 | 12 116 | 86 777 | 3 155 |
| 2023 - 8350 | F03_HBB2302449_08 - 49 - 11. fsa | 299 | 298.59 | 3 657 | 27 282 | 3 046 |
| | F03_HBB2302449_08 - 49 - 11. fsa | 305 | 304.96 | 13 697 | 99 330 | 3 085 |
| 2023 - 8351 | F05_HBB2302451_08 - 49 - 11. fsa | 301 | 301.35 | 7 592 | 51 518 | 3 023 |
| | F05_HBB2302451_08 - 49 - 11. fsa | 312 | 312.32 | 5 619 | 41 722 | 3 088 |
| 2023 - 8352 | F06_HBB2302452_08 - 49 - 11. fsa | 312 | 312 | 8 593 | 59 453 | 3 065 |
| | F06_HBB2302452_08 - 49 - 11. fsa | 326 | 326.34 | 8 564 | 58 544 | 3 149 |
| 2023 - 8353 | F07_HBB2302453_08 - 49 - 11. fsa | 312 | 312.16 | 8 532 | 64 634 | 3 067 |
| 2023 - 8354 | F08_HBB2302454_08 - 49 - 11. fsa | 309 | 308.99 | 9 331 | 61 786 | 3 037 |
| | F08_HBB2302454_08 - 49 - 11. fsa | 312 | 312.06 | 8 600 | 59 277 | 3 055 |
| 2023 - 8355 | F09_HBB2302455_08 - 49 - 11. fsa | 309 | 308.98 | 10 262 | 67 058 | 3 058 |
| | F09_HBB2302455_08 - 49 - 11. fsa | 312 | 312.21 | 9 387 | 62 539 | 3 077 |
| 2023 - 8356 | F10_HBB2302456_08 - 49 - 11. fsa | 309 | 308.88 | 24 745 | 161 982 | 3 058 |
| 2023 - 8357 | F11_HBB2302457_08 - 49 - 11. fsa | 309 | 308.9 | 12 879 | 85 584 | 3 122 |
| | F11_HBB2302457_08 - 49 - 11. fsa | 312 | 312.04 | 12 543 | 85 020 | 3 141 |
| 2023 - 8358 | F12_HBB2302458_08 - 49 - 11. fsa | 304 | 304.11 | 9 540 | 62 907 | 3 097 |
| | F12_HBB2302458_08 - 49 - 11. fsa | 309 | 309.06 | 8 652 | 58 072 | 3 127 |
| 2023 - 8359 | G01_HBB2302459_08 - 49 - 11. fsa | 304 | 303.94 | 12 948 | 85 114 | 3 139 |
| | G01_HBB2302459_08 - 49 - 11. fsa | 309 | 308.88 | 11 638 | 77 043 | 3 169 |

（续）

| 资源序号 | 样本名<br>（sample file name） | 等位基因位点<br>（allele，bp） | 大小<br>（size，bp） | 高度<br>（height，RFU） | 面积<br>（area，RFU） | 数据取值点<br>（data point，RFU） |
|---|---|---|---|---|---|---|
| 2023－8360 | G02_HBB2302460_08－49－11. fsa | 304 | 304.09 | 10 387 | 64 916 | 3 124 |
| | G02_HBB2302460_08－49－11. fsa | 309 | 309.01 | 8 786 | 56 376 | 3 154 |
| 2023－8361 | G03_HBB2302461_08－49－11. fsa | 309 | 308.95 | 14 679 | 102 775 | 3 115 |
| 2023－8362 | G04_HBB2302462_08－49－11. fsa | 312 | 312.18 | 16 143 | 108 942 | 3 110 |
| 2023－8363 | G05_HBB2302463_08－49－11. fsa | 304 | 303.99 | 8 994 | 56 564 | 3 045 |
| | G05_HBB2302463_08－49－11. fsa | 312 | 312.19 | 7 685 | 50 987 | 3 094 |
| 2023－8364 | G06_HBB2302464_08－49－11. fsa | 312 | 312.25 | 11 914 | 81 948 | 3 096 |
| 2023－8365 | G07_HBB2302465_08－49－11. fsa | 301 | 301.18 | 2 576 | 19 057 | 3 011 |
| | G07_HBB2302465_08－49－11. fsa | 305 | 304.91 | 2 257 | 16 574 | 3 033 |
| 2023－8366 | G08_HBB2302466_08－49－11. fsa | 304 | 303.97 | 6 905 | 45 938 | 3 044 |
| | G08_HBB2302466_08－49－11. fsa | 309 | 308.97 | 6 298 | 41 952 | 3 074 |
| 2023－8367 | G09_HBB2302467_08－49－11. fsa | 309 | 308.98 | 8 369 | 55 141 | 3 057 |
| | G09_HBB2302467_08－49－11. fsa | 312 | 312.21 | 7 831 | 51 865 | 3 076 |
| 2023－8368 | G10_HBB2302468_08－49－11. fsa | 312 | 312.19 | 15 478 | 98 024 | 3 096 |
| 2023－8369 | G11_HBB2302469_08－49－11. fsa | 304 | 303.95 | 6 058 | 40 831 | 3 088 |
| | G11_HBB2302469_08－49－11. fsa | 312 | 312.21 | 5 014 | 35 216 | 3 138 |
| 2023－8370 | G12_HBB2302470_08－49－11. fsa | 304 | 303.92 | 8 692 | 56 506 | 3 116 |
| | G12_HBB2302470_08－49－11. fsa | 312 | 312.13 | 6 753 | 45 380 | 3 166 |
| 2023－8371 | H02_HBB2302472_08－49－11. fsa | 304 | 304.07 | 6 880 | 44 464 | 3 146 |
| | H02_HBB2302472_08－49－11. fsa | 312 | 312.39 | 5 450 | 37 249 | 3 197 |
| 2023－8372 | H03_HBB2302473_08－49－11. fsa | 312 | 312.14 | 13 575 | 89 604 | 3 158 |
| 2023－8373 | H04_HBB2302474_08－49－11. fsa | 309 | 308.95 | 11 801 | 75 055 | 3 114 |
| | H04_HBB2302474_08－49－11. fsa | 312 | 312.11 | 10 753 | 70 169 | 3 133 |
| 2023－8374 | H05_HBB2302475_08－49－11. fsa | 312 | 312.12 | 22 722 | 143 132 | 3 117 |
| 2023－8375 | H06_HBB2302476_08－49－11. fsa | 309 | 309 | 9 080 | 58 836 | 3 091 |
| | H06_HBB2302476_08－49－11. fsa | 312 | 312.18 | 8 713 | 55 621 | 3 110 |
| 2023－8376 | H07_HBB2302477_08－49－11. fsa | 312 | 312.18 | 8 781 | 62 504 | 3 106 |
| 2023－8377 | H08_HBB2302478_08－49－11. fsa | 312 | 312.18 | 16 399 | 110 973 | 3 112 |
| 2023－8378 | H09_HBB2302479_08－49－11. fsa | 309 | 309.04 | 7 962 | 48 592 | 3 079 |
| | H09_HBB2302479_08－49－11. fsa | 312 | 312.24 | 6 885 | 43 248 | 3 098 |
| 2023－8379 | H10_HBB2302480_08－49－11. fsa | 312 | 312.12 | 6 243 | 45 617 | 3 106 |

## 38 P40

| 资源序号 | 样本名<br>（sample file name） | 等位基因位点<br>（allele，bp） | 大小<br>（size，bp） | 高度<br>（height，RFU） | 面积<br>（area，RFU） | 数据取值点<br>（data point，RFU） |
|---|---|---|---|---|---|---|
| 2023－8200 | A01_HBB2302293_24－44－56.fsa | 332 | 332.18 | 6 931 | 33 047 | 3 309 |
| 2023－8201 | A02_HBB2302294_24－44－56.fsa | 310 | 310 | 1 300 | 9 088 | 3 152 |
| 2023－8202 | A03_HBB2302295_24－44－56.fsa | 310 | 309.88 | 13 903 | 99 856 | 3 105 |
| 2023－8203 | A04_HBB2302296_24－44－56.fsa | 310 | 309.95 | 3 600 | 31 467 | 3 098 |
| 2023－8204 | A05_HBB2302297_24－44－56.fsa | 283 | 283.52 | 5 622 | 31 156 | 2 918 |
| | A05_HBB2302297_24－44－56.fsa | 332 | 332.14 | 3 843 | 18 799 | 3 213 |
| 2023－8205 | A06_HBB2302298_24－44－56.fsa | 332 | 332.07 | 5 235 | 26 155 | 3 205 |
| 2023－8206 | A07_HBB2302299_24－44－56.fsa | 332 | 332.26 | 4 618 | 23 573 | 3 197 |
| 2023－8207 | A08_HBB2302300_24－44－56.fsa | 332 | 332.17 | 4 065 | 21 218 | 3 234 |
| 2023－8208 | A09_HBB2302301_24－44－56.fsa | 283 | 283.58 | 13 242 | 77 432 | 2 928 |
| | A09_HBB2302301_24－44－56.fsa | 310 | 309.96 | 4 110 | 33 108 | 3 092 |
| 2023－8209 | A10_HBB2302302_24－44－56.fsa | 332 | 332.22 | 4 851 | 26 502 | 3 245 |
| 2023－8210 | A11_HBB2302303_24－44－56.fsa | 284 | 284.45 | 11 743 | 89 686 | 2 995 |
| | A11_HBB2302303_24－44－56.fsa | 330 | 330.2 | 4 396 | 23 533 | 3 280 |
| 2023－8211 | B01_HBB2302305_24－44－56.fsa | 283 | 283.56 | 15 479 | 89 803 | 2 966 |
| | B01_HBB2302305_24－44－56.fsa | 310 | 309.93 | 2 830 | 22 715 | 3 132 |
| 2023－8212 | B02_HBB2302306_24－44－56.fsa | 330 | 330.08 | 7 913 | 35 700 | 3 266 |
| 2023－8213 | B03_HBB2302307_24－44－56.fsa | 298 | 297.32 | 3 210 | 16 842 | 3 018 |
| | B03_HBB2302307_24－44－56.fsa | 332 | 331.96 | 4 907 | 24 191 | 3 225 |
| 2023－8214 | B04_HBB2302308_24－44－56.fsa | 332 | 332.14 | 6 417 | 29 376 | 3 222 |
| 2023－8215 | B05_HBB2302309_24－44－56.fsa | 332 | 332.07 | 9 624 | 45 598 | 3 208 |
| 2023－8216 | B06_HBB2302310_24－44－56.fsa | 332 | 332.05 | 9 533 | 44 752 | 3 181 |
| 2023－8217 | B07_HBB2302311_24－44－56.fsa | 310 | 309.9 | 1 380 | 10 354 | 3 061 |
| | B07_HBB2302311_24－44－56.fsa | 338 | 338.09 | 449 | 1 537 | 3 226 |
| 2023－8218 | B08_HBB2302312_24－44－56.fsa | 310 | 309.83 | 6 694 | 54 762 | 3 061 |
| 2023－8219 | B09_HBB2302313_24－44－56.fsa | 283 | 283.54 | 13 209 | 79 326 | 2 895 |
| | B09_HBB2302313_24－44－56.fsa | 310 | 309.86 | 2 562 | 21 845 | 3 057 |

（续）

| 资源序号 | 样本名<br>（sample file name） | 等位基因位点<br>（allele，bp） | 大小<br>（size，bp） | 高度<br>（height，RFU） | 面积<br>（area，RFU） | 数据取值点<br>（data point，RFU） |
|---|---|---|---|---|---|---|
| 2023 - 8220 | B10_HBB2302314_24 - 44 - 56. fsa | 310 | 309.85 | 7 977 | 64 775 | 3 068 |
| 2023 - 8221 | B11_HBB2302315_24 - 44 - 56. fsa | 332 | 332.1 | 3 070 | 14 669 | 3 264 |
| 2023 - 8222 | B12_HBB2302316_24 - 44 - 56. fsa | 298 | 297.55 | 7 024 | 39 506 | 3 082 |
| | B12_HBB2302316_24 - 44 - 56. fsa | 332 | 332.21 | 6 415 | 33 682 | 3 295 |
| 2023 - 8223 | C01_HBB2302317_24 - 44 - 56. fsa | 332 | 332.12 | 5 877 | 27 980 | 3 286 |
| 2023 - 8224 | C02_HBB2302318_24 - 44 - 56. fsa | 283 | 283.52 | 14 072 | 70 373 | 2 956 |
| | C02_HBB2302318_24 - 44 - 56. fsa | 332 | 332.04 | 7 321 | 31 554 | 3 254 |
| 2023 - 8226 | C03_HBB2302319_24 - 44 - 56. fsa | 310 | 309.95 | 15 610 | 126 618 | 3 101 |
| 2023 - 8227 | C04_HBB2302320_24 - 44 - 56. fsa | 310 | 309.97 | 4 955 | 37 014 | 3 079 |
| 2023 - 8228 | C05_HBB2302321_24 - 44 - 56. fsa | 283 | 283.46 | 18 765 | 93 660 | 2 888 |
| | C05_HBB2302321_24 - 44 - 56. fsa | 310 | 309.96 | 5 116 | 37 502 | 3 050 |
| 2023 - 8229 | C06_HBB2302322_24 - 44 - 56. fsa | 283 | 283.41 | 8 643 | 72 241 | 2 905 |
| 2023 - 8230 | C07_HBB2302323_24 - 44 - 56. fsa | 283 | 283.41 | 15 436 | 83 217 | 2 879 |
| | C07_HBB2302323_24 - 44 - 56. fsa | 310 | 310.01 | 4 171 | 31 518 | 3 041 |
| 2023 - 8231 | C09_HBB2302325_24 - 44 - 56. fsa | 310 | 309.9 | 11 128 | 87 139 | 3 075 |
| 2023 - 8232 | C10_HBB2302326_24 - 44 - 56. fsa | 310 | 309.85 | 12 270 | 100 764 | 3 059 |
| 2023 - 8233 | C11_HBB2302327_24 - 44 - 56. fsa | 332 | 332.11 | 9 473 | 48 615 | 3 252 |
| 2023 - 8234 | C12_HBB2302328_24 - 44 - 56. fsa | 283 | 283.63 | 16 544 | 104 938 | 2 978 |
| | C12_HBB2302328_24 - 44 - 56. fsa | 310 | 310.12 | 4 892 | 40 512 | 3 146 |
| 2023 - 8235 | D01_HBB2302329_24 - 44 - 56. fsa | 283 | 283.57 | 10 235 | 56 431 | 2 996 |
| | D01_HBB2302329_24 - 44 - 56. fsa | 332 | 331.94 | 5 360 | 24 698 | 3 297 |
| 2023 - 8236 | D02_HBB2302330_24 - 44 - 56. fsa | 310 | 309.94 | 2 052 | 14 782 | 3 123 |
| | D02_HBB2302330_24 - 44 - 56. fsa | 332 | 332.22 | 6 486 | 31 263 | 3 256 |
| 2023 - 8237 | D03_HBB2302331_24 - 44 - 56. fsa | 303 | 303.36 | 7 627 | 68 053 | 3 031 |
| | D03_HBB2302331_24 - 44 - 56. fsa | 310 | 309.95 | 6 699 | 44 070 | 3 070 |
| 2023 - 8238 | D04_HBB2302332_24 - 44 - 56. fsa | 284 | 285.49 | 549 | 2 596 | 2 913 |
| 2023 - 8239 | D05_HBB2302333_24 - 44 - 56. fsa | 299 | 299.19 | 2 664 | 23 679 | 2 978 |
| | D05_HBB2302333_24 - 44 - 56. fsa | 332 | 331.96 | 6 479 | 28 599 | 3 170 |
| 2023 - 8240 | D06_HBB2302334_24 - 44 - 56. fsa | 310 | 309.96 | 2 021 | 13 590 | 3 049 |
| | D06_HBB2302334_24 - 44 - 56. fsa | 332 | 332.03 | 7 353 | 34 098 | 3 178 |

（续）

| 资源序号 | 样本名<br>（sample file name） | 等位基因位点<br>（allele，bp） | 大小<br>（size，bp） | 高度<br>（height，RFU） | 面积<br>（area，RFU） | 数据取值点<br>（data point，RFU） |
|---|---|---|---|---|---|---|
| 2023－8241 | D07_HBB2302335_24－44－56. fsa | 283 | 283. 41 | 17 154 | 88 375 | 2 909 |
| | D07_HBB2302335_24－44－56. fsa | 310 | 309. 9 | 4 645 | 35 120 | 3 072 |
| 2023－8242 | D08_HBB2302336_24－44－56. fsa | 283 | 283. 3 | 7 309 | 39 750 | 2 861 |
| | D08_HBB2302336_24－44－56. fsa | 332 | 332. 11 | 4 130 | 18 742 | 3 151 |
| 2023－8243 | D09_HBB2302337_24－44－56. fsa | 303 | 303. 37 | 3 495 | 33 736 | 3 014 |
| | D09_HBB2302337_24－44－56. fsa | 310 | 309. 96 | 3 999 | 29 072 | 3 053 |
| 2023－8244 | D10_HBB2302338_24－44－56. fsa | 283 | 283. 42 | 19 096 | 104 174 | 2 883 |
| | D10_HBB2302338_24－44－56. fsa | 310 | 309. 92 | 5 632 | 43 376 | 3 045 |
| 2023－8245 | D11_HBB2302339_24－44－56. fsa | 332 | 332. 01 | 4 540 | 22 157 | 3 234 |
| 2023－8246 | D12_HBB2302340_24－44－56. fsa | 283 | 283. 47 | 10 969 | 64 090 | 2 973 |
| | D12_HBB2302340_24－44－56. fsa | 332 | 332. 19 | 4 398 | 21 059 | 3 276 |
| 2023－8247 | E01_HBB2302341_24－44－56. fsa | 303 | 303. 43 | 590 | 5 145 | 3 137 |
| | E01_HBB2302341_24－44－56. fsa | 332 | 332. 15 | 5 893 | 27 565 | 3 311 |
| 2023－8248 | E02_HBB2302342_24－44－56. fsa | 310 | 309. 84 | 12 084 | 98 285 | 3 137 |
| 2023－8249 | E03_HBB2302343_24－44－56. fsa | 310 | 309. 96 | 6 446 | 50 041 | 3 099 |
| 2023－8250 | E04_HBB2302344_24－44－56. fsa | 283 | 283. 35 | 12 101 | 63 150 | 2 930 |
| | E04_HBB2302344_24－44－56. fsa | 310 | 309. 85 | 5 347 | 40 782 | 3 094 |
| 2023－8251 | E06_HBB2302346_24－44－56. fsa | 332 | 331. 99 | 4 580 | 20 619 | 3 168 |
| 2023－8252 | E07_HBB2302347_24－44－56. fsa | 332 | 331. 96 | 3 154 | 14 076 | 3 164 |
| 2023－8253 | E08_HBB2302348_24－44－56. fsa | 332 | 332. 06 | 5 197 | 23 178 | 3 187 |
| 2023－8254 | E09_HBB2302349_24－44－56. fsa | 310 | 309. 74 | 617 | 5 349 | 3 060 |
| | E09_HBB2302349_24－44－56. fsa | 332 | 332. 05 | 2 277 | 10 403 | 3 191 |
| 2023－8255 | E10_HBB2302350_24－44－56. fsa | 303 | 303. 52 | 4 477 | 44 771 | 3 012 |
| | E10_HBB2302350_24－44－56. fsa | 310 | 309. 91 | 3 402 | 23 925 | 3 050 |
| 2023－8256 | E11_HBB2302351_24－44－56. fsa | 284 | 285. 37 | 482 | 2 207 | 2 941 |
| | E11_HBB2302351_24－44－56. fsa | 315 | 315. 23 | 1 899 | 19 705 | 3 126 |
| 2023－8257 | E12_HBB2302352_24－44－56. fsa | 332 | 332 | 7 369 | 36 221 | 3 288 |
| 2023－8258 | F01_HBB2302353_24－44－56. fsa | 284 | 285. 18 | 246 | 1 133 | 3 006 |
| | F01_HBB2302353_24－44－56. fsa | 315 | 315. 35 | 332 | 3 584 | 3 195 |
| 2023－8259 | F02_HBB2302354_24－44－56. fsa | 310 | 310 | 8 063 | 60 490 | 3 137 |

（续）

| 资源序号 | 样本名<br>（sample file name） | 等位基因位点<br>（allele，bp） | 大小<br>（size，bp） | 高度<br>（height，RFU） | 面积<br>（area，RFU） | 数据取值点<br>（data point，RFU） |
|---|---|---|---|---|---|---|
| 2023－8260 | F03_HBB2302355_24－44－56.fsa | 284 | 285.29 | 651 | 3 363 | 2 956 |
| | F03_HBB2302355_24－44－56.fsa | 315 | 315.12 | 225 | 2 278 | 3 141 |
| 2023－8261 | F04_HBB2302356_24－44－56.fsa | 310 | 309.95 | 7 126 | 55 320 | 3 107 |
| 2023－8262 | F05_HBB2302357_24－44－56.fsa | 303 | 303.37 | 4 322 | 41 651 | 3 029 |
| | F05_HBB2302357_24－44－56.fsa | 310 | 309.95 | 3 556 | 23 362 | 3 068 |
| 2023－8263 | F06_HBB2302358_24－44－56.fsa | 283 | 283.47 | 11 320 | 57 086 | 2 885 |
| | F06_HBB2302358_24－44－56.fsa | 332 | 332.2 | 5 250 | 23 085 | 3 177 |
| 2023－8264 | F07_HBB2302359_24－44－56.fsa | 303 | 303.52 | 7 446 | 91 363 | 3 010 |
| 2023－8265 | F08_HBB2302360_24－44－56.fsa | 304 | 304.21 | 3 240 | 30 400 | 3 002 |
| | F08_HBB2302360_24－44－56.fsa | 310 | 309.79 | 3 066 | 19 264 | 3 035 |
| 2023－8266 | F09_HBB2302361_24－44－56.fsa | 283 | 283.36 | 5 868 | 31 109 | 2 893 |
| | F09_HBB2302361_24－44－56.fsa | 332 | 332.24 | 4 163 | 18 322 | 3 186 |
| 2023－8267 | F10_HBB2302362_24－44－56.fsa | 310 | 309.96 | 1 244 | 9 084 | 3 055 |
| | F10_HBB2302362_24－44－56.fsa | 332 | 332.27 | 6 178 | 27 779 | 3 186 |
| 2023－8268 | F11_HBB2302363_24－44－56.fsa | 283 | 283.48 | 19 297 | 108 332 | 2 955 |
| | F11_HBB2302363_24－44－56.fsa | 310 | 310.01 | 3 925 | 30 484 | 3 122 |
| 2023－8269 | F12_HBB2302364_24－44－56.fsa | 283 | 283.58 | 17 354 | 91 928 | 2 959 |
| | F12_HBB2302364_24－44－56.fsa | 310 | 310.05 | 3 293 | 24 873 | 3 126 |
| 2023－8270 | G01_HBB2302365_24－44－56.fsa | 310 | 309.93 | 13 624 | 104 407 | 3 170 |
| 2023－8271 | G03_HBB2302367_24－44－56.fsa | 310 | 309.94 | 2 524 | 19 226 | 3 116 |
| | G03_HBB2302367_24－44－56.fsa | 332 | 332.22 | 4 177 | 19 739 | 3 249 |
| 2023－8272 | G04_HBB2302368_24－44－56.fsa | 310 | 309.84 | 1 519 | 10 585 | 3 090 |
| | G04_HBB2302368_24－44－56.fsa | 332 | 332.13 | 6 320 | 28 533 | 3 222 |
| 2023－8273 | G05_HBB2302369_24－44－56.fsa | 277 | 277.11 | 553 | 2 738 | 2 870 |
| | G05_HBB2302369_24－44－56.fsa | 332 | 332.07 | 4 946 | 20 625 | 3 204 |
| 2023－8274 | G06_HBB2302370_24－44－56.fsa | 283 | 283.47 | 6 526 | 32 526 | 2 911 |
| | G06_HBB2302370_24－44－56.fsa | 332 | 332.12 | 3 650 | 16 270 | 3 205 |
| 2023－8275 | G07_HBB2302371_24－44－56.fsa | 283 | 283.41 | 11 825 | 60 802 | 2 892 |
| | G07_HBB2302371_24－44－56.fsa | 310 | 309.9 | 2 141 | 15 800 | 3 055 |

（续）

| 资源序号 | 样本名<br>（sample file name） | 等位基因位点<br>（allele，bp） | 大小<br>（size，bp） | 高度<br>（height，RFU） | 面积<br>（area，RFU） | 数据取值点<br>（data point，RFU） |
|---|---|---|---|---|---|---|
| 2023 - 8276 | G08_HBB2302372_24 - 44 - 56. fsa | 310 | 309.85 | 2 381 | 16 093 | 3 070 |
| | G08_HBB2302372_24 - 44 - 56. fsa | 338 | 338.27 | 629 | 2 203 | 3 237 |
| 2023 - 8277 | G09_HBB2302373_24 - 44 - 56. fsa | 332 | 332.05 | 5 188 | 22 693 | 3 184 |
| 2023 - 8278 | G10_HBB2302374_24 - 44 - 56. fsa | 283 | 283.53 | 11 745 | 61 048 | 2 911 |
| | G10_HBB2302374_24 - 44 - 56. fsa | 310 | 310.01 | 2 901 | 22 346 | 3 075 |
| 2023 - 8279 | G11_HBB2302375_24 - 44 - 56. fsa | 332 | 332.24 | 3 496 | 16 581 | 3 250 |
| 2023 - 8280 | G12_HBB2302376_24 - 44 - 56. fsa | 310 | 309.99 | 2 122 | 14 650 | 3 145 |
| | G12_HBB2302376_24 - 44 - 56. fsa | 332 | 332.15 | 8 418 | 38 971 | 3 279 |
| 2023 - 8281 | H01_HBB2302377_24 - 44 - 56. fsa | 310 | 310.12 | 1 660 | 10 791 | 3 213 |
| | H01_HBB2302377_24 - 44 - 56. fsa | 332 | 332.26 | 8 740 | 39 215 | 3 348 |
| 2023 - 8282 | H02_HBB2302378_24 - 44 - 56. fsa | 310 | 309.88 | 11 099 | 83 707 | 3 177 |
| 2023 - 8283 | H03_HBB2302379_24 - 44 - 56. fsa | 283 | 283.47 | 14 058 | 75 624 | 2 972 |
| | H03_HBB2302379_24 - 44 - 56. fsa | 310 | 309.83 | 3 270 | 25 510 | 3 139 |
| 2023 - 8284 | H04_HBB2302380_24 - 44 - 56. fsa | 310 | 309.94 | 6 284 | 46 831 | 3 114 |
| 2023 - 8285 | H05_HBB2302381_24 - 44 - 56. fsa | 277 | 276.93 | 304 | 1 174 | 2 891 |
| | H05_HBB2302381_24 - 44 - 56. fsa | 338 | 338.12 | 497 | 1 771 | 3 265 |
| 2023 - 8286 | H06_HBB2302382_24 - 44 - 56. fsa | 283 | 283.47 | 5 815 | 27 844 | 2 925 |
| | H06_HBB2302382_24 - 44 - 56. fsa | 332 | 332.13 | 4 396 | 18 523 | 3 221 |
| 2023 - 8287 | H07_HBB2302383_24 - 44 - 56. fsa | 283 | 283.46 | 6 222 | 30 446 | 2 921 |
| | H07_HBB2302383_24 - 44 - 56. fsa | 332 | 332.1 | 4 169 | 18 065 | 3 216 |
| 2023 - 8288 | H08_HBB2302384_24 - 44 - 56. fsa | 283 | 283.48 | 10 357 | 53 379 | 2 926 |
| | H08_HBB2302384_24 - 44 - 56. fsa | 310 | 309.95 | 1 557 | 11 238 | 3 091 |
| 2023 - 8289 | H09_HBB2302385_24 - 44 - 56. fsa | 310 | 310.06 | 7 926 | 57 531 | 3 075 |
| 2023 - 8290 | A01_HBB2302387_09 - 21 - 29. fsa | 310 | 309.98 | 5 169 | 37 286 | 3 169 |
| | A01_HBB2302387_09 - 21 - 29. fsa | 332 | 332.14 | 19 686 | 90 441 | 3 303 |
| 2023 - 8291 | A02_HBB2302388_09 - 21 - 29. fsa | 310 | 310.05 | 13 706 | 122 987 | 3 147 |
| | A02_HBB2302388_09 - 21 - 29. fsa | 332 | 332.13 | 17 472 | 80 077 | 3 280 |
| 2023 - 8292 | A03_HBB2302389_09 - 21 - 29. fsa | 283 | 283.15 | 32 609 | 281 329 | 2 931 |
| 2023 - 8293 | A04_HBB2302390_09 - 21 - 29. fsa | 332 | 331.96 | 26 152 | 122 594 | 3 221 |

（续）

| 资源序号 | 样本名<br>(sample file name) | 等位基因位点<br>(allele, bp) | 大小<br>(size,<br>bp) | 高度<br>(height,<br>RFU) | 面积<br>(area,<br>RFU) | 数据取值点<br>(data point,<br>RFU) |
|---|---|---|---|---|---|---|
| 2023－8294 | A05_HBB2302391_09－21－29.fsa | 284 | 284.43 | 17 452 | 163 775 | 2 915 |
| | A05_HBB2302391_09－21－29.fsa | 310 | 309.85 | 13 968 | 111 589 | 3 072 |
| 2023－8295 | A06_HBB2302392_09－21－29.fsa | 310 | 309.9 | 25 217 | 204 354 | 3 064 |
| | A06_HBB2302392_09－21－29.fsa | 330 | 329.99 | 4 153 | 19 604 | 3 182 |
| 2023－8296 | A07_HBB2302393_09－21－29.fsa | 283 | 283.19 | 32 581 | 267 597 | 2 893 |
| 2023－8297 | A08_HBB2302394_09－21－29.fsa | 332 | 332.18 | 16 552 | 84 046 | 3 225 |
| 2023－8298 | A09_HBB2302395_09－21－29.fsa | 277 | 277.81 | 1 402 | 6 644 | 2 886 |
| | A09_HBB2302395_09－21－29.fsa | 310 | 310.01 | 4 781 | 42 108 | 3 086 |
| 2023－8299 | A10_HBB2302396_09－21－29.fsa | 310 | 310.01 | 9 393 | 93 870 | 3 104 |
| 2023－8300 | A11_HBB2302397_09－21－29.fsa | 277 | 276.9 | 11 556 | 39 529 | 2 941 |
| | A11_HBB2302397_09－21－29.fsa | 332 | 332.12 | 11 633 | 62 286 | 3 286 |
| 2023－8301 | A12_HBB2302398_09－21－29.fsa | 283 | 283.59 | 2 425 | 19 443 | 3 015 |
| | A12_HBB2302398_09－21－29.fsa | 310 | 310.05 | 1 527 | 13 323 | 3 185 |
| 2023－8302 | B01_HBB2302399_09－21－29.fsa | 283 | 283.4 | 32 609 | 220 956 | 2 961 |
| 2023－8303 | B02_HBB2302400_09－21－29.fsa | 283 | 283.41 | 24 537 | 126 879 | 2 971 |
| | B02_HBB2302400_09－21－29.fsa | 332 | 332.07 | 18 580 | 82 832 | 3 271 |
| 2023－8304 | B03_HBB2302401_09－21－29.fsa | 310 | 309.89 | 19 143 | 213 166 | 3 084 |
| 2023－8305 | B04_HBB2302402_09－21－29.fsa | 301 | 301.49 | 14 851 | 129 319 | 3 030 |
| | B04_HBB2302402_09－21－29.fsa | 330 | 330.05 | 2 401 | 10 837 | 3 200 |
| 2023－8306 | B05_HBB2302403_09－21－29.fsa | 310 | 309.91 | 4 692 | 37 174 | 3 067 |
| | B05_HBB2302403_09－21－29.fsa | 332 | 332.05 | 14 863 | 69 380 | 3 197 |
| 2023－8307 | B06_HBB2302404_09－21－29.fsa | 298 | 298.23 | 5 620 | 82 190 | 2 973 |
| | B06_HBB2302404_09－21－29.fsa | 310 | 309.84 | 10 869 | 103 201 | 3 042 |
| 2023－8308 | B07_HBB2302405_09－21－29.fsa | 310 | 309.96 | 6 793 | 52 533 | 3 051 |
| | B07_HBB2302405_09－21－29.fsa | 344 | 344.32 | 14 821 | 73 177 | 3 251 |
| 2023－8309 | B08_HBB2302406_09－21－29.fsa | 283 | 283.14 | 32 528 | 289 491 | 2 889 |
| | B08_HBB2302406_09－21－29.fsa | 310 | 309.96 | 13 115 | 105 971 | 3 053 |
| 2023－8310 | B09_HBB2302407_09－21－29.fsa | 310 | 309.91 | 4 284 | 36 375 | 3 049 |
| | B09_HBB2302407_09－21－29.fsa | 344 | 344.14 | 13 897 | 75 040 | 3 249 |

（续）

| 资源序号 | 样本名<br>（sample file name） | 等位基因位点<br>（allele，bp） | 大小<br>（size，bp） | 高度<br>（height，RFU） | 面积<br>（area，RFU） | 数据取值点<br>（data point，RFU） |
|---|---|---|---|---|---|---|
| 2023 - 8311 | B11_HBB2302409_09 - 21 - 29. fsa | 310 | 309.8 | 4 819 | 54 704 | 3 124 |
| | B11_HBB2302409_09 - 21 - 29. fsa | 344 | 344.41 | 6 998 | 39 765 | 3 331 |
| 2023 - 8312 | B12_HBB2302410_09 - 21 - 29. fsa | 310 | 309.95 | 11 066 | 132 401 | 3 154 |
| 2023 - 8313 | C01_HBB2302411_09 - 21 - 29. fsa | 344 | 344.34 | 15 597 | 75 813 | 3 351 |
| 2023 - 8314 | C02_HBB2302412_09 - 21 - 29. fsa | 310 | 309.9 | 16 459 | 113 029 | 3 115 |
| | C02_HBB2302412_09 - 21 - 29. fsa | 346 | 346.28 | 20 124 | 92 757 | 3 331 |
| 2023 - 8315 | C03_HBB2302413_09 - 21 - 29. fsa | 310 | 310.01 | 8 009 | 101 636 | 3 092 |
| | C03_HBB2302413_09 - 21 - 29. fsa | 332 | 332.14 | 19 646 | 95 966 | 3 223 |
| 2023 - 8316 | C04_HBB2302414_09 - 21 - 29. fsa | 310 | 309.9 | 10 857 | 73 768 | 3 069 |
| | C04_HBB2302414_09 - 21 - 29. fsa | 338 | 338.27 | 1 981 | 6 735 | 3 235 |
| | C04_HBB2302414_09 - 21 - 29. fsa | 344 | 344.32 | 13 428 | 64 063 | 3 270 |
| 2023 - 8317 | C05_HBB2302415_09 - 21 - 29. fsa | 310 | 309.85 | 6 441 | 46 431 | 3 038 |
| | C05_HBB2302415_09 - 21 - 29. fsa | 332 | 332.18 | 23 715 | 105 256 | 3 168 |
| 2023 - 8318 | C06_HBB2302416_09 - 21 - 29. fsa | 283 | 283.3 | 32 500 | 233 189 | 2 895 |
| | C06_HBB2302416_09 - 21 - 29. fsa | 310 | 309.91 | 8 602 | 67 516 | 3 058 |
| 2023 - 8319 | C07_HBB2302417_09 - 21 - 29. fsa | 283 | 283.47 | 24 138 | 120 359 | 2 871 |
| | C07_HBB2302417_09 - 21 - 29. fsa | 332 | 331.97 | 16 478 | 72 408 | 3 160 |
| 2023 - 8320 | C08_HBB2302418_09 - 21 - 29. fsa | 303 | 303.22 | 23 795 | 228 104 | 2 989 |
| | C08_HBB2302418_09 - 21 - 29. fsa | 310 | 309.85 | 19 892 | 139 814 | 3 028 |
| 2023 - 8321 | C09_HBB2302419_09 - 21 - 29. fsa | 284 | 284.32 | 11 486 | 112 164 | 2 909 |
| | C09_HBB2302419_09 - 21 - 29. fsa | 310 | 309.91 | 9 128 | 72 072 | 3 066 |
| 2023 - 8322 | C10_HBB2302420_09 - 21 - 29. fsa | 332 | 332.06 | 16 638 | 79 109 | 3 181 |
| 2023 - 8323 | C11_HBB2302421_09 - 21 - 29. fsa | 284 | 284.31 | 16 647 | 155 466 | 2 952 |
| 2023 - 8324 | C12_HBB2302422_09 - 21 - 29. fsa | 303 | 303.42 | 8 318 | 90 332 | 3 099 |
| | C12_HBB2302422_09 - 21 - 29. fsa | 344 | 344.34 | 10 327 | 55 521 | 3 346 |
| 2023 - 8325 | D01_HBB2302423_09 - 21 - 29. fsa | 283 | 283.15 | 32 458 | 304 317 | 2 986 |
| | D01_HBB2302423_09 - 21 - 29. fsa | 310 | 309.88 | 15 465 | 115 242 | 3 155 |
| 2023 - 8326 | D02_HBB2302424_09 - 21 - 29. fsa | 283 | 283.35 | 30 326 | 158 781 | 2 949 |
| | D02_HBB2302424_09 - 21 - 29. fsa | 310 | 309.95 | 4 028 | 31 945 | 3 115 |

（续）

| 资源序号 | 样本名<br>（sample file name） | 等位基因位点<br>（allele，bp） | 大小<br>（size，bp) | 高度<br>（height，RFU） | 面积<br>（area，RFU） | 数据取值点<br>（data point，RFU） |
|---|---|---|---|---|---|---|
| 2023 - 8327 | D03_HBB2302425_09 - 21 - 29. fsa | 303 | 303.39 | 24 524 | 228 743 | 3 022 |
| | D03_HBB2302425_09 - 21 - 29. fsa | 310 | 309.84 | 24 217 | 162 180 | 3 060 |
| 2023 - 8328 | D04_HBB2302426_09 - 21 - 29. fsa | 303 | 303.2 | 21 820 | 209 418 | 3 015 |
| | D04_HBB2302426_09 - 21 - 29. fsa | 310 | 309.79 | 19 461 | 128 567 | 3 054 |
| 2023 - 8329 | D05_HBB2302427_09 - 21 - 29. fsa | 310 | 309.9 | 15 286 | 132 314 | 3 031 |
| | D05_HBB2302427_09 - 21 - 29. fsa | 332 | 332.16 | 15 397 | 64 246 | 3 160 |
| 2023 - 8330 | D06_HBB2302428_09 - 21 - 29. fsa | 310 | 309.8 | 5 173 | 37 600 | 3 038 |
| | D06_HBB2302428_09 - 21 - 29. fsa | 332 | 331.97 | 25 491 | 114 213 | 3 167 |
| 2023 - 8332 | D09_HBB2302431_09 - 21 - 29. fsa | 344 | 344.32 | 14 489 | 69 531 | 3 245 |
| 2023 - 8333 | D10_HBB2302432_09 - 21 - 29. fsa | 283 | 283.19 | 32 417 | 271 234 | 2 875 |
| | D10_HBB2302432_09 - 21 - 29. fsa | 310 | 309.85 | 9 985 | 79 858 | 3 037 |
| 2023 - 8334 | D11_HBB2302433_09 - 21 - 29. fsa | 310 | 309.74 | 32 554 | 278 926 | 3 095 |
| 2023 - 8335 | D12_HBB2302434_09 - 21 - 29. fsa | 332 | 332.12 | 2 310 | 11 090 | 3 271 |
| 2023 - 8336 | E01_HBB2302435_09 - 21 - 29. fsa | 283 | 283.46 | 23 392 | 137 037 | 2 996 |
| | E01_HBB2302435_09 - 21 - 29. fsa | 310 | 309.93 | 2 632 | 24 190 | 3 163 |
| 2023 - 8337 | E02_HBB2302436_09 - 21 - 29. fsa | 332 | 332.11 | 11 262 | 53 456 | 3 263 |
| 2023 - 8338 | E03_HBB2302437_09 - 21 - 29. fsa | 310 | 310.01 | 11 539 | 81 111 | 3 091 |
| | E03_HBB2302437_09 - 21 - 29. fsa | 332 | 332.14 | 28 770 | 127 498 | 3 222 |
| 2023 - 8339 | E04_HBB2302438_09 - 21 - 29. fsa | 310 | 309.63 | 32 492 | 353 204 | 3 086 |
| 2023 - 8340 | E05_HBB2302439_09 - 21 - 29. fsa | 310 | 309.74 | 32 468 | 279 508 | 3 065 |
| 2023 - 8341 | E06_HBB2302440_09 - 21 - 29. fsa | 300 | 300 | 32 315 | 217 739 | 2 973 |
| | E06_HBB2302440_09 - 21 - 29. fsa | 310 | 309.42 | 19 243 | 132 885 | 3 028 |
| 2023 - 8342 | E07_HBB2302441_09 - 21 - 29. fsa | 283 | 283.46 | 7 776 | 43 985 | 2 867 |
| | E07_HBB2302441_09 - 21 - 29. fsa | 310 | 309.9 | 28 776 | 216 508 | 3 027 |
| 2023 - 8343 | E08_HBB2302442_09 - 21 - 29. fsa | 300 | 300 | 31 899 | 226 998 | 2 994 |
| | E08_HBB2302442_09 - 21 - 29. fsa | 303 | 302.9 | 18 018 | 150 274 | 3 011 |
| 2023 - 8344 | E09_HBB2302443_09 - 21 - 29. fsa | 283 | 283.46 | 21 739 | 119 084 | 2 892 |
| | E09_HBB2302443_09 - 21 - 29. fsa | 332 | 332.03 | 20 046 | 87 362 | 3 183 |
| 2023 - 8345 | E10_HBB2302444_09 - 21 - 29. fsa | 310 | 309.96 | 9 061 | 64 551 | 3 043 |
| | E10_HBB2302444_09 - 21 - 29. fsa | 344 | 344.32 | 19 516 | 94 292 | 3 243 |

（续）

| 资源序号 | 样本名<br>（sample file name） | 等位基因位点<br>（allele，bp） | 大小<br>（size，bp） | 高度<br>（height，RFU） | 面积<br>（area，RFU） | 数据取值点<br>（data point，RFU） |
|---|---|---|---|---|---|---|
| 2023－8346 | E11_HBB2302445_09－21－29.fsa | 310 | 309.63 | 32 477 | 361 708 | 3 086 |
| 2023－8347 | E12_HBB2302446_09－21－29.fsa | 299 | 299.23 | 29 960 | 278 303 | 3 082 |
| 2023－8348 | F01_HBB2302447_09－21－29.fsa | 310 | 309.93 | 10 069 | 88 392 | 3 161 |
|  | F01_HBB2302447_09－21－29.fsa | 330 | 330.02 | 5 234 | 23 575 | 3 281 |
| 2023－8349 | F02_HBB2302448_09－21－29.fsa | 310 | 310.06 | 8 137 | 77 925 | 3 127 |
|  | F02_HBB2302448_09－21－29.fsa | 344 | 344.34 | 9 135 | 43 613 | 3 332 |
| 2023－8350 | F03_HBB2302449_09－21－29.fsa | 300 | 299.84 | 32 466 | 306 924 | 3 036 |
| 2023－8351 | F05_HBB2302451_09－21－29.fsa | 283 | 283.35 | 24 371 | 144 354 | 2 898 |
|  | F05_HBB2302451_09－21－29.fsa | 332 | 332.03 | 28 408 | 122 286 | 3 190 |
| 2023－8352 | F06_HBB2302452_09－21－29.fsa | 283 | 283.19 | 32 440 | 268 944 | 2 876 |
|  | F06_HBB2302452_09－21－29.fsa | 310 | 309.85 | 9 209 | 65 958 | 3 038 |
| 2023－8353 | F07_HBB2302453_09－21－29.fsa | 283 | 283.4 | 15 685 | 79 928 | 2 879 |
|  | F07_HBB2302453_09－21－29.fsa | 303 | 303.39 | 11 531 | 102 862 | 3 002 |
| 2023－8354 | F08_HBB2302454_09－21－29.fsa | 310 | 309.8 | 29 338 | 216 701 | 3 027 |
| 2023－8355 | F09_HBB2302455_09－21－29.fsa | 310 | 309.96 | 20 582 | 154 946 | 3 049 |
|  | F09_HBB2302455_09－21－29.fsa | 330 | 330.14 | 7 543 | 32 729 | 3 167 |
| 2023－8356 | F10_HBB2302456_09－21－29.fsa | 283 | 283.13 | 32 364 | 259 382 | 2 884 |
|  | F10_HBB2302456_09－21－29.fsa | 300 | 300.5 | 24 346 | 158 203 | 2 992 |
| 2023－8357 | F11_HBB2302457_09－21－29.fsa | 283 | 283.42 | 5 279 | 27 069 | 2 950 |
|  | F11_HBB2302457_09－21－29.fsa | 310 | 309.73 | 32 466 | 326 743 | 3 115 |
| 2023－8358 | F12_HBB2302458_09－21－29.fsa | 310 | 309.84 | 13 618 | 105 624 | 3 121 |
|  | F12_HBB2302458_09－21－29.fsa | 328 | 328.09 | 8 780 | 37 347 | 3 231 |
| 2023－8359 | G01_HBB2302459_09－21－29.fsa | 283 | 283.36 | 32 481 | 253 397 | 3 002 |
|  | G01_HBB2302459_09－21－29.fsa | 310 | 309.93 | 9 320 | 71 644 | 3 170 |
| 2023－8360 | G02_HBB2302460_09－21－29.fsa | 283 | 283.45 | 8 960 | 47 140 | 2 983 |
|  | G02_HBB2302460_09－21－29.fsa | 332 | 332.09 | 25 044 | 110 692 | 3 284 |
| 2023－8361 | G03_HBB2302461_09－21－29.fsa | 332 | 332.01 | 31 582 | 143 379 | 3 241 |
| 2023－8362 | G04_HBB2302462_09－21－29.fsa | 283 | 283.2 | 32 535 | 296 136 | 2 918 |
| 2023－8363 | G05_HBB2302463_09－21－29.fsa | 283 | 283.09 | 32 504 | 310 364 | 2 901 |

（续）

| 资源序号 | 样本名<br>（sample file name） | 等位基因位点<br>（allele，bp） | 大小<br>（size,<br>bp） | 高度<br>（height,<br>RFU） | 面积<br>（area,<br>RFU） | 数据取值点<br>（data point,<br>RFU） |
|---|---|---|---|---|---|---|
| 2023 - 8364 | G06_HBB2302464_09 - 21 - 29. fsa | 283 | 283. 37 | 32 555 | 217 506 | 2 903 |
| | G06_HBB2302464_09 - 21 - 29. fsa | 310 | 309. 86 | 6 363 | 44 156 | 3 066 |
| 2023 - 8365 | G07_HBB2302465_09 - 21 - 29. fsa | 283 | 283. 34 | 17 698 | 89 519 | 2 885 |
| | G07_HBB2302465_09 - 21 - 29. fsa | 303 | 303. 4 | 8 796 | 81 543 | 3 009 |
| 2023 - 8366 | G08_HBB2302466_09 - 21 - 29. fsa | 283 | 283. 35 | 32 556 | 228 901 | 2 901 |
| 2023 - 8367 | G09_HBB2302467_09 - 21 - 29. fsa | 310 | 309. 96 | 4 872 | 31 383 | 3 047 |
| | G09_HBB2302467_09 - 21 - 29. fsa | 332 | 332. 2 | 25 920 | 112 305 | 3 177 |
| 2023 - 8368 | G10_HBB2302468_09 - 21 - 29. fsa | 310 | 310. 07 | 5 248 | 35 845 | 3 068 |
| | G10_HBB2302468_09 - 21 - 29. fsa | 332 | 332. 12 | 24 681 | 114 032 | 3 198 |
| 2023 - 8369 | G11_HBB2302469_09 - 21 - 29. fsa | 283 | 283. 58 | 17 997 | 98 348 | 2 946 |
| | G11_HBB2302469_09 - 21 - 29. fsa | 332 | 332. 08 | 18 176 | 80 795 | 3 244 |
| 2023 - 8370 | G12_HBB2302470_09 - 21 - 29. fsa | 283 | 283. 52 | 32 687 | 190 907 | 2 972 |
| | G12_HBB2302470_09 - 21 - 29. fsa | 332 | 332. 3 | 19 313 | 86 547 | 3 274 |
| 2023 - 8371 | H02_HBB2302472_09 - 21 - 29. fsa | 284 | 284. 44 | 17 997 | 120 530 | 3 008 |
| | H02_HBB2302472_09 - 21 - 29. fsa | 310 | 309. 93 | 4 158 | 36 652 | 3 171 |
| 2023 - 8372 | H03_HBB2302473_09 - 21 - 29. fsa | 310 | 310. 01 | 6 992 | 51 467 | 3 134 |
| | H03_HBB2302473_09 - 21 - 29. fsa | 332 | 332. 1 | 12 820 | 58 467 | 3 267 |
| 2023 - 8373 | H04_HBB2302474_09 - 21 - 29. fsa | 332 | 332. 19 | 23 950 | 103 189 | 3 243 |
| 2023 - 8374 | H05_HBB2302475_09 - 21 - 29. fsa | 332 | 332. 14 | 31 286 | 147 307 | 3 223 |
| 2023 - 8375 | H06_HBB2302476_09 - 21 - 29. fsa | 310 | 310. 01 | 5 413 | 36 718 | 3 083 |
| | H06_HBB2302476_09 - 21 - 29. fsa | 332 | 332. 14 | 31 299 | 134 237 | 3 214 |
| 2023 - 8376 | H07_HBB2302477_09 - 21 - 29. fsa | 303 | 303. 52 | 25 127 | 227 112 | 3 040 |
| | H07_HBB2302477_09 - 21 - 29. fsa | 310 | 310. 07 | 22 378 | 150 789 | 3 079 |
| 2023 - 8377 | H08_HBB2302478_09 - 21 - 29. fsa | 310 | 309. 84 | 10 854 | 86 311 | 3 086 |
| | H08_HBB2302478_09 - 21 - 29. fsa | 346 | 346. 28 | 12 604 | 56 619 | 3 301 |
| 2023 - 8378 | H09_HBB2302479_09 - 21 - 29. fsa | 300 | 300. 5 | 10 423 | 69 625 | 3 014 |
| | H09_HBB2302479_09 - 21 - 29. fsa | 344 | 344. 24 | 11 036 | 50 190 | 3 271 |
| 2023 - 8379 | H10_HBB2302480_09 - 21 - 29. fsa | 310 | 309. 89 | 24 188 | 196 774 | 3 079 |

# 三、38 对 SSR 引物信息

| 引物编号 | 引物名称 | 标记 | 序列 |
|---|---|---|---|
| P01 | bnlg439w1 | NED | 上游：AGTTGACATCGCCATCTTGGTGAC<br>下游：GAACAAGCCCTTAGCGGGTTGTC |
| P02 | umc1335y5 | PET | 上游：CCTCGTT ACGGTTACGCTGCTG<br>下游：GATGACCCGCTTACTTCGTTTATG |
| P03 | umc2007y4 | FAM | 上游：TTACACAACGCAACACGAGGC<br>下游：GCTATAGGCCGTAGCTTGGTAGACAC |
| P04 | bnlg1940k7 | PET | 上游：CGTTTAAGAACGGTTGATTGCA TTCC<br>下游：GCCTTT A TTTCTCCCTTGCTTGCC |
| P05 | umc2105k3 | PET | 上游：GAAGGGCAATGAATAGAGCCATGAG<br>下游：ATGGACTCTGTGCGACTTGTACCG |
| P06 | phi053k2 | NED | 上游：CCCTGCCTCTCAGA TTCACAGAGATTG<br>下游：TAGGCTGGCTGGAAGTTTGTTGC |
| P07 | phi072k4 | VIC | 上游：GCTCGTCTCCTCCAGGTCAGG<br>下游：CGTTGCCCATACATCATGCCTC |
| P08 | bnlg2291k4 | VIC | 上游：GCACACCCGTAGTAGCTGAGACTTG<br>下游：CAT AACCTTGCCTCCCAAACCC |
| P09 | umcl705w1 | VIC | 上游：GGAGGTCGTCAGATGGAGTTCG<br>下游：CACGTACGGCAATGCAGACAAG |
| P10 | bnlg2305k4 | NED | 上游：CCCCTCTTCCTCAGCACCTTG<br>下游：CGTCTTGTCTCCGTCCGTGTG |
| P11 | bnlg161k8 | VIC | 上游：TCTCAGCTCCTGCTTATTGCTTTCG<br>下游：GATGGATGGAGCATGAGCTTGC |
| P12 | bnlg1702k1 | VIC | 上游：GATCCGCATTGTCAAATGACCAC<br>下游：AGGACACGCCATCGTCATCA |
| P13 | umc1545y2 | NED | 上游：AATGCCGTTATCATGCGATGC<br>下游：GCTTGCTGCTTCTTGAA TTGCGT |
| P14 | umc1125y3 | VIC | 上游：GGATGATGGCGAGGATGATGTC<br>下游：CCAOCAACCCATACCCATACCAG |
| P15 | bnlg240k1 | PET | 上游：GCAGGTGTCGGGGATTTTCTC<br>下游：GGAACTGAAGAACAGAAGGCATTGATAC |
| P16 | phi080k15 | PET | 上游：TGAACCACCCGATGCAACTTG<br>下游：TTGATGGGCACGATCTOGTAGTC |

（续）

| 引物编号 | 引物名称 | 标记 | 序列 |
|---|---|---|---|
| P17 | phi065k9 | NED | 上游：CGCCTTCAAGAATATCCTTGTGCC<br>下游：GGACCCAGACCAGGTTCCACC |
| P18 | umc1492y13 | PET | 上游：GCGGAAGAGTAGTCGTAGGGCTAGTGTAG<br>下游：AACCAAGTTCTTCAGACGCTTCAGG |
| P19 | umc1432y6 | PET | 上游：GAGAAATCAAGAGGTGCGAGCATC<br>下游：GGCCATGATACAGCAAGAAATGATAAGC |
| P20 | umcl506k12 | FAM | 上游：GAGGAATGATGTCCGCGAAGAAG<br>下游：TTCAGTCGAGCGCCCAACAC |
| P21 | umcl147y4 | NED | 上游：AAGAACAGGACTACATGAGGTGCGATAC<br>下游：GTTTCCTATGGTACAGTTCTCCCTCGC |
| P22 | bnlg1671y17 | FAM | 上游：CCCGACACCTGAGTTGACCTG<br>下游：CTGGAGGGTGAAACAAGAGCAATG |
| P23 | phi96100yl | FAM | 上游：TTTTGCACGAGCCATCGTATAACG<br>下游：CCATCTGCTGATCCGAATACCC |
| P24 | umc1536k9 | NED | 上游：TGATAGGTAGTTAGCATATCCCTGGTATCG<br>下游：GAGCATAGAAAAGTTGAGGTTAATATGGAGC |
| P25 | bnlg1520K1 | FAM | 上游：CACTCTCCCTCTAAAATATCAGACAACACC<br>下游：GCTTCTGCTGCTGTTTTGTTCTTG |
| P26 | umcl489y3 | NED | 上游：GCTACCCGCAACCAAGAACTCTTC<br>下游：GCCTACTCTTGCCGTTTTACTCCTGT |
| P27 | bnlg490y4 | NED | 上游：GGTGTTGGAGTCGCTGGGAAAG<br>下游：TTCTCAGCCAGTGCCAGCTCTTATTA |
| P28 | umcl999y3 | FAM | 上游：GGCCACGTTATTGCTCATTTGC<br>下游：GCAACAACAAATGGGATCTCCG |
| P29 | umc21l5k3 | VIC | 上游：GCACTGGCAACTGTACCCATCG<br>下游：GGGTTTCACCAACGGGGATAGG |
| P30 | umcl429y7 | VIC | 上游：CTTCTCCTCGGCATCATCCAAAC<br>下游：GGTGGCCCTGTTAATCCTCATCTG |
| P31 | bnlg249k2 | VIC | 上游：GGCAACGGCAATAATCCACAAG<br>下游：CATCGGCGTTGATTTCGTCAG |
| P33 | umc2160k3 | VIC | 上游：TCATTCCCAGAGTGCCTTAACACTG<br>下游：CTGTGCTCGTGCTTCTCTCTGAGTATT |

（续）

| 引物编号 | 引物名称 | 标记 | 序列 |
|---------|---------|------|------|
| P35 | bnlg2235y5 | VIC | 上游：CGCACGGCACGATAGAGGTG<br>下游：AACTGCTTGCCACTGGTACGGTCT |
| P36 | phi233376y1 | PET | 上游：CCGGCAGTCGATTACTCCACG<br>下游：CAGTAGCCCCTCAAGCAAAACA TTC |
| P37 | umc2084w2 | NED | 上游：ACTGATCGCGACGAGTTAATTCAAAC<br>下游：TACCGAAGAACAACGTCATTTCAGC |
| P38 | umcl231k4 | FAM | 上游：ACAGAGGAACGACGGGACCAAT<br>下游：GGCACTCAGCAAAGAGCCAAATTC |
| P39 | phi041y6 | PET | 上游：CAGCGCCGCAAACTTGGTT<br>下游：TGGACGCGAACCAGAAACAGAC |
| P40 | umc2163w3 | NED | 上游：CAAGCGGGAATCTGAATCTTTGTTC<br>下游：CTTCGTACCATCTTCCCTACTTCATTGC |

# 四、panel 组合信息表

| 分组 | 引物编号 | 引物编号 | 引物编号 | 引物编号 | 引物编号 | 引物编号 | 引物编号 | 引物编号 | 引物编号 | 引物编号 |
|------|---------|---------|---------|---------|---------|---------|---------|---------|---------|---------|
| Q1 | P20 | P03 | P11 | P09 | P08 | P13 | P01 | P17 | P16 | P05 |
| Q2 | P25 | P23 | P33 | P12 | P07 | P10 | P06 |  | P19 | P04 |
| Q3 | P22 | P30 | P35 | P31 | P21 | P24 | P27 | P36 | P02 | P39 |
| Q4 | P28 | P38 | P14 |  | P29 | P37 | P26 | P40 | P15 | P18 |

# 五、实验主要仪器设备及方法

1. 样品 DNA 使用天根生化科技有限公司植物 DNA 提取试剂盒提取。

2. 使用 Bio - Rad 公司 S1000 型号 PCR 仪进行 PCR 扩增。

3. 等位变异结果由 ABI3130XL 测序仪扩增后获得。

将荧光标记的 PCR 产物用超纯水稀释 30 倍。分别取等体积的上述 4 种稀释后的 PCR 产物，混合。吸取 1 μL 混合液加入到 DNA 分析仪专用深孔板孔中。在板中各孔分别加入 0.1 μL LIZ500 分子量内标和 8.9 μL 去离子甲酰胺。除待测样品外，还应同时包括参照品种的扩增产物。将样品在 PCR 仪上 95 ℃ 变性 5 min，迅速取出置于碎冰上，冷却 10 min。瞬时离心 10 s 后上测序仪电泳。

注：PCR 扩增产物稀释倍数可根据扩增结果进行相应调整。

图书在版编目（CIP）数据

荧光标记 SSR 引物法采集玉米种质资源数据 / 李铁等
著. -- 北京：中国农业出版社，2024.6. -- ISBN 978 -
7 - 109 - 32177 - 9

Ⅰ. S513.024 - 39

中国国家版本馆 CIP 数据核字第 2024ZF7315 号

荧光标记 SSR 引物法采集玉米种质资源数据
**YINGGUANG BIAOJI SSR YINWUFA CAIJI YUMI ZHONGZHI ZIYUAN SHUJU**

中国农业出版社出版

地址：北京市朝阳区麦子店街 18 号楼
邮编：100125
责任编辑：杨晓改
版式设计：书雅文化　　责任校对：吴丽婷
印刷：中农印务有限公司
版次：2024 年 6 月第 1 版
印次：2024 年 6 月北京第 1 次印刷
发行：新华书店北京发行所
开本：880mm×1230mm　1/16
印张：24.25
字数：804 千字
定价：298.00 元